扫码获取教材资源
及相关资讯及服务

高等学校规划教材Ｉ畜牧兽医类

动物生物化学

主编 ● 甘玲 罗献梅

DONGWU SHENGWU

HUAXUE

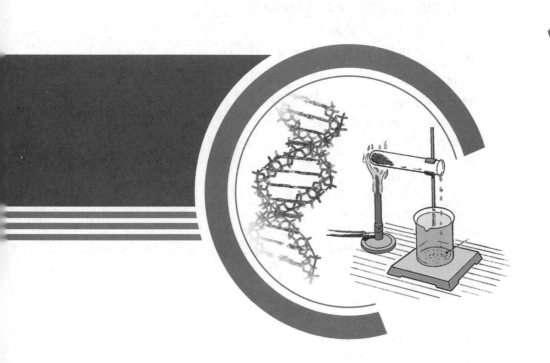

西南师范大学出版社

国家一级出版社 全国百佳图书出版单位

图书在版编目(CIP)数据

动物生物化学 / 甘玲, 罗献梅主编. — 重庆 : 西南师范大学出版社, 2014.9
ISBN 978-7-5621-7025-9

Ⅰ.①动… Ⅱ.①甘… ②罗… Ⅲ.①动物学－生物化学 Ⅳ.①Q5

中国版本图书馆CIP数据核字(2014)第187296号

动 物 生 物 化 学
DONGWU SHENGWU HUAXUE

主 编 甘 玲 罗献梅
副主编 郭建华 张恩平 赵素梅 申 红

责任编辑: 杜珍辉
封面设计: 猪八戒·zhubajie.com·魏显锋 熊艳红
照 排: 重庆大雅数码印刷有限责任公司·贝岚
出版发行: 西南师范大学出版社
地址:重庆市北碚区天生路1号
邮编:400715
市场营销部电话:023-68868624
http://www.xscbs.com
经 销: 新华书店
印 刷: 重庆荟文印务有限公司
幅面尺寸: 185mm×260mm
印 张: 22.5
字 数: 570千字
版 次: 2015年2月 第1版
印 次: 2019年8月 第2次印刷
书 号: ISBN 978-7-5621-7025-9
定 价: 56.00元

衷心感谢被收入本书的图书资料的原作者,由于条件限制,暂时无法和部分原作者取得联系。恳请这些原作者与我们联系,以便付酬并奉送样书。
若有印装质量问题,请联系出版社调换。

高等学校规划教材·畜牧兽医类

总编委会 / ZONG BIAN WEI HUI

总主编: 王永才　刘　娟

编　委(排名不分先后):

前　言

　　生物化学是生物科学的基础,动物生物化学课程是动物科学、动物医学和水产养殖等专业的专业基础课。生物化学学科研究领域广泛,研究的最大特点是学科的前沿性及极强的交叉性,是现代养殖技术不可或缺的支撑学科。学好动物生物化学对深刻理解畜禽机体内物质代谢和能量代谢的状况,对于临床上畜禽代谢疾病的诊断与治疗具有重要的作用。

　　伴随学科建设进程的推进,为了深化课程体系与教学方法的改革,加强动物生物化学与专业课程密切的融合,提高畜牧兽医及水产养殖的教育教学质量,全国多所高校长期以来从事动物生物化学本科教学及科研的专家、教授编写了这本创新性的《动物生物化学》(案例版)教材。本教材可作为动物科学、动物医学和水产养殖等专业教材或参考书。所涵盖的内容可以满足教育部制定的畜牧兽医及水产养殖本科生教学要求、全国执业兽医医师资格和研究生入学考试的需求。

　　本教材共分20章。其中,第一章为绪论,主要对生物化学的概念、研究内容、发展简史、应用前景及与动物养殖及健康之间的关系等方面进行了系统的介绍。第二至五章介绍生物分子的结构和功能,重点描述核酸、蛋白质及酶等生物大分子结构与功能。第六至十一章,重点阐述糖、脂、蛋白质及核酸的中间代谢及相伴而行的能量代谢。第十二至十六章与遗传信息的传递相关,主要介绍遗传信息流向、基因表达的调控及核酸技术。鉴于基因组学和蛋白质组学技术目前在动物科学研究领域产生的巨大推动作用,基因组学与蛋白质组学也被纳入该部分。第十七至二十章归属于动物机能生化内容,主要包含了动物血液、部分组织、乳和蛋的生物化学知识。本教材各章节强调理论知识和实践技能的平衡发展,将理论知识与知识应用、学科发展、案例分析等有机地融合。另外,在教材呈现形式上,也将创新编写体例,提高教材的可读性和适用性,同时增强相关专业学生对动物生物化学的学习兴趣和创新思维方式。

　　生物化学学科发展突飞猛进,所涉及的知识广泛而深入,在编写过程中难免有疏漏或遗误,敬请各位同行及师生们在使用过程中提出宝贵意见。

甘　玲　罗献梅

2014年4月于重庆

目　录

第一章 绪论

地球上生物种类繁多,数量巨大,生命现象错综复杂,就自然科学而论,没有一门科学比生命科学更为复杂,更为神秘,更与人类自身息息相关。长期以来,人们为探索生命进行了不懈的努力,而生物化学是研究生命属性的一门学科,旨在从分子水平阐明生物的结构与功能,揭示生命的奥秘,探索生命现象的化学本质,以保障人类的健康和提高人类的生存质量。

第一节 生物化学的概念

生物化学是介于生物学与化学之间的一门边缘学科。传统的定义认为,生物化学是以生物体为研究对象,利用物理、化学或生物学的理论和方法,了解生物体的化学组成、结构以及物质和能量的化学变化过程与变化规律,同时研究这些化学变化过程或变化规律与生物体的生理机能和外界环境关系的学科。现代的定义则认为,生物化学是从分子水平阐明生物有机体化学变化规律以揭示生命现象本质的一门科学,即研究生物体的分子结构与功能、物质代谢与调节及其在生命活动中的作用。因此,生物化学(Biochemistry)是生命的化学,即以化学的观点从分子水平解释生命活动,探讨生命的奥秘。

按照研究对象的不同,生物化学可分为动物生物化学(Animal Biochemistry)、植物生物化学(Plant Biochemistry)和昆虫生物化学(Insect Biochemistry)等。如果以一般生物为研究对象,则称为普通生物化学或者直接称为生物化学。如果以生物不同进化阶段的化学特征(包括化学组成和代谢方式)为研究对象,则又派生出进化生物化学和比较生物化学。若以生物体的不同组织为研究对象,可分为肌肉生物化学和神经生物化学等。若以研究的物质不同来区分,又可分为蛋白质化学、核酸化学和酶化学等。此外,根据应用领域进行分类,生物化学还有更多的分支,如医学生物化学、农业生物化学、工业生物化学、环境生物化学和营养生物化学等。

第二节 生物化学的研究内容

生物化学研究的内容十分广泛,当代生物化学的研究主要集中在以下三个方面,这三个方面之间存在着密切的有机联系。

一、生物体的化学组成、分子结构及其功能

组成生物体的化学元素有30多种,主要是氢、氧、碳、氮、磷、硫、钙、镁、钠、钾、氯、铁等元素。这些元素又形成了成千上万的生物小分子。其中氨基酸(Animo Acid)、核苷酸(Nucleotide)和葡萄糖(Glucose)最重要,它们分别作为基本结构单元构建出了生物大分子蛋白质(Protein)、核酸(Nucleic Acids)和多糖(Polysaccharide)。生物大分子巨大的分子量、复杂的空间结构使它们具备了执行各种生物学功能的本领。细胞的组织结构、生物催化、物质运输、信号传递、代谢调节以及遗传信息的贮存、传递与表达等都是通过生物大分子及其相互作用来实现的。因此研究这些生物大分子具有重要的理论意义和实践意义。作为生物化学重要组成部分

的分子生物学便是以蛋白质、核酸等生物大分子的结构与功能、代谢与调节等为研究对象的一门科学。研究生物大分子的结构与功能及其相互关系、分子间的相互识别与相互作用是当代生物化学与分子生物学研究的热点。

此外，无机元素在生物体内也有其独特的作用，许多无机元素是蛋白质和酶（Enzyme）的重要组成部分，也参与体内的物质代谢、能量代谢以及信息传递和代谢调控。

二、新陈代谢及其调节

新陈代谢是生命的基本特征之一，正常的新陈代谢是生物体进行健康生命活动的必要条件。广义的新陈代谢是指生物机体与外界进行的物质和能量交换的过程，即物质的消化、吸收经中间代谢到废物排泄过程；狭义的新陈代谢是指中间代谢（Intermediary Metabolism），包括细胞中的物质代谢与能量代谢，也就是细胞中进行的化学过程。它们是由许多代谢途径（Metabolic Pathway）构成的网络。代谢途径指的是由酶催化的一系列定向的化学反应，是生物化学研究的重要内容之一。合成代谢将小分子的前体（Precursor）经过特定的代谢途径，构建为较大的分子，并且消耗能量；而分解代谢将较大的分子经过特定的代谢途径，分解成小的分子并且释放能量。在这个过程中，三磷酸腺苷（ATP）是能量转换和传递的中间体。合成代谢与分解代谢之间既互相联系，又彼此独立进行，这些代谢活动受到一系列精细、完善的调控，并按一定的规律有条不紊地进行。因此，动物机体中一旦物质代谢紊乱或调节失控就可能引起疾病。细胞中几乎所有的代谢反应都是由酶催化的，通过对酶的调节可改变细胞内的物质代谢。此外，细胞内存在的各种信号转导系统调节着细胞的生长、增殖、分化、衰老等生命过程。深入研究物质代谢有序调节的分子机制及其参与的细胞信号转导途径是近代动物生物化学研究的重要课题。

三、生物信息的传递及其调控

生命现象的另一个基本属性是能够进行自我复制，自我繁殖。动物机体通过个体的繁衍，将其遗传信息传给后代。DNA是主要的遗传物质，基因是DNA分子中编码活性产物的一段碱基序列（或功能片段）。细胞通过DNA复制将遗传信息由亲代传递给子代。在后代发育过程中，遗传信息自DNA传递给RNA，即按需要以特定的一段DNA为模板，在RNA聚合酶作用下，合成与之互补的RNA。在细胞质中又以mRNA为模板，在核糖体、tRNA和多种蛋白因子的共同参与下，将mRNA中由核苷酸序列决定的遗传信息转变为由20种常见氨基酸组成的各种蛋白质，并由蛋白质执行各种生命活动。基因信息传递参与了遗传、变异、生长、发育与分化等诸多生命过程，与动物机体的许多遗传性、代谢异常性疾病等的发病机制密切相关。

基因表达与调控是核酸结构与功能研究的一个重要内容，目前，对原核生物的基因调控已有较深入的了解。真核生物基因表达调控较复杂，内容涉及异染色质与常染色质活化；DNA构象变化与化学修饰等。随着DNA重组、转基因、基因诊断与治疗等生物技术的发展，动物遗传育种、营养调控及基因疾病学的研究和临床诊断等必将被推向新的台阶。

【思考】 动物生化研究的内容相互之间有什么关联？

第三节　生物化学的发展简史

生物化学像其他学科的建立和发展一样，一般很难准确判定这门学科是何时何地、由何人创立的。它是社会的产物，是人们从生产劳动中不断总结和归纳的人类知识的结晶。生物化学的发展，在欧洲约在200年前开始，并逐渐发展，一直到1903年才引用"生物化学"这个名称而成为一门独立的学科。而在我国,生物化学在生产实践中的应用,可追溯到公元前21世纪,如相传夏人仪狄借助于"曲"(酒母)酿酒,公元前12世纪,劳动人民将谷、豆发酵,捣烂后加盐而制成酱。另外在医药方面,许多因膳食不平衡而导致的营养代谢性疾病在古代医学都有独到的治疗方法,如公元4世纪,葛洪所著《肘后备急方》记载用富含碘的海藻酒治疗瘿病,即地方性甲状腺肿。孙思邈(公元581~682年)认为可用富含维生素B_1的车前子、杏仁、大豆等来治疗脚气病,用富含维生素A的猪肝可治疗夜盲症。古代劳动人民已经开始用动物脏器和腺体治病,如将紫河车(胎盘)用作强壮剂,蟾酥(蟾蜍的皮肤疣分泌物)用于消炎,古人还掌握了利用皂角汁从尿中沉淀固醇物质(称为秋石)的技术。因此生物化学是一门既古老又年轻的学科。

根据很多史实的记载,我们可以粗略地把生物化学的发展分为三个阶段,即生物化学学科的早期启蒙阶段、生物化学学科的确立与发展阶段以及现代生物化学的发展阶段。

一、生物化学学科的早期启蒙阶段(萌芽时期)

这个阶段也称为生物化学初期,主要经历了从18世纪中叶至20世纪初长达一个多世纪的阶段。在这个阶段,主要的研究工作集中在对生物体化学组成的客观描述,包括组成生物体的物质含量、分布、结构、性质与功能,故又称为叙述性生物化学阶段或静态生物化学阶段。该阶段主要的研究贡献是分离和鉴定了各种氨基酸、羧酸、糖类等生物小分子;对三大供能营养素——糖、脂肪和蛋白质的性质进行了较为系统的研究;证实了肽链中肽键的作用,发现了淀粉酶、蛋白水解酶,开始进行酶学研究;人工合成简单多肽化合物并可被消化酶水解;提出了酶催化作用专一性机理"锁钥学说";发现核酸并确定嘌呤和嘧啶环的结构。此阶段部分重要历史事件列举如下。

1770~1774年,英国J.Priestly发现了氧气,并指出动物消耗氧而植物产生氧;1770~1786年,瑞典人C.W.Scheele分离了甘油、柠檬酸、苹果酸、乳酸、尿酸等;1779~1796年,荷兰人J.Ingenbousz证明在光照条件下绿色植物吸收CO_2并放出O_2;1828年,Wohler合成了有机物尿素;1877年,Hoppe-Seyler首先使用"Biochemie",生物化学作为一门新兴学科诞生;1897年,Buchner证实不含细胞的酵母提取液也能使糖发酵。

事实上,该时期,物质代谢方面的研究也取得了一定的成果。例如,在19世纪20年代,研究表明动物在呼吸过程中消耗氧的同时,呼出CO_2并释放出热量,科学家认为这是物质在体内"燃烧"的结果,从而开启了生物氧化及能量代谢的研究。另外,19世纪40年代提出的新陈代谢概念,表明体内的物质处于合成与分解的动态化学过程。

二、生物化学学科的确立与发展阶段(1900~1953年)

20世纪以来,随着分析鉴定技术的进步,尤其是放射性同位素技术的应用,生物化学进入动态生物化学的阶段。在此阶段,西方科学家一方面在营养、酶学及内分泌的研究方面做出了重大贡献,如研究了动物机体对蛋白质的需要,尤其是必需氨基酸、必需脂肪酸、多种维生素及微量元素在机体中的重要性;发现了多种激素并对其进行纯化与合成;制备出多种酶的结晶。另一方面,该阶段最主要的进展是利用化学分析及放射性核素示踪技术基本弄清了动物机体内的主要物质代谢途径,尤其是物质分解代谢途径,如脂肪酸的β-氧化途径、糖酵解、鸟氨酸循环及三羧酸循环途径,因此,该阶段又被称为动态生物化学阶段,标志了生物化学发展的新纪元。下面列举一些主要事件说明生物化学在这个阶段的发展经历。

1911年,Funk结晶出治疗"脚气病"的维生素B复合物,提出"Vitamine",意即"生命胺"。后来又将"Vitamine"改为"Vitamin"。1926年,Sumner首先从刀豆中把脲酶分离结晶出来,并证明脲酶的化学本质是蛋白质,具有酶的活性。同年Svedberg创建第一台分析用超高速离心机,并用其测定了血红蛋白的相对分子量。同年Went从燕麦胚芽鞘中分离出植物的生长素。1928

年,Griffith 等通过肺炎双球菌的转化实验提出了"转化因子"的概念。20世纪30年代,德国科学家Krebs向悬浮有肝切片的缓冲液中加入鸟氨酸(Ornithine)、瓜氨酸(Citrulline)或精氨酸(Arginine)中的任何一种时,都可促进肝切片加快尿素合成,由此提出了鸟氨酸循环。1934年,Bernal 和 Crowfoot 获得第一张胃蛋白酶晶体的详尽 X 射线衍射图谱。Astbury于1941年获得第一张DNA的X射线衍射图谱。

20世纪40年代,德国科学家Krebs对生物体内有机化合物被氧化成各种中间产物(如柠檬酸、琥珀酸、延胡索酸及乙酸等)进行了系统的研究,提出代谢物质最后共同的氧化途径——三羧酸循环。这是生物学史上又一个里程碑。为此,他获得了1953年的诺贝尔生理学或医学奖。1944年,Avery用实验证明,使无毒的R型肺炎双球菌转变成致病的S型肺炎双球菌,DNA是转变的基本要素,提供了在细菌的转化中携带遗传信息的是DNA,而不是蛋白质的证据。1952年,Hershey和Chase又用同位素示踪技术证明T₂噬菌体感染大肠杆菌,主要是核酸进入细菌体内,而病毒外壳蛋白留在细胞外。烟草花叶病毒的重建实验进一步证明,病毒蛋白质的特性由RNA决定,即遗传物质是核酸而不是蛋白质。至此,核酸作为遗传物质才被普遍地接受。

20世纪50年代,Chargaff 根据不同生物来源DNA碱基组成,提出了Chargaff原则,即DNA的碱基组成有一个共同的规律,胸腺嘧啶的摩尔含量总是等于腺嘌呤的摩尔含量,胞嘧啶的摩尔含量总是等于鸟嘌呤的摩尔含量。1951年,Pauling和Corey应用X射线衍射晶体学理论研究了氨基酸和多肽的精细空间结构,提出两种有周期规律性的多肽结构学说,即α螺旋和β折叠模型。1953年是开创生命科学新时代的一年,具有里程碑意义的是Watson和Crick发表了《脱氧核糖核酸的结构》的著名论文,他们在Franklin和Wilkins的X射线衍射研究结果的基础上,推导出DNA双螺旋结构模式,开创了生物科学的新纪元;同年,Sanger历经8年的研究,完成了第一个蛋白质——胰岛素的氨基酸全序列分析。

综上所述,在这一阶段,科学家们基本上阐明了酶的化学本质以及能量代谢有关的物质代谢途径。此外也测定了相关蛋白质一级结构和二级结构及DNA二级结构,使生物化学获得空前的发展,以强有力的态势跨入生命科学中最富影响的学科行列。

三、现代生物化学的发展阶段(1953年至今)

20世纪50年代以来,生物化学的发展进入了一个新的高潮——分子生物学崛起,即分子生物学时期。所以,分子生物学被视为生物化学的发展与延续。在此阶段,科学家们借助于各种理化技术,对蛋白质、酶、核酸等生物大分子进行化学组成、序列、空间结构及其生物学功能的研究,并发展到人工合成,创立了基因工程,而且完成了人类基因组DNA测序计划,跨入了"由蛋白质组到基因组"的新时代。重要的历史事件如下。

1958年Crick提出分子遗传的中心法则,从而揭示了核酸与蛋白质之间的内在关系,以及RNA作为遗传信息传递者的生物学功能,指出信息在复制、传递及表达过程中的一般规律,即DNA→RNA→蛋白质。

1960年,Marmur和Dofy发现DNA的复性作用,确定了核酸杂交反应的专一性和可靠性;Rich证明DNA→RNA杂交分子与核酸间的信息传递有关。与此同时,在蛋白质结构研究方面,Kendrew等得到肌红蛋白0.2 nm分辨率的结构,Perutz等得到血红蛋白0.55 nm分辨率的结构。1961年是生物化学暨分子生物学发展史上不平凡的一年。Jacob和Monod提出操纵子学说,发表了论文《蛋白质合成的遗传调节机制》;同年,Brenner等获得mRNA的证据;Crick等证明了遗传密码的通用性。1962年,Arber提出限制性核酸内切酶存在的第一个证据,推动了之后对该类酶的纯化,并由Nathans和Smith将其应用于DNA图谱和序列分析中。1965年,Holley等用重叠法首次测定了酵母丙氨酰tRNA的一级结构,为广泛、深入地研究tRNA的高级结构奠定了基础。1967年,Gellert发现DNA连接酶,能将具有相同黏性末端或者平末端的DNA片段连接在一起;同年,Phillips及其同事确定了溶菌酶0.2 nm分辨率的三维结构。

1970年,Temin和Baltimore几乎同时发现逆转录酶,证实了Temin 1964年提出的"前病毒假说",阐明在劳氏肉瘤病毒(RSV)感染以后,首先产生含RNA病毒基因组全部遗传信息的DNA前病毒,而子代病毒的RNA则以前病毒的DNA为模板进行合成。 1972~1973年,Berg等成功地进行了DNA体外重组;Cohen创建了分子克隆技术,在体外构建成具有生物学功能的细菌质粒,开创了基因工程新纪元。与此同时,Boyer等在E.coli中成功表达了人工合成的生长激素释放抑制因子基因。1975年,Southern发明了凝胶电泳分离DNA片段的印迹法;Gruustein和Hogness建立了克隆特定基因的新方法;Farrell发明了双向电泳分析蛋白质的方法,为生物化学检测创造了重要的技术条件;Blobel等报道了蛋白质合成中的信号肽。1977年,Berget等发现"断裂"基因;Sanger和Gilbert分别创立"酶法""化学法"测定DNA序列,标志着分子生物学新时代的到来。1979年,Solomon和Bodmer最先提出至少200个限制性片段长度多态性(Restriction Fragment Length Polymorphism,RFLP),可作为连接人的整个基因组图谱之基础;与此同时我国学者洪国藩创立了测定DNA序列直读法。

1982年,美国加州大学的神经病学教授Prusiner发表了一篇论文,提出"毒蛋白"即"朊病毒"的新概念,并提出"蛋白质构象致病假说",认为这种蛋白质是引起人和动物某些脑神经病变的原因。1985年,Saiki等发明了聚合酶链式反应(Polymerase Chain Reaction,PCR),Smith等报道了DNA测序中应用荧光标记取代同位素标记的方法,Miller等发现DNA结合蛋白的锌指结构。1985年5月,美国加州大学Santa Cruz分校校长Sinsheimer提出"人类基因组研究计划"(Human Genome Project,HGP)。美国、英国、法国、德国、日本和中国科学家共同参与了"人类基因组计划"。2003年4月14日,科学家们宣布人类基因组序列图绘制成功。1989年,Greider等首先在纤毛原生动物中发现的端粒酶(Telomerase)是以内源性RNA为模板的逆转录酶,从而改变了对DNA全程复制模式的认识,增强了对DNA结构多变性的层次性观念。

1993年,Lee等人在对秀丽新小杆线虫(C.elegans)进行突变体的遗传分析中,意外发现了一种控制细胞发育时序的长度约为22 bp的lin-4 RNA,后期研究表明这种小分子RNA为microRNA。1994年,日本科学家在Nature Genetics上发表了水稻基因组遗传图。1997年,Wilmut等首次不经过受精,用成年母羊体细胞的遗传物质,成功地获得克隆羊——多莉(Dolly)。1999年,Blobel发现了细胞中蛋白质有其内在的运输和定位信号,并具体显示了这种信号发送过程中的分子状态,为此荣获该年度诺贝尔生理学或医学奖。

2001年,Hartwell发现并研究细胞周期分裂基因,Nurse和Hunt分别发现了调节细胞周期的关键分子——周期蛋白依赖性激酶(Cyclin Dependent Kinases,CDKs)及调节CDKs功能的因子——细胞周期蛋白。2003年,Peter Agre发现真核细胞膜水通道蛋白并描述了其特征,Mackinnon阐述了钾离子通道结构及其功能机制。两者均解决了前4次诺贝尔奖获得者所遗留的尚不清楚的问题。2009年诺贝尔生理学或医学奖授予美国加利福尼亚旧金山大学的Elizabeth Blackbum、美国巴尔的摩约翰·霍普金斯医学院的Carol Greider、美国哈佛医学院的Jack Szostak以及霍华德休斯医学研究所,以表彰他们发现了端粒和端粒酶保护染色体的机理。

从上述的生物化学发展中可以看出,自20世纪50年代以来以核酸的研究为核心,带动着分子生物学纵向深入发展。如50年代的双螺旋结构,60年代的操纵子学说,70年代的DNA重组,80年代的PCR技术,90年代的DNA测序都具有里程碑的意义,从而将生命科学带向一个由宏观到微观再到宏观的发展过程。现代生物化学正在进一步发展,其基本理论和实验方法均已渗透到生命科学的各个领域,并不断取得重要进展;新学科的不断出现与发展又为生物化学提供了新的理论和研究手段。

【讨论】　了解生物化学发展中获得诺贝尔奖的重大事件及其实验方案。

第四节 生物化学的应用和前景

生物化学理论与医药、轻工业、农业生产等重要领域的发展关系密切,其技术方法与化学工程技术相结合并被广泛应用于这些领域。生物化学正在并已经为社会经济发展和提高人民物质生活水平发挥着重要作用。

生物化学是生命科学中其他学科的基础。根据生物学原理,结构是为功能而设计的,结构的解析要为功能表达服务。所以生物化学的中心任务就是要把生物分子结构落实到功能上。当前随着人类基因组研究的重点正在由结构向功能转移,一个以基因功能研究为主要内容的后基因组(Post-genome)时代已经到来,它在理论上的主要任务是研究细胞全部蛋白图式,或者说"从基因组到蛋白质组"。显然,这就提示我们,生物化学研究的重点又将回到蛋白质上来。随着21世纪的发展,生命科学将进入一个新的时代,同时许多新型学科(如生物信息学等)也应运而生。作为学习"生物化学"课程的学生,不但要牢固掌握本学科的基本特征和原理,而且要了解本学科的发展趋势,从而更好地适应新世纪对生命科学发展的需要。

一、功能基因组学

通过对DNA序列的了解,可深入研究影响个体发育和整个生物体特定序列表达的规律即功能基因组学。该项研究是在选择典型生物材料的基础上,搞清楚全部染色体的序列、基因组的碱基长度、可能编码蛋白质的基因以及编码rRNA、snRNA和tRNA的基因等。在此基础上进一步研究生物体全套基因在不同生长发育期内有多少基因协同表达,阐明适应于某一时期的全套基因表达谱(Gene Expression Profile)。面对上述复杂的问题,需要在方法上有重大突破。创造出高效、快速并能同时测定基因组中成千上万基因的功能的方法。

目前用于检测分化细胞基因表达谱的方法有基因表达连续分析法(Serial Analysis of Gene Expression, SAGE)、微阵列法(Microarray)、有序差异显示(Ordered Differential Display, ODD)、DNA芯片(DNA chip)技术以及高通量测序(Deep-sequencing)等。随着今后功能基因组学的深入发展,将会有更好的方法和技术出现。

二、蛋白质组学

以特定基因组在特定条件下所表达的全部蛋白质为研究对象,研究细胞内蛋白质及其动态变化规律。通过对蛋白质动态性、时空性、可调节性以及细胞和生命有机体整体水平上活动规律的研究,回答仅通过DNA序列尚不能回答的某些基因的表达时间、表达量,蛋白质翻译后加工和修饰及亚细胞定位等问题。

为了尽可能分辨细胞或组织内所有蛋白质,目前一般采用高分辨率的双向凝胶电泳。一种正常细胞的双向电泳图谱通过扫描并数字化,运用二维分析软件可对数字化图谱进行各种图像分析,包括分离蛋白在图谱上的定位、分离蛋白的计数、图谱间蛋白质差异表达的检测等。

从1944年提出蛋白质组的概念,第一个完整的蛋白质组数据库——酵母蛋白质数据库(Yeast Protein Database, YPD)已于1997年构建完成,进展速度极快。新的思路和技术不断涌现,蛋白质组学这门新兴学科,在今后的实践中将会不断完善,充实壮大,发展成为后基因组时代的带头学科。

三、生物信息学

对DNA和蛋白质序列资料中各种类型的信息进行识别、存储、分析、模拟和传输,目前已逐步趋向成熟。建立的核酸数据库,已存有数百种生物的cDNA和基因组DNA序列的信息。在已应用的软件中,有DNA分析、基因图谱构建、RNA分析、多序列比较、同源序列检索、三维结构观察归纳法演示及进化树生成与分析等。在蛋白质数据库中,有蛋白质序列、结构域、三维结构、翻译后的各种修饰、代谢及相互作用等数据。一些通用软件还包括蛋白质质量、蛋白质序列标记、模拟酶解及翻译后修饰等功能。今后,科学家们将利用生物信息学研究和估计各种基因的功能,并由此来推测蛋白质的性质,这样使基因组中DNA序列和蛋白质组中氨基酸序列在功能上紧密地联系在一起。

四、结构生物学

对生物大分子行为的研究由体外转向体内,在大分子的高级结构和遗传信息传递规律方面的认识将有较大突破。迄今为止,人们对许多生命现象本质的认识一般是通过体外或试管中的研究而得到的。蛋白质的分子折叠是分子结构机制中迄今尚未解决的一个重大生物学问题。虽然因还原性牛胰核糖核酸酶在试管条件下完全恢复活性的研究,从而提出了"蛋白质一级结构决定空间结构"的著名论断使得Anfinsen荣获诺贝尔化学奖,为蛋白质折叠研究开创了一个崭新的时代,但是,由于细胞内新生肽折叠机制至今仍未研究清楚,还不能进行细胞内蛋白质折叠的实时研究。因此,设计并模拟细胞内的条件,尽可能地在接近细胞的环境中进行研究,这引起了生物化学和分子生物学家的关注。细胞与试管环境对蛋白质分子影响最主要的差别在于细胞大分子的拥挤问题。细胞容积的20%~30%都被大分子占用,同时因大分子的不可穿透性使得任何一个大分子的实际可用空间大大减少,对大分子行为的影响就是"排斥性容积效应",一旦该问题了解清楚了,不仅能明白新生蛋白质折叠规律,而且对DNA复制及转录的详细过程的了解会有较大的突破。因此,细胞内大分子拥挤环境及其效应研究已成为生物化学和分子生物学研究的另一个热点。

【讨论】 动物生物化学在你所学习的专业有什么样的应用前景?

第五节 生物化学与动物养殖及动物健康的关系

生物化学是关于生命的科学,是动物生命科学的基础。生物化学的理论与技术已经渗透到动物科学、动物医学、水产等各个领域,奠定了动物养殖和动物疾病防治等方面的理论基础。生物化学的基础理论和实验技术是动物科学、动物医学等专业的重要专业基础课程,掌握其基本理论知识和基本实验技能必将为学习专业课程,如动物饲养学、动物营养学、动物遗传学、动物繁殖学、药理学、动物病理学、微生物学、免疫学、动物疾病诊断学等奠定坚实的基础。

一、生物化学与动物养殖

生物化学是动物营养学阐明营养物质在体内代谢转化以及评定动物对营养物质需要量的理论根据。了解动物体内化学物质的组成、营养物质代谢间的相互转化、相互影响的规律,可进一步促进动物营养机理的研究,改进饲料配方,开发新型饲料、新型饲料添加剂,提高饲料转化率,提高畜禽生产效率。生物化学知识的合理应用可让我们深刻理解畜禽机体物质代谢和能量代谢的状况,掌握体内营养物质代谢间相互转变及相互影响的规律,掌握正常畜禽的代谢规律,避免因为饲料中的营养配比不当、饲养方式的不合理引起如奶牛的酮病、蛋鸡的产蛋疲劳综合征等营养代谢病。在优良畜禽品种的培育工作和野生动物资源保护和利用中,常用蛋白质和酶的遗传多态性,进行动物亲缘关系鉴定、遗传距离的分析,筛选与特殊性状相关的遗传标记,为培养优质高产的畜禽品种和动物资源的保护提供理论依据,目前以先进的DNA指纹技术作为遗传标记的应用日益普遍,并已取得丰硕成果。

二、生物化学与动物健康

在动物健康和疾病的防治方面,生物化学和分子生物学的原理与技术越来越显示出其重要性。药理学与生物化学和分子生物学相结合,已从器官和组织水平上描述药物作用,转向探讨药物分子在体内与酶、受体等生物大分子的相互关系、分析其内在的作用机理,从而使药物的作用机理、结构与药效的关系、药物的改造和新药设计都深至分子水平。如药物作用的靶标多为蛋白质,因此可通过观察药物对靶蛋白的作用及药物毒性的研究,来了解药物的作用机理;也可采用CD-标记技术,研究用药期间蛋白质组中的任一成员在分子和细胞水平的各种变化。生物化学和分子生物学的理论和研究技术对动物病理学发展有巨大影响。肿瘤、自身免疫缺陷等一些疾病的发生和发展的机制长期以来得不到解决,而新兴的分子遗传病理、免疫病理、自由基病理学最终为人们解疑释惑带来了希望。分子免疫在医学(包括兽医学)领域中的发展速度最引人注目,它利用现代生物化学技术研究免疫分子的结构和功能,从分子水平上去诊断各种疾病,测定动物的免疫状态。随着动物生产的发展和动物产品进出口日益扩大,面对新的病原的发现和外来病原的侵入,疫病的控制任务十分艰巨,常规疫苗的使用已得不到满足,而基因工程疫苗展示了光明的应用前景。此外,在动物疫病的诊疗中生物化学的实验技术被广泛应用于体液中酶和代谢物等的分析,今天快速、准确的分子诊断技术也已经开始走进兽医临床的研究和实践中。

总之,生物化学及其技术在动物生产和动物健康事业的各个方面都显示出它巨大的潜力,已经成为每一个生物科学工作者必备的知识与技能,学会应用这些知识和技能将为发展我国的动物养殖业和动物医学事业做出贡献。

【讨论】 作为动物科学、动物医学或水产专业的本、专科学生,应该如何学习动物生物化学这门专业基础课?

【本章小结】

生物化学是关于生命的化学本质的科学,是从分子水平上研究生命奥秘,阐明生命现象和生物学规律的科学。生物化学的主要内容是研究生命有机体的化学组成及其结构与功能的关系,研究细胞中的物质代谢和与之相伴随的能量转换过程,研究遗传信息的传递、表达与调控等生物学过程。生物化学的发展粗略划分为早期启蒙阶段、生物化学学科地位确立和发展阶段以及现代生物化学发展阶段三个阶段。以生物大分子为中心的基因组学、蛋白质组学、生物信息学和结构生物学等的研究是未来研究的核心课题。现代生物化学正从各个方面融入生命科学发展的主流当中,同时也为动物养殖学和动物健康学提供了必不可少的基本理论和技术手段。

【思考题】

1.请简述动物生物化学的广义和狭义定义。
2.生物化学的研究内容主要包括哪些方面?
3.简述生物化学的发展简史。
4.生物化学的应用与前景包括哪几个方面?
5.动物生物化学与动物养殖和健康有什么关系?

第二章　核酸的结构与功能

核酸(Nucleic acid)是生命有机体的基本组成物质之一,是重要的生物大分子,从高等的动、植物到简单的病毒都含有核酸。

核酸可分为脱氧核糖核酸(Deoxyribonucleic acid,DNA)和核糖核酸(Ribonucleic acid,RNA)两大类, 所有的原核细胞和真核细胞都同时含有这两类核酸,并且一般都和蛋白质结合在一起,以核蛋白的形式存在。

核酸在生物的生长、发育、繁殖、遗传和变异等生物活动过程中都具有极其重要的作用,其中生物遗传作用最为重要,是为生命贮存信息的物质。生物体通过DNA的复制、转录和翻译,把DNA上的遗传信息经RNA传递到蛋白质结构上,使遗传信息通过蛋白质得以表达,即基因表达。由此可见,生物有机体拥有种类繁多、功能各异的蛋白质,其归根到底都是由DNA分子中所蕴藏的遗传信息控制的,因此,核酸具有重要的生物学意义。

第一节　核酸的种类和化学组成

一、核酸的种类及分布

核酸是生物体内相对分子质量很大的重要生物大分子。根据戊糖2'位上氧原子的有无分为两大类:脱氧核糖核酸和核糖核酸。它们存在于病毒、细菌到人的所有生物中。病毒有的含DNA,有的含RNA,目前还未发现既含DNA又含RNA的病毒;细菌等原核细胞中的DNA,除主要以染色体(Chromosome)DNA的形式存外,还以质粒(Plasmid)DNA的形式存在,此外,其胞质中还含有RNA;动物细胞中的DNA主要以核DNA、线粒体DNA的形式存在,在蛋白质生物合成中起着重要作用,RNA(tRNA、rRNA和mRNA)主要分布在细胞质中;而高等植物细胞比动物细胞还多一种DNA存在形式——质体DNA。在包括动植物等所有的真核细胞中,除了三种功能RNA,还有大量目前尚未完全知晓其功能的RNA存在于细胞核中,如核酶(Ribozyme)和siRNA 、miRNA等。

从上述核酸的种类及其在生物中的分布情况可见,在病毒和细菌等低等生物中,RNA和DNA分别存在于不同类型的病毒中,却共同存在于细菌的细胞中。那么在还未进化出最低等的病毒以前,RNA和DNA在地球上的分布又是谁占优势呢? 现代生命科学研究表明,在生物进化还未到来的有机进化阶段之前,地球上曾经存在过一段长达大约3亿年的RNA世界,现在地球上已经进化出包括人在内的高等真核生物。在真核细胞内,DNA既可以高效地自我复制,又可以高效地转录为RNA,然后通过复杂的加工过程变成各种RNA分布到细胞的各个功能部位,转录后RNA加工过程的复杂性部分地反映了原始地球上RNA的进化历程,是我们研究核酸种类与分布的"活化石"。

DNA是储存、复制和传递遗传信息的主要物质基础(即DNA是遗传信息的载体);RNA在蛋白质合成过程中起着重要作用,其中转运RNA,简称tRNA,起着携带和转移活化氨基酸的作用;信使RNA,简称mRNA,是合成(翻译)蛋白质的模板;核糖体RNA,简称rRNA,它与蛋白质结合形成核糖体,为细胞内合成蛋白质提供了主要场所。生物体通过DNA的复制、转录和翻译,把DNA上的遗传信息经RNA传递到蛋白质结构上,使遗传信息通过蛋白质得以表达。

二、核酸的化学组成

核酸是以核苷酸(Nucleotide)为基本结构单元构成的巨大分子。一个简单的DNA分子,也是由成千上万个核苷酸(平均相对分子质量为320)聚合而成的。核酸降解生成的核苷酸由一个戊糖(Pentose)、一个碱基(Base)和一个磷酸(Phosphoric acid)组成。碱基是嘌呤或嘧啶的衍生物:基本的嘌呤碱基有腺嘌呤(Adenine,A)和鸟嘌呤(Guanine,G)两种;基本的嘧啶碱基有胞嘧啶(Cytosine,C)、尿嘧啶(Uracil,U)和胸腺嘧啶(Thymine,T)三种(如图2.1)。环上原子直接用阿拉伯数字编号,嘌呤为反时针方向,嘧啶为顺时针方向,但C_5在两种碱基中的位置都是一样的。

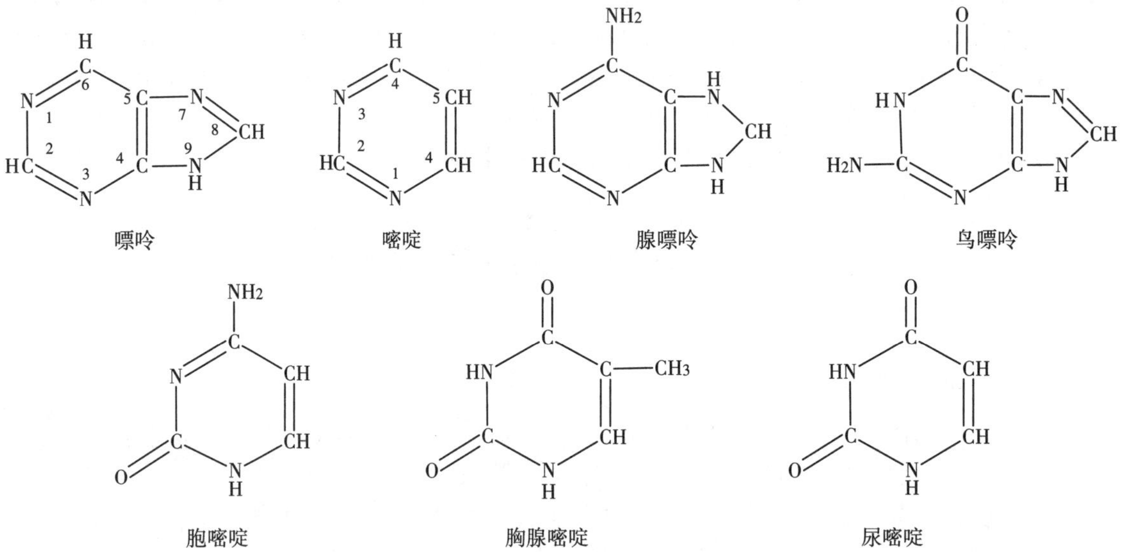

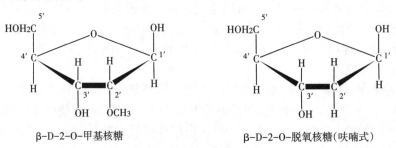

图2.1 嘌呤和嘧啶及其衍生物

一个碱基和一个戊糖结合,形成核苷(Nucleoside)。核苷中的戊糖有两类:D-核糖和D-2-脱氧核糖。它们都是呋喃型的环状结构(如图2.2),糖环中的碳原子用$1'$,$2'$…表示。戊糖中的C_1'原子与嘧啶碱基的N_1原子结合形成N_1-C_1'糖苷键,与嘌呤碱基的N_9原子结合形成N_9-C_1'糖苷键。碱基与戊糖之间的这两种N-C'键,称为N-糖苷键。在天然存在的核苷中,这两种N-糖苷键都是β构型的。核糖分别与A、G、C、U四种碱基结合形成四种基本的核苷:腺苷、鸟苷、胞苷和尿苷(如图2.3A),脱氧核糖与A、G、C、T四种碱基结合形成四种基本的脱氧核苷:脱氧腺苷、脱氧鸟苷、脱氧胞苷和脱氧胸苷(如图2.3B)。

β-D-2-O-甲基核糖   β-D-2-O-脱氧核糖(呋喃式)

图2.2 核酸中的两种核糖

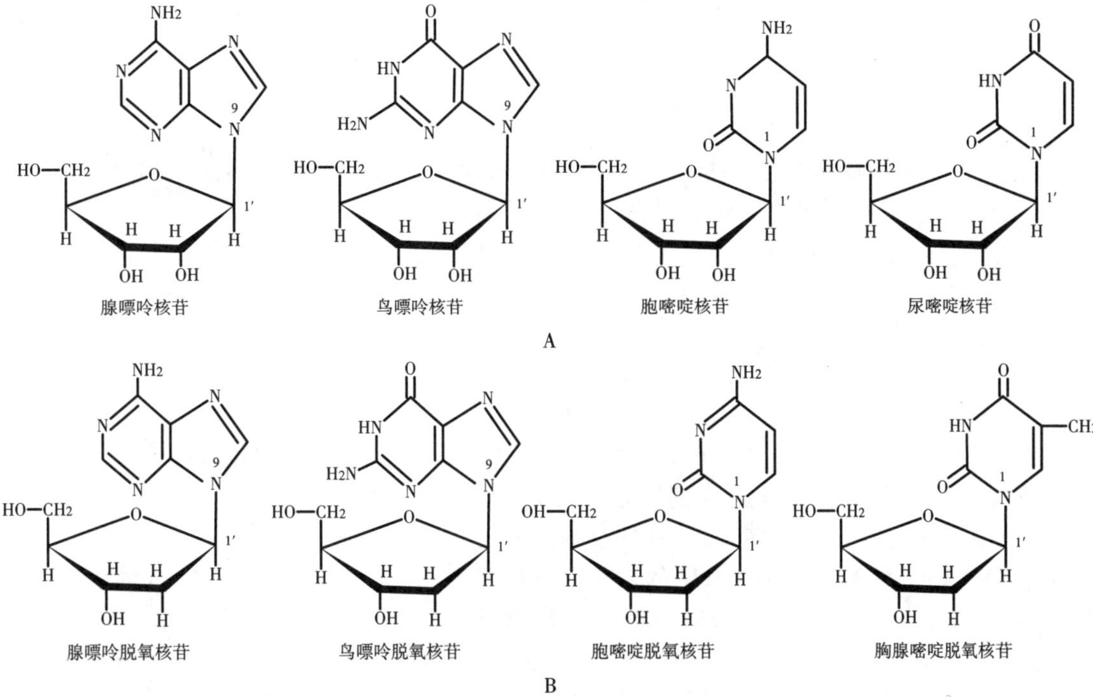

腺嘌呤核苷 　　　　乌嘌呤核苷 　　　　胞嘧啶核苷 　　　　尿嘧啶核苷

A

腺嘌呤脱氧核苷 　　乌嘌呤脱氧核苷 　　胞嘧啶脱氧核苷 　　胸腺嘧啶脱氧核苷

B

图2.3　基本核苷的种类和结构

核苷酸是核苷的磷酸酯。核酸分子中的核苷酸,可以看成是戊糖上C₅′相连接的羟基被一个磷酸分子酯化的产物(如图2.4)。这种核苷酸常被称为核苷-5′-单磷酸(5-Nucleoside monophosphate,5′-NMP)(注:N代表A、T、C、G和U中的任何一种,下同)。例如,腺苷的5′-OH酯化,形成的核苷酸是腺苷-5′-单磷酸(5′-Adenosine monophosphate,5′-AMP),习惯上称为一磷酸腺苷(AMP)。以此类推,其他基本的核苷-5′-单磷酸为鸟苷酸(GMP)、尿苷酸(UMP)和胞苷酸(CMP)。同理,基本的脱氧核苷-5′-单磷酸(5′-Deoxy-nucleoside monophosphate,5′-dNMP)为脱氧腺苷酸(dAMP)、脱氧鸟苷酸(dGMP)、脱氧胸苷酸(dTMP)和脱氧胞苷酸(dCMP)见表2.1。

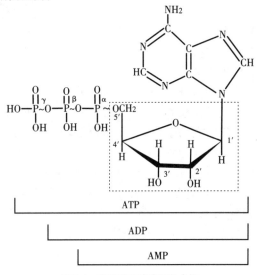

ATP

ADP

AMP

图2.4　腺苷酸及其磷酸化合物

表2.1　碱基、核苷和核苷酸的命名法

碱　基	核苷	核苷酸(5′-单磷酸)
腺嘌呤(A)	腺苷/脱氧腺苷	腺苷酸(AMP)/脱氧腺苷酸(dAMP)
鸟嘌呤(G)	鸟苷/脱氧鸟苷	鸟苷酸(GMP)/脱氧鸟苷酸(dGMP)
尿嘧啶(U)/胸腺嘧啶(T)	尿苷/脱氧胸苷	尿苷酸(UMP)/脱氧胸苷酸(dTMP)
胞嘧啶(C)	胞苷/脱氧胞苷	胞苷酸(CMP)/脱氧胞苷酸(dCMP)

第二节　DNA的分子结构

一、DNA的一级结构

核酸的一级结构是指在其多核苷酸链中各个核苷酸之间的连接方式,核苷酸的种类、数量以及核苷酸的排列顺序。生物的遗传信息就储存于DNA的核苷酸序列中,因此测定核苷酸序列是分子生物学的重要课题,20世纪70年代后期,Sanger和Gilbert等分别建立了DNA中核苷酸顺序快速测定法,推动了核酸研究的进展。研究DNA分子的一级结构发现,它是由几千到几千万个脱氧核糖核苷酸(dAMP、dGMP、dCMP、dTMP)线型连贯而成的,没有分支。连接的方式是在核苷酸之间形成3′,5′-磷酸二酯键,即在核苷酸之间的磷酸基,既与前一个核苷的脱氧核糖的C-3′-OH以酯键连接,又与后一个核苷的脱氧核糖的C-5′-磷酸基以酯键连接,即形成两个酯键。这样依次连接下去,成为一个长的多核苷酸链。这种连接方式称为3′,5′连接。在形成的多核苷酸链上,具有游离5′-磷酸基的一端称为5′末端,具有游离3′-羟基的一端称为3′末端。DNA核苷酸延长的走向总是由5′端向3′延伸,即5′→3′(如图2.5)。

在书面和口头表述DNA的一级结构时,为方便起见,常常以碱基的排列顺序替代核苷酸的排列顺序,而且有时直接用A、T、C、G替代脱氧腺苷酸、脱氧胸苷酸、脱氧胞苷酸、脱氧鸟苷酸(对于RNA来说,用A、U、C、G等来表示其一级结构的核苷酸顺序)。

在人类染色体DNA中,基因总数为4万左右,目前已完成人类基因组测序,并预计于2015年将人体内约4万个基因的密码全部解开,并绘制出人类基因的谱图。

二、DNA的二级结构

基于R.Franklin和M.Wilkins对DNA纤维的X-射线衍射分析以及Chargaff的碱基当量定律的提示,Watson和Crick于1953年提出了DNA的双螺旋结构模型,揭示了DNA的二级结构,它是20世纪最重大的自然科学成果之一。DNA分子是一个右手双螺旋结构(如图2.6),其特征如下:

(1)由两条平行的多核苷酸链,以相反的方向(即一条由3′→5′,另一条由5′→3′),围绕着同一个中心

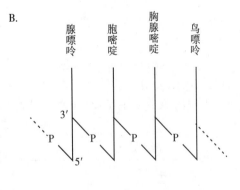

图2.5　DNA多核苷酸链的结构及其缩写表示法

轴（想象的），以右手旋转方式构成一个双螺旋结构。

（2）疏水的嘌呤和嘧啶碱基平面层叠于螺旋的内侧，亲水的磷酸基和脱氧核糖以磷酸二酯键相连形成的骨架位于螺旋外侧。

（3）内侧碱基呈平面状，碱基平面与中心轴垂直，糖的平面与碱基平面几乎成直角。每个平面上有两个碱基（每条各一个）形成碱基对。相邻碱基平面在螺旋轴之间的距离为0.34 nm。旋转夹角为36°。因此，每10对核苷酸绕中心轴旋转一圈，故螺旋的螺距为3.4 nm。

（4）螺旋的直径约为2 nm，沿螺旋的中心轴形成大沟和小沟交替出现。

（5）两条链被碱基对之间形成的氢键稳定地维系在一起，根据Chargaff原则，碱基之间具有严格的互补配对规律，总是A–T配对，G–C配对。A和T之间形成两对氢键，G与C之间形成三对氢键。DNA分子中的两条链称为互补链。碱基互补配对是DNA双螺旋结构最重要的特性，是DNA复制、转录及反转录的分子基础，从而体现出重要的生物学意义。

在DNA分子中，Watson和Crick提出的DNA双螺旋结构属于B型双螺旋，它是以在生理盐溶液中抽出的DNA纤维在92%相对湿度下进行X–射线衍射图谱为依据进行推测的，这是DNA分子在水性环境和生理条件下最稳定的结构。之后的研究表明DNA的结构是动态的。相对湿度降到75%时，DNA分子的X–射线衍射图给出的是A构象，A–DNA每螺旋含11个碱基对，而且变成A–DNA后，大沟变窄、变深，小沟变宽、变浅。由于大沟、小沟是DNA行使功能时蛋白质的识别位点，所以由B–DNA变为A–DNA后，蛋白质对DNA分子的识别也发生了相应变化。

一般说来，A–T丰富的DNA片段常呈B–DNA。采用乙醇沉淀法纯化DNA时，整个过程中，大部分DNA由B–DNA经过C–DNA，最终变构为A–DNA。若DNA双链中一条链被相应的RNA

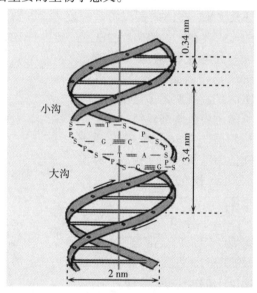

图2.6　DNA的二级结构图

链替换，会变构成A–DNA。当DNA处于转录状态时，DNA模板链与由它转录所得的RNA链间形成的双链就是A–DNA。由此可见A–DNA构象对基因表达有重要意义。此外，B–DNA双链都被RNA链所取代而得到由两条RNA链组成的双螺旋结构也是A–DNA。除A–DNA、B–DNA螺旋外，还有一种螺旋是左手双螺旋，每圈约含12对碱基，主链中的各磷酸基呈锯齿状排列，因此称为Z-DNA（Z为Zigzag），呈锯齿形的原因是重复的单位是二核苷酸，而不是单核苷酸。Z-DNA只有一个深的螺旋槽，除上述几种构象外，DNA还存在B′–DNA和D–DNA等构象。

总之，DNA的双螺旋结构永远处于动态平衡中，DNA分子构象的变化与糖基和碱基之间的空间相对位置有关。

三、DNA的三级结构

DNA的三级结构指DNA分子双螺旋进一步扭曲，形成的一种特定构象。DNA三级结构的基本形式是超螺旋（Super-coiled DNA），即螺旋的螺旋。DNA的三级结构同样决定于它的二级结构。具体地说，决定DNA超螺旋结构的因素是DNA双螺旋中两条链相互盘绕的参数，即有关拓扑学描述两个相互盘绕的环几何形态的参数。当B-DNA双螺旋的两条链，按每10个碱基对相互盘绕一圈时，双螺旋分子处于能量最低的伸展状态。DNA具有维持此种结构（绕数=bp数/10）的倾向。盘绕过多（绕数大于bp数/10）或盘绕不足（绕数小于bp数/10）时，便会因出现张力,使DNA双螺旋扭曲,形成超螺旋。盘绕过多时,形成正(左手)超螺旋;盘绕不足时,形成负(右手)超螺旋。因为超螺旋是在双螺旋的张力推动下形成的,所以,只有双链闭合环形DNA和末端都被固定起来的线形DNA,才能够形成超螺旋(见图2.7)。

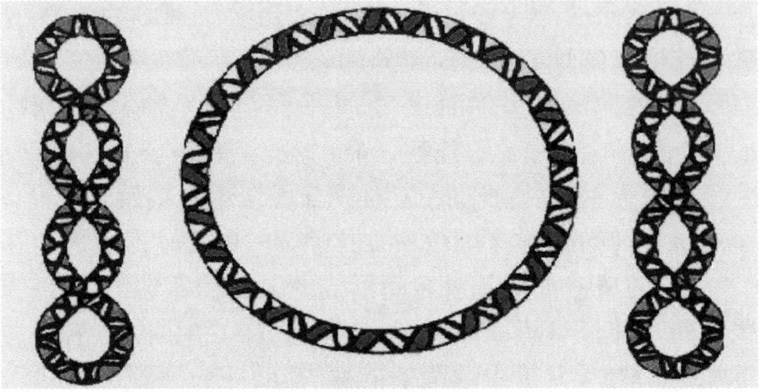

有切口的环状DNA和有未固定末端的线形DNA,都不能保持双螺旋的张力,因而不能形成超螺旋。无论是真核生物的双链线形DNA,还是原核生物的双链环形DNA,在体内都以负超螺旋的形式存在。负超螺旋的密度一般为每100~200 bp一圈。

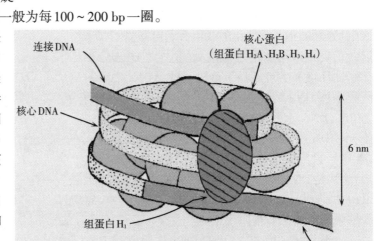

右手(负)超螺旋　　　正常环状螺旋　　　左手(正)超螺旋
图2.7　超螺旋的形成

真核生物细胞染色体是DNA与蛋白质的复合体,其中DNA的超螺旋是多层次的。染色体由染色质细丝经过多次卷曲而成。在电镜下,染色质细丝呈串珠状结构。构成这种串珠状结构的重复单位为核小体。

核小体由DNA和组蛋白组成。组蛋白是富含精氨酸和赖氨酸的碱性蛋白,有H_1、H_2A、H_2B、H_3和H_4共五种。H_2A、H_2B、H_3和H_4各两分子组成核小体的蛋白核心。约140 bp双螺旋DNA,称核心DNA,在蛋白核心外周绕行1.75圈,共同构成核小体核心颗粒。核小体核心颗粒间有约60 bp DNA,称为连接DNA。1分子组蛋白H_1结合在连接DNA部位,将核心DNA固定在核心蛋白外围。由核心DNA与连接DNA构成的核小体重复单位,包括约200 bp DNA(见图2.8)。许多核小体之间由高度折叠的DNA链相连在一起,构成念珠状结构,念珠状结构进一步盘绕成更复杂更高层次的结构。

图2.8　核小体的结构

第三节　RNA的分子结构

一、RNA的结构特征

RNA与DNA的主要区别:

(1)RNA分子是一条单链,但局部区域可卷曲形成双螺旋结构,或称"发夹结构",即某些RNA分子,其部分区域自身回折,使一些碱基彼此靠近,在靠近区域的碱基一般也彼此形成氢键而互相配对形成双链,双链区不配对的碱基被排斥在双链外,形成突起,即为发夹结构(如图2.9)。

（2）戊糖为D-核糖,有C-2′羟基。

（3）四种碱基是A、G、C、U,而且含有多种稀有修饰成分,即经过化学修饰的碱基和核苷。这些稀有成分可能与tRNA的生物学功能有一定的关系。对大多数RNA来说,分子中的A与U或C与G的数目不等。

（4）RNA是DNA部分序列的转录产物,分子量比DNA小得多。

（5）RNA是多拷贝的。

（6）RNA与DNA对碱的稳定性不同。

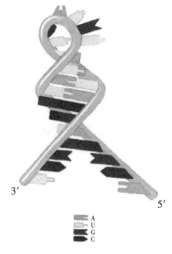

> 【讨论】　从一株新发现的病毒中提取了核苷酸,请用最简单的方法确定它是DNA还是RNA?请结合DNA和RNA的结构进行分析讨论。

RNA也是由3′,5′-磷酸二酯键连接成的无分支长链大分子,但它只有一条核酸链（少数病毒除外,如呼肠孤病毒等的RNA分子,具有完整的双螺旋结构）。

图2.9　发夹结构
图片引自2002,Prentice-Hall, Inc.

二、RNA的类型

RNA存在于各种生物的细胞中,依不同的功能和性质,主要分为三类RNA:信使RNA（Messenger RNA,mRNA）,核糖体RNA（Ribosome RNA,rRNA）和转运RNA（Transfer RNA,tRNA）。这三类RNA都参与蛋白质的生物合成。近年来也有许多报道认为RNA具有催化活性。

（一）mRNA

mRNA占细胞中RNA总量的3%~5%,相对分子质量极不均一,一般为（0.5~2）×10⁶,一分子的mRNA可被翻译成1种或1组蛋白质,其大小相差很多。大肠杆菌mRNA分子的平均长度为1.2 kb,是合成蛋白质的模板。传递DNA的遗传信息,决定着每一种蛋白质肽链中氨基酸的排列顺序,所以细胞内mRNA的种类是很多的。mRNA是三类RNA中最不稳定的,它代谢活跃、更新迅速。原核生物（如大肠杆菌）mRNA的半衰期只有几分钟,真核细胞的则寿命较长,可达几小时以上。

绝大多数真核细胞mRNA在3′末端有一个长约200个腺苷酸的polyA。polyA是在转录后经polyA聚合酶的作用而添加上去的。原核生物的mRNA一般无3′polyA。polyA可能有多方面功能:与mRNA从细胞核到细胞质的转移有关;与mRNA的半衰期有关;新合成的mRNA polyA的链较长,而衰老的mRNA polyA链较短。

真核细胞mRNA在5′端有帽子结构。调转方向的7-甲基鸟苷三磷酸,它与mRNA原来的5′端核苷酸借5′pppG连接形成m⁷GpppN。5′端帽子结构对稳定mRNA及其翻译具有重要意义。它作为一种保护装置将mRNA 5′端封闭起来,可使mRNA免受核酸外切酶的水解破坏,它还作为蛋白质合成系统的辨认信号被专一的蛋白因子所识别,从而启动翻译过程。

（二）rRNA

rRNA是细胞中含量最多的一类RNA,占细胞中RNA总量的80%左右,是构成核糖体的骨架。核糖体（Ribosome）或称核蛋白体,是一种亚细胞结构,是直径为10~20 nm的微小颗粒。rRNA约占核糖体的60%,其余40%为蛋白质。大肠杆菌核糖体中有三类rRNA,分别为5S rRNA、16S rRNA和23S rRNA。动物细胞核糖体RNA有四类:5S rRNA、5.8S rRNA、18S rRNA和28S rRNA。许多rRNA的一级结构及由一级结构推导出来的二级结构都已阐明,但是对许多rRNA的功能迄今仍然不太清楚。

（三）tRNA

tRNA约占RNA总量的15%，通常以游离的状态存在于细胞质中。它的功能主要是携带活化了的氨基酸，并将其转运到与核糖体结合的mRNA上用以合成蛋白质。细胞内tRNA种类很多，每一种氨基酸都有特异转运它的一种或几种tRNA。

1.一级结构

tRNA由70~90个核苷酸组成，有较多的稀有碱基核苷酸。相对分子质量为25 000左右，在三类RNA中它的分子质量最小。3′末端为-CCAOH，用来接受活化的氨基酸，所以这个末端称为接受末端。5′末端大多为pG…，也有pC…的。沉降系数指单位离心场里的沉降速度，又称沉降常数，常用S（Svedberg）表示。采用$1×10^{-13}$秒的沉降系数为一个S单位。例如某核酸的沉降系数为$28×10^{-13}$ S，可用28S表示，通常tRNA的沉降系数都在4S左右。

2.二级结构

根据碱基排列模式，tRNA的二级结构呈三叶草状（Clover Leaf）。双链互补区构成三叶草的叶柄，突环好像三片小叶（见图2.10）。

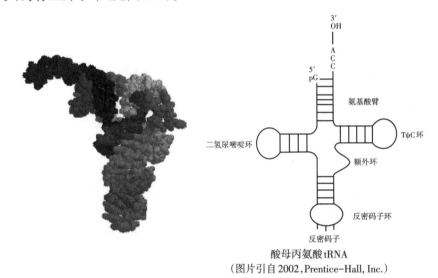

酸母丙氨酸tRNA
（图片引自2002，Prentice-Hall, Inc.）

图2.10　tRNA的三叶草结构

如酵母丙氨酸tRNA的核苷酸序列大致分为氨基酸臂（由7对碱基组成，富含鸟嘌呤。末端为-CCA-OH，蛋白质生物合成时，用来接受活化的氨基酸）、二氢尿嘧啶环（由8~12个核苷酸组成，含有二氢尿嘧啶环，故称为二氢尿嘧啶环）、反密码子环（由7个核苷酸组成，正中3个为反密码子，由3个碱基组成。次黄嘌呤核苷酸常出现于反密码子中）、额外环（由3~18个核苷酸组成。不同的tRNA具有不同大小的额外环）和TΨC环（由7个核苷酸组成。因环中含有T-Ψ-C碱基序列而得名）五部分。

第四节　核酸的性质及应用

一、核酸的一般性质

（1）DNA分子的大小。天然存在的DNA分子最显著的特点是很长，相对分子质量很大。例如大肠杆菌含由400万碱基对（Base pair，bp）组成的双螺旋DNA分子，其相对分子质量为2.6×10^6，它外形很不对称，长度为$1.4×10^6$ nm，相当于1.4mm，而直径为20 nm。所以DNA称为生物大分子。相对分子质量一般为 $10^6 \sim 10^{10}$。DNA 有的呈双股（Double strand DNA，dsDNA）线型分子，有些为环状，也有少数呈单股（Single strand DNA，ssDNA）环状。

（2）DNA 微溶于水，呈酸性，加碱促进溶解，但不溶于有机溶剂，因此常用有机溶剂（如乙醇）来沉淀 DNA。

（3）由于 DNA 分子很长，形成溶液后呈现黏稠状，DNA 愈长黏稠度愈大。在加入乙醇后可用玻璃棒将黏稠的 DNA 搅缠起来。

（4）DNA 的溶液虽呈黏稠状，但 DNA 的双螺旋结构实际上是僵直且有刚性的，经不起剪切力的作用，易断裂成碎片。这也是目前难以获得完整大分子 DNA 的原因。

（5）溶液状态的 DNA 易受 DNA 酶作用而降解。抽干水分的 DNA 性质却十分稳定。

二、核酸的紫外吸收特性

核酸组成中含有嘌呤、嘧啶碱基，因为这些环状结构中带有共轭双键，使核酸也具有了强烈的紫外吸收性质，其最大吸收值在波长 260 nm 处（常以 A_{260} 表示），而在波长 230 nm 处为吸收低谷。RNA 钠盐的吸收曲线与 DNA 无明显区别。A_{260} 可作为核酸及组分定量测定的依据。由于蛋白质最大吸收峰在 280 nm 处，因此 A_{260} 与 A_{280} 的比值可用于判断核酸的纯度。

然而变性后的 DNA 由于碱基对失去重叠，所以在波长 260 nm 处的紫外光吸收有明显升高，这种现象称为增色效应（Hyperchromic effect）（由于双螺旋分子碱基相互堆积，加以氢键的吸引而处于双螺旋的内部，使光的吸收受到压抑，其值低于等摩尔的碱基在溶液中的光吸收，变性后，氢键断开，碱基堆积破坏、碱基暴露，于是紫外光的吸收就明显升高，可增加 30%~40% 或更高一些。）。

> 【知识点分析】 实验室中常用 DNA 或 RNA 是否为纯品的判定和测定方法。
> 实验中待测核酸样品是否为纯品可用紫外分光光度计读出波长 260 nm 与波长 280 nm 的 OD 值，因为蛋白质的最大吸收在波长 280 nm 处，因此从 A_{260}/A_{280} 的比值即可判断样品的纯度。纯 DNA 的 A_{260}/A_{280} 应为 1.8，纯 RNA 应为 2.0。样品中如含有杂蛋白及苯酚，A_{260}/A_{280} 比值即明显降低。不纯的样品不能用紫外吸收法做定量测定。对于纯的核酸溶液，测定 A_{260}，即可利用核酸的比吸光系数计算溶液中核酸的量，核酸的比吸光系数是指浓度为 1 μg/mL 的核酸水溶液在波长 260 nm 处的吸收率，天然状态的双链 DNA 的比吸光系数为 0.020，变性 DNA 和 RNA 的比吸光系数为 0.022。通常以 OD 值为 1 相当于 50 μg/mL 双螺旋 DNA，或 40 μg/mL 单螺旋 DNA（或 RNA），或 20 μg/mL 寡核苷酸计算。不纯的核酸可以用琼脂糖凝胶电泳分离出区带后，经溴化乙啶染色而粗略地估计其含量。

三、核酸的变性与复性

（一）变性

核酸和蛋白质一样具有变性现象。核酸的变性是指氢键的断裂，DNA 的双螺旋结构分开，成为两条单链的 DNA 分子，即改变了 DNA 的二级结构，但并不破坏一级结构。DNA 双螺旋的两条链可用物理或化学的方法分开。如加热使 DNA 溶液温度升高、加酸或加碱改变溶液的 pH，加乙醇、丙酮或尿素等有机溶剂或试剂，都可引起变性，当 DNA 加热变性时，先是局部双螺旋松开，称为双螺旋的解链，然后整个双螺旋的两条链分开成不规则的卷曲单链，在链内可形成局部的氢键结合区，其产物是无规则的线团，因此核酸变性可看作是一种螺旋向线团转变的过渡。若仅仅是 DNA 分子某些部分的两条链分开，则变性是部分的；而当两条链完全离开时，则是完全的变性。

DNA 加热变性过程是在一个狭窄的温度范围内迅速发生的，它有点像晶体的熔融。通常将 50% 的 DNA 分子发生变性时的温度称为解链温度，一般用"T_m"表示。DNA 的 T_m 值一般为 70 ~ 85 ℃（如图 2.11）。

影响Tm值的因素主要有两个：

1.DNA的性质和组成

均一的DNA（如病毒DNA），T_m值范围较小。非均一的DNA，T_m值在一个较宽的温度范围内，所以T_m值可作为衡量DNA样品均一性的指标，碱基组成中，由于G≡C碱基对含有三个氢键，A=T碱基对只有两个氢键，故G≡C对比A=T对牢固，因此G≡C对含量愈高的DNA分子则愈不易变性，T_m值也越大。

2.溶液的性质

一般来说离子强度低时，T_m值较低，转变的温度范围也较宽。反之，离子强度高时，T_m

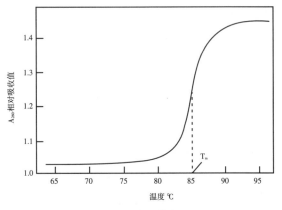

图2.11　DNA解链曲线
(图片引自2002 Prentice-Hall, Inc.)

值较高，转变的温度范围也较窄。所以DNA的制品不应保存在极稀的电解质溶液中，一般在1 mol/L NaCl溶液中保存较为稳定。

变性后的DNA，其生物活性丧失（如细菌DNA的转化活性明显下降），同时发生一系列理化性质的改变。包括：

（1）黏度下降；

（2）沉降系数增加；

（3）比旋下降；

（4）紫外光吸收值升高等。

（二）复性

DNA的变性是可逆过程，在适当的条件下，变性DNA分开的两条链又重新缔合而恢复成双螺旋结构，这个过程称为复性。完全变性的DNA的复性过程需分两步进行，首先是分开的两条链相互碰撞，在互补顺序间先形成双链核心片段，然后以此核心片段为基础，迅速地找到配对，完成其复性过程。如当温度高于T_m约5 ℃时，DNA的两条链由于布朗运动而完全分开。如果将此热溶液迅速冷却，则两条链继续保持分开，称为淬火（Quenching）；若将此溶液缓慢冷却（称退火，Annealing）到适当的低温，则两条链可发生特异性的重新组合而恢复到原来的双螺旋结构。DNA的复性一般只适用于均一的病毒和细菌的DNA，至于哺乳动物细胞中的非均一DNA，则很难恢复到原来的双螺旋结构状态。这是因为各片段之间只要有一定数量的碱基彼此互补，就可以重新组合成双螺旋结构，碱基不互补的区域则形成突环。

复性速率受很多因素的影响：顺序简单的DNA分子比复杂的分子复性要快；DNA浓度愈高，愈易复性；此外，DNA片段大小、溶液的离子强度等对复性速率都有影响，复性后DNA的一系列物理化学性质能得到恢复，如紫外光吸收值下降、黏度增高、比旋增加，生物活性也得到部分恢复。PCR（Polymerase Chain Reaction，聚合酶链式反应）技术就是一个典型的例子。

【知识点分析】 聚合酶链式反应原理

PCR由变性—退火—延伸三个基本反应步骤构成：

① 模板DNA的变性：模板DNA经加热至93 ℃左右一定时间后，使模板DNA双链解离，成为单链。② 模板DNA与引物的退火（复性）：模板DNA经加热变性成单链后，温度降至55 ℃左右，引物与模板DNA单链的互补序列配对结合；③引物的延伸：DNA模板—引物结合物在Taq DNA聚合酶的作用下，以dNTP为反应原料，靶序列为模板，按碱基配对与半保留复制原理，合成一条新的与模板DNA链互补的半保留复制链，重复循环变性—退火—延伸三个过程，就能将待扩目的基因扩增放大几百万倍。到达平台期（Plateau）所需循环次数取决于样品中模板的拷贝数。

四、核酸的分子杂交

DNA的变性和复性都是以碱基互补为基础的,因此可以进行分子杂交(Molecular Hybridization)。不同来源的核酸变性后,合并在一处进行复性,这时,只要这些核酸分子的核苷酸序列含有可以形成碱基互补配对的片段,复性也会发生于不同来源的核酸链之间,形成所谓的杂化双链(Heteroduplex),这个过程称为杂交(Hybridization)。杂交可以发生于DNA与DNA之间,也可以发生于RNA与RNA之间和DNA与RNA之间。例如,一段天然的DNA和这段DNA的缺失突变体(假定这种突变是DNA分子中部丢失了若干碱基对)一起杂交,电子显微镜下可以看到杂化双链中部鼓起小泡。通过测量小泡的位置和长度,可确定缺失突变发生的部位和缺失的数量。核酸杂交技术是目前研究核酸结构、功能常用手段之一,不仅可用来检验核酸的缺失、插入,还可用来检测不同生物种类在核酸分子中的共同序列和不同序列,以确定它们在进化中的关系。其应用当然远不止于确定突变位置这一例。在核酸杂交的基础上发展起来的一种用于研究和诊断的非常有用的技术称探针技术(Probe)。一小段(例如十余个至数百个)核苷酸聚合体的单链,用放射性同位素如 ^{32}P、^{35}S 或生物素标记其末端或全链,就可作为探针。首先把待测DNA变性并吸附在一种特殊的滤膜,例如硝酸纤维素膜上。然后把滤膜与探针共同培育一段时间,使其发生杂交。用缓冲液冲洗膜。这种滤膜能较牢固地吸附双链的核酸,而单链的在冲洗时洗脱了。有放射性的探针若能与待测DNA结合成杂化双链,则保留在滤膜上。通过同位素的放射自显影或生物素的化学显色,就可判断探针是否与被测的DNA发生杂交。有杂交现象则说明被测DNA与探针有同源性(Homogeneity),即二者的碱基序列是可以互补的。

> **【案例分析】** 如何确定某种病毒是否和某种肿瘤有关联性?
> 可把病毒的DNA制成探针。从肿瘤组织提取DNA,与探针杂交处理后,有杂化双链的出现,就说明两种DNA之间有同源性。这不等于说是这种病毒引起肿瘤,但至少这是可以继续深入研究下去的一条重要线索。

【本章小结】

核酸分为两大类,DNA和RNA。核苷酸是组成核酸的基本结构单元。DNA由四种脱氧核糖核苷酸组成,RNA由四种核糖核苷酸组成。

核酸分子中,核苷酸之间通过 $3'$,$5'$-磷酸二酯键相连接,核苷酸的排列顺序构成了遗传信息。1953年,Waston和Crick提出的右手双螺旋结构模型奠定了现代生物学的基础。DNA的二级结构即右手双螺旋结构模型,有A-DNA、B-DNA、B'-DBA、C-DNA和Z-DNA等,B-DNA是DNA主要的存在形式。双螺旋中A=T、G≡C形成碱基配对。DNA的三级结构是超螺旋结构和核小体。RNA主要有tRNA、rRNA和mRNA,它们是单链结构,单链内形成局部双螺旋区,其中A与U、G与C之间形成氢键。tRNA的二级结构为三叶草形,三级结构为倒"L"形;rRNA的一、二级结构也逐渐明了了;真核生物mRNA $5'$端有帽子,$3'$端有Poly A尾巴。

核酸在波长260 nm处有最大吸收峰;DNA具有特定的 T_m 值,DNA在变性时产生增色效应,在复性时产生减色效应;核酸具有分子杂交性质。核酸具有变性和复性的性质,在接近中性pH时,核酸带负电荷,可以通过电泳分离核酸。

DNA可通过酚抽提法、甲酰胺解聚法和玻棒缠绕法进行分离、纯化,可以通过电泳对核酸片段进行分离和分析。

【思考题】

1.某DNA样品含腺嘌呤15.1%,计算其余碱基的百分含量。

2.DNA双螺旋结构是由谁提出来的?试述其结构模型。

3.DNA双螺旋结构有些什么基本特点？这些特点能解释哪些最重要的生命现象？

4.tRNA的结构有何特点？有何功能？

5.DNA和RNA的结构有何异同？

6.简述DNA序列分析和PCR的基本原理。

7.叙述核酸变性复性的影响因素。

8.论述核酸分子杂交的原理和应用。

第 三 章　蛋白质的结构与功能

第一节　概述

一、蛋白质在生命活动中的重要作用

德国化学家尤斯图斯·冯·李比希(Justus von Liebig)在研究鸡蛋时将鸡蛋的黏质部分认为是决定鸡蛋功能的主要部分,将其用希腊文 Protus 命名,是"最原初","第一重要"的意思,后来 Hopsin 用"Proteins"为蛋白质命名。

蛋白质是生物体内最重要的物质之一,任何细胞,不论是动物、植物,还是简单的细菌、病毒等都有蛋白质存在。它是细胞原生质的主要成分,与核酸等其他生物分子一起共同构成了生命的物质基础。蛋白质的重要性很早就被认识,并参与了几乎所有的生命活动和生命过程,因此,蛋白质的结构与功能的研究始终是生命科学最基本的命题。

1.生物催化功能。生命体区别于非生命体的一个重大特征是生命体内部时刻都在进行着新陈代谢,新陈代谢的终止意味着生命的结束。蛋白质的一个最重要的生物学功能是作为有机体新陈代谢的催化剂——酶,生物体内的各种化学反应几乎都是在相应的酶的参与下进行的,绝大多数的酶都是蛋白质。

2.结构蛋白。蛋白质另一个主要的生物学功能是作为有机体的结构成分。任何细胞甚至任何细胞器,都有蛋白质的存在。在高等动物里,胶原纤维是主要的细胞外结构蛋白,参与结缔组织和骨骼的生成作为身体的支架。细胞里的片层结构,如细胞膜、线粒体、叶绿体和内质网等都是由不溶性蛋白质与脂质组成的。

3.运输功能。脊椎动物的血红蛋白和无脊椎动物中的血蓝蛋白主要参与氧气运输,某些色素蛋白如细胞色素 c 等起传递电子的作用。

4.运动功能。某些蛋白质与生物的运动有关,如肌球蛋白(Myosin)和肌动蛋白(Actin)是肌肉收缩系统的必要成分。细菌的鞭毛或纤毛蛋白也能产生类似的活动。近年来发现,在非肌肉的运动系统中普遍存在着运动蛋白。

5.贮存功能。动物肌肉里的肌红蛋白可以贮存氧气。有些蛋白质具有贮存氨基酸的功能,作为有机体及其胚胎或幼体生长发育的原料,如蛋类中的卵清蛋白、乳类中的酪蛋白、小麦种子中的麦醇溶蛋白等。

6.调节代谢。还有一些蛋白质具有激素的功能,对生物体内的新陈代谢起调节作用。如胰岛素参与血糖的调节,能降低血液中葡萄糖的含量。

7.免疫保护功能。生物体防御体系中的抗体也是蛋白质。它能识别病毒、细菌以及其他机体的细胞,并与之相结合而排除外来物质对有机体的干扰,起到保护机体的作用。

8.氧化供能。当动物因饥饿等原因造成血糖供应不足的时候,动物体内将一部分氨基酸通过糖异生作用生成糖,维持血糖浓度的稳定。

近代分子生物学的研究还表明,蛋白质在遗传信息的控制与传递、细胞膜的通透性,以及高等动物的记忆、识别等方面都起到重要作用。

二、蛋白质的分类

蛋白质可以按不同的方法分类。作为分类的依据主要有：分子的形状或空间构象、分子的溶解性、分子的组成情况、来源、功能等。按照蛋白质的组成可以分为简单蛋白和结合蛋白。

（一）简单蛋白

简单蛋白又称为单纯蛋白，单纯蛋白不含有非蛋白质部分。这类蛋白质水解后的最终产物只有氨基酸。单纯蛋白质按其溶解性质的不同可分为白蛋白（或清蛋白）、球蛋白、谷蛋白、醇溶蛋白、硬蛋白等。

（二）结合蛋白

结合蛋白是指由单纯蛋白和非蛋白成分结合而成的蛋白质，这类蛋白彻底水解后除了含有氨基酸外，还有其他的分子，如金属离子、磷酸根离子、糖类、脂类等物质。包括核蛋白、色蛋白、磷蛋白、糖蛋白、脂蛋白和金属蛋白等。

第二节　蛋白质的化学组成

一、蛋白质的元素组成

蛋白质是含氮有机化合物，生物组织中的氮绝大部分来自蛋白质。氮元素是蛋白质区别于糖和脂肪的特征性元素，根据对大多数蛋白质的氮元素分析，其氮元素的含量都相当接近，一般为15%~17%，平均为16%，即100 g蛋白质中含有16 g氮。这也是凯氏定氮法测定蛋白质含量的计算基础。

$$蛋白质含量 = 蛋白氮×6.25$$

式中的6.25是16%的倒数，即每测定出1 g氮相当于样品中含有6.25 g蛋白质。

蛋白质除含有氮元素外，还含有下述几种主要元素：C、H、O、S等。有些蛋白质含有少量的磷，还有些蛋白质含有某些微量元素，例如铁、铜、锰、锌、碘等。

【案例分析】　三聚氰胺事件

2008年，中国各地陆续出现婴儿因食用某品牌奶粉而患肾结石的现象，甚至导致死亡的事件，经过卫生部、国家质检总局调查，发现该品牌奶粉添加了一种化工原料——三聚氰胺。化工原料为什么会被添加到奶粉中去呢？原来三聚氰胺的分子式为$C_3H_6N_6$，含氮量为66.67%，远远高于蛋白质中的16%的含氮量，而检测部门检测牛奶中的蛋白质含量是通过凯氏定氮法，只要不法分子向牛奶中添加少量的三聚氰胺，就可以显著提高加牛奶中的含氮量，也就显著"提高"了牛奶中的蛋白质的含量，其实牛奶中蛋白质的真正含量是没有提高的，只是逃过了质监部门的检测。三聚氰胺是一种白色单斜晶体、无味，与奶粉的颜色是一样的，不容易引起消费者的注意。但三聚氰胺是有毒性的，可以导致人产生结石。

二、蛋白质的基本结构单位

蛋白质是一类含氮的生物大分子，结构复杂，功能多样。经酸、碱或蛋白酶处理，蛋白质可彻底水解得到各种氨基酸（Amino Acid, AA）。现在已经证明氨基酸是蛋白质的基本组成单位，目前从各种生物体中发现的氨基酸已有200多种，组成蛋白质的常见氨基酸共有20种，我们把这20种氨基酸称为基本氨基酸。组成蛋白质的氨基酸称为蛋白质氨基酸。某些蛋白质中的稀有氨基酸组分是基本氨基酸参与蛋白质合成后，经过特定的酶促反应修饰而成的，称为非蛋白质氨基酸，也称稀有氨基酸。

第三节　氨基酸

一、氨基酸的结构及分类

氨基酸是含有氨基及羧基的有机化合物。从蛋白质水解产物中分离出来的常见的20种氨基酸除脯氨酸外,其余19种氨基酸在结构上的共同特点是与羧基相邻的α-碳原子上都有一个氨基,因而称为α-氨基酸。脯氨酸由于α-氨基与侧链基团形成环状结构失去一个氢,形成亚氨基。氨基酸的结构通式如下:

$$R-\underset{NH_2}{\overset{H}{\underset{|}{\overset{|}{C}}}}-COOH \qquad R-\underset{NH_3^+}{\overset{H}{\underset{|}{\overset{|}{C}}}}-COO^-$$

非解离形式　　　　　　　　　　两性离子形式

从结构上看,除甘氨酸外,所有α-氨基酸的α-碳原子都是不对称碳原子或称手性碳原子,因此都具有旋光性,都能使偏振光平面向左或向右旋转,左旋通常用(－)表示,右旋通常用(＋)表示。其次,每种氨基酸都有D-和L-型两种立体异构体,这是与甘油醛相比较确定的。蛋白质水解得到的α-氨基酸都属于L-型,所以习惯上书写氨基酸都不标明构型和旋光方向。

从α-氨基酸的结构通式可以知道,各种α-氨基酸的区别就在于侧链R基团的不同,这样,组成蛋白质的20种基本氨基酸可以按照R基的化学结构或极性大小进行分类(表3.1)。根据各种氨基酸侧链R基团的极性差别进行分类,可将氨基酸分为四大类。

1.即非极性或疏水性的氨基酸。这一组中共有8种氨基酸。4种带有脂肪烃侧链的氨基酸,即丙氨酸(Ala)、缬氨酸(Val)、亮氨酸(Leu)和异亮氨酸(Ile);2种含芳香环氨基酸,即苯丙氨酸(Phe)和色氨酸(Trp);1种含硫氨基酸即甲硫氨酸(Met);1种亚氨基酸:脯氨酸(Pro)。这组氨基酸在水中的溶解度比极性R基氨基酸小。其中以丙氨酸的R基疏水性最小。

2.极性但不带电荷的氨基酸。这一组中有7种氨基酸。这组氨基酸比非极性氨基酸易溶于水。它们的侧链中含有不解离的极性基团,能与水形成氢键。丝氨酸(Ser)、苏氨酸(Thr)和酪氨酸(Tyr)中侧链的极性是由于它们的羟基造成的;天冬酰胺(Asn)和谷氨酰胺(Gln)其R基的极性是它们的酰胺基引起的;半胱氨酸(Cys)则是由于含有巯基的缘故。甘氨酸(Gly)的侧链介于极性与非极性之间,有时也把它归入非极性类,但是它的R基只是一个氢原子,对极性强的α-氨基和α-羧基影响极小。在这组氨基酸中,半胱氨酸和酪氨酸的R基极性最强。半胱氨酸中的巯基和酪氨酸中的酚羟基,虽然在pH=7时电离很弱,但与这组氨基酸中的其他氨基酸侧链相比失去质子的倾向大得多。

3.带负电荷的极性氨基酸。这一类酸性氨基酸有两种:天冬氨酸(Asp)和谷氨酸(Glu),它们都含有两个羧基,并且第二个羧基在pH6~7范围内也完全解离,因此分子带负电荷。

4.带正电荷的极性氨基酸。这一类氨基酸有三种,在pH=7时携带净正电荷,又叫碱性氨基酸。赖氨酸(Lys)除α-氨基外,在脂肪链的ε位置上还有一个氨基;精氨酸(Arg)含有一个带正电荷的胍基;组氨酸有一个咪唑基。在pH=6.0时,组氨酸分子50%以上质子化,但在pH=7.0时,质子化的分子不到10%。组氨酸是唯一一种R基在pH=7时解离的氨基酸。注意,这些氨基酸的解离条件是在细胞生理pH范围内。

表3.1 二十种常见氨基酸的名称、结构与基本性质

中文名	英文名	三字母符号	单字母符号	结构	分子量	等电点	基本性质
甘氨酸	Glycine	Gly	G	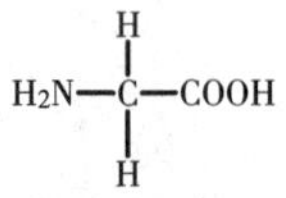 H₂N—C—COOH (H, H)	75.052	5.97	脂肪族类
丙氨酸	Alanine	Ala	A	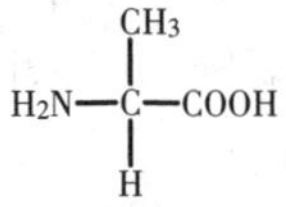 H₂N—C—COOH (CH₃, H)	89.079	6.02	脂肪族类
缬氨酸	Valine	Val	V	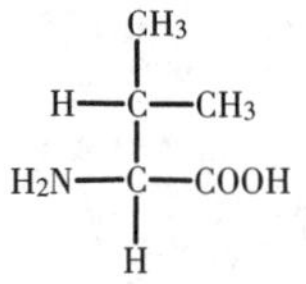 H—C—CH₃, H₂N—C—COOH (CH₃, H)	117.133	5.97	脂肪族类
亮氨酸	Leucine	Leu	L	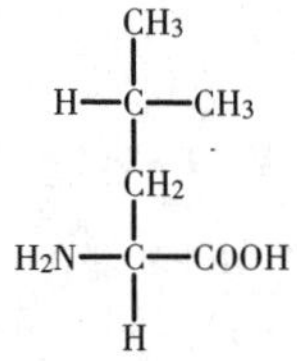 H—C—CH₃, CH₂, H₂N—C—COOH (CH₃, H)	131.160	5.98	脂肪族类
异亮氨酸	Isoleucine	Ile	I	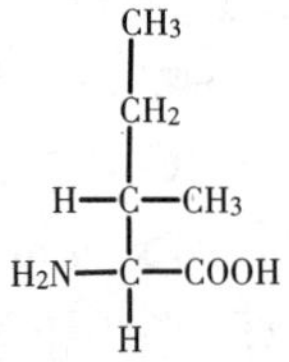 CH₃, CH₂, H—C—CH₃, H₂N—C—COOH (H)	131.160	6.02	脂肪族类
丝氨酸	Serine	Ser	S	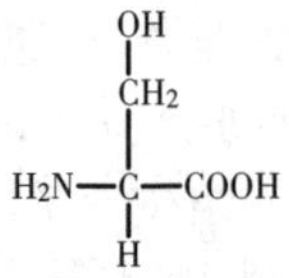 OH, CH₂, H₂N—C—COOH (H)	105.078	5.68	含羟基类
苏氨酸	Threonine	Thr	T	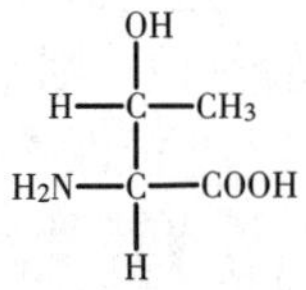 OH, H—C—CH₃, H₂N—C—COOH (H)	119.105	6.53	含羟基类
天门冬氨酸	Aspartic Acid	Asp	D	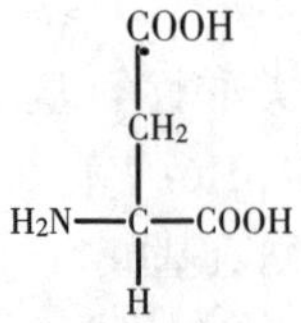 COOH, CH₂, H₂N—C—COOH (H)	133.089	2.97	酸性氨基酸类
天门冬酰胺	Asparagine	Asn	N	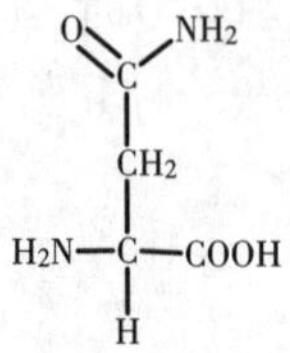 O=C—NH₂, CH₂, H₂N—C—COOH (H)	132.104	5.41	酰胺类

续表

中文名	英文名	三字母符号	单字母符号	结构	分子量	等电点	基本性质
谷氨酸	Glutamic Acid	Glu	E	$\begin{array}{c} COOH \\ | \\ CH_2 \\ | \\ CH_2 \\ | \\ H_2N-C-COOH \\ | \\ H \end{array}$	147.116	3.22	酸性氨基酸类
谷氨酰胺	Glutamine	Gln	Q	$\begin{array}{c} O\ \ NH_2 \\ \backslash\!/ \\ C \\ | \\ CH_2 \\ | \\ CH_2 \\ | \\ H_2N-C-COOH \\ | \\ H \end{array}$	146.131	5.65	酰胺类
精氨酸	Arginine	Arg	R	$\begin{array}{c} NH_2 \\ | \\ C-NH_2 \\ | \\ NH \\ | \\ CH_2 \\ | \\ CH_2 \\ | \\ CH_2 \\ | \\ H_2N-C-COOH \\ | \\ H \end{array}$	174.188	10.76	碱性氨基酸类
赖氨酸	Lysine	Lys	K	$\begin{array}{c} NH_2 \\ | \\ CH_2 \\ | \\ CH_2 \\ | \\ CH_2 \\ | \\ CH_2 \\ | \\ H_2N-C-COOH \\ | \\ H \end{array}$	146.170	9.74	碱性氨基酸类
组氨酸	Histidine	His	H	$\begin{array}{c} H \\ | \\ N-CH \\ //\ \ \ \ \backslash \\ HC\ \ \ \ \ C-CH_2 \\ \backslash\!\!\!\!\! N\ \ \ \ \ \ \ \ | \\ H_2N-C-COOH \\ | \\ H \end{array}$	155.141	7.59	碱性氨基酸类
半胱氨酸	Cysteine	Cys	C	$\begin{array}{c} SH \\ | \\ CH_2 \\ | \\ H_2N-C-COOH \\ | \\ H \end{array}$	121.145	5.02	含硫类

续表

中文名	英文名	三字母符号	单字母符号	结构	分子量	等电点	基本性质
甲硫氨酸(蛋氨酸)	Methionine	Met	M	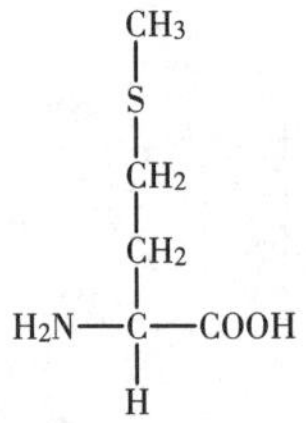	149.199	5.75	含硫类
苯丙氨酸	Phenylalanine	Phe	F	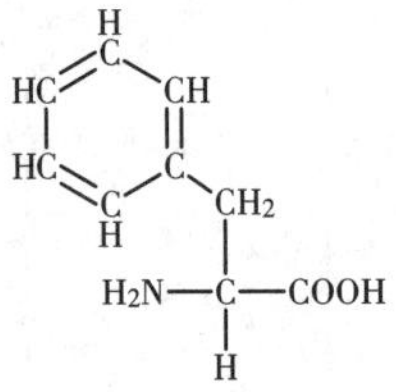	165.177	5.48	芳香族类
酪氨酸	Tyrosine	Tyr	Y	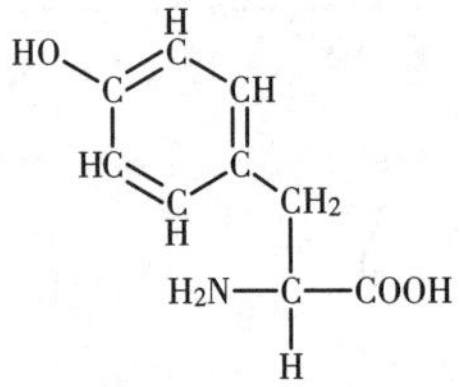	181.176	5.66	芳香族类
色氨酸	Tryptophan	Trp	W	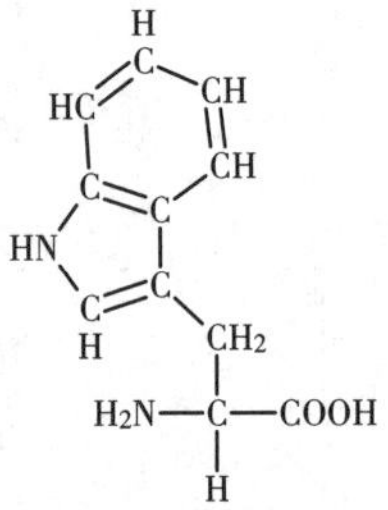	204.213	5.89	芳香族类
脯氨酸	Proline	Pro	P	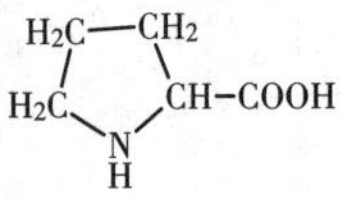	115.117	6.30	亚氨基酸

二、氨基酸的理化性质

（一）两性解离与等电点

氨基酸同时含有氨基和羧基,是两性电解质,在水溶液或结晶内基本上均以兼性离子或偶极离子的形式存在,氨基酸在水中的偶极离子既起酸(质子供体)的作用,也起碱(质子受体)的作用。同一个氨基酸分子既含有氨基,又含有羧基,氨基接受质子变成-NH$_3^+$;羧基能提供质子变成-COO$^-$。

作为酸:

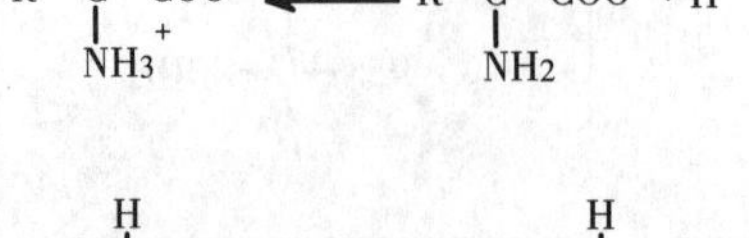

作为碱:

因此,氨基酸具有两性解离的特点,是两性电解质。

完全质子化的氨基酸可以看成是多元酸,侧链不能解离的中性氨基酸可看作是二元酸,酸性氨基酸和碱性氨基酸可视为三元酸。现以甘氨酸为例说明氨基酸的解离情况。 它分步解离如下:

$$K_1' = \frac{[R^0][H^+]}{[R^+]}$$

$$K_2' = \frac{[R^-][H^+]}{[R^0]}$$

在上列公式中,K'_1和K'_2分别代表α-碳原子上的COO^-和NH_3^+的表观解离常数。如果侧链R基上有可解离的基团,其表观解离常数用K'_R表示。

通常可以用酸和碱分别滴定氨基酸,根据滴定曲线求得pK'_1和pK'_2,例如1 mol氨基酸溶于水时,溶液pH为5.97,分别用标准NaOH溶液和HCl溶液滴定,以溶液pH为纵坐标,加入HCl和NaOH的物质的量为横坐标作图,得到滴定曲线(如图3.1)。甘氨酸的滴定曲线的一个重要特点是在pH=2.34和pH=9.6附近有两个缓冲区,其对应的pK值分别是pK'_1和pK'_2。从图中,可以看出氨基酸的解离状态与溶液pH的关系,如,当pH<1时,甘氨酸基本上以质

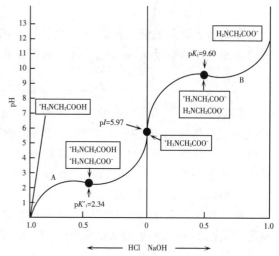

图 3.1 甘氨酸的滴定曲线
(方框内表示在解离曲线拐点处的pH时所具有的离子形式)

子化的阳离子形式$[R^+]$存在,随着pH增大,$[R^+]$减少,$[R_0]$增加,pH= pK'_1时,$[R^+]=[R_0]$;pH=5.97时,甘氨酸基本上以兼性离子的形式$[R_0]$存在,或者有少量的且浓度相等的$[R^+]$和$[R^-]$,氨基酸的净电荷为零,此时溶液的pH为该氨基酸的等电点。如果溶液的pH继续增大,$[R_0]$逐渐减少,$[R^-]$逐渐增多,当pH= pK'_2时,$[R^-]=[R_0]$,pH>12时,甘氨酸则全部以阴离子$[R^-]$的形式存在。

含一个氨基、一个羧基和不解离R基的氨基酸都具有类似甘氨酸的滴定曲线。这类氨基酸的pK'值的范围为2.0~3.0,pK_2'的范围为9.0~10.0。图中曲线A和B之间的拐点($pI=5.97$)就是甘氨酸处于净电荷为零时的pH,称为等电点,所以,在某一pH时,氨基酸所带的净电荷为零,在电场中既不向阴极移动,也不向阳极移动,此时氨基酸所处溶液的pH称为该氨基酸的等电点。氨基酸的等电点是该氨基酸的特征常数。氨基酸溶液在等电pH时,氨基酸在电场中既不向正极移动也不向负极移动,即处于兼性离子(极少数为中性分子)状态,少数解离成阳离子和阴离子,但解离成阳离子和阴离子的数目相等。氨基酸的解离如下图:

当pH>pI值时,氨基酸带净负电荷,并因此在电场中向正极移动。在pH<pI值时,氨基酸带

正电荷,在电场中向负极移动。在一定pH范围内,氨基酸溶液的pH离等电点越远,氨基酸所携带的净电荷越多。

(二)吸收光谱

参与蛋白质组成的20种常见氨基酸,在可见光区域均无光吸收,而在远紫外区(波长为10~200 nm)均有光吸收。在近紫外区(波长为200~400 nm)只有酪氨酸、苯丙氨酸和色氨酸有吸收光的能力。这是因为它们的R基含有苯环共轭双键系统。酪氨酸的最大光吸收波长(λ_{max})为278 nm,苯丙氨酸为259 nm,色氨酸为279 nm。

蛋白质由于含有这些带苯环的氨基酸,因此也有紫外吸收能力。一般最大光吸收在波长280 nm处,因此利用紫外分光光度法能很方便地测定蛋白质的含量。

(三)重要化学反应

氨基酸的化学反应主要是指它的α-氨基和α-羧基以及侧链上的官能团所参与的那些反应。

1. 与亚硝酸反应

在室温下亚硝酸能与含游离α-氨基的氨基酸反应,氨基酸被氧化成羟酸(含亚氨基的脯氨酸则不能与亚硝酸反应),放出氮气。其反应式如下:

$$R-\overset{\overset{\displaystyle NH_2}{|}}{CH}-COOH + HNO_2 \longrightarrow R-\overset{\overset{\displaystyle OH}{|}}{CH}-COOH + N_2\uparrow + H_2O$$

在标准条件下测定生成的氮气体积,即可计算出氨基酸的量,此反应很快,也较为准确,是定量测定氨基酸的方法之一,此法还可用于蛋白质水解程度的测定。这里值得注意的是生成的氮气(N_2)只有一半来自氨基酸。除α-氨基外,赖氨酸的ε-氨基也能与亚硝酸反应,但速度较慢。而α-氨基作用3~4 min即完成反应。

2. 与2,4-二硝基氟苯的反应

在弱碱性溶液中,氨基酸的α-氨基很容易与2,4-二硝基氟苯(DNFB或FDNB)作用,生成稳定的黄色2,4-二硝基苯基氨基酸(DNP-氨基酸)。反应式如下:

(DNFB)　　　　　　　　　　　　DNP-氨基酸(黄色)

这个反应最初被英国的Sanger用来鉴定多肽或蛋白质的N末端氨基酸,又被称为Sanger反应。

3. 与异硫氰酸苯酯反应(Edman反应)

在弱碱性条件下,氨基酸中的α-氨基与异硫氰酸苯酯(PITC)反应,产生相应的苯氨基硫甲酰氨基酸(PTC-氨基酸)。在无水酸中,PTC-氨基酸即环化为苯乙内酰硫脲(PTH-氨基酸)衍生物:

异硫氰酸苯酯

苯氨基硫甲酰氨基酸　　　　　　　苯乙内酰硫脲衍生物
(PTC-氨基酸)　　　　　　　　　(PTH-氨基酸衍生物)

这些衍生物是无色的,可用层析法加以分离鉴定。这个反应首先被 Edman 用于鉴定多肽或蛋白质的 N-末端氨基酸。它在多肽和蛋白质的氨基酸顺序分析方面占有重要地位。

4.与茚三酮反应

在氨基酸的分析化学中,具有特殊意义的是氨基酸与茚三酮的反应。茚三酮在弱酸性溶液(pH 5~7)中与 α-氨基酸共热(80~100 ℃),引起氨基酸氧化脱氨、脱羧反应,最后茚三酮与反应物——氨和还原茚三酮发生作用,生成蓝紫色物质。其反应如下:

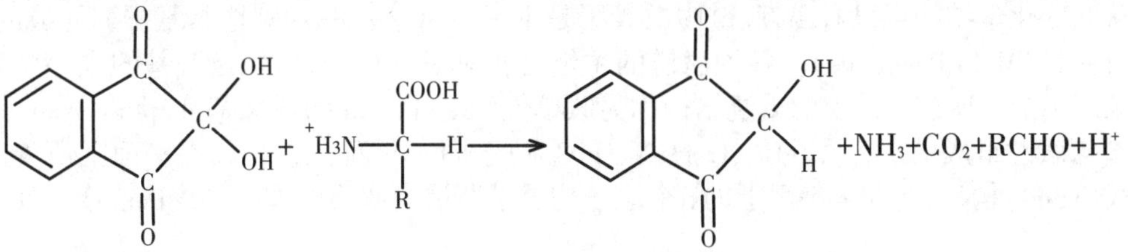

水合茚三酮　　　　　　　　　　　　　　还原茚三酮

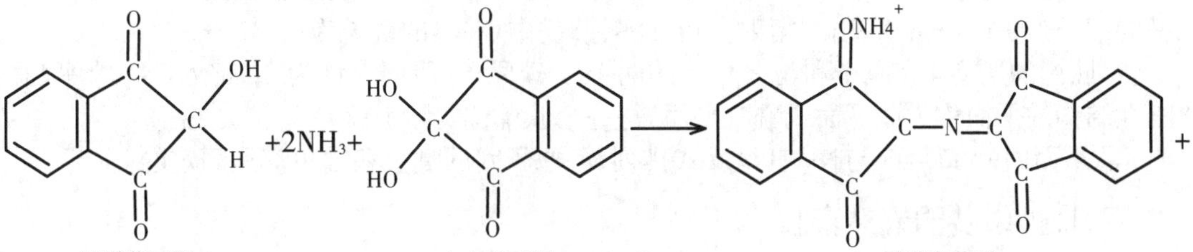

还原茚三酮　　　　　　　　水合茚三酮　　　　　　　　蓝紫色物质

$3H_2O$

用纸层析或柱层析把各种氨基酸分开后,利用茚三酮显色可以定性或定量测定各种氨基酸。脯氨酸和羟脯氨酸与茚三酮反应生成黄色化合物。

第四节　肽

氨基酸的多聚物称为肽(Peptide)或者蛋白质。这些氨基酸多聚物的氨基酸数量可以是两个到几千个甚至上万个。

一、肽和肽键

(一)肽

一个氨基酸的 α-羧基和另一个氨基酸的 α-氨基脱水缩合而成的化合物叫肽。

(二)肽键

氨基酸之间脱水后形成的键叫肽键(Peptide Bond),又称为酰胺键(如图 3.2),写作 —CO—NH—。最简单的肽由两个氨基酸组成,称为二肽(Dipeptide),其中包含一个肽键。随着所含氨基酸数目的增加,依次称为三肽、四肽、五肽等。一般把含 10 个以下氨基酸的肽称为寡肽,10 个以上氨基酸所生成的肽称为多肽,肽为链状结构,所以多肽也叫多肽链。蛋白质是氨基酸通过肽键连接在一起的线性序列,生物体内有长短不同的肽链,许多小分子肽具有特殊的生物学功能,成为生物活性肽。

(三)氨基酸残基

肽链中氨基酸由于参加肽键的形成已经不是原来完整的分子,因此称为氨基酸残基(Amino Acid Residue)。

多肽链中每一氨基酸单位在形成肽键时都丢失1分子水。严格地说,每形成一个肽键丢失1分子水,因此丢失的水分子数比氨基酸残基数少1个。一条多肽链通常在一端含有一个游离的氨基,在另一端含有一个游离的羧基。

肽的命名是根据参与其组成的氨基酸残基排列顺序来确定的。有时这两个游离的末端基团连接而成环状肽(Cyclic Peptide)。

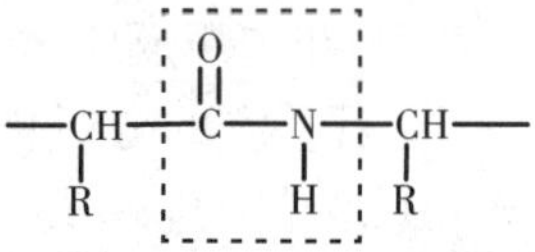

$$—CH—\overset{\overset{\textstyle O}{\|}}{C}—N—CH—$$
$$\quad R \qquad H \quad R$$

图 3.2　肽键的结构示意图

(四)肽单位

从肽的化学结构可以看出,肽链中的骨干是由—N—C_α—C—规则地重复排列而成的,称之为共价主链(Main Backbone)。各种肽链的主链结构都是一样的,但侧链R基的顺序即氨基酸残基顺序不同。肽链主链上的重复结构称为肽单位(Peptide unit)或肽基(Peptide group)。

参与肽键组成的6个原子$C_{\alpha 1}$、C、O、N、H、$C_{\alpha 2}$位于同一平面,$C_{\alpha 1}$和$C_{\alpha 2}$在平面上所处的位置为反式(Trans)构型,此同一平面上的6个原子构成了所谓的肽平面(Peptide Plane)。肽单位的特点:

(1)主链肽键C—N具有双键性质而不能自由旋转。C—N单键的键长是0.148 nm;C=N双键的键长是0.127 nm;X-射线衍射分析证实,肽键中C—N的键长为0.132 nm。

(2)肽键的所有4个原子和与之相连的两个α-碳原子(习惯上称为C_α)都处于一个平面内,此刚性结构的平面称为肽平面或酰胺平面,每一个肽单位实际上就是一个肽平面。

3.肽平面内的 C=O 与N—H呈反式排列,各原子间的键长和键角都是固定的。

二、几种重要的天然寡肽

肽广泛存在于动植物组织中,有一些在生物体内具有特殊的生物学功能。据近年来对活性肽的研究,生物的代谢调节、生长发育、细胞分化、大脑活动、肿瘤病变、免疫防御、生殖控制、抗衰老、生物钟规律及分子进化等均涉及活性肽。

(一) 谷胱甘肽

动植物细胞中广泛分布着一种三肽,称为还原型谷胱甘肽(Reduced Glutathione),即γ-谷氨酰-半胱氨酰-甘氨酸,因为半胱氨酸含有游离的—SH,所以常用GSH来表示。它的分子中有一个特殊的γ-肽键,是谷氨酸的γ-羧基与半胱氨酸的α-氨基缩合而成的,显然这与一般蛋白质分子中的肽键由α-羧基参与形成不同。结构式如下(图3.3):

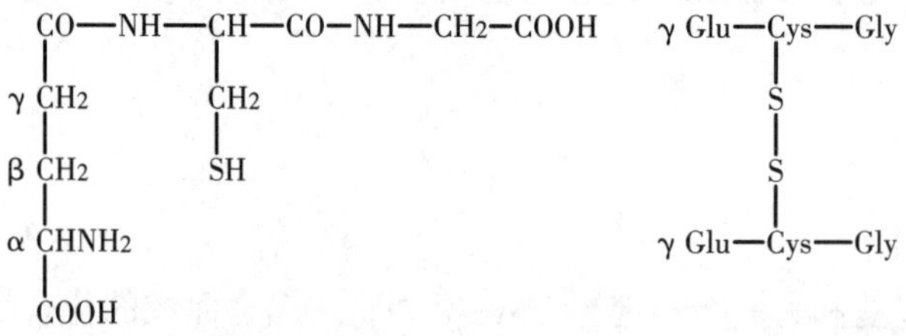

还原型谷胱甘肽(GSH)　　　　氧化型谷胱甘肽(GSSG)

图 3.3　谷胱甘肽的结构示意图

由于GSH中含有一个活泼的巯基,很容易氧化,两分子GSH脱氢以二硫键相连就成为氧化型谷胱甘肽(GSSG)。谷胱甘肽是某些氧化还原酶的辅酶,作为清除剂与有害的氧化剂作用可以保护含巯基的蛋白质,在体内氧化还原过程中起重要作用。

(二)脑啡肽

在小的活性肽中一类称为脑啡肽(Enkephalins)的物质近年来很引人注意,它是一类比吗啡更有镇痛作用的五肽物质,其结构如下:

甲硫氨酸型脑啡肽(Met-脑啡肽):Tyr-Gly-Gly-Phe-Met

亮氨酸型脑啡肽(Leu-脑啡肽):Tyr-Gly-Gly-Phe-Leu

由于脑啡肽类物质是高等动物脑组织中原来就有的，因此对它们进行深入研究不仅有可能人工合成出一类既有镇痛作用而又不会像吗啡那样使病人会上瘾的药物来，更重要的是能为分子神经生物学的研究开阔思路，从而可以在分子水平上阐明大脑的活动。

三、二面角

多肽链中的肽平面具有刚性结构，α- 碳原子位于相邻两个肽平面的连接处，肽链主链上只有α- 碳原子连接的两个键，如 C_α—N_1 键和 C_α—C_2 键是单键，能自由旋转。因此，多肽链主链骨架的构象取决于 C_α—N_1 键和 C_α—C_2 键的旋转，而这种旋转本身又受相邻氨基酸残基、主链和侧链原子的影响。绕 C_α—N_1 键旋转的角度称为 Φ（Phi）角，绕 C_α—C_2 键旋转的角度称为 Ψ（Psi）角（如图3.4）。由于 Φ 和 Ψ 这两个角决定了相邻两个肽平面在空间上的相对位置，因此习惯上将两个角称为二面角（Dihedral angle）。二面角可以在 ±180° 角范围内变动，当 C_α—N_1 两侧的 N—C 和 C_α—C 呈顺式时，规定 Φ 等于 0°，从 C_α 往 N 看，沿着顺时针方向旋转 C_α—N_1 键 Φ 为正值，逆时针方向 Φ 为负值。同样，从 C_α 往 C 看，沿着顺时针方向旋转 C_α—C 键 Ψ 为正值，逆时针方向 Ψ 为负值。虽然理论上，Φ 和 Ψ 这两个角有无数的组合，但由于空间位阻效应，自然界的蛋白质的 Φ 和 Ψ 这两个角组合十分有限，使得蛋白质表现出特定的几种构象。

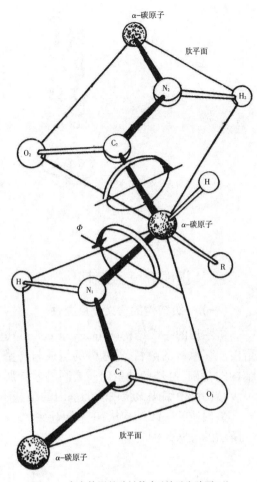

图3.4　完全伸展的肽链构象（并示出肽平面）

第五节　蛋白质的分子结构

一、蛋白质的结构层次

蛋白质是生物体中功能最多样化的生物大分子。它们在功能上的多样化决定于构象上的多样化。蛋白质的基本结构是由氨基酸残基构成的多肽链，再由一条或一条以上的多肽链按一定的方式组合成具有特定结构的生物活性分子。虽然组成蛋白质的基本氨基酸只有20种，但随着肽链数目、氨基酸的组成及其排列顺序不同就形成了结构和功能都十分复杂和多样的蛋白质。

根据对不同种类、不同形状、不同功能的蛋白质三维结构的研究，已确认蛋白质的结构有不同的层次，人们为了认识方便，通常将其分为一级结构、二级结构、超二级结构、结构域、三级结构及四级结构（图3.5）。

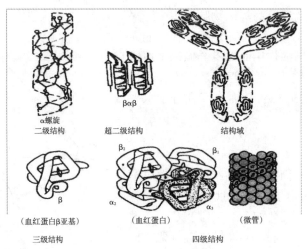

α螺旋
二级结构　　超二级结构　　结构域

（血红蛋白β亚基）　（血红蛋白）　（微管）

三级结构　　　　四级结构

图 3.5　蛋白质的一些结构层次

二、蛋白质的一级结构

（一）一级结构的含义及重要性

蛋白质的一级结构（Primary Structure）是指多肽链中的各种氨基酸残基的排列顺序，包括了蛋白质多肽链的数目、氨基酸的组成与含量、二硫键的位置与数目等。一级结构是蛋白质高级结构的基础，也是各种蛋白质之间的差异所在，每种蛋白质都有它独有的一级结构。蛋白质的一级结构是由编码该蛋白质的基因的碱基序列决定的，即三个碱基决定一个氨基酸。

蛋白质的一级结构从 N-末端开始，C-末端结束，氨基酸序列可以由以下方法表示（以图 3.6 中所示的五肽为例）：

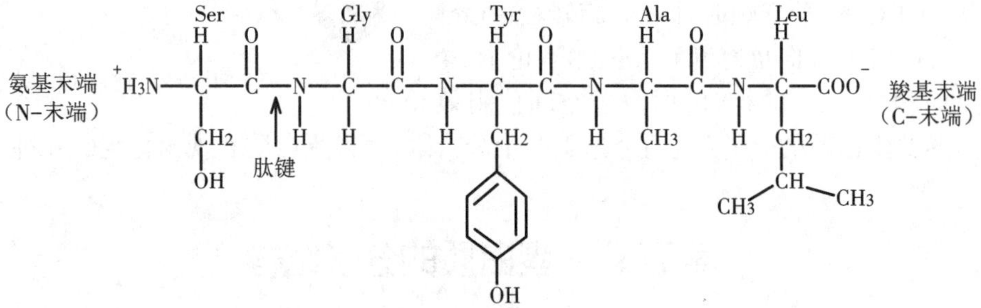

图 3.6　某五肽结构图

（1）中文氨基酸残基命名法：丝氨酰甘氨酰酪氨酰丙氨酰亮氨酸。

（2）中文单字表示法：丝—甘—酪—丙—亮。

（3）英文三字母表示法：Ser-Gly-Tyr-Ala-Leu。

（4）单字母表示法：SGYAL。

通常总是把 N-末端氨基酸残基放在左边，C-末端氨基酸残基放在右边。上面举例的五肽丝氨酸残基一侧为 N-末端，亮氨酸残基一侧为 C-末端。注意，反过来书写的 Leu-Ala-Tyr-Gly-Ser 是与前者完全不同的另一种五肽。

牛胰岛素是一级结构首先被揭示的蛋白质，是动物胰岛细胞分泌的一种激素蛋白。胰岛素分子由 51 个氨基酸残基组成，分子量为 5 734，它由两条肽链组成，一条称为 A 链，是 21 肽；另一条称为 B 链，是 30 肽。A 链和 B 链由两对二硫键连接起来。在 A 链内还有一个由二硫键形成的链内小环。

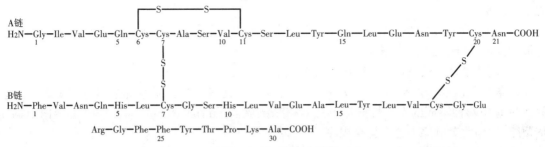

图3.7 牛胰岛素的一级结构

测定蛋白质的一级结构的意义在于,首先它是研究蛋白质高级结构的基础,因为蛋白质的一级结构决定了蛋白的高级结构,也就决定了蛋白质的功能,所以测定蛋白质一级结构可以从分子水平阐明蛋白质结构与功能的关系;其次测定蛋白质的一级结构可为生物进化提供理论依据,人们可以从比较生物化学的角度分析比较功能相同而种属来源不同的蛋白质的一级结构差异,为生物进化提供生物化学依据;再次,测定蛋白质的一级结构使人工合成有生物活性的蛋白质和多肽成为可能,我国生化工作者根据胰岛素的氨基酸顺序于1965年用人工方法合成了具有生物活性的牛胰岛素,第一次成功地完成了蛋白质的全合成;最后,测定蛋白质的一级结构也可以分析比较同种蛋白质的个体差异,为遗传疾病的诊治提供可靠依据。

(二)测定蛋白质一级结构的基本原理和方法

氨基酸顺序测定的战略,应该先把多肽链降解成足够短的顺序以便使化学反应能够产生可靠的结果,然后再把这些结果组合成整条多肽链的顺序。在蛋白质顺序测定中实际所采用的一般程序是:

(1)样品的预处理。将待测蛋白质进行纯化和分子量测定,要测定目标蛋白质样品的纯度应该在97%以上。

(2)拆开所有二硫键。若多肽链之间或多肽链内部存在二硫键,在测定肽链的氨基酸顺序之前必须把二硫键拆开,以获得伸展的肽链,这样才能进行氨基酸顺序的测定。最常用的方法有还原法和氧化法。还原法是用过量的巯基乙醇(Mercaptoethanol)或二硫苏糖醇(Dithiothreitol,简称DTT)等巯基化合物使二硫键拆开,被还原为半胱氨酸残基的巯基(—SH)。为防止巯基被氧化,需要对巯基加以保护,常用的保护剂是碘乙酸。氧化法常用过甲酸(HCOOOH)作为氧化剂使二硫键氧化成半胱氨磺酸。

(3)氨基酸的组成测定。通常将蛋白质样品用6 mol/L HCl在110 ℃水解24 h,再用氨基酸自动分析仪进行测定,据此初步了解蛋白质中氨基酸的种类和数目。

(4)测定氨基末端和羧基末端的氨基酸。 要识别氨基末端的氨基酸可以通过二硝基氟苯(DNFB)、异硫氰酸苯酯法(PITC)、丹磺酰氯法(DNS);羧基末端氨基酸的化学测定法可以采用羧肽酶法或肼解法,为氨基酸序列分析提供两个重要的参考点。

(5) 至少要用两种不同的方法将多肽链专一性地裂解成小肽段。

用肽链内切酶催化多肽链在特定的位点上发生分解。与溴化氢进行反应是一种特有的化学方法,它能使多肽链在甲硫氨酸残基处专一性地发生裂解,并且同时将羧基末端的甲硫氨酸转变成高丝氨酸内酯。

(6)小肽段的分离及氨基酸顺序测定。由完整的蛋白质多肽链裂解而成的肽段的分离通常采用电泳和高效液相层析分离,得到两套以上的肽段。肽段经过分离以后可用不同的方法进行分析,既可以测定它们的氨基酸组成,也可以测定它们的氨基酸顺序。用前面介绍的异硫氰酸苯酯法可以测定分离后的肽段的氨基酸顺序,这种方法又叫Edman降解法,它是将多肽链上的氨基酸从氨基末端逐个切下,以乙内酰苯硫脲的衍生物形式释放出来,再测定这些衍生物的薄层层析性质。

测定肽段的氨基酸顺序还可以使用顺序分析仪,它是将Edman降解法自动化。测定速度有很大提高,也比人工测定精确。

(7)用片段重叠法确定整个肽链的氨基酸顺序。

在各个肽段的顺序确定下来以后,接着就要弄清这些肽段在完整的蛋白质中是怎样衔接的。只有用两种不同的专一性分解方法对得来的肽段进行顺序分析,才足以确定蛋白质的完整顺序,因为两套顺序中含有交叠顺序。

蛋白质一级结构的顺序测定完成后,将未拆开二硫键的同一种蛋白质再一次进行专一性的酶解,由此就可以确定完整的蛋白质中二硫键的位置。

【案例分析】 两次获诺贝尔化学奖的桑格(1918.8.13 ~ 2013.11.19)

桑格(Frederick Sanger),英国生物化学家,生于英国格洛斯特郡。1943年,桑格在剑桥大学获得博士学位,并在该校继续从事生物化学研究工作直到1951年。此后,在医学研究理事会赞助下继续进行研究工作。历经10年的研究之后,他于1955年确定了牛胰岛素的结构,从而为胰岛素的实验室合成奠定了基础,并促进了蛋白质结构的研究。桑格因确定胰岛素的分子结构而获得1958年诺贝尔化学奖。1980年,他又因设计出一种测定DNA(脱氧核糖核酸)内核苷酸排列顺序的方法而与W·吉尔伯特、P·伯格共同获得1980年诺贝尔化学奖。桑格是第四位两次获此殊荣的科学家。桑格创立的DNA双脱氧测序法至今仍然是DNA测序的主流方法。1983年,桑格教授退休,直到2013年11月去世。

三、维持蛋白质构象的作用力

每种蛋白质都能在它特定的一级结构基础上选择其特定的空间构象去完成其特定的生物学功能。蛋白质的空间构象就是指蛋白质分子中的原子或基团在三维空间的排列、分布及肽链的走向。现已知道,维持和稳定蛋白质分子构象的作用力有氢键、疏水作用力、范德华力、离子键和二硫键等(如图3.8)。

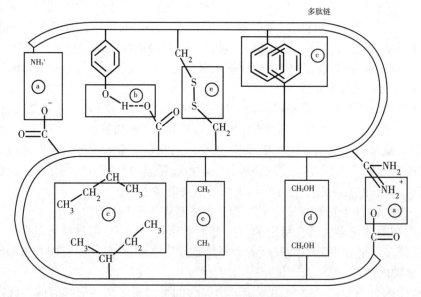

图 3.8 维持蛋白质构象的作用力
a.离子键 b.氢键 c.疏水作用力 d.范德华力 e.配位键、二硫键

(一) 氢键

电负性较强的原子如氮原子和氧原子与氢原子形成的基团如N—H和O—H具有很大的偶极矩,成键电子云分布偏向电负性大的原子核,因此氢原子核周围的电子分布就少,正电荷的

氢核(质子)就在外侧裸露。这一正电荷氢核遇到另一个电负性强的原子时,就产生静电吸引,即所谓的氢键(Hydrogen Bond):

$$x — H \cdots y$$

这里x、y是电负性强的原子(N、O、S等),x—H是共价键,H$\cdots y$是氢键。氢键在维持蛋白质的结构中起着重要的作用,多肽链主链上的羧基氧和酰胺氢之间形成的氢键是维持蛋白质二级结构的主要作用力。大多数蛋白质所采取的折叠策略是使主链肽基之间形成最大数目的分子内氢键(如α-螺旋,β-折叠),与此同时保持大部分能成氢键的侧链处于蛋白质分子的表面而与水相互作用。

(二)疏水作用力

疏水作用力(Hydrophobic Interaction)是指非极性基团即疏水基团为了避开水相而群集在一起的集合力。水介质中球状蛋白质的折叠总是倾向于把疏水残基埋藏在分子内部,这种现象就是疏水作用或疏水效应,也曾称为疏水键。它在维持蛋白质的三级结构方面占有突出的地位。当疏水基团接近等于范德华间距时,相互间将有弱的范德华力。

(三)范德华力

在物质的聚集状态中,分子与分子之间存在着一种较弱的作用力。早在1873年范德华就已注意到这种力的存在,并考虑这种力的影响和分子本身占有体积的事实,提出了著名的范德华状态方程,因此,人们把中性分子或中性原子之间的作用力称为范德华力。

迄今所测得的蛋白质构象都显示出蛋白质分子内的基团是紧密堆积的。这表明,在蛋白质分子内无疑存在着范德华力,它对维持和稳定蛋白质的三、四级结构具有一定作用。

(四)离子键

离子键是带相反电荷的两个基团间的静电吸引所形成的。在蛋白质分子中,带正电荷的基团有N-末端的α-NH$_3^+$,肽链中赖氨酸残基的ε-NH$_3^+$等,带负电荷的基团有如C-末端的α-COO$^-$,肽链中天冬氨酸残基的β-COO$^-$,谷氨酸残基的γ-COO$^-$等。在蛋白质空间结构与环境都适宜的情况下,正负电荷基团中有一部分是相互接近而形成离子键的。离子键容易受高浓度盐的影响,过高或过低的pH也可以使之被破坏。因为它们会改变基团的解离状态或带电状态,因而它们之间就不能形成离子键。这也是强酸强碱能使蛋白质变性的主要原因。

(五)二硫键

二硫键是两个硫原子之间所形成的共价键。它可以把不同的肽链或同一条肽链的不同部分连接起来,对维持和稳定蛋白质的构象具有重要作用。在绝大多数情况下,二硫键是在多肽链的β-转角附近形成的。

(六)配位键

配位键(Coordinate Bond)属于共价键,是两个原子之间由单方面提供共用电子对形成的。蛋白质常常含有一些金属离子,如Fe^{2+}、Cu^{2+}、Mn^{2+}、Zn^{2+}等,金属离子往往以配位键与蛋白质连接,参与了蛋白质高级结构的形成和维持,当用螯合剂去除金属离子时,会造成蛋白质的四级结构或局部三级结构的破坏,使蛋白质的生物学活性丧失。

四、蛋白质的二级结构

蛋白质的二级结构主要是指蛋白质多肽链主链局部区域的空间结构,一般形成有规则重复的构象,并以氢键来维持主链构象的稳定。蛋白质的二级结构不涉及氨基酸残基的侧链基团在空间的排列。二级结构的基本类型有α-螺旋、β-折叠、β-转角和无规则卷曲。它们广泛存在于天然蛋白质内。但各种类型的二级结构并不是均匀地分布在蛋白质中的。某些蛋白质,如血红蛋白和肌红蛋白含有大量的α-螺旋,而另一些蛋白质如铁氧还蛋白则不含任何α-螺旋。

(一)α-螺旋(如图3.9)

α-螺旋(α-helix)是蛋白质中最常见、含量最丰富的二级结构。α-螺旋是Pauling和Corey等研究羊毛、马鬃、猪毛、鸟毛等α-角蛋白时于1950年提出来的,α-角蛋白属于纤维状蛋白质,几乎全是α-螺旋结构,α-螺旋是肽链中区段性局部构象,其结构特点如下:

(1)α-螺旋外观似棒状,肽链的主链绕C_α相继旋转一定角度,形成紧密的螺旋,α-螺旋中氨基酸残基的侧链伸向外侧。

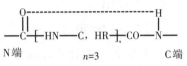

N端　　　　　　　$n=3$　　　　　　　C端

(2)每隔3.6个氨基酸残基螺旋上升一圈,沿螺旋轴方向上升0.54 nm,每个残基绕轴旋转100°,沿轴上升0.15 nm(图3.9)。α-螺旋中每个残基(C_α)成对二面角Φ和Ψ各自取同一数值,$\Phi = -57°$,$\Psi = -48°$,即形成具有周期性规则的构象。

(3)相邻的螺圈之间形成链内氢键,氢键的取向几乎与中心轴平行。氢键是由肽键上的N—H中的氢和它后面(N端)第四个残基上的 C=O 中的氧之间形成的。

图3.9中,$n = 3$表示氢键封闭的环共包含3个氨基酸残基。常用3.6_{13}螺旋($n = 3$)代表α-螺旋,其中3.6指每圈螺旋含3.6个残基,3.6的右下角的13表示氢键封闭的环内含13个原子。氢原子参与肽键的形成后,再没有多余的氢原子形成氢键,所以多肽链顺序上有脯氨酸残基时,肽链就拐弯,因为脯氨酸上的是α-亚氨基,不再形成α-螺旋。

(4)大多数天然蛋白质都是右手α-螺旋,仅嗜热菌酶中有左手螺旋。

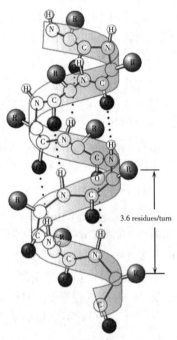

3.6 residues/turn

(二)β-折叠(β-Pleated Sheet)(如图3.10)

蛋白质中另一类常见的二级结构是β-折叠,也称β-片层。β-折叠也是由Pauling等人提出的。两条或多条伸展的多肽链(或一条多肽链的若干肽段)侧向集聚,通过相邻肽链主链上的N—H与 C=O 之间有规则的氢键,形成锯齿状片层结构,即β-折叠(如图3.10)。形成β-折叠的多肽链之间或者肽段之间可以是平行的,也可以是反平行的。

图3.9　蛋白质α-螺旋结构示意图

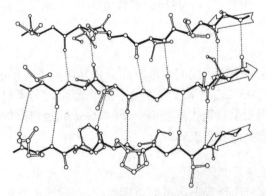

图3.10　蛋白质β-折叠结构示意图

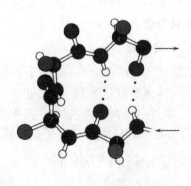

图3.11　蛋白质β-转角结构示意图

β-折叠主链是几乎完全伸展的,所有肽键都参与链间氢键的形成,氢键与肽链接近垂直,侧链基团与C_α间的键几乎垂直于折叠平面,R基交替分布在片层平面的两侧,β-折叠普遍存在于球蛋白中。平行式构象中$\Phi=-119°,\Psi=+113°$;反平行式构象中$\Phi=-139°,\Psi=+135°$;因此后者的肽链更为伸展,也更为稳定。

(三)β-转角(见图3.11)

β-转角(β-Turn)也称为回折(Reverse Turn)、β-弯曲(β-Bend)或发夹结构(Hairpin Structure),它是球状蛋白质中发现的又一种二级结构。它有三种类型,每种类型都有4个氨基酸残基(图3.11)。在这三种β-转角中,弯曲处的第一个残基的 C=O 和第四个残基的N—H 之间形成一个4→1氢键,产生一种不很稳定的环形结构。目前发现的β-转角多数都处在球状蛋白质分子表面,在这里改变多肽链的方向阻力。经考察,β-转角在球状蛋白质中含量是十分丰富的,约占全部残基的1/4。

(四)无规则卷曲(Nonregular Coil)

多肽链主链骨架上的若干肽段在空间的排布有些是有规则的,如能形成α-螺旋、β-折叠、β-转角的构象,而有些却没有规则。这些肽段在空间的不规则排布称为无规则卷曲。有人又称之为无规则构象、无规则线团、自由折叠或回转。在一般球蛋白分子中,往往含有大量的无规则卷曲,它使蛋白质肽链从整体上形成球状构象。但对于一些蛋白质分子来讲,特定的无规则卷曲构象是不能被破坏的,否则蛋白质就会失去活性。

【案例分析】 构象病——疯牛病

疯牛病的致病因子是一种不含核酸的蛋白感染因子,被称为朊病毒,能引起哺乳动物中枢神经组织病变。它是由正常形式的蛋白(PrPC)错误折叠成致病蛋白(PrPSc)而组成的(二级结构改变了的蛋白质):分子中β-折叠增加(α-螺旋转变为β-折叠),进而导致分子聚集,同时具备传染性,该病的研究不但可以阐明疯牛病的致病机理,在基础生物学中必将引起新的革命。

五、蛋白质的超二级结构和结构域

随着对蛋白质空间结构研究的深入,在二级结构和三级结构之间还可以进一步细分为超二级结构和结构域。

(一)超二级结构(Super-secondary Structure)

在蛋白质中,特别是球蛋白中,蛋白质不只是有二级结构,经常可以看到由若干相邻的二级结构单元(即α-螺旋、β-折叠和β-转角等)组合在一起,彼此相互作用,形成有规则、在空间上能辨认的二级结构组合体,充当三级结构的构件,称为超二级结构。

已知的超二级结构有三种基本组合形式,即α-螺旋的组合(αα),β-折叠组合(βββ),α-螺旋和β-折叠的组合(βαβ)(如图3.12)。

(二)结构域(Structural Domain)

结构域是多肽链在二级结构和超二级结构的基础上组装而成的。多肽链首先是在某些区

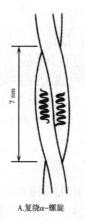

A.复绕α-螺旋
B. βαβ
C.右手性βcβ

图 3.12 几种蛋白质的超二级结构

域相邻的氨基酸残基形成有规则的二级结构,然后相邻的二级结构片段集装在一起形成超二级结构。超二级结构以特定的组合方式连接,在一个较大的蛋白质分子中形成两个或多个在空间上可以明显区分的折叠实体,这种折叠实体称为结构域。最常见的结构域含100～200个

氨基酸残基,少至40个左右,多至400个以上。结构域是蛋白质三级结构的组件单位,多肽链的折叠最后一步是结构域的缔合。对于那些较小的蛋白质分子或亚基来说,结构域和三级结构往往是一个意思,也就是说这些蛋白质是单结构域的。结构域是多肽链在超二级结构的基础上组装而成的,组装的基本方式有限。

六、蛋白质的三级结构

(一)蛋白质三级结构的概念及特点

1.定义

蛋白质分子的三级结构是指一条多肽链在二级结构(包括超二级结构和结构域)的基础上进一步盘曲或折叠,形成包括主、侧链在内的专一性空间排布,简言之,蛋白质分子的三级结构是指一条多肽链上所有原子的空间排布。对于单链蛋白质,三级结构就是分子本身的特征性主体结构;对于多链蛋白质,三级结构则是各组成链(亚基)的主链和侧链的空间排布。生物体重要的生命活动都与蛋白质的三级结构直接相关,并且对三级结构有严格要求。所以三级结构是蛋白质构象中一个至关重要的等级式层次,从整体观念看,它实际包含着除亚基缔合以外的蛋白质分子结构的全部内容。目前已经确定的蛋白质结构中,看到可供选择的空间排布是多种多样的,因为蛋白质每一个不同的顺序总是与一种独特的三级结构相关联的。维持蛋白质三级结构的力主要有疏水作用力、离子键、范德华力、共价键,其中起最主要作用的是疏水作用力。

2.基本特征

(1)在蛋白质分子中,一条多肽链往往是通过一部分α-螺旋、一部分β-折叠、一部分β-转角和一部分无规则卷曲形成紧密的球状构象。

在两条链之间或一条肽链的不同肽段之间,有时存在着平行β-折叠或反平行β-折叠。β-折叠的含量因不同蛋白质而异。在180°的肽链转折处往往有α-转角。在α-螺旋与α-螺旋之间、β-折叠与β-折叠之间或者α-螺旋与β-折叠之间往往是无规则卷曲。

(2)在蛋白质分子中,大多数非极性侧链总是埋在分子的内部形成疏水核;而大多数极性侧链总是暴露在分子的表面,形成亲水区。极性基团的种类、数目与排布决定了蛋白质的功能。有不少较大的蛋白质分子含有几个区域即结构域,它们都是紧密的球状构象。结构域的划分往往是与功能相联系的。

(3)在蛋白质分子的表面,往往有一个内陷的空穴(裂隙、凹槽、袋)。此空穴往往是疏水区,能够容纳一个或两个小分子配体或大分子配体的一部分。对酶分子的活性来说,此空穴正好容纳一个或两个小分子底物,或大分子底物的一部分,此即酶分子的活性部位。对肌红蛋白、血红蛋白、细胞色素 c 来说,此空穴正好容纳一个血红素分子。

(二)肌红蛋白的三级结构与功能

肌红蛋白(Myoglobin)是哺乳动物肌肉中储氧的蛋白质。在潜水哺乳类如鲸、海豹和海豚的肌肉中肌红蛋白含量特别丰富,因此它们的肌肉呈棕色。由于肌红蛋白储氧,因此这些动物能长时间潜水下。它由一条多肽链构成,有153个氨基酸残基及一个血红素(Heme)辅基,相对分子质量为17 800。1963年,Kendrew及其同事由鲸肌红蛋白的 X-射线衍射图案

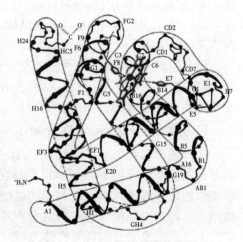

图 3.13　肌红蛋白的三级结构模型图

测定了它的空间结构。

肌红蛋白的特点是有8段长度为7～24个氨基酸残基的α-螺旋体。在拐角处，α-螺旋体受到破坏，在这些拐角都有一段1～8个氨基酸残基的松散肽链。肌红蛋白中四个脯氨酸残基各自处在一个拐弯处，一些难成α-螺旋体的氨基酸，如异亮氨酸、丝氨酸等，也在此处出现。肌红蛋白整个分子显得十分致密，具有极性基团侧链的氨基酸残基几乎全部分布在分子的表面，这些氨基酸残基侧链上的极性基团可以与水分子结合，而使肌红蛋白成为可溶性，而非极性的残基则被埋在分子内部。血红素辅基垂直地伸出分子表面，并通过组氨酸残基与肌红蛋白分子内部相连（图3.13）。

七、蛋白质的四级结构

许多有生物活性的蛋白质是由两条或多条肽链构成的，肽链与肽链之间并不是通过共价键相连，而是通过非共价键缔合在一起。每条多肽链都有其一级、二级和三级结构。在这种蛋白质中，每条肽链就被称为亚基或亚单位（Subunit）。亚基一般只是一条多肽链，但有的亚基由两条或多条多肽链组成，这些多肽链相互间以二硫键相连。蛋白质分子的亚基数目一般为偶数，其中含2个或4个亚基的蛋白质占绝大多数。由二个亚基组成的称为二（聚）体蛋白质，由两个或多个亚基组成的蛋白质统称寡聚蛋白质或多聚体蛋白质（Multimeric Protein）。由四个亚基组成的称为四（聚）体蛋白质。所谓蛋白质的四级结构就是指各个亚基在寡聚蛋白质的天然构象中的几何位置和它们之间的相互关系。在四级结构中，亚基可以是相同的或不同的，由相同亚基构成的四级结构叫均一四级结构，由不同亚基构成的四级结构叫非均一四级结构。无四级结构的蛋白质称为单体蛋白质。一般认为，亚基在蛋白质分子中的空间排布问题是四级结构研究的重要内容，根据X-射线结构分析和电子显微镜的观察，多数寡聚蛋白质分子亚基的排列是对称的，对称性是蛋白质分子四级结构最重要的性质之一。

第六节　蛋白质结构与功能的关系

蛋白质的结构与功能之间具有高度的统一性，蛋白质分子具有的多种多样的生物学功能是以其化学组成和极其复杂的结构为基础的。这不仅取决于其一定的化学结构，而且还取决于一定的空间构象。研究蛋白质的结构与生物功能的关系正成为当前分子生物学研究的一个重要方面。

一、蛋白质的一级结构与功能的关系

（一）同源蛋白质一级结构的种属差异与生物进化

对比不同有机体中表现同一功能的蛋白质（同源蛋白质）的氨基酸序列，结果发现它们不仅长度相同或者接近，而且氨基酸的序列也很类似。同源蛋白质的氨基酸序列中有许多位置的氨基酸对所有的种属来说都是相同的，因此称为不变残基。但是其他位置的氨基酸因种属不同有相当大的变化，因此称为可变残基。同源蛋白质的氨基酸序列中这样的相似性被称为序列同源现象。

例如细胞色素c广泛存在于需氧生物细胞的线粒体中，在生物氧化过程中起传递电子的作用。脊椎动物的细胞色素c一般由104个氨基酸残基组成，相对分子质量约为13 000。细胞色素c从低等生物到高等生物，包括人类在内都有。现在已经对将近100个生物种属（包括动物、植物、真菌、细菌等）的细胞色素c的一级结构进行了测定和比较，发现有26个氨基酸始终不变，

如Cys14、Cys17、His18和Met80等,研究表明这些保守氨基酸是保证细胞色素c发挥电子传递作用的关键部位,而其他的氨基酸属于可变氨基酸残基,在不同的物种之间,改变程度不一样,反映了它们之间的亲缘关系。细胞色素c的氨基酸序列分析资料已被用来核对各个物种之间的分类学关系,以及绘制进化树,即系统发生树。

(二)一级结构的变异与分子病

蛋白质分子一级结构的细微差异,在某些情况下可能引起其生物学功能的显著变化,甚至使有机体出现病态现象,突出的例子如镰刀型贫血病,其显著的特点是有相当一部分红细胞的形状是镰刀状或新月状,使红细胞运输氧的功能下降。细胞脆弱而溶血,严重的甚至引起机体死亡。血红蛋白一级结构的改变是由于编码它的基因发生了点突变。这种因基因突变导致蛋白质的一级结构发生改变,如果这种改变导致蛋白质生物学功能下降或丧失,就会产生疾病,这种病称为分子病(Molecular Disease)。

我们把患者的血红蛋白分子(用HbS表示)与正常人的血红蛋白分子(HbA)相比,正常人HbA的β-链N-端第6位氨基酸为谷氨酸,而病人HbS的β-链N-端第6位氨基酸为缬氨酸。

β-链N-端氨基酸排列顺序:

HbA(正常人):^+H_3N-Val-His-Leu-Thr-Pro-Glu-Glu-Lys-COO$^-$

HbS(患者):^+H_3N-Val-His-Leu-Thr-Pro-Val-Glu-Lys-COO$^-$

这两个氨基酸性质上的差别(谷氨酸在生理pH下为带负电荷亲水R基氨基酸,而缬氨酸却是一种非极性疏水R基氨基酸),使得HbS分子表面的电荷数发生改变,等电点也改变了,影响分子的正常聚集,溶解度降低,使扁圆形的红细胞变成镰刀形,以致蛋白质功能下降。

(三)蛋白质的前体激活

动物体内有些蛋白质刚合成的时候,是以没有活性的前体形式存在的,这些前体在机体需要的时候,经过特定的蛋白酶的水解,切去部分肽段,改变了蛋白质的一级结构,从而使蛋白质的高级结构和功能发生改变,形成有活性的蛋白质,这一过程称为蛋白质前体的激活,而没有活性的前体称为蛋白质原。前体激活在动物体内是普遍存在的,如参与代谢、降低血糖浓度的胰岛素就是一个例子。从胰岛细胞刚刚合成的是胰岛素的前体,称为胰岛素原,胰岛素原是一条包含A、B、C三个肽段的肽链,它们的排列是B—C—A,如果切除C链则成为有活性的胰岛素(如图3.14)。

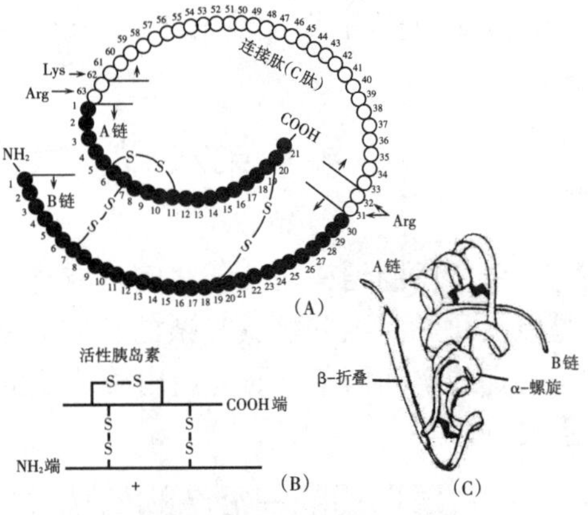

图3.14 胰岛素原的激活
A:是胰岛素原的一级结构
B:是切掉C链后胰岛素的一级结构
C:是胰岛素的高级结构

(四)多肽链中个别氨基酸改变可能改变功能

牛加压素和牛催产素是牛脑垂体分泌的多肽类激素,它们的一级结构非常类似,如图3.15所示,我们可以看到,这两种激素都属于九肽,只有第三号和第八号氨基酸不同,但这两种多肽的生理活性有显著差异,牛加压素可以增加血压,抗利尿,治疗尿崩,促进血管平滑肌收缩,因此临床上用于治疗尿崩症和肺咯血。而牛催产素可以促进子宫收缩及乳腺平滑肌收缩,但我们要注意,多肽或者蛋白质中氨基酸的改变只是可能导致该多肽或者蛋白质的功能发生变化,也有些多肽或者蛋白质中个别氨基酸的改变并不影响蛋白质的功能,这是因为这些氨基酸在多肽或者蛋白质的结构和功能中并没有发挥重要作用。

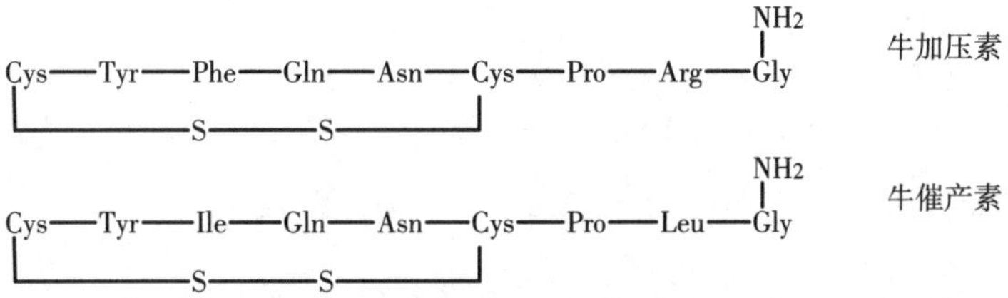

NH2
Cys—Tyr—Phe—Gln—Asn—Cys—Pro—Arg—Gly
S—S
牛加压素
NH2
Cys—Tyr—Ile—Gln—Asn—Cys—Pro—Leu—Gly
S—S
牛催产素

图 3.15　牛加压素和牛催产素一级结构的比较

二、蛋白质的高级结构与功能的关系

蛋白质的一级结构决定高级结构，蛋白质特定的生理功能是由它特定的空间构象决定的。蛋白质的空间构象被破坏时，它失去了执行生理功能的能力：酶不再具有催化作用，蛋白激素不再起调节代谢的作用，膜蛋白不再作为通透的载体。改变蛋白质周围的环境，就有可能破坏蛋白质天然的三级结构，使之丧失功能，形成部分松散或变性的蛋白质。下面以血红蛋白的氧离曲线（图 3.16）说明蛋白质的高级结构与蛋白质的功能之间的关系。

100
80
60
40
20
0
氧饱和度(%)
Mb
Hb
20
40 P50
60
80
100
肌肉毛细血管中的氧分压
肺泡中的氧分压
氧分压(mmHg)

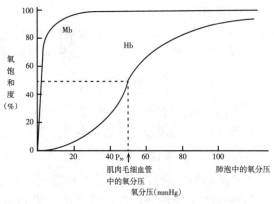

图 3.16　肌红蛋白和血红蛋白的氧离曲线

血红蛋白是一种寡聚蛋白质，由四个亚基组成。X-射线晶体结构分析显示，血红蛋白分子接近于一个球体，直径5.5 nm，相对分子质量为65 000 。它由两个α-亚基和两个β-亚基组成，是一个含有两种不同亚基的四聚体。α-亚基由141个氨基酸组成，β-亚基由146个氨基酸组成，每一个亚基含有一个血红素辅基，位于每个亚基的空穴中，血红素的中央有Fe^{2+}，是结合氧气的部位，可以结合一个氧分子。人血红蛋白α-亚基、β-亚基以及肌红蛋白的一级结构差别较大，但它们的三级结构大致相同，即每个亚基的三级结构和肌红蛋白极相似，如β-亚基的主链经几次弯曲和转动也能形成8个肽段的α-螺旋体，在N-端和C-端以及各个α-螺旋肽段之间都有长短不一的非螺旋松散链。β-链自身转折后，疏水侧链在分子内部，极性基团暴露在分子表面。血红蛋白分子中四条链（α、α、β、β）各自折叠卷曲形成三级结构，再通过分子表面的一些次级键（主要是离子键和氢键）的结合而联系在一起，互相凹凸镶嵌排列，形成一个四聚体的功能单位。

血红蛋白中的4个亚基与氧分子的亲和性不同，血红蛋白的四聚体刚和氧结合时，其氧亲和力很小，一旦一个亚基与氧结合后，其构象发生改变，这种变化会传递到其他亚基，改变其他亚基与氧的结合能力，从而提高其他亚基与氧的亲和力。同样的道理，当一个氧与血红蛋白亚基分离后，能降低其他亚基与氧的亲和力，有利于氧的释放。像血红蛋白这样，对于多亚基的蛋白质或酶，效应剂作用于某个亚基，引发其构象改变，继而引起其他亚基构象的改变，导致蛋白质或酶的生物学活性的变化的现象称为变构作用（Allosteric Effect）。相应的效应剂也称变构剂。正因为存在变构效应，所以血红蛋白的氧离曲线是S形曲线，S形曲线说明在血红蛋白与分子氧结合的过程中，亚基之间存在相互作用，有利于氧气的结合与释放。血红蛋白S形的氧离曲线具有重要的生理意义，在肺部因为氧分压高，脱氧血红蛋白与氧的结合接近饱和，在肌肉中氧分压很低，氧合血红蛋白与肌红蛋白相比能释放更多的氧，以满足肌肉运动和代谢对氧的需求。而肌红蛋白只有1个亚基，不存在变构效应，所以肌红蛋白的氧离曲线是双曲线，它与氧的结合力大，在氧分压低的情况下迅速与氧结合成接近饱和状态，表现为单一的平衡常数而呈双曲线。

【讨论】 在研究蛋白质多肽链生物合成时发现,当编码某氨基酸的一个密码子变成终止密码子或变成编码另一种氨基酸的密码子时,所合成的蛋白质有的生物学活性不变,有的生物学活性会发生改变。请分析产生上述现象的生化机制。

第七节　蛋白质的重要性质

由于蛋白质是由氨基酸组成的,因此它具有某些与氨基酸有关的性质,比如两性性质、颜色反应等。但它与氨基酸又有着质的区别,表现出单个氨基酸所没有的性质。研究蛋白质的性质,对于蛋白质的分离、纯化以及研究蛋白质的结构与功能等有重要意义。

一、蛋白质的相对分子质量

蛋白质的相对分子质量很大,为 $6\times10^3 \sim 6\times10^6$ 或更大一些。测定蛋白质分子质量的常见方法有沉降速度法、凝胶过滤法和电泳法等。

(一)沉降速度法

把蛋白质溶液放在离心机的特殊离心管中离心,蛋白质分子就发生沉降作用。沉降的速度与颗粒大小呈正比。现代超速离心机利用高速马达,转速可达 750 000 r/min 以上,离心力超过重力 4 000 000 倍。分析用的超速离心机装有光学系统,可以记录沉降进行时蛋白质界面的位置。当溶液中所含的分子形状和大小相同时,这些分子以相同速度移向离心管底,在溶质与溶剂之间产生清晰的界面。当溶液含有数种分子大小不同的蛋白质时则产生数个界面,每个界面存在一种蛋白质。从光学系统观察沉降界面可以得出蛋白质的沉降速度。当沉降面以恒速移动时,每单位离场的沉降速度称为沉降常数或沉降系数(Sedimentation Coefficient),以S表示,一个S单位为 $1\times10^{-13}/s$。蛋白质的沉降常数S(20 ℃,水中)为 $1\times10^{-13} \sim 200\times10^{-13}$,即 1~200 S。用超速离心法测得蛋白质的沉降系数S,再按照一定的公式求出其相对分子质量。

(二)凝胶过滤法

凝胶过滤又称为分子筛层析,是在层析柱中装入具有多孔网状的葡聚糖凝胶(如Sephadex),这种凝胶具有的微孔只允许较小的分子进入胶粒,而大于胶粒微孔的分子则不能进入胶粒而被排阻。当用洗脱液洗脱时,被排阻的分子量大的分子先被洗脱下来,相对分子质量小的后被洗脱下来。凝胶柱用已知相对分子质量的蛋白质上柱洗脱,记录每个蛋白质的洗脱体积,然后以分子量的对数位为纵坐标,以洗脱体积为横坐标,绘制标准曲线,从被测样品洗脱体积求出其近似的相对分子质量(如图3.17)。

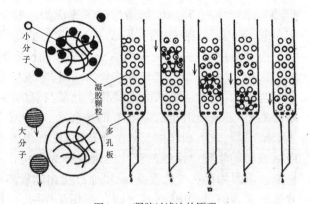

图3.17　凝胶过滤法的原理

(三)SDS聚丙烯酰胺凝胶电泳法

十二烷基硫酸钠(SDS)为一种去污剂,可使蛋白质变性并解离蛋白质。因此用此法测出蛋白质的分子量是蛋白质亚基的分子量,将用SDS处理过的蛋白质放在含有SDS的聚丙烯酰胺凝胶(Polyacrylamide Gel)中进行电泳(PAGE),这些蛋白质的迁移率与其相对分子质量呈反比,用已知相对分子质量的标准蛋白质进行校准,即可得出所测蛋白质的相对分子质量。聚丙烯酰胺凝胶由两种单体——丙烯酰胺和甲叉双丙烯酰胺聚合而成,形成有一定孔径大小的凝胶(图3.18)。

二、蛋白质的两性解离及等电点

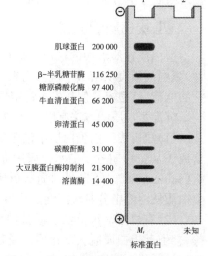

图 3.18　聚丙烯酰胺凝胶电泳结果图
1 号泳道为标准蛋白质,2 号泳道为待测蛋白质

蛋白质分子由氨基酸组成,而氨基酸是两性电解质,虽然蛋白质多肽链中的氨基酸的α-氨基和α-羧基都已结合成肽键,但是仍然有许多可解离的基团,如肽链N-末端的α-氨基和C-末端的α-羧基,此外,组成蛋白质的许多氨基酸具有可解离的侧链基团,如赖氨酸的ε-氨基,谷氨酸和天冬氨酸的β-羧基、γ-羧基,组氨酸的咪唑基,精氨酸的胍基,酪氨酸的酚基,半胱氨酸的巯基等,这些侧链基团在一定的pH条件下可以释放或接受H^+,它们构成了蛋白质两性解离的基础,所以蛋白质是两性电解质。当蛋白质溶液在某一特定pH时,蛋白质所带正电荷与负电荷恰好相等,这时溶液的pH称为该蛋白质的等电点。蛋白质的等电点是蛋白质的特征常数,蛋白质的等电点和它所含的酸性氨基酸和碱性氨基酸的数量比例有关。蛋白质在等电点时,净电荷为零,在电场中,蛋白质分子既不向阳极移动,也不向阴极移动。

蛋白质在等电点时,以两性离子的形式存在,其净电荷为零,这样的蛋白质颗粒在溶液中没有相同电荷而互相排斥的影响,所以最不稳定,溶解度最小,极易借静电引力迅速结合成较大的聚集体,因而析出沉淀。同时在等电点时蛋白质的黏度、渗透压、膨胀性以及导电能力均为最小。

$$R-\underset{\underset{H}{|}}{\overset{\overset{NH_3^+}{|}}{C}}-COOH \underset{+H^+}{\overset{+OH^-}{\rightleftharpoons}} R-\underset{\underset{H}{|}}{\overset{\overset{NH_3^+}{|}}{C}}-COO^- \underset{+H^+}{\overset{+OH^-}{\rightleftharpoons}} R-\underset{\underset{H}{|}}{\overset{\overset{NH_2}{|}}{C}}-COO^-$$

三、蛋白质的胶体性质

蛋白质属于生物大分子,其大小在胶体溶液的颗粒直径范围内。按照胶体化学的概念,胶体是这样定义的:把物质大小为1~100 nm的粒子在介质中分散所成的体系称为胶体。根据胶体物质的溶解性质可分为亲水胶体和疏水胶体。胶体溶液的稳定应具备三个条件:第一,分散相的颗粒大小为1~100 nm,这样大小的颗粒在动力学上是稳定的,介质分子对这种质点碰撞的合力不等于零,使它能在介质中做不断的布朗运动;第二,分散相的质点带有同种电荷,互相排斥,不易聚集成大颗粒而沉淀;第三,分散相的质点能与溶剂形成溶剂化层,如与水形成水化层,质点有了水化层,相互间不易靠拢聚集。

蛋白质溶液是一种亲水胶体,蛋白质分子颗粒是分散相,水是分散介质,蛋白质分子表面的亲水基,如—NH_2、—COOH、—OH以及—CO—NH—等,在水溶液中能与水分子起水化作用,使蛋白质分子表面形成一个水化层,由于水化层的隔离作用,许多蛋白质分子不能互相结合,而是均匀地分散在水溶液中。蛋白质分子表面上的可解离基团在适当的pH条件下都带有相同的净电荷,由于同种电荷相互排斥,使蛋白质大分子不能互相聚集成较大的颗粒。正是因为蛋白质溶液具有水化层与双电层两方面的稳定因素,所以作为胶体系统是相对稳定的。蛋白质溶液也和一般的胶体系统一样具有丁达尔现象、布朗运动以及不能通过半透膜等性质。向蛋白质溶液中加入少量的中性盐,如硫酸铵、硫酸钠或氯化钠等,会增加蛋白质分子的表面电荷,增强蛋白质分子与水的作用,从而使蛋白质在水溶液中的溶解度增大,这种现象叫盐溶(Salting In)。

四、蛋白质的沉淀

蛋白质在溶液中的稳定性是有条件的、相对的。如果条件改变,破坏了蛋白质溶液的稳定性,蛋白质就会从溶液中沉淀出来。若向蛋白质溶液中加入适当的试剂,破坏它的水膜或中和它的电荷,就很容易使其失去稳定性而发生沉淀。

沉淀蛋白质的方法有以下几种:

(1)盐析法。向蛋白质溶液中加入大量的中性盐,如硫酸铵、硫酸钠或氯化钠等,这些无机盐离子从蛋白质分子的水化膜中夺取水分,破坏水化膜,使蛋白质聚集沉淀,这种现象称为盐析(Salting Out)。不同蛋白质盐析所需要的盐浓度不同,所以可以用分级盐析的方法使不同的蛋白质从溶液中分阶段沉淀。盐析沉淀一般不引起蛋白质变性。

(2)有机溶剂沉淀法。向蛋白质溶液中加入一定量的极性有机溶剂,如甲醇、乙醇或丙酮等,会引起蛋白质脱去水化层以及降低介电常数而增加带电质点间的相互作用,致使蛋白质颗粒容易凝集而沉淀。

(3)重金属盐沉淀法。当溶液pH大于等电点时,蛋白质颗粒带负电荷,这样就容易与重金属离子(Hg^{2+}、Pb^{2+}、Cu^{2+}、Ag^+等)结成不溶性盐而沉淀。

(4)有机酸类。如苦味酸、单宁酸、三氯乙酸等能和蛋白质化合成不溶解的蛋白质盐而沉淀。这类沉淀反应经常被临床检验部门用来除去体液中干扰测定的蛋白质。

(5)加热变性沉淀法。几乎所有的蛋白质都会因加热变性而凝固。少量盐能够促进蛋白质加热凝固。当蛋白质处于等电点时,加热凝固最完全和最迅速。我国很早便创造了将大豆蛋白质的浓溶液加热并点入少量盐卤(含$MgCl$)的制豆腐方法,这是成功地应用加热变性沉淀蛋白的一个例子。

五、蛋白质的变性与复性

(一)变性作用的概念

天然蛋白质分子在某些理化因素的影响下,其分子内部原有的高度规律性结构发生变化,致使蛋白质的理化性质和生物学性质都有改变,但并不导致蛋白质一级结构的破坏,这种现象叫变性作用(Denaturation)。蛋白质变性作用的实质是维持蛋白质分子特定结构的次级键和二硫键被破坏,引起天然构象解体,但主链共价键并未打断,即一级结构保持完好。

(二)变性的因素与结果

能使蛋白质变性的因素很多,化学因素(又称变性剂)有强酸、强碱、尿素、盐酸胍、去污剂、重金属盐、三氯醋酸、磷钨酸、苦味酸、有机溶剂(如乙醇、丙酮等);物理因素有加热(70~100 ℃)、紫外线及X-射线照射、超声波、高压、表面张力以及剧烈振荡、研磨和搅拌等。但不同的蛋白质对各种因素的敏感程度是不同的。要使含有二硫键的蛋白质变性,除了要破坏疏水作用力、氢键外,还需要氧化破坏二硫键,但加入巯基试剂如β-巯基乙醇、二硫苏糖醇(Dithiothreitol, DTT)可以使二硫键还原。

蛋白质变性过程中,往往伴随生物活性丧失(如酶丧失催化活性,抗体失去结合抗原的能力等)、理化性质的改变(如更容易被蛋白酶水解)。蛋白质变性后,疏水基外露,溶解度降低,一般在等电点区域不溶解,分子相互凝集形成沉淀。其他如结晶能力丧失,球状蛋白质变性后分子形状也发生改变。

(三)变性机理及其应用

20世纪60年代,美国化学家C.B.Anfinsen根据还原变性的牛胰核糖核酸酶在去除变性剂和还原剂后,不需要任何其他物质的帮助,能够自发地形成正确的4对二硫键,重新折叠成天然的三维结构,并恢复几乎全部生物活性的实验,提出"多肽链的氨基酸序列包含了形成其热力学上稳定的天然构象所必需的全部信息"或者说"一级结构决定高级结构"的著名论断,为此Anfinsen获得1972年诺贝尔化学奖。蛋白质的变性作用主要是由蛋白质分子内部的结构发生改变所引起的。天然蛋白质分子内部通过氢键等次级键使整个分子具有紧密结构。变性后,氢键等次级键被破坏,蛋白质分子就从原来有秩序的卷曲紧密结构变为无秩序的松散伸展状结构,也就是二、三级及以上的高级结构发生改变或被破坏,但一级结构没有被破坏。所以变性后的蛋白质的组成成分和相对分子质量不变。变性后的蛋白质溶解度降低是由于其高级结构受到破坏,使分子表面结构发生变化,亲水基团相对减少,原来藏在分子内部的疏水基团大量暴露在分子表面,使蛋白质颗粒不能与水相溶而失去水膜,很容易引起分子间相互碰撞发生聚集沉淀。

当变性因素除去后,有些变性蛋白质又可重新恢复到天然构象,这一现象称为蛋白质的复性(Renaturation)。

蛋白质的变性与凝固已有许多实际应用,在临床分析化验血清中非蛋白质成分时,常常加三氯醋酸或钨酸使血液中的蛋白质变性沉淀而去掉。在急救重金属盐(如氯化汞)中毒时,可给患者吃大量乳品或蛋清,其目的就是使乳品或蛋清中的蛋白质在消化道中与重金属离子结合成不溶解的变性蛋白质,从而阻止重金属离子被吸收进入体内,最后设法将沉淀物从肠胃中洗出。

此外,在制备蛋白质和酶制剂过程中,为了保持天然性质,就必须防止发生变性作用,因此在操作过程中必须注意保持低温,避开强酸、强碱、重金属盐类,防止振荡等。相反,不需要的杂蛋白则可通过变性作用而沉淀除去。

六、蛋白质的紫外吸收与显色反应

组成蛋白质分子的酪氨酸、色氨酸、苯丙氨酸具有苯环的共轭双键结构,因而在紫外光区具有吸收特性。蛋白质一般都含有酪氨酸或色氨酸残基,利用这两种氨基酸的紫外吸收特性测定蛋白质的含量是很方便的。大多数蛋白质在波长280 nm附近有一个吸收峰,故测定蛋白质含量时,选用的波长为280 nm。

在蛋白质的分析工作中,常利用蛋白质分子中某些氨基酸或某些特殊结构与某些试剂产生颜色反应,作为测定的根据。重要的颜色反应如下:

(1)双缩脲反应。双缩脲是由两分子尿素缩合而成的化合物。将尿素加热到180 ℃,则2分子尿素缩合成1分子双缩脲,并放出1分子氨,反应如下:

$$H_2N-\overset{O}{\underset{||}{C}}-NH_2 + H_2N-\overset{O}{\underset{||}{C}}-NH_2 \xrightarrow{\text{加热}} H_2N-\overset{O}{\underset{||}{C}}-NH-\overset{O}{\underset{||}{C}}-NH_2+NH_3$$

双缩脲在碱性溶液中能与硫酸铜反应产生红紫色络合物,此反应称为双缩脲反应。蛋白质分子中含有许多和双缩脲结构相似的肽键,因此也能发生双缩脲反应,形成紫色络合物。通常可用此反应来鉴定蛋白质,也可根据反应产生的颜色在540nm处比色,定量测定蛋白质。

(2)黄色反应。含有芳香族氨基酸的蛋白质,特别是含有酪氨酸和色氨酸的蛋白质溶液遇硝酸后,先产生白色沉淀,加热则白色沉淀变成黄色,再加碱则产生黄色硝基苯衍生物。

(3)米伦氏反应。蛋白质溶液中加入米伦试剂(硝酸、硝酸汞和亚硝酸汞的混合物)后产生白色沉淀,加热后沉淀变成红色。含有酚基的化合物都有这个反应,故酪氨酸及含有酪氨酸的蛋白质都能与米伦试剂反应。

（4）乙醛酸反应。在蛋白质溶液中加入乙醛酸，并沿试管壁慢慢注入浓硫酸，在两液层之间就会出现紫色环，凡含有吲哚基的化合物都有这一反应。色氨酸及含色氨酸的蛋白质有此反应，不含色氨酸的白明胶就无此反应。

（5）坂口反应。精氨酸分子中含有胍基，能与次氯酸钠（或次溴酸钠）及α-萘酚在 NaOH 溶液中产生红色产物。此反应可以用来鉴定含有精氨酸的蛋白质，也可以用来测定精氨酸的含量。

（6）酚试剂（福林试剂）反应。蛋白质分子一般都含有酪氨酸，而酪氨酸中的酚基能将福林试剂中的磷钼酸及磷钨酸还原成蓝色化合物（即钼兰和钨兰的混合物）。这一反应常用来测定蛋白质含量。

（7）水合茚三酮反应。凡含有α-氨基酸的蛋白质都能与水合茚三酮生成蓝紫色化合物。

第八节　蛋白质的分离提纯及应用

一、蛋白质的分离纯化的一般原则

蛋白质在组织或细胞中一般都是以复杂的混合物形式存在的。为了研究蛋白质的结构与功能，需要把该蛋白质从复杂的混合蛋白质中提取出来。分离提纯某一特定蛋白质的一般程序可以分为前处理、粗分级和细分级三步。

第一步是前处理。分离提纯某一蛋白质，首先要求把蛋白质从原来的组织或细胞中以溶解的状态释放出来，并保持原来的天然结构与生物活性。为此，应根据不同的情况，选择适当的方法，将组织和细胞破碎。如果碰上所要的蛋白质与细胞膜或膜质细胞器相结合，则必须利用超声波或去污剂破坏膜结构，然后用适当的介质提取。

第二步是粗分级。当蛋白质混合物提取液获得后，选用一套适当的方法，将所要的蛋白质与其他杂蛋白分离开。一般这一步采用盐析、等电点沉淀和有机溶剂分组分离等方法。这些方法的特点是简便、处理量大，既能除去大量的杂质，又能浓缩蛋白质溶液。

第三步是细分级，也就是样品进一步提纯。样品经粗分级以后，一般体积较小，杂蛋白大部分已被除去。进一步提纯一般用层析法，包括凝胶过滤、离子交换层析、吸附层析及亲和层析等。这些分离方法主要是根据蛋白质所带电荷、分子量和蛋白质的特异性作用等将蛋白质分离纯化的。生物大分子，包括蛋白质分子具有能和某些相对应的专一分子可逆结合的特性，例如，酶的活性部位和底物、酶的变构中心与变构因子、抗体与抗原等的专一性结合，同时，改变条件又能使这种结合解除。这些被作用的对象物质称为配基。将配基固定在固相载体上，当样品通过它时，由于配基和相对应的蛋白质分子间有专一性的亲和作用，将通过某种次级键将这种蛋白质分子吸附在柱中，样品中的其他组分不产生专一性结合，都直接漏出层析柱。然后，便可应用洗脱剂将柱中的蛋白质洗脱出来。这种利用生物高分子和配基间可逆结合和解离的原理发展起来的层析方法就称为亲和层析。

二、蛋白质的应用

蛋白质的应用范围很广泛。在临床化学分析上，常将生物体化学成分的分析和各种酶的活力测定作为临床诊断的指标，如将乳酸脱氢酶同工酶的比值作为心肌梗死的诊断指标，谷草转氨酶作为肝病变的指标等。许多蛋白制剂是安全有效的药品，如蛋白水解酶复剂作为消化药物被广泛应用。胰岛素、人胎盘丙种球蛋白也都是有效的药物。在一些工业生产上也常常利用酶制剂，在日常生活中所使用的合成洗涤剂以蛋白水解酶为添料，可以除去牛乳、蛋白、血液等不易去除的污物。在农业生产上也有应用。

【本章小结】

蛋白质是生物体内含量最多的高分子化合物,而且是各种生命现象的主要物质基础。组成蛋白质的主要元素有碳、氢、氧、氮、硫等,其中氮的含量比较恒定,平均为16％左右。这是蛋白质元素组成的重要特点,也是凯氏定氮法测定蛋白质含量的依据。

氨基酸是蛋白质的基本组成单位。组成蛋白质基本的氨基酸有20种,它们在结构上都有一个共同点,即在α-碳原子上都结合有氨基或亚氨基,都为L型α-氨基酸。所有的氨基酸都既含有氨基,又含有羧基,因此属两性电解质,在不同pH的溶液中,可带不同的电荷。不同的氨基酸有各自特定的等电点。

氨基酸之间借肽键连接形成多肽链。多肽链因其氨基酸的残基数分别被称为二肽、三肽、寡肽或多肽。多肽链是蛋白质分子的最基本结构形式。蛋白质多肽链中氨基酸按一定排列顺序以肽键相连形成蛋白质的一级结构。维持蛋白质一级结构的化学键是肽键和二硫键。

蛋白质的一级结构是其高级结构的基础。蛋白质分子中的多肽链经折叠盘曲而具有一定的构象称为蛋白质的高级结构。蛋白质的高级结构又可分为二级、三级和四级结构。维持蛋白质高级结构的作用力主要是次级键,以及氢键、离子键、疏水作用力、二硫键以及范德华力。蛋白质的一级结构是其生物学功能的基础。蛋白质的一级结构不同,其生物学功能不同,各种蛋白质的特定功能是由其特殊的结构决定的。蛋白质的一级结构改变使其生物学功能发生很大的变化。蛋白质的空间结构直接与其生物活性相关,空间结构发生改变,其生物学活性也随之改变。

蛋白质的部分理化性质与氨基酸相同,如两性解离和等电点,某些呈色反应等。根据蛋白质的两性解离性质,采用电泳方法可对蛋白质进行分离、纯化、鉴定和分子量的测定。蛋白质又具有高分子化合物的性质,如胶体性质、易沉淀、不易透过半透膜等。

蛋白质加热后可出现凝固。许多理化因素能够破坏维持蛋白质构象的次级键,从而失去天然蛋白质原有的理化性质与生物学活性,使蛋白质变性。蛋白质变性的原理具有重要的实用意义。如消毒灭菌,临床检验,制备有蛋白质活性的生物制剂等。

【思考题】

1.酸性氨基酸和碱性氨基酸各包括哪些?

2.使蛋白质变性的因素有哪些? 变性后性质有哪些改变?

3.什么是蛋白质的一、二、三、四级结构,维持各级结构的化学键或作用力是什么?

4.举例说明蛋白质的结构与功能的关系。

5.列举分离纯化蛋白质的主要方法,并简要说明其原理。

6.有哪些方法可用于蛋白质或多肽链的N-末端分析或C-末端分析?

7.沉淀蛋白质的方法有哪些?各有何特点?

第四章 酶

为什么用多酶片可以治疗畜禽消化不良？因为多酶片含有蛋白酶、淀粉酶和脂肪酶,蛋白酶能将蛋白质水解成氨基酸,淀粉酶能将淀粉水解成葡萄糖,脂肪酶能将脂肪水解成脂肪酸和甘油。酶是什么？酶(Enzyme)是生物体系中的生物催化剂,能在温和的温度和适中的pH条件下催化生物有机体内的化学反应迅速进行。在自然界中,由于生物长期进化和组织功能的分化,酶在机体中受到严格的调控,使复杂的代谢过程有序进行。生命活动离不开酶的催化作用,可以说,没有酶就没有生命,因此,酶学的研究对阐明生命现象的本质至关重要。随着现代生命科学的发展,从分子水平探讨酶与生命活动的关系,探讨酶与代谢调节、疾病、生长发育等问题,具有重大的科学意义和实践意义。

本章主要介绍酶的特性、组成、结构和功能、作用机理、酶促反应动力学、酶的分离纯化和活力测定、酶的活性调节以及酶工程等。

第一节　概述

一、酶的概念及背景知识

酶学知识来源于生产和生活实践。早在几千年前,古人就广泛应用酶的功能来酿酒、制作糖饴和酱,以及用曲治疗消化不良等,只是由于当时自然科学发展的局限,人们并不知道酶为何物,不能探究其机理。随着科学研究的发展,酶的催化作用逐渐被人们认识。

1783年,斯帕拉捷(Spallanzani)以钢丝小笼盛肉饲喂鹰,过一段时间后取出,发现肉已被消化,因此认为在鹰的胃中,消化液将肉转变成了液体,这是酶催化实验的开端。

1833年,佩恩(Payen)和帕索兹(Persoz)从麦芽的水抽提物中用乙醇沉淀得到一种热不稳定的活性物质,它可以使淀粉水解生成可溶性糖,称之为淀粉酶。

19世纪中叶,巴斯德(Paster)等对酵母的乙醇发酵进行了大量的研究,发现在活酵母细胞内有一种物质可以将糖发酵产生乙醇。1878年,库尼(Kuhne)首次将这种物质称为酶。

1896年,比希纳(Buchner)发现酵母的无细胞抽提液也能将糖发酵成乙醇,表明酶不仅在细胞内,而且在细胞外也可以在一定条件下起催化作用,从此真正开始了酶学的研究。为此,比希纳获得1907年的诺贝尔化学奖。

1903年,布朗(Brown)和亨利(Henri)提出中间产物学说。

1913年,米凯利斯(Michaelis)和曼吞(Menten)根据中间产物学说,推导出米氏方程,这对酶反应机制的研究是一个重要突破。

1926年,萨姆纳(Summer)首次从刀豆中分离获得了脲酶结晶,并证明它具有蛋白质的性质,提出酶的化学本质是蛋白质。1930~1936年,诺思罗普(Northrop)等分离到了胃蛋白酶、胰蛋白酶和胰凝乳蛋白酶的结晶,进一步证实酶的蛋白质本质。此后,人们普遍接受"酶是具有催化作用的蛋白质"这一概念。为此,萨姆纳和诺思罗普获得1946年诺贝尔化学奖。

1960年,雅各布(Jacob)和莫诺德(Monod)提出操纵子学说,阐明了酶生物合成的调节机制。

1965年,菲利普斯(Phillips)阐明了鸡蛋清溶菌酶的空间结构;1969年,梅里菲尔德(Merrifield)等成功合成了核糖核酸酶。

20世纪80年代初,切克(Cech)和奥尔特曼(Altman)等发现了核酶(Ribozyme),打破了酶是蛋白质的传统观念。为此,二人共同获得1989年度的诺贝尔化学奖。

1986年,舒尔茨(Schultz)和勒纳(Lerner)等成功研制抗体酶(Abzyme),这一成果为酶的结构与功能的研究和抗体与酶的应用开辟了新的研究领域。

1997年,博耶(Boyer)和沃克(Walker)因阐明ATP合酶(ATP Synthase)合成与分解ATP的分子机制,获得了诺贝尔化学奖。

近几十年来,酶学的研究有了突飞猛进的发展。考察酶的研究历程可知,人类对酶的研究一直是沿着两个方向发展:理论研究方向和应用研究方向。前者主要包括酶的分子结构、理化性质及催化机理的研究;后者主要包括酶的生产、应用及酶工程研究。随着酶学研究的深入,其成果必将为人类做出更大的贡献。

迄今为止,已发现生物体内有数千种酶,这些酶可分为两类:一类是以蛋白质为本质的酶,是体内催化各种化学反应主要的生物催化剂;另一类是以核酸为本质的酶,即核酶,核酶的发现使传统的酶概念得到了补充。现代科学认为,酶是由活细胞产生的,能在体内或体外起同样催化作用的生物催化剂,包括蛋白质和核酸。在本章中只讨论化学本质为蛋白质的酶。

二、酶的催化特征

作为生物催化剂的酶,与一般非生物催化剂既有共同的特点,又有一般催化剂所没有的生物大分子的特征。

(一)酶与一般非生物催化剂的共性

酶与一般非生物催化剂比较,具有以下几点共性:

1.能显著改变化学反应的速度,不能改变化学反应的平衡点

催化剂对正、逆反应按同一倍数加速,反应的平衡点不会因为催化剂的存在与否和浓度不同而改变。在一定的反应条件下,化学反应的平衡点是固定的,由底物和产物的热力学因素决定。酶的存在,能使化学反应提前达到平衡,却不能改变化学反应的平衡点,这和一般非生物催化剂的作用特点是相同的。

2.在化学反应的前后没有质和量的改变

酶和一般非生物催化剂一样,只需微量就能显著提高化学反应的速度,而反应前后本身没有质和量的改变。酶作为催化剂参加一次反应后,酶分子立刻恢复原状,继续参加下一次反应,因此,一定量的酶在短时间内能催化大量的底物发生反应。

3.通过降低化学反应的活化能而提高反应速度

在一个化学反应体系中,反应物分子必须超过一定的能阈,成为活化的状态,才能发生变化,形成产物。这种从初始反应物(初态)转化成活化状态(过渡态)所需的能量,称为活化能(Activation Energy)。具有较高能量、处于活化状态的分子称为活化分子。反应物中活化分子越多,反应速度就越快。酶和一般非生物催化剂一样,是通过降低化学反应所需的活化能,使活化分子数量大大增加,从而加速反应的进行。

(二)酶作为生物催化剂的特性

酶是生物催化剂,与一般非生物催化剂相比,有以下不同的特性。

1.高度专一性

酶对其所作用的底物有严格的选择性,一种酶只作用于一类化合物或一定的化学键,催化一定类型的化学反应,并生成一定的产物,这种现象称为酶的专一性(Specificity)或特异性。酶的专一性保证生物体内复杂的新陈代谢有条不紊地定向进行。被作用的反应物通常称为该酶的底物(Substrate)。而一般的催化剂对其作用的底物没有严格的选择性,这是酶与其他一般催化剂最主要的区别。根据酶对底物选择程度的不同分下面三种情况。

(1)绝对专一性。一种酶只作用于一种底物并产生特定的产物,这种专一性称为绝对专一性(Absolute Specificity)。例如,脲酶(Urease)只能催化尿素水解生成NH_3和CO_2,而对尿素的各种衍生物(如与尿素结构相似的甲基尿素)不起任何作用;麦芽糖酶只作用于麦芽糖,而不能作用于其他双糖。

(2)相对专一性。指酶对底物结构的要求不是十分严格,一种酶可作用于一类化合物或一种化学键,这种专一性称为相对专一性(Relative Specificity)。其中有些酶只对底物中一定的化学键具有专一性,而对化学键两端的基团无严格要求,这种专一性称为"键专一性"。例如,脂肪酶不仅水解脂肪,也能水解简单的酯;磷酸酯酶对一般的磷酸酯键都有水解作用。而有些酶不仅对底物中的化学键,还对化学键一侧的基团有要求,这种专一性称为"族专一性"或"基团专一性"。例如,α-D-葡萄糖苷酶不仅要求底物具有糖苷键,还要求化学键旁的一端具有葡萄糖残基,而对化学键旁另一端基团无严格要求;胰蛋白酶主要作用于碱性氨基酸(精氨酸和赖氨酸)羧基端的肽键。

(3)立体异构专一性。当底物有立体异构体时,酶只能作用于其中的一种,这种专一性称为立体异构专一性(Stereo Specificity)。立体异构专一性分为旋光异构专一性和几何异构专一性两种。旋光异构专一性是指酶只作用于某一旋光构型,而对其对应异构体无作用。例如,L-氨基酸氧化酶只能作用于L-氨基酸,而对D-氨基酸无催化作用。此类酶可用于旋光异构化合物的合成或分离纯化。几何异构专一性是指当底物具有几何异构体时,酶只作用于其中的一种,而对另一种无作用。具有几何异构专一性的酶催化生成的产物中含有不对称碳原子时,只能得到一种对映异构体。例如,琥珀酸脱氢酶仅催化琥珀酸脱氢生成反丁烯二酸(延胡索酸),而不能生成顺丁烯二酸。酶的这一特点已被应用于手性化合物的合成与拆分。

2.极高的催化效率

酶能大大降低反应的活化能,极大地提高催化反应效率,各种化学反应速度由于酶的参与而显著加快。一般而言,酶促反应速度比非催化反应高$10^8 \sim 10^{20}$倍(分子比),比非酶催化反应高$10^7 \sim 10^{13}$倍。例如,过氧化氢酶和铁离子都能催化H_2O_2的分解,但在相同的条件下,过氧化氢酶要比铁离子的催化效率高10^{10}倍。由此可见,由于酶的催化效率极高,所以生物体内虽然酶的含量很低,却可以迅速地催化大量底物发生反应来维持正常的代谢活动。

3.酶的不稳定性

酶的本质是蛋白质,其催化活性依赖于蛋白质完整的空间结构。酶比其他化学催化剂更为脆弱,容易受各种理化因素的影响而变性失活,凡是能使蛋白质变性的因素,如强酸、强碱、有机溶剂、重金属盐、高温、紫外线等,都可使酶的活性降低或丧失。因此,酶促反应要求在一定的pH、温度等比较温和的条件下进行。对于结合酶而言,如果除去其辅因子,酶就失去催化活性。一些金属离子和非金属离子也影响着酶的催化能力。

4.酶活性的可调节性

细胞内的物质代谢既互相联系,又错综复杂,却可以有条不紊地协调进行,生物体内新陈代谢的化学反应都是在酶的催化下完成的。酶的催化活性和酶的含量受多方面的调控,十分精密,例如,酶的生物合成的诱导和阻遏、激活剂和抑制剂的调节作用、代谢物对酶的反馈调节、酶的变构调节、酶的化学修饰、酶原激活、酶浓度的调节和激素调节等多种调节方式。正是由于酶活性的可调节性,使代谢过程中的各种化学反应都能够有序、协调一致地进行。

三、酶的化学本质

迄今为止,除了某些有催化活性的核酸外,人类所发现的绝大多数酶的化学本质是蛋白质。20世纪80年代,P.Cech和Altman发现了核酶,并用实验证明了某些核酸也具有催化活性,打破了酶是蛋白质的传统观念。有的酶为单纯蛋白质,如大多数水解酶类;有的酶为结合蛋白质,如氧化还原酶类。

酶和其他蛋白质一样,是由氨基酸组成的具有一定空间结构的生物大分子。因此,酶具有蛋白质的一切物理和化学性质,如酶的分子量很大,属于典型的蛋白质分子质量的数量级;能被蛋白酶水解;具有蛋白质的呈色反应;是两性电解质,具有特定的等电点;有胶体的性质,不能通过半透膜;酶分子容易受到某些理化因素(如高温、紫外线、酸、碱、有机溶剂、蛋白质变性剂等)的作用而变性或沉淀。酶的催化活性依赖于其天然构象的完整性,酶如果发生变性或解离成亚基即丧失催化活性。

由此可见,凡是蛋白质所具有的性质酶也同样具有,但是,不是所有的蛋白质都是酶,具有催化作用的蛋白质才称为酶。

现代科学认为,酶是由活细胞产生的,能在体内或体外起催化作用的生物大分子,包括蛋白质和核酸。

四、酶的分类和命名

酶种类繁多、催化反应各异,为避免混乱以及便于研究和使用,科学家们对酶进行了命名,并加以科学分类。

(一)酶的命名

1. 习惯命名法

习惯命名法大多根据酶所催化的底物、反应的性质以及酶的来源而定。如催化淀粉水解的酶叫淀粉酶,催化蛋白质水解的酶叫蛋白酶。习惯命名法所定的名称较短,使用起来方便,也便于记忆,但这种命名法缺乏科学性和系统性,易产生"一酶多名"或"数酶一名"的现象。

2.系统命名法

1961年,国际生物化学学会酶学委员会(Enzyme Commission,EC)推荐了一套新的系统命名方案。系统命名法规定每一个酶均有一个系统名称,它标明酶的所有底物与反应性质,底物名称之间以":"分隔。由于许多酶的系统名称过长,为了应用方便,国际酶学委员会又从每种酶的数个习惯名称中选定一个简便实用的推荐名称。例如,习惯命名法命名的葡萄糖激酶,按系统命名法就称为葡萄糖:ATP磷酰基转移酶。

(二)酶的分类

根据酶催化的反应类型,国际酶学委员会把酶分为六大类。

1.氧化还原酶类

氧化还原酶类(Oxidoreductases)催化底物进行氧化还原反应,在体内参与产能、解毒和某些生理活性物质的合成。例如,乳酸脱氢酶、琥珀酸脱氢酶、过氧化物酶等。

2.转移酶类

转移酶类(Transferases)催化功能基团的转移反应,即催化某一化合物上的某一基团转移到另一个化合物上,参与核酸、蛋白质、糖及脂肪的代谢。例如,甲基转移酶、氨基转移酶、酰基转移酶、己糖激酶、磷酸化酶等。

3.水解酶类

水解酶类(Hydrolases)催化底物发生水解反应。这类酶均属单纯酶,大部分为胞外酶,数量多,分布广泛,所催化的反应多为不可逆反应。例如,蛋白酶、脂肪酶、淀粉酶等。

4.裂解酶类

裂解酶类(Lyases)催化一种化合物裂解成两种化合物或其逆反应。这类酶催化的反应大多数是可逆的,从左向右进行的反应是裂解反应,从右向左进行的是合成反应,所以又称为裂合酶。例如,醛缩酶、异柠檬酸裂解酶等。

5.异构酶类

异构酶类(Isomerases)催化同分异构体之间的相互转化,即分子内部基团的重新排布。这类酶催化的反应都是可逆的。如磷酸己糖异构酶、消旋酶等。

6.合成酶类

合成酶类又称连接酶类(Ligases),催化两分子底物合成一分子化合物,必须与ATP(GTP或UTP)相偶联。例如,谷氨酰胺合成酶、丙酮酸羧化酶、DNA聚合酶等。

(三)酶的编号

根据国际酶学委员会的规定,国际系统分类法除按上述六类将酶依次编号外,还根据酶所催化的化学键的特点和参加反应的基团不同,将每一大类又进一步分类,每一个酶都用四个点隔开的数字编号,数字前冠以EC。编号中第一个数字表示该酶属于六大类中的哪一类;第二个数字表示该酶属于哪一亚类;第三个数字表示亚-亚类;第四个数字是该酶在亚-亚类中的排序。

例如,乳酸脱氢酶(EC 1.1.1.27),其编号解释如下:EC代表国际酶学委员会,编号中四个数字依次表示氧化还原酶,作用于CHOH基团,受体是NAD^+,亚-亚类中的排序为第27位。

第二节　酶的组成与辅酶

一、单纯酶和结合酶

根据酶的组成成分,可将酶分为单纯酶和结合酶两类。

单纯酶(Simple Enzyme)是基本组成成分仅为氨基酸的一类酶,如蛋白酶、淀粉酶、酯酶、核糖核酸酶等。这类酶属于简单蛋白质,催化活性仅仅决定于其蛋白质结构。

结合酶(Conjugated Enzyme)的基本组成成分除蛋白质部分外,还含有非蛋白质部分。蛋白质部分称为酶蛋白(Apoenzyme),非蛋白质部分称为辅助因子(Cofactors),包括对热稳定的有机小分子和金属离子。酶蛋白与辅助因子单独存在时都没有催化活性,只有二者结合成完整的分子时才具有活性。这种完整的酶分子称作全酶(Holoenzyme),即:全酶 = 酶蛋白 + 辅助因子。氧化还原酶和转移酶中的许多酶都属于此类酶。

在全酶的催化反应中,酶蛋白与辅助因子所起的作用不同,酶蛋白本身决定酶反应的专一性,而辅助因子直接作为电子、原子或某些化学基团的载体起传递作用。

二、酶的辅助因子

金属离子是最多见的辅助因子,约2/3的酶含有金属离子。酶分子中常见的金属离子有K^+、Na^+、Mg^{2+}、$Cu^{2+}(Cu^+)$、Zn^{2+}和$Fe^{2+}(Fe^{3+})$等。金属离子的作用主要有以下三个方面:作为酶活性中心的组成成分,例如,过氧化氢酶分子中的铁是该酶活性中心的组成部分;作为底物和酶分子之间联系的桥梁,例如,羧肽酶A分子中的Zn^{2+}能与该酶底物的肽键结合,从而促进肽键断裂;稳定酶蛋白分子构象。

作为辅助因子的小分子有机化合物,其主要作用是在反应中传递电子、氢原子或一些基团。常可按其与酶蛋白结合的紧密程度不同分为辅酶(Coenzyme)和辅基(Prosthetic Group)两大类。辅酶与酶蛋白结合疏松,可以用透析或超滤方法除去。例如,酵母提取物有催化葡萄糖发酵的能力,透析除去辅酶Ⅰ后,酵母提取物就失去催化能力。辅基与酶蛋白结合紧密,不易用透析或超滤方法除去。例如,细胞色素氧化酶与铁卟啉辅基结合较牢固,铁卟啉辅基不易除去。所以辅酶和辅基的区别只在于它们与酶蛋白结合的牢固程度不同,并无严格的界限。

酶的种类很多,而辅酶(辅基)的种类却较少。通常一种酶蛋白只能与一种辅酶结合,成为一种特异的酶,但一种辅酶往往能与不同的酶蛋白结合,构成多种特异性酶。例如,乳酸脱氢酶的酶蛋白只能与NAD^+结合组成乳酸脱氢酶(全酶),催化乳酸脱氢反应;而NAD^+除了能与乳酸脱氢酶的酶蛋白结合外,也可与苹果酸脱氢酶的酶蛋白结合组成苹果酸脱氢酶(全酶),催化苹果酸脱氢反应。酶蛋白在酶促反应中主要起识别和结合底物的作用,决定酶促反应的专一性;而辅助因子则决定反应的种类和性质。

三、维生素与辅酶

维生素是维持人和动物正常的生命活动不可缺少的一类小分子有机化合物,在体内不能合成或者少量合成,必须从食物或饲料中摄取。维生素既不能作为机体的能量来源,也不能作为结构成分,而以辅酶形式广泛参与物质代谢、促进生长发育和维持生理功能等。

机体对维生素的需要量很少,但维生素对维持健康十分重要。当机体缺乏维生素时,可引起物质代谢失调,产生一系列维生素缺乏症,影响动物健康和生产性能,严重时可导致动物死亡。维生素摄取量过多时,也会引起中毒现象,称维生素过多症。家畜、家禽一般不易发生维生素过多症,在临床上使用维生素制剂的量过大时才可能出现。

维生素通常按其溶解性分为脂溶性维生素和水溶性维生素两大类。脂溶性维生素主要包括维生素A、维生素D、维生素E和维生素K 4种。水溶性维生素包括B族维生素和维生素C。脂溶性维生素在体内可直接参与代谢的调节作用,而B族维生素几乎都是辅酶的组成成分,通过转变成辅酶对代谢起调节作用。这里重点介绍B族维生素(表4.1)。

表4.1　B族维生素及其辅酶(辅基)

B族维生素	辅酶(辅基)	功用
维生素B_1	硫胺素焦磷酸酯(TPP)	α-酮酸氧化脱羧酶的辅酶
维生素B_2	黄素单核苷酸(FMN)	黄素酶的辅基或辅酶,传递氢和电子
	黄素腺嘌呤二核苷酸(FAD)	黄素酶的辅基或辅酶,传递氢和电子
维生素B_5	烟酰胺腺嘌呤二核苷酸(NAD^+)	参与氧化还原反应,传递氢和电子
	烟酰胺腺嘌呤二核苷酸磷酸($NADP^+$)	参与氧化还原反应,传递氢和电子
维生素B_6	磷酸吡哆醛、磷酸吡哆胺等	氨基酸转移酶和脱羧酶的辅酶
泛酸	辅酶A(CoA)	传递脂酰基
叶酸	四氢叶酸(FH_4)	传递一碳基团
生物素	生物素	羧化酶的辅酶,参与固定CO_2
钴胺素(B_{12})	甲基钴胺素	传递甲基;构成某些变位酶的辅酶
	5′-脱氧腺苷钴胺素	传递甲基;构成某些变位酶的辅酶

(一)维生素B_1

维生素B_1又称抗神经炎维生素、抗脚气病维生素,是由嘧啶衍生物(2-甲基-4-氨基嘧啶)与噻唑衍生物(4-甲基-5-β-羟乙基噻唑)经一个亚甲基连接而成的化合物,因分子中含有硫原子和氨基,故又称硫胺素(Thiamine)(如图4.1)。临床上常用的是其盐酸盐。

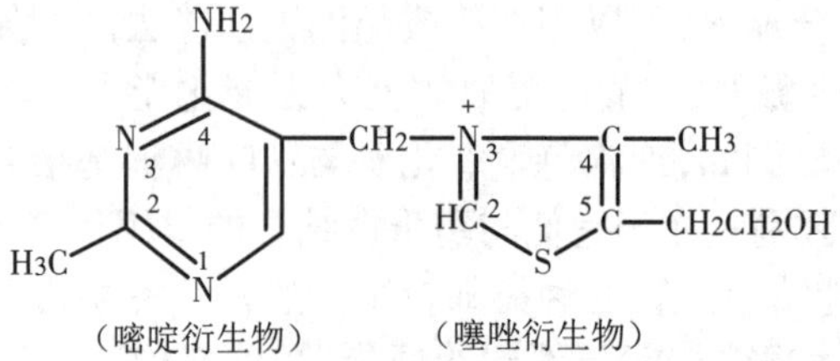

图4.1　维生素 B_1 的结构
[引自郑集等,普通生物化学(第4版),高等教育出版社,2010]

　　维生素 B_1 易被小肠吸收,但其焦磷酸酯则不易被吸收。青草中所含的大部分是自由型的维生素 B_1,被吸收后在血浆中的维生素 B_1 是无活性的,进入细胞后被磷酸化激活并与蛋白质结合。在肝脏中的维生素 B_1 经硫胺素激酶催化与ATP作用转化成硫胺素焦磷酸(Thiamine Pyrophosphate,TPP)(如图4.2),而在肌肉和脑中这种磷酸化作用较弱。

$$\text{硫胺素+ATP} \xrightarrow[\text{硫胺素激酶}]{Mg^{2+}} \text{硫胺素焦磷酸+AMP}$$

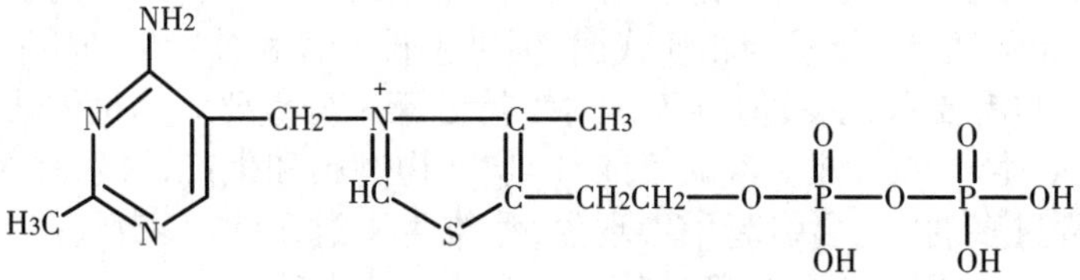

图4.2　硫胺素焦磷酸的结构
[引自郑集等,普通生物化学(第4版),高等教育出版社,2010]

　　TPP作为丙酮酸脱氢酶复合体和α-酮戊二酸脱氢酶复合体的辅酶,参加糖代谢过程中丙酮酸和α-酮戊二酸氧化脱羧作用。TPP噻唑环上的第2位C原子,受到第1位电负性很强的S原子和第3位N原子上的正电荷的影响,释放 H^+ 而形成的碳负离子可与α-酮基结合,使α-酮酸脱羧,释放 CO_2。当维生素 B_1 缺乏时,TPP合成不足,丙酮酸的氧化脱羧发生障碍,导致神经组织中丙酮酸和乳酸堆积,糖的氧化利用受阻,机体能量供应减少,影响神经组织和心肌的代谢和机能。人出现脚气病,动物则出现多发性神经炎。

　　TPP也是磷酸戊糖途径中转酮醇酶的辅酶,维生素 B_1 缺乏时,核酸合成及神经髓鞘中磷酸戊糖代谢受到影响。

(二)维生素 B_2

　　维生素 B_2 是核醇和7,8-二甲基异咯嗪的缩合物,由于异咯嗪是一种黄色色素,故又称之为核黄素(Riboflavin)(如图4.3)。

　　自由型的维生素 B_2 在机体内吸收后经过磷酸化转化为磷酸核黄素,又称黄素单核苷酸(Flavin Mononucleotide,FMN)和黄素腺嘌呤二核苷酸(Flavin Adenine Dinucleotide,FAD)(如图4.4),植物、酵母和动物的肾、脑、肝、脾、心等器官均可合成这两种辅酶(辅基)。FMN和FAD在体内组成黄素蛋白类,它们以非共价键与酶蛋白结合,也有少数黄素蛋白是通过蛋白质的巯基或咪唑基与FMN或FAD共价结合的。

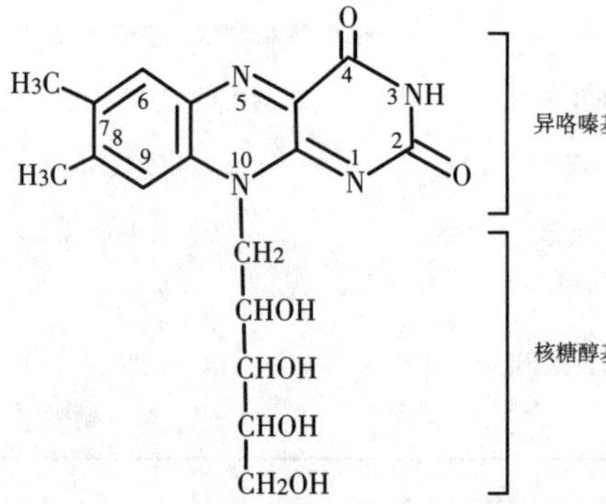

图4.3　维生素 B_2 的结构
[引自郑集等,普通生物化学(第4版),高等教育出版社,2010]

图4.4　FMN和FAD的结构

[引自郑集等,普通生物化学(第4版),高等教育出版社,2010]

　　许多氧化还原酶类的辅基中含有核黄素,这种酶统称为黄酶类。黄酶的辅基包括 FMN 和 FAD。由于FMN和FAD分子中的异咯嗪第1位和第5位氮原子具有活泼的双键,可接受氢和释放氢,因而具有可逆的氧化还原特性,在氧化还原反应中起传递氢的作用。维生素 B_2 可促进生物氧化,在糖、脂和蛋白质代谢中都起着重要的作用。

　　维生素 B_2 缺乏会影响FMN和FAD的合成,使体内生物氧化发生障碍,细胞代谢失调,眼角膜和口角血管增生,还可出现舌炎、唇炎、口角炎和幼龄动物生长障碍、脱毛等病症。动物肠内细菌可合成维生素 B_2,特别是反刍动物无须额外补给。

(三)维生素 B_3

　　维生素 B_3 又称泛酸、遍多酸(Pantothenic Acid),是由 β-丙氨酸和 α,γ-二羟基-β-二甲基丁酸结合而成的化合物(如图4.5)。

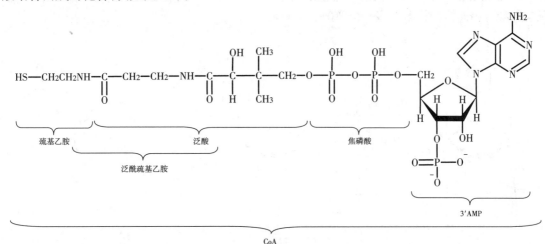

图4.5　泛酸和CoA的结构

[引自周爱儒,生物化学(第6版),人民卫生出版社,2011]

泛酸及其盐的形式可通过扩散作用经肠道吸收，在生物组织中经过一系列反应合成辅酶A（CoA）和脂酰基载体蛋白（ACP），二者是泛酸的活性形式，参与脂酰基的传递。

CoA由泛酸、巯基乙胺及3′-磷酸腺嘌呤核糖、焦磷酸缩合而成。CoA的腺苷部分提供了一个需要CoA的酶类紧密结合的位点，磷酸泛酰巯基乙胺则形成了一个灵活的臂。CoA是酰基的载体，是体内酰基转移酶的辅酶，参与糖、脂肪、蛋白质代谢及肝脏中的生物转化作用。当泛酸用于与合成代谢有关的转移反应时，主要参与组成ACP功能域。作为脂肪酸合成酶复合体的一部分，磷酸泛酰巯基乙胺与ACP功能域内的丝氨酸残基上的羟基结合，而脂酰基通过与磷酸泛酰巯基乙胺的巯基酯化而相连，于是ACP上的这个"长臂"携带着脂肪酸合成过程中的各个中间物从一个酶的催化位点转向另一个酶的催化位点。

各种动物均可发生泛酸缺乏症，主要见于猪和家禽。

【案例分析】
　　某农户饲养的猪食欲降低，生长缓慢，眼周围有黄色分泌物，咳嗽，流鼻涕，被毛粗乱，脱毛，皮肤干燥有鳞屑，呈暗红色皮炎；运动失调，后肢僵直，痉挛，站立时后躯发抖，严重时后腿紧贴腹部行走，出现所谓的"鹅步"；腹泻，直肠出血，有的发生溃疡性结肠炎。母猪卵巢萎缩，子宫发育不良，妊娠后胎儿发育异常。病理学变化为脂肪肝，肾上腺及心脏肿大并伴有心肌松弛和肌内出血，神经节脱髓鞘。诊断：泛酸缺乏症。防治：调整日粮结构，供给泛酸含量丰富的饲料。病猪可用泛酸注射液进行治疗（0.1 mg/kg体重），肌肉注射，每天1次。

【讨论】　泛酸参与了哪些辅酶的组成？这些辅酶的作用是什么？

（四）维生素 B_5

维生素 B_5 又称维生素PP或抗癞皮维生素，包括烟酸（Nicotinic Acid）和烟酰胺（Nicotinamide）两种化合物，也称为尼克酸和尼克酰胺，二者均为吡啶衍生物（如图4.6）。

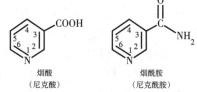

图4.6　维生素 B_5 的结构
[引自董晓燕,生物化学,高等教育出版社,2010]

烟酸和烟酰胺在小肠被吸收，烟酸在体内可转变为烟酰胺，它们的天然形式均有相同的烟酸活性。在生物体内烟酰胺与核糖、磷酸、腺嘌呤组成脱氢酶的辅酶，主要是烟酰胺腺嘌呤二核苷酸（Nicotinamide Adenine Dinucleotide，NAD^+，辅酶 I ）和烟酰胺腺嘌呤二核苷酸磷酸（Nicotinamide Adenine Dinucleotide Phosphate，$NADP^+$，辅酶 II ）两种（如图4.7）。辅酶 II 的结构与辅酶 I 相似，仅在与腺嘌呤相连接的核糖上多一个磷酸。

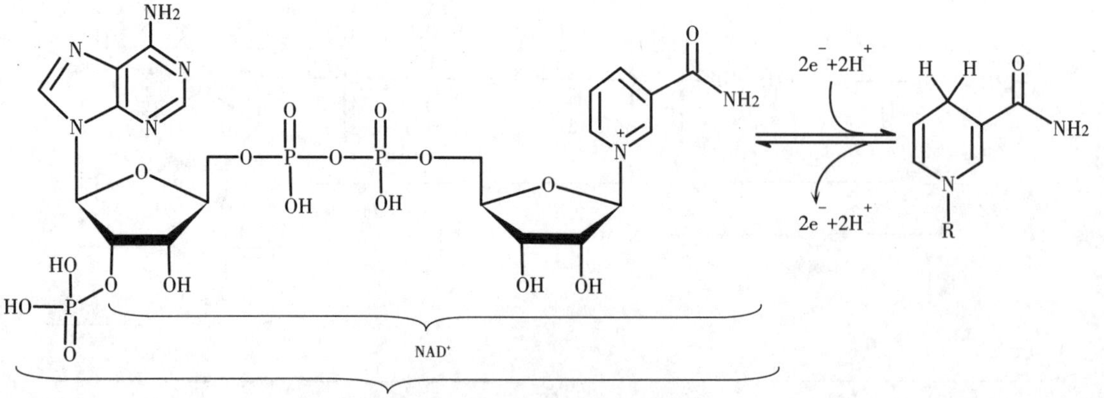

图4.7　辅酶 I 和辅酶 II 的结构及对氢的传递
[引自邹思湘,动物生物化学(第4版),中国农业出版社,2005]

辅酶Ⅰ和辅酶Ⅱ是许多脱氢酶的辅酶,在氧化还原反应中起传递氢的作用,在糖酵解、脂肪合成及呼吸作用中发挥重要的生理功能。

辅酶Ⅰ和辅酶Ⅱ传递氢的作用,实际上是传递氢离子(H^+)和电子($2e^-$),尼克酰胺吡啶环上1位N传递电子,4位C传递H。

当体内缺乏维生素 B_5P 时,导致辅酶Ⅰ和辅酶Ⅱ合成不足,从而引起生物氧化机能的紊乱,使新陈代谢发生障碍,出现癞皮病、角膜炎、神经和消化系统的障碍。草食动物肠内细菌能够合成足够的尼克酸,故一般不会缺乏。

(五)维生素B₆

维生素 B_6 又称吡哆素,是吡啶的衍生物,包括吡哆醛(Pyridoxal)、吡哆醇(Pyridoxine)和吡哆胺(Pyridoxamine)三种化合物(如图4.8),三种形式在体内可相互转化,并且对动物有相同的生理活性。

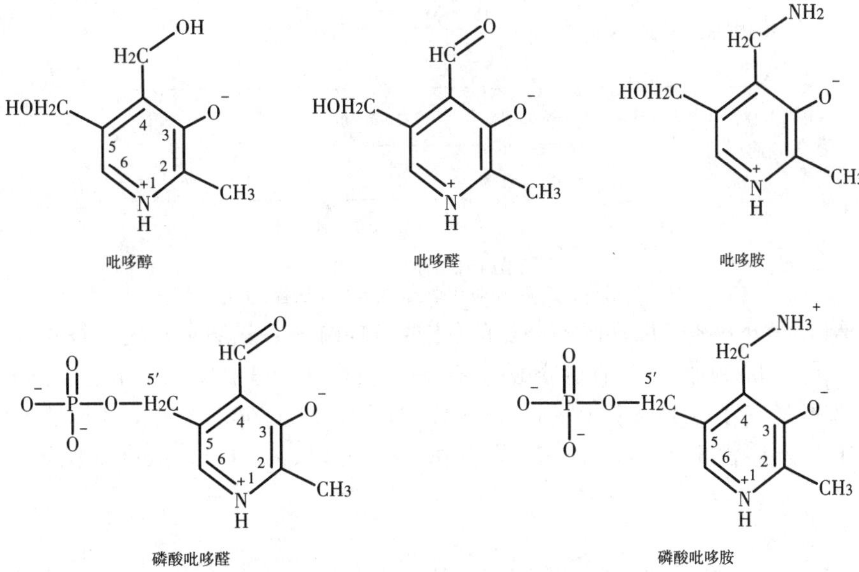

图4.8 吡哆素及磷酸吡哆素的结构
(引自董晓燕,生物化学,高等教育出版社,2010)

在生物体内,吡哆醇、吡哆醛和吡哆胺均可磷酸化生成各自的磷酸化合物,磷酸吡哆醛和磷酸吡哆胺可以相互转化。磷酸吡哆醛主要作为转氨酶和脱羧酶的辅酶,参与体内氨基酸代谢,还参与血红素的合成。

动物很少有单纯缺乏病出现,缺乏维生素 B_6 的动物常伴发皮炎、神经系统障碍、生长停止、贫血等症状。

(六)生物素

生物素(Biotin)又称维生素 H,是由噻吩和尿素相结合的骈环并带有戊酸侧链的化合物(如图4.9)。

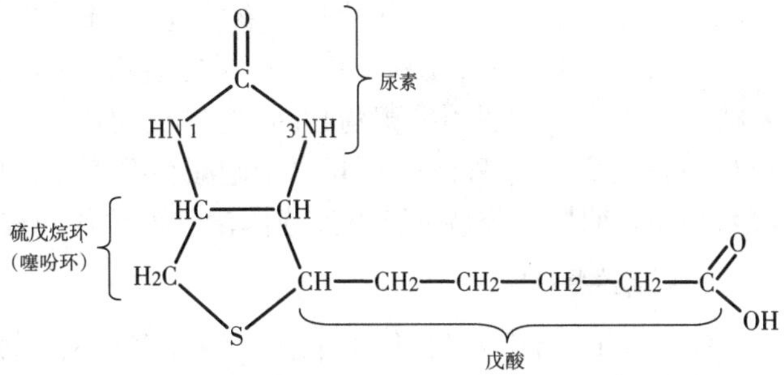

饲料中的生物素主要以游离形式或与蛋白质结合的形式存在。与蛋白质结合的生物素在肠道蛋白酶的作用下,形成生物胞素,再经肠道生物素酶的作用,释放出游离生物素。吸收生物

图4.9 生物素的结构
(引自董晓燕,生物化学,高等教育出版社,2010)

素的主要部位是小肠的近端。低浓度时,被载体转运主动吸收;高浓度时,则以简单扩散形式吸收。肠道细菌可合成生物素。

生物素是体内许多羧化酶的辅酶,参与体内CO_2的固定或羧化反应,起羧基传递体的作用。例如,丙酮酸转变为草酰乙酸,乙酰CoA转变为丙二酸单酰CoA等反应都需要生物素作为辅酶。生物素与酶蛋白的结合是通过羧基与酶蛋白赖氨酸的氨基结合成肽键。

动物肠内细菌可大量合成生物素而被动物吸收,故不易缺乏。但缺乏时会出现广泛的皮肤病、消瘦、脱毛和神经过敏等症状。

(七)叶酸

叶酸(Folic Acid)由2-氨基-4-羟基-6-甲基蝶呤、对氨基苯甲酸和谷氨酸三部分结合而成(如图4.10)。

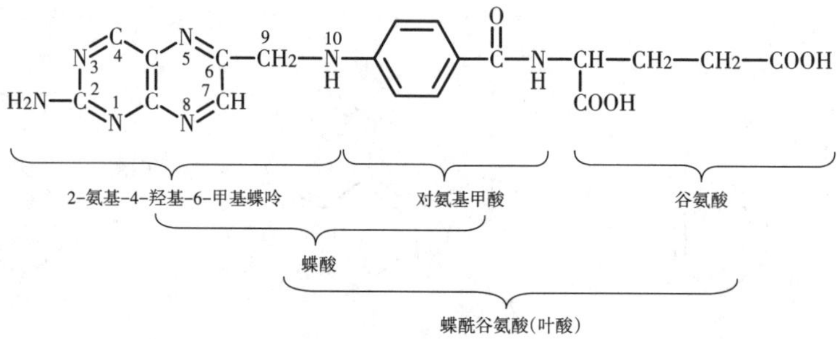

图4.10 叶酸的结构
(引自余瑞元,生物化学,北京大学出版社,2007)

饲料中绝大部分叶酸是以蝶酰多谷氨酸(主要有蝶酰三谷氨酸和蝶酰七谷氨酸)形式存在的,在正常情况下可被小肠上皮细胞分泌的蝶酰-L-谷氨酸羧基肽酶水解成谷氨酸和自由型的叶酸。自由型叶酸在小肠上段易于吸收,以NADPH为辅酶,在体内经叶酸还原酶催化,叶酸可转变为具有生物活性的5,6,7,8-四氢叶酸(Tetrahydrogen Folic Acid,FH_4或THFA)(如图4.11)。

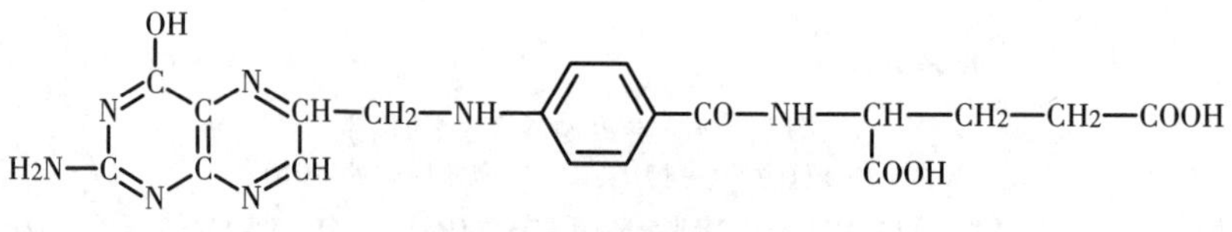

图4.11 四氢叶酸的结构
(引自董晓燕,生物化学,高等教育出版社,2010)

FH_4是一碳单位如甲基、亚甲基、次甲基、甲酰基、亚氨甲基等的载体(N_5,N_{10}是结合一碳单位的位置),参与体内多种物质的合成。如生物体在嘌呤核苷酸和胸腺嘧啶的生物合成反应中都需要FH_4作为甲酰基的载体;丝氨酸与甘氨酸的互变、胆碱的生物合成以及高胱氨酸转化为甲硫氨酸也都需要FH_4,因此叶酸在核酸、蛋白质的生物合成过程中起到非常重要的作用。

饲料中叶酸丰富,动物体内细菌又能合成叶酸,可被动物吸收利用,故一般情况下动物不易缺乏叶酸。长期服用抑菌药物时,可导致动物发生叶酸缺乏症,其特征为动物发生特殊的巨幼红细胞性贫血症,停止生长和白细胞减少等病症,这可能是由于DNA合成发生障碍。母畜妊娠期和哺乳期快速分裂细胞增加或因泌乳而致代谢较旺盛,应适量补充叶酸。

(八)维生素B_{12}

维生素B_{12}结构复杂,分子中含有钴和多个酰胺基,又称钴维生素、钴胺素(Cobalamin),是唯一含金属元素的维生素(如图4.12)。维生素B_{12}在体内以多种形式存在,如氰钴胺素、羟钴胺素、甲钴胺素和5′-脱氧腺苷钴胺素。羟钴胺素比较稳定,是药用维生素B_{12}的常见形式。5′-脱氧腺苷钴胺素则是维生素B_{12}在体内的主要形式，它以辅酶的形式参加多种重要的代谢反应，因此又称它为辅酶B_{12}。甲钴胺素是维生素B_{12}携带甲基的形式。

维生素B_{12}主要参与体内甲基的传递，以辅酶方式参加各种代谢。缺乏时，牛、羊可发生“干瘦病”，幼畜则生长发育缓慢，蛋鸡产蛋量下降。

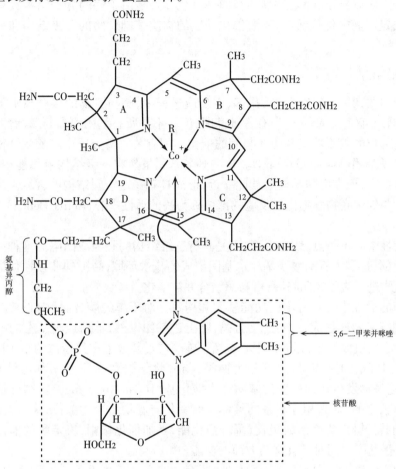

CONH2
CH2
CH2
CH3
CH3
CH2CONH2
H2N—CO—H2C
CH2CH2CONH2
H3C
R
H3C
Co
CH3
H2N—CO—H2C
CH3
CH3
CH3
CH3
CH2CH2CONH2
CO—CH2—H2C
NH
CH2
CHCH3
氨基异丙醇
5,6-二甲苯并咪唑
核苷酸
HO
HOCH2
图4.12 维生素B_{12}的结构

[引自郑集等，普通生物化学(第4版)，高等教育出版社，2010]

(九)硫辛酸

硫辛酸(Lipoic Acid)为含硫八碳脂酸，在6，8位上有二硫键相连，故又称6，8-二硫辛酸(如图4.13)。硫辛酸有氧化型和还原型两种形式，二者可以互变，6，8位上巯基脱氢变成氧化型硫辛酸，加氢变成还原型二氢硫辛酸。硫辛酸是酵母和一些微生物的生长因子，虽然一直没有实验依据证明是否为动物所必需的维生素，由于其具有与维生素相似的功能，因此把它作为一种类维生素列入维生素中介绍。

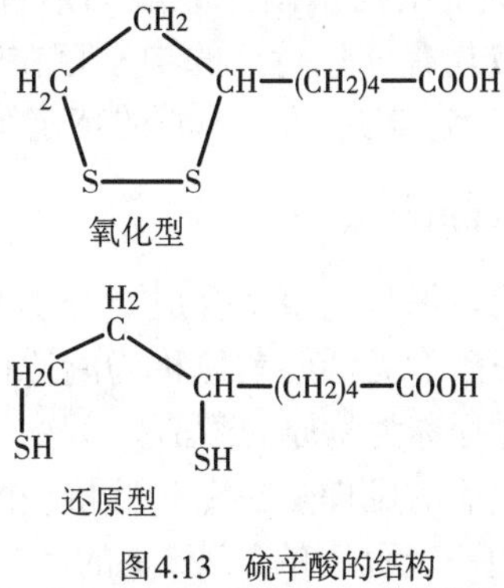

CH2
H2C
CH—(CH2)4—COOH
S
S
氧化型
H2
C
H2C
CH—(CH2)4—COOH
SH
SH
还原型
图4.13 硫辛酸的结构

[引自郑集等，普通生物化学(第4版)，高等教育出版社，2010]

硫辛酸作为辅酶，存在于丙酮酸脱氢酶复合体和α-酮戊二酸脱氢酶复合体中，参与酰基的传递。此外，通过自身氧化型和还原型的相互转变传递氢，可作为脱氢酶的辅酶。

第三节　酶的结构与功能的关系

酶分子之所以异于非酶蛋白质而具有催化功能,是由于酶的分子结构具有特殊性。酶的分子结构决定了酶的催化活性,是酶催化功能的物质基础。酶的一级结构和高级结构都与其功能有关。

一、酶的活性中心

酶是蛋白质,其分子比底物大得多,在反应过程中,酶与底物的接触只限于酶分子上与酶活性有关的较小区域。酶分子中有各种基团,但并不是所有基团均参与酶活性的发挥,而只有酶蛋白特定部位的若干功能基团才与酶的催化作用有关。酶分子中与酶活性密切相关的基团称为酶的必需基团(Essential Group)。这些必需基团虽然在一级结构上可能相距很远,也可能位于不同肽链上,但在空间结构上彼此靠近,形成具有一定空间结构的区域。酶分子中直接与底物相结合并催化底物发生化学反应的部位称为酶的活性中心(Active Center)或活性部位(Active Site)。

酶的活性中心不是点、线或平面,而是具有三维结构的裂隙或凹陷。这种裂隙或凹陷可深入酶分子内部,且多为氨基酸残基疏水基团组成的疏水环境,裂隙的非极性促进了其与底物的结合。当底物进入裂隙或凹陷后,可与酶结合并被催化。

不同酶的活性中心具有不同功能基团和构象。对于单纯酶,活性中心常由一些极性氨基酸残基的侧链基团所组成;而对于结合酶,除上述基团以外,辅酶或辅基上的一部分结构往往也是活性中心的组成部分,即活性中心包括了辅酶或辅基分子和酶蛋白的结构区域。

酶活性中心上的必需基团可分为两类,与底物结合的必需基团称为结合基团(Binding Group),催化底物发生化学反应的基团称为催化基团(Catalytic Group)。结合基团和催化基团并不是各自独立的,而是相互联系的整体。前者是与底物结合的部位,决定酶的专一性;后者可使底物的共价键发生变形或极化,降低活化能,参加催化作用,决定酶的催化能力。活性中心上有的必需基团可同时具有这两方面的功能。

活性中心的基团都是必需基团,此外,还有一些必需基团不参与酶活性中心的组成,但对维持酶分子的空间构象及酶活性是必需的,称之为活性中心以外的必需基团。因此,酶分子其他部分的作用对于酶催化来说,可能是次要的,但绝不是毫无意义的,它们至少为酶活性中心的形成提供了结构基础。故酶的活性中心与酶蛋白空间构象完整性之间,是辩证统一的关系。当酶以具有催化活性的构象存在时,活性中心便自然地形成。一旦外界理化因素破坏了酶的构象,肽链伸展,活性中心的特定结构解体,酶就变性失活。

二、酶原的激活

有些酶在细胞内最初合成或分泌时,没有催化活性,必须经过适当的改变才能变成有活性的酶。这类酶的无活性前体称为酶原(Zymogen)。在一定条件下,使无活性的酶原转变成有活性的酶的过程称为酶原的激活。

酶原激活的机理是在专一的蛋白酶作用下,酶原分子某一处或多处被切除部分肽段后,分子构象发生一定程度的改变,酶的活性中心形成或暴露,具有酶的催化能力。例如,胰蛋白酶原进入小肠后,在肠激酶或胰蛋白酶的作用下,其第6位 Lys 与第7位 Ile 残基之间的肽键被切断,水解去掉一个六肽,酶分子空间构象发生改变,促使酶活性中心形成,于是无活性的胰蛋白酶原转变成了有活性的胰蛋白酶。

有些酶对其自身的酶原有激活作用,称为酶原的自身激活作用。例如,胃液中的H^+将少量胃蛋白酶原激活为胃蛋白酶后,该少量胃蛋白酶在短时间内能使更多的胃蛋白酶原转变为胃蛋白酶,对食物进行消化。表4.2以胃和胰腺分泌的消化酶类为例,介绍了酶原的激活过程。

表4.2 某些酶原的激活过程

酶原	激活条件	有活性的酶	水解片段
胃蛋白酶原	H^+或胃蛋白酶	胃蛋白酶	六个多肽片段
胰蛋白酶原	肠激酶或胰蛋白酶	胰蛋白酶	六肽
胰凝乳蛋白酶原	胰蛋白酶或胰凝乳蛋白酶	胰凝乳蛋白酶	两个二肽
羧肽酶原A	胰蛋白酶	羧基肽酶A	几种碎片
弹性蛋白酶原	胰蛋白酶	弹性蛋白酶	几种碎片

酶原激活的生理意义在于避免细胞内产生的酶对细胞进行自身消化,并可使酶在特定的部位和环境中发挥作用,从而保证体内代谢过程的正常进行。如胰腺分泌的胰蛋白酶原和胰凝乳蛋白酶原,必须在肠道内激活后才能水解蛋白质,这样就保护了胰腺细胞免受酶的破坏。

有些酶原激活还存在着级联反应,如胰蛋白酶原的激活,所产生的胰蛋白酶又能催化消化道中的胰凝乳蛋白酶原、羧肽酶原A和弹性蛋白酶原的激活,共同发挥消化蛋白质的作用。血浆中凝血因子也是通过级联式蛋白酶原激活的形式,最终使凝血酶原激活成凝血酶而催化纤维蛋白原降解成纤维蛋白,从而使极小量的促凝因素引发快速而有效的血液凝固。此种级联反应在生理上具有很大的实际意义。

第四节 酶的作用机理

一、酶的催化作用与分子的活化能

在一个反应体系中,底物分子所含能量各不相同,并不是所有底物分子都发生化学反应。只有所含能量达到或超过一定能阈的活化分子在碰撞中才能发生化学反应,形成产物。分子从常态转化成活化态所需的能量,称为活化能。活化分子越多,反应就越快,若增加活化分子数目,就能提高反应速率。

使常态分子转化为活化态分子主要有两条途径:加热或进行光照,使底物分子获得所需的活化能;使用催化剂降低反应的能阈,使反应沿着一个活化能阈较低的途径进行,间接增加活化分子的数目。

催化剂之所以能加速反应进行,其本质是降低了反应所需的活化能。酶是生物催化剂,与一般的非生物催化剂相比,酶降低反应活化能的能力更强,使底物分子只需较少的能量便可进入活化状态,因而表现出极高的催化效率。例如,无催化剂时,过氧化氢分解为水和氧气的反应所需活化能为75.4 kJ/mol;以钯作为催化剂时,所需活化能降低为48.9 kJ/mol;以过氧化氢酶作为催化剂时,所需活化能仅为8.4 kJ/mol。据计算,在25℃时,活化能每减少4.184 kJ/mol,反应速度可加快5.4倍。

二、中间产物学说

酶是如何使反应的活化能降低的呢? 目前公认的是中间产物学说。该学说认为,酶(E)催化某一反应时,首先与底物(S)结合,生成酶—底物复合物(ES),此复合物再进行分解,释放出

酶(E)和形成产物(P),酶又可再与底物结合,继续发挥其催化功能。其反应过程可用下式表示:

$$E+S \rightleftharpoons ES \longrightarrow E+P$$

由于E与S结合生成了ES,导致S分子中某些化学键发生变化,呈不稳定状态或过渡态,大大降低了S的活化能,使反应加速进行。ES的存在已经被很多实验证明:

(1)ES复合物可以用电镜或X-射线晶体结构分析观察到。如在电镜下可观察到DNA聚合酶Ⅰ和DNA形成的复合物;用X-射线晶体结构分析,研究了羧肽酶和其底物Gly-Leu-Tyr相互作用及作用位置。

(2)ES复合物的生成改变了酶的物理性质,如稳定性和溶解度的改变。

(3)某些酶和底物生成ES复合物时,有特殊的光谱变化。如细菌的色氨酸合成酶可以催化L-Ser和吲哚合成L-Trp,在有酶和磷酸吡哆醛存在下加L-Ser时荧光显著增加,再向该系统中加入吲哚,荧光焠灭到低于酶单独存在时的水平,这一结果揭示了ES的存在。此外,用D-Ser代替L-Ser就看不到荧光的变化,说明ES复合物的形成有高度专一性。

(4)已经分离得到某些酶与底物相互作用生成的ES复合物,如已得到乙酰化胰凝乳蛋白酶及D-氨基酸氧化酶和底物复合物的结晶。

(5)超速离心沉降过程中,可观察到酶和底物共沉降现象。平衡透析时观察到底物浓度在半透膜内外不相同。

三、酶作用专一性的机理

1958年由科什兰(Koshland)提出的诱导契合学说,是目前公认的可以较好地解释酶作用专一性的机理。该学说认为,酶的活性中心不是僵硬的结构,而是具有一定的柔性。酶和底物接触之前,二者不是完全契合的,当底物与酶接近时,产生了相互诱导、相互变形和相互适应作用,使活性中心上有关的基团重新调整,达到正确的排列和定向,引起酶蛋白的构象发生相应的变化,因而使酶和底物契合而结合成ES中间复合物,发生高效的催化反应(如图4.14)。反应结束后,酶与产物分离并恢复原

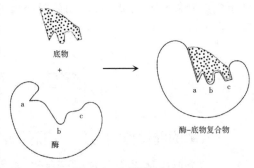

图4.14 酶的诱导契合

有的构象,继续进行催化反应。后来,对羧肽酶等进行X-射线晶体结构分析的实验结果有力地支持了这个学说,证明了酶与底物结合时确实有构象变化。

四、酶实现高效催化的因素

与一般的催化剂相比较,酶有极高的催化效率。酶促反应中过渡态中间复合物的形成,导致活化能的降低,是反应顺利进行的关键步骤。任何有助于过渡态形成与稳定的因素都有利于酶发挥高效的催化作用。影响酶高效催化的有关因素讨论如下。

(一)邻近效应和定向效应

在两个以上底物参加的反应中,底物之间必须以正确的方向发生碰撞,才有可能发生反应。邻近效应(Approximation Effect)是指酶由于具有与底物较高的亲和力,从而使游离的底物集中于酶分子表面的活性中心区域,使活性中心区域的底物有效浓度得以极大的提高,并同时使反应基团之间互相靠近,增加自由碰撞概率,从而使反应速度大大增加。

定向效应(Orientation Effect)是指底物的反应基团与催化基团之间,或底物的反应基团之间正确地取向所产生的效应。由于底物在活性中心的定向排布,使分子间的反应近似于分子

内的反应,为分子轨道交叉提供了有利条件,导致活化能降低,大大增加ES中间复合物的形成,从而加快反应速度。

邻近效应和定向效应共同产生催化效应,反应速度的提高是既靠近又定向的结果,即酶与底物的结合最有利于形成过渡态时,才能产生较高的催化效率。

(二)底物分子形变或扭曲

底物与酶分子相接近时,不仅酶的构象发生改变,而且底物为了能和酶的活性中心很好地结合,产生各种类型的扭曲变形和构象变化,从常态转变成过渡态,使反应所需的活化能降低,因而反应加速进行。

(三)酸碱催化

酸碱催化(Acid-base Catalysis)可分为狭义和广义两种,前者是指直接通过H^+和OH^-进行的催化;后者是指质子供体或质子受体的催化。生物体内大都是中性环境,故细胞内的许多反应类型是广义的酸碱催化。酶是两性电解质,酶活性中心的羧基、氨基、胍基、巯基、酚羟基和咪唑基等均可以作为质子受体或供体进行酸碱催化反应。细胞中的多种有机反应如羰基的水化、羧酸酯及磷酸酯的水解、分子重排和脱水形成双键等反应都是受酶的酸碱催化而加速完成的。参与酸碱催化作用的酶很多,如溶菌酶、牛胰核糖核酸酶、牛胰凝乳蛋白酶等。

(四)共价催化

共价催化(Covalent Catalysis)是指在酶催化过程中,酶分子的某些基团与底物分子的某些特定基团形成共价中间产物,从而降低反应所需的活化能,提高反应速度的过程。根据酶结合底物的基团的不同,共价催化分为亲核催化和亲电催化两类。酶分子的富电子基团(亲核基团)结合底物的缺电子基团(亲电基团)而形成共价中间产物的过程,称为亲核催化;酶分子亲电基团结合底物的亲核基团而形成共价中间产物的过程,称为亲电催化。其中,亲核催化最为常见,酶分子的氨基酸残基侧链提供了多种亲核中心。酶蛋白上常见的亲核基团有Ser的羟基、Cys的巯基、His的咪唑基等。这些基团都有剩余的电子对,易攻击底物分子上的亲电中心,形成ES共价中间产物。底物中较典型的亲电中心有磷酰基、酰基和糖基等。

(五)活性部位是低介电区域

酶的活性部位常常处于一个疏水的非极性环境,酶的催化基团被低介电环境所包围。在低介电区的介质中其反应速度比在高介电区介质中快得多。因此,疏水的活性部位空穴有利于提高酶促底物反应速度。

上述与酶的高效性有关的诸因素,在同一酶分子催化的反应中并非各种因素都同时发挥作用,然而也并非是单一的机制,而是由多种因素配合完成的,这是酶促反应高效率的重要原因。

第五节 酶促反应动力学

酶促反应动力学研究的是酶促反应速度的规律以及影响酶促反应速度的各种因素。这些因素主要包括底物浓度、酶浓度、pH、温度、抑制剂和激活剂等。研究酶促反应动力学的意义在于为发挥酶反应的高效性、寻找反应的最佳条件、阐明酶在代谢中的作用机制等提供科学依据,因此具有重要的理论和实际价值。

一、底物浓度对酶促反应速度的影响

在其他因素,如酶浓度、pH、温度等不变的情况下,底物浓度的变化与酶促反应速度之间呈矩形双曲线关系(如图4.15)。

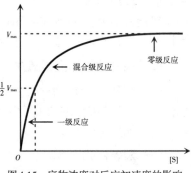

在底物浓度很低时,反应速度与底物浓度呈现正比关系,表现为一级反应;随着底物浓度的增加,反应速度增加的幅度变缓,不再呈正比升高,表现为混合级反应;如果继续增加底物浓度,反应速度不再增加,表现为零级反应,此时,无论底物浓度增加多大,反应速度却不再升高,趋向一个极限,说明酶已被底物所饱和。所有的酶都有饱和现象,但达到各自饱和时所需的底物浓度并不相同。

图4.15 底物浓度对反应初速度的影响

为了解释上述现象,研究者提出了多种假说,其中比较合理的是中间产物学说。在此基础上,米凯利斯和曼吞进行了大量的研究,于1913年提出酶促动力学的基本原理,并归纳为一个数学方程式加以表示:

$$v = \frac{V_{max}[S]}{K_m + [S]}$$

这个式子就是著名的米-曼氏方程,简称米氏方程(Michaelis Equation)。式中V_{max}为最大反应速率(Maximum Velocity),[S]为底物浓度,K_m为米氏常数(Michaelis Constant),v是在不同[S]时的反应速度。当底物浓度很低([S]<<K_m)时,$v = \frac{V_{max}}{K_m}[S]$,反应速度与底物浓度呈正比。当底物浓度很高([S]>>K_m)时,$v \approx V_{max}$,反应速度达到最大速率,增加底物浓度不再影响反应速率。该方程表明了底物浓度与酶促反应速度之间的定量关系,使中间产物学说得到人们的广泛认同。

(一)米氏方程的推导

米氏方程的推导主要涉及两个理论:中间产物学说和拟稳态假说。拟稳态假说主要有三个方面的内容:

(1)测定的反应速度为初速度,即底物S的消耗小于5%时的反应速度,产物P的生成量极少,可以忽略,因此减少由产物与酶重新生成中间复合物的可能性,即E+P→ES这一步可不予考虑。

(2)假设底物浓度[S]远远超过酶浓度,在测定初速度的过程中,在整个反应中[S]的变化可忽略不计。

(3)假设在反应开始,[ES]开始升高后,可以快速达到平衡,使[ES]在一段时间内保持恒定,即ES生成速度和分解速度相等,达到动态平衡。

根据中间产物学说,一个典型的酶促反应分两步进行:E和S结合成ES中间复合物和ES分解成E和P两个阶段,即

$$E + S \underset{k_{-1}}{\overset{k_{+1}}{\rightleftharpoons}} ES \overset{k_{+2}}{\longrightarrow} E + P \tag{1}$$

反应式(1)中k_1、k_{-1}和k_{+2}分别为各向反应的速度常数。反应中游离酶E的浓度等于总酶Et浓度减去结合到中间产物中的酶ES的浓度,即 [E] = [Et] − [ES],则ES的生成速度

$$v_{+1} = k_{+1}[E][S] = k_{+}([Et] - [ES])[S] \tag{2}$$

ES的分解向两个方向进行

$$v_{-1} = k_{-1}[ES] \tag{3}$$

$$v_{+2} = k_{+2}[ES] \tag{4}$$

$$v_{-1} + v_{+2} = [ES](k_{-1} + k_{+2}) \tag{5}$$

在拟稳态情况下,[ES]的生成速度等于其分解速度,即(2)=(5)

$$v_{+1} = v_{-1} + v_{+2}$$

即$k_{+1}([Et] - [ES])[S] = [ES](k_{-1} + k_{+2})$,整理得:

$$\frac{([Et] - [ES])[S]}{[ES]} = \frac{k_{-1} + k_{+2}}{k_{+1}} \tag{6}$$

k_1、k_{-1}和k_{+2}均为常数,令$\dfrac{k_{-1} + k_{+2}}{k_{+1}} = K_m$,代入(6)得:

$$([Et] - [ES])[S] = K_m[ES]$$

则

$$[ES] = \frac{[Et][S]}{K_m + [S]} \tag{7}$$

由于整个反应速度v取决于单位时间内产物P的生成量,因此

$v = v_{+2} = k_{+2}[ES]$,将(7)代入得:

$$v = \frac{k_{+2}[Et][S]}{K_m + [S]} \tag{8}$$

当底物与所有的酶(Et)都结合成中间产物时,反应达到最大速度。

即

$$V_{max} = k_{+2}[Et] \tag{9}$$

将(9)代入(8)

$$v = \frac{V_{max}[S]}{K_m + [S]} \tag{10}$$

(二)K_m的意义

由米氏方程可知,当$v = V_{max}/2$,即酶促反应速度为最大速度的一半时,代入公式(10)得:

$$\frac{V_{max}}{2} = \frac{V_{max}[S]}{K_m + [S]}$$

进一步整理得$K_m = [S]$。由此可见,K_m的意义为酶促反应速度等于最大速度一半时的底物浓度(以mol/L为单位)。多数酶的K_m介于$10^{-6} \sim 10^{-1}$ mol/L之间。

K_m在酶学研究中的重要作用表现在以下几个方面:

1. K_m是酶的特征常数

K_m只与酶的性质有关,不受酶浓度的影响。不同的酶K_m值不同,因此,K_m可作为鉴定酶的一个指标。K_m受底物种类、pH、温度和离子强度等因素的影响,所以K_m是在上述条件不变时测定的。

2. K_m可以近似地表示酶和底物的亲和力

K_m越小,表明达到最大反应速度一半时所需要的底物浓度越小,则酶和底物的亲和力越大;反之,K_m越大,则酶和底物的亲和力越小。因此,K_m可以判定酶的专一性和天然底物。对于有多种底物的酶来说,同一个酶作用于不同的底物时,对于每一种的底物都有不同的K_m,这种现象可以判断酶的专一性,有助于研究酶的活性部位。在酶的不同底物中,最小K_m值对应的底物就是该酶的最适底物或称天然底物。

3. K_m可以帮助判断代谢反应的途径和方向

根据催化反应的酶对正反应和逆反应的底物有不同的K_m和不同的底物浓度,可以推测正逆反应的速度和酶的主要催化方向,了解酶在细胞中的主要功能;在各底物浓度相当时,K_m值大的酶则为限速酶。

4. K_m可以判断在细胞内酶的活性是否受底物抑制

如果测得酶的K_m值远低于细胞内的底物浓度,而反应速度没有明显的变化,则表明该酶在

细胞内常处于被底物所饱和的状态,底物浓度的稍许变化不会引起反应速度有意义的改变。反之,如果酶的K_m值大于底物浓度,则反应速度对底物浓度的变化就十分敏感。

(三)K_m和V_{max}的图解法测定

米氏方程是一个双曲线函数,直接用它来求K_m和V_{max}很不方便。一般都是把方程线性化以后作图来求取这些参数。通常采用双倒数作图法(Lineweaver-Burk 作图法)(Double-Reciprocal Plot or Lineweaver-Burk Plot)。1924 年,莱恩威弗(Lineweaver)和伯克(Burk)将米氏方程转化为倒数形式,使之成为直线方程:

$$\frac{1}{v} = \frac{K_m}{V_{max}} \times \frac{1}{[S]} + \frac{1}{V_{max}}$$

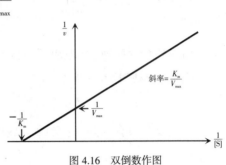

以 $1/v$ 对 $1/[S]$作图可得到一条直线,其斜率为K_m/V_{max},纵轴截距为$1/V_{max}$,横轴截距为 $-1/K_m$(如图 4.16)。双倒数作图法除用来求K_m和V_{max}值外,在研究酶的抑制作用方面也具有重要价值。

图 4.16　双倒数作图

但是必须指出,米氏方程只适用于较为简单的酶促反应过程,而对于比较复杂的酶促反应过程,如多酶复合体、多底物、多产物、多中间物等反应,还不能全面地以此加以概括和解释。对复杂过程进行动力学分析时,要采取其他模式,借助于复杂的计算过程才有可能实现。

二、酶浓度对酶促反应速度的影响

在一定条件下,当温度和 pH 等不变,且[S] >> [E]时,酶分子完全被底物分子所饱和,此时酶的数量越多,则生成的 ES 中间复合物越多,反应速度也就越快,即酶浓度与酶促反应速度呈正比关系(如图 4.17)。

三、pH 对酶促反应速度的影响

pH 是酶最敏感的因子之一,每一种酶只能在一定的 pH 范围内才表现出活性,超出这个范围酶即失活;同一种酶在不同 pH 条件下测得的活力也不同。在一定条件下,使酶表现出最大活力的 pH 称为该酶的最适 pH(Optimum pH)。

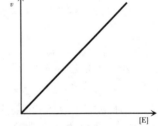

图 4.17　酶浓度对反应速度的影响

酶的最适 pH 不是一个固定的常数,其数值受酶的纯度、底物的种类和浓度、缓冲液成分及温度等的影响,因此,酶的最适 pH 只有在一定反应条件下才有意义。溶液的 pH 高于或低于最适 pH 时都会使酶的活性降低,远离最适 pH 时甚至导致酶的变性丧失(如图 4.18)。测定酶活性时,应选用适宜的缓冲液 pH,以保持酶活性的相对恒定。

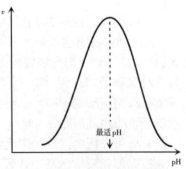

各种酶的最适 pH 各不相同,一般酶的最适 pH 为 4.0~8.0。植物和微生物体内的酶,其最适 pH 多为 4.5~6.5;而动物体内的酶,最适 pH 多为 6.5~8.0,但也有例外,如胃蛋白酶的最适 pH 约为 1.8,而肝精氨酸酶的最适 pH 则约为 9.8。

图 4.18　pH 对酶促反应速度的影响

pH 对酶促反应速度的影响可能是由于以下几个原因:

1. pH 影响酶分子活性部位的基团解离

在最适 pH 时,酶分子上活性基团的解离状态最适于与底物结合;pH 高于或低于最适 pH 时活性基团的解离状态发生改变,酶和底物的结合力降低,因而酶促反应速度降低。

2.pH影响底物的解离

当酶催化底物反应时,只有底物分子上某些基团处于一定的解离状态,才适于与酶结合发生反应,若pH的改变影响了这些基团的解离,则不适于与酶结合而发生反应。

3.pH过高或过低会影响酶蛋白的构象,使酶变性失活。

四、温度对酶促反应速度的影响

温度对酶促反应速度有很大的影响。在一定的温度范围内,随温度增高,反应物的自由能增加,反应速度加快。温度每升高10 ℃,酶促反应速度与原来反应速度之比称为温度系数,用Q_{10}表示。对于许多酶来说,Q_{10}多为1~2,即温度每升高10 ℃,酶促反应速度可增加1~2倍。在一定温度时,酶促反应速度达到最大值,此温度称为酶的最适温度(Optimum Temperature)。如果继续升高温度,部分酶受热发生变性失活,酶促反应速度反而降低。将反应速度对温度作图,可得到倒U形曲线(如图4.19)。

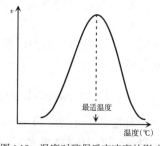

图4.19 温度对酶促反应速度的影响

由此可见,温度对酶促反应的影响有两个方面:一方面是当温度升高时,反应速度加快,这与一般化学反应一样;另一方面,随温度升高酶逐渐变性,即通过减少有活性的酶而降低酶促反应速度。酶的最适温度就是这两种过程平衡的结果,在低于最适温度时,以前一种效应为主;而在高于最适温度时,以后一种效应为主。

每种酶在一定条件下都有其最适温度,绝大多数酶的最适温度在60 ℃以下,动物细胞内的酶最适温度多为35~40 ℃,植物细胞内的酶最适温度通常为40~50 ℃。少数酶能耐受较高的温度,如 *Taq* DNA 聚合酶最适温度可达70 ℃,细菌淀粉酶在93 ℃时活力最高,而牛胰核糖核酸酶加热到100 ℃时仍不失活。

最适温度不是酶的特征性常数,其数值受底物浓度、离子强度、pH及反应时间等因素的影响。如酶可以在短时间内耐受较高的温度,而当酶促反应时间延长时,最适温度会向温度降低的方向移动,即时间短,最适温度较高,反之则较低。因此,只有在酶促反应时间已经规定的情况下才有最适温度。

酶在干燥状态比潮湿状态下对温度的耐受力高,酶若制成干粉制剂,可放置于室温保存一段时间,而其水溶液则必须保存在冰箱中。高温能使酶变性失活,高温灭菌就是利用此原理。但是低温不破坏酶分子构象,不会使酶变性失活,只是酶活性随温度的下降而降低,温度回升后,酶又恢复活性。临床上低温麻醉就是利用低温能降低酶活性,以减慢组织细胞的代谢速度,从而提高机体对氧和营养物质缺乏的耐受性。生物制品、菌种以及精液的低温保存,也是基于同一原理。

五、激活剂对酶促反应速度的影响

凡能提高酶活性的物质称为激活剂(Activator)。其中大部分是无机离子或简单的有机小分子。激活剂可分为以下三类。

(一)无机离子激活剂

无机离子激活剂有K^+、Na^+、Mg^{2+}、Zn^{2+}、Fe^{2+}、Ca^{2+}、Mn^{2+}等阳离子,还有Cl^-、Br^-、I^-、CN^-等阴离子。其中Mg^{2+}是多种激酶及合酶的激活剂。

(二)有机小分子激活剂

某些还原剂,如抗坏血酸、半胱氨酸、还原型谷胱甘肽等,对某些巯基酶具有激活作用,保护酶分子中的巯基不被氧化,从而提高酶活性,如甘油醛-3-磷酸脱氢酶。一些金属螯合剂,如乙二胺四乙酸(EDTA)能除去重金属离子,从而解除重金属对酶的抑制作用。

(三)生物大分子激活剂

在生物体内的代谢活动中,一些蛋白激酶对某些酶起激活作用,如磷酸化酶b激酶可激活磷酸化酶b,磷酸化酶b激酶又可被cAMP依赖性蛋白激酶激活;酶原可被某些蛋白酶水解切去肽链一部分而被激活,因此,这些蛋白酶激酶和蛋白酶也可视为激活剂。

激活剂对酶的作用是相对的,有一定的选择性,一种酶的激活剂对另一种酶来说,也可能是一种抑制剂。如Mg^{2+}是DNA聚合酶的激活剂,却是肌球蛋白腺苷三磷酸酶的抑制剂。此外,不同浓度的激活剂对酶活性的影响也不相同,往往是低浓度下起激活作用,高浓度下则产生抑制作用。

六、抑制剂对酶促反应速度的影响

凡能使酶的活性下降而不引起酶蛋白变性的作用称为酶的抑制作用(Inhibition)。能引起这种抑制作用的物质称为酶的抑制剂(Inhibitor)。抑制剂通常对酶有一定的选择性,一种抑制剂只能引起某一类或某几类酶的抑制。酶的抑制作用不同于变性作用,酶蛋白没有失活,只是酶活力受到抑制,而变性作用则指酶蛋白失活。抑制剂之所以能抑制酶促反应,主要是由于其能使酶的必需基团或活性部位的性质和结构发生改变,使酶与底物结合的概率下降,从而导致酶活性降低或丧失。强酸、强碱、乙醇等既能使酶活性下降又可使其变性的物质,称为酶的钝化剂而不是抑制剂,这种作用不具有特异性。

根据抑制剂和酶结合的强度和方式,可以将抑制作用分为不可逆性抑制和可逆性抑制两类。

(一)不可逆性抑制作用

不可逆性抑制作用(Irreversible Inhibition)是指抑制剂以共价键与酶的必需基团结合,使酶活性降低或丧失,不能用透析或超滤等物理方法除去抑制剂而恢复酶活性。其实际效应是降低反应体系中有效酶浓度。抑制强度取决于抑制剂浓度及酶与抑制剂之间的接触时间。

根据抑制剂对酶的选择性的不同,不可逆性抑制作用可以分为专一性及非专一性两种类型。

1.非专一性不可逆抑制作用。具有非专一性不可逆抑制作用的抑制剂可与酶的一类或几类基团共价结合,这些基团中包含了必需基团,从而抑制酶的活性。

如某些重金属(Pb^{2+}、Cu^{2+}、Hg^{2+})、碘代乙酸及对氯汞苯甲酸等能与酶分子的巯基进行不可逆结合,许多含巯基的酶与之结合后,酶的活性受到抑制。

2.专一性不可逆抑制作用。专一性不可逆抑制剂均为底物结构的类似物,可专一地作用于某一种酶活性部位的必需基团而导致酶失活。如有机磷化合物能与某些蛋白酶和酯酶活性中心的丝氨酸羟基共价结合,使其磷酰化而破坏酶的活性中心,导致酶的活性丧失。正常机体在神经兴奋时,神经末梢释放出乙酰胆碱传导刺激,完成此功能后乙酰胆碱即分解为乙酸和胆碱。当胆碱酯酶被有机磷化合物抑制后,乙酰胆碱在体内堆积,导致胆碱能神经过度兴奋,使昆虫失去知觉,人和畜禽产生多种严重中毒症状,甚至死亡。由于有机磷化合物对中枢神经系统有高度毒性,故又称神经毒剂。

有机磷化合物属不可逆抑制剂,与酶结合后不易解离,但可用肟化物或羟肟酸把酶分子上的磷酸根除去,使酶恢复活性。临床上常用解磷定(Pyridine Aldoxime Methyliodide,PAM)等药物作为机磷杀虫剂的特效解毒剂就基于此道理。有机磷农药中毒机制及解磷定解毒机制见图4.20。

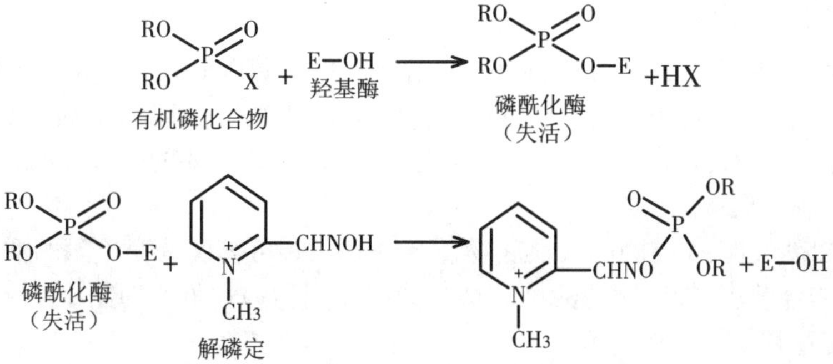

图4.20　有机磷农药中毒机制及解磷定解毒机制

除有机磷化合物外,有机汞、有机砷化合物、重金属离子、烷化剂、氰化物、CO、硫化物等物质也可作为非专一性不可逆抑制剂。

【案例分析】　某鸡场给鸡饲喂蔬菜后,发现鸡群表现不安,不食饲料,从口角流出大量黏液,并频频做吞咽动作,有的呼吸困难,站立不稳,冠髯呈青紫色,有的流泪、便血、下痢。最终多因中枢机能障碍或呼吸麻痹而死亡,死前多有抽搐、昏迷等现象。解剖尸体,可见胃肠黏膜出血、溃疡,有的黏膜脱落,胃内容物有特殊蒜臭味;肝、肾肿大、质脆和脂肪变性。诊断:有机磷农药中毒。治疗:一旦发生中毒,应立即消除毒源,迅速采取急救措施,注射解磷定、阿托品,灌服石灰水的澄清液或硫酸铜溶液,也可在中毒后立即内服颠茄酊(0.1 mL/只),用0.1%高锰酸钾液或0.5%小苏打液饮水。

【讨论】　1. 有机磷农药中毒的机制是什么?
　　　　　2. 如何防止动物发生有机磷农药中毒?

专一性不可逆抑制剂分为K_s型和K_{cat}型两类。

(1)K_s型不可逆抑制剂。又称为亲和标记剂,结构与底物类似,但同时携带一个活泼的化学基团,对酶分子必需基团的某一个侧链进行共价修饰,从而抑制酶活性。K_s型抑制剂的选择性是由抑制剂与活性部位形成的非共价络合物以及对非活性部位同类基团形成络合物的解离常数比值决定的。

K_s型抑制剂的主要应用是通过对酶蛋白的亲和标记来研究酶活性中心的结构。如果能在抑制剂上引入某种具有特殊光学性质的基团,而这些基团又可以随着酶分子局部微环境的不同而改变,那么这种基团成为"报告"基团,利用它可以报告活性部位微环境的性质。

(2)K_{cat}型不可逆性抑制剂。又称为酶的自杀性底物,这是一种专一性很高的不可逆性抑制剂,也是底物的类似物,其结构中隐藏着一种化学活性基团,在酶的作用下化学活性基团被激活,与酶的活性部位发生不可逆的共价结合,并使结合物停留在这种状态,不能进一步形成产物,酶因此失活。这种过程称为酶的"自杀"失活作用。每一种自杀性底物都有其专一的作用酶对象,这种酶也称为自杀性底物的靶酶。

自杀性底物多数是由人工设计合成的,少部分是天然的。这类底物可以使某些致病菌或异常细胞中的某些酶失活,从而治疗疾病。根据这一机制设计的药物,特异性强,副反应少,因此,自杀性底物的研究在临床上具有重要的应用价值。例如,抗癌药氟氧尿嘧啶(5-FU)就是一种自杀性底物,它在体内经核苷酸的补救合成等途径,合成转变为脱氧尿苷酸(dUMP)的类似物氟脱氧尿苷酸(FdUMP),然后在胸苷酸合成酶催化dUMP与甲烯四氢叶酸反应生成脱氧胸苷酸(dTMP)的过程中,与酶的巯基和甲烯四氢叶酸共价结合形成终端复合物,抑制酶的活性,阻断dTMP的生成,从而抑制肿瘤的生长。

（二）可逆性抑制作用

可逆性抑制作用（Reversible Inhibition）是指抑制剂与酶以非共价键结合，使酶活性降低或丧失，用超滤、透析等物理方法除去抑制剂后，酶活性能恢复。即抑制剂与酶的结合是可逆的。竞争性抑制作用和非竞争性抑制作用是可逆性抑制作用主要的两种类型。

1.竞争性抑制作用

竞争性抑制剂（I）往往与酶的天然底物（S）结构相似，可与底物竞争酶的活性中心，因而降低酶与底物的结合效率，抑制酶的活性。这种抑制作用称为竞争性抑制作用（Competitive Inhibition）。其反应过程如图4.21所示。

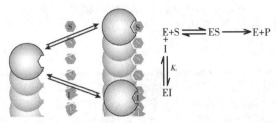

$$E+S \rightleftharpoons ES \longrightarrow E+P$$

图4.21 竞争性抑制作用
（E为酶，S为底物，I为竞争性抑制剂）

I和S不能同时结合到酶分子上，只能形成EI或ES复合物，而不能形成ESI三元复合物。由于抑制剂缺乏具有反应活性的基团，EI复合物不能进一步分解产生产物P。抑制剂与酶的结合是可逆的，抑制程度的大小取决于抑制剂与底物的相对浓度。通过增加底物浓度可使整个反应平衡向生成产物的方向移动，降低或消除抑制作用。

例如，丙二酸对琥珀酸脱氢酶的抑制作用是典型的竞争性抑制（如图4.22）。丙二酸与琥珀酸结构相似，可以占据琥珀酸脱氢酶分子上的底物结合位点，抑制酶与底物结合，使酶活性降低。

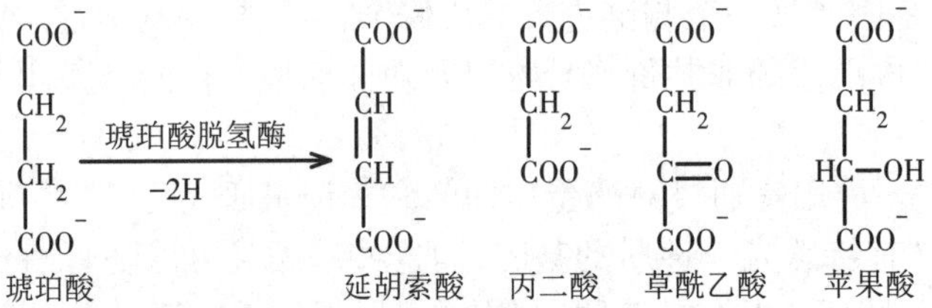

图4.22 琥珀酸脱氢酶竞争性抑制剂

根据米氏方程的推导方法，可以推导出竞争性抑制动力学方程：

$$v = \frac{V_{max}[S]}{K_m(1 + \frac{[I]}{K_i}) + [S]}$$

其双倒数方程形式为：

$$\frac{1}{v} = \frac{K_m}{V_{max}}(1 + \frac{[I]}{K_i})\frac{1}{[S]} + \frac{1}{V_{max}}$$

在竞争性抑制剂存在的情况下，可以得到图4.23和图4.24所示的曲线。由图可见，竞争性抑制剂的存在不影响酶促反应的V_{max}，但使K_m值增大，即酶需要更高的底物浓度才能达到最大反应速度。

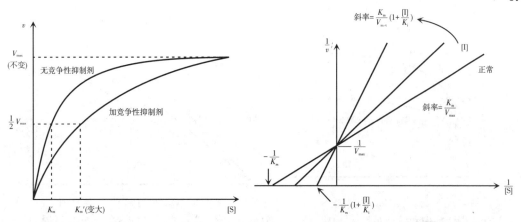

图4.23 竞争性抑制的[S]对v作图　　图4.24 竞争性抑制的双倒数作图

竞争性抑制作用在医学上有重要的应用价值,其作用机制可用来阐明某些药物的作用原理和指导新药合成。一些竞争性抑制剂与天然底物结构相似,能选择性地抑制病菌或癌细胞代谢过程中的某些酶,从而起到抗菌或抗癌的作用。如磺胺类药物就是典型的竞争性抑制剂。细菌不能直接摄取周围环境中的叶酸,必须利用对氨基苯甲酸、二氢蝶呤啶及谷氨酸在二氢叶酸合成酶催化下生成二氢叶酸,后者在二氢叶酸还原酶催化下生成FH_4,它是细菌合成核酸所需的辅酶。磺胺类药物的基本结构与对氨基苯甲酸相似(如图4.25),能竞争性地与二氢叶酸合成酶结合,影响二氢叶酸的生成,降低菌体内FH_4的合成能力,导致细菌核酸代谢发生障碍,抑制细菌的生长繁殖,从而达到抗菌的作用。在实际应用中需维持磺胺类药物在体液中的高浓度才能获得满意的疗效。人体能直接利用食物中的叶酸,故人体的核酸代谢不受影响。

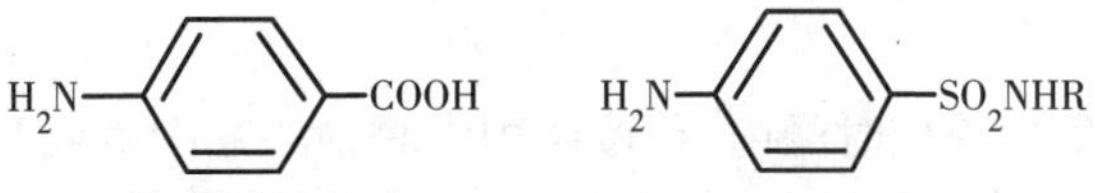

$$H_2N-\!\!\!\bigcirc\!\!\!-COOH \qquad H_2N-\!\!\!\bigcirc\!\!\!-SO_2NHR$$

对氨基苯甲酸　　　　　　　磺胺类药物

图4.25 对氨基苯甲酸和磺胺类药物的结构

2.非竞争性抑制作用

另有些抑制剂能与酶活性中心以外的必需基团结合,而不影响酶与底物的结合,酶与底物结合的同时酶与抑制剂的结合形成的酶-底物-抑制剂三元复合物(ESI)不能进一步释放出产物,因此酶活性降低,酶促反应受到抑制,这种抑制作用称为非竞争性抑制作用(Non-competitive Inhibition)。非竞争性抑制作用的强弱主要取决于抑制剂的浓度及其与酶的亲和力,而与底物浓度无关,因此,用增大底物浓度的方法不能解除抑制作用。其反应过程如图4.26所示:

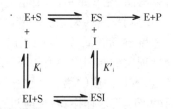

图4.26 非竞争性抑制作用
(E为酶,S为底物,I为非竞争性抑制剂)

根据米氏方程的推导方法,可以推导出非竞争性抑制动力学方程:

$$v = \frac{V_{max}[S]}{(1+\frac{[I]}{K_i})(K_m+[S])}$$

其双倒数方程为:

$$\frac{1}{v} = \frac{K_m}{V_{max}}\left(1+\frac{[I]}{K_i}\right)\frac{1}{[S]} + \frac{1}{V_{max}}\left(1+\frac{[I]}{K_i}\right)$$

在非竞争性抑制剂存在的情况下,可以得到图4.27和图4.28所示的曲线。在非竞争性抑制作用中,抑制剂和底物与酶的结合部位不同,故底物和酶的亲和力没有发生变化,K_m保持不变。但ESI三元复合物不能分解形成产物,使V_{max}变小。

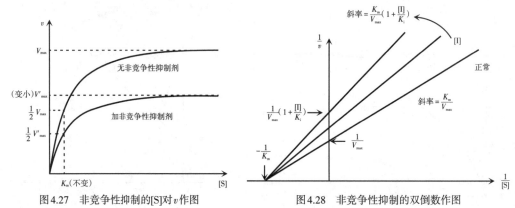

图4.27　非竞争性抑制的[S]对v作图　　　　图4.28　非竞争性抑制的双倒数作图

某些金属离子(Cu^{2+}、Hg^{2+}、Ag^+、Pb^{2+}等)可作为非竞争性抑制剂与酶的活性中心之外的巯基可逆性结合,这种巯基参与维持酶分子的天然构象,对于酶活性来说很重要。此外,EDTA、F^-、CN^-、N^{3-}、邻氮二菲等金属络合剂也可作为非竞争性抑制剂与金属酶中的金属离子络合,而使酶活性受到抑制。

非竞争性抑制作用也可以用来阐明某些药物的作用原理和指导新药开发,如治疗痛风的药物别嘌醇就是利用这一原理而设计出来的。

第六节　酶的分离纯化和活力测定

一、初速度

酶促反应的速度可以用单位时间内、单位体积中底物的减少量或产物的增加量来表示。

以产物浓度对时间作图,可得如图4.29所示的反应进程曲线。不同时间的反应速度就是该时间值时曲线的斜率。从图中可以看出,在开始一段时间内反应速度保持恒定,即产物的生成量与时间呈线性关系。随着时间的延长,曲线斜率逐渐减少,反应速度逐渐降低,产物的生成量与时间不再呈线性关系。产生这种现象的原因主要有以下几种:底物浓度降低,降低正反应的速度;产物浓度的增加而加速了逆反应的速度;产物浓度的增加对酶产生抑制作用;在反应过程中,时间过长部分酶失活等。

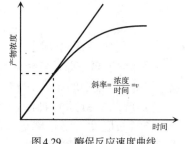

图4.29　酶促反应速度曲线

因此,要正确测定酶促反应速度并避免以上因素的干扰,就必须在产物生成量与酶促反应时间呈正比的这一段时间内进行速度的测定,此速度称为初速度(Initial Velocity),用v_0表示。

在测定酶促反应的初速度时,首先要绘制酶促反应的进程曲线,在进程曲线上保持直线部分的反应速度为酶促反应的初速度。在酶促反应速度曲线上,过坐标原点作曲线的切线,其斜率即为初速度。一般也以底物浓度变化在起始浓度的5%以下的速度作为初速度的近似值。初速度与酶的含量呈直线正比关系,因此,可以用初速度来测定样品中的酶含量。在测定酶含量时,要求底物浓度要足够大,这样,整个反应对底物来说是零级反应,而对酶来说是一级反应,这样所测得的速度就可以比较真实地反映酶的含量。

二、酶的活力单位

酶活力又称酶活性,是指酶催化化学反应的能力。酶活力的大小可用在一定的条件下酶催化某一化学反应的反应速度来表示。因此,测定酶的活力,本质上就是测定酶促反应进行的速度。酶促反应速度越大,酶活力越强;酶促反应速度越小,酶活力越弱。酶促反应速度可用单位时间内底物的消耗量或产物的生成量来表示。测定酶活性时,底物往往是过量的。在测定的初速度范围内,底物减少量仅为底物总量的很小一部分,不易测定准确;而产物从无到有,只要测定方法足够灵敏,较易准确测定。所以,在酶活力测定中常用单位时间内产物生成的量来表示酶催化的反应速度。

酶活性的大小可用酶活力单位(Active Unit)来表示。酶活力单位是指在一定的条件下,酶促反应在单位时间内生成一定量的产物或消耗一定量的底物所需的酶量。在实际工作中,酶活力单位往往与所用的测定方法、反应条件等因素有关。

三、酶活力的表示方法

世界各地实际使用的酶活力单位的定义有区别,由于测定方法和使用习惯不同,一种酶往往有多种不同的活力单位,造成了一定的混乱。为了统一起见,1961年国际生物化学协会酶学委员会规定:1个酶活力国际单位(IU)是指在最适条件下(温度一般为25 ℃),1 min催化1 μmol/L底物转化为产物所需的酶量。如果酶的底物中有一个以上的可被作用的键或基团,则一个酶活力单位指的是1 min催化1 μmol/L的有关基团或键的变化所需的酶量。如果底物是两个相同分子参加的反应,则一个酶活力单位是1 min催化2 μmol/L底物转化所需的酶量。

1972年,国际生物化学协会酶学委员会为了使酶的活力单位与国际单位制中的反应速度表达方式相一致,推荐使用一种新的酶活力单位卡特(Katal),简称Kat。1个Kat单位是指在最适条件下,1 s内能使1 mol/L底物转化为产物所需的酶量。Kat和国际单位(IU)这两种酶活力单位之间可以相互换算,即:

$$1 \text{ Kat} = 1 \text{ mol/s} = 60 \text{ mol/min} = 60 \times 10^6 \text{ μmol/min} = 6 \times 10^7 \text{ IU}$$

虽然有上述两种规范的酶活力单位,但使用起来不太方便,人们在实际中采用习惯法定义的酶活力单位多种多样,因此,在酶的研究和使用过程中,务必注意酶活力单位的定义。

在酶学研究和生产中,为了比较酶制剂的纯度,常采用酶的比活力(Specific Activity)的概念。比活力也称为比活性,是指1 mg酶蛋白所具有的活力单位数。有时也用1 g酶制剂或1 mL酶制剂所含有的活力单位数来表示。比活力是表示酶制剂纯度的一个重要指标,对同一种酶来说,酶的比活力越高,表明纯度越高。

四、酶活力的测定方法

测定酶活力就是测定产物增加量或底物减少量,主要根据产物或底物的物理或化学特性来选择具体的测定方法,常用的方法有以下几种。

(一)分光光度法

分光光度法主要利用底物和产物对紫外光或可见光部分的光吸收不同,选择某一适当波长的光,测定反应过程中反应进行的情况。此方法的优点是简便、专一性强、灵敏(可检测到nmol/L水平的变化)、节省时间和样品。该方法能连续地读出反应过程中光吸收的变化,现已成为酶活力测定中一种重要的方法。

(二)荧光法

荧光法主要根据底物或产物对荧光吸收性质的不同进行测定。该方法的优点是灵敏度很高,可以检出pmol/L的样品,比分光光度法高出若干数量级,并且荧光强度和激发光的光源有关,因此愈来愈广泛地被采用,特别是快速反应的测定。其缺点是测定某一酶制剂活力时易受其他物质干扰,尤其在紫外区表现更为明显,若有核酸或蛋白质存在,就会影响测定结果。所以用此法测定酶活力时,要尽可能选择可见光范围内的荧光进行测定。

(三)同位素测定法

用放射性同位素标记的底物经酶作用后,所得到的产物通过适当的分离后测定出脉冲数,可换算出酶的活力单位。该方法的优点是灵敏度极高,几乎所有的酶都可用此法测定。通常用于标记底物的同位素有 ^3H、^{14}C、^{32}P、^{35}S 和 ^{131}I 等。

(四)电化学法

电化学法是根据反应中底物或产物的不同电学性质而设计的方法,是一类连续分析法,灵敏度和准确度都很高。电化学法有离子选择性电极法、电流法、微电子电位法、电量法、极谱法等方法。这里仅对离子选择性电极法做简单介绍,这种方法要求酶促反应中伴有离子浓度或气体的变化,从而求得反应初速度。离子选择性电极种类很多,包括玻璃电极、氧电极、CO_2电极、NH_4^+电极等。最常用的是玻璃电极,配合高度灵敏的 pH 计,跟踪反应过程中 H^+ 变化的情况,用 pH 的变化来测定酶的反应速度,用此法可以测定许多酯酶的活力。

(五)酶偶联法

此法是将一些没有光吸收或荧光变化的酶促反应与一些能引起光吸收或荧光变化的酶促反应偶联,即第一个酶的产物作为第二个酶的底物,通过第二个酶反应产物的光吸收或荧光变化来间接测定第一个酶的活力。

除上述方法外,还有一些测定酶活力的方法,如旋光法、量气法、量热法和层析法等,但这些方法灵敏度低,适用范围较小,只适用于个别酶的活力测定。

五、酶的分离纯化

酶的分离纯化是指将酶从细胞或其他含酶原料中提取出来,再与杂质分开,获得符合研究或使用要求的酶制剂的过程。酶的分离纯化是酶学研究和应用的基础。

绝大多数酶的化学本质是蛋白质,所以蛋白质的分离纯化方法也适用于酶的分离纯化。酶的分离纯化须经以下几个步骤。

(一)原材料的选择及预处理

1.原材料的选择

原材料的选择是分离提纯的前提,酶主要来源于动物、植物、微生物及人体。生物细胞内产生的总的酶量很高,但每一种酶的含量差异很大,即使是同一组织,各种酶的含量也不同。故在提取酶时,应选择含目的酶最丰富的材料,同时也要考虑原材料的来源、取材方便、经济等因素。例如,提取胰蛋白酶可选用动物胰脏。目前,利用动、植物细胞体外大规模培养技术,可以大量获得极为珍贵的原材料,用于酶的分离纯化。利用 DNA 重组技术,能够使细胞中含量极微的酶在大肠杆菌中大量表达,可从培养基或菌体中提取酶。

2.原材料的预处理

在开始酶的分离纯化前,要对所选的材料进行一定的处理。除在体液中提取酶或胞外酶外,一般都要选用适当的方法,将含目的酶的组织细胞破碎,最大程度地提高抽提液中酶的浓度。

不同的生物体或同一生物体的不同组织的细胞,由于细胞结构不同,所采取的细胞破碎方法和条件也有所不同,必须根据情况进行适当的选择,以达到预期的效果。破碎组织细胞的方法很多,包括机械破碎法、物理破碎法、化学破碎法及酶促破碎法等。

(1)机械破碎法。通过机械运动所产生的剪切力的作用使细胞破碎的方法,称为机械破碎法。常用以下几种方法:①使用高速组织捣碎机,一般转速最高可达 10 000 r/min,能将器官组织破碎。②利用玻璃匀浆器,使组织细胞磨碎,细胞破碎程度比高速组织捣碎机高,且机械剪切力对大分子的破坏也小。③用绞肉机或研钵研磨,研钵中加入少许细砂效果更好。

(2)物理破碎法。通过温度、压力和声波等各种物理因素使细胞破碎的方法,称为物理破碎法。常用冻融法、超声波破碎法和压力差破碎法等。

(3)化学破碎法。通过各种化学试剂作用于细胞膜而使细胞破碎的方法,称为化学破碎法。常用脂溶性溶剂(丙酮、氯仿、甲苯等)或表面活性剂(吐温等)处理细胞,使细胞释放出各种酶类。

(4)酶促破碎法。通过细胞本身的酶或外加酶制剂的催化作用,使细胞外层结构受到破坏,从而达到破坏细胞的目的,称为酶促破碎法。

(二)酶的提取

当组织细胞破碎后,目的酶与破碎后的组织细胞各种成分混杂在一起,目的酶之外的物质称为杂质。杂质的成分较复杂,有组织细胞碎片、蛋白质、脂质、血液成分等。因此,必须将杂质与目的酶分开并除去。而细胞破碎后,酶所处的天然环境遭到破坏,外界的温度、pH以及自身的蛋白酶都极易使酶变性失活,因此生物组织的破碎一般在适当的缓冲液中进行。通过适当的溶剂或溶液,使酶从破碎后的细胞充分溶解到缓冲液中,制成酶的粗提液,称为酶的提取或酶的抽提。

酶提取时应根据目的酶的结构和溶解性选择适当的抽提缓冲液。大多数酶是能溶解于水的球蛋白,可用水、稀盐、稀酸或稀碱溶液等提取,有些与脂质结合牢固或含较多非极性基团的酶,则可用有机溶剂提取。常用的酶的提取方法有以下几种。

1.盐溶液提取

大多数蛋白酶都溶于水,在稀盐溶液中溶解度增加,这种现象称为盐溶;盐浓度增加到一定程度后,蛋白质溶解度降低而沉淀析出,这种现象称为盐析。可以利用盐溶或盐析来进行酶的提取。例如,可用0.1 mol/L氯化镁溶液提取枯草杆菌碱性磷酸酶。

2.酸溶液提取

某些酶在酸性条件下溶解度较大且稳定性好,宜采用酸溶液提取。例如,胰蛋白酶可用0.12 mol/L的硫酸溶液提取。

3.碱溶液提取

某些酶在碱性条件下溶解度较大且稳定性好,宜采用碱溶液提取。例如,L-天冬酰胺酶可用pH 11~12的碱溶液提取。

4.有机溶剂提取

某些与脂质结合牢固或含较多非极性基团的酶,可采用与水混溶的丁醇等有机溶剂提取。例如,琥珀酸脱氢酶、胆碱酯酶等的提取。

在酶的提取过程中,为了提高提取效率和防止酶变性失活,温度不宜过高,应尽量保持低温环境,而有些酶对温度的耐受性高,可在室温或更高一些的温度下提取。由于在等电点时蛋白质的溶解度最小,故抽提液的pH应避开酶的等电点。此外,为了维持酶的稳定性,根据需要,抽提液中可加入一些保护剂,如防止巯基氧化的巯基乙醇,防止蛋白酶破坏性水解作用的对甲苯磺酰氟等。

(三)酶的浓缩

粗提液中酶浓度往往较低,需把液体减少提高酶浓度,这就是浓缩过程。常用的浓缩方法有薄膜蒸发、冰冻浓缩、聚乙二醇浓缩、沉淀、超滤以及凝胶过滤等,可根据酶的稳定性和实验室所具备的条件选择适宜的浓缩方法。

(四)酶的纯化

酶的粗提液中除了含所需要的酶外,还含有大量的杂质,需要进一步纯化去除杂质,才能得到高纯度的酶。除杂蛋白外,其他杂质较易除去,因此,纯化的主要工作就是将目的酶从杂蛋白中分离出来。

纯化方法很多,所用的方法必须尽可能将目的酶与杂质分开,即要求方法的特异性较高。层析技术是纯化过程中使用最多的方法。电泳也是较好的纯化方法之一,可以获得高纯度的产品,但由于制备量有限,只能作为微量的纯化技术。具体到每一种酶用哪种纯化方法,或是哪几种方法联合使用以及使用顺序如何等,都必须经实验摸索,没有固定的规定。一般应当先选用粗放、快速、有利于缩小样品体积和后续工序处理的方法,而精确、费时和需样品量少的方法则宜后选用。对纯化过程中每一步收集到的溶液都要进行酶的比活力和总活力的测定,计算出纯化倍数(每一步的比活力/粗提液的比活力)和总活力的回收率(即得率,每一步的总活力/粗提液的总活力)。根据纯化倍数的大小和得率的高低来判断每一步纯化方法的可行性,凡是在特定实验中能增大纯化倍数和提高得率的方法均为有应用价值的方法,反之,则应用价值不大,不宜采用。

(五)酶的保存

酶的保存受酶蛋白的浓度、温度以及缓冲液的种类等因素的影响。酶的稳定性受温度影响很大,在4 ℃条件下可保存一段时间,若在-20 ℃、-80 ℃或液氮中冻结,可延长保存时间;固态酶比液态酶稳定,故将纯化的酶冷冻干燥制成干粉,低温下可长期保存;酶溶液浓度越低越易变性,因此不适于保存酶的稀溶液,而酶溶液浓缩后有利于酶活性的保持;也可在酶溶液中添加一些保护剂使酶保持稳定状态。

第七节　酶的活性调节

生物体内的新陈代谢是在各种各样的酶催化下完成的,为了使体内错综复杂的各种代谢途径按照一定的规律有条不紊地顺利进行,生物体必须根据各种条件及其变化情况,对细胞内的酶进行活性调节。

一、变构酶

(一)变构酶的概念、结构特点和变构效应

某些化合物可以与酶分子活性中心以外的部位进行非共价可逆性结合,使酶发生变构并改变其催化活性,酶的这种调节作用称为变构调节(Allosteric Regulation)。受变构调节的酶称为变构酶(Allosteric Enzyme),又称别构酶。导致变构效应的物质称为变构效应剂(Allosteric Effector),又称调节物、效应子,通常为小分子代谢物或辅酶。凡使酶活性增强的效应剂,称为变构激活剂(Allosteric Activitor);而使酶活性减弱的效应剂,称为变构抑制剂(Allosteric Inhibitor)。变构酶是由多个亚基组成的寡聚酶,所含亚基数多为偶数。这些亚基不是独立的,它们之间存在相互作用。变构酶分子中除了有一般酶的活性部位外,还有与效应剂结合的调节部位(Regulatory Site),或称为别构部位。每个变构酶分子可以与一个以上的配体结合,配体包括变构酶作用的底物和变构效应剂。酶的不同部位发挥着不同的功能,活性部位负责与底物的结合及催化,调节部位负责与效应剂的结合及调节酶促反应速度。这两个部位可以位于不同的亚基上,也可以位于同一亚基上。

（二）变构酶的动力学特征及生理意义

变构酶与底物或效应剂结合又相互作用的协同性,称为协同结合(Cooperative Binding),协同结合产生的效应称为协同效应(Cooperative Effect)。一般来说,变构酶分子上有两个以上的底物结合位点。当底物与一个亚基上的活性中心结合后,通过构象的改变,可增强其他亚基的活性中心与底物的结合,出现正协同效应(Positive Cooperative Effect),使其底物浓度曲线呈"S"形,不服从米氏方程。即底物浓度低时,酶活性的增加较慢,底物浓度高到一定程度后,酶活性迅速增强,很快达到最大值V_{max}（如图4.30）。在变构酶的"S"形中段,底物浓度稍有降低,酶的

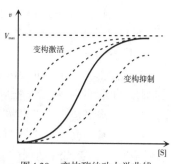

图4.30　变构酶的动力学曲线

活性明显下降,多酶复合体催化的代谢途径可因此而被关闭;反之,底物浓度稍有升高,则酶活性迅速上升,代谢途径又被打开,因此可以快速调节细胞内底物浓度和代谢速度。正协同效应变构酶的反应速度对底物浓度的变化十分敏感,因此变构酶能灵敏迅速地调节反应速度,这一特点对代谢途径中的关键酶尤为重要。

多数情况下,底物对其变构酶的作用都表现正协同效应。而与此相反,当底物或效应剂与酶分子的一个亚基结合后,可降低其他亚基的活性中心与底物的结合能力,表现为负协同效应(Negative Cooperative Effect)。负协同效应变构酶的反应速率对底物浓度的变化相对不敏感,这一特点对于机体内那些和多条代谢途径有联系的酶促反应来说,保证其能恒定正常地工作是十分重要的,因为它不会因反应的快慢而产生明显的变化。

变构酶是快速调节酶活力的一种重要方式,具有重要的生理意义。通过变构效应可以快速调节细胞内代谢速度,调节整个代谢通路,减少不必要的底物消耗。变构抑制剂常是代谢途径的终产物或中间代谢物,而变构酶常处于代谢途径的开端或者是分支点上,可以通过反馈抑制(Feedback Inhibit)的方式极早地调节整个代谢通路。例如,葡萄糖的氧化分解可为动物机体提供生理活动所需的ATP,当ATP生成过多时,ATP可以作为变构抑制剂,通过降低葡萄糖分解代谢中的调节酶(己糖激酶、磷酸果糖激酶等)的活性而限制葡萄糖的分解;而当细胞中的ADP、AMP增多时,ADP、AMP可通过变构激活这些酶,促进葡萄糖的分解。因此,随时调节ATP/ADP的水平,可维持细胞内能量的正常供应。

（三）变构酶调节酶活性的机理

变构酶对酶活性的调节机理至今还没有统一的理论,曾经提出过多种分子模型,这里主要介绍三种调节模式。

1.齐变模式

齐变模式(Concerted Model)又称对称模式(Symmetry Model),是1965年莫诺德(Monod)、怀曼(Wyman)和昌吉克斯(Changeux)提出的解释变构酶作用机制的模型,因此称为MWC模式,其要点如下。

（1）变构酶是由多个相同亚基组成的寡聚酶,这些亚基在酶分子中对称排列。

（2）每个亚基对特定的配体只有一个结合部位。

（3）亚基有两种不同的构象,一种为松弛型(Relaxed State,R型),另一种为紧张型(Tensed State,T型)。R型对底物或变构激动剂有较大的亲和力,为高活力型;而T型对变构抑制剂有较大的亲和力,为低活力型。

（4）酶分子中所有亚基都处于相同的构象状态,当一个亚基由T型转变为R型时,其他亚基也发生相同的构象变化,即所有亚基的构象转变是同步的,所以该模式称为齐变模式。当变构酶由一种构象转变为另一种构象时,其分子的对称性保持不变,所以此模式又称为对称模式。

（5）T型和R型两种构象处于动态平衡中。变构激活剂或底物浓度与变构抑制剂浓度的比值决定变构酶所处的构象状态。当有变构抑制剂而没有变构激活剂或底物时，平衡趋于T型；而有少量变构激活剂或底物时，平衡趋于R型。

2.序变模式

序变模式（Sequential Model）是1966年科什兰（Koshland）、内美西（Nemethy）和菲尔默（Filmer）提出的，因此称为KNF模式，其要点如下。

（1）变构酶是由多个相同亚基组成的寡聚酶。

（2）亚基有R型和T型两种不同的构象，R型对底物或变构激动剂有较大的亲和力，T型则不利于底物或变构激动剂结合。

（3）R型和T型两种构象可共存于一个变构酶分子中。

（4）当底物或变构效应剂不存在时，变构酶只有一种分子构象。当配体与一个亚基结合时，可引起此亚基构象发生变化，这种变化可以影响到邻近的亚基发生同样的构象变化，从而影响该亚基对底物的亲和力。当第二个亚基与底物结合后，又引起相邻的第三个亚基发生同样的构象变化。如此顺序递变，直至所有亚基变为相同的构象，所以此模式称为序变模式。

（5）亚基与变构效应剂结合后，可以使相邻亚基对后继底物分子的亲和力发生改变，这种改变可以是正协同效应，也可以是负协同效应。

序变模式与齐变模式相比较，主要有以下不同点：T型和R型在无配体存在时并非处于平衡状态，而是在配体与亚基结合后，才引起亚基的构象发生改变；变构酶的全部亚基都同时由一种构象转变为另一种构象，亚基有各种可能的构象状态，存在R型和T型杂交的RT形式。

总之，序变模式可以表示酶分子的许多中间构象状态，因此，用来解释变构酶活性的调节作用比齐变模式更好一些，适用于大多数变构酶。

3.总模式

总模式（General Scheme）是1967年由艾根（Eigen）在齐变模式与序变模式的基础上发展起来的一种综合模式，因此称为EIG模式。其要点如下：

（1）无论有无配体结合，变构酶亚基的构象都可能发生变化，在同一个变构酶分子中，可以存在不同构象（R型和T型）的亚基杂交中间体。

（2）R型和T型两种不同构象的亚基都能按顺序地与底物结合。

二、共价调节酶

（一）共价调节酶的概念

共价修饰是体内调节酶活性的另一种重要方式。有些酶分子上的某些氨基酸残基的基团在另一组酶的催化下发生可逆的共价修饰，从而酶在活性形式和非活性形式之间存在相互转变，这种调节称为共价修饰调节（Covalent Modification Regulation）。这类酶称为共价调节酶（Covalent Regulatory Enzyme），也称共价修饰酶（Covalent Modification Enzyme）。

根据修饰基团的不同，酶的共价修饰可分为磷酸化与脱磷酸化、乙酰化与脱乙酰化、甲基化与脱甲基化、腺苷化与脱腺苷化、尿苷化与脱尿苷化以及二硫键与巯基的互变6种类型。

（二）共价调节酶举例

目前已发现有几百种酶被翻译后都要进行共价修饰，其中通过磷酸化与脱磷酸化来调节酶活性最为重要和普遍。通过各种蛋白激酶的催化，可使酶蛋白中Ser、Thr或Tyr等氨基酸残基侧链上的羟基进行磷酸化修饰，又可通过各种磷蛋白磷酸酶催化磷酸基团水解，从而形成可逆的共价修饰而改变酶的构象，调节酶的活性。

例如，动物肌肉组织中的糖原磷酸化酶（Glycogen Phosphorylase）是一种典型的共价调节酶,其作用是催化糖原磷酸化,生成葡萄糖-1-磷酸和少一个葡萄糖残基的糖原。磷酸化酶以两种形式存在:有活性的磷酸化酶a和无活性的磷酸化酶b。在磷酸化酶激酶(Phosphorylase Kinase,PhK)的催化下,由ATP提供磷酸基,将磷酸化酶b每个亚基的Ser残基的羟基磷酸化,从而使无活性的磷酸化酶b变成有活性的磷酸化酶a;在磷酸化酶磷酸酶(Phosphorylase Phosphatase)的催化下,磷酸化酶a的磷酸基被水解,使有活性的磷酸化酶a变成无活性的磷酸化酶b,从而抑制糖原的分解。通过这种磷酸化和脱磷酸化的反应来影响酶活性,是酶的共价修饰调节的重要方式之一。PhK是糖原代谢调节的一个关键酶,一分子PhK可催化几千个磷酸化酶b转变成磷酸化酶a,从而加速催化糖原分解。

(三)共价修饰调节的特点和生理意义

1.共价修饰调节的特点

(1)共价调节酶一般具有无活性与有活性两种形式。

(2)共价修饰需要其他酶来催化,属于酶促共价反应,即通过酶促反应显著改变某些关键酶的活性。

(3)磷酸化化学修饰的信息源主要是激素或某些生长因子,由于细胞应答多表现出级联式的酶—酶之间的催化反应,即第一个酶发生酶促共价修饰后,被修饰的酶又可催化另一种酶分子发生共价修饰,每修饰一次,就可将调节因子的信号放大一次,呈现级联放大效应(Cascade Effect)。因此,这种方式调节效果更强。

(4)磷酸化修饰需ATP供能和提供磷酸基,但比合成蛋白酶所消耗的ATP少得多,且作用迅速,所以是体内代谢通路中调节酶活性经济而有效的方法。

2.共价修饰调节的生理意义

通过此种调节改变酶活性来控制酶促反应速度,节约能量,反应快速,加之还有级联放大作用,具有极高的效率,常适用于应激反应。

三、同工酶

(一)同工酶的概念

同工酶(Isoenzyme)是指催化相同的化学反应,但酶蛋白的分子结构、理化性质和免疫学性质不同的一组酶。同工酶是由不同基因或等位基因编码的多肽链,或由同一基因转录生成不同mRNA翻译的不同多肽链组成的蛋白质。这类酶存在于生物的同一种属或同一个体的不同组织,甚至同一细胞的不同亚细胞结构中,在代谢上起着重要的调节作用。

(二)同工酶举例

现已发现有数百种各种各样的同工酶。乳酸脱氢酶(Lactate Dehydrogenase,LDH)普遍存在于人和动物组织中,是研究最早且最多的同工酶。LDH由H型(心型)和M型(肌型)两种不同类型的亚基组成,这两种亚基可按不同比例组合成五种四聚体,即$LDH_1(H_4)$、$LDH_2(H_3M)$、$LDH_3(H_2M_2)$、$LDH_4(HM_3)$和$LDH_5(M_4)$。这五种分子形式由于结构上的差异,使它们的理化性质和免疫学性质也不同,但都能催化乳酸脱氢生成丙酮酸的反应或其逆反应:

$$H_3C-\overset{OH}{\underset{}{\overset{|}{C}}H}-COO^- + NAD^+ \underset{}{\overset{LDH}{\rightleftharpoons}} H_3C-\overset{O}{\overset{||}{C}}-COO^- + NADH + H^+$$

同工酶的分子结构有所差异,为什么却能催化相同的化学反应呢? 这是由于同工酶的活性中心结构相同或极其类似。同工酶在哺乳动物不同器官组织中的含量和分布比例不同,各器官组织都有各自特定的同工酶谱。同工酶对同一底物表现出不同的K_m值,导致同工酶在不同的器官组织中有不同的代谢特点。如LDH_1在心肌中相对含量高,其对NAD^+的K_m较小,而对

丙酮酸的 K_m 较大,即对乳酸亲和力高,故 LDH_1 的主要作用是催化乳酸脱氢生成丙酮酸,有利于乳酸在心肌氧化供能;LDH_5 在骨骼肌中相对含量高,其对 NAD^+ 的 K_m 较大,对丙酮酸的 K_m 较小,即对丙酮酸的亲和力高,故 LDH_5 的主要作用是催化丙酮酸还原成乳酸,这就是剧烈运动后肌肉酸痛的原因。

(三)同工酶的应用

同工酶的应用范围很广,在酶学、生物学和医学中占有重要地位。

1.同工酶的测定已用于临床诊断

同工酶的分布有组织特异性,当某种组织发生病变时,可能有某些特殊的同工酶释放出来,同工酶谱改变有助于对疾病进行诊断。如 LDH_1 主要分布于心脏,心肌受损患者血清中的 LDH_1 含量增高。

2.同工酶可以作为遗传标志用于遗传分析研究

同种动物的不同品种的同工酶谱不同,因此,同工酶谱有可能作为鉴定品种的指标,对于遗传育种研究有一定的指导意义。

3.同工酶与代谢调节密切相关

同工酶在各种组织或亚细胞结构中的分布不同,且它们对底物的专一性及动力学性质也不同,这就决定了同工酶在机体中的生理功能是不同的。同工酶只是催化相同的化学反应,但不一定有相同的生理功能。某些同工酶能精确地调节分支代谢途径的反应速度。当一种同工酶受到抑制或破坏时,其他的同工酶仍然起作用,使得一个分支产物过剩不会影响其他分支产物的生成,从而保证代谢正常进行。例如,Asp 可作为合成 Thr、Met 和 Lys 的原料,整个合成途径中的第一个酶为天冬氨酸激酶(Aspartate Kinase, AK),有 AK-Ⅰ、AK-Ⅱ、AK-Ⅲ 三种同工酶。AK-Ⅰ 受 Thr 反馈抑制,调控 Asp 合成 Thr 代谢途径的反应速度;AK-Ⅱ 受 Met 反馈抑制,调控 Asp 合成 Met 代谢途径的反应速度;AK-Ⅲ 受 Lys 反馈抑制,调控 Asp 合成 Lys 代谢途径的反应速度。

4.同工酶与个体发育密切相关

在个体发育过程中,随着组织的分化和发育,各种同工酶也有一个分化或转变的过程,发生有规律的变化。有些同工酶在胎儿时期合成并占优势,称为胎儿型同工酶(Foetal Type Isozyme)。胎儿型同工酶对底物的 K_m 较小,不受饮食或激素的调节,只参与组织的一般性代谢或与细胞的增殖有关。而有些同工酶在成年时期合成并占优势,称为成年型同工酶(Adult Type Isozyme)。成年型同工酶对底物的 K_m 较大,受饮食或激素的调节,与组织的特殊功能有关。

第八节　酶工程简介

一、酶工程的概念

随着人们对酶的深入研究,酶在许多领域得到广泛的应用。将酶学和工程学相结合,产生了酶工程(Enzyme Engineering)这样一个新的领域。酶工程就是在一定的生物反应装置中,利用酶所具有的生物催化功能,借助工程手段将相应的原料转化成所需要的产品的一门技术。酶工程主要研究酶的生产、纯化、固定化技术、酶分子结构的修饰和改造以及在工农业、医药卫生和理论研究等方面的应用,是生物工程的主要内容之一。酶工程研究的目的是为了获得大量所需要的酶,并且能高效利用所得的酶。根据研究和解决问题的手段不同,可将酶工程分为化学酶工程和生物酶工程。

二、化学酶工程

化学酶工程也称为初级酶工程(Primary Enzyme Engineering),是指天然酶、化学修饰酶、固定化酶及模拟酶的研究和应用。

(一)天然酶

天然酶来源于动物、植物和微生物等生物有机体,虽然某些动物器官和植物含有较高浓度的某些酶,但如果用于酶的生产,其量的供应便成为工业生产的主要限制。微生物易于大量培养,且菌体的倍增比动物、植物细胞快得多,工业用酶制剂多属于微生物发酵而获得的粗酶。随着各种层析技术和电泳技术的发展,天然酶的分离纯化得到长足的进展,许多医药及科研用酶均可从生物材料中得到。

(二)化学修饰酶

天然酶不稳定,分离纯化难度大,而且成本高,在开发和应用中受到一定的限制。酶蛋白的结构决定了酶的性质和功能,若其结构发生改变,就可能使酶的某些性质和功能发生相应的改变。从广义上说,凡通过化学基团的引入或除去,使酶共价结构发生改变,从而改变其理化性质和生物活性的方式,都称为酶的化学修饰;从狭义上说,酶的化学修饰是指在比较温和的条件下,以可控制的方式使酶与某些化学试剂发生特异性反应,从而引起单个氨基酸残基或其功能基团发生共价的化学改变。通过化学修饰改善酶的性能,可显著提高酶的使用范围和应用价值。

化学修饰已经成为研究酶分子结构与功能的一种重要的技术手段。酶的化学修饰方法很多,其基本原理都是利用化学修饰剂所具有的各种基团的特性,直接或间接地经过一定的活化过程与酶分子的某种氨基酸残基发生化学反应,从而对酶分子的结构进行化学改造,主要方法如下。

1.酶分子侧链基团的修饰

采用一定的方法(一般为化学法)使酶蛋白的侧链基团发生改变,从而改变酶分子的特性和功能的修饰方法,称为侧链基团修饰。在组成酶的20种常见氨基酸中,只有具有极性氨基酸残基的侧链基团才能够进行化学修饰。酶蛋白的侧链上的功能基团主要包括氨基、羧基、巯基、胍基、酚基、甲硫基、咪唑基和吲哚基等。这些基团可以形成各种次级键,对酶蛋白空间结构的形成和稳定有重要作用。侧链基团一旦改变,将引起酶蛋白空间构象的改变,从而改变酶的特性和功能。

酶蛋白的侧链基团修饰可以用于研究各种基团在酶分子中的作用及其对酶的结构、特性和功能的影响,在研究酶的活性中心的必需基团时经常被采用。如果某基团修饰后不引起酶活力的变化,则可以认为此基团是非必需基团;如果某基团修饰后使酶活力显著降低或丧失,则此基团很可能是酶的必需基团。

2.交联反应

交联剂具有两个反应活性的双功能基团,可以在相隔较近的两个氨基酸残基之间,或酶与其他分子之间发生交联反应。利用含有双功能基团的化合物,如二氨基丁烷、戊二醛、己二胺等,对酶进行分子内或分子间交联,在改善酶的生物化学性质和稳定性方面可取得较好的效果。例如,用戊二醛将胰蛋白酶和碱性磷酸酶交联成杂化酶,可作为部分代谢途径的有用模型,从而测定其复杂的生物结构。

3.大分子修饰作用

大分子修饰作用指的是采用水溶性大分子物质作为修饰剂,增加酶的稳定性,改变酶的一些重要性质。

水溶性分子与酶蛋白的侧链基团通过共价键结合后,可使酶的空间构象发生改变,使酶活性中心更有利于与底物结合,并形成准确的催化部位,从而使酶活力提高。例如,每分子核糖核酸酶与6.5分子的右旋糖酐结合,可以使酶活力提高到原有活力的2.25倍。

通过修饰可以增加酶的稳定性。酶的稳定性可以用酶的半衰期表示。酶的半衰期是指酶的活力降低到原来活力的一半时所需要的时间。酶的半衰期长,说明酶的稳定性好;半衰期短,则稳定性差。例如,超氧化物歧化酶在人体血浆中的半衰期仅为6 min,经过分子结合修饰,其半衰期可以明显延长。

通过修饰可以降低或消除酶蛋白的抗原性。酶大多数是从微生物、植物或动物中获得的,对人体来说是一种外源蛋白质。当酶蛋白非经口进入人体后,往往会成为一种抗原,刺激体内产生抗体。产生的抗体可与作为抗原的酶特异性地结合,使酶失去其催化功能。抗体与抗原的特异性结合是由它们之间特定的分子结构所引起的。通过酶分子修饰,使酶蛋白的结构发生改变,可以大大降低或消除酶的抗原性,从而保持酶的催化功能。例如,精氨酸酶经聚乙二醇结合修饰后,其抗原性显著降低。

(三)固定化酶

酶是蛋白质,稳定性差,对热、强酸、强碱、有机溶剂等均不稳定,即使在酶反应的最适条件下,也往往会很快失活,随着反应时间的延长,反应速度会逐渐下降,反应后又不能回收,而且只能采用分批生产手段,对于现代工业来说还不是一种理想的催化剂。1971年在美国召开的第一届国际酶工程会议上正式提出了固定化酶(Immobilized Enzyme)的概念。固定化酶是指将酶封闭在一定的空间范围内,使其保持催化活性,并且酶能够被重复利用。该技术体系称为固定化酶技术。

固定化酶与游离酶相比,具有以下优点:极易将固定化酶与底物、产物分开;可以在较长时间内进行反复分批反应和装柱连续反应;在大多数情况下,能够提高酶的稳定性;对酶反应过程能够加以严格控制;产物溶液中没有酶的残留,简化了提纯工艺;较游离酶更适合于多酶反应;可以增加产物的回收率,提高产物的质量;使酶的使用效率提高,成本降低。目前,固定化酶在工农业、医药、化学分析、能源开发、生化研究、环保和理论研究等方面得到了广泛的应用,如固定化青霉素酰化酶生产6-氨基青霉烷酸,固定化葡萄糖异构酶生产高果糖浆等。酶的固定化是酶工程现代化的重要标志,是酶应用技术发展的重要里程碑。

在固定化酶广泛应用的基础上,人们开辟了固定催化剂的另一种形式,即固定化细胞。所谓固定化细胞,指的是细胞受到物理或化学等因素约束或被限制在一定的空间范围内,但细胞仍能保留催化活性并具有能被反复或连续使用的活力。固定化细胞的研究和应用始于20世纪70年代,发展迅速,实际应用超过了固定化酶。与固定化酶相比较,固定化细胞有以下优点:固定化细胞保持了胞内酶系的原始状态与天然环境,因而更稳定;固定化细胞保持了胞内原有的多酶系统,而且无需辅酶再生;固定化细胞的密度大、可增殖,因而可获得高度密集而体积缩小的工程菌集合体,不需要微生物菌体的多次培养、扩大,从而缩短了发酵生产周期,可提高生产能力;发酵稳定性好,可以较长时间反复使用或连续使用;发酵液中含菌体较少,有利于产品分离纯化,提高产品质量等。现已可利用固定化细胞生产有机溶剂、有机酸、氨基酸、抗生素、单克隆抗体、激素和酶等。

随着酶学的发展,酶反应器和酶传感器也得到了快速的发展和应用。生物反应器就是为了适应生物反应的特点而设计的反应设备,是生物技术工艺的中心环节,是原料到产品的纽带。以酶作为催化剂进行反应所需的设备称为酶反应器。生物反应从本质上说就是各种类型的酶反应,故生物反应器实质上也就是酶反应器。酶反应器基本上是游离酶、固定化酶或固定化细胞催化反应的容器(附加上混合取样和检测的设备)。生物传感器是以固定化的生物材料作为敏感元件,与适当的转换元件结合所构成的一类传感器。以酶作为分子识别元件上的敏感材料,同各种不同的转换器结合所构成的一类生物感受器,称为酶感受器。酶感受器是生物传感器中的一种重要类型,酶与待测物质的特异性反应是酶传感器的基础,例如,免疫分析检测早孕和乙肝的试纸等。生物传感器工作时非常迅速和敏感,其应用使过去认为极难进行的科学实验变得相对容易,它的研制开发也是酶工程的重要领域之一。

(四)模拟酶

模拟酶(Enzyme Mimics)又称人工合成酶(Synzyme),是根据酶的催化机制,利用有机化学、生物化学等方法,设计和合成一些比天然酶简单的非蛋白分子或蛋白质分子,以这些分子来模拟天然酶对其作用底物的结合和催化过程。目前对天然酶的模拟主要分三个层次。

(1)在可与底物结合的化合物上添加催化基团,合成类似酶活性的简单络合物,这类模拟物结构简单、稳定性强,但催化效率和专一性不高。

(2)酶活性中心的模拟,即在天然或人工合成的化合物中引入某些活性基团,合成具有一定选择性和反应效率的模拟物。

(3)最高级的模拟是整体模拟,将活性中心置于整体结构之中来发挥其作用,即包括微环境在内的整个酶活性部位的化学模拟。

模拟酶催化简单酯反应的速率与天然酶接近,但模拟酶的热稳定性和pH稳定性大大优于天然酶。目前最好的模拟酶是催化抗体,即抗体酶,它具有良好的选择性和较高的催化活性。虽然现在大部分模拟酶的催化活性不能达到天然酶的活性,但随着蛋白质结构研究和化学技术的发展,将来有望构造出各种性能高效的模拟酶来代替天然酶的应用。

三、生物酶工程

生物酶工程是以酶学和DNA重组技术为主的现代分子生物学技术相结合的产物,也称高级酶工程(Advanced Enzyme Engineering)。主要包括三方面的内容:利用基因工程技术大量生产酶(克隆酶);对酶基因进行修饰,产生遗传修饰酶(突变酶);设计新酶基因,合成自然界从未有过的新酶。

重组DNA技术的建立和发展,DNA序列测定及蛋白质结构与功能关系数据的积累,使人们在很大程度上摆脱了对天然酶的依赖。基因工程的发展使人们能克隆各种各样天然的酶基因,使其在微生物中高效表达,并通过发酵大量生产。许多酶基因已被成功克隆,如尿激酶基因、凝乳酶基因等。

蛋白质工程(Protein Engineering)是以蛋白质的结构规律及其生物学功能的关系为基础,通过基因重组技术改变或设计合成具有特定生物学功能的蛋白质。酶的蛋白质工程是在基因工程的基础上发展起来的,而且仍需应用基因工程的全套技术。所不同的是,酶的基因工程主要解决的是酶大量生产的问题,可以降低酶产品的成本,也可使稀有酶的生产变得更加容易;而酶的蛋白质工程则致力于蛋白质的改造,制备各种定做的蛋白质,生产出完全符合人们要求的酶。基因工程和蛋白质工程将对酶工业产生引人注目的影响。

【本章小结】

酶是由活细胞产生的,能在体内或体外起同样催化作用的生物催化剂。酶与一般催化剂相比有共性,但又有极高的催化效率、高度专一性、酶活性的可调性和不稳定性等特征。绝大多数酶的化学本质为蛋白质,少数为核酸。酶的命名法有系统命名法和习惯命名法两种。根据酶催化的反应类型可把酶分为六大类,每一个酶有特定的编号。

根据化学组成,酶可分为单纯酶和结合酶。酶的结构与其功能密切相关。酶分子中的一些必需基团组成了酶的活性中心。有些酶以酶原形式存在,只有在一定条件下被激活才能表现出活性。

中间产物学说是认识酶的催化机制的基础,酶通过与底物的相互作用,包括邻近效应和定向效应、底物分子形变或扭曲、酸碱催化、共价催化等发挥高效催化作用。诱导契合学说是目前公认的可以较好地解释酶作用专一性的机理。

酶促反应的速度受底物浓度、酶浓度、温度、pH、抑制剂和激活剂等多种因素影响。酶活力单位是指在一定的条件下,酶促反应在单位时间内生成一定量的产物或消耗一定量的底物所需的酶量。在最适条件下,1 min 催化 1 μmol/L 底物转化为产物所需的酶量为 1 个酶活力国际单位。比活力是指 1 mg 酶蛋白所具有的活力单位数,是表示酶制剂纯度的一个重要指标。可通过分光光度法、荧光法、同位素测定法、电化学法、酶偶联法等方法测定酶活力。蛋白质的分离纯化方法适用于酶的分离纯化。

酶的活性有多种调节方式,如变构调节、共价修饰调节和同工酶调节等。

酶工程是将酶学原理与化学工程技术及基因重组技术有机结合而形成的新型应用技术,是生物工程的支柱。根据研究和解决问题的手段不同,可将酶工程分为化学酶工程和生物酶工程。酶工程研究的目的是为了获得大量所需要的酶,并且能高效利用所得的酶。

【思考题】

1. 什么是酶? 酶与一般化学催化剂有何异同点?

2. 什么是米氏方程? K_m 的意义是什么?

3. 竞争性抑制作用和非竞争性抑制作用的主要区别是什么? 它们在酶促反应中会使 V_{max} 和 K_m 值发生什么变化?

4. 简述酶的分离纯化过程。

5. 细胞中酶的活性调节方式有哪些?

第 ⑤ 章 生物膜与物质运输

第一节 动物细胞形态的生物化学

细胞是生命活动的基本结构单位。组成动物体的细胞称为动物细胞,不同动物体的各种细胞虽然形态不同,但都由细胞膜、细胞质和细胞核组成(如图5.1)。它们的主要作用是控制细胞的物质代谢与能量代谢,是细胞生命活动的主要场所。

一、细胞膜

细胞膜(Cell Membrane),也称质膜(Plasma Membrane),是细胞结构中分隔细胞内、外不同介质和组成成分的界面,使细胞成为独立的系统。质膜具有转运物质和传递信息等功能。通过质膜的这些功能,一方面使细胞具有恒定的内在环境,另一方面可以和外环境进行物质交换,并把外界变化的信息传递到细胞内,使细胞代谢发生适应性的改变。

质膜由磷脂双分子层作为基本单位重复而成,其上镶嵌有各种类型的膜蛋白以及与膜蛋白或脂类结合的糖蛋白和糖脂。质膜中的脂类也称膜脂,是质膜的基本骨架,膜蛋白质是膜功能的主要体现者,而质膜中的糖蛋白质或脂类结合形成糖蛋白质或糖脂,是质膜上的标记物,往往与细胞的识别有关。

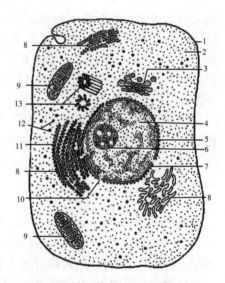

图5.1 动物细胞亚显微结构模式图
1. 细胞膜 2. 细胞质 3. 高尔基体 4. 核液
5. 染色质 6. 核仁 7. 核膜 8. 内质网
9. 线粒体 10. 核孔 11. 内质网上的核糖体
12. 游离的核糖体 13. 中心体

二、细胞质

细胞质(Cytoplasm)是指除去细胞质膜和细胞核以外的所有物质。由细胞质基质和细胞器两部分组成。

(一)细胞质基质

细胞质基质(Cytoplasmic Matrix)是细胞质中除去所有细胞器和各种颗粒以外的部分,呈半透明的胶体状态,又称为胞液。细胞质基质中含有糖无氧酵解的酶类、糖异生酶类、脂肪酸合成酶类、参与氨基酸代谢的酶类、溶酶体释放的水解酶类以及 RNA 和无机盐等,有着极其复杂的成分和担负着一系列重要的功能。此外,细胞质基质中还有细胞的结构蛋白,如微管蛋白和肌动蛋白等。

（二）细胞器

细胞器（Organelle）是指在细胞质中具有一定形态结构和执行一定生理功能的结构单位，悬浮在细胞质基质中。动物细胞的细胞器主要有线粒体、内质网、核糖体、高尔基体、溶酶体、过氧化物酶体和中心体等。

1.线粒体

线粒体（Mitochondrion）是双层膜结构，由外至内可划分为线粒体外膜、线粒体膜间隙、线粒体内膜和线粒体基质四个功能区。其中，线粒体外膜较光滑，起细胞器界膜的作用；线粒体内膜则向内皱褶形成线粒体嵴，内膜含有比外膜更多的蛋白质，负担更多的生化反应。这两层膜将线粒体分出两个区室，位于两层线粒体膜之间的是线粒体膜间隙，被线粒体内膜包裹的是线粒体基质。线粒体膜间隙是线粒体外膜与线粒体内膜之间的空隙，其中充满无定形液体。由于线粒体外膜含有孔蛋白，通透性较高，而线粒体内膜通透性较低，所以线粒体膜间隙内容物的组成与细胞质基质十分接近，含有众多生化反应底物、可溶性的酶和辅助因子等。线粒体基质是线粒体中由线粒体内膜包裹的内部空间，其中含有参与三羧酸循环、脂肪酸氧化、氨基酸降解等生化反应的酶等众多蛋白质，所以较细胞质基质黏稠。线粒体基质中一般还含有线粒体自身的DNA（即线粒体DNA）、RNA和核糖体，线粒体在细胞中可以进行自我增殖，如细胞从低能量代谢转到高能量代谢时，线粒体的数量就会增加，线粒体在遗传上不完全依赖于细胞核，有一定独立性。

线粒体是有氧呼吸的主要场所，它的主要使命是为各种生命活动提供能量，所以在能量代谢旺盛的细胞中，线粒体的数量就比较多，如心肌细胞与骨骼肌细胞相比较，心肌细胞消耗的能量比骨骼肌细胞多，所以心肌细胞中的线粒体数量比骨骼肌多，而且每个线粒体中嵴的数量也比骨骼肌中多。

2.内质网

内质网（Endoplasmic Reticulum，ER）是指细胞质中一系列的囊腔和细管，彼此相通，形成一个隔离于细胞质基质的管道系统。它是细胞质的膜系统，外与细胞膜相连，内与核膜的外膜相通，将细胞中的各种结构连成一个整体，具有承担细胞内物质运输的作用。内质网能有效地增加细胞内的膜面积，内质网能将细胞内的各种结构有机地联结成一个整体。

根据内质网膜上有没有附着核糖体，将内质网分为滑面内质网（Smooth Endoplasmic Reticulum）和粗面内质网（Rough Endoplasmic Reticulum）两种。滑面内质网上没有核糖体附着，这种内质网所占比例较少，但功能较复杂，它与脂类、糖类代谢有关。粗面内质网上附着有核糖体，其排列也较滑面内质网规则，功能主要与蛋白质的合成有关。这两种内质网的比例与细胞的功能有着密切的联系，如胰腺细胞中粗面型内质网特别发达，这与胰腺细胞合成和分泌大量的胰消化酶蛋白有关，在睾丸和卵巢中分泌性激素的细胞中，则滑面型内质网特别发达，这与合成和分泌性激素有关。细胞质中内质网的发达程度与其生命活动的旺盛程度呈正相关。

3.核糖体

核糖体（Ribosome）不是由生物膜构成的，它是由蛋白质和RNA构成的复合体，由大小两个亚基组成。核糖体是蛋白质合成的场所。附着在内质网上的核糖体合成的蛋白质主要有两类：一类是分泌蛋白，通过内质网运输到高尔基体，经加工包装后被分泌到细胞外；另一类膜蛋白。游离的核糖体合成的蛋白质一般是分布到细胞质基质中的蛋白质，如分布于细胞质基质中的酶等。

4.高尔基体

高尔基体（Golgi Apparatus）由光面膜所包围成的分隔的腔及一些分泌小泡组成。它属于单层膜结构。在动物细胞中，高尔基体是细胞分泌物的最后加工和包装的场所。在分泌旺盛的细胞(如唾液腺细胞、胰腺细胞等)中,高尔基体特别发达,数目也特别多。

5.溶酶体

溶酶体(Lysosome)是单层膜的囊状胞器,内部含有数十种从高尔基体转运来的水解酶,包括蛋白酶、核酸酶、磷酸酶、糖苷酶、脂肪酶、磷酸酯酶及硫酸酯酶等。这些酶控制多种内源性和外源性大分子物质的消化,为细胞内的消化器官。

6.过氧化物酶体

过氧化物酶体(Peroxisome),又称微体,是由一层单位膜包裹的囊泡。与溶酶体不同,过氧化物酶体不是来自内质网和高尔基体,因此它不属于内膜系统的膜结合细胞器。过氧化物酶体普遍存在于真核生物的各类细胞中,在肝细胞和肾细胞中数量特别多。过氧化物酶体含有丰富的酶类,主要包括氧化酶、过氧化氢酶和过氧化物酶。氧化酶可作用于不同的底物,其共同特征是氧化底物的同时,将氧还原成过氧化氢。过氧化物酶体的标志酶是过氧化氢酶,它的作用主要是将过氧化氢水解。过氧化氢是氧化酶催化的氧化还原反应中产生的细胞毒性物质,氧化酶和过氧化氢酶都存在于过氧化物酶体中,从而对细胞起保护作用。

7.中心体

中心体(Centriole)是动物细胞中一种重要的细胞器,它总是位于细胞核附近的细胞质中,接近于细胞的中心,因此叫中心体。中心体不具备膜结构,是由蛋白质组成的。每个中心体由两个互相垂直的短棒状的中心粒排列而成,每个中心粒由9组三联管排列成一圈。中心体能在细胞分裂间期进行自我复制,复制后的中心体内含有两组中心粒,每组有两个中心粒。中心粒的功能是在有丝分裂或减数分裂过程中参与纺锤丝的形成。

(三)细胞核

一切真核细胞都有细胞核(Nucleus),但在真核生物体内某些高度分化成熟的细胞如哺乳动物的红细胞没有细胞核,这些细胞在最初也是有细胞核的,但在发育过程中消失。细胞核是遗传物质贮存、复制和转录的场所。细胞核的结构包括核膜、核仁、染色质和核液四个部分。

核膜(Nuclear Membrane)是双层膜结构,外膜常与内质网膜相连接,在核膜上有核孔,是大分子物质(如RNA、蛋白质等)的通道,但对大分子物质的运输也是有选择性的。

核仁(Nucleolus)是真核细胞间期核中的一个或数个匀质的小球,随细胞周期的进行表现出周期性的消失和重建。真核生物的rRNA的转录都是在核仁中完成的,其过程是由rDNA转录成rRNA,rRNA再与来自细胞质的蛋白质结合,进而加工、改造成核糖体的前体,然后输出到细胞质。

染色质(Chromatin)是由蛋白质和DNA组成的存在于细胞核中的细丝状的物质,能被碱性染料(如苏木精、龙胆紫、醋酸洋红等)染成深色。在细胞进入分裂期时,染色质高度螺旋化缩短变粗而成为染色体(Chromosome)。染色质和染色体是同一种物质在细胞不同时期的两种不同形态。

核膜内充满着黏滞性较大的不被染色或仅嗜酸性染料的液体或胶体状的基质,称为核液(Nucleochylema)。它的主要成分是聚合度较低的蛋白质。其化学成分主要是蛋白质、RNA以及多种酶。

【讨论】 动物细胞和植物细胞的亚细胞结构有什么差别?

第二节　生物膜的化学组成

生物膜(Biomembrane)是指由细胞膜、细胞核膜以及内质网、高尔基体、线粒体等有膜围绕的细胞器的膜结构组成的在结构和功能上紧密联系的统一整体。化学分析表明,生物膜主要由脂类和蛋白质两大类物质组成,此外还有糖(糖蛋白和糖脂)、水和金属离子等。生物膜中的水分占15%~20%。生物膜的组分,尤其是蛋白质和脂类的比例随膜种类的不同而表现出很大的差异,蛋白质和脂类含量的变化和膜功能的多样性有密切的关系。一般说来,功能复杂和多样的膜,蛋白质所占的比例大,且种类多;相反,功能越简单特化的膜,蛋白质的含量和种类越少。

【案例分析】　生物膜的组成与功能的关系。
　　动物细胞线粒体内膜功能复杂,含有电子传递系统,约含150种蛋白质,占75%,脂类只占25%;而神经髓鞘膜主要起绝缘作用,只含有3种蛋白质,约占18%,而脂类则占79%,另外3%是糖分子。

一、膜脂

生物膜中的脂质有磷脂、胆固醇和糖脂,以磷脂为主要组分。

(一)磷脂

磷脂是构成生物膜的主要脂质。磷脂中以甘油磷脂为主,其次是鞘磷脂。甘油磷脂以甘油为骨架,在甘油分子的第1,2位碳原子的羟基上以酯键分别连接两个脂肪酸链,第3位碳原子与磷酸成酯,即形成磷脂酸,磷脂酸再与胆碱、乙醇胺、丝氨酸、肌醇等结合为磷脂酰胆碱、磷脂酰乙醇胺、磷脂酰丝氨酸、磷脂酰肌醇等。甘油磷脂分子的结构如图5.2所示。

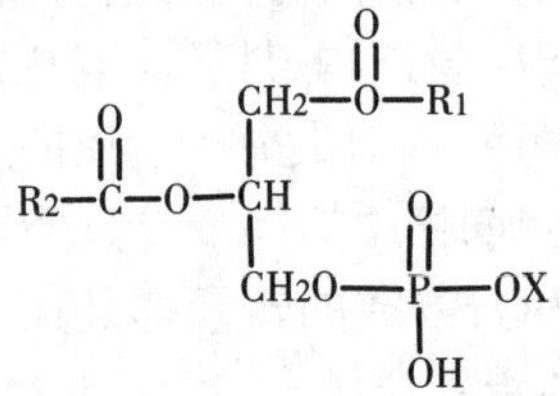

甘油磷脂的名称	X取代基团
磷脂酸	—H
磷脂酰胆碱(卵磷脂)	—$CH_2CH_2N^+(CH_3)_3$
磷脂酰乙醇胺(脑磷脂)	—$CH_2CH_2NH_3^+$
磷脂酰丝氨酸	—CH_2CHNH_2COOH
磷脂酰甘油	—$CH_2CHOHCH_2OH$
二磷脂酰甘油(心磷脂)	—$CH_2CHOHCH_2O$—
磷脂酰肌醇	

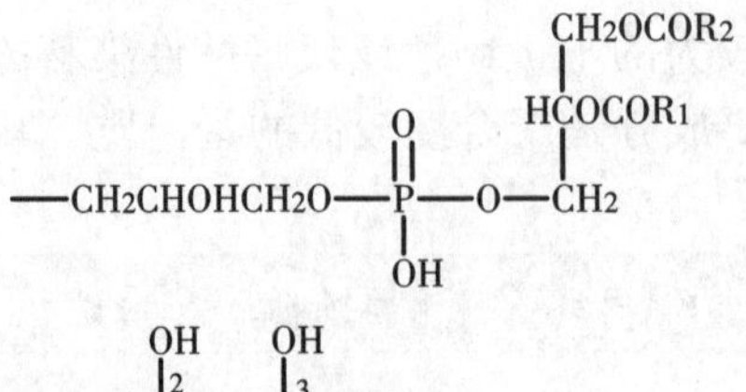

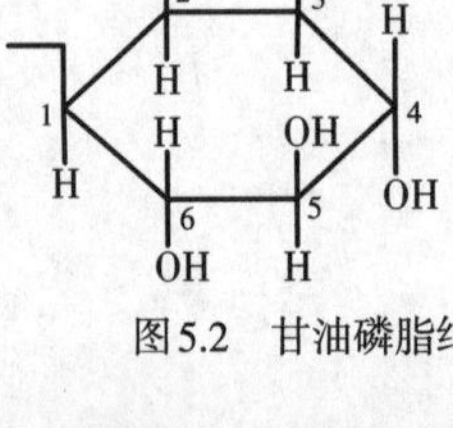

图5.2　甘油磷脂结构

甘油磷脂分子中含有两条疏水的脂酰基长链(疏水尾),又含有极性很强的磷酸及取代基团如胆碱、乙醇胺等(极性头),可以自动排列成极性头向外,疏水尾朝内的磷脂双分子层,成为生物膜的基本结构。磷脂分子中脂肪酸碳链的长短及其不饱和程度则与生物膜的流动性有着密切的关系。

(二)胆固醇

动物细胞中的胆固醇含量比植物细胞高,质膜中的胆固醇含量比细胞内膜高。胆固醇也是"两亲"分子,胆固醇的两性特点可能对生物膜中脂类的物理状态有一定的调节作用。在相变温度以上时,胆固醇阻扰磷脂分子脂酰链的旋转异构化运动,在相变温度以下时,胆固醇的存在又会阻止磷脂分子脂酰链的有序排列,从而防止其向凝胶态的转化,保持了膜的流动性,降低了相变温度。

(三)糖脂

糖脂在膜上的分布是不对称的,仅分布在细胞外侧的单分子层,暴露在膜的外表面,带糖基的极性端朝向膜外表的水相,而非极性的脂部分则分布在膜的疏水区。动物细胞质膜上的糖脂几乎都是神经鞘氨醇的衍生物,如半乳糖脑苷脂、神经节苷脂等,统称神经糖脂。根据糖的性质不同,神经糖脂又分为中性糖脂和酸性糖脂,后者是在糖基的头部带有一个或多个唾液酸残基,它在中性条件下使细胞膜表面带负电荷。半乳糖苷脂的"极性"头部带有一个半乳糖残基。它是神经髓鞘膜的主要糖脂。神经节苷脂具有受体的功能,如霍乱毒素、干扰素、促甲状腺素、破伤风毒素等的受体都是神经节苷脂。糖脂末端的半乳糖残基在与毒素的结合中起主要作用。在细胞的癌变(如病毒转化细胞)中细胞膜上的神经节苷脂和脑苷脂常有很大的变化。

二、膜蛋白(如图5.3)

细胞中有20%~25%左右的蛋白质是与膜结构相连的。膜蛋白根据其与膜脂的相互作用方式及其在膜中排列部位的不同,可分为两大类:外周蛋白和内在蛋白。

(一)外周蛋白

外周蛋白(Peripheral Protein)分布于膜的外表面,它们通过静电作用或范德华力与膜的外表面结合。经过温和的处理,如改变介质的离子强度或pH,或加入螯合剂等可把外周蛋白分离下来。从膜上分离下来的外周蛋白呈水溶性,不再聚合,与脂类不再形成膜结构,表现一般水溶性蛋白质的特征。此类蛋白质占膜蛋白的20%~30%,在红细胞膜中约占50%。

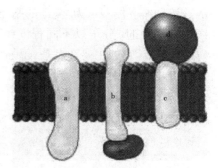

图5.3 膜蛋白在生物膜中的分布和种类
a,b,c: 内在蛋白; d,e: 外周蛋白

(二)内在蛋白

内在蛋白(Integral Protein)又称整合蛋白,有的全部埋于脂质双层的疏水区,有的部分嵌在脂质双层中,有的横跨全膜。它们主要以疏水作用力与膜脂相结合,只有在比较剧烈的条件下,如加入表面活性剂、有机溶剂,或使用超声波处理时才能将其从膜上溶解下来。它们的特征是水不溶性,分离下来之后,一旦去掉表面活性剂或有机溶剂,又能聚合成水不溶性,或与脂类形成膜结构。内在蛋白占膜蛋白的70%~80%。内在蛋白的氨基酸组分中,一般非极性氨基酸的比例高,其分子大都成为"双亲"分子,即极性氨基酸与非极性氨基酸在肽链中形成不对称分布。其非极性氨基酸部分与脂类的疏水区相互作用使蛋白质固着在膜中。内在蛋白与脂质双层疏水区相接触的部分中,由于水分子的排除,多肽分子本身形成氢键的趋向大大增加,因此它们往往以α-螺旋或β-折叠形式存在,尤其以前者更为普遍。

三、糖类

生物膜中含有一定量的糖类,主要以糖蛋白和糖脂的形式存在。在细胞的质膜和内膜系统中都有分布,在细胞的质膜表面占质膜总量的2%~10%。糖类在膜上的分布也是不对称的,质膜和内膜系统的糖蛋白和糖脂中的寡糖都全部分布在非细胞质的一侧。分布于质膜表面的糖残基形成一层多糖—蛋白质复合物,可称为细胞外壳。分布于细胞内膜系统的糖类面向膜系的内腔。在生物膜中组成寡糖的单糖主要有:半乳糖、甘露糖、岩藻糖、半乳糖胺、葡萄糖胺、葡萄糖和唾液酸。糖蛋白可能与大多数细胞的表面行为有关,细胞与周围环境的相互作用都涉及糖蛋白,例如糖蛋白与细胞的抗原结构、受体、细胞免疫、细胞识别以及细胞癌变都有密切的关系。

第三节 生物膜的结构特点

一、膜的流动镶嵌模型

为了阐明生物膜的功能,根据大量的实验研究和分析,人们提出了关于多种生物膜的分子结构模型。目前,人们普遍接受的生物膜分子结构模型是流动镶嵌模型(Fluid Mosaic Model)。流动镶嵌模型是J.R. Singer 和G.L. Nicolson 于1972 年在多种膜结构模型理论的基础上,并根据免疫荧光、电子顺磁共振和冰冻蚀刻等实验研究提出的。流动镶嵌模型认为:流动的脂质双层分子构成膜的连续主体,蛋白质分子以不同程度镶嵌于脂质双分子层中(如图5.4)。它的主要特点是:①强调了膜的流动性,膜中

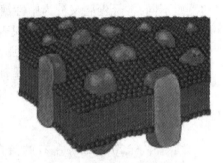

图5.4 生物膜的流动镶嵌模型

脂类分子既有固体分子排列的有序性,又有液体的流动性,即流动的脂类分子层构成膜的连续整体;②强调了膜的不对称性,膜中球形蛋白质分子不同程度地镶嵌在脂质双分子层中,蛋白质分子的非极性部分嵌入脂质双分子层的疏水尾部,极性部分露于膜的表面。

【讨论】 生物膜的分子结构模型除了流动镶嵌模型,科学家们还提出过什么模型,有何特点?

二、膜的流动性及影响因素

生物膜的流动性是膜脂与膜蛋白处于不断的运动状态,它是保证正常膜功能的重要条件。在生理状态下,生物膜为液晶态,即处于液态和晶态之间的过渡状态。它既有液态分子的流动性,又有晶态分子排列的有序性。在一定条件下,膜液态和晶态的相互转变称为相变,引起相变的温度称相变温度。在相变温度以上,液晶态的膜脂总是处于可流动状态。膜脂分子有以下几种运动方式:①侧向移动;②旋转运动;③左右摆动;④翻转运动。膜蛋白分子的运动形式有侧向运动和旋转运动两种。

膜的组成成分及温度是影响膜的流动性的主要因素。

(一)磷脂

磷脂分子所含的脂酸链越长且饱和度越高,则脂酸链间的相互作用也就越强。因此,流动性随之降低,相变温度增高。例如,含18碳的磷脂分子比含16碳的磷脂分子的相变温度高17 ℃。通过改变所合成的脂酸链的长度和饱和度来调整膜的流动性,也是生物膜的一种自我

保护性功能。

(二)胆固醇

胆固醇分子对膜流动性的影响具有两重性:在相变温度以上减少膜的流动性;在相变温度以下,增加膜的流动性。前者与胆固醇插入磷脂分子中的刚性甾环限制了磷脂分子脂链的运动有关;后者涉及其短烃链影响了磷脂分子中脂酸链间的相互作用。一般来讲,胆固醇分子具有增强膜稳定性的作用。例如,不能合成胆固醇的细胞突变株,因为膜的流动性过大而裂解死亡。如在培养液中加入适量的胆固醇,使膜脂双分子层保持正常的流动性,细胞便能存活。

(三)蛋白质

膜蛋白通过与膜脂分子的相互作用也影响膜的流动性。膜内在蛋白越多,结合在其周围的界面脂就越多,膜的流动性也就越小。事实上,膜蛋白在限制膜脂运动的同时,也限制了自身的运动。

(四)温度

由于膜脂和膜蛋白分子的运动是热运动,温度升高,膜的流动性增强;反之,温度降低,流动性减弱。随着膜的流动性的增强,膜对水及其他亲水分子的通透性增加,膜内在蛋白的扩散运动也增加。但超过相变温度,如温度过高,将破坏生物膜的液晶态结构,导致膜的过分流动,影响生物膜的正常代谢和功能。

三、膜脂与膜蛋白的关系

一般认为,膜脂是质膜的基本骨架,膜蛋白质是膜功能的主要体现者。膜脂与膜蛋白的研究是膜生物学研究领域中的重要问题。膜脂与膜蛋白的相互作用主要体现在以下两个方面。

一方面,生物膜的内在蛋白需要一定量的膜脂才能维持其构象,表现其活性。例如肌浆网上每分子Ca^{2+}-ATP酶至少需要30个磷脂分子才表现出完整的活性。不同的内在蛋白对膜脂需求的专一性情况不尽相同。有些内在蛋白对膜脂需求的专一性很强,例如,线粒体内膜β-羟丁酸脱氢酶需要磷脂酰胆碱才能表现其活性,而溶血磷脂或神经鞘磷脂只具有部分作用。

另一方面,膜蛋白结合反过来也影响膜脂的结构,使脂双层排列变形。总的来说,膜蛋白将以两种效应扰乱膜脂链的结构:1. 短程效应。这种效应中蛋白只对邻近的脂发生影响。因而,蛋白疏水核附近的脂链排列将改变(如图5.5 a)。2. 长程效应。当蛋白的疏水核为非圆柱状时,或蛋白只有部分渗入脂双层中时,蛋白将使脂分子排列倾斜,即发生楔形畸变(如图5.5 b);当蛋白疏水部分的长度与脂分子长度不相符时,则蛋白的结合将使脂双层压缩(蛋白疏水部分较短时)或膨胀(蛋白疏水部分较长时)(如图5.5c)。脂与蛋白之间的相互作用在调节蛋白构象以及维持膜作为极性化合物通透屏障的结构完整性方面起着相当重要的作用。

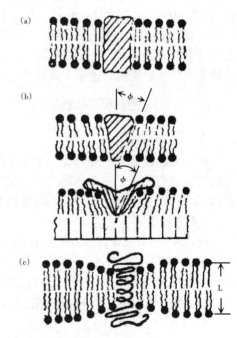

图5.5 膜蛋白结合对脂双层的影响
(a)短程效应:脂链排列发生变化;(b)和(c)为长程效应:(b)脂分子排列发生楔形畸变,(c)脂双层排列压缩畸变

四、膜的不对称性

各种膜分子在膜内外两层及膜上不同区域的分布是不对称的,它造成了膜结构的不对称性,并且与膜的特定功能密切相关。膜分子分布的不对称性决定了膜功能的不对称性。

【案例分析】 红细胞细胞膜上各种膜分子的分布特点。

红细胞细胞膜上各种膜分子的分布是不对称的。对红细胞膜进行的冰冻蚀刻实验结果显示,其外膜和内膜的蛋白颗粒的数量不同,前者的蛋白颗粒约是后者的9倍。磷脂分子中的磷脂酰胆碱和鞘磷脂主要位于膜的外层,而磷脂酰乙醇胺和磷脂酰丝氨酸则主要存在于膜的内层。胆固醇在膜上的分布也是不对称的,它主要分布于膜外层。糖脂仅分布于细胞膜外层或高尔基体膜的腔内侧面,含有糖链的糖复合物也位于细胞膜的脂双分子层的外层。

第四节 生物膜的功能

生物膜的通透性具有高度的选择性,细胞能主动地从环境中摄取所需的营养物质,同时排出代谢废物和产物,使细胞保持动态的稳定,这对维持细胞的生命活动是极为重要的。物质的跨膜转运有多种方式(如图5.6)。如果只是把一种物质由膜的一侧转运到另一侧,称为单向转运(Uniport);如果一种物质的转运与另一种物质相伴随,称为协同转运(Cotransport),其中方向相同,称为同向协同转运(Symport),方向相反,称为反向协同转运(Antiport)。根据被转运的对象及转运过程是

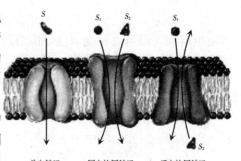

单向转运 同向协同转运 反向协同转运

图5.6 物质的单向、同向和反向跨膜运输

否需要载体和消耗能量,还可再进一步细分出各种跨膜运输方式。以下主要介绍一些小分子物质及大分子物质跨膜运输方式和特点。

一、小分子物质的跨膜转运

(一)被动运输

被动运输(Passive transport)是物质从高浓度的一侧跨膜转运到低浓度的一侧,即顺浓度梯度的转运过程。这是一个不需要能量的自发性过程。物质的转运速率既依赖于膜两侧的浓度差,又与被转运物质的分子大小、电荷和在脂质双层中的溶解度有关。

1.简单扩散

简单扩散(Simple diffusion)是物质依赖于膜两侧的浓度差,从高浓度的一侧向低浓度的一侧扩散的过程,不需能量,也不需载体。但不同的分子与离子并非以相同的速率进行过膜扩散(图5.7)。由于膜的基本结构是脂质双层,因此一般说来,疏水性小分子的透过性较强,而离子和多数的极性分子透过性较差。下图所示是一些小分子物质在脂质双层上的透过率比较。

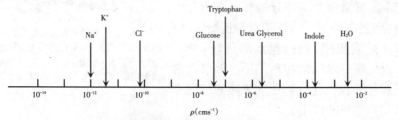

图5.7 脂质双层对不同小分子物质的通透率比较

2.促进扩散

促进扩散(Facilitated Diffusion)又称易化扩散,与简单扩散有相似之处,它也是物质从高浓度的一侧向低浓度的一侧转运的过程,也不需要提供能量,但不同的是这种转运方式需要特异的转运载体参与。转运载体有离子载体和通道蛋白两种类型,它们有的是肽类抗生素,有的是蛋白质。

离子载体(Ionophore)是一类可溶于脂质双层的疏水性小分子物质,多为微生物合成,以被动运输的方式运输离子,可分成可移动离子载体和通道离子载体两类。可移动离子载体如缬氨霉素能在膜的一侧结合K^+,顺着电化学梯度通过脂双层,在膜的另一侧释放K^+,且能往返进行。通道离子载体如短杆菌肽A是由15个疏水氨基酸构成的短肽,2分子的短杆菌肽形成一个跨膜通道,有选择地使单价阳离子如H^+、Na^+、K^+按化学梯度通过膜,这种通道并不稳定,不断形成和解体,其运输效率远高于可移动离子载体。

通道蛋白(Channel Protein)是横跨质膜的亲水性通道,允许适当大小的离子顺浓度梯度通过,故又称离子通道。有些通道蛋白形成的通道通常处于开放状态,如钾离子通道蛋白,允许钾离子不断外流。有些通道蛋白平时处于关闭状态,即通道不是连续开放的,仅在特定刺激下才打开,而且是瞬时开放瞬时关闭,在几毫秒的时间里,一些离子、代谢物或其他溶质顺着浓度梯度自由扩散通过细胞膜。

(二) 主动运输

主动运输(Active Transport)是物质从低浓度的一侧跨膜转运到高浓度的一侧,即逆浓度梯度的转运过程。如果被转运物质带有电荷,则物质在跨膜运输时,需要逆两个梯度,一个是浓度梯度,一个是电荷梯度。这二者的总和又称为电化学梯度。这是一个需要能量和依赖于转运载体的过程,能量由ATP提供,转运载体则是膜蛋白。主动运输有以下几个特点:①有专一性。如有的细胞膜能主动运输某些氨基酸,但不能运送葡萄糖,有的则相反。②有饱和动力学特征。如葡萄糖进入细胞的速度可随外界浓度的增加而加快,但这种增加有一定的限度,增加到一定浓度时运送体即处于"饱和"状态,即使再增加葡萄糖浓度,其速度也不再增加,犹如酶分子被底物饱和一样。③有方向性。例如,细胞为了保持其内外K^+、Na^+的浓度梯度差以维持其正常的生理活动,主动地向外运送Na^+,而向内运送K^+。④选择性抑制。各种物质的运送有其专一的抑制剂阻遏这种运送。如乌本苷专一地抑制K^+向外运送,而根皮苷则抑制肾细胞的葡萄糖运送。⑤需要提供能量。例如,红细胞的K^+、Na^+主动运输的能源主要来自糖酵解产生的ATP,如果加入糖酵解过程的抑制剂(如氟化物),则运送不能进行。肝细胞或肾细胞中的K^+、Na^+主动运输的能源来自线粒体的氧化磷酸化,如果加入电子传递体的抑制剂氰化物或解偶联剂2,4-二硝基酚,则主动运输过程也被抑制。因此,主动运输过程的进行,需要有两个体系存在。一是参与运输的载体,二是酶或酶系组成的能量传递系统。这二者的偶联才能推动主动运输。下面以Na^+和K^+的转运为例叙述主动运输过程。

无论动物、植物细胞或细菌,细胞内外都存在着离子浓度差。细胞内的K^+浓度高而Na^+浓度低,细胞外的Na^+浓度高而K^+浓度低。例如,红细胞内的K^+含量比Na^+含量高20倍左右,这种明显的离子梯度是逆浓度梯度主动运输的结果。执行这一运送功能的体系称为Na^+-K^+泵,Na^+-K^+泵就是分布于细胞膜上的Na^+-K^+ATP酶。

Na^+-K^+ATP酶由一个跨膜的催化亚单位(相对分子质量大约为100Da)和与其相结合的一个糖蛋白(相对分子质量约为45 kD)组成。催化亚单位在位于膜内侧表面有Na^+和ATP的结合位点,而在膜外侧表面有K^+和乌本苷(抑制剂)的结合位点。Na^+-K^+ATP酶在膜上可能以四聚体(两个大亚基和两个小亚基)的形式存在。Na^+-K^+ATP酶具有依赖于Na^+-K^+的ATP酶活性,其主动运送Na^+,K^+的作用正是由水解ATP提供的能量来驱动的。

Na^+-K^+ATP酶有两种不同的构象:E_1和E_2。它们可以交替互变,E_1是一种对Na^+有高度亲和力的构象,E_2对Na^+的亲和力低。Na^+-K^+ATP酶的作用机理是:在Na^+存在下,将ATP末端的磷酸基转移到ATP酶的天冬酰胺残基上,这种与Na^+有关的蛋白质磷酸化作用导致酶的构象发生变化,形成一个"开口"向外且对Na^+亲和力小而对K^+亲和力大的构象(E_2),将Na^+从细胞内转运到细胞外。在K^+存在下,ATP酶去磷酸化导致构象变化,再回到原来的"开口"向内的状态(E_1),这种构象对K^+亲和力小而对Na^+亲和力大,从而将K^+从细胞外转运到细胞内。在Na^+和K^+的主动运输过程中,Na^+-K^+ATP酶经历了磷

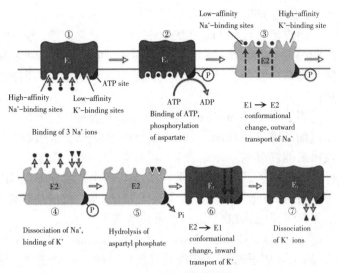

图5.8　Na^+-K^+ATP酶的作用模型
①Na^+的结合;②Na^+的结合引起细胞质侧ATP酶的磷酸化;③磷酸化作用使ATP酶构象发生变化,运送Na^+通过膜到细胞外侧;④Na^+的释放;⑤K^+的结合,并引起ATP酶去磷酸化;⑥去磷酸化作用使ATP酶恢复原来的构象,运送K^+通过膜并到细胞质侧;⑦K^+的释放。

酸化和去磷酸化的变化过程,每经过一次变化过程,可以向膜外泵出3个Na^+,向膜内泵入2个K^+。作用模型如图5.8所示。

由Na^+-K^+ATP酶维持的离子梯度差具有重要的意义。它不仅维持了细胞的膜电位,而且成为可兴奋细胞(如神经、肌细胞等)的活动基础,也调节细胞的体积和驱动某些细胞中的糖和氨基酸的转运。

二、大分子物质的跨膜转运

大分子物质的跨膜转运与小分子物质的跨膜转运有很大不同。例如,蛋白质、核酸、多糖等大分子物质甚至颗粒物质主要是通过内吞与外排作用等形式运送的。蛋白质的跨膜转运除内吞、外排作用之外,还有跨内质网膜和线粒体膜等运送类型。

(一)内吞作用

细胞从外界摄入的大分子物质或者颗粒,逐渐被质膜的一小部分包围,内陷,其后从质膜上脱落下来而形成含有摄入物质的细胞内囊泡的过程,称为内吞作用(如图5.9所示)。

内吞作用又可分为吞噬作用、胞饮作用以及受体介导的内吞作用。

1.吞噬作用

凡以大的囊泡形式(常称为液泡)内吞较大的固体颗粒、直径达几微米的复合物、微生物以及细胞碎片等的过程,称为吞噬作用。例如,原生动物摄取细菌和食物颗粒;高等动物免疫系统的巨噬细胞内吞侵入的微生物等。吞噬作用是一个需要能量的主动运输过程,但不具有明显的专一性。

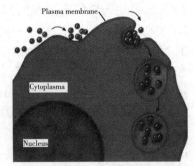

图5.9　内吞作用

2.胞饮作用

胞饮作用是指以小的囊泡形式将细胞周围的微滴状液体(微滴直径一般小于$1~\mu m$)吞入细胞的过程。被吞入的微滴常含有离子或小分子,胞饮作用也不具有明显的专一性。

3.受体介导的内吞作用

受体介导的内吞作用是指被吞物(称为配体,它们是蛋白质或者小分子物质)与细胞表面的专一性受体结合,并随即引发细胞膜的内陷,形成囊泡将配体裹入并输入细胞内的过程。因此,这是一种专一性很强的内吞作用,能使细胞选择性地摄入大量专一性配体,无需像胞饮作用那样摄入体积相当大的细胞外液。例如,动物细胞摄取胆固醇的过程就是通过受体介导的内吞作用实现的。胆固醇及其酯是以低密度脂蛋白(LDL)的形式运输的,是一种比较大的球形颗粒,直径约为 22 nm,胆固醇及其酯位于其颗粒的内部,载脂蛋白覆盖于表面。在细胞表面具有特异的 LDL 受体,它是一种糖蛋白,能特异性地识别和结合 LDL 上的载脂蛋白。当血浆中的 LDL 与细胞表面的 LDL 受体结合后,形成 LDL-受体复合物,然后通过胞吞作用将此复合物摄入胞内。此时复合物被质膜包围起来形成内吞泡,内吞泡再与胞内溶酶体融合,由溶酶体中的水解酶将 LDL 降解,其中的蛋白质被水解为氨基酸,胆固醇酯则被水解为胆固醇及脂肪酸。游离的胆固醇可以掺入质膜中去,或者转变为生物活性物质,或者再酯化为胆固醇酯储存于细胞中,还可以参与细胞内胆固醇生物合成的调节。LDL 受体蛋白则可以再"回流"到质膜上。

(二)外排作用

细胞内物质先被囊泡裹入形成分泌泡,然后与细胞质膜接触、融合并向外释放被裹入的物质,这个过程称为外排作用。真核细胞对合成物质的分泌通常是通过外排作用完成的。例如胰岛素的分泌,产生胰岛素的细胞将胰岛素分子堆积在细胞内的囊泡中,然后这种分泌囊泡与质膜融合并打开,从而向细胞外释放胰岛素。细胞质中的 Ca^{2+} 有促进分泌泡与质膜融合而启动外排的作用。神经等因素引起的细胞分泌,以及血浆中的葡萄糖促进胰岛素的分泌都是通过细胞膜的去极化,使 Ca^{2+} 进入细胞而引起的。除依赖于胞浆中的 Ca^{2+} 之外,外排作用也需要 ATP 供能。

(三)蛋白质分子的跨膜转运

蛋白质在核糖体中合成之后,要分送到细胞各部分(如细胞质、细胞核、线粒体、内质网、溶酶体等)进行补充和更新,有的还要通过细胞质膜分泌到细胞外。由于细胞各部分都有特定的蛋白质组分,因此,合成的蛋白质必须定向地、准确无误地运送到特定部位发挥作用,才能保证细胞活动的正常进行。对于亚细胞和细胞器来说,合成的蛋白质运送到有关部位后,还要跨膜运送(有的通过的还不止一层膜),才能"各就各位",发挥其正常功能。

动物细胞中,合成的蛋白质跨膜运送主要有三种类型:①以内吞(包括受体介导的内吞)或外排形式通过质膜;②通过内质网膜,一般认为在此过程中,信号肽、信号识别颗粒、信号识别颗粒受体等起了重要的作用;③通过线粒体膜、溶酶体膜、过氧化物酶体膜以及核膜等,在这些过程中前导肽或核定位信号等起着重要的作用。蛋白质的分送转运机制受细胞的严格调控,是生物膜研究中十分活跃的领域。

【本章小结】

细胞是生命有机体的基本组成单位。动物细胞属于真核细胞,包含细胞膜、细胞质和细胞核等基本结构。细胞膜分隔细胞与周围环境,使细胞成为独立的系统,具有转运物质和传递信息等功能。细胞核是遗传物质贮存、复制和转录的场所。各种功能独特的细胞器,如线粒体、内质网、高尔基体、溶酶体、过氧化物酶体和核糖体等存在于细胞质中。

细胞膜以及各种细胞器的膜结构统称为生物膜。生物膜的基本化学组成是脂类和蛋白质。磷脂是膜脂的主要成分,此外还有糖脂和胆固醇。根据膜蛋白与膜脂的相互作用方式及其在膜中排列部位的不同,可分外周蛋白和内在蛋白。流动镶嵌学说提出了生物膜的结构模型。膜上的成分都在不断地运动中,膜有液晶的特性,因此有流动性。膜的组成成分和温度是影响膜流动性的主要因素。各种膜分子在膜内外两层及膜上不同区域的分布具有不对称性。

物质的跨膜运输是膜的重要生物学功能之一。小分子物质运输主要有三种方式：一是顺浓度梯度的简单扩散；二是顺浓度梯度并且依赖于载体或通道蛋白的促进扩散；三是逆浓度梯度并且需要膜上特异载体参与、消耗 ATP 的主动运输。大分子物质主要通过外排作用、内吞作用等形式运送的。蛋白质的跨膜转运还有跨内质网膜和线粒体膜等运送类型。

【思考题】

1.简述动物细胞的基本结构和主要细胞器的生物化学功能。

2.简述生物膜的化学组成、性质和结构。

3.比较小分子物质和大分子物质跨膜运输的方式和特点。

第六章 糖类代谢

糖是一大类有机化合物,其化学本质为多羟基醛或多羟基酮及其衍生物或多聚物。动物体内最主要的单糖是葡萄糖(Glucose),来自自然界植物的光合作用。动物体内最主要的多糖是糖原,糖的主要生物学功能是在机体代谢中提供能量和碳源。糖的消化部位主要在小肠,糖类被消化成单糖方能被吸收,其吸收是依靠特定载体转运的主动耗能过程。

糖代谢包括分解代谢和合成代谢两个方面。糖的分解代谢主要途径有糖原分解、糖的无氧氧化、糖的有氧分解、磷酸戊糖途径等;糖的合成代谢途径有糖原合成和糖异生。动物体内糖的来源是糖的消化吸收和糖的异生作用,血糖是糖在体内的运输形式,糖原是糖在体内的贮存方式,氧化分解供能是糖在体内的主要代谢途径,此外糖还可以转变成脂肪、氨基酸等其他非糖物质。

第一节 概述

本节概述了糖的概念、糖类的生理功能和糖在动物体内代谢的概况。

一、糖的概念

糖是多羟基醛或者是多羟基酮,或者是它们的衍生物,或者是水解后能产生这些化合物的物质。这类物质主要由碳、氢、氧等元素所组成,其化学式通常为 $(CH_2O)_n$ 或 $C_n(H_2O)_m$。这类物质过去曾被误认为是碳与水的化合物,故有"碳水化合物"之称。但后来人们发现,某些非糖类物质的化学式也可以用 $(CH_2O)_n$ 或 $C_n(H_2O)_m$ 表示,例如甲醛为 $C_1(H_2O)_1$,乙酸为 $C_2(H_2O)_2$,乳酸为 $C_3(H_2O)_3$ 等。相反,有些典型的糖类物质,例如D-2-脱氧核糖的分子式为 $C_5H_{10}O_4$,L-鼠李糖及L-岩藻糖的分子式均为 $C_6H_{12}O_5$,它们的化学式不能用 $(CH_2O)_n$ 或 $C_n(H_2O)_m$ 表示,而且有些糖类物质含有氮、硫、磷等其他元素,所以将糖称为碳水化合物并不确切,但由于此名称沿用已久,因此人们至今还在广泛地使用它。英文中Carbohydrate是糖类物质的总称,较简单的糖类物质常称为Sugar或Saccharide,Saccharide常被冠以词头用作糖的类别名称,如Monosaccharide(单糖),Polysaccharide(多糖)等。

二、糖类的生理功能

糖是细胞中非常重要的一类有机化合物,糖类的主要生理功能有以下几方面。

1.作为生物体的结构成分

属于杂多糖的肽聚糖是细菌细胞壁的结构多糖,昆虫和甲壳类的外骨骼也是一种糖类物质,称为壳多糖。

2.作为生物体内的主要能源物质

糖在生物体内氧化分解为生命活动提供能量。动物体内作为能源贮存的糖类为糖原。

3.在生物体内转变为其他物质

糖类可以通过机体的代谢作用被转变为氨基酸、脂肪酸、核苷酸等,并进一步合成蛋白质、脂肪和核酸,为这些物质提供碳架。

4.作为细胞识别的信息分子

结合在蛋白质或脂类上的复合糖在细胞识别、信息传递、抗原性方面具有重要作用。研究发现细胞识别包括黏着、接触抑制和归巢行为,免疫保护、代谢调控、受精机制、形态发生、发育、癌变、衰老、器官移植排斥等都与糖蛋白的糖链有关。因此出现了一门新学科,称糖生物学(Glycobiology)。

三、糖在动物体内代谢的概况

植物经光合作用合成的淀粉、纤维素是动物的重要营养来源。另外蔗糖、乳糖、麦芽糖、葡萄糖及戊聚糖等也能够被动物所利用。但多糖及寡糖不能被动物体直接吸收,它们必须在消化道内由消化腺分泌的水解酶水解成葡萄糖和其他的单糖后才能够被吸收和利用。淀粉在唾液淀粉酶的作用下,其中一部分被水解成麦芽糖,另一部分在小肠α-淀粉酶的作用下,水解成麦芽糖和极限糊精,然后再经寡糖酶水解,最后生成葡萄糖。蔗糖可以由α-葡萄糖苷酶水解成葡萄糖和果糖;乳糖则由β-半乳糖苷酶或乳糖酶水解生成D-半乳糖和D-葡萄糖。纤维素在反刍动物的瘤胃中被微生物分解为挥发性脂肪酸(乙酸、丙酸、丁酸),然后才被吸收和利用。

糖的吸收部位主要是在小肠上部的空肠部位。单糖首先进入肠黏膜的上皮细胞,然后再进入小肠壁的门静脉毛细血管,并汇合于门静脉而进入肝脏,最后通过肝静脉进入大循环,运送到全身各个组织器官。关于糖的吸收机理众说纷纭。由于各种单糖的吸收率不取决于分子量、分子体积大小,则说明糖的小肠吸收过程不是简单的物理扩散作用而是消耗能量的主动吸收过程。葡萄糖吸收过程的公认机制是:在肠黏膜上皮细胞的刷状缘上存在有特异的糖的载体蛋白,当这些载体与Na^+亲和结合时,它对葡萄糖的亲和力增大,于是葡萄糖和Na^+在细胞外侧与载体结合;在细胞内侧,K^+对Na^+与载体结合起拮抗作用,K^+的结合致使载体对糖的亲和力减小,于是,糖和Na^+与载体脱离。进入细胞内的Na^+可由钠泵(Na^+-ATP酶)转运出细胞,而载体可以再去执行运载任务。这样,葡萄糖可以源源不断地由肠道进入上皮细胞,然后,再扩散到门静脉系的毛细血管。

入肝前后,血液中糖的成分有区别。入肝前,肝门静脉血中含有各种单糖,这是由食物中糖的类型决定的。肝静脉血中,在正常情况下,仅含葡萄糖。这是由于其他单糖在血液流经肝脏时被肝细胞转化为葡萄糖,然后被释放到血液中,形成血糖。血糖是葡萄糖的运输形式。

血液中的葡萄糖,一部分被氧化分解提供能量,一部分被转变为蛋白质,还有一部分被肝脏和肌肉合成糖原贮存起来,或者被脂肪组织转化成脂肪贮存起来。过多的血糖可通过肾脏排出体外,形成尿糖。

糖在动物体内代谢的概况可以总结为:消化吸收和糖的异生作用是动物体内糖的主要来源;血糖是糖在体内的运输形式;氧化分解是糖代谢的主要途径;糖原是糖在动物体内的贮存形式;此外糖通过代谢可以转变为脂肪、蛋白质等物质(如图6.1)。

【讨论】 为什么将糖称为碳水化合物并不确切?

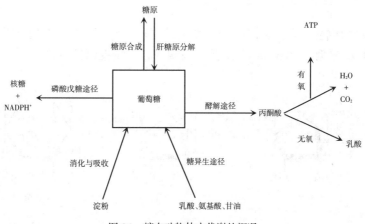

图6.1　糖在动物体内代谢的概况

第二节　糖类化合物

糖类物质可以按照它们水解后产生的单糖分子的数量情况分为：单糖、寡糖和多糖。单糖是不能水解成更小单位糖的糖类，如葡萄糖、果糖、核糖等；寡糖是能水解成少数单糖分子的糖类，如水解时产生2分子单糖的二糖：麦芽糖、蔗糖，水解时产生3分子单糖的三糖：棉籽糖等；多糖是能水解成多个单糖分子的糖类，如淀粉、糖原等。

与非糖物质结合的糖称为复合糖，例如糖蛋白和糖脂。糖类和蛋白质或脂类形成的共价化合物称为糖复合物，越来越多的事实证明，糖复合物中的寡糖是体内重要的信息分子，在分子识别中具有重要的作用。由于糖复合物中糖基或糖链生物功能的深入研究，近年来已形成"糖生物学"的新兴学科。

糖的衍生物称为衍生糖，例如糖氨、糖醇、糖醛酸等。

一、单糖

单糖是最简单的糖类，它们是构成各种寡糖及多糖的基本单位。单糖可根据分子中含醛基还是酮基分为醛糖（Aldose）和酮糖（Ketose）。迄今所知，自然界存在的单糖分子，碳链中含3~9个碳原子，其第1位碳原子形成醛基或者第2位碳原子形成羰基，其他碳原子上各有一个醇羟基，前者称为多羟基醛即醛糖，后者称为多羟基酮即酮糖。因此，单糖具有醛类或者酮类的某些化学性质，例如还原性、成脎反应等。如果单糖分子碳链上的一个羟基被氢原子或氨基所取代，则分别形成脱氧糖或者氨基糖。

单糖又可以根据含碳原子数的多少进行分类，如分为三碳糖（含有三个碳原子）、四碳糖（含有四个碳原子）、五碳糖（含有五个碳原子）、六碳糖（含有六个碳原子）等，或者称为丙糖、丁糖、戊糖、己糖等。核糖、脱氧核糖为戊糖，葡萄糖、果糖和半乳糖为己糖。自然界中的单糖以己糖和戊糖分布最广，含量最多。另外，值得一提的是大多数单糖都是手性化合物。

下面介绍几种重要的单糖。

1.丙糖

是最小的单糖，三碳醛糖称为甘油醛，是手性分子，分子中的C_2位是个不对称碳。三碳酮糖称为二羟丙酮，它没有不对称碳，是非手性分子。其他所有单糖可以看作是这两个单糖的碳链的加长，都是手性分子。

2.戊糖

自然界存在的戊醛糖(Aldopentose)主要有D-核糖及其脱氧衍生物D-2-脱氧核糖、D-木糖、L-阿拉伯糖,戊酮糖(Ketopentose)主要有核酮糖和木酮糖(见图6.2)。

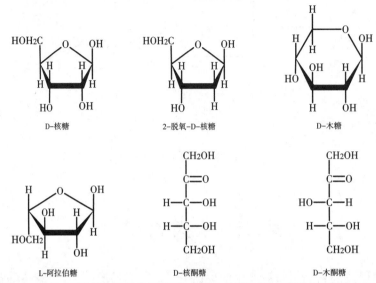

D-核糖　　　　　　2-脱氧-D-核糖　　　　　　D-木糖

L-阿拉伯糖　　　　　　D-核酮糖　　　　　　D-木酮糖

图6.2　常见戊糖的结构式[引自王镜岩等,生物化学(第3版),高等教育出版社,2002]

(1)D-核糖和D-2-脱氧核糖分别是RNA和DNA的组成成分。成苷时它们以β-呋喃糖形式参与。D-核糖的5-磷酸酯也是磷酸戊糖途径和Calvin循环的中间产物。

(2)D-木糖多以戊聚糖形式存在于植物和细菌的细胞壁中,是树胶和半纤维素的组分。用酸水解法(8%H_2SO_4)可以从粉碎的秸秆、木材、玉米芯及种子和果实的外壳中大量制备D-木糖,经还原可转变成D-木糖醇。

(3)L-阿拉伯糖也称果胶糖(Pectinose),广泛存在于植物和细菌的细胞壁以及树皮创伤处的分泌物(树胶)中。它是果胶物质、半纤维素、树胶和植物糖蛋白的重要成分。

(4)D-核酮糖和D-木酮糖存在于很多植物和动物细胞中,它们的5-磷酸酯也参与磷酸戊糖途径和Calvin循环。

【提示】　木糖醇具有健齿作用的机理

首先是木糖醇不能被口腔中产生龋齿的细菌发酵利用,抑制链球菌生长及酸的产生;其次在咀嚼木糖醇时,能促进唾液分泌,唾液多了既可以冲洗口腔、牙齿中的细菌,也可以增大唾液和龋齿斑点处碱性氨基酸及氨浓度,同时减缓口腔内pH,伤害牙齿的酸性物质被中和稀释,抑制了细菌在牙齿表面的吸附,从而减少了牙齿的酸蚀,防止龋齿和减少牙斑的产生,巩固牙齿。

3.己糖

常见的己糖有D-葡萄糖、D-半乳糖、D-甘露糖和D-果糖,其结构式如图6.3。

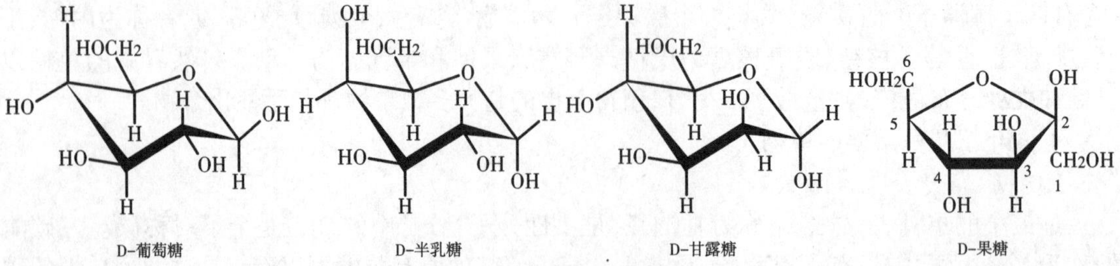

D-葡萄糖　　　　　　D-半乳糖　　　　　　D-甘露糖　　　　　　D-果糖

图6.3　常见己糖的结构式

[引自王镜岩等,生物化学(第3版),高等教育出版社,2002]

（1）D-葡萄糖在医学和生理学上常称为血糖（Blood Sugar），能够被人体直接吸收并利用，正常人空腹时血液葡萄糖浓度约为5 mmol/L。D-葡萄糖是人和动物代谢的重要能源物质，也是植物中淀粉和纤维素的构件分子。

（2）D-半乳糖是乳糖、蜜二糖和棉籽糖的组成成分，也是某些糖苷以及脑苷脂和神经节脂的组成成分。它主要以半乳聚糖形式存在于植物细胞壁中。

（3）D-甘露糖主要以甘露聚糖形式存在于植物细胞壁中。用酸水解坚果外壳可制取D-甘露糖。

（4）D-果糖是自然界中最丰富的酮糖，以游离状态与葡萄糖和蔗糖存在于果汁和蜂蜜中，或与其他单糖结合成寡糖，或以果聚糖形式存在于菊科植物中，例如菊芋块茎的菊粉（Inulin），它曾是用来制取果糖的一种重要原料。现在多用D-木糖异构酶（D-xylose Isomerase）将葡萄糖糖浆（淀粉水解液）转化为果糖糖浆，这为食品工业开辟了一条制造果糖的新途径。

二、寡糖

寡糖是由2~20个单糖通过糖苷键相连而形成的小分子聚合糖。寡糖分子中单糖通过糖苷键相连，单糖残基的上限数目并不确定，有的资料说是2~6个，有的说二到十几个，有的说2~20个，因此寡糖和多糖之间并无绝对界限。根据分子中所含单糖数目，寡糖又可分为二糖、三糖、四糖等。自然界中最常见的自由寡糖为蔗糖及乳糖。麦芽糖、异麦芽糖、纤维二糖则分别是由淀粉、糊精及纤维素水解而来的寡糖。棉籽糖（三糖）及木苏糖（四糖）也是较常见的寡糖。杂寡糖分子中同时含有戊糖、己糖、氨基己糖、脱氧己糖及糖醛酸等成分的两种、三种或数种。已知的寡糖超过500种，主要存在于植物中。生物体内的寡糖可分为初生寡糖和次生寡糖两类。初生寡糖在生物体内有相当的量，游离存在，如蔗糖、乳糖、α,α-海藻糖、棉籽糖等。次生寡糖的结构相当复杂，它们的功能主要是作为结构成分。

（一）常见的二糖

二糖是最简单的寡糖，由2分子单糖缩合而成。由2分子葡萄糖构成的二糖称葡二糖，葡二糖有11种异构体（如表6.1）。由两个不同的单糖分子构成的二糖，异构体就更多。下面介绍几种常见的二糖。

表6.1　葡二糖的11种异构体

名称	结构	存在
α,α-海藻糖（α,α-Trehalose）	Glu($\alpha_1 \leftrightarrow \alpha_1$)Glu	藻类、酵母、其他真菌、昆虫血
异海藻糖（Isotrehalose）	Glu($\beta_1 \rightarrow \beta_1$)Glu	酵母、真菌孢子
新海藻糖（Neotrehalose）	Glu($\alpha_1 \rightarrow \beta_1$)Glu	蜂蜜、藻类、蕨类
曲二糖（Kojibiose）	Gluα(1→2)Glu	米酒、蜂蜜、粪链球菌（*Streptococcus faecalis*）
槐糖（Sophorose）	Gluβ(1→2)Glu	槐属（*Sophora*）植物
黑曲霉糖（Nigerose）	Gluα(1→3)Glu	蜂蜜、米酒
海带二糖（Laminaribiose）	Gluβ(1→3)Glu	海带、松针、酵母
麦芽糖（Maltose）	Gluα(1→4)Glu	淀粉和糖原的酶解产物
纤维二糖（Cellobiose）	Gluβ(1→4)Glu	纤维素的酶解产物
异麦芽糖（Isomaltose）	Gluα(1→6)Glu	支链淀粉的酶解产物
龙胆二糖（Gentiobiose）	Gluβ(1→6)Glu	龙胆属（*Gentiana*）植物

注：引自王镜岩等.生物化学（第3版），北京：高等教育出版社，2002

1.蔗糖

蔗糖俗称食糖,是最重要的二糖,由1分子D-葡萄糖和1分子D-果糖形成(如图6.4)。它形成并广泛存在于光合植物(根、茎、叶、花和果实)中,动物体不含有蔗糖。蔗糖在分离纯化过程中容易被结晶,晶体呈单斜晶形。蔗糖分子中葡萄糖残基和果糖残基是通过两个异头碳连接的,属于非还原糖,不能还原Fehling试剂,也不能成脎。蔗糖加热到

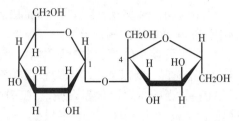

图6.4 蔗糖(O-α-D-吡喃葡糖基-(1↔2)-β-D-呋喃果糖苷)
[引自王镜岩等,生物化学(第3版),高等教育出版社,2002]

200 ℃则变成棕褐色的焦糖(Caramel),它是一种无定型的多孔性的固体物,有苦味,食品工业中用作酱油、饮料、糖果和面包的着色剂。

蔗糖的溶解度很大(179 g/100 mL,0 ℃;487 g/100 mL, 100 ℃),并且大多数的生物活性都不受高浓度的蔗糖影响,因此蔗糖适于作为植物组织间糖的运输形式。蔗糖在酸性溶液中极易水解,其速度约为麦芽糖的1 000倍。

2.乳糖

乳糖是哺乳动物乳汁中的双糖,因此而得名。由1分子β-D-半乳糖和1分子α-D-葡萄糖在β-1, 4-位形成糖苷键相连(如图6.5)。分子式$C_{12}H_{22}O_{11}$,摩尔质量342.3 g。有两种端基异构体:α-乳糖和β-乳糖,在水溶液中可互相转化。α-乳糖很容易结合1分子结晶水。乳糖

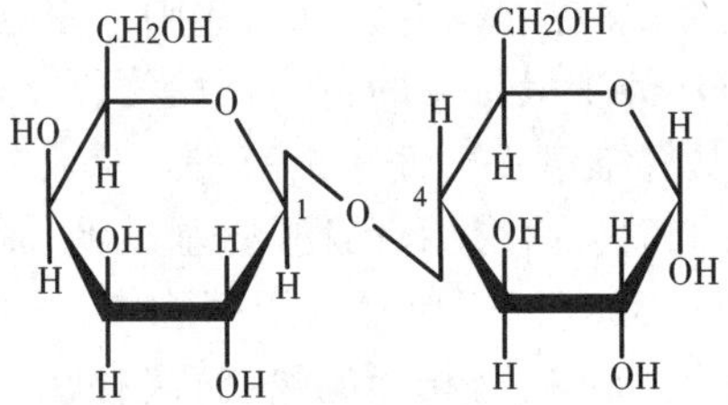

图6.5 乳糖(α型)(O-β-D-吡喃半乳糖基-(1↔4)-α-D-呋喃葡糖)结构式
[引自王镜岩等,生物化学(第3版),高等教育出版社,2002]

在水中易溶,在乙醇、氯仿或乙醚中不溶。乳糖甜度是蔗糖的约五分之一,乳中2%~8%的固体成分为乳糖。幼小的哺乳动物肠道能分泌乳糖酶分解乳糖为单糖。

3.麦芽糖

麦芽糖(Maltose)主要是作为淀粉和其他葡聚糖的酶促降解产物(次生寡糖)存在,但已证实在植物中有含量不大的从头合成的游离麦芽糖库。麦芽糖是一种还原糖。酵母能使其发酵。麦芽糖可被麦芽糖酶水解成2分子葡萄糖。麦芽糖的甜度约为蔗糖的1/3。麦芽糖在食品工业中用作膨松剂,防止烘烤食品干瘪。

4.纤维二糖

纤维二糖属于次生寡糖,是纤维素的二糖单位。纤维素(棉花与纸浆)溶于醋酸酐和硫酸混合液中并于35 ℃放置一周后于冷处结晶,则得纤维二糖八醋酸酯,再经水解生成纤维二糖,主要为β型。纤维二糖与麦芽糖的结构几乎相同,均为葡二糖,单糖单位间都是(1→4)糖苷键。不同的是纤维二糖的糖苷键构型是β-1,4型,麦芽糖的糖苷键构型是α-1,4型。人体因缺乏β葡糖苷酶不能消化纤维二糖。

5.龙胆二糖

龙胆二糖主要作为多种糖苷化合物,如苦杏仁苷、藏红花素的糖基部分而存在。龙胆二糖最先从龙胆属植物的根和根状茎中提取出来,并因而得名。淀粉加酸水解或葡萄糖与酸作用也可产生龙胆二糖。

(二)其他简单寡糖

1.棉籽糖

棉籽糖(Raffinose)广泛地分布于高等植物界。棉籽糖是非还原糖。棉籽糖完全水解产生葡萄糖、果糖和半乳糖各1分子。棉籽糖的五水合物是针形晶体,棉籽糖在植物体内是从头合成的,并以游离状态存在。棉籽糖经蜜二糖酶(Melibiase)水解生成蔗糖和半乳糖。

2.四糖、五糖和六糖

水苏糖(Stachyose)是棉籽糖家族中的一员。它是1分子的半乳糖残基通过α-1,6糖苷键连接到棉籽糖的半乳糖残基上形成的四糖(如图6.6)。通过这样方式连接更多的半乳糖则得到系列棉籽糖家族成员,

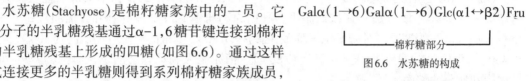

图6.6 水苏糖的构成

如毛蕊花糖(五糖)、筋骨草糖(六糖)等。棉籽糖系列与蔗糖同为糖类的转运和贮存形式。

人乳中存在从二糖到六糖等几十种寡糖,其中多数是含乳糖基的高级寡糖,这些高级寡糖主要是作为血型抗原(糖蛋白)的决定簇,如乳糖-N-岩藻糖五糖是血型H活性五糖。

三、多糖

多糖是由许多单糖分子脱水缩合并借糖苷键连接而成的高分子化合物,它是自然界中分子结构复杂且庞大的糖类物质。绝大多数的多糖均为无定形化合物,难溶于水,不具有甜味,没有还原性以及醛、酮的其他性质,一般由几百个至几千个单糖分子脱水缩合而成,故分子量巨大,多以线状、环状、分支状及螺旋状等形式存在。

由同一类单糖分子聚合而成的多糖称为同多糖,例如淀粉、糖原、纤维素等。由多种不同的单糖分子或其衍生单糖聚合而成的多糖称为杂多糖,例如透明质酸、硫酸软骨素等多种糖氨多糖以及某些果胶、半纤维素等。还可以按多糖的生物学功能分为贮存或贮能多糖和结构多糖。属于贮能多糖的有淀粉、糖原、右旋糖酐和菊粉等。纤维素、壳多糖、许多植物杂多糖、细菌杂多糖和动物杂多糖都属于结构多糖。

下面介绍几种常见的多糖。

(一)同多糖

1.淀粉

淀粉(Starch)是植物生长期间以淀粉粒形式贮存于细胞中的贮存多糖。它在种子、块茎和块根等器官中含量特别丰富。大米中含淀粉62%~86%,麦子中含淀粉57%~75%,玉蜀黍中含淀粉65%~72%,马铃薯中则含淀粉超过90%。淀粉是食物的重要组成部分,咀嚼米饭时感到有些甜味,这是因为唾液中的淀粉酶将淀粉水解成了二糖——麦芽糖。食物进入胃肠后,还能被胰脏分泌出来的唾液淀粉酶水解,形成的葡萄糖被小肠壁吸收,成为人体组织的营养物。

淀粉可分为直链淀粉(Amylose)和支链淀粉(Amylopectin)。直链淀粉为无分支的螺旋结构,支链淀粉由24~30个葡萄糖残基以α-1,4-糖苷键首尾相连而成,在支链处为α-1,6-糖苷键。直链淀粉遇碘呈蓝色,支链淀粉遇碘呈紫红色。当淀粉胶悬液用微溶于水的醇(如正丁醇)饱和时,则形成微晶沉淀,称直链淀粉,向母液中加入与水混溶的醇(如甲醇)则得无定形物质,称支链淀粉。多数淀粉所含的直链淀粉与支链淀粉的比例为(20%~25%):(75%~80%)。某些谷物如蜡质玉米和糯米等几乎只含支链淀粉,而皱缩豌豆中直链淀粉含量高达98%。

淀粉在酸或淀粉酶作用下被逐步降解,生成大小不一的中间物,统称为糊精。糊精依分子质量的递减,与碘作用呈现由蓝色、紫色、红色到无色的变化过程,例如与碘作用后,淀粉糊精呈蓝紫色,红糊精呈红褐色,消色糊精无色。

【知识应用提示】 淀粉不溶于冷水,但和水共同加热至沸点,就会形成糊浆状,俗称糨糊,这叫淀粉的糊化,具有胶粘性。这种胶粘性遇冷水产生胶凝作用,淀粉制品粉丝、粉皮就是利用淀粉这一性质制成的。烹调中的勾芡,也是利用了淀粉的糊化作用,使菜肴包汁均匀。

2.糖原

糖原(Glycogen)又称动物淀粉,它以颗粒(直径10~40 nm)形式存在于动物细胞内。动物体内糖原的主要贮存场所是肝脏和骨骼肌。肝糖原和肌糖原分别占肝脏和骨骼肌湿重的5%和1.5%。但骨骼肌的糖原绝对贮量比肝脏多,因为一个70 kg体重的男子骨骼肌约为30 kg(含糖原约450 g),但肝脏约只有1.6 kg(含糖原约80 g)。糖原是人和动物餐间以及肌肉剧烈运动时最易动用的葡萄糖贮库。

动物体内动员糖原的酶主要是糖原磷酸化酶。

3.菊粉

菊粉是一种果聚糖,在很多植物中代替淀粉成为贮存多糖。菊粉大量存在于菊科植物中。在菊芋、大丽菊的块茎和菊苣、旋覆花的块根中含量尤为丰富。菊芋的茎含菊粉12%~15%,菊苣的根含菊粉15%~20%。

菊粉分子约由31个β-D-呋喃果糖和1~2个吡喃葡萄糖残基聚合而成,果糖残基之间通过β-2,1糖苷键连接。菊粉以胶体形态存在于细胞的原生质中,与淀粉不同,其易溶于热水中,加乙醇便从水中析出,与碘不发生反应。而且在稀酸下菊粉极易水解成果糖,这是所有果聚糖的特性。也可被菊粉酶(Inulase)水解成果糖。人和动物体内都缺乏分解菊粉的酶类。菊粉曾是制备果糖的原料。在临床上用于肾小球过滤量等的测定。

4.纤维素

纤维素(Cellulose)是由葡萄糖组成的大分子多糖,不溶于水及一般有机溶剂,是植物细胞壁的主要成分。纤维素是自然界中分布最广、含量最多的一种多糖,占植物界碳含量的50%以上。棉花的纤维素含量接近100%,为天然的最纯纤维素来源。一般木材中,纤维素占40%~50%,还有10%~30%的半纤维素和20%~30%的木质素。纤维素的分子式为$(C_6H_{10}O_5)_n$。纤维素由D-葡萄糖以β-1,4糖苷键组成,分子量为50 000~2 500 000,相当于300~15 000个葡萄糖基。常温下不溶于水及一般有机溶剂。在一定条件下,纤维素与水发生反应。反应时氧桥断裂,同时水分子加入,纤维素由长链分子变成短链分子,直至氧桥全部断裂,变成葡萄糖。

【案例分析】 为什么反刍动物可以利用秸秆类粗饲料?

分析原因:秸秆类粗饲料的主要成分是植物纤维。人和单胃哺乳动物因缺乏纤维素酶(Cellulase)不易消化植物纤维。

反刍动物和一些单胃草食动物则依赖其消化道中的共生微生物将纤维素分解,从而得以吸收利用。

(二)杂多糖

1.果胶物质

果胶物质(Pectic Substance)主要存在于植物的初生细胞壁和细胞之间的中层(Middle Lamella)内。果胶物质是细胞壁的基质多糖。在浆果、果实和茎中最丰富。

从结构角度看,果胶物质包括两种酸性多糖(聚半乳糖醛酸和聚鼠李半乳糖醛酸)和三种中性多糖(阿拉伯聚糖、半乳聚糖和阿拉伯半乳聚糖)。每种多糖随植物来源、组织和发展阶段的不同,其侧链中残基的数目、种类、连接方式以及其他取代基存在的情况都有相当大的变化。羧基不同程度地被甲酯化的线性聚半乳糖醛酸或聚鼠李糖醛酸称为果胶(Pectin)。植物中与纤维素和半纤维素等结合的水不溶性的果胶物质称原果胶(Protopectin)。原果胶受植物体内果胶酶作用变为水溶性果胶。果胶酶参与果实成熟期特别是采后成熟过程中果实组织的软化。

2.半纤维素

半纤维素（Hemicellulose）指在植物细胞壁中与纤维素共生,可溶于碱溶液,遇酸后远较纤维素易于水解的那部分植物多糖。一种植物往往含有几种由两种或三种糖基构成的半纤维素,构成半纤维素的糖基主要有D-木糖、D-甘露糖、D-葡萄糖、D-半乳糖、L-阿拉伯糖、4-氧甲基-D-葡萄糖醛酸及少量L-鼠李糖、L-岩藻糖等。半纤维素化学结构各不相同,是一类物质的名称。

（1）木聚糖,是半纤维素中最丰富的一类。木聚糖是以1,4-β-D-吡喃型木糖构成主链,以4-氧甲基-吡喃型葡萄糖醛酸为支链的多糖。阔叶木材与禾本科草类的半纤维素主要是这类多糖,在禾本科半纤维素的多糖中,L-呋喃型阿拉伯糖基往往作为支链连接在聚木糖主链上。支链多少因植物不同而异。

（2）葡甘露聚糖和半乳葡甘露聚糖,主链都是由D-吡喃型葡萄糖基和吡喃型甘露糖基以β-1,4-连键聚合而成的。半乳葡甘露聚糖中还有D-吡喃型半乳糖基用支链的形式以1,6-糖苷键连接到此主链上的若干D-吡喃型甘露糖基和D-吡喃型葡萄糖基上。针叶木材的半纤维素以半乳葡甘露聚糖类为主。主链上的葡萄糖基与甘露糖基的分子比也因木材种类不同而在1:1到1:2之间变动。

（3）木葡聚糖

广泛存在于罗望子等豆科植物的种子中。木葡聚糖的主链是纤维素,侧链是为数不多的木糖连接而成的寡糖。罗望子的木葡聚糖也称罗望子胶,有时归属于树胶类,其有类似果胶的性能,凝胶强度为果胶的两倍,在食品工业中得到广泛应用。

3.琼脂糖

琼脂糖（Agarose）是线性的多聚物,基本结构是1,3连接的β-D-半乳呋喃糖和1,4连接的3,6-脱水α-L-半乳呋喃糖（如图6.7）。

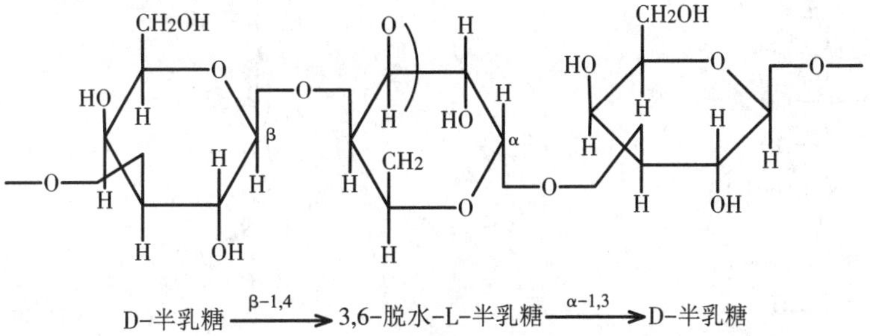

D-半乳糖 $\xrightarrow{\beta-1,4}$ 3,6-脱水-L-半乳糖 $\xrightarrow{\alpha-1,3}$ D-半乳糖

图6.7 琼脂糖的结构

[引自王镜岩等,生物化学（第3版）,高等教育出版社,2002]

琼脂糖在水中一般加热到90 ℃以上溶解,温度下降到35~40 ℃时形成良好的半固体状的凝胶,这是它具有多种用途的主要特征和基础。琼脂糖凝胶性能通常用凝胶强度表示。强度越高,凝胶性能越好。质量较好的琼脂糖凝胶强度通常在1 200 g/cm²以上（1%胶浓度）。

琼脂糖的凝胶性是由其存在的氢键所致,凡是能破坏氢键的因素都能导致凝胶性被破坏。琼脂糖具有亲水性,并几乎完全不存在带电基团,对敏感的生物大分子极少引起变性和吸附,是理想的惰性载体。在琼脂糖制备过程中需要把琼脂果胶尽量去除,否则琼脂糖有可能存在极微量硫酸根和丙酮酸取代电离基团,就会造成电内渗（EEO）,电内渗对质点的移动产生影响。质量较好的琼脂糖硫酸根含量比较低,通常在0.2%以下,电内渗比较小,通常在0.13以下。这也就是琼脂糖比琼脂贵许多的原因。

第三节 葡萄糖的无氧分解

无氧条件下,葡萄糖通过一系列反应生成乳酸的过程称为糖的无氧分解,也称之为糖酵解(Glycolysis),又称为EMP(Embden-Meyerhof-Parnas Pathway)途径。糖酵解是动物、植物以及微生物细胞中葡萄糖分解的共同的代谢途径。事实上,在所有的细胞中都存在糖酵解途径。对于某些细胞,糖酵解是唯一生成ATP的途径。

一、糖酵解的生物化学历程

糖的无氧分解途径涉及10个酶催化的反应,这些酶全都存在于细胞质中。糖的无氧分解途径可分为两个阶段:第一阶段是由葡萄糖生成丙酮酸(Pyruvate)的过程,第二阶段是丙酮酸转变为乳酸的过程(如图6.8)。

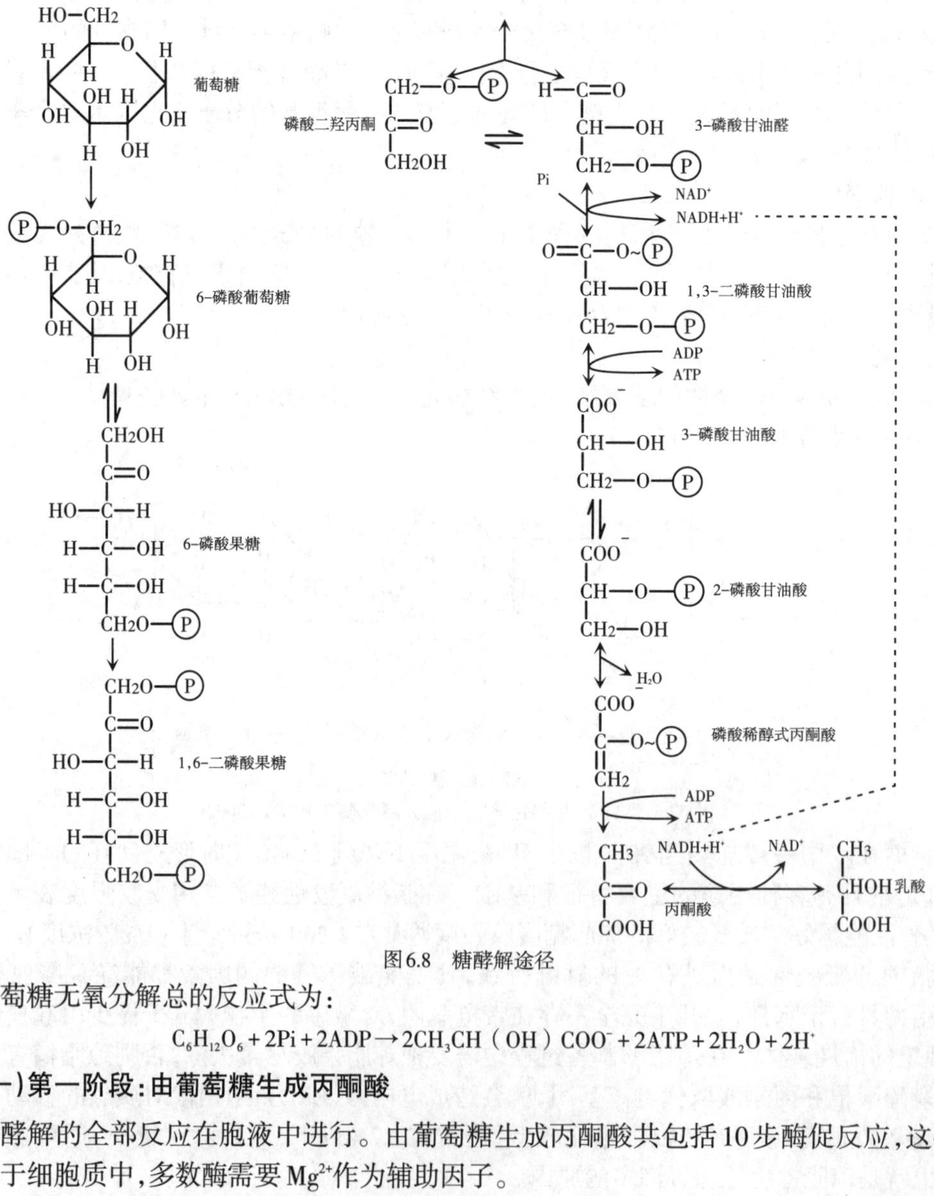

图6.8 糖酵解途径

葡萄糖无氧分解总的反应式为:

$$C_6H_{12}O_6 + 2Pi + 2ADP \rightarrow 2CH_3CH(OH)COO^- + 2ATP + 2H_2O + 2H^+$$

(一)第一阶段:由葡萄糖生成丙酮酸

糖酵解的全部反应在胞液中进行。由葡萄糖生成丙酮酸共包括10步酶促反应,这些酶全都存在于细胞质中,多数酶需要Mg^{2+}作为辅助因子。

1.己糖激酶催化葡萄糖磷酸化生成葡萄糖-6-磷酸(也称6-磷酸葡萄糖),消耗第一个ATP分子

糖酵解的第一步酶促反应是葡萄糖磷酸化生成葡萄糖-6-磷酸(Glucose-6-Phosphate,G-6-P),这一磷酸基转移反应是由己糖激酶催化的。该反应是不可逆反应(如图6.9)。

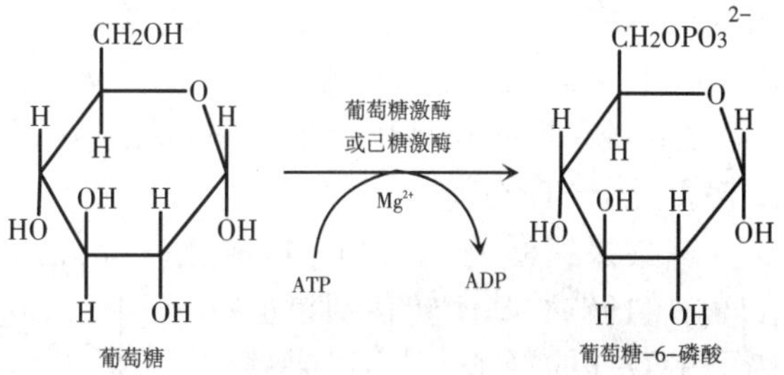

图6.9 葡萄糖磷酸化生成葡萄糖-6-磷酸

催化ATP的磷酸基团转移到接受体上的酶称为激酶。激酶催化的反应都需要Mg²⁺作为辅助因子。在酵解途径中存在着四个激酶催化的反应,所有这四个激酶催化的反应机制都包括一个羟基对ATP的末端磷酸基的亲核攻击,都需要Mg²⁺激活(如图6.10)。

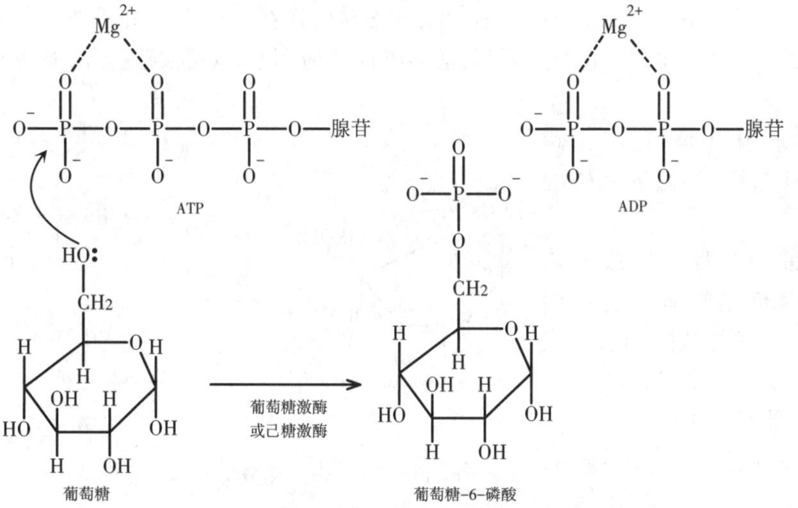

图6.10 己糖激酶和葡萄糖激酶催化的转磷酰基反应

磷酸化的葡萄糖被限制在细胞内,因为磷酸化的葡萄糖含有带负电荷的磷酸基,可以防止葡萄糖分子再次漏出细胞膜。这是细胞的一种保糖机制。我们将看到,在糖代谢的整个过程中,直至净生成能量之前,中间代谢物都是磷酸化的。

不同的细胞内存在不同形式的己糖激酶的同工酶,它们对葡萄糖的K_m值不同。己糖激酶以六碳糖为底物,专一性不强。己糖激酶除可催化葡萄糖外,它也可以催化甘露糖、果糖等其他己糖的磷酸化。己糖激酶对D-葡萄糖的K_m是0.1 mmol/L,而肝脏的葡萄糖激酶的$K_m = 10$ mmol/L。平时细胞内葡萄糖浓度为5 mmol/L左右,此时己糖激酶的酶促反应速度已达最大,而葡萄糖激酶并不活跃。只有在进食后,肝细胞内葡萄糖浓度升高,葡萄糖激酶才起作用。而且葡萄糖激酶是个诱导酶,可以被胰岛素诱导合成。

2.葡萄糖-6-磷酸异构酶催化葡萄糖-6-磷酸转化为果糖-6-磷酸

糖酵解的第二步反应中,葡萄糖-6-磷酸异构酶催化葡萄糖-6-磷酸转化为果糖-6-磷酸(Fructose-6-Phosphate,F-6-P,也称6-磷酸果糖),这是一个醛糖—酮糖同分异构化反应,反应是可逆的。葡萄糖-6-磷酸的α-异构物首先与葡萄糖-6-磷酸异构酶结合,在酶的活性部位形成开链式的葡萄糖-6-磷酸,然后进行醛糖-酮糖转换,此过程要经过烯醇式中间产物,最后,开链式的果糖-6-磷酸环化形成环式果糖-6-磷酸(如图6.11)。葡萄糖-6-磷酸异构酶表现出绝对的立体专一性。

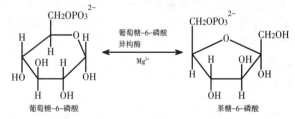

图6.11 葡萄糖-6-磷酸转化为果糖-6-磷酸

当反应向相反方向进行时,果糖-6-磷酸分子中的C-2是手性碳,只能转换成葡萄糖-6-磷酸,而不会生成葡萄糖-6-磷酸的C-2差向异构体甘露糖-6-磷酸。

3.磷酸果糖激酶-1催化果糖-6-磷酸生成果糖-1,6-二磷酸(FDP,也称1,6-二磷酸果糖),消耗第二个ATP分子

磷酸果糖激酶-1(PFK-1)催化ATP中的γ磷酸基团转移到果糖-6-磷酸的C-1的羟基上,生成果糖-1,6-二磷酸(如图6.12)。要注意的是,尽管葡萄糖-6-磷酸异构酶催化生成的反应产物是α-D-果糖-6-磷酸,但果糖-6-磷酸果糖激酶的底物却是它

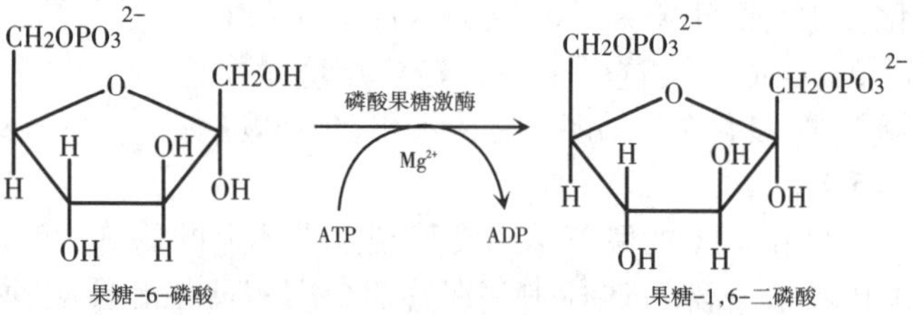

图6.12 果糖-6-磷酸磷酸化生成果糖-1,6-二磷酸(FDP)

的异构物β-D-果糖-6-磷酸,果糖-6-磷酸的α和β异构物在水溶液中处于非酶催化的快速平衡中。 PFK-1是一个寡聚酶,它催化的反应是不可逆反应,是大多数细胞糖酵解途径的主要调节步骤。

4.醛缩酶催化果糖-1,6-二磷酸裂解生成甘油醛-3-磷酸和磷酸二羟丙酮

糖酵解前两步反应生成的果糖-1,6-二磷酸在醛缩酶的作用下,C-3和C-4之间的键断裂,生成甘油醛-3-磷酸(也称3-磷酸甘油醛)和二羟丙酮磷酸(也即磷酸二羟丙酮)(如图6.13)。一个6碳的葡萄糖断裂成了两个3碳的丙糖。

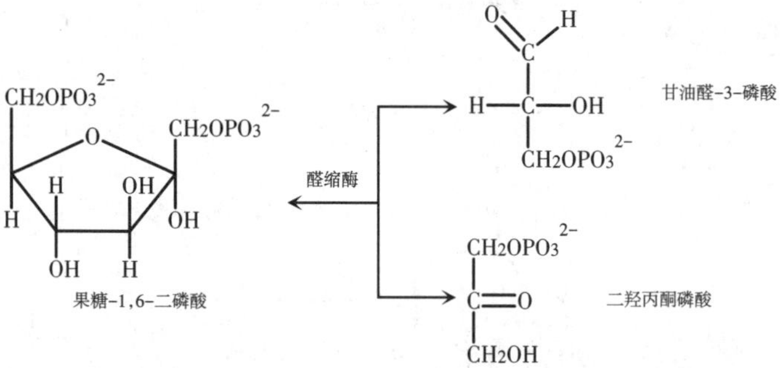

图6.13 果糖-1,6-二磷酸裂解生成甘油醛-3-磷酸和二羟丙酮磷酸

5.磷酸丙糖异构酶催化甘油醛-3-磷酸和二羟丙酮磷酸的相互转换

果糖-1,6-二磷酸裂解形成的甘油醛-3-磷酸和二羟丙酮磷酸,只有甘油醛-3-磷酸是酵解下一步反应的底物,所以二羟丙酮磷酸需要在磷酸丙糖异构酶的催化下转化为甘油醛-3-磷酸,才能进一步酵解,这实际上等于一分子的果糖-1,6-二磷酸裂解生成了能进一步酵解的两分子的甘油醛-3-磷酸。酵解进行到这一步,一分子葡萄糖被裂解成两分子的甘油醛-3-磷酸(如图6.14)。通过放射性同位素追踪实验发现,一分子甘油醛-3-磷酸中的C-1、C-2和C-3分别来自于葡萄糖分子中的C-

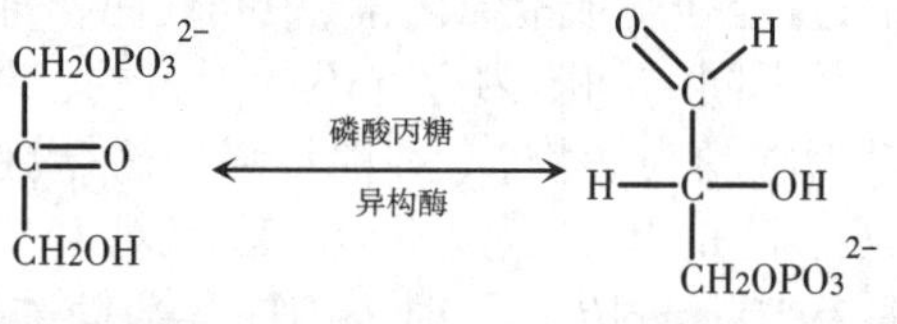

图6.14 甘油醛-3-磷酸和磷酸二羟丙酮的相互转换

4、C-5和C-6;而另一分子的甘油醛-3-磷酸(由二羟丙酮磷酸转换来的)的C-1、C-2和C-3则分别来自于葡萄糖分子中的C-3、C-2和C-1,也就是说,葡萄糖分子中的C-3和C-4转换成了甘油醛-3-磷酸的C-1,而C-2和C-5变成了甘油醛-3-磷酸的C-2;葡萄糖分子中的C-6和C-1变成了甘油醛-3-磷酸的C-3,反应达到平衡时,二羟丙酮磷酸占多数(96%),而甘油醛-3-磷酸只占少数(4%)。但由于甘油醛-3-磷酸能不断进行酵解,所以反应可向生成甘油醛-3-磷酸的方向进行,如果没有这个酶,将只有一个磷酸丙糖(即甘油醛-3-磷酸)进行酵解,造成二羟丙酮磷酸堆积,所以这个反应很重要,它使得果糖-1,6-二磷酸全部转换成甘油醛-3-磷酸进行酵解。

6.甘油醛-3-磷酸脱氢酶催化甘油醛-3-磷酸氧化为1,3-二磷酸甘油酸

甘油醛-3-磷酸在有 NAD⁺ 和 Pi 存在的条件下,由甘油醛-3-磷酸脱氢酶催化生成 1,3-二磷酸甘油酸,这是酵解中唯一的一步氧化脱氢反应。甘油醛-3-磷酸脱氢酶的活性部位含有来自半胱氨酸的游离巯基和一个紧密结合的 NAD⁺。这步反应是由一个酶催化的脱氢和磷酸化两个相关的反应,反应中一分子 NAD⁺ 被还原成 NADH+H⁺,同时在1,3-二磷酸甘油酸中形成一个高能酰基磷酸键(羧基和磷酸基形成的酸酐)(如图6.15)。在下一步酵解反应中,保存在酸酐化合物中的能量可以使 ADP 转变成 ATP。

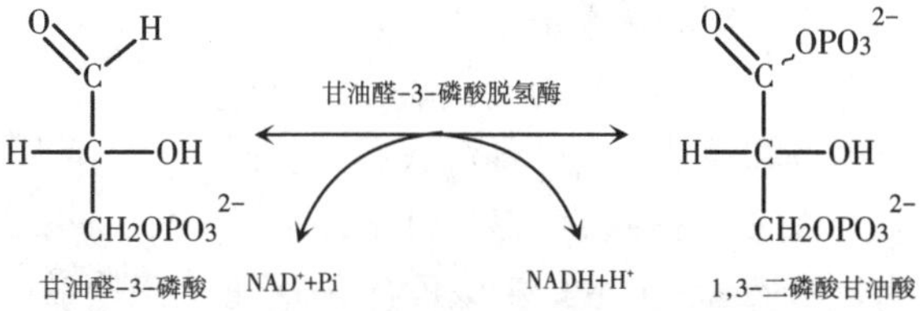

图6.15　甘油醛-3-磷酸氧化为1,3-二磷酸甘油酸

7.磷酸甘油酸激酶催化1,3-二磷酸甘油酸转变为3-磷酸甘油酸,同时生成ATP

磷酸甘油酸激酶将高能磷酰基从富含能量的酸酐 1,3-二磷酸甘油酸上转移给 ADP 形成 ATP 和 3-磷酸甘油酸。反应6和反应7联合作用,将一个醛基氧化为一个羧基的反应与 ADP 磷酸化生成 ATP 偶联在一起(如图6.16)。一个高能化合物(例如1,3-二磷酸甘油酸)能使 ADP 磷酸化形成 ATP 的过程称为底物水平磷酸化作用。底物水平磷酸化不需要氧,是酵解中形成 ATP 的机制。这步反应是酵解中第一次产生 ATP 的反应,反应是可逆的。

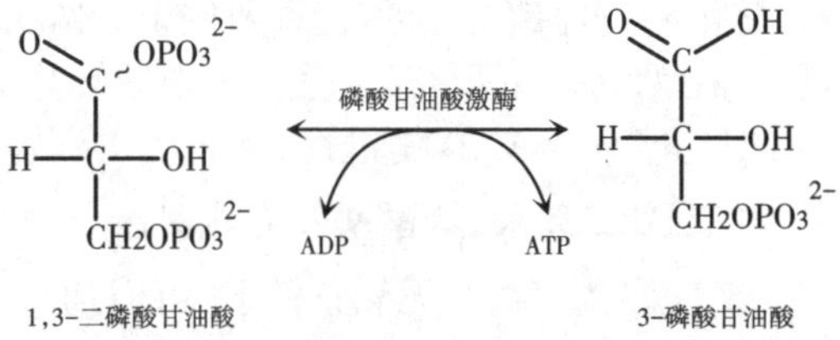

图6.16　1,3-二磷酸甘油酸转变为3-磷酸甘油酸

在红细胞中,1,3-二磷酸甘油酸除了转变为3-磷酸甘油酸外,还可转换为2,3-二磷酸甘油酸(2,3-BPG),这是红细胞中糖酵解途径的一个重要功能。2,3-BPG 是血红蛋白氧合作用的别构抑制剂,红细胞中含有二磷酸甘油酸变位酶,它催化1,3-二磷酸甘油酸中 C₃ 的磷酰基转移到 C₂ 上,形成2,3-BPG。而2,3-BPG 又可在2,3-BPG 磷酸酶的催化下水解生成3-磷酸甘油酸,重新进入糖酵解途径,转化为丙酮酸。

8.磷酸甘油酸变位酶催化3-磷酸甘油酸转化为2-磷酸甘油酸

磷酸甘油酸变位酶催化3-磷酸甘油酸和2-磷酸甘油酸之间的相互转变。变位酶是一类催化一个基团从底物分子的一个部位转移到同一分子的另一部位的异构酶。而底物中3位的磷酸基团再转移到酶上,由此生成2-磷酸甘油酸。甘油磷酸变位酶最初的磷酸化需要2,3-二磷酸甘油酸,它本身作为一个进行磷酸化的辅助因子起作用(如图6.17)。

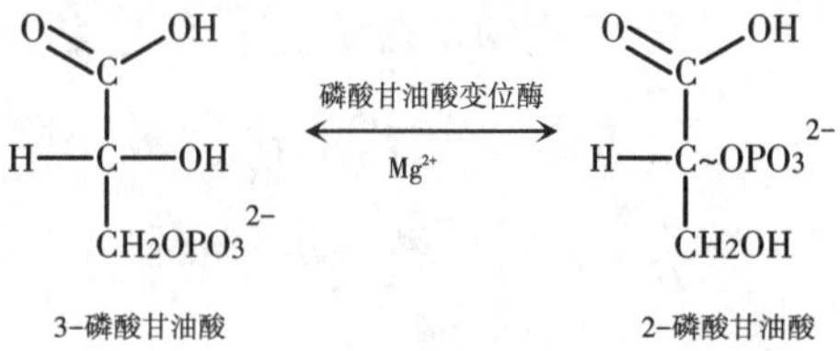

图6.17　3-磷酸甘油酸转化为2-磷酸甘油酸

9.烯醇化酶催化2-磷酸甘油酸形成磷酸烯醇式丙酮酸

烯醇化酶在 Mg²⁺ 激活下从2-磷酸甘油酸上2,3位脱去水形成磷酸烯醇式丙酮酸,反应是可逆的(如图6.18)。磷酸烯醇式丙酮酸具有很高的磷酸基转移功能,因为它的磷酰基是以一种不稳定的烯醇式互变异构形式存在的。在无机磷酸存在下氟离子(F⁻)可通过与烯醇化酶中活性部位的 Mg²⁺ 形成络合物而抑制烯醇化酶。

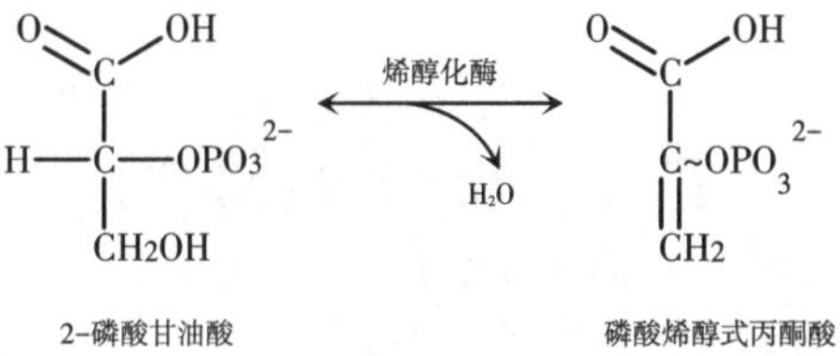

图6.18　2-磷酸甘油酸形成磷酸烯醇式丙酮酸

10.丙酮酸激酶催化磷酰基从磷酸烯醇式丙酮酸转移给ADP形成丙酮酸和ATP

这是糖酵解中第二个底物水平磷酸化反应。反应是由丙酮酸激酶催化的。当磷酰基从磷酸烯醇式丙酮酸转移到ADP的β-磷酸基团上时,形成ATP和烯醇式丙酮酸,该反应是不可逆的。与酶结合的烯醇式丙酮酸异构化形成更稳定的丙酮酸(如图6.19)。

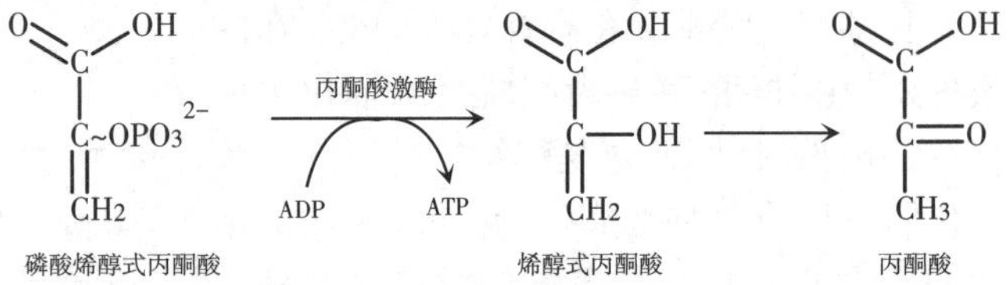

图6.19　磷酸烯醇式丙酮酸转变为丙酮酸

葡萄糖转换成丙酮酸,不仅产生ATP,同时甘油醛-3-磷酸脱氢酶催化的反应中还使氧化型的NAD$^+$还原为NADH,为了使酵解能连续进行,细胞就应当不断供给氧化型的NAD$^+$。如果生成的NADH不能及时地被氧化成NAD$^+$,所有的氧化型的NAD$^+$都将会以还原型的NADH积累,酵解过程将终止。在有氧条件下,NADH的氧化伴随着ADP的磷酸化过程,反应需要分子氧;而在无氧条件下,机体通过丙酮酸转化为乳酸的过程,消耗NADH,生成NAD$^+$。这样,通过NADH再氧化为NAD$^+$的过程,从而使得酵解继续进行。

(二)第二阶段:丙酮酸转变成乳酸

绝大多数生物在无氧条件下,可以通过乳酸脱氢酶(LDH)催化丙酮酸还原为乳酸。乳酸除了重新转换成丙酮酸之外,再没有其他的代谢途径了,因此乳酸是代谢的死胡同,由于形成乳酸的同时又可以使NADH氧化成NAD$^+$,这样酵解途径就完整了,因为生成的NAD$^+$又可用于甘油醛-3-磷酸脱氢酶催化的反应(如图6.20)。

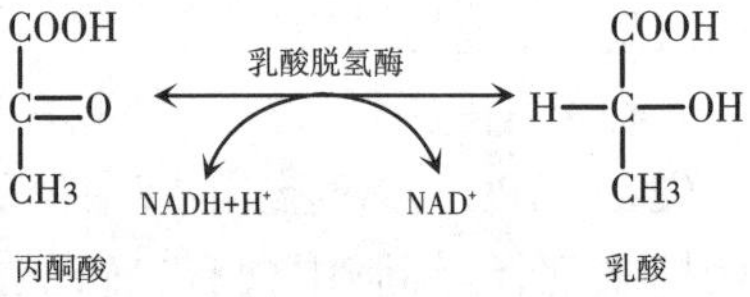

生物体内乳酸的生成通常都伴随着乳酸再转换为丙酮酸。在体育锻炼时肌肉中生成的乳酸被转运到血液中,通过血液运输到肝脏,然后通过肝脏中的乳酸脱氢酶再被转换成丙酮酸。在组织中丙酮酸的进一步分解需要氧,当机体氧供给不充分时,所有的组织都可通过厌氧酵解产生乳酸,结果

图6.20　丙酮酸和乳酸的相互转变

造成乳酸堆积,引起血液中乳酸水平升高,造成乳酸中毒,血液的pH有时会降至危险的酸性水平。乳酸是一种在锻炼期间和锻炼后引起肌肉酸痛的物质。当微生物将奶中的糖发酵变成乳酸时,使得奶中的蛋白质变性,引起凝乳现象,这是做奶酪所需要的。

二、糖酵解过程的化学量计算

糖无氧分解过程11步反应中,涉及化学能消耗(ATP→ADP)或产生(ADP→ATP)的有4步反应,它们分别是:

$$葡萄糖 + ATP \xrightarrow[Mg^{2+}]{己糖激酶} 葡萄糖-6-磷酸 + ADP$$

$$果糖-6-磷酸 + ATP \xrightarrow[Mg^{2+}]{磷酸果糖激酶} 果糖-1,6-二磷酸 + ADP$$

$$2 \times 1,3-二磷酸甘油酸 \xrightarrow[Mg^{2+}]{甘油酸激酶} 2 \times 3-磷酸甘油酸$$

$$2 \times 磷酸烯醇式丙酮酸 + 2ADP \xrightarrow[Mg^{2+}]{丙酮酸激酶} 2 \times 丙酮酸 + 2ATP$$

第一阶段第6步反应:2分子甘油醛-3-磷酸由甘油醛-3-磷酸脱氢酶催化生成2分子1,3-二磷酸甘油酸,脱氢反应产生的2分子NADH+H$^+$被用于第二阶段还原丙酮酸生成乳酸。因此,糖无氧分解净生成2分子ATP。

三、糖酵解途径的代谢意义

1.分解葡萄糖为机体生命活动提供能量

葡萄糖酵解最后的产物是乳酸或乙醇,消耗一分子葡萄糖产生两分子ATP,而且不需要

氧。这一特征不仅对厌氧生物是非常必要的,而且对于多细胞生物中的某些特殊的细胞也是必要的。因为机体从酵解中获得的能量是有限的,所以在绝大多数细胞中,ATP主要是通过氧化磷酸化生产的,也就是说,生产ATP的过程是一个依赖氧的过程。一般情况下,动物体大多数组织的氧气供应充足,主要通过糖的有氧氧化提供能量。但在有些情况下,例如机体氧消耗量过大,造成组织中的氧气供应相对不足时,机体主要通过增强糖酵解来补偿对能量的需求。某些组织(称为强制性酵解组织),例如眼睛的角膜,由于血液循环差,可利用的氧有限,所以需要酵解提供所需的能量。另外,某些组织即使在有氧存在的条件下,也要进行酵解作用。例如成熟的红细胞不但需要糖酵解提供能量,而且还要通过酵解的中间产物甘油酸-3-磷酸合成2,3-二磷酸甘油酸来参与氧的运输。

2.糖酵解的中间产物参与物质的合成与转化过程

糖酵解的中间产物还参与了其他代谢途径,为物质的合成提供前体,为物质的相互转化提供桥梁。例如磷酸二羟丙酮可以参与脂肪与氨基酸的合成;磷酸烯醇式丙酮酸与丙酮酸可以参与氨基酸的合成;一些非糖物质可以通过酵解的逆反应异生为糖;一些单糖可以通过糖酵解和糖异生及磷酸戊糖途径进行相互转化。

四、酵解途径的调控

糖酵解途径的调控主要是通过对代谢途径的3个关键酶的调控实现的。

1.己糖激酶的调控

己糖激酶的同工酶中除葡萄糖激酶以外,都受到葡萄糖-6-磷酸的抑制。葡萄糖-6-磷酸有几种作用,其中之一是进行酵解产生能量,当能量过剩时,葡萄糖-6-磷酸可作为糖原合成的前体,然而当葡萄糖-6-磷酸积累和不再需要生产能量或进行糖原贮存时,即葡萄糖-6-磷酸不能快速代谢时,己糖激酶被葡萄糖-6-磷酸抑制。由于己糖激酶对葡萄糖具有很低的 K_m 值(0.1 mmol/L),竞争性抑制是不会有效果的,所以葡萄糖-6-磷酸抑制是非竞争性抑制。葡萄糖激酶是一种己糖激酶,主要在肝脏和胰腺中起着重要的生理作用,控制葡萄糖对体内的供给。在绝大多数细胞中,葡萄糖的浓度维持在远低于血糖的水平。然而,葡萄糖可以自由地进入肝脏和胰脏,使这两个器官的细胞中的葡萄糖浓度与血糖浓度差很小,血液中葡萄糖浓度大约为5 mmol/L,进食后可升到10 mmol/L。由于葡萄糖激酶对葡萄糖的 K_m 是10 mmol/L,所以葡萄糖激酶不会被葡萄糖饱和。葡萄糖激酶是诱导酶,在胰岛素的协同作用下,高血糖可刺激细胞内生成葡萄糖激酶。

2.磷酸果糖激酶的调控

磷酸果糖激酶-1(PFK-1)催化的果糖-6-磷酸磷酸化为果糖-1,6-二磷酸的反应是糖酵解途径的第二个调节部位,该酶是一个别构酶。哺乳动物的PFK-1都是四聚体。ATP既是PFK-1的底物,又是该酶的别构抑制剂。ATP可以使得该酶对它的底物果糖-6-磷酸的亲和性降低。NADH、长链脂肪酰CoA是该酶的抑制剂。柠檬酸(三羧酸循环的中间产物)是PFK-1的另一个重要的抑制剂,由于三羧酸循环是与丙酮酸的进一步氧化联系在一起的,柠檬酸水平的升高,表明有充足底物进入三羧酸循环,所以柠檬酸对PFK-1的调节是一种反馈抑制,它调节丙酮酸向三羧酸循环的供给。在哺乳动物细胞中,AMP、cAMP、NAD^+ 是别构激活剂。

3.丙酮酸激酶的调控

在哺乳动物组织中存在着四种丙酮酸激酶的同工酶。这些同工酶都受到果糖-1,6-二磷酸和磷酸烯醇式丙酮酸的别构激活。由于果糖-1,6-二磷酸既是丙酮酸激酶的别构激活剂,又是PFK-1催化反应的产物,所以PFK-1的激活自然会引起丙酮酸激酶的激活,这种类型的调节方式称为前馈激活。长链脂肪酸、乙酰CoA、ATP、柠檬酸及丙氨酸能抑制该酶的活性。另外,肝脏中的丙酮酸激酶具有可逆性的磷酸化和去磷酸化的共价修饰调节。磷酸化的丙酮酸激酶为非活性形式,而去磷酸化的丙酮酸激酶为活性形式。当血糖浓度处于低水平时,胰高血糖素及肾上腺素等触发一连串的级联反应通过cAMP-蛋白激酶系统使肝中的丙酮酸激酶磷酸化而失去活性,从而阻止当脑、肌肉急需能量时肝中葡萄糖的消耗。相反,肌肉、脑中的同工酶则不能进行共价修饰调节,从而保证这些组织和器官对能量的需求(如图6.21)。

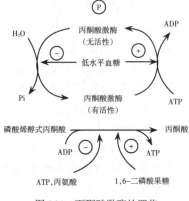

图6.21 丙酮酸激酶的调节

巴斯德效应是在氧的存在下酵解速度降低的现象。巴斯德(Pasteur)在研究葡萄糖发酵时观察到,当酵母细胞在厌氧条件下生长时,产生的乙醇和消耗的葡萄糖要比在有氧条件下生长时多得多。类似现象也出现在肌肉中,当缺氧时,肌肉中出现乳酸堆积。但在有氧条件下,则不会出现乳酸堆积现象。无论是酵母还是肌肉,在缺氧条件下葡萄糖转化为丙酮酸的速率要高得多。这说明糖的有氧氧化过程对糖酵解过程具有抑制作用。人们将氧存在的条件下,酵解速度降低的现象称为巴斯德效应。就像我们在下一节将要看到的那样,一分子葡萄糖有氧代谢产生的ATP要比一分子葡萄糖通过酵解产生的两分子ATP高出许多倍,因此在有氧条件下只需消耗少量的葡萄糖就可产生生命活动所需要的ATP量。

五、其他单糖进入糖酵解的代谢通路

1.果糖

高等动物体内果糖的利用经过以下三步反应:第一步反应是由果糖激酶或己糖激酶催化果糖生成果糖-1-磷酸;第二步是由醛缩酶催化果糖-1-磷酸生成磷酸二羟丙酮和甘油醛;第三步是由丙糖激酶催化甘油醛生成3-磷酸甘油醛。然后进入糖酵解途径(如图6.22)。

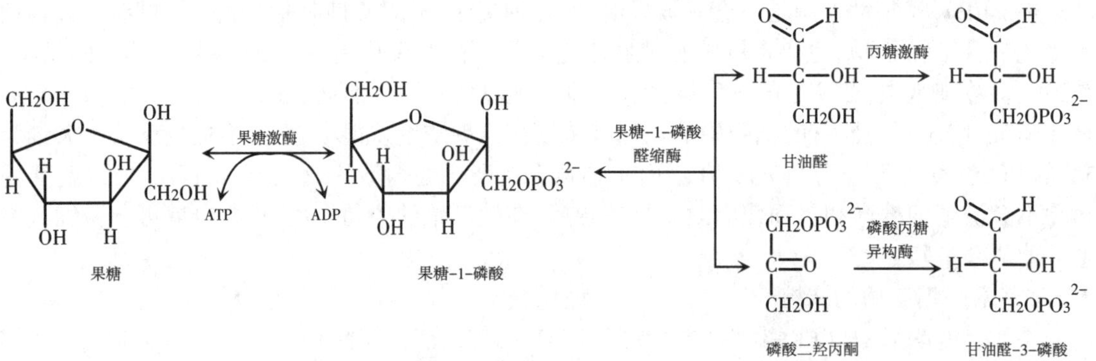

图6.22 果糖进入糖酵解的途径

2.半乳糖

半乳糖在肝脏中经过以下几步反应转变为葡萄糖:第一步由半乳糖激酶或己糖激酶催化生成半乳糖-1-磷酸;第二步由尿苷酰转移酶催化半乳糖-1-磷酸和UDP-葡萄糖反应生成葡萄糖-1-磷酸和UDP-半乳糖;第三步由UDP-半乳糖-4-差向异构酶催化4位羟基的差向异构化并生成UDP-葡萄糖,反应需要NAD^+参加反应;最后,葡萄糖-1-磷酸由葡萄糖磷酸变位酶催化生成葡萄糖-6-磷酸(如图6.23)。

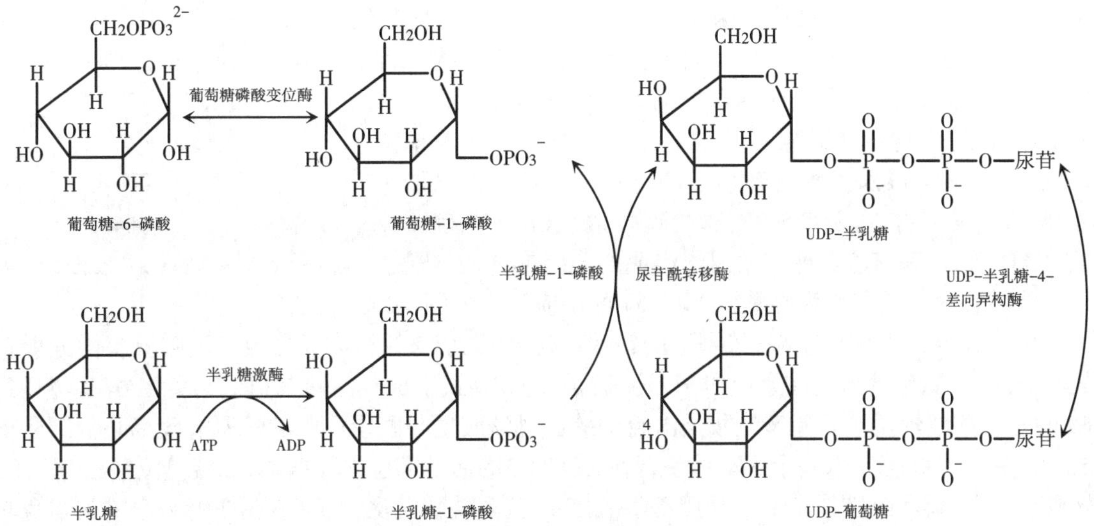

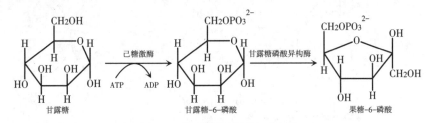

图6.23　半乳糖进入糖酵解的途径

3.甘露糖

首先,己糖激酶催化甘露糖的磷酸化,生成甘露糖-6-磷酸,再由甘露糖磷酸异构酶催化生成果糖-6-磷酸(图6.24)。

图6.24　甘露糖进入糖酵解的途径

第四节　糖的有氧氧化

在无氧的条件下,葡萄糖经酵解产生的丙酮酸被转变乳酸,同时机体可以获得少量能量,而在有氧的条件下,丙酮酸则可以进入线粒体并被彻底氧化为 CO_2 和 H_2O ,同时释放大量能量,此过程称为糖的有氧氧化。

一、糖有氧氧化的生物化学历程

糖的有氧氧化过程先后在细胞的两个部位——细胞质基质和线粒体内进行。有氧氧化可分三个阶段:第一阶段,一分子葡萄糖被分解为两分子丙酮酸;第二个阶段,丙酮酸进入线粒体,经脱羧作用,生成乙酰CoA;第三个阶段,乙酰CoA进入三羧酸循环被彻底氧化,生成 CO_2 和 H_2O 。第一阶段在细胞质基质中进行,后两个阶段在线粒体中进行。

(一)第一阶段:一分子葡萄糖被分解为两分子丙酮酸

此阶段代谢过程同无氧酵解第一阶段,在细胞质基质中进行。

(二)第二个阶段:丙酮酸进入线粒体,经脱羧作用,生成乙酰CoA

第一阶段产生的两分子丙酮酸,在有氧条件下,进入线粒体,由丙酮酸脱氢酶复合物催化,脱羧、脱氢生成乙酰CoA。

无论是在原核生物体,还是在真核生物体中,丙酮酸转化为乙酰CoA和 CO_2 都是由一些酶蛋白和辅酶构成的丙酮酸脱氢酶复合物催化的。丙酮酸脱氢酶复合物是一个有组织的多酶集合体,复合物中的酶分子通过非共价键联系在一起,催化一个连续反应,即酶复合物中一个酶促反应中形成的产物立刻被复合物中下一个酶作用。丙酮酸脱氢酶复合物位于线粒体内膜上,是由丙酮酸脱氢酶(E1)、二氢硫辛酰胺乙酰基转移酶(E2)和二氢硫辛酰胺脱氢酶(E3)三种酶,以及TPP(焦磷酸硫胺素)、CoASH、硫辛酸、FAD、NAD^+和Mg^{2+}六种辅助因子组成的。丙酮酸脱氢酶复合物催化丙酮酸转化为乙酰CoA和CO_2的反应过程如图6.25。

图6.25　丙酮酸转变为乙酰CoA

(1) E1催化丙酮酸脱羧,将剩下的二碳单位转移到E2的组成成分硫辛酰胺上。丙酮酸首先与E1的辅酶焦磷酸硫胺素(TPP)反应,释放出CO_2后,生成羟乙基-TPP,然后,乙酰基转移到E2的硫辛酰胺辅基上。硫辛酰胺是由硫辛酸通过酰胺键与酶蛋白中的赖氨酸残基共价结合形成的。硫辛酰胺辅基像一个摆动的手臂在E1和E3的活性部位之间摆动,二碳单位羟乙基从E1转移至E2的硫辛酰胺辅基上涉及羟乙基-TPP被硫辛酰胺氧化生成乙酰-TPP,硫辛酰胺本身转化为二氢硫辛酰胺,乙酰-TPP中的乙酰基再被转移到二氢硫辛酰胺上,生成乙酰二氢硫辛酰胺(图6.26)。

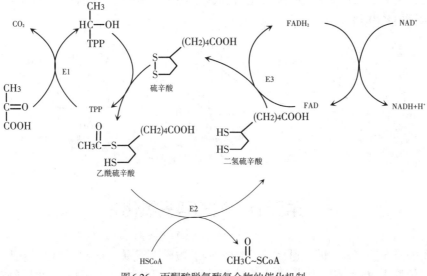

图6.26　丙酮酸脱氢酶复合物的催化机制

(2)辅酶A与乙酰-二氢硫辛酰胺中的乙酰基反应生成乙酰CoA,并释放出二氢硫辛酰胺。至此,丙酮酸转换为乙酰CoA的反应已经完成。为了能够进行下一轮的丙酮酸转换为乙酰CoA的反应,必须要将二氢硫辛酰胺转换为硫辛酰胺。

(3)E3催化二氢硫辛酰胺氧化重新生成硫辛酰胺,带有硫辛酰胺的E2再参与下一轮反应。E3的辅基黄素腺苷二核苷酸(FAD)使二氢硫辛酰胺氧化,同时辅基本身被还原生成$FADH_2$。然后,$FADH_2$再使NAD^+还原,生成$NADH+H^+$和起始的全酶E3-FAD。

丙酮酸转化为乙酰CoA的反应实际上不是三羧酸循环中的反应,而是酵解和三羧酸循环之间的桥梁。真正进入三羧酸循环的是丙酮酸脱羧生成的乙酰CoA。

(三)第三阶段:三羧酸循环

1.三羧酸循环的概念及定位

三羧酸循环(Tricarboxylic Acid Cycle,TCA)是在线粒体内对乙酰CoA彻底氧化分解的循环反应过程。因为以乙酰CoA与草酰乙酸所合成的含有3个羧基的柠檬酸开始,故称为三羧酸循环。该循环是由A.Krebs首先提出的,所以又称为Krebs循环。

三羧酸循环中的酶分布在原核生物的细胞质和真核生物的线粒体中。细胞质中通过酵解生成的丙酮酸要进入三羧酸循环,必须首先被转变为乙酰CoA。在真核细胞中,丙酮酸首先被转运到线粒体内,然后才能转换成乙酰CoA。线粒体是一个具有双层膜的细胞器,丙酮酸可以扩散通过线粒体外膜,但进入基质则需要内膜上的蛋白转运,嵌在内膜中的丙酮酸转运酶可以特异地将丙酮酸从膜间腔转运到线粒体的基质中,进入基质的丙酮酸再脱羧生成乙酰CoA,并经三羧酸循环进一步被氧化。

2.三羧酸循环的酶促反应

(1)柠檬酸合酶催化乙酰CoA与草酰乙酸缩合生成柠檬酸(图6.27)

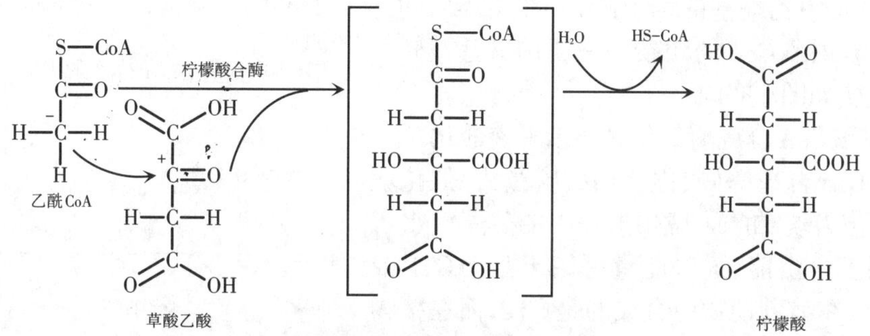

图6.27 草酰乙酸和乙酰CoA缩合生成柠檬酸

这是三羧酸循环的第一步反应。乙酰CoA与草酰乙酸缩合生成柠檬酸和CoA-SH,反应是由柠檬酸合酶(又称柠檬酸缩合酶)催化的。柠檬酸合酶可使乙酰CoA的甲基移去质子形成负碳离子,然后由负碳离子亲核攻击草酰乙酸的羰基并形成柠檬酰CoA,高能硫酯键水解生成柠檬酸和CoA-SH。

(2)顺乌头酸酶催化前手性分子柠檬酸转化成手性分子异柠檬酸

柠檬酸是三级醇,不能被氧化为酮酸。顺乌头酸酶能够把柠檬酸转化为可被氧化的二级醇异柠檬酸。酶的名称来自与酶结合的反应中间产物顺乌头酸。柠檬酸由顺乌头酸酶催化脱水生成双键,然后,还是在顺乌头酸酶催化下,通过水的立体特异性添加,生成异柠檬酸(如图6.28)。

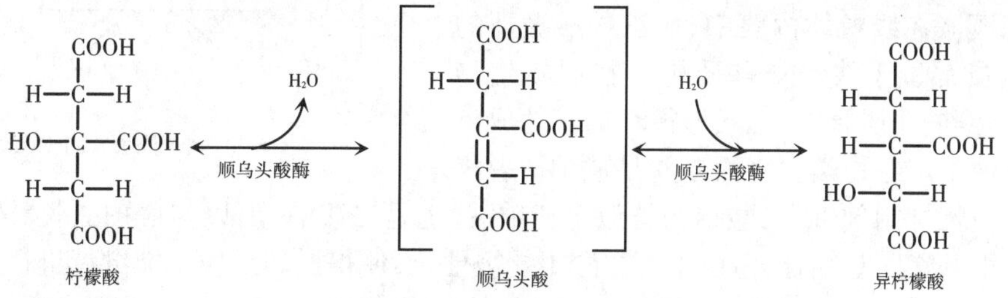

图6.28 柠檬酸转变为异柠檬酸

(3)异柠檬酸脱氢酶催化异柠檬酸氧化生成α-酮戊二酸和CO_2

这一步反应是三羧酸循环中四个氧化还原反应的第一个,是由异柠檬酸脱氢酶催化的,NAD^+作为酶的辅酶。异柠檬酸脱氢酶使NAD^+还原为$NADH+H^+$的同时,生成一个不稳定的α-酮酸-草酰琥珀酸,草酰琥珀酸经非酶催化的脱羧作用生成α-酮戊二酸和CO_2,该反应是不可逆的(如图6.29)。

(4)α-酮戊二酸脱氢酶复合物催化α-酮戊二酸氧化脱羧生成琥珀酰CoA。

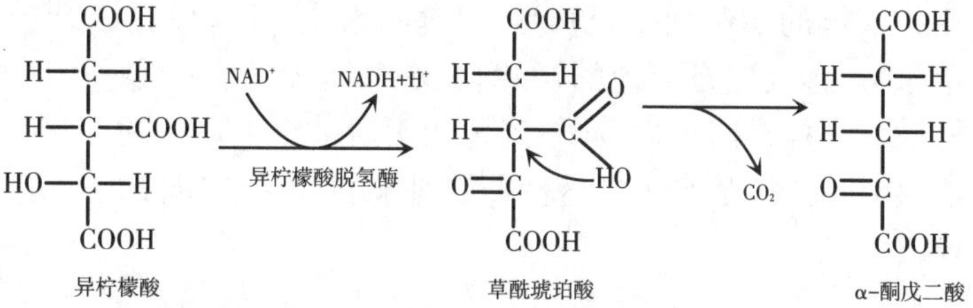

图6.29 异柠檬酸氧化生成α-酮戊二酸和CO_2

像丙酮酸一样,α-酮戊二酸也是一个α-酮酸,所以α-酮戊二酸的氧化脱羧反应与丙酮酸脱氢酶复合物催化的反应非常类似。反应是由α-酮戊二酸脱氢酶复合物催化的。产物琥珀酰CoA同样是一个高能的硫酯。这一步反应是三羧酸循环中第二个氧化还原反应。α-酮戊二酸脱氢酶复合物类似于丙酮酸脱氢酶复合物，涉及相同的辅酶，反应机制也很类似。α-酮戊二酸脱氢酶复合物包括α-酮戊二酸脱氢酶E1(含有TPP)、二氢硫辛酰胺琥珀酰转移酶E2(含有硫辛酰胺)和二氢硫辛酰胺脱氢酶E3(含有黄素蛋白)。循环进行到α-酮戊二酸氧化脱羧生成琥珀酰CoA这步反应为止，被氧化的碳原子生成了两个CO_2，其数目刚好等于进入三羧酸循环的碳原子数(乙酰CoA分子中乙酰基的两个碳)。在循环后的四个反应中琥珀酰CoA的四碳——琥珀酰基被转换回草酰乙酸(如图6.30)。

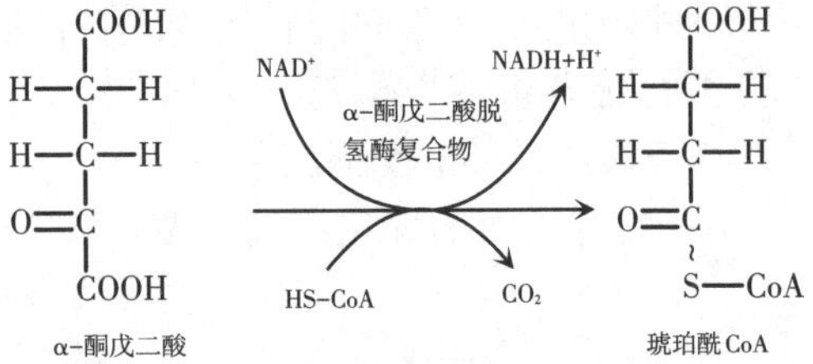

图6.30　α-酮戊二酸氧化脱羧生成琥珀酰CoA

(5)琥珀酰CoA合成酶催化底物水平磷酸化

琥珀酰CoA合成酶(或称琥珀酰硫激酶)催化琥珀酰CoA转化为琥珀酸。琥珀酰CoA的硫酯键水解会释放出很多自由能，这些能量可用于驱动GTP或ATP的合成。在哺乳动物中合成的是GTP，而在植物和一些细菌中合成的是ATP。这个反应类似于糖酵解中的甘油磷酸激酶和丙酮酸激酶催化的反应，是三羧酸循环中唯一的一步底物水平磷酸化反应，GTP的γ-磷酰基通过核苷酸磷酸激酶可以被转移到ADP上，生成ATP(如图6.31)。

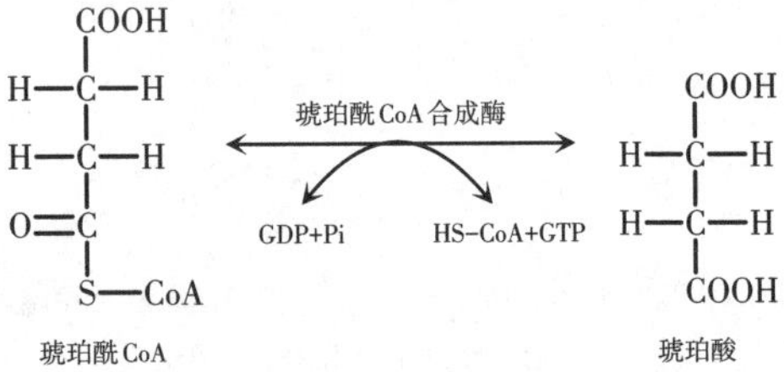

图6.31　琥珀酰CoA转化为琥珀酸

(6)琥珀酸脱氢酶催化琥珀酸脱氢生成延胡索酸

这是三羧酸循环中的第三个氧化还原反应，带有辅基FAD的琥珀酸脱氢酶催化琥珀酸生成延胡索酸反式烯，同时将FAD还原为$FADH_2$(如图6.32)。生成的$FADH_2$再被辅酶Q氧化生成FAD。而辅酶Q被还原为还原型辅酶Q(QH_2)。H^+被释放到线粒体的基质中。真核生物琥珀酸脱氢酶镶嵌在线粒体内膜中，而三羧酸循环的其他成员都位于线粒体基质中。在原核生物中，该酶镶嵌在质膜上，三羧酸循环的其他成员位于胞液中。底物类似物丙二酸是琥珀酸脱氢酶的竞争性抑制剂，丙二酸结构类似于琥珀酸，也是二羧酸，所以与琥珀酸脱氢酶的活性部位的碱性氨基酸残基结合，但由于丙二酸不能被催化，使得循环反应不能继续进行。所以在分离的线粒体和细胞匀浆液中加入丙二酸后，会引起琥珀酸、α-酮戊二酸和柠檬酸的堆积，这是研究三羧酸循环反应顺序的早期证据。

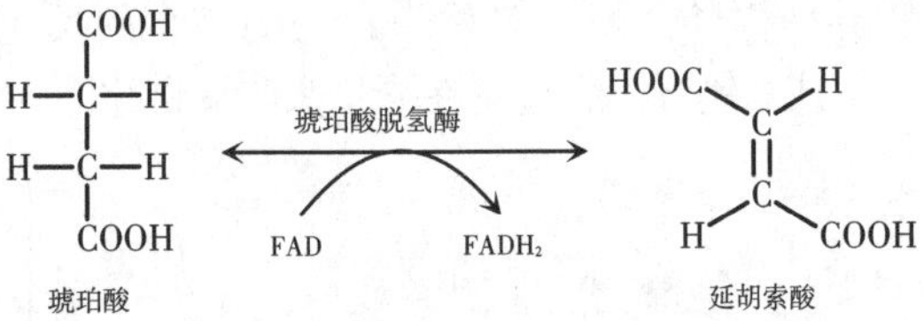

图6.32　琥珀酸脱氢生成延胡索酸

(7)延胡索酸酶催化延胡索酸水化生成L-苹果酸

延胡索酸酶(即延胡索酸水化酶)催化延胡索酸反式双键的水化，而不是顺式双键的水化，并生成L-苹果酸，该反应是可逆的(如图6.33)。延胡索酸也像柠檬酸一样是前手性分子，当延胡索酸被定位在酶的活性部位时，底物的双键只受到来自一个方向的攻击。

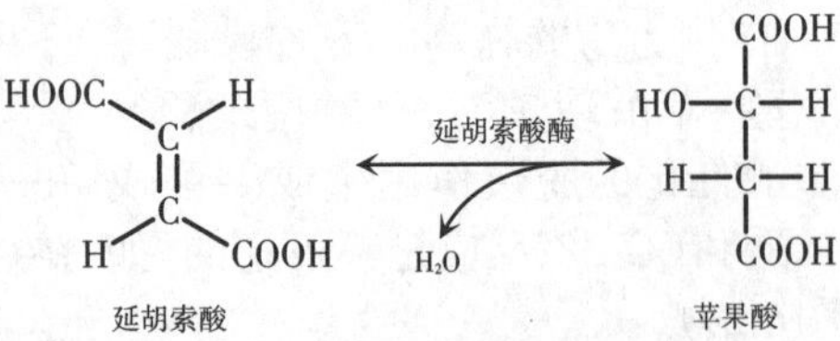

图6.33　延胡索酸水化生成L-苹果酸

(8)苹果酸在苹果酸脱氢酶的催化下被氧化成草酰乙酸

这是三羧酸循环的最后一个反应,也是循环中的第四步氧化还原反应。L-苹果酸在以NAD^+为辅酶的苹果酸脱氢酶的催化下被氧化成草酰乙酸,同时NAD^+被还原成$NADH+H^+$,该反应是可逆的(如图6.34)。

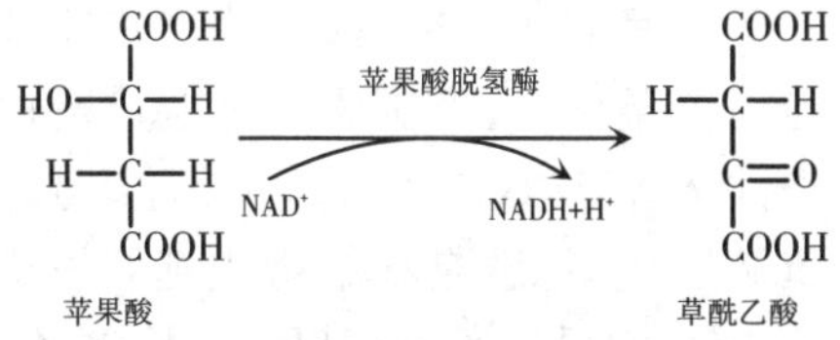

图6.34 苹果酸转变为草酰乙酸

二、有氧氧化过程的化学计量

(一)三羧酸循环产生的ATP

在三羧酸循环反应中(如图6.35),每个乙酰CoA都可以产生3分子$NADH+H^+$(由异柠檬酸、α-酮戊二酸、苹果酸脱氢产生)、1分子$FADH_2$(由琥珀酸脱氢产生)和1分子的GTP或ATP(由琥珀酰CoA裂解产生)。

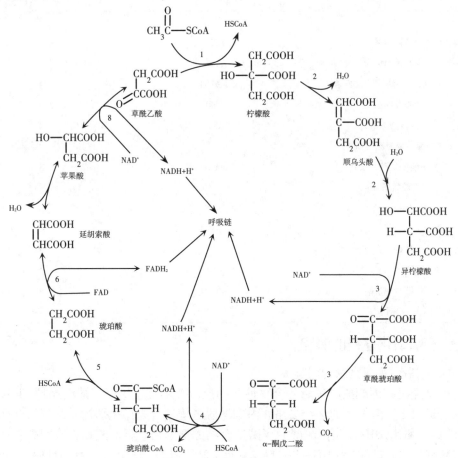

图6.35 三羧酸循环

$NADH+H^+$和$FADH_2$通过位于线粒体内膜上的电子传递链可以被氧化,伴随着氧化过程可以通过磷酸化ADP生成ATP。根据当前最新测定结果,线粒体内1 mol $NADH+H^+$被氧化为NAD^+时可以生成2.5mol ATP,1 mol $FADH_2$被氧化为FAD时可以生成1.5 mol ATP,因此一分子乙酰CoA通过三羧酸循环和氧化磷酸化可以产生10分子ATP。

(二)糖有氧氧化全过程产生的ATP

1分子葡萄糖彻底氧化成CO_2和H_2O产生的ATP计算见表6.2。第一阶段糖酵解是在细胞液中进行的,1分子葡萄糖经酵解可以净产生2分子ATP、2分子$NADH+H^+$和2分子丙酮酸;第二阶段丙酮酸氧化脱羧是在线粒体中进行的,而2分子丙酮酸转化为2分子乙酰CoA时生成的2分子$NADH+H^+$,经氧化磷酸化可产生5分子ATP;第三阶段三羧酸循环是在线粒体中进行的,2分子乙酰CoA经三羧酸循环可生成20分子ATP。上述合计共产生30~32分子ATP。

上面的计算还没有计算酵解过程中甘油醛脱氢酶催化的反应中生成的 2 分子 $NADH+H^+$。在无氧条件下，丙酮酸转化为乳酸时，$NADH+H^+$ 再被氧化为 NAD^+，使酵解连续地进行；在有氧条件下 $NADH+H^+$ 不再氧化，而是通过氧化磷酸化产生 ATP。由于这 2 分子 $NADH+H^+$ 位于细胞质基质里（酵解是在细胞质基质里进行的），而真核生物中的电子传递链位于线粒体。2 分子 $NADH+H^+$ 可以通过苹果酸穿梭途径和甘油磷酸穿梭途径进入线粒体，但是绝大多数的情况下，都是经过苹果酸穿梭途径进入线粒体的。1 分子 $NADH+H^+$ 经苹果酸穿梭途径进入线粒体可以产生 2.5 分子 ATP，2 分子 NADH 可以产生 5 分子 ATP。1 分子 $NADH+H^+$ 经甘油磷酸途径可以产生 1.5 分子 ATP，2 分子 $NADH+H^+$ 产生 3 分子 ATP（见第七章生物氧化）。

表 6.2　1 分子葡萄糖有氧氧化产能计算

反　　　应	产能的产物	等价的 ATP 数
酵解：		
己糖激酶	ATP	−1
磷酸果糖激酶	ATP	−1
甘油醛-3-磷酸脱氢酶	2 NADH	3~5
磷酸甘油激酶	2ATP	2
丙酮酸激酶	2ATP	2
丙酮酸转变为乙酰 CoA：		
丙酮酸脱氢酶复合物	2 NADH	5
三羧酸循环：		
异柠檬酸脱氢酶	2 NADH	5
α-酮戊二酸脱氢酶复合物	2 NADH	5
琥珀酰 CoA 合成酶	2 GTP	2
琥珀酸脱氢酶复合物	2 FADH$_2$	3
苹果酸脱氢酶	2 NADH	5
合计		30~32

三、有氧氧化途径的调控

1.丙酮酸脱氢酶复合物的调节

前面已经提到丙酮酸脱氢酶复合物催化的反应并不真正属于三羧酸循环，但对于葡萄糖来说它是进入三羧酸循环的必经之路。丙酮酸脱氢酶复合物存在别构和共价修饰两种调控机制，乙酰 CoA 和 $NADH+H^+$ 是丙酮酸脱氢酶复合物的抑制剂。当乙酰 CoA 浓度高时抑制二氢硫辛乙酰转移酶，高浓度的 $NADH+H^+$ 抑制二氢硫辛酸脱氢酶，NAD^+ 和 CoA-SH 则是丙酮酸脱氢酶复合物的激活剂；另外，丙酮酸脱氢酶复合物还受到共价调节，丙酮酸脱氢酶激酶催化复合物中的丙酮酸脱氢酶磷酸化，导致该酶复合物失去活性，而丙酮酸脱氢酶磷酸酶催化脱磷酸基，激活丙酮酸脱氢酶复合物。同时，丙酮酸脱氢酶激酶受丙酮酸的浓度和 ATP/ADP、乙酰 CoA/CoA、$(NADH+H^+)/NAD^+$ 比值的影响，丙酮酸是该酶的抑制剂，ATP/ADP、乙酰 CoA/CoA、$(NADH+H^+)/NAD^+$ 的比值增大，激酶的活性增强，有活性的丙酮酸脱氢酶减少，丙酮酸分解缓慢；反之，比值减小，激酶的活性降低，有活性的丙酮酸脱氢酶增多，丙酮酸分解加快。激酶反应还受到 Mg^{2+} 及 Ca^{2+} 抑制。而磷酸酶的作用需要 Mg^{2+}，并由 Ca^{2+} 激活。另外，胰岛素对磷酸酶具有诱导作用，这与胰岛素加速糖酵解，降低血糖的作用是一致的。

2.三羧酸循环中的调节部位

在三羧酸循环中存在着三个不可逆反应，它们可能是潜在的调节部位，这三个不可逆反应分别是由柠檬酸合酶、异柠檬酸脱氢酶和α-酮戊二酸脱氢酶催化的反应。柠檬酸合酶催化三羧酸循环中的第一步反应,似乎是最合适的调节部位。但该酶的调控机制现在还没有确定,在体外实验中,ATP抑制该酶,但在体内的抑制机制并没有确定,所以有人认为ATP可能不是一个生理调节剂。哺乳动物的异柠檬酸脱氢酶受到NAD^+和ADP的别构激活,而受到$NADH+H^+$的抑制。但在原核生物中,这个酶在蛋白激酶作用下,酶中的Ser残基可以被磷酸化,结果使酶完全失活。α-酮戊二酸脱氢酶复合物催化的反应类似于丙酮酸脱氢酶复合物催化的反应,两个复合物也很相似,但它们的调节特征完全不同。α-酮戊二酸脱氢酶复合物的调节与激酶和磷酸酶没有关系,主要是CoA-SH与复合物的结合,降低了酶对α-酮戊二酸的K_m值,导致琥珀酰CoA形成速度增加。在体外实验中,$NADH+H^+$和琥珀酰CoA是α-酮戊二酸脱氢酶复合物的抑制剂,但是否在活细胞内具有重要的调节作用还没有确定。

四、三羧酸循环中存在的几处代谢物进出口

　　三羧酸循环绝不只是乙酰CoA的分解代谢途径。它还作为许多其他代谢的交叉点在代谢中起着重要的作用,所以人们都把三羧酸循环描述为有氧代谢的中枢。三羧酸循环的某些中间代谢物是重要的代谢前体,而其他一些代谢途径也可生成三羧酸循环的中间代谢物。柠檬酸、α-酮戊二酸、琥珀酰CoA和草酰乙酸都直通生物合成途径。例如在脂肪组织中,柠檬酸是生成脂肪酸和胆固醇分子途径中的一环,因为脂肪酸合成的前体乙酰CoA就是从线粒体被运输到细胞质基质中的柠檬酸的裂解产物。α-酮戊二酸可以转换成谷氨酸,谷氨酸是蛋白质的组成成分,或作为其他氨基酸或核苷酸生物合成的前体。琥珀酰CoA可以与甘氨酸缩合生成卟啉,草酰乙酸可以作为糖合成的前体,也可以与天门冬氨酸相互转换,天门冬氨酸可用于尿素、蛋白质以及嘧啶核苷酸的合成(如图6.36)。

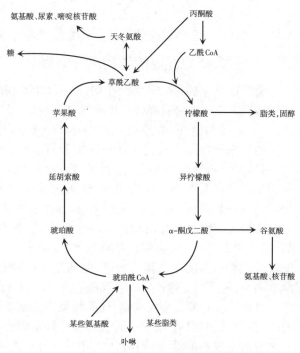

图6.36　代谢物进出三羧酸循环的几个部位

　　三羧酸循环的中间代谢物被用于其他生物分子的合成,势必减少它在循环中的浓度,影响循环的正常进行,所以要通过回补途径来补充减少的代谢物。由于代谢是循环的,所以补充循环内的任何中间代谢物都会使循环中所有其他中间代谢物的浓度增大,其中一个重要的调节回补途径是丙酮酸羧化酶催化的丙酮酸羧化生成草酰乙酸的反应。这个反应是哺乳动物细胞主要的回补反应。丙酮酸羧化酶可以被乙酰CoA别构激活,因为乙酰CoA的堆积表明三羧酸循环速度的减慢,所以循环需要更多的代谢中间物。丙酮酸羧化酶激活后可以使丙酮酸羧化加快,从而使循环中的草酰乙酸的浓度升高,就可减少乙酰CoA的堆积。许多植物和某些微生物是通过磷酸烯醇式丙酮酸羧化酶催化的反应向三羧酸循环提供草酰乙酸的。

五、有氧氧化的生理意义

　　1.动物通过糖的有氧分解途径分解葡萄糖为机体生命活动提高能量

　　一般生理条件下,绝大多数细胞都是从糖的有氧分解获得能量的,糖的有氧分解产能效率高,而且能量逐步释放,并贮存在ATP中,因此能量利用效率也高。

2.三羧酸循环是糖、蛋白质和脂类物质彻底氧化分解的共同通路

糖、蛋白质和脂类物质通过三羧酸循环可以彻底氧化分解成CO_2和H_2O，并产生大量能量，供生命活动利用。

3.三羧酸循环是糖、蛋白质和脂类代谢相互转化的代谢枢纽

三羧酸循环途径中的中间代谢物是合成许多物质的前体和许多代谢途径的调节物，通过共同的中间代谢物可以实现不同代谢途径之间的联系和转化。

所以，三羧酸循环在细胞的物质、能量及代谢调节中具有重要的意义。

第五节　磷酸戊糖途径

糖的有氧分解和无氧分解是动物体内许多组织糖分解代谢的主要途径，但并非唯一途径。在动物的肝、脂肪组织、骨髓、泌乳期的乳腺、肾上腺皮质、性腺、中性粒细胞、红细胞等组织细胞内还存在着磷酸戊糖途径。葡萄糖可经此途径代谢生成磷酸核糖、$NADP^+$、H^+和CO_2。

一、磷酸戊糖途径的生物化学历程

磷酸戊糖途径可以分为两个阶段：氧化阶段和非氧化阶段。在氧化阶段中，当葡萄糖-6-磷酸转换为核酮糖-5-磷酸时，生成$NADPH+H^+$：

$$葡萄糖-6-磷酸+2NADP^++H_2O \rightarrow 核酮糖-5-磷酸+2(NADPH+H^+)+CO_2$$

如果细胞需要大量的$NADPH+H^+$和核苷酸，则所有的核酮糖-5-磷酸都可异构化形成核糖-5-磷酸。磷酸戊糖途径就会终止于氧化阶段。而通常需要的$NADPH+H^+$要比核糖-5-磷酸多，所以大多数核糖-5-磷酸都要通过第二个阶段——非氧化阶段转换为糖酵解的中间产物——葡萄糖-6-磷酸，葡萄糖-6-磷酸又可以进入磷酸戊糖途径（如图6.37）。

磷酸戊糖途径氧化阶段的第一个反应是：葡萄糖-6-磷酸脱氢转化成6-磷酸葡萄糖酸内酯，反应由葡萄糖-6-磷酸脱氢酶催化，反应中$NADP^+$被还原生成$NADPH+H^+$。这步反应是整个磷酸戊糖途径的主要调节部位，葡萄糖-6-磷酸脱氢酶受$NADPH+H^+$的别构抑制，通过这一简单调节，磷酸戊糖途径可以自我限制$NADPH+H^+$的产生。

氧化阶段的第二个反应是：葡萄糖酸内酯酶催化6-磷酸葡萄糖酸内酯水解生成葡糖酸-6-磷酸（6-磷酸葡萄糖酸），第三个反应是：葡萄糖酸-6-磷酸在6-磷酸葡萄糖酸脱氢酶的作用下氧化脱羧生成核酮糖-5-磷酸、CO_2和另一分子的$NADPH+H^+$。氧化阶段最重要的作用是提供$NADPH+H^+$。

磷酸戊糖途径的非氧化阶段是一条转换途径，通过这条途径氧化阶段产生的核酮糖-5-磷酸转换为糖酵解的中间产物果糖-6-磷酸和甘油醛-3-磷酸。如果所有的磷酸戊糖都转换为酵解的中间产物，3分子戊糖可以转换为2分子己糖和1分子丙糖。

$$3核酮糖-5-磷酸\rightarrow2果糖-6-磷酸+甘油醛-3-磷酸$$

在非氧化阶段，核酮糖-5-磷酸在差向异构酶和异构酶的催化下，转换为木酮糖-5-磷酸和核糖-5-磷酸；然后，木酮糖-5-磷酸和核糖-5-磷酸经转酮醇酶催化形成七碳产物景天庚酮糖-7-磷酸和三碳产物甘油醛-3-磷酸。这两种产物再经转醛酶催化转换为果糖-6-磷酸和赤藓糖-4-磷酸，生成的赤藓糖-4-磷酸再与另一分子的木酮糖-5-磷酸经转酮醇酶催化生成果糖-6-磷酸和甘油醛-3-磷酸。

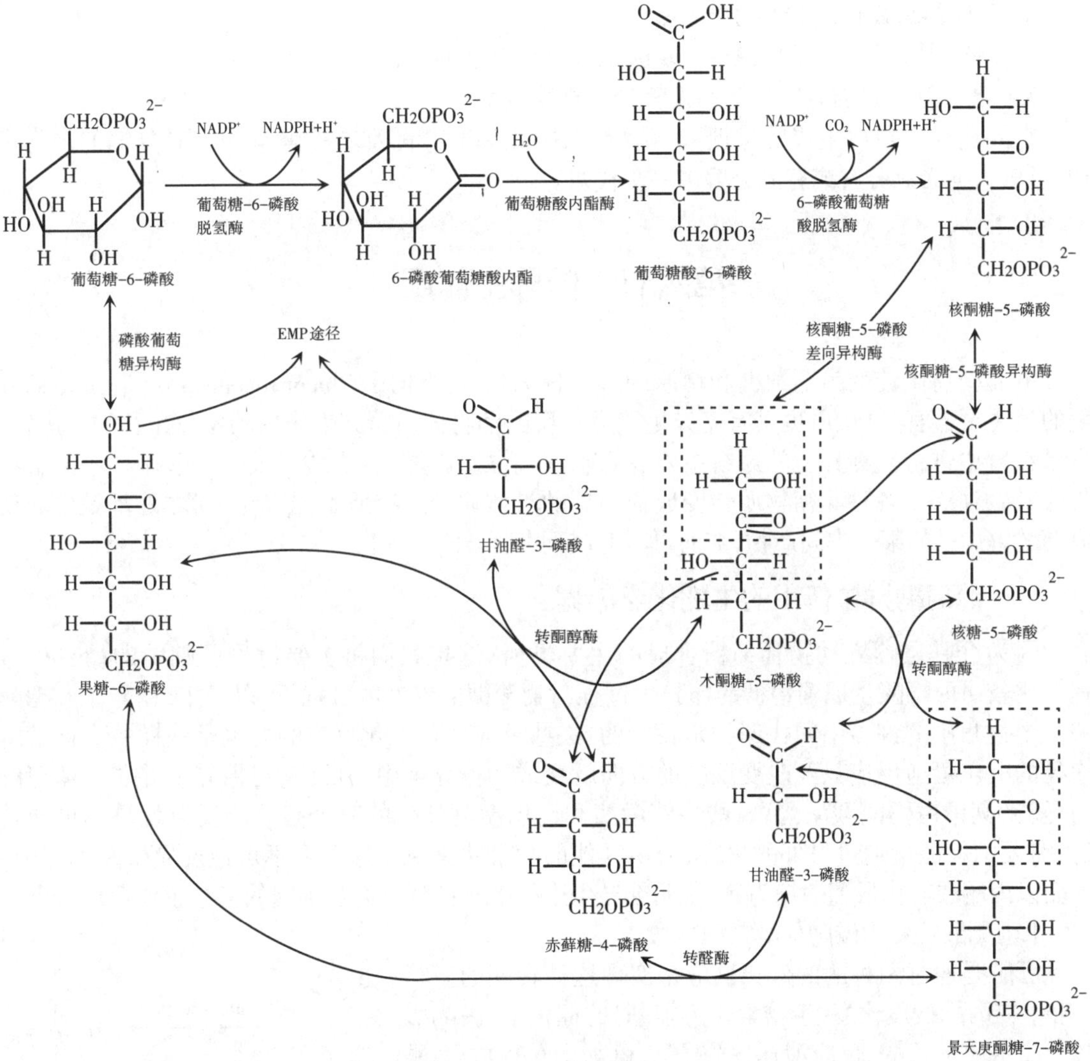

图6.37 磷酸戊糖途径

经计算,6 mol 葡萄糖-6-磷酸通过磷酸戊糖途径代谢后,其中1 mol 葡萄糖-6-磷酸全部氧化为6 mol CO_2,最后又重新生成5 mol 葡萄糖-6-磷酸,并产生12 mol $NADPH+H^+$。

总反应式为:

6 葡萄糖-6-磷酸+$12NADP^+$+$7H_2O$=5 葡萄糖-6-磷酸+$6CO_2$+$12NADPH$+$12H^+$

二、磷酸戊糖途径的生理意义

1.磷酸戊糖途径产生的$NADPH+H^+$是生物合成反应的供氢体

机体在合成脂肪、胆固醇、类固醇激素时都需要大量的$NADPH+H^+$提供氢,所以在脂类合成旺盛的脂肪组织、哺乳期乳腺、肾上腺皮质、睾丸等组织中磷酸戊糖途径比较活跃。

另外,磷酸戊糖途径对于红细胞的生理功能具有特殊的意义。红细胞能进行大量的磷酸戊糖途径,产生大量的$NADPH+H^+$,用以使氧化型的谷胱甘肽(G-S-S-G)还原成还原型的谷胱甘肽(G-SH),催化此反应的酶为谷胱甘肽还原酶,其辅基为FAD。还原型的谷胱甘肽除对含SH基的酶的活性具有保护性作用之外,还能除去细胞代谢中生成的H_2O_2,催化此反应的酶为谷胱甘肽还原酶,它的分子中含有微量的硒。如果红细胞内不能产生足够的$NADPH+H^+$,就必然不能有足够的G-SH保持再生,由于红细胞内G-SH的含量降低,势必引起H_2O_2的堆积,结果不仅使红细胞膜的脂类受到氧化,而且还可使血红蛋白被氧化成高铁血红蛋白,从而使红细胞丧失输氧功能甚至受到破坏而引起溶血现象。

2.磷酸戊糖途径产生的核糖-5-磷酸是合成核苷酸的原料

3.磷酸戊糖途径与有氧分解和无氧分解相互联系

在此途径中最后生成的果糖-6-磷酸与甘油醛-3-磷酸都是糖酵解和有氧分解的中间产物,可进入糖无氧分解或有氧分解进一步代谢。

第六节 糖异生作用

由非糖物质转变为葡萄糖和糖原的过程称为糖异生作用(Gluconeogenesis)。肝脏是糖异生的最主要器官,肾皮质也具有糖异生能力。反刍动物体内糖异生作用的85%在肝脏中进行,少量在肾中进行。糖异生的原料主要有氨基酸、乳酸、丙酸、丙酮酸以及三羧酸循环中的各种羧酸及甘油等。各种非糖物质转变成葡萄糖的具体途径虽有所不同,但共同之处都是先转变成糖酵解途径的某一中间产物,继而再转变成葡萄糖。

一、葡萄糖异生作用的生物化学历程

因为肝脏是哺乳动物葡萄糖合成的主要场所,这里我们将主要讨论肝脏中的糖异生过程。比较由丙酮酸生成葡萄糖的糖异生过程与葡萄糖的糖酵解过程,可以看出,糖异生和糖酵解两个过程中的许多中间代谢物是相同的,一些反应以及催化反应的酶也是一样的。糖酵解途径的七步可逆反应只要改变反应的方向就变成为糖异生中的反应,但糖异生并非是糖酵解的逆转,其中由丙酮酸激酶、磷酸果糖激酶和己糖激酶催化的三个高放能反应就是不可逆转的,需要消耗能量通过另外的途径,或由其他的酶催化来克服这三个不可逆反应带来的能障。下面以丙酮酸转化成葡萄糖为例,说明糖异生途径中与糖酵解途径不同的三个主要反应步骤。

1.丙酮酸转变为磷酸烯醇式丙酮酸

肝脏是通过两种酶的催化反应来实现这种转变的。第一步,在丙酮酸羧化酶(生物素作为辅基)的催化下,丙酮酸羧化生成草酰乙酸,反应消耗一分子ATP(如图6.38)。丙酮酸羧化酶是由四个相同的亚基组成的,每个亚基的一个赖氨酸残基共价连接一个生物素辅基,生物素是丙酮酸羧化所必需的,是活性CO_2的载体。

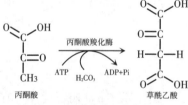

图6.38 丙酮酸羧化生成草酰乙酸

丙酮酸羧化酶催化的反应是不可逆反应,反应依赖于乙酰CoA及镁离子的存在,受ATP的激活,ADP的抑制。此步反应由三个连续的反应组成(图6.39)。

①生物素的羧基以酰胺键与酶蛋白赖氨酸残基上的ε-氨基连接。

②生物素消耗能量与CO_2反应生成羧化生物素。

③羧化生物素将CO_2转移给丙酮酸生成草酰乙酸。

第二步,在磷酸烯醇式丙酮酸羧激酶的催化下,草酰乙酸脱去一分子CO_2,同时进行磷酸化作用,变成一分子磷酸烯醇式丙酮酸

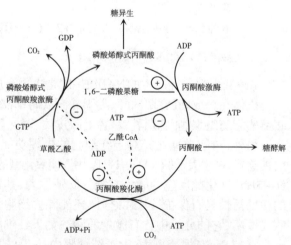

图6.39 丙酮酸激酶和丙酮酸羧化酶及磷酸烯醇式丙酮酸羧激酶的调节

（如图6.40）。该反应需要GTP或ATP供应能量和磷酸，ADP对该酶具有抑制作用，cAMP可以提高该酶的活性。

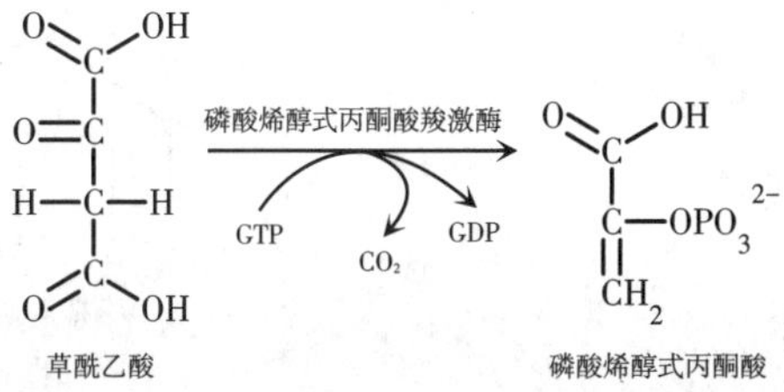

由于第一步反应是在线粒体中进行的，而第二步是在细胞质基质中进行的，草酰乙酸又不能穿过线粒体内膜而进入细胞质基质，所以，它必须以苹果酸或天门冬氨酸的形式由相应的载体运输到细胞液中。这样一来，在丙酮酸与磷酸烯醇式丙酮酸之间出现"无效循环"，"无效循环"反应看似只是在消耗ATP，没有收获，但实际上催化了两条途径中间产物之间的循环反应，为代谢提供了一个灵敏的调节部位，因为其中一个反应或两个反应的调节可确定底物的流向和水平，所以现在称这些反应为底物循环，它在细胞代谢的调节中起着重要的作用。在可进行糖异生的组织中，既可以进行糖酵解，又可以进行糖异生，这两个方向以及通过途径的底物水平都受到底物循环的调控。

图6.40 草酰乙酸转变为磷酸烯醇式丙酮酸

2.果糖-1,6-二磷酸转变为果糖-6-磷酸

果糖-1,6-二磷酸在果糖-1,6-二磷酸酶的催化下转变为果糖-6-磷酸。这是一个放能的水解反应，此酶是糖异生途径的主要调节酶，其调节方式正好与糖酵解中磷酸果糖激酶的调节方式相反（图6.41，图6.42）。该酶主要存在于肝脏和肾脏中。

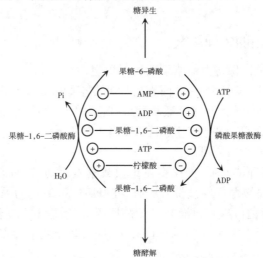

图6.41 磷酸果糖激酶和果糖-1,6-二磷酸酶的调节作用

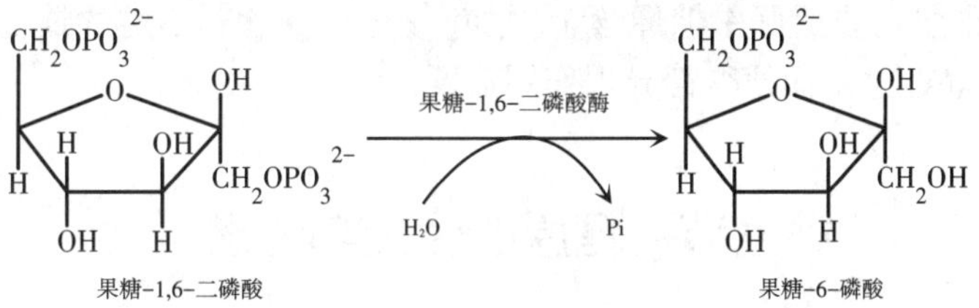

图6.42 果糖-1,6-二磷酸转变为果糖-6-磷酸

3.葡萄糖-6-磷酸转变为葡萄糖

葡萄糖-6-磷酸由葡萄糖-6-磷酸酶催化水解为葡萄糖和无机磷酸。此酶一般结合在肝细胞的内质网膜上，反应时，葡萄糖-6-磷酸首先被一种特异的载体蛋白运输到内质网管腔，葡萄糖-6-磷酸酶催化其水解，生成的葡萄糖和无机磷酸再被转运或游离到细胞液（如图6.43）。因为这一步只特异地发生在肝脏中，所以肝糖原水解生成的葡萄糖-1-磷酸异构为葡萄糖-6-磷酸后，进入糖异生途径，并生成葡萄糖以补充血糖的消耗，肌肉由于缺乏此酶，所以肌糖原只能分解供能而不能补充血糖。

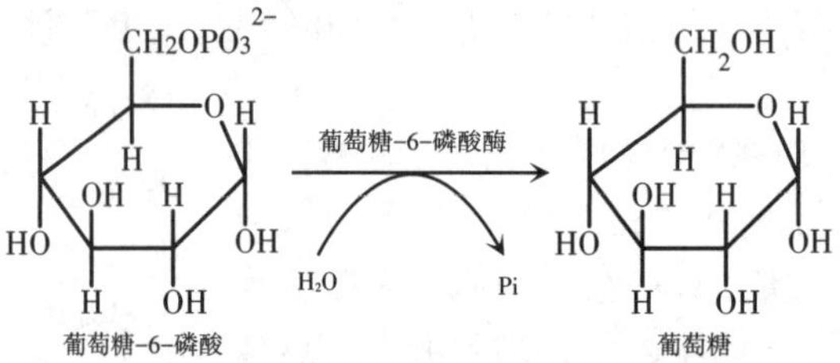

图6.43　葡萄糖-6-磷酸转变为葡萄糖

通过上述三个反应克服糖酵解中的三个不可逆反应,糖异生过程可以顺利进行。于是,糖酵解中的其他中间代谢物以及可以通过其他代谢过程产生这些物质的生糖物质,都可以通过这条途径转变为葡萄糖或者糖原,例如,三羧酸循环的中间代谢物以及能产生这些物质的其他非糖物质、乳酸、甘油、丙酸等。

丙酸是多数反刍动物体内葡萄糖的主要来源。首先,在丙酰CoA合成酶的作用下,丙酸被ATP及CoA活化为丙酰CoA;在丙酰CoA羧化酶的催化下,丙酰CoA固定一分子CO_2而生成D-甲基丙二酸单酰CoA,生物素是该酶的辅酶;在甲基丙二酸单酰CoA消旋酶(差向异构酶)的作用下,D-甲基丙二酸单酰CoA变成其异构体L-甲基丙二酸单酰CoA;然后,再由甲基丙二酸单酰CoA变位酶催化发生分子重排并生成琥珀酰CoA,其辅酶是维生素B_{12};最后进入三羧酸循环氧化分解或异生为葡萄糖。

二、葡萄糖异生作用的生理意义

1.由非糖物质合成糖可以保持血糖浓度的相对恒定

这种功能可以从两方面来理解:一方面当动物处在空腹或饥饿情况下,糖异生可使酵解产生的乳酸与脂肪分解的甘油以及大部分氨基酸等代谢中间产物转化成葡萄糖,这对于维持血糖浓度,满足组织(特别是脑和红细胞)对糖的需要是十分重要的。

2.糖异生作用有利于乳酸的利用

动物在某些生理或病理情况下,如家畜在重役或剧烈运动时,肌肉中糖原无氧分解加剧,产生大量乳酸,乳酸通过血液循环并被带入肝脏,在肝脏中被氧化为丙酮酸并经糖异生途径转变为葡萄糖。生成的葡萄糖再进入血液并被骨骼肌吸收,重新利用,这样就构成了一个循环,称为Cori循环。可见糖异生作用对于清除体内多余乳酸,防止酸中毒和促进乳酸的再利用具有重要的意义。

3.通过糖异生作用可以协助氨基酸代谢,使氨基酸转变成糖

实验证明,进食蛋白质后肝中糖原含量增加。在禁食、营养不足的情况下,由于组织蛋白分解加强,血浆氨基酸增多,而使得糖异生作用活跃。

第七节　糖原的合成与分解

糖原是一种高分子化合物,为无还原性的多糖。糖原是葡萄糖通过α-1,4-糖苷键和α-1,6-糖苷键相连的高聚物,直链部分借α-1,4-糖苷键将葡萄糖残基连接起来,支链部分则借α-1,6-糖苷键形成分支。呈聚集的颗粒状存在于肝脏和骨骼肌的细胞质基质中,是一种极易动员的葡萄糖贮存形式,对维持恒定的血糖水平和供给肌肉收缩所需的能量具有重要作用。

一、糖原的生物合成

糖原合成时,在其非还原端,将葡萄糖残基添加上去。糖原的合成代谢在细胞质中进行,

需要5种酶催化:己糖激酶(Hexokinase)、磷酸葡萄糖变位酶(Phosphoglucomutase)、UDP-葡萄糖焦磷酸化酶(UDP-Glucose Pyrophosphprylase)、糖原合成酶(Glycogen Synthase)和糖原分支酶(Glycogen Branching Enzyme)。糖原合成过程如图6.44。

1.生成葡萄糖-6-磷酸

合成糖原时,首先要活化,将葡萄糖生成葡萄糖-6-磷酸,需要己糖激酶或葡萄糖激酶来催化,是一耗能过程。这是因为己糖激酶受产物葡萄糖-6-磷酸的反馈抑制,即过多的葡萄糖-6-磷酸将降低己糖激酶活性,所以依靠己糖激酶不可能贮存很多糖原。而葡萄糖激酶不受产物的反馈抑制,当外源葡萄糖大量进入肝细胞,己糖激酶被自身催化的产物葡萄糖-6-磷酸抑制时,高浓度的葡萄糖激活葡萄糖激酶将葡萄糖转化为葡萄糖-6-磷酸,这样就促进了肝脏中糖原的大量合成。骨骼肌中缺乏葡萄糖激酶,所以肌肉贮存糖原量较肝脏有限。

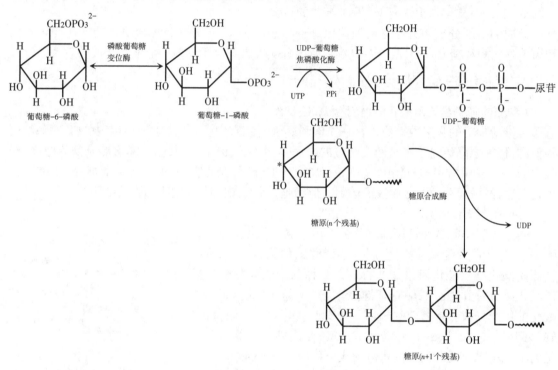

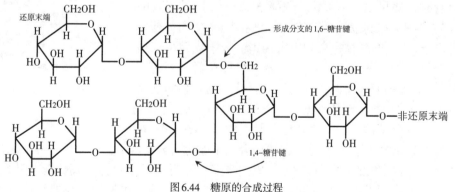

图6.44　糖原的合成过程

2.变位生成葡萄糖-1-磷酸

葡萄糖-6-磷酸在磷酸葡萄糖变位酶的作用下转变为葡萄糖-1-磷酸。

3.转形生成UDP-葡萄糖

葡萄糖-1-磷酸在UDP-葡萄糖焦磷酸化酶的催化下与尿苷三磷酸(UTP)反应,生成尿苷二磷酸葡萄糖(UDP-葡萄糖,UDP-G),同时释放焦磷酸(PPi),PPi迅速水解为无机磷酸,这个释放能量的过程使得整个反应不可逆。UDP-葡萄糖可以看作"活性葡萄糖",在体内作为糖原合成的葡萄糖供体。

4.生成糖原

在糖原合成酶作用下,UDP-G上的葡萄糖基转移到糖原引物的糖链非还原末端C4的羟基上,形成α-1,4-糖苷键,使糖原延长了一个葡萄糖残基。上述反应反复进行,可使糖链不断延长。但糖原合成酶必须有糖原分子作引物将UDP-G的葡萄糖残基加到已具有4个以上葡萄糖残基的糖原分子上,而不能从零开始将两个葡萄糖分子相互连在一起。

糖原合成酶只能延长糖链,不能形成分支,因此合成糖原或淀粉还需要另一种酶α-(1,4-1,6)-转葡萄糖苷酶,催化糖原支链的形成。所以此酶又称为分支酶,它从延伸的葡萄糖链的非还原末端除去至少含有6个葡萄糖基的寡糖。然后通过α-(1,6)连接酶再把该寡糖接到离最近的α-(1,6)分支点至少含有4个葡萄糖基的位置。

糖原的高度分支一方面可增加糖原分子的溶解度,另一方面将形成更多的非还原末端为糖原磷酸化酶和糖原合酶提供作用位点,所以分支大大提高了糖原的分解和合成的效率。

二、糖原的分解代谢

1.糖原的降解需要磷酸化酶、转移酶和脱支酶

脊椎动物中的大多数糖原贮存在肌肉和肝脏的细胞中。肌肉和肝脏细胞中的糖原降解是类似的,但糖原降解途径在这两个部位的作用不同:在肌肉组织中,糖原降解形成葡萄糖-6-磷酸,葡萄糖-6-磷酸可通过糖酵解和三羧酸循环被分解;在肝脏中,大多数葡萄糖-6-磷酸转换为葡萄糖,然后葡萄糖通过血液输送到其他细胞,例如脑细胞、红细胞和脂肪细胞等。

2.糖原的降解是从非还原末端开始的

糖原磷酸化酶从非还原端催化糖原磷酸解,从原来的糖原除去一个葡萄糖残基,同时生成一个磷酸酯葡萄糖-1-磷酸。糖原磷酸化酶只催化糖原分子的α-1,4-糖苷键的磷酸解。当磷酸化酶分解到距α-1,6-糖苷键分支点4个葡萄糖残基时,磷酸化酶停止分解。接着转移酶切下分支点上的麦芽三糖,将它转移到另一链上,以α-1,4-糖苷键连接,而连接一个葡萄糖残基的α-1,6-糖苷键由脱支酶水解形成葡萄糖(如图6.45)。

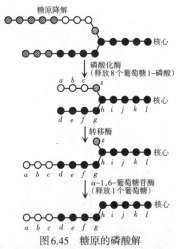

图6.45 糖原的磷酸解

糖原磷酸化酶可以从糖原的非还原末端连续地进行磷酸解,磷酸解直至距α-1,6-糖苷键的分支点还剩下4个葡萄糖单位的部位停止,剩下的底物称之为极限糊精。极限糊精可以通过糖原去分支酶作用进一步降解。去分支酶具有葡聚糖转移酶和淀粉-1,6-葡萄糖苷酶两种催化活性。葡聚糖转移酶催化支链上的3个葡萄糖残基转移到糖原分子的一个游离的4位羟基上,形成一个新的α-1,4-糖苷键,而淀粉-1,6-葡萄糖苷酶催化转移后剩下的通过α-1,6-糖苷键连接的葡萄糖残基的水解,释放出一分子葡萄糖,因此对于原来糖原聚合物中的每个分支点都会释放出一分子葡萄糖。

通过糖原磷酸化酶的磷酸解,糖原可以生成大量的葡萄糖-1-磷酸。葡萄糖-1-磷酸在磷酸葡萄糖变位酶的作用下可以转换为葡萄糖-6-磷酸。该反应是可逆的。在糖酵解中我们了解到,如果以葡萄糖作为底物,可以净生成2分子ATP,但糖原中绝大多数葡萄糖残基通过糖酵解却可以获得3分子ATP,很显然糖原中葡萄糖残基生成的能量多,这是因为糖原磷酸化酶催化糖原磷酸解,而不是水解,即在葡萄糖磷酸化中没有消耗ATP。

三、糖原代谢的调控

1. 糖原降解和合成的变构调节

糖原磷酸化酶是由两个相同亚基组成的同二聚体，细胞内存在着两种可以互相转换的糖原磷酸化酶，一个是磷酸化的具有磷酸化活性的糖原磷酸化酶a；另一种是无活性的脱磷酸的糖原磷酸化酶b。在肌肉中，紧张的运动产生高浓度的AMP可以使磷酸化酶b活化，因而降解糖原，但AMP的刺激作用被高浓度的ATP和葡萄糖-6-磷酸所解除，所以该酶在静止的肌肉中是无活性的。在肝脏中，磷酸化酶b对AMP不应答，但葡萄糖能使磷酸化酶失活，所以当葡萄糖的水平低时，肝糖原才降解并产生葡萄糖。

糖原合成酶以磷酸化的正常的无活性形式b型和去磷酸化的活性形式a型存在。在肌肉未进行收缩时，高浓度的葡萄糖-6-磷酸能活化糖原合成酶b，刺激糖原合成，但在肌肉收缩时该酶是无活性的，因为葡萄糖-6-磷酸的浓度低。

2. 糖原降解和合成的激素控制

在骨骼肌中，肾上腺素刺激肌糖原的降解，在肝脏中肾上腺素和胰高血糖素刺激肝糖原的降解。激素结合到质膜受体并通过G蛋白活化腺苷酸环化酶，腺苷酸环化酶在Ca^{2+}存在下，将ATP合成cAMP，从而又活化蛋白激酶A。蛋白激酶A催化磷酸化酶激酶的磷酸化使它活化，磷酸化酶激酶使无活性的磷酸化酶b通过磷酸化转化为有活性的磷酸化酶a，从而促进糖原降解。同时，活化的蛋白激酶A磷酸化糖原合成酶使其失活即将糖原合成酶a转化为糖原合成酶b，从而抑制糖原的合成。于是，血糖水平上升。当激素水平下降，特异的磷酸二酯酶使cAMP降解为$5'$-AMP，磷酸化酶和糖原合成酶由于蛋白磷酸酶I的作用，由磷酸化型变为去磷酸化型，从而解除了对糖原降解的刺激和糖原合成的抑制作用（图6.46）。

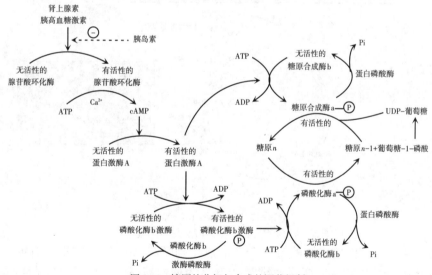

图6.46　糖原的分解与合成的调节机制

另外，当血糖浓度高时，胰岛素被释放到血流中并刺激糖原的合成。它结合到靶细胞的质膜上并活化受体蛋白激酶（酪氨酸蛋白激酶），这导致了对胰岛素应答的蛋白激酶的活化，然后通过磷酸化而活化蛋白磷酸酶I。活化的蛋白磷酸酶I使磷酸化酶和糖原合成酶去磷酸化，从而在抑制糖原降解的同时促进糖原的合成。

第八节 糖代谢各个途径之间的关系

机体内糖的不同代谢途径之间通过共同中间代谢产物相互联系,相互影响,同时受细胞内信号、激素和神经水平的调节。

一、糖代谢各个途径之间的联系

糖在动物体内的主要代谢途径有:糖原的合成与分解、糖的无氧氧化、糖的有氧分解、糖异生作用、磷酸戊糖途径等。有释放能量(产生ATP)的分解代谢,也有消耗能量的合成代谢。各个代谢途径的生理功能不同,但又通过代谢的共同中间产物相互联系,相互影响,构成一个整体。糖代谢各个途径联系如图6.47所示。

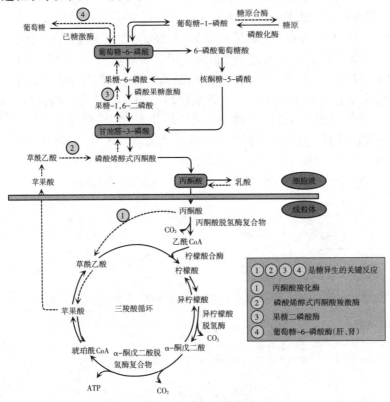

图6.47 糖代谢各个途径的联系

[引自邹思湘,动物生物化学(第5版),中国农业出版社,2013]

从图6.47可以看出,糖代谢的第一个交汇点是葡萄糖-6-磷酸,它把所有糖代谢都沟通了。通过它葡萄糖可以转变为糖原,糖原亦可转变为葡萄糖(肝、肾)。各种非糖物质异生成糖时也要通过它转变为葡萄糖或糖原。在糖的分解代谢中,葡萄糖或糖原也是先转变成葡萄糖-6-磷酸,然后进入无氧分解途径或有氧氧化途径分解,或进入磷酸戊糖途径转化分解。

第二个交汇点是甘油醛-3-磷酸,它是有氧分解和无氧分解的中间产物,也是磷酸戊糖途径的中间产物。

第三个交汇点是丙酮酸。当葡萄糖或糖原分解生成丙酮酸时,在无氧情况下,它接受甘油醛-3-磷酸脱下的氢还原为乳酸;在有氧情况下,甘油醛-3-磷酸脱下的氢经呼吸链与氧结合生成水,丙酮酸进入线粒体氧化脱氢生成乙酰CoA,经三羧酸循环彻底氧化成CO_2和H_2O。另外,丙酮酸还可经丙酮酸羧化支路异生成葡萄糖,它也是其他非糖物质生成糖的必经途径。

此外,通过磷酸戊糖途径把己糖代谢和戊糖代谢联系起来,同时中间产物也有三碳糖、四碳糖和七碳糖。

二、糖代谢的调节

(一)糖代谢各途径的调节

糖原的分解和合成不是简单的可逆反应,而是分别经过两条途径进行,这样便于进行精细调节。当糖原合成途径活跃时,分解途径则被抑制,这样才能有效地利用葡萄糖合成糖原。反之亦然。糖原分解途径中的磷酸化酶和糖原合成途径中的糖原合成酶都是催化不可逆反应的关键酶,其活性决定不同代谢途径的代谢速率,从而影响糖原代谢的方向。

糖的无氧分解途径中,丙酮酸转化为乳酸时称为糖酵解(Glycolysis),丙酮酸转化为乙醇、乙酸时称为发酵(Fermentation)。糖的无氧分解途径中,大部分反应是可逆的,这些可逆反应的方向、速率由底物和产物的浓度控制。催化糖酵解三个不可逆反应的酶:己糖激酶(葡萄糖激酶)、磷酸果糖激酶和丙酮酸激酶,是糖无氧分解途径的3个调节酶,分别受变构效应和激素的调节。糖异生途径中,通过不同酶催化的逆向反应,绕过了糖酵解的3步不可逆反应,重新生成糖。由不同酶催化的一对正逆反应称为底物循环。在正常情况下,正逆反应不会同时活跃,如果正逆反应以同样速度进行,将会造成ATP无效循环。

糖无氧酵解和糖异生作用是方向相反的两条代谢途径,如从丙酮酸进行有效的糖异生,就必须抑制糖的无氧酵解,反之亦然。

糖的有氧分解是机体获取能量的主要方式,有氧分解途径中的许多酶活性都受细胞ATP/ADP或ATP/AMP的调节。当细胞消耗ATP以致ATP水平降低,ADP和AMP浓度升高时,磷酸果糖激酶、丙酮酸激酶、丙酮酸脱氢酶复合物以及三羧酸循环中的异柠檬酸脱氢酶、α-酮戊二酸脱氢酶复合物及氧化磷酸化体系的酶均被激活,从而加速糖的有氧分解,补充ATP。反之,当细胞内ATP含量丰富时,上述酶活性降低,氧化磷酸化作用亦减弱。

磷酸戊糖途径氧化阶段的第一步反应,即葡萄糖-6-磷酸脱氢生成葡萄糖-6-磷酸内酯的反应实际上是不可逆的。磷酸戊糖途径中葡萄糖-6-磷酸的去路,最重要的调控因子是$NADP^+$的水平,因为$NADP^+$在葡萄糖-6-磷酸脱氢生成葡萄糖-6-磷酸内酯的反应中起电子受体的作用,形成的$NADPH+H^+$和$NADP^+$竞争性地与葡萄糖-6-磷酸脱氢酶的活性部位结合从而引起酶活性降低。所以,$NADPH+H^+/NADP^+$直接影响葡萄糖-6-磷酸脱氢酶的活性。$NADP^+$的水平对磷酸戊糖途径在氧化阶段产生$NADPH+H^+$的速度与机体在生物合成时对$NADPH+H^+$的利用形成偶联关系。转酮基酶和转醛基酶催化的反应都是可逆反应,因此根据细胞代谢的需要,磷酸戊糖途径和糖的无氧分解途径可灵活地相互调节。

(二)血糖水平的调节

1.物理、化学因素

正常情况下,机体的血糖浓度维持在一个相对稳定的状态。血糖浓度超过正常值时,则加速糖原合成并贮存于肝脏和肌肉中,血糖浓度降低时,则动员肝糖原分解或加速糖异生途径合成葡萄糖,补充血糖。在正常状态下,当血糖浓度低于160~180 mg/100 mL时,肾小管几乎能够完全重吸收肾小球滤液(原尿)中的葡萄糖,使其重新回到血液中,尿中不含葡萄糖或含量甚微。当血糖浓度高于160~180 mg/100 mL时,则葡萄糖溢出肾外,形成糖尿,所以高血糖患者尿中出现葡萄糖。

2.神经因素

血糖浓度低于70~80 mg/100 mL,或由于激动而过度兴奋,或刺激延脑第四脑室时,都能够引起延脑的"糖中枢"反射性兴奋,并沿神经途径传至肝脏,甚至以电刺激通往肝脏交感神经,均可引起肝糖原的加速分解,释放葡萄糖到血液中,当血糖浓度恢复到正常水平时,神经冲动减弱,于是肝糖原分解停止。

3.体液因素

体液因素,即激素因素。根据激素的升糖和降糖作用,可将激素分为两大类,即肾上腺素、生长激素、促肾上腺皮质激素、胰高血糖素和甲状腺素为升高血糖水平的激素,胰岛素为降低血糖水平的激素。它们的作用途径、效果虽各不同,但其作用机理一般是通过"第二信使",即cAMP实现的,胰岛素能抑制腺苷酸环化酶活性,从而连锁地降低了cAMP所激活的各种酶的活性,即蛋白质激酶、磷酸化酶激酶和磷酸化酶以及糖原合成酶的活性,最终导致糖原分解减慢,而糖原合成加快,总的表现为血糖水平的降低。肾上腺素等则能促进腺苷酸环化酶活性,从而连锁地升高了cAMP所激活的各种酶的活性,即蛋白质激酶、磷酸化酶激酶和磷酸化酶的活性,促进糖原分解。反之,使糖原合酶活性减弱,糖原合成减少,总的表现为血糖水平的升高。

(三)糖代谢紊乱

由于糖代谢过程中某些酶的先天性缺损,或由于其调节作用失常,导致糖代谢紊乱,出现病理情况。我们分别以常见的糖原病和糖尿病为代表,现分述它们的生化机理如下。

糖原病是由于糖原分解或合成的酶的缺损引起的。糖原分解缺损主要引起糖原在肝、肌肉和肾等脏器中大量积累,造成这些脏器肥大及机能障碍。例如葡萄糖-6-磷酸酶、磷酸化酶的缺损,引起糖原分解减少甚至消失,而糖原合成继续进行,相形之下,糖原增多,并在脏器内积累。又例如去分支酶和分支酶的缺损,能引起结构异常糖原的积累。反之,糖原合酶缺损,导致糖原合成不足。糖原病中,以葡萄糖-6-磷酸酶、去分支酶和肝磷酸化酶缺损型发病频率较高。

糖尿病的本质是血糖收、支间失去正常状态下的动态平衡。若收大于支,则会出现高血糖、糖尿,这种动态平衡的改变是与糖代谢的神经体液调节(如某些有关激素间失去平衡等)的改变紧密地联系在一起的。正常情况下,降糖激素与升糖激素并存,降糖、升糖处于动态平衡状态。若胰岛素分泌不足,则升血糖激素占主导因素,糖原合成减少,而糖原分解则增多;葡萄糖进入肌肉细胞及脂肪组织数量减少,大量葡萄糖进入血液。细胞内葡萄糖含量不足,糖酵解作用和三羧酸循环减弱;糖异生作用虽有所增强,但仍不能满足机体依靠葡萄糖氧化供能的要求;由此,动物机体不得不动员皮下贮存的脂肪来氧化供能,而这种氧化常常不完全,以致产生大量酮体,严重时引起酮血、酮尿、酸中毒等。

【本章小结】

糖是多羟基醛或多羟基酮,及其衍生物、多聚物。糖代谢包括分解代谢和合成代谢两方面。糖分解的主要途径有糖原分解、糖的无氧酵解、糖的有氧分解和磷酸戊糖途径。糖原是糖在动物体内的贮存形式,肌糖原分解主要为骨骼肌运动提供能量,肝糖原分解主要补充血糖,维持血糖浓度恒定。糖在无氧条件下分解,产生乳酸,同时释放较少能量,是动物在暂时缺氧状态下和某些组织生理状态下获得能量的重要方式。糖在有氧条件下,分解为二氧化碳和水,同时释放大量能量供动物体利用。糖的有氧分解可分为葡萄糖分解生成丙酮酸、丙酮酸氧化脱羧生成乙酰CoA和乙酰CoA进入三羧酸循环彻底分解生成二氧化碳和水3个阶段。其中,第一阶段与糖的无氧分解代谢过程基本相同,第三阶段产生的能量最多。此外,在动物的某些组织中(如脂肪组织、肾上腺皮质等),葡萄糖可经过磷酸戊糖途径进行代谢,其产物$NADH+H^+$、核糖-5-磷酸等是合成脂肪酸、核苷酸和胆固醇等物质的重要原料。

糖合成代谢的主要途径有糖原的合成和糖异生。糖原的合成以葡萄糖作为起始物,糖基供体是UDP-G。引物是小分子糖原,分支酶催化形成糖原支链。由非糖物质(如甘油、乳酸、生糖氨基酸等)合成糖的过程称为糖异生作用。肝是糖异生的主要器官。因为肝细胞中具有丙酮酸羧化酶、磷酸烯醇式丙酮酸羧激酶、果糖-1,6-二磷酸酶和葡萄糖-6-磷酸酶,可使糖无氧分解途径的3步不可逆反应逆转,从而将非糖物质转变为糖无氧分解途径的中间产物,沿无氧分解途径逆行而异生成糖。

糖代谢的各个途径之间相互联系,相互影响,受细胞内信号、激素和神经水平的调节。

【案例分析】 为什么人和动物在剧烈运动后要进行必要的休息调整?

分析原因

1.人和动物的各种形式的运动,主要靠肌肉的收缩来完成。肌肉收缩需要能量,这些能量主要依靠肌肉组织中的糖类物质分解来提供。

2.在剧烈活动时,骨骼肌急需大量的能量,尽管此时呼吸运动和血液循环都大大加强了,可仍然不能满足肌肉组织对氧的需求,致使肌肉处于暂时缺氧状态。部分糖类物质无氧分解产生乳酸,乳酸在肌肉内大量堆积,便刺激肌肉块中的神经末梢产生酸痛感觉;乳酸的积聚又使肌肉内的渗透压增大,导致肌肉组织内吸收较多的水分而产生局部肿胀。

3.运动后进行休息调整,有利于机体通过乳酸葡萄糖循环过程清除乳酸,恢复肌肉健康。

【思考题】

1.简述动物体内糖代谢概况。

2.简述糖原分解与合成代谢的过程。

3.简述糖无氧酵解、有氧分解和糖异生的生化过程,并简述各途径的生理意义。

4.简述磷酸戊糖途径的代谢特点和生理意义。

5.简述糖代谢各途径的联系及其调节。

第七章 生物氧化

第一节 生物氧化概述

一、生物氧化的概念及特点

从最简单的细胞变形运动到高级神经活动,凡是生命活动,都需要能量。生命有机体的能量来源主要是细胞内有机物的生物氧化(Biological Oxidation)。营养物质,主要是糖、脂肪和蛋白质等在体内分解,消耗氧气,生成 CO_2 和 H_2O,同时产生能量的过程称为生物氧化。这个过程在细胞中进行,宏观上表现为呼吸作用,因此也将生物氧化称为组织氧化或细胞氧化、组织呼吸或细胞呼吸。

与生物体外发生的有机物氧化反应相比,两者的共同之处是:反应的本质都是脱氢、失电子或加氧;所消耗的氧、终产物和释放的能量均相同。但生物氧化具有与体外氧化明显不同的特点,生物氧化是在细胞内温和的环境中(体温、pH接近中性),在一系列酶的催化下逐步进行的,因此物质中的能量得以逐步释放,部分能量以热的形式散失,而大部分能量贮存在ATP中。

二、自由能和氧化还原电位

活细胞和生命有机体必须通过做功才能生存和繁殖,在这一过程中需要能量的存在。生物能量学(Bioenergetics)就是研究生命有机体传递和消耗能量的过程,阐明能量的转换和交流的基本规律。一个生命有机体是一个开放的系统,它与其周围环境既有物质的交流又有能量的交流。生命有机体通过两种方式从环境获取能量,一是从外界环境摄取"燃料",再通过氧化的方式摄取能量(动物);二是从太阳光吸收光能(绿色植物和一些藻类等)。

(一)自由能

19世纪,德国科学家Rubner等用热量计测定了动物和人全部能量的释放、氧的消耗、二氧化碳的产生和氮的排出等数据,证明活的生命有机体与任何机械一样,都服从能量守恒定律即热力学第一定律。热力学第一定律的内容是,体系内能的变化等于过程中热量变化加上体系对环境所做的功。能量不能被创造或消灭,它只能从一种形式转化成另一种形式。生命有机体服从能量守恒定律,就是说必须从物质代谢中获得能量来偿还其生命活动所需要利用的能量,即合成代谢所消耗的能量,必须从物质的分解代谢中获得。

生命有机体也遵循热力学第二定律。众所周知,能量总是从能态较高的物体流向能态较低的物体,例如,热总是自发地从较热的物体流向较冷的物体;水总是从高处流向低处;溶液中的溶质总是从高浓度区域向低浓度区域扩散。这些过程都是自发的。实际上凡是自发的过程,都有能量的释放,而且其中一部分可以用来带动非自发的过程。自发过程中能用于做功的能量称为自由能(Free Energy),用 G 来表示。如果一个反应的自由能变化(ΔG)为负值,表明这个反应能够自发进行;如果为正值,表示这个反应不能自发进行,要从外界吸收能量才能实现。

(二)氧化还原电位

氧化反应与还原反应总是同时发生的。一个反应物被氧化必然伴有另一个反应物被还原。在生物氧化中,既能接受氢(或电子)又能供给氢(或电子)的物质,起传递氢(或电子)的作用,称为传递氢载体(或电子载体)。氧化还原电位(Oxidation-Reduction Potential)能够表征这些氧化还原物质的氧化性或还原性的相对程度。氧化还原电位可通过铂电极插入氧化还原系统中测定出来。标准氧化还原电位的数值表示氧化还原能力的大小,标准氧化还原电位负值越大,其还原性越强,容易被氧化;标准氧化还原电位正值越大,其氧化性越强,容易被还原。

三、高能磷酸化合物

(一)高能磷酸化合物的概念

糖、脂肪等物质在细胞内氧化分解过程中释放的能量,有相当一部分以化学能的形式贮存在高能化合物中。高能化合物是指那些既容易水解又能够在水解过程中释放出大量的自由能的一类分子(表7.1),以高能磷酸化合物(High-Energy Phosphate Compounds)最为常见,如ATP、ADP、磷酸肌酸、1,3-二磷酸甘油酸、磷酸烯醇式丙酮酸和乙酰磷酸等。这些化合物的磷酸酯键非常不稳定,水解时释放的能量高达30~60 kJ/mol,被称为高能磷酸键(Energy-Rich Phosphate Bond),以~P表示。

代谢过程中也产生一些高能硫酯化合物,如乙酰CoA、琥珀酰CoA等。

表7.1　几种常见的高能化合物

高能化合物	释放能量(pH 7.0,25 ℃)kJ/mol(kcal/mol)
磷酸肌酸	−43.9(−10.5)
磷酸烯醇式丙酮酸	−61.9(−14.8)
乙酰磷酸	−41.8(−10.1)
ATP, GTP, UTP, CTP	−30.5(−7.3)
乙酰CoA	−31.4(−7.5)

(二)ATP

在机体细胞内的各种高能化合物中,ATP水解释放自由能的水平在所有磷酸化合物中处于中间位置,它既可以容易地从自由能水平较高的化合物获得能量,也可以较容易地向自由能水平较低的化合物传递能量。正是ATP在众多的高能化合物中所处的独特位置使它成为最重要的能量载体,通过它,细胞内的放能反应和需能反应建立了偶联。

1. ATP的利用

为糖原、磷脂、蛋白质合成时提供能量的UTP、CTP、GTP一般不能从物质氧化过程中直接生成,只能在核苷二磷酸激酶的催化下,从ATP中获得~P。例如:

$$ATP+UDP \longrightarrow ADP+UTP$$

ATP还能以偶联的方式推动非自发反应的进行,例如,细胞中合成脂肪酸时有以下反应:

$$乙酰CoA+CO_2 \longrightarrow 丙二酸单酰CoA$$

$$(\Delta G = +18.84 \text{ kJ/mol,不能自发进行})$$

乙酰CoA羧化酶(生物素为辅酶)催化以下反应:

$$E-生物素+CO_2+ATP+H_2O \longrightarrow E-生物素-CO_2+ADP+Pi$$

$$(\Delta G = -17.58 \text{ kJ/mol})$$

$$E-生物素-CO_2-乙酰CoA \longrightarrow E-生物素+丙二酸单酰CoA$$

$$(\Delta G = -1.00 \text{ kJ/mol})$$

总反应为：

$$H_3C-\overset{\overset{O}{\|}}{C}-SCoA+CO_2 \xrightarrow[\text{乙酰CoA羧化酶}]{\begin{array}{c}ATP \quad\quad ADP+Pi\end{array}} HOOC-CH_2-\overset{\overset{O}{\|}}{C}\sim SCoA$$

乙酰CoA　　　　　　　　　　　　　　　　　　　丙二酸单酰CoA

$$(\Delta G = -18.59 \text{ kJ/mol})$$

ATP还可将~P转移给肌酸生成磷酸肌酸（Creatine Phosphate，CP），作为肌肉中能量的一种贮存形式。当机体消耗ATP过多而产生ADP增多时，磷酸肌酸将~P转移给ADP，生成ATP，供生理活动之用。

由此可见，生物体内能量的储存和利用都是以ATP为中心进行的。ATP作为能量载体几乎参与所有的生理过程，例如肌肉收缩（机械能）、神经传导（电能）、生物合成（化学能）、分泌吸收（渗透能）等，因此被人们称为通用的"能量货币"。

2. ATP的生成

细胞内ATP的生成方式有两种，底物水平磷酸化（Substrate Level Phosphorylation）和氧化磷酸化（Oxidative Phosphorylation）。

当底物发生脱氢或脱水时，其分子内部能量重新分布而形成高能磷酸键（或高能硫酯键），然后高能键转移给ADP（或GDP）生成ATP（或GTP）的反应称为底物水平磷酸化。如糖酵解途径的中间产物磷酸烯醇式丙酮酸和1,3-二磷酸甘油酸都含有高能磷酸键，可以直接转移给ADP而生成ATP，发生底物水平磷酸化反应。例如，

$$1,3\text{-二磷酸甘油酸}+ADP \longrightarrow 3\text{-磷酸甘油酸}+ATP$$
$$\text{磷酸烯醇式丙酮酸}+ADP \longrightarrow \text{烯醇式丙酮酸}+ATP$$

氧化磷酸化是在线粒体中进行的，是需氧生物体中ATP的主要生成方式，详见第二节内容。

第二节　生成ATP的氧化体系

一、氧化呼吸链

（一）线粒体

真核生物的生物氧化发生在线粒体中，原核生物的则发生在细胞膜上。线粒体的特殊结构、酶系统，都为生物氧化提供了便利的条件。线粒体是产生ATP的主要场所，因此它被形象地称为细胞内的"发电站"。

线粒体（Mitochondria）呈短棒状或近似球状。线粒体的膜由内、外两层所构成。内膜以复杂的折叠伸入内腔构成线粒体嵴。线粒体嵴并未将内腔完全隔开，内腔空间仍然是连续的（如图7.1）。线粒体内膜上分布有细胞进行生物氧化的重要酶系——氧化磷酸化酶系。它们构成了两个电子传递系统，也称呼吸链。

在线粒体内膜表面上，还可以见到许多颗粒状突起，有头部和柄部，它的头部具有ATP酶的活性，称为ATP合酶。

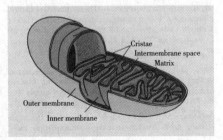

图7.1　线粒体

（二）氧化呼吸链的基本概念

代谢物脱下的成对氢原子(2H)经过呼吸链（Respiratory Chain）的传递，最终与氧结合生成水。呼吸链是指排列在线粒体内膜上的一种有多种脱氢酶以及氢和电子传递体组成的氧化还原系统（如图7.2）。

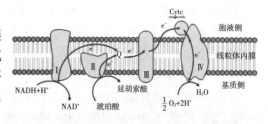

图7.2 线粒体呼吸链

（三）呼吸链的组成

呼吸链位于线粒体内膜上，形成呼吸链集合体。这种呼吸链集合体包括四种酶复合体和两个独立成分（如表7.2）。四种酶复合体分别称为酶复合体 Ⅰ、Ⅱ、Ⅲ、Ⅳ；两个独立成分是CoQ和细胞色素c，它们极易从线粒体内膜上分离出来，是可移动的电子传递体。

表7.2 线粒体上电子传递链的组分

复合物	酶名称	辅基
复合体 Ⅰ	NADH-CoQ还原酶(NADH脱氢酶)	FMN, FeS
复合体 Ⅱ	琥珀酸-CoQ还原酶(琥珀酸脱氢酶)	FAD, FeS
独立成分	辅酶Q(泛醌)	
复合体 Ⅲ	CoQ-细胞色素c还原酶	血红素b, 血红素c_1(FeS)
独立成分	细胞色素c	血红素c
复合体 Ⅳ	细胞色素c氧化酶(Cytaa₃)	血红素a, Cu^{2+}

由表7.2可见，FMN、FAD、CoQ、铁硫中心、细胞色素（b、c_1、c、aa_3）既是呼吸链中各种氧化还原酶的辅基和组成部分，也是呼吸链的电子传递体。

1.黄素单核苷酸/黄素腺嘌呤二核苷酸(FMN/FAD)

FMN/FAD在呼吸链中作为NADH脱氢酶的辅基。它们可以作为递氢体，其分子中N^1、N^{10}组成的共轭双键的1,4-加成和脱氢的过程实现还原型与氧化型之间的相互转化，是双电子传递体（如图7.3）。

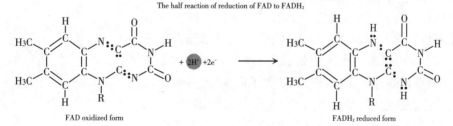

图7.3 FAD的递氢作用

2.铁硫中心(Iron-Sulfur Center)

铁硫中心又称铁硫簇（(Iron-Sulfur Clusters)，是铁硫蛋白（Iron-Sulfur Protein）的活性中心。铁硫蛋白是一种非血红素铁蛋白，是含相等数量的铁原子和硫原子的结合蛋白，各种铁硫蛋白含Fe-S的数目常不同，有一铁一硫（Fe-S），二铁二硫（2Fe-2S）和四铁四硫（4Fe-4S）几种不同类型，其中以2Fe-2S和4Fe-4S最为普遍（如图7.4）。

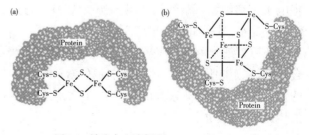

图7.4 铁硫中心示意图(a: 2Fe-2S; b: 4Fe-4S)

铁原子除与硫原子连接外,还与蛋白质分子中半胱氨酸的巯基相连。铁硫蛋白通过铁原子的化合价的转变(Fe^{3+}/Fe^{2+})来传递电子,是单电子传递体。

3.辅酶 Q(Coenzyme Q,CoQ)

CoQ 又称泛醌(Ubiquinone),是广泛存在于生物体中的一种醌类。泛醌分子中的苯醌结构可接受两个氢质子和两个电子,被还原为对苯二酚,然后是两个氢质子释放入线粒体基质内,两个电子传递给细胞色素(图7.5)。CoQ 是双电子传递体。

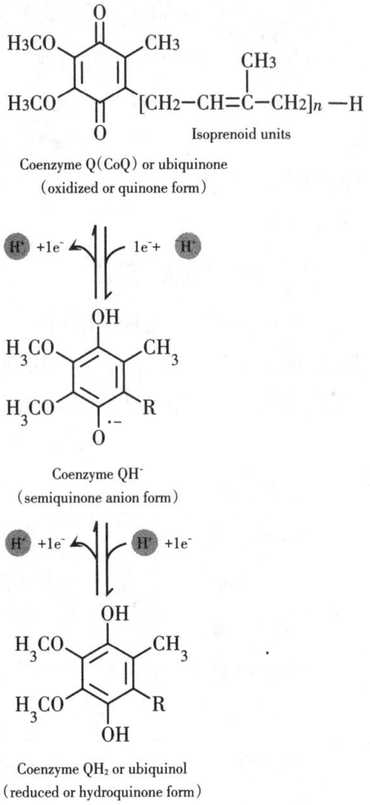

4.细胞色素(Cytochrome,Cyt)

细胞色素是含血红素的结合蛋白质,Fe 离子处于血红素环中央,借助其化合价的变化(Fe^{2+}/Fe^{3+})传递电子。各种来源的细胞色素已发现30余种,可分为 a、b、c 三类。在电子传递链中至少含有五种细胞色素:b、c_1、c、a 和 a_3。细胞色素 b、c_1、c 的辅基均含有铁卟啉,又称血红素,其分子中的铁离子与卟啉和蛋白质形成了六个配位键,所以不能再与 O_2、CO 或 CN^- 等结合(图7-6)。

细胞色素是通过铁卟啉辅基中铁离子的可逆性互变作用来传递电子的,与铁硫蛋白一样也是单电子传递体。当还原型的辅酶 Q($CoQH_2$)进行氧化时,则有2分子细胞色素参加,CoQ-细胞色素 c 还原酶复合物把电子从 $CoQH_2$ 传递给细胞色素 b、c_1、c 的过程如下(如图7.7)。

细胞色素 a 和 a_3 结合紧密,以复合物的形式存在,以目前技术还不能将其分开。细胞色素 aa_3 在电子传递链中能被氧直接氧化,所以称之为细胞色素氧化酶(Cytochrome Oxidase),又称为复合体Ⅳ,是呼吸链中最后一个电子传递体。细胞色素 aa_3 的辅基是血红素 A,其辅基中的铁离子与卟啉环和蛋白质形成五个配位键,还保留一个配位键,所以能与 O_2、CO、CN^- 结合。此外细胞色素 aa_3 中还含有铜原子,铜原子也参与电子传递。

在电子传递过程中,细胞色素 c 将电子传递给细胞色素 a 的亚基时,通过其辅基血红素 A 中铁的化合价变化来传递电子。电子传递到细胞色素 a_3 时,通过其血红素 A 的铁及铜原子将电子传递给氧,氧接受2个电子还原成 O^{2-},与介质中的 $2H^+$ 结合生成水,过程如下(如图7.8)。

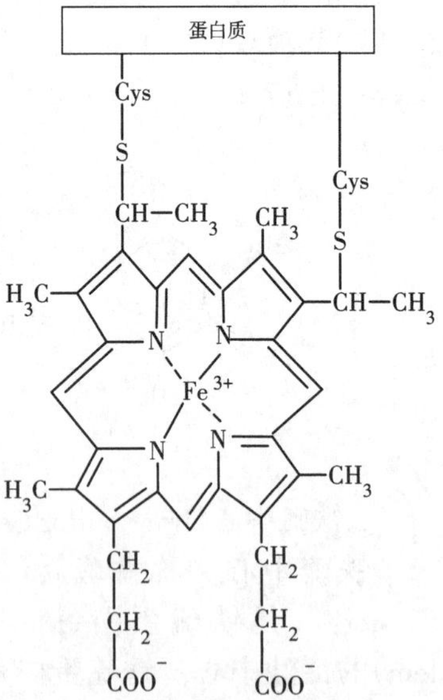

还原型细胞色素 a_3 辅基血红素 A 中的铁原子极易与 CO 结合,生成稳定的化合物。氧化型细胞色素 a_3 的血红素 A 辅基中的铁原子与氰化物有较大的亲和力,在氰化物浓度极低时也能与细胞色素 a_3 结合,从而使其丧失传递给氧的功能。

Coenzyme Q(CoQ) or ubiquinone
(oxidized or quinone form)

Coenzyme QH^-
(semiquinone anion form)

Coenzyme QH_2 or ubiquinol
(reduced or hydroquinone form)

©Brooks/Cole, Cengage Learning

图7.5 CoQ_{10} 的递氢作用

图7.6 细胞色素 c

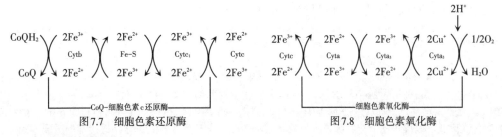

图7.7 细胞色素还原酶　　　　　　　图7.8 细胞色素氧化酶

(四)两条主要的呼吸链

存在于线粒体内膜上的四种酶复合物以及两种独立成分CoQ和细胞色素c按一定排列顺序可构成两条电子传递链,即NADH电子传递链(NADH氧化呼吸链)与$FADH_2$电子传递链($FADH_2$氧化呼吸链)。

1. NADH氧化呼吸链

糖、脂肪、蛋白质三大营养物质在氧化分解过程中脱下的氢,大部分是通过NADH氧化呼吸链来传递的。这条呼吸链由复合体Ⅰ、复合体Ⅲ、复合体Ⅳ、泛醌和细胞色素c组成。其排列顺序是:

电子的传递是由各个复合体的辅基完成的,传递过程如图7.9:

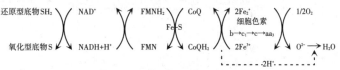

图7.9 NADH氧化呼吸链

在生物氧化中大多数脱氢酶都是以$NADH^+$为辅酶,底物(SH_2)脱下的氢由NAD^+接受生成$NADH+H^+$,在NADH-泛醌还原酶的作用下,脱下的氢经NADH氧化呼吸链传递,最后激活氧生成水。

2. $FADH_2$氧化呼吸链

在生物氧化中有部分脱氢酶是以FAD为辅基的,例如琥珀酸脱氢酶、脂酰CoA脱氢酶等。底物脱下的氢由FAD接受,然后进入FAD氧化呼吸链进行传递,所以$FADH_2$氧化呼吸链又称为琥珀酸氧化呼吸链。

$FADH_2$氧化呼吸链是由复合体Ⅱ、复合体Ⅲ、复合体Ⅳ、泛醌和细胞色素c组成,其排列顺序和电子传递过程如图7.10:

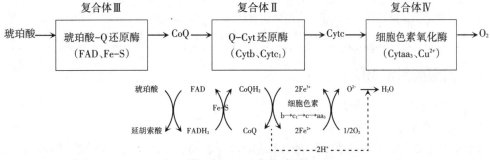

图7.10 $FADH_2$氧化呼吸链

$FADH_2$氧化呼吸链与NADH氧化呼吸链的区别是底物脱下的氢不经过NAD^+这个环节,直接传递给FAD,而以下的氧化过程与NADH氧化呼吸链相同。

【案例分析】 氧化呼吸链上相关酶的异常表达是某些疾病发生的重要原因。例如有研究者为探讨铜缺乏对奶牛心脏、肝脏、肾脏琥珀酸脱氢酶(SDHase)组化特征(分布特点及活性)的影响,对铜缺乏症的奶犊牛的上述组织中SDHase的变化进行了研究。实验结果表明,发病组奶牛心脏中SDHase计数值显著高于对照组($P<0.05$),而肝脏、肾脏中SDHase计数值显著低于对照组($P<0.05$);健康组奶牛心脏、肝脏、肾脏中SDHase活性扫描值均显著大于发病组($P<0.05$)。发病奶牛组组织中SDHase酶颗粒的分布也发生特征性的变化。因此可以推论出氧化呼吸链关键酶活性的改变是导致奶牛铜缺乏症病理过程的重要原因。

(五)电子传递的抑制剂

一些物质能够阻断呼吸链中某些部位的电子传递。由于电子传递过程被阻断使物质氧化过程中断,磷酸化无法进行,故电子传递抑制剂同样也可抑制氧化磷酸化。目前已知的电子传递链抑制剂有以下几种。

1.阻断NADH

鱼藤酮、安密妥、杀粉蝶霉素A等,这类抑制剂专一结合于复合体Ⅰ中的铁硫蛋白上,从而阻断电子传递。

2.阻断CoQ

抗霉素A具有阻断电子从细胞色素b传递到细胞色素c_1的作用。

3.阻断Cytaa₃

氰化物、CO及叠氮化物(N_3^-)等,这类抑制剂可抑制细胞色素氧化酶,使电子不能传递给氧。电子传递抑制的作用部位见图7.11。

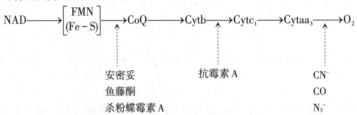

图7.11 抑制剂在电子传递链中的抑制部位

【案例分析】 **氰化物的中毒与解毒机理**

氰化物是重要的工业原料,木薯、苦杏仁、桃仁、白果中都含有氰化物。最常见的氰化物是氢氰酸、氰化钾和氰化钠。氰化物具有杏仁油的气味,易挥发、易溶于水。

氰化物对人和动物都是一种剧毒物质。导致中毒的机理是:氰离子能迅速与细胞色素氧化酶中的三价铁离子结合,阻止其还原成二价铁离子,使传递电子的氧化过程甚至整个生物氧化过程中断,ATP合成减少,细胞摄取能量严重不足而造成内窒息,导致人和动物因缺乏能量而死亡。

氰化物中毒是致命的,解救不及时会导致死亡。亚硝酸钠和硫代硫酸钠组合是氰化物中毒最好的解毒剂。亚硝酸钠使血红蛋白迅速生成高铁血红蛋白,高铁血红蛋白的三价铁离子能与体内游离的或已经与细胞色素氧化酶结合的氰离子结合形成不稳定的氰化高铁血红蛋白,而使酶免受抑制。氰化高铁血红蛋白在数分钟内又可解离出氰离子,故须迅速给予硫代硫酸钠,使氰离子转变为低毒的硫氰酸盐而排出体外。

二、氧化磷酸化作用

(一)氧化磷酸化作用的概念

1.氧化磷酸化概念

氧化磷酸化又称电子传递水平磷酸化,是指代谢底物脱下的氢经过呼吸链的依次传递,最终与氧结合生成H_2O,这个过程所释放的能量用于ADP的磷酸化反应(ADP+Pi)生成ATP。这样,底物的氧化作用与ADP的磷酸化作用通过能量相偶联。

2. P/O 比值

P/O 比值是指当底物进行氧化时,每消耗 1 个氧原子所消耗的用于 ADP 磷酸化的无机磷酸中的磷原子数。P/O 比值是确定氧化磷酸化次数的重要指标。例如,以 NADH 为首的呼吸链,传递一对氢给 1 个氧原子生成 1 分子 H_2O 时,可供 2.5 mol 无机磷酸参与 ADP 的磷酸化反应,生成 2.5 mol ATP,因此 P/O 比值为 2.5/1,即为 2.5。而以琥珀酸脱氢酶为首的呼吸链的 P/O 比值为 1.5,生成 1.5 mol ATP。

3.氧化磷酸化的偶联部位

生物氧化的特点之一,就是在营养物质的氧化过程中,能量是逐步释放的。当底物脱下的氢沿着呼吸链传递时,自由能由高到低逐渐降低,释放的总自由能为 -220.23 kJ/mol。每一步骤释放的自由能多少不等,其中有 3 处释放的自由能较多,足以供 ADP 与无机磷酸作用生成 ATP 反应所需的能量。在这些步骤上,就可能发生底物氧化与 ADP 磷酸化的偶联,生成 ATP。

$$NADH \rightarrow CoQ \qquad \Delta G = -50.24 \text{ kJ/mol}$$
$$Cytb \rightarrow Cytc_1 \qquad \Delta G = -41.87 \text{ kJ/mol}$$
$$Cytaa_3 \rightarrow O_2 \qquad \Delta G = -100.48 \text{ kJ/mol}$$

(二)氧化磷酸化的偶联机理

NADH 氧化与 ADP 磷酸化生成 ATP 是偶联发生的,但是电子在传递过程中怎样与 ADP 的磷酸化偶联起来呢? 关于氧化磷酸化的偶联机制曾提出了三种假说:化学偶联假说、结构偶联假说和化学渗透学说。

由英国生物化学家 Peter Mitchell 于 1961 年提出的化学渗透学说是目前被人们普遍公认的氧化磷酸化偶联机制。其要点如下:

①呼吸链中的递氢体和递电子体都按一定顺序排列在线粒体内膜上。

②底物脱下的氢通过呼吸链传递给氧原子的过程中,氢和电子传递体发挥了类似质子"泵"的作用,将 H^+ 从线粒体的基质中通过内膜转运到膜间隙中,在线粒体内膜的两侧形成了质子的电化学梯度,有很大的自由能积蓄。

③当质子顺着电化学梯度通过内膜球体,即 ATP 合酶返回基质时,有自由能的释放。释放的能量在 ATP 合酶的催化下,ADP 与 Pi 发生磷酸化反应,生成 ATP。

1966 年,拉克尔在线粒体内膜间质一侧发现了球状的突起物,它们就是 ATP 合酶。ATP 合酶有 F_1 和 F_0 两部分。F_1 部分的相对分子质量为 360,含有 5 条多肽链,其功能是催化 ATP 合成;F_0 是由 4 条多肽链构成的疏水片段,它镶嵌在线粒体内膜中,形成 ATP 合酶的质子通道。质子(H^+)通过 F_0 通道从膜间返回到间质,并在 F_1 处合成 ATP(图 7.12)。

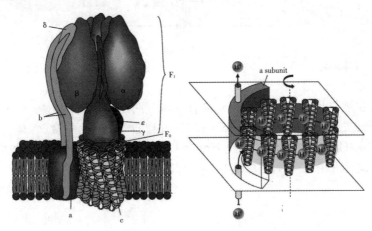

图 7.12　ATP 合酶结构示意图

(三)氧化磷酸化的解偶联剂和抑制剂

解偶联剂是指使氧化磷酸化的电子传递过程与ADP磷酸化生成ATP的过程不能发生偶联反应的物质。解偶联剂对电子传递过程没有抑制作用,但抑制ADP磷酸化生成ATP的作用,因此电子传递过程中产生的自由能转变为热能。目前已发现了多种解偶联剂,如2,4-二硝基苯酚(2,4-DNP)、双香豆素等。

氧化磷酸化抑制剂是指对电子传递及ADP磷酸化均有抑制作用的物质。它们既作用于ATP合酶使ADP不能磷酸化生成ATP,又抑制由ADP所刺激的氧化作用。如寡霉素可以阻止质子从F_0质子通道回流,抑制ATP生成。这时由于线粒体内膜两侧质子电化学梯度增高影响呼吸链质子泵的功能,继而抑制电子传递。

(四)线粒体外的氧化磷酸化作用(胞液中NADH的氧化)

氧化磷酸化主要是在线粒体中进行的,线粒体中的NADH或$FADH_2$的形式就可以直接通过两条呼吸链进行氧化。但当底物脱氢过程位于胞液时,如糖酵解过程中甘油醛-3-磷酸经甘油醛-3-磷酸脱氢酶催化后脱下来的氢(NADH)要进入呼吸链,则必须通过特殊的穿梭机制穿过线粒体内膜。

细胞内存在两种不同的线粒体穿梭机制。动物的骨骼肌和大脑中是通过α-磷酸甘油穿梭(Glycerol-α-phosphate Shuttle)的方式,而肝脏和心肌中则是以苹果酸穿梭(Malate Shuttle)的方式完成这一过程的。

1.苹果酸穿梭

苹果酸穿梭机制是依靠位于胞液和线粒体中的苹果酸脱氢酶、谷-草转氨酶来实现转移NADH进入线粒体的。此机制是将底物上的氢通过脱氢酶转移到草酰乙酸上,生成苹果酸,并以苹果酸的形式穿过线粒体内膜进入线粒体。由于胞液与线粒体中的苹果酸脱氢酶都有相同的辅酶,即NAD^+,所以,进入线粒体后仍是NADH,进入以NADH为首的呼吸链进行氧化。在线粒体中,由苹果酸脱氢生成的草酰乙酸不能直接穿过线粒体内膜,而必须通过转氨基作用,转化为天门冬氨酸,才能穿过线粒体内膜,回到胞液中,完成循环的过程(如图7.13)。

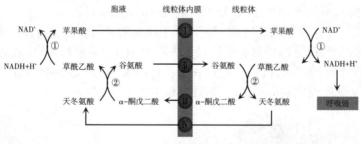

图7.13 苹果酸穿梭

①苹果酸脱氢酶,②谷-草转氨酶;Ⅰ、Ⅱ、Ⅲ、Ⅳ均为线粒体内膜上的专一载体。

2.α-磷酸甘油穿梭

此穿梭过程主要是依靠胞液中的α-磷酸甘油脱氢酶的催化,使3-磷酸甘油醛上的氢通过NADH转移到磷酸二羟丙酮上生成α-磷酸甘油,并以这种形式穿过线粒体内膜进入线粒体内。而线粒体内α-磷酸甘油将氢转移到其辅酶FAD上,生成$FADH_2$,并以这种形式进入呼吸链。胞液和线粒体中的α-磷酸甘油脱氢酶的辅酶不同,前者为NAD^+,而后者是FAD(如图7.14)。

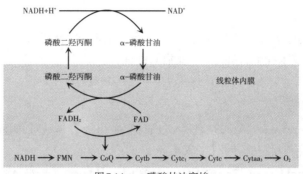

图7.14　α-磷酸甘油穿梭

(五)能荷

ATP的含量标志着细胞内的能量水平,它对细胞内许多物质代谢都具有调节作用。细胞内3种腺苷酸的比例称为能荷(Energy Charge),即细胞中ATP的含量(包括以 1/2 ATP 计算的 ADP)与ATP、ADP和AMP含量总和的比值:

$$能荷 = \frac{[ATP]+[ADP]/2}{[ATP]+[ADP]+[AMP]}$$

当能荷高时,表明细胞的合成代谢旺盛,分解代谢受到抑制。相反,能荷低时,说明分解代谢旺盛而合成代谢受到抑制,因为许多代谢途径的关键酶都受ATP的调节。

第三节　其他氧化体系

除线粒体外,细胞的微粒体和过氧化物酶体也是生物氧化的场所。其中存在一些不同于线粒体的氧化酶类,组成特殊的氧化体系,其特点是在氧化过程中不伴有偶联磷酸化,不生成ATP。

一、过氧化物酶体中的酶类

过氧化物酶体(Peroxisome)又称微体(Microbody),是一种特殊的细胞器,存在于动物的肝、肾、中性粒细胞和小肠黏膜细胞中,直径 0.2~1.5 μm,通常为 0.5 μm,呈圆形、椭圆形或哑铃形不等,由单层膜围绕而成(图7.15)。过氧化物酶体中含有40多种氧化酶,如L-氨基酸氧化酶、D-氨基酸氧化酶,以及多种催化生成H_2O_2的酶,也含有分解H_2O_2的酶,可氧化氨基酸、脂肪酸等多种底物。

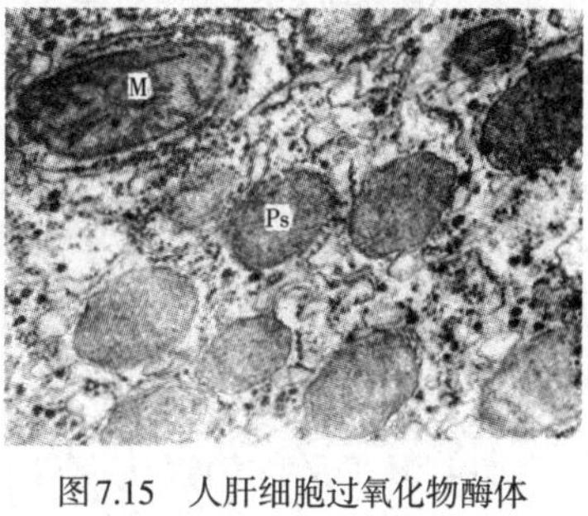

图7.15　人肝细胞过氧化物酶体
M:过氧化物酶体;Ps:没有尿酸氧化酶结晶

(一)体内过氧化氢的生成

过氧化物酶体内含有多种氧化酶,可以催化H_2O_2以及超氧离子的生成。如黄嘌呤氧化酶(Xanthine Oxidase)、L-氨基酸氧化酶(L-amino Acid Oxidase),D-氨基酸氧化酶(D-amino Acid Oxidase)及醛氧化酶(Aldehyde Oxidase)等。这些酶大多以黄素单核苷酸(FMN)和黄素腺嘌呤二核苷酸(FAD)为辅基,称为黄素酶类,是需氧脱氢酶,即可以催化底物脱氢,并且可以将脱掉的氢立即交给氧分子,生成H_2O_2。

生理量的H_2O_2对机体有一定生理功能。例如,在粒细胞和吞噬细胞中,H_2O_2可氧化杀死入侵的细菌。过多的H_2O_2可以氧化巯基酶和具有活性巯基的蛋白质,使之丧失生理活性。但体内有催化效率极高的过氧化氢酶及过氧化物酶消除H_2O_2,在正常情况下不会发生H_2O_2的蓄积。

（二）过氧化氢酶

过氧化氢酶（Catalase）又称接触酶，广泛分布于血液、骨髓、黏膜、肾脏及肝脏等组织。此酶催化过氧化氢分解成水和氧，消除其对细胞的毒性：

$$2H_2O_2 \xrightarrow{\text{过氧化氢酶}} 2H_2O+O_2$$

（三）过氧化物酶

过氧化物酶（Peroxidase）分布在乳汁、白细胞、血小板等体液或细胞中。该酶催化过氧化氢氧化其他物质，如酚类和胺类，同时生成水。

$$R+H_2O_2 \xrightarrow{\text{过氧化物酶}} RO+H_2O \text{ 或 } RH_2+H_2O_2 \xrightarrow{\text{过氧化物酶}} R+2H_2O$$

【案例分析】 髓过氧化物酶在动物疾病诊断方面的临床价值

髓过氧化物酶（Myeloperoxidase，MPO）是过氧化物酶家族中的重要成员，是由活化的中性粒细胞、单核细胞、巨噬细胞在炎症过程分泌到细胞外液的白细胞酶。奶牛隐性乳房炎的检测方法有多种，相比之下，近年来，国外报道的检测奶样中MPO以诊断奶牛隐性乳房炎的方法更符合快速、简便、高灵敏度、高特异性的现代诊断方法要求。有研究表明奶样中的体细胞数（SCC）和MPO浓度的相关系数值为0.91，奶样中随着SCC的增高，MPO的水平也增高达到2 000 ng/mL，同时也可分离到大量细菌。通过对牛奶中MPO的检测来判断乳房内中性粒细胞（PMN）的活性状态，可对奶牛隐性乳房炎做出早期诊断。

二、超氧化物歧化酶

呼吸链电子传递过程中及体内其他物质氧化时可产生超氧离子，超氧离子可进一步生成 H_2O_2 和羟自由基（·OH），统称反应氧簇。其化学性质活泼，可使磷脂分子中不饱和脂肪酸氧化生成过氧化脂质，损害生物膜。过氧化脂质与蛋白质结合形成的复合物，积累成棕褐色的色素颗粒，称为脂褐素，与组织老化有关。

超氧化物歧化酶（Superoxide Dismutase，SOD）是一类广泛存在于动、植物及微生物中的含金属酶类。该酶可催化1分子超氧离子氧化生成 O_2，另1分子超氧离子还原生成 H_2O_2。

$$2O_2^{\cdot-}+2H^+ \xrightarrow{\text{超氧化物歧化酶}} H_2O_2+O_2$$

真核细胞胞浆内的SOD含有 Cu^{2+}，Zn^{2+} 等元素，SOD能促进超氧化物的歧化反应，通过生成 H_2O_2 和 O_2 而清除自由基，阻止自由基的连锁反应，对机体起到保护作用。

三、微粒体中的酶类

微粒体（Microsomes）内有重要的氧化酶体系，它的功能是能催化底物分子加氧，因此称为加氧酶（Oxygenase）。加氧酶包括加单氧酶（Monooxygenase）和加双氧酶（Dioxygenase）两种。

（一）加单氧酶

加单氧酶又称为羟化酶（Hydroxylase），它可催化一些脂溶性物质，如脂溶性药物、毒物和类固醇物质的氧化，使之转化为极性物质而通过体液代谢排出体外。这些反应需要有NADPH、H^+ 和细胞色素 P_{450} 参加。

$$RH+NADPH+H^++O_2 \xrightarrow{\text{加单氧酶}} ROH+NADP^++H_2O$$

（二）加双氧酶

加双氧酶催化氧分子中的两个氧原子加到底物带双键的两个碳原子上，如图7.16色氨酸吡咯酶催化的反应。

图7.16　色氨酸吡咯酶催化色氨酸转化为甲酰犬尿酸原

【本章小结】

　　生物氧化是指糖类、脂肪、蛋白质等有机物质在细胞中进行氧化分解生成 CO_2 和 H_2O 并释放出能量的过程。生物氧化同一般的体外氧化反应相比有其自己的特点:生物氧化在一系列酶、辅酶的催化下,在反应条件温和(常温、pH接近中性)和多水环境中逐步进行;氧化反应分阶段进行,能量逐步释放;生物氧化过程中释放的化学能通常被偶联的磷酸化反应所利用,贮存于高能磷酸化合物(如ATP)中,当生命活动需要时再释放出来。ATP的生成有两种方式:底物磷酸化和氧化磷酸化。氧化磷酸化是在线粒体中,代谢物在生物氧化过程中释放出的自由能用于合成ATP(即 ADP+Pi→ATP),这种氧化放能和ATP生成(磷酸化)相偶联的过程称氧化磷酸化。呼吸链是指排列在线粒体内膜上的一个由多种脱氢酶以及氢和电子传递体组成的氧化还原系统。呼吸链由黄素蛋白酶、铁-硫蛋白、辅酶Q和细胞色素组成。机体内有两条主要的呼吸链,即NADH氧化呼吸链和 $FADH_2$ 氧化呼吸链。底物脱下的氢经过呼吸链的传递,最终与 O_2 结合生成水,其过程中所释放的能量与ADP的磷酸化偶联,生成ATP。氧化磷酸化偶联的次数可以用P/O比值来测定。P/O的数值相当于一对电子经呼吸链传递至分子氧所产生的ATP分子数。以琥珀酸脱氢酶为首的呼吸链的P/O比值为1.5,以NADH为首的呼吸链的P/O比值为2.5。目前公认的氧化磷酸化的偶联机制是1961年由Mitchell提出的化学渗透学说。当底物脱下的氢原子经呼吸链传递时,H^+ 被"泵"出线粒体内膜进入膜间隙,产生 H^+ 电化学梯度,其中蕴含着能量。当 H^+ 经过ATP合酶的 F_0 部分回流到线粒体基质时,在ATP合酶的催化下,使ADP磷酸化生成ATP。

　　胞液中生成的NADH不能直接透过线粒体内膜进入线粒体内,要通过不同的穿梭系统(α-磷酸甘油穿梭、苹果酸穿梭)来转运,最终导致胞液中生成的NADH通过苹果酸穿梭作用产生2.5个ATP;通过α-磷酸甘油穿梭产生1.5个ATP。

【思考题】

　　1.生物氧化与体外物质氧化的异同之处是什么?

　　2.体内两条主要的呼吸链是什么? 它们是由哪些成分组成的?

　　3.常见的呼吸链电子传递抑制剂有哪些? 它们的作用机制是什么?

　　4.胞液中生成的NADH如何被转运到线粒体中进行氧化?

　　5.什么是氧化磷酸化? 化学渗透学说是如何解释氧化磷酸化的偶联机制的?

第八章 脂代谢

脂类(Lipid)主要包括脂肪(Fat)和类脂(Lipoid)两大类。其中,脂肪又称甘油三酯(Triacyg-lycerol,TG),由甘油的3个羟基与3个脂肪酸脱水缩合而成。而类脂则主要包括磷脂(Phospholipid)、糖脂(Glycolipid)、胆固醇(Cholesterol)及其酯。

基于脂类物质在动物体内的分布,又可将其分为贮存脂和组织脂。贮存脂主要为中性脂肪,分布在动物皮下结缔组织、大网膜、肠系膜、肾周围等组织中。这些贮存脂肪的组织又被称为脂库。贮存脂的含量受机体营养状况的影响。而组织脂主要由类脂组成,分布于动物体所有的细胞中,是构成细胞的膜系统(质膜和细胞器膜)的成分,其含量稳定,基本不随营养等状况的变化而变动。

第一节　脂类及其生理功能

糖和脂肪都是能源物质,但脂肪是动物机体用以贮存能量的主要形式(表8.1),主要在于脂肪是疏水的,而糖是亲水的,贮存糖的同时也贮存了水,因此氧化1 g葡萄糖仅释放出约17 kJ的能量,而每克脂肪彻底氧化分解可以释放出约38 kJ的能量。此外,贮存1 g糖原所占体积约为贮存1 g脂的4倍,即贮存脂肪的效率约为贮存糖原的9倍多。当动物摄入的能源物质超过了动物机体需要时,将以脂肪的形式贮存起来,反之,则动用体内贮存的脂肪氧化分解供能。因而,动物贮脂的数量会随营养状况的改变而增减。此外,脂肪也可为机体提供物理保护。正如皮下脂肪不仅可以保持体温,而且内脏周围的脂肪组织也可固定内脏器官和缓冲外部冲击。

表8.1　食物成分含有的能量

成分	$\Delta H(kJ \cdot g^{-1}$干重$)$
糖类	17
脂肪	38
蛋白质	17

类脂是动物机体不可缺少的物质。磷脂、糖脂和胆固醇是构成组织细胞膜系统的主要成分。这些类脂分子特殊的理化性质使它们形成膜脂质双分子层结构,成为半透性的屏障。此外,机体一些生理活性物质也有类脂的组分,如性激素、肾上腺皮质激素、维生素D_3和促进脂类消化吸收的胆汁酸,都来自于胆固醇的衍生。磷脂的代谢中间物,如甘油二酯、肌醇磷酸则可作为信号分子参与细胞代谢的调节过程。动物可以从糖和氨基酸合成绝大部分的脂类分子。饲料中缺乏脂类,短期内对动物健康造不成损害。然而时间长了,就会发生营养缺乏症,引起疾病。动物机体不能合成对其生理活动十分重要的几种不饱和脂肪酸,主要有亚油酸(18:2,$\Delta^{9,12}$)、亚麻油酸(18:3,$\Delta^{9,12,15}$)和花生四烯酸(20:4,$\Delta^{5,8,11,14}$,必须从饲料中获得(植物和微生物可以合成),这类不饱和脂肪酸称为必需脂肪酸(Essential Fatty Acid)。必需脂肪酸是组成细胞膜磷脂、胆固醇酯和血浆脂蛋白的重要成分。近年来发现,前列腺素、血栓素和白三烯等生物活性物质均是由甘碳多烯酸,如花生四烯酸衍生而来的。这些物质几乎参与了所有的细胞代谢调

节活动。由于反刍动物(如牛、羊)瘤胃中的微生物能合成这些必需脂肪酸,因此无须由饲料专门供给(表8.2)。

表8.2　常见的饱和脂肪酸和不饱和脂肪酸

通俗名	系统名	简写符号	结构
酪酸(Butyric Acid)	n-丁酸	4:0	$CH_3(CH_2)_2COOH$
月桂酸(Lauric Acid)	n-十二酸	12:0	$CH_3(CH_2)_{10}COOH$
豆蔻酸(Myristic Acid)	n-十四酸	14:0	$CH_3(CH_2)_{12}COOH$
软脂酸(棕榈酸)(Palmitic Acid)	n-十六酸	16:0	$CH_3(CH_2)_{14}COOH$
油酸(Oleic Acid)	十八碳-9-烯酸(顺)	$18:1\Delta^{9c}$	$CH_3(CH_2)_7CH=CH(CH_2)_7COOH$
亚油酸(Linolenic Acid)	十八碳-9,12-二烯酸(顺、顺)	$18:2\Delta^{9c,12c}$	$CH_3(CH_2)_4(CH=CHCH_2)_2(CH_2)_6COOH$
亚麻油酸(α-Linolenic Acid)	十八碳-9,12,15-三烯酸(全顺)	$18:3\Delta^{9c,12c,15c}$	$CH_3CH_2(CH=CHCH_2)_3(CH_2)_6COOH$
花生四烯酸(Arachidonic Acid)	二十碳-5,8,11,14-四烯酸(全顺)	$20:4\Delta^{5c,8c,11c,14c}$	$CH_3(CH_2)_4(CH=CHCH_2)_4(CH_2)_2COOH$
EPA	二十碳-5,8,11,14,17-五烯酸(全顺)	$20:4\Delta^{5c,8c,11c,14c,17c}$	$CH_3CH_2(CH=CHCH_2)_5(CH_2)_2COOH$
DHA(俗称脑黄金)	二十二碳-4,7,10,13,16,19-六烯酸(全顺)	$22:6\Delta^{4c,7c,10c,13c,16c,19c}$	$CH_3CH_2(CH=CHCH_2)_6CH_2COOH$

注:脂肪酸简写方法,先写出脂肪酸的碳原子数目,再写双键数目,两个数目之间用冒号(:)隔开。双键位置用Δ右上标数字表示,数字是指组成双键的两个碳原子从羧基端开始计数序号较低者,并在号码后面用C(cis,顺式)和t(trans,反式)标明双键的构型。

第二节　脂肪的分解代谢

一、脂肪的动员

贮存在脂肪细胞中的脂肪,在机体需能的情况下,将被脂肪酶水解为游离脂肪酸(Free Fatty Acid, FFA)和甘油并释放入血液,运输到其他组织氧化利用,这一过程称为脂肪动员(图8.1)。

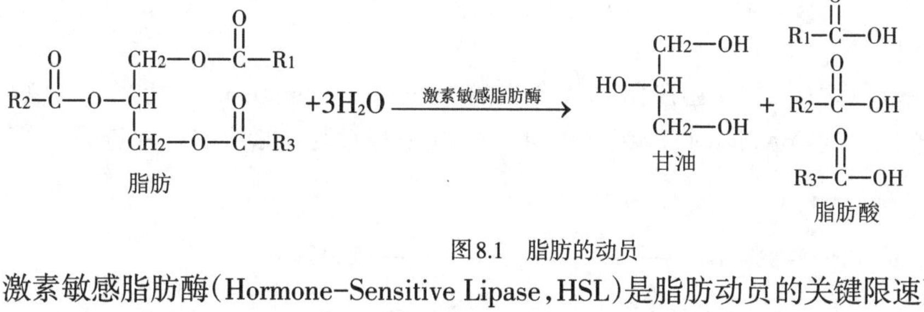

图8.1　脂肪的动员

激素敏感脂肪酶(Hormone-Sensitive Lipase,HSL)是脂肪动员的关键限速酶,其活性受到胰岛素、胰高血糖素、肾上腺素及去甲肾上腺素的调控。在禁食、饥饿或交感神经兴奋时,胰高血糖素、肾上腺素及去甲肾上腺素的分泌增加并被激活,促进脂肪动员。而胰岛素等则使其活性抑制,具有对抗脂肪动员的作用。

二、甘油的代谢

甘油(Glycerin)首先在甘油磷酸激酶(Phosphoglycerokinase)的催化下,进行磷酸化,生成α-磷酸甘油和ADP。这一步活化甘油的反应是耗能的、不可逆反应。而α-磷酸甘油变为甘油的反应,是由磷酸酶催化的水解反应。由于脂肪组织没有甘油磷酸激酶,所以脂肪组织贮存的甘油三酯动员时产生的甘油,必须经血液运送到其他组织中去利用。

甘油的代谢途径见图8.2。可见,甘油和糖代谢的关系非常密切,糖和甘油可以互相转变,其转变的枢纽是二羟丙酮磷酸(也可称作二羟磷酸丙酮)。

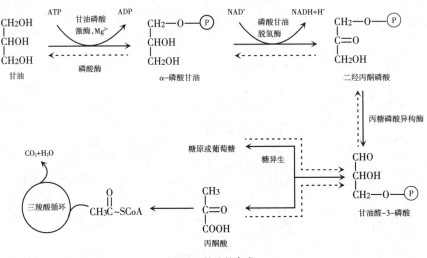

图8.2 甘油的合成
(实线为甘油的分解,虚线为甘油的合成)

三、脂肪酸的分解代谢

1904年,Franz Knoop利用苯环标记含奇数碳原子的脂肪酸饲喂动物,尿中是苯甲酸的衍生物马尿酸;用苯环标记含偶数碳原子的脂肪酸饲喂动物,尿中是苯乙酸衍生物苯乙尿酸(图8.3)。据此Knoop认为,脂肪酸是以二碳单位逐步降解的,是从羧基端β-碳原子开始的,由此提出了脂肪酸的β-氧化学说。

偶数碳原子脂肪酸:

$$\text{苯}-CH_2-(CH_2)_{2n}-\overset{\overset{O}{\|}}{C}-OH \longrightarrow \text{苯}-CH_2-\overset{\overset{O}{\|}}{C}-OH \text{（苯乙酸）}$$

奇数碳原子脂肪酸:

$$\text{苯}-CH_2-(CH_2)_{2n+1}-\overset{\overset{O}{\|}}{C}-OH \longrightarrow \text{苯}-\overset{\overset{O}{\|}}{C}-OH \text{（苯甲酸）}$$

图8.3 Knoop实验原理

1.脂肪酸的活化

脂肪酸在氧化分解之前,首先由脂酰CoA合成酶(Acyl-CoA Synthetase,相当于硫激酶)催化,在胞液中活化为脂酰CoA,同时需要ATP、Mg^{2+}和CoA的参与,在线粒体外进行。其反应如下:

$$\text{脂肪酸}+HS{\sim}CoA \xrightarrow[\substack{Mg^{2+} \\ ATP \quad AMP+PPi}]{\text{脂酰CoA合成酶}} \text{脂酰}{\sim}S{-}CoA$$

在体内,焦磷酸(PPi)很快被焦磷酸酶水解成无机磷酸,以保证反应的进行。可见,在脂肪酸的活化过程中消耗了两个高能磷酸键。

2.脂酰CoA从胞液转移至线粒体内

由于催化脂肪酸氧化的酶系存在于线粒体的基质内,因而胞液中活化了的脂肪酸(即脂酰CoA)必须进入线粒体内进行氧化分解。要跨过线粒体内膜,脂酰CoA必须借助于一种小分子的脂酰基载体——肉碱(Carnitine)来实现其转移。肉碱的分子式是:$L-(CH_3)_3N^+-CH_2CH(OH)CH_2COO^-$($L-\beta-羟-\gamma-$三甲氨基丁酸)。脂酰基可以通过酯键连接在肉碱分子的羟基上。线粒体膜上存在的肉碱脂酰转移酶(Carnitine Acyl Transferase),可催化脂酰基在肉碱和CoA之间的转移反应,其过程如图8.4所示。

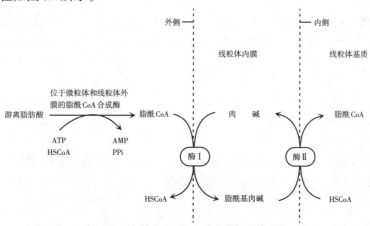

图8.4　在肉碱参与下脂肪酸转入线粒体的简要过程

酶Ⅰ是位于外侧的肉碱脂酰转移酶　酶Ⅱ是位于内侧的肉碱脂酰转移酶

脂酰CoA转入线粒体是脂肪酸$\beta-$氧化的主要限速步骤。肉碱脂酰转移酶有Ⅰ、Ⅱ两种抗原性不同的同工酶,分别存在于线粒体内膜的外侧面与内侧面。而肉碱脂酰转移酶Ⅰ是其限速酶。位于线粒体内膜外侧面的酶Ⅰ促进脂酰基转化为脂酰肉碱,后者通过线粒体内膜上的脂酰肉碱载体转运进入膜内侧,再在酶Ⅱ的作用下转变为脂酰CoA并释出肉碱。当脂肪动员作用加强时,机体需要脂肪酸供能,此时肉碱脂酰转移酶Ⅰ的活性增加,脂肪酸的氧化增强;而脂肪合成时,丙二酸单酰CoA的增加则抑制该酶的活性。

【案例分析】　先天性肉碱转运缺乏

由于肉碱水平不足或酰基的合成和转运不足,造成长链脂肪酸转运穿过线粒体内膜的先天性异常,可引起多种疾病。

目前已知的肉碱缺乏分为原发性肉碱缺乏和继发性肉碱缺乏。原发性肉碱缺乏是由于肌肉、肾、心脏、结缔组织等缺乏高亲和力的肉碱转运载体(但不包括肝,因为肝中是不同转运载体在起作用),导致肉碱含量在受累的组织和血浆中(由于肾脏不能重吸收肉碱)非常低。肉碱缺乏的信号和症状包括周期性阵发性低血糖,其原因是血浆FFA增高,导致肌肉内脂类堆积并伴肌无力,从而损伤了脂肪酸氧化并引起糖异生减少。临床表现从轻微的反复肌肉痉挛到严重的肌无力甚至死亡。心脏和骨骼肌中的肉碱水平低下会严重危及长链脂肪酸的氧化。肉碱饮食疗法常常有效,即提高血浆肉碱浓度,使之以非特异方式进入组织中。继发性肉碱缺乏常与$\beta-$氧化途径的遗传性缺陷有关。这些异常导致酰基肉碱堆积,从尿中排泄,从而使肉碱库减少。酰基肉碱还能妨碍组织摄取游离肉碱。

3.脂酰CoA脱氢酶(Acyl-CoA-Dehydrogenase)负责催化转入线粒体的脂酰CoA,在其α、β碳原子上各脱下1个氢原子,生成Δ^2-反烯脂酰CoA。脱下的2个氢原子由该酶的辅基FAD接受生成$FADH_2$。

$$RCH_2CH_2-\overset{O}{\overset{\|}{C}}\sim SCoA \xrightarrow[\text{脂酰CoA脱氢酶}]{FAD \quad FADH_2} R-CH=CH-\overset{O}{\overset{\|}{C}}\sim SCoA$$

脂酰CoA　　　　　　　　　　　　　　　　　　　Δ^2-反烯脂酰CoA

4.加水

Δ²-反烯脂酰CoA经Δ²-反烯脂酰CoA水合酶(Enoyl Acyl-CoA Hydratase)催化,加水,生成L(+)型β-羟脂酰CoA。

$$R—CH=CH—\overset{O}{\overset{\|}{C}}—SCoA+H_2O \xrightarrow{\text{Δ²-反烯脂酰CoA水合酶}} R—\overset{OH}{\overset{|}{\underset{β}{C}}}H—CH_2—\overset{O}{\overset{\|}{C}}—SCoA$$

Δ²-反烯脂酰CoA（左），L(+)-β-羟脂酰CoA（右）

5.脱氢

L(+)-β-羟脂酰CoA脱氢酶(β-Hydroxy Acyl-CoA Dehydrogenase)将催化上步产生的下L(+)型β-羟脂酰CoA,脱氢,生成β-酮脂酰CoA,辅酶NAD⁺将接受脱下的2个氢原子成为NADH+H⁺。

$$R—\overset{OH}{\overset{|}{\underset{β}{C}}}H—CH_2—\overset{O}{\overset{\|}{\underset{α}{C}}}—SCoA \xrightarrow[\text{L(+)-β-羟脂酰CoA脱氢酶}]{NAD^+ \quad NADH+H^+} R—\overset{O}{\overset{\|}{\underset{β}{C}}}—CH_2—\overset{O}{\overset{\|}{\underset{α}{C}}}—SCoA$$

L(+)-β-羟脂酰CoA（左），β-酮脂酰CoA（右）

6.硫解

β-酮脂酰CoA经β-酮脂酰CoA硫解酶(β-Heto Acyl-CoA Thiolase)催化,生成比原来少2个碳原子的脂酰CoA和1分子乙酰CoA。CoA参加此反应。

$$R—\overset{O}{\overset{\|}{\underset{β}{C}}}—CH_2—\overset{O}{\overset{\|}{\underset{α}{C}}}—SCoA+HSCoA \xrightarrow{\text{β-酮脂酰CoA硫解酶}} R—\overset{O}{\overset{\|}{C}}\sim SCoA + CH_3—\overset{O}{\overset{\|}{C}}—SCoA$$

β-酮脂酰CoA（左），脂酰CoA、乙酰CoA（右）

脂酰CoA经过上述4步反应(脱氢、加水、再脱氢、硫解),生成比原来少2个碳原子的脂酰CoA和1分子的乙酰CoA的过程,称为一次β-氧化过程。很明显,在这个过程中,原来脂酰基中的β位碳原子被氧化成了羰基。上述生成的比原来少了2个碳原子的脂酰CoA,可再重复脱氢、加水、再脱氢和硫解反应。如此反复进行。对一个偶数碳原子的饱和脂肪酸而言,经过β-氧化,最终全部分解为乙酰CoA,进入三羧酸循环进一步氧化分解。

脂肪酸β-氧化途径的归纳见图8.5。

7.脂肪酸β-氧化的能量生成

脂肪酸氧化过程中释放大量能量,除一部分以热能形式维持体温外,其余以化学能形式储存在ATP中。现以16碳的饱和脂肪酸棕榈酸为例来计算ATP的生成量。共需经过7次β-氧化,产生7分子FADH₂,7分子NADH+H⁺以及8分子乙酰CoA。总反应如下:

棕榈酰 $\sim$ CoA+7HSCoA+7FAD+7NAD⁺+7H₂O $\longrightarrow$ 8乙酰CoA+7FADH₂+7NADH+7H⁺

1分子NADH+H⁺经呼吸链氧化后可产生2.5分子ATP,1分子FADH₂则产生1.5分子ATP。故7分子NADH+H⁺产生17.5分子ATP,7分子FADH₂产生10.5分子ATP。1分子乙酰CoA进入三羧酸循环氧化成二氧化碳和水时可产生10分子ATP,故8分子乙酰CoA可产生80分子ATP,以上总共产生108分子ATP。因在脂肪酸活化时要消耗2个高能键,相当于2分子ATP,故彻底氧化1分子棕榈酸净生成106分子ATP。可见,脂肪酸是体内重要的能源物质。

8.β-氧化的功能

脂肪酸β-氧化的主要功能是与三羧酸循环和呼吸链偶联,一方面可产生ATP;另一方面可产生大量的代谢水。这对于冬眠动物及某些生活在干燥缺水环境的生物十分重要,如骆驼,将β-氧化作为获取水的一种特殊手段。

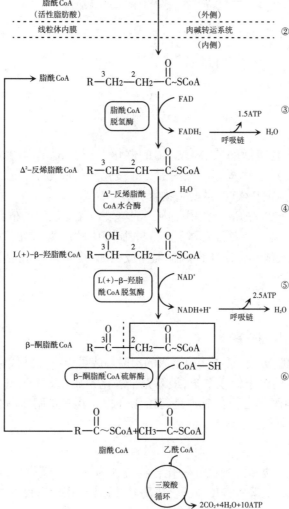

图8.5 脂肪酸的β-氧化

9.奇数碳原子脂肪酸的氧化

大多数哺乳动物组织中奇数碳原子的脂肪酸是罕见的,但在反刍动物,如牛、羊中,奇数碳链脂肪酸氧化提供的能量相当于它们所需能量的25%。例如纤维素在反刍动物瘤胃中发酵产生挥发性低级脂肪酸,主要是乙酸(70%),其次是丙酸(20%)和丁酸(10%)。其中丙酸是奇数碳原子的脂肪酸。此外,许多氨基酸脱氨后也生成奇数碳原子脂肪酸。

长链奇数碳原子的脂肪酸在开始分解时也和偶数碳原子脂肪酸一样,每经过一次β-氧化切下来2个碳原子。但当分解进行到只剩下末端3个碳原子,即丙酰CoA时,就不再进行β-氧化,丙酰CoA的氧化是将它转变为偶数的琥珀酰CoA。丙酸及丙酰CoA的代谢过程如图8.6所示:

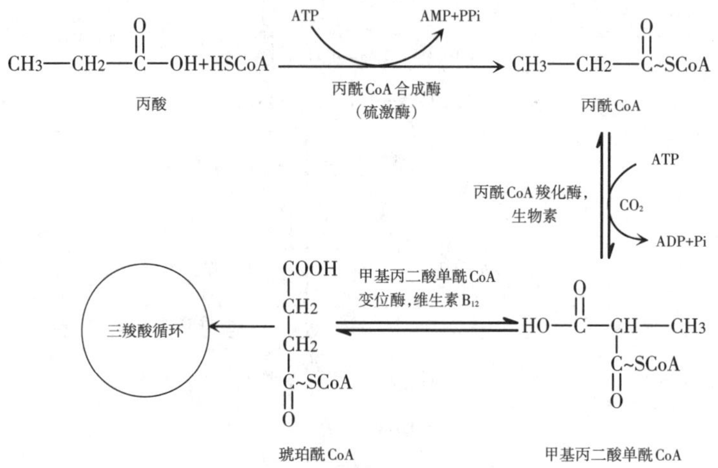

图8.6　丙酸的代谢

　　游离的丙酸首先在硫激酶(Thiokinase)的催化下,与CoA作用生成丙酰CoA,此过程消耗ATP的两个高能键。然后,丙酰CoA在丙酰CoA羧化酶的催化下,与二氧化碳作用生成甲基丙二酸单酰CoA。此反应消耗ATP,需要生物素。

　　生成的甲基丙二酸单酰CoA,在甲基丙二酸单酰CoA变位酶的催化下,转变为琥珀酰CoA,此酶需要辅酶维生素 B_{12}。琥珀酰CoA是三羧酸循环中的产物,它可以通过草酰乙酸转变为磷酸烯醇式丙酮酸,进入糖异生途径合成葡萄糖或糖原,也可以彻底氧化成二氧化碳和水,提供能量。

四、酮体的生成与利用

(一)乙酰CoA的代谢去路

　　在肝脏线粒体中脂肪酸一旦降解,生成的乙酰CoA可以有几种代谢去路。最主要的是进入柠檬酸循环及进一步的电子传递系统,最终完全氧化为 CO_2 及 H_2O;其二是作为类固醇的前体,生成胆固醇。它在胆固醇生物合成中是起始化合物。其三是脂肪酸代谢的逆方向,即作为脂肪酸合成前体;其四是转化为酮体。

(二)酮体的生成

　　乙酰乙酸、β-羟丁酸和丙酮这三种化合物统称为酮体。酮体生成的全套酶系位于肝细胞线粒体的内膜或基质中,其中HMGCoA合成酶是此途径的限速酶,主要在肝细胞线粒体中以乙酰CoA为原料合成,并以β-羟-β-甲基戊二酸单酰CoA(β-Hydroxy-β-Methyl Glutaryl CoA,HMGCoA)为重要的中间产物。除肝脏外,肾脏也能生成少量酮体。

　　酮体合成过程如图8.7所示。2分子乙酰CoA在硫解酶的催化下缩合成乙酰乙酰CoA,后者再与1分子乙酰CoA在β-羟-β-甲基戊二酸单酰CoA合成酶(HMG CoA Synthetase)的催化下缩合成β-羟-β-甲基戊二酸单酰CoA。然后,在β-羟-β-甲基戊二酸单酰CoA裂解酶的催化下裂解产生1分子乙酰乙酸和1分子乙酰CoA;乙酰乙酸经肝线粒体中β-羟丁酸脱氢酶催化下又可还原生成β-羟丁酸;部分乙酰乙酸也可自发脱羧生成丙酮。

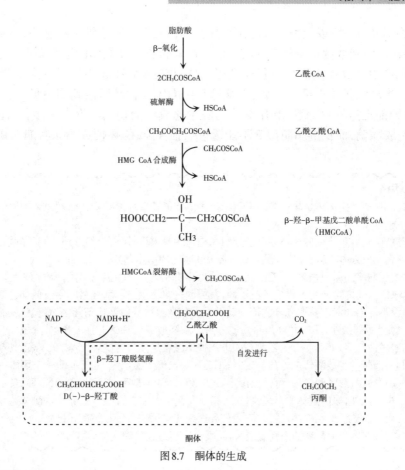

图8.7　酮体的生成

(三)酮体的利用

　　肝只能产生酮体,而不能利用酮体,主要由于肝中没有乙酰乙酸-琥珀酰CoA转移酶。所以,酮体随着血液流到肝外组织(包括心肌、骨骼肌及大脑等),这些组织中有活性很强的利用酮体的酶,能够氧化酮体供能。其中的β-羟丁酸由β-羟丁酸脱氢酶(其辅酶为NAD⁺)催化,生成乙酰乙酸。乙酰乙酸再在乙酰乙酸-琥珀酰CoA转移酶(Succinyl-CoA Thiophorase)的作用下生成乙酰乙酰CoA。乙酰乙酰CoA在硫解酶的作用下生成2分子乙酰CoA,然后进入三羧酸循环彻底氧化成二氧化碳和水,并释出能量(图8.8)。酮体中丙酮的生成量相当少,生成的丙酮可随尿排出,或经呼吸道排出,或转变为丙酮酸或乳酸后再进一步代谢。

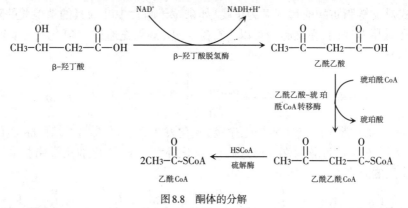

图8.8　酮体的分解

(四)酮体的生理意义

酮体是脂肪酸在肝脏中正常代谢的中间产物,由于酮体可溶于水,分子小,能通过肌肉毛细血管壁和血脑屏障,所以是肝脏输出能源的一种形式。其是肌肉和脑组织的重要能源物质。动物饥饿时,血糖浓度可降低20%~30%,而血浆脂肪酸和酮体的浓度则可分别提高5倍和20倍。此时动物机体其他组织可以优先利用酮体以节约葡萄糖,从而满足如大脑等组织对葡萄糖的需要。当动物机体饥饿48 h后,大脑可利用酮体代替其所需葡萄糖量的25%~75%。此外,初生幼畜脑部迅速发育,脑中利用酮体的酶系比成年动物的活性高得多,从而需要合成大量类脂用于生成髓鞘,而长链脂肪酸又不能透过血脑屏障,酮体便成为该时期动物合成类脂的重要原料。

【案例分析】 酮病

在正常情况下,血液中酮体含量很少。肝脏中产生酮体的速度和肝外组织分解酮体的速度处于动态平衡中。

但在有些情况下,肝中产生的酮体多于肝外组织的消耗量,超过了肝外组织所能利用的限度,因而在体内积存,引起酮病 (ketosis)。患酮病时,反刍动物每100 mL血中酮体常超过20 mg。

引起动物发生酮病的原因很复杂,但是其基本的生化机制可归结为糖与脂类代谢的紊乱。严重饥饿或未经治疗的糖尿病人体内可产生大量的乙酰乙酸,其原因是饥饿状态和胰岛素水平过低都会耗尽体内糖的贮存。肝外组织不能自血液中获取充分的葡萄糖,为了取得能量,肝中葡萄糖异生作用就会加速,肝和肌肉中脂肪酸氧化也会同样加速,同时并动员蛋白质分解。脂肪酸氧化加速产生大量的乙酰CoA,葡萄糖异生作用使草酰乙酸供应耗尽,而后者又是乙酰CoA进入柠檬酸循环所必需的,在此情况下,乙酰CoA不能正常进入柠檬酸循环,而转向生成酮体的方向。这时,①血液中出现大量丙酮,它是有毒的。丙酮有挥发性和特殊气味,常可从患者的气息嗅到,借此可做出诊断。②血液中出现的乙酰乙酸和β-羟丁酸,使血液pH降低,以致发生"酸中毒",此外,尿中酮体显著增高,这种情况称为"酮病"。血液中或尿中的酮体过高都可以导致昏迷,有时甚至死亡。这种情况在高产乳牛开始泌乳后或绵羊(尤其是双胎绵羊)妊娠后期亦可见到。由于泌乳和胎儿的需要,其体内葡萄糖的消耗量很大,无疑也容易造成缺糖,引起酮病。

五、脂肪酸的其他氧化方式

含有双键的不饱和脂肪酸在线粒体中进行β-氧化需要两个异构酶参与。一个是烯脂酰CoA异构酶,它的作用是把可能出现在β和γ位碳原子之间的双键转变成α和β位之间的双键(反式)。另一个是羟脂酰CoA变位酶,它把可能出现在β-碳原子上的D型羟基转变为L型。这两个酶保证了不饱和脂肪酸分解过程中的中间产物是β-氧化的正常底物,按β-氧化途径进行氧化。

除了β-氧化是脂肪酸分解代谢的主要途径,动物体内还有α-氧化和ω-氧化等氧化方式。α-氧化指当脂肪酸氧化发生在α-碳原子上,分解出CO_2,生成比原来少一个碳原子的脂肪酸。这种氧化方式对支链脂肪酸的代谢尤为重要,如来源于膳食中叶绿素的植烷酸的降解,因为植烷酸β-碳原子被甲基封闭,在细胞内难以进行β-氧化,必须先通过α-氧化除去1个碳原子后才可以进行β-氧化。

$$R-CH_2-\overset{O}{\overset{||}{C}}-OH \longrightarrow R-\underset{OH}{\overset{}{C}}H-\overset{O}{\overset{||}{C}}-OH \longrightarrow R-\overset{O}{\overset{||}{C}}-OH+CO_2$$

ω-氧化是一种不常见的脂肪酸氧化途径,氧化发生在它的末端甲基即ω-碳原子上,生成α、ω二羧酸,然后再在脂肪酸两端同时进行β-氧化降解。ω-氧化加快了脂肪酸降解的速度。如十一碳脂肪酸的ω-氧化过程如下:

$$CH_3-(CH_2)_7-\overset{O}{\overset{||}{C}}-OH \xrightarrow{\omega氧化} HO-\overset{O}{\overset{||}{C}}-(CH_2)_9-\overset{O}{\overset{||}{C}}-OH \xrightarrow{\beta氧化} HO-\overset{O}{\overset{||}{C}}-(CH_2)_7-\overset{O}{\overset{||}{C}}-OH \xrightarrow{\beta氧化}$$

$$HO-\overset{O}{\overset{||}{C}}-(CH_2)_5-\overset{O}{\overset{||}{C}}-OH$$

第三节　脂肪的合成代谢

　　机体内合成脂肪即甘油三酯的主要器官是肝脏、脂肪组织和小肠黏膜上皮。脂肪组织是家畜合成甘油三酯的主要组织,而家禽则主要在肝脏合成甘油三酯。小肠黏膜通常对饲料中的脂类消化产物进行再合成,然后组成乳糜微粒进入体液转运。

　　脂酰CoA和α-磷酸甘油(或甘油一酯)是合成甘油三酯的两个前体。其中α-磷酸甘油主要由糖酵解的中间产物磷酸二羟丙酮或脂肪分解生成的甘油磷酸化而来(见图8.2)。而脂酰CoA则主要来自脂肪酸的活化,下面将主要介绍长链脂肪酸的合成。

一、长链脂肪酸的合成

(一)合成原料及场所

　　合成脂肪酸的直接原料是乙酰CoA,因此凡能生成乙酰CoA的物质都是脂肪酸合成的碳源,糖就是主要的碳源。动物机体内的许多组织都有合成脂肪酸的酶系,其中合成速度最快的是肝脏、脂肪组织和小肠黏膜上皮,其次是肾脏和其他内脏,而肌肉、皮肤和神经组织合成最慢。脂肪酸的合成主要在胞液中进行。

(二)脂肪酸合成过程中乙酰CoA的来源

　　乙酰CoA是动物合成长链脂肪酸的原料,但非反刍动物和反刍动物乙酰CoA的来源不同。非反刍动物可从消化道吸收大量葡萄糖。葡萄糖分解代谢产生的丙酮酸在线粒体经氧化脱羧生成乙酰CoA,而经消化道吸收的乙酸很少。因此对非反刍动物来说,乙酰CoA原料主要来自糖代谢。而反刍动物几乎没有葡萄糖的吸收,主要从其瘤胃吸收一定量的乙酸和少量丁酸,因此反刍动物主要利用乙酸和丁酸,使其分别转变为乙酰CoA及丁酰CoA,再用于脂肪酸的合成。

　　反刍动物吸收的乙酸可以直接进入细胞液转变成乙酰CoA。而非反刍动物,乙酰CoA需通过线粒体膜从线粒体内转移到线粒体外的胞液中才能被利用。由于线粒体膜不允许乙酰CoA自由通过,乙酰CoA需要通过柠檬酸-丙酮酸循环(图8.9)的转运途径实现上述转移。乙酰CoA首先在线粒体内与草酰乙酸缩合生成柠檬酸,然后柠檬酸穿过线粒体膜进入胞液,在柠檬酸裂解酶作用下,释出乙酰CoA和草酰乙酸。进入胞液的乙酰CoA即可用于脂肪酸的合成,而草酰乙酸则还原成苹果酸,后者可再分解脱氢转变为丙酮酸转入线粒体,在线粒体中再羧化成为草酰乙酸,参与乙酰CoA的转运。每次循环都伴有转氢作用,把1分子的$NADH+H^+$转为1分子$NADPH+H^+$。

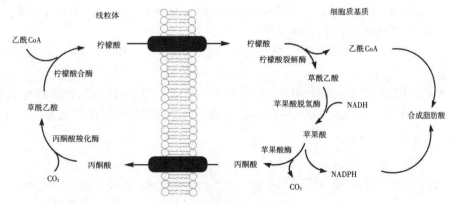

图8.9　柠檬酸-丙酮酸循环

（三）乙酰CoA的活化

乙酰CoA羧化酶（Acetyl-CoA Carboxylase）负责催化乙酰CoA的活化，生成丙二酸单酰CoA。该酶是脂肪酸合成的限速酶，以生物素为辅基，存在于胞液中。

$$CH_3-\overset{O}{\overset{\|}{C}}\sim SCoA+CO_2 \xrightarrow[\text{乙酰CoA羧化酶、生物素}]{ATP \quad ADP+Pi} HO-\overset{O}{\overset{\|}{C}}-CH_2-\overset{O}{\overset{\|}{C}}\sim SCoA$$

乙酰CoA　　　　　　　　　　　　　　　　　　　　丙二酸单酰CoA

乙酰CoA羧化酶为一种变构酶，有无活性的单体和有活性的聚合体两种形式。分别具有HCO_3^-、乙酰CoA和柠檬酸的结合部位。柠檬酸在无活性单体和有活性聚合体之间起调节作用，有利于酶向有活性形式转变，以加速脂肪酸的合成。棕榈酰CoA的作用相反，它使乙酰CoA羧化酶转变为无活性的单体，从而抑制脂肪酸的合成。

（四）脂酰基载体蛋白

脂酰基载体蛋白（Acyl Carrier Protein，ACP）是一个相对分子量低的蛋白质，它的辅基是磷酸泛酰巯基乙胺，这个辅基的磷酸基团与ACP的丝氨酸（Ser_{36}）羟基以磷脂键相连，另一端的-SH基与脂酰基形成硫酯键（图8.10）。

有两种类型的脂肪酸合酶系统。在细菌、植物和较低等的生物，此系统的每个酶都是分离的，以酰基载体蛋白（ACP）为中心，构成一个多酶复合体。但在酵母、哺乳动物和鸟类，合成酶系统是一个多功能酶多肽复合体，ACP是这个复合体的组成成分。

$$HS-CH_2-CH_2-\overset{H}{\overset{|}{N}}-\overset{O}{\overset{\|}{C}}-CH_2-CH_2-\overset{H}{\overset{|}{N}}-\overset{H}{\underset{OH}{\overset{|}{C}}}-\overset{OH}{\underset{CH_3}{\overset{|}{C}}}-CH_2-\overset{O}{\underset{O}{\overset{\|}{O}}}-CH_2-Ser-ACP$$

图8.10　ACP磷酸泛酰巯基乙胺

（五）脂肪酸合成的生化过程

以下是大肠杆菌的脂肪酸生物合成过程，7种酶参与了该过程。这里以棕榈酸的生物合成为例，叙述脂肪酸合成酶系的催化程序（图8.11）。

1. 启动

在乙酰CoA-ACP酰基转移酶（Acetyl-CoA-ACP Acyl Transferase）（转酰酶）催化下，乙酰CoA的乙酰基首先与ACP巯基相连生成乙酰-ACP，但很快乙酰-ACP把乙酰基转移到β-酮脂酰-ACP合成酶（简称缩合酶）的活性中心的半胱氨酸巯基上，成为乙酰-S-缩合酶。

$$乙酰CoA + ACP-SH \Longleftrightarrow 乙酰-S-ACP + HSCoA$$

$$乙酰-S-ACP + 缩合酶-SH \Longleftrightarrow 乙酰-S-缩合酶 + ACP + SH$$

2. 装载

在ACP-丙二酸单酰CoA转移酶（Malonyl-CoA Acyl Transferase）的催化下，丙二酸单酰基转移到ACP巯基上，形成丙二酸单酰-S-ACP。

$$丙二酸单酰CoA + ACP-SH \Longleftrightarrow 丙二酸单酰-S-ACP + HSCoA$$

3. 缩合

第一步的乙酰基（与缩合酶-SH相接）与第二步的丙二酸单酰基（与ACP相接）在β-酮脂酰-ACP缩合酶（β-Ketone Acyl-ACP Synthase）的催化下进行缩合。反应产物是β-酮丁酰-ACP（乙酰乙酰-S-ACP）。

$$乙酰-S-缩合酶+HO-\overset{O}{\overset{\|}{C}}-CH_2-\overset{O}{\overset{\|}{C}}\sim S-ACP \xrightarrow[\text{缩合酶-SH}]{CO_2} CH_3-\overset{O}{\overset{\|}{C}}-CH_2-\overset{O}{\overset{\|}{C}}\sim S-ACP$$

乙酰乙酰-S-ACP

4.还原

β-酮丁酰-ACP在β-酮脂酰-ACP还原酶(β-Ketone Acyl-ACP Reductase)催化下,NADPH+H⁺为还原剂,生成β-羟丁酰-S-ACP。

$$
\underset{\text{乙酰乙酰-S-ACP}}{CH_3-\overset{O}{\overset{\|}{C}}-CH_2-\overset{O}{\overset{\|}{C}}\sim S-ACP}+NADPH+H^+ \Longrightarrow \underset{\text{β-羟丁酰-S-ACP}}{CH_3-\overset{OH}{\overset{|}{C}H}-CH_2-\overset{O}{\overset{\|}{C}}\sim S-ACP}+NADP^+
$$

加氢后生成的β-羟丁酰-S-ACP是D型的,与脂肪酸氧化分解时生成的羟脂酰CoA不同,它是L型的。

5.脱水

D型β-羟丁酰-S-ACP在其α和β碳原子之间脱水生成α,β-反式烯丁酰-S-ACP,催化这个反应的酶是β-羟脂酰-ACP脱水酶(β-Hydroxy Acyl-ACP Dehyrase)。

$$
\underset{\text{β-羟丁酰-S-ACP}}{CH_3-\overset{OH}{\overset{|}{C}H}-CH_2-\overset{O}{\overset{\|}{C}}-S-ACP} \Longrightarrow \underset{\text{α,β-反式烯丁酰-S-ACP(反式}\Delta^2\text{-烯丁酰-S-ACP)}}{CH_3-CH=CH-\overset{O}{\overset{\|}{C}}-S-ACP}+H_2O
$$

6.还原

在烯脂酰-S-ACP还原酶(Enoyl Acyl-S-ACP Reductase)的催化下,烯丁酰-S-ACP被NADPH+H⁺再一次还原成为丁酰-S-ACP。

$$
\underset{\text{反式}\Delta^2\text{-烯丁酰-S-ACP}}{CH_3-CH=CH-\overset{O}{\overset{\|}{C}}\sim S-ACP}+NADPH+H^+ \Longrightarrow \underset{\text{丁酰-S-ACP}}{CH_3-CH_2-CH_2-\overset{O}{\overset{\|}{C}}\sim S-ACP}+NADP^+
$$

至此,脂肪酸的合成在乙酰基的基础上实现了两个碳原子的延长。丁酰-ACP可以进入第二次循环,替代第一次循环的乙酰-ACP,与丙二酸单酰-S-ACP缩合(反应3),经过4、5、6反应,得到6个碳的脂酰ACP。如此下去,每一次循环即延伸2个碳原子。对于合成16个碳原子的棕榈酸来说,需经过上述7次循环反应,生成最终产物棕榈酰-S-ACP。

7.释放

当碳链延伸到16个碳原子时即停止,生成的棕榈酰-S-ACP在硫酯酶作用下水解释放出棕榈酸,或者由硫解酶催化把棕榈酰基从ACP上转移到CoA上。

$$棕榈酰-S-ACP+H_2O \Longrightarrow 棕榈酸+HS-ACP$$

$$棕榈酰-S-ACP+HSCoA \Longrightarrow 棕榈酸-SCoA+HS-ACP$$

综上所述,棕榈酸生物合成的总反应可归纳如下:

$$8乙酰CoA+14（NADPH+H^+）+7ATP+H_2O \longrightarrow 棕榈酸+8HSCoA+14NADP^++7ADP+7Pi$$

其反应途径和酶系见图8.11。

需要指出的是,棕榈酸合成中所需的氢原子需由NADPH+H⁺供给。从上述的总反应式可见,每生成1分子棕榈酸需要14分子的NADPH+H⁺。前已述及,在乙酰CoA从线粒体转运至胞液内的过程中,每转运1分子的乙酰CoA,需经过苹果酸脱氢酶和苹果酸酶两步反应,可把1分子NADH+H⁺转变为1分子NADPH+H⁺。而生成1分子棕榈酸需转运8分子乙酰CoA,从而伴有8分子可供脂肪酸合成利用的NADPH+H⁺的生成。其余的6分子NADPH+H⁺则由磷酸戊糖途径提供。可见,糖代谢为脂肪酸的合成提供了包括乙酰CoA和NADPH+H⁺等全部原料。

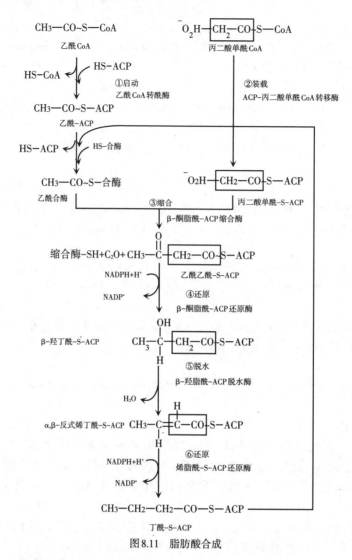

图8.11 脂肪酸合成

二、脂肪酸碳链的延长和脱饱和

在动物体中,脂肪酸的从头合成停止在16碳脂肪酸即棕榈酸,而更长链的脂肪酸或不饱和脂肪酸等则在棕榈酸的基础上,再由另外的酶催化反应形成。

(一)脂肪酸碳链的延长

脂肪酸碳链延长的酶系存在于肝细胞微粒体系统(内质网系)和线粒体内。不同部位碳链延长机制有所不同。

微粒体系统的脂肪酸碳链延长过程与棕榈酸的合成相似,但脂酰基不是与ACP的巯基相连的,而与CoA的巯基相连。以丙二酸单酰CoA作为二碳单位的直接供体,由$NADPH+H^+$供氢,经过缩合、还原、脱水、再还原等反应,循环往复,每次循环延长2个碳原子,延长物以十八碳的硬脂酸为主,最多可至24个碳。

线粒体系统的脂肪酸碳链延长过程与脂肪酸的β-氧化的逆反应相似,棕榈酰CoA首先与乙酰CoA缩合成β-酮硬脂酰CoA,然后经还原、脱水、再还原,生成多2个碳原子的硬脂酰CoA,但是还原氢是由$NADPH+H^+$供给的。通过这种方式,每一次循环延长2个碳原子,可以衍生出24~26个碳原子的脂肪酸,但以18个碳的硬脂酸较多。

(二)脂肪酸的脱饱和

哺乳动物的脂肪酸脱饱和作用在微粒体中进行,需要脱饱和酶和线粒体外的电子传递体系参与(图8.12),但哺乳动物体内缺乏Δ^9以上的脱饱和酶,因而动物体内不能合成亚油酸(18:$2\Delta^{9c,12c}$)、亚麻油酸(18:$3\Delta^{9c,12c,15c}$)及花生四烯酸(20:$4\Delta^{5c,8c,11c,14c}$),只能通过食物获取,因此称为必需脂肪酸。

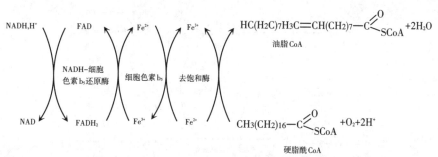

图8.12 哺乳动物体内脂肪酸去饱和酶(desaturase)的电子传递系统
(注:该系统处于内质网的细胞溶胶侧,2个水分子的形成通过了4个电子反应,其中2个电子来自NADH,2个电子来自脂肪酸被还原的过程)

三、甘油三酯的合成

哺乳动物的肝脏和脂肪组织是合成甘油三酯最活跃的组织。在胞液中合成的棕榈酸和主要在内质网形成的其他脂肪酸以及摄入体内的脂肪酸,都可以进一步合成甘油三酯。甘油三酯的合成有两个途径,一是利用消化吸收的甘油一酯转化为体内脂肪,即甘油一酯途径,另一种是将糖类物质转化为脂肪,即甘油二酯途径,这是体内脂肪的主要来源。

(一)甘油一酯途径

在小肠黏膜上皮内,消化吸收的甘油一酯可作为合成甘油三酯的前体,再与2分子的脂酰CoA经转酰基酶催化生成甘油三酯(图8.13)。

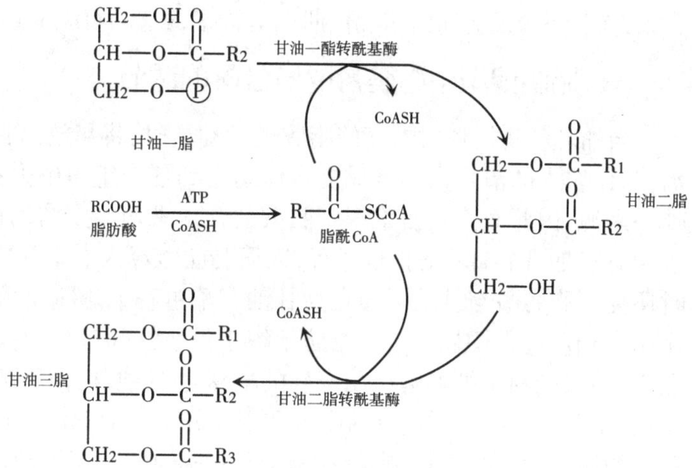

(二)甘油二酯途径

肝细胞和脂肪细胞主要按甘油二酯途径合成甘油三酯(图8.14)。糖代谢的中间产物磷酸二羟丙酮还原和肝、肾等组织中的甘油激酶催化甘油磷酸化都可产生α-磷酸甘油。在转酰基酶作用下,α-磷酸甘油依次加上2分子脂

图8.13 甘油三酯合成甘油-脂的途径

酰CoA生成磷脂酸,后者在磷脂酸磷酸酶作用下,水解脱去磷酸生成1,2-甘油二酯,然后在转酰基酶催化下,再加上1分子脂酰基即生成甘油三酯。家畜体内的转酰基酶对16个和18个碳的脂酰CoA的催化能力最强,所以其脂肪中16个和18个碳的脂肪酸含量最多。

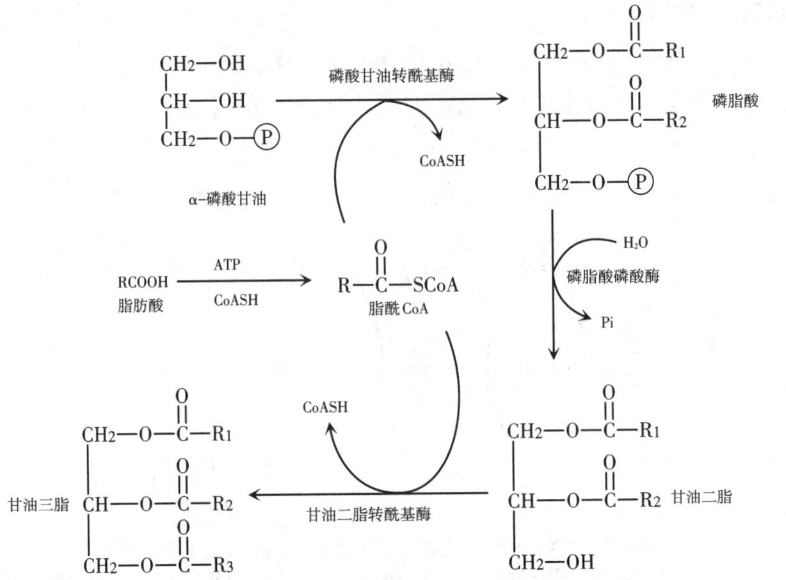

图8.14 甘油三酯合成的甘油二酯途径

第四节　脂肪代谢的调控

脂肪的代谢受到严密的调控。在脂肪组织中,脂肪不断地合成与分解。当合成多于分解时,脂肪沉积;反之,则体内脂肪减少。动物体脂的增减受多种因素影响,除了遗传因素以外,最主要的是动物摄能和能耗之间的平衡。这些内外环境的变化都是通过脂肪合成与分解的调控实现的。脂肪代谢的调控不仅涉及激素影响下的脂肪和糖等物质代谢途径之间的相互关系,而且还涉及脂肪组织、肝、肌肉等许多器官和组织的功能协调。

一、脂肪组织中脂肪合成与分解的调节

当哺乳动物机体对贮存的脂肪进行动员时,将释放出甘油和长链脂肪酸,由于后者不溶于水,与血浆中的清蛋白结合成复合体运送到各个组织中去利用。脂肪组织是血浆中脂肪酸的唯一来源,因此通常用血浆中脂肪酸的含量来衡量脂肪动员的程度。由于脂肪酸穿过细胞膜进入血浆是一个简单的扩散过程,因而脂肪酸释入血浆的速度取决于脂肪组织的脂解作用,同时还受到脂肪酸与甘油再酯化为甘油三酯过程的影响。可见,脂肪酸的动员速度由脂解和酯化两个相反过程调控。由于脂肪组织中没有甘油激酶,它不能利用游离甘油与脂肪酸再进行酯化,而只能利用糖酵解作用产生的α-磷酸甘油,因而脂解产生的甘油将全部释放进入血浆。可见,脂肪组织中同时进行的脂解和酯化并不是简单的可逆过程,而是用以调控脂肪酸动员或贮存的循环,称为甘油三酯/脂肪酸循环(图8.15)。当因葡萄糖供应不足而血糖降低时,葡萄糖进入脂肪细胞的速度下降,从而使酵解速度减慢,磷酸甘油的产量降低,于是脂肪酸的酯化作用减弱。此时,脂肪动员释入血浆中的脂肪酸增加。反之,当血糖水平升高,摄入脂肪组织的葡萄糖增加时,葡萄糖降解后产生的磷酸甘油也较多,于是酯化作用增强,促进脂肪的沉积,降低了脂肪动员和游离脂肪酸释放进入血浆的速度。显然,利用糖的供应本身来调控脂肪酸动员,是一个简单准确又严密的调控机制。

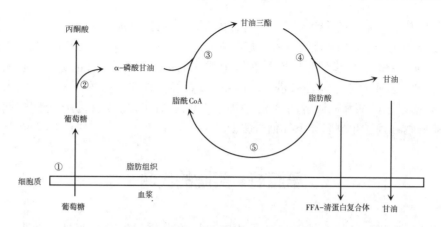

图8.15 脂肪组织中甘油三酯/脂肪酸循环
①葡萄糖转运过膜 ②酵解 ③酯化作用 ④酯解作用 ⑤脂肪酸活化

二、 肌肉中糖与脂肪分解代谢的相互调节

上述血浆中葡萄糖和脂肪酸含量变化的相互关系具有多种重要的生理意义,其中包括动员脂肪酸以节约糖的作用。在应激、饥饿或长时间运动等条件下,机体的能量消耗增强或糖的摄入不足时,脂肪组织中脂肪的动员都会加强。此时,血浆中游离脂肪酸的浓度升高约5倍,各组织首先是肌肉对它的利用加快。因为各个组织摄入游离脂肪酸的速度与其在胞浆中的浓度呈正比,并且当组织摄入脂肪酸的速度加快时就自动促进了细胞对脂肪的氧化,而节约葡萄糖。其具体机制如下:当肌肉以脂肪酸氧化供能时,抑制了葡萄糖进入肌细胞和酵解作用。脂肪酸氧化增加了细胞中柠檬酸的浓度,柠檬酸可以抑制磷酸果糖激酶以减慢酵解过程。结合上述葡萄糖对脂肪酸动员的抑制,便可得到葡萄糖／脂肪酸循环(图8.16)。

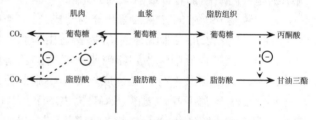

图8.16 葡萄糖/脂肪酸循环

葡萄糖／脂肪酸循环有两个目的和意义:其一是在机体特定生理条件下可以动员脂肪酸以节约糖;其二是利用血浆脂肪酸的含量变化保持血糖水平的恒定。这对于大脑、神经组织和红细胞等对葡萄糖有特殊需要的组织来说,具有重要的生理意义,正是由于动员了脂肪酸才节约了糖,并使血糖不致降低过多,以保证对糖依赖组织正常的机能。

三、肝脏的调节作用

动物肝脏是调控脂肪代谢的重要组织,几乎所有关于脂肪代谢的反应都发生在肝中,血浆中的游离脂肪酸有一半左右被肝摄入。可见血浆中的游离脂肪酸浓度不仅取决于脂肪的动员速度,也取决于肝脏摄入脂肪酸的速度。脂肪酸进入肝脏后的去路如图8.17所示。

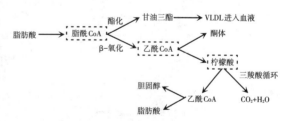

图8.17 脂肪酸在肝中的主要代谢途径

肝脏是调控脂肪酸代谢去向的重要器官。由图8.17可见,脂肪酸在肝脏中的代谢有3个重要的分支点。肝脏不断地调控门静脉中血糖的含量、糖原的贮存量以及酵解和糖异生之间的平衡,最终依据机体的需求决定脂肪酸代谢分支点上中间产物的去向。其第一个分支点是脂酰CoA。肝脏可以根据机体的能源供应状况,或者使脂酰CoA在胞液中酯化生成甘油三酯,再以极低密度脂蛋白(VLDL)的形式释放入血液,

送回脂肪组织中去贮存,或者转入线粒体进行β-氧化为机体供能。β-氧化的产物乙酰CoA处于第二个分支点上,它既可以直接进入三羧酸循环进一步分解,也可以转变成酮体以提高其在肝外组织中的利用率。柠檬酸是脂肪酸在肝中代谢的第三个分支点,也是三羧酸循环的第一个代谢中间物。它或者通过循环被进一步降解,或者经由柠檬酸／丙酮酸途径转入胞液再产生乙酰CoA,用以脂肪酸和胆固醇的合成。由此可见,肝脏可以决定脂肪酸分解代谢过程中的各级代谢中间物在何种生理状态下往何处去。

第五节　类脂的代谢

类脂的种类较多,其代谢情况也各不相同。这里着重讨论有代表性的磷脂和胆固醇的代谢。

一、磷脂的代谢

磷脂指含磷酸的类脂。动物体内有甘油磷脂和鞘磷脂两类,并以甘油磷脂为多,如卵磷脂、脑磷脂、丝氨酸磷脂和肌醇磷脂等。

(一)甘油磷脂的生物合成

甘油磷脂是血浆脂蛋白的重要组成部分,更是细胞膜脂质双层结构的基本成分。机体各组织细胞的内质网都有合成磷脂的酶系。

甘油磷脂分子中的甘油二酯部分的合成,首先需把2分子的脂酰CoA转移到α-磷酸甘油分子上,生成磷脂酸,即二脂酰甘油磷酸,接着由磷脂酸磷酸酶水解脱去磷酸而生成甘油二酯。

饲料可提供合成脑磷脂和卵磷脂所必需的乙醇胺和胆碱原料,或者由丝氨酸及甲硫氨酸在体内合成。丝氨酸本身也是合成丝氨酸磷脂的原料。丝氨酸脱去羧基后即成为乙醇胺,乙醇胺再接受由S-腺苷甲硫氨酸(SAM)提供的3个甲基转变为胆碱。无论是乙醇胺还是胆碱在掺入到脑磷脂或卵磷脂分子中去之前,都需进一步活化。它们除了被ATP首先磷酸化以外,还需利用CTP,经过转胞苷反应分别转变为CDP-乙醇胺或CDP-胆碱。然后再释出CMP将磷酸乙醇胺或磷酸胆碱转到上述的甘油二酯分子上生成脑磷脂或卵磷脂(图8.18)。

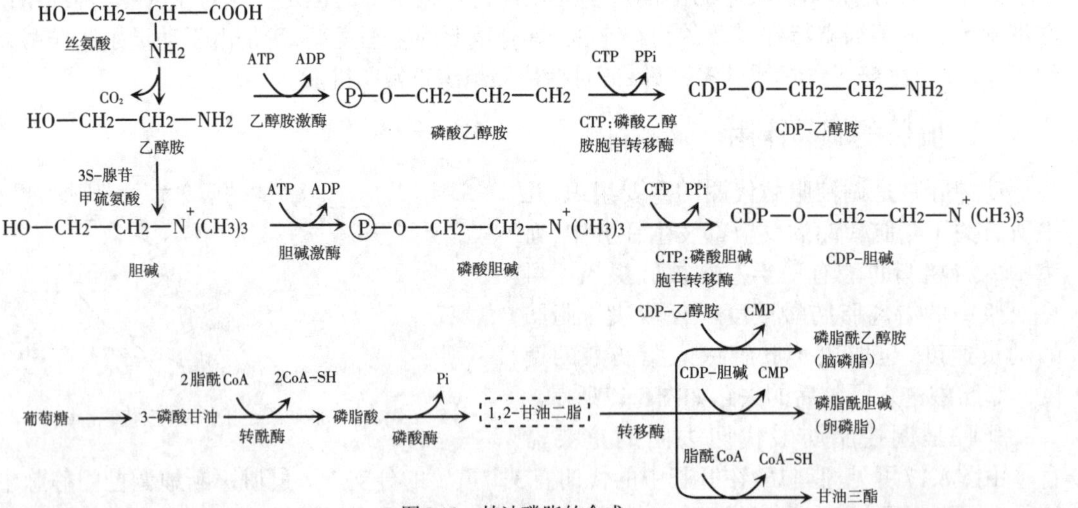

图8.18　甘油磷脂的合成

丝氨酸磷脂和肌醇磷脂等的合成方式与这一途径稍有不同,其差别在于磷脂酸不是被水解脱磷酸,而是利用CTP进行转胞苷反应,与CDP-胆胺、CDP-胆碱的生成方式相仿,生成CDP-

甘油二酯,然后以它为前体,在相应的合成酶作用下,与丝氨酸、肌醇等缩合成丝氨酸磷脂、肌醇磷脂等。

(二)甘油磷脂的分解

水解甘油磷脂的酶类称磷脂酶(Phospholipase),它们作用于甘油磷脂分子中不同的酯键。作用于甘油磷脂的1、2位酯键的酶分别称为磷脂酶 A_1、A_2,作用于3位磷酸酯键的酶称为磷脂酶C,作用于磷酸取代基间的磷脂酶称为磷脂酶D。

磷脂酶 A_1、A_2 作用于甘油磷脂产生溶血磷脂2和溶血磷脂1。溶血磷脂是一类具有较强表面活性的物质,能使红细胞膜和其他细胞膜破坏引起溶血或细胞坏死。溶血磷脂2和溶血磷脂1又可分别在磷脂酶 B_2(即溶血磷脂酶2)和磷脂酶 B_1(即溶血磷脂酶1)的作用下,水解脱去脂酰基生成不具有溶血性的甘油磷酸–X。磷脂酶C水解产物是甘油二酯、磷酸乙醇胺或磷酸胆碱。磷脂酶D主要在植物组织中。不同磷脂酶对甘油磷脂的作用位点如图8.19所示。

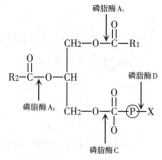

图8.19　不同磷脂酶对甘油磷脂的作用位点

磷脂水解产物脂肪酸可以进入β–氧化或再利用合成脂肪,甘油可以进入糖酵解或糖异生途径。

二、胆固醇的合成代谢及转变

胆固醇根据来源的不同分为外源性胆固醇(可由食物摄入)和内源性胆固醇(体内合成)。胆固醇是哺乳动物细胞膜的重要组分,在胆汁中含量尤为丰富。胆固醇是一种脂环类化合物,其水溶性很低,在25 ℃,最大溶解度为0.2 mg/100 dL,相当于4.7 mmol/L,包括游离胆固醇和胆固醇酯两种形式(图8.20)。

(一)胆固醇的合成

胆固醇合成原料是乙酰CoA、ATP和 $NADPH+H^+$。乙酰CoA和ATP主要来自线粒体中糖的有氧氧化,$NADPH+H^+$ 由磷酸戊糖途径供给,还可以通过柠檬酸／丙酮酸循环转运乙酰CoA时获得。动物机体的几乎所有

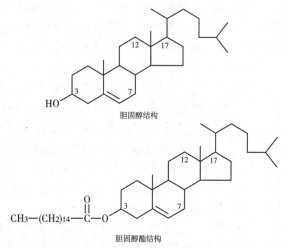

图8.20　胆固醇及胆固醇酯结构

组织都可以合成胆固醇,其中肝是合成胆固醇的主要场所,占合成量的70%~80%,其次是小肠,占10%左右。胆固醇合成酶系存在于胞液的内质网膜,胆固醇的生物合成分为三个阶段:

1.甲羟戊酸的生成:2分子乙酰CoA在胞液中的硫解酶催化下,缩合成乙酰乙酰CoA,然后在β–羟–β–甲基戊二酸单酰CoA合成酶催化下,再与1分子乙酰CoA缩合成β–羟–β–甲基戊二酸单酰CoA,即HMG CoA。HMG CoA是合成胆固醇和酮体共同的中间产物,它在肝线粒体中裂解生成酮体,但在胞液中由HMG CoA还原酶催化,$NADPH+H^+$ 供氢,还原转变为甲羟戊酸(MVA)。HMG CoA还原酶是胆固醇生物合成的限速酶。

2. 鲨烯的合成:MVA经过磷酸化、脱羧基、脱羟基等反应转变生成异戊二烯焦磷酸(IPP)(5碳),再缩合成30个碳原子的鲨烯。该过程需ATP提供能量。

3.生成胆固醇:鲨烯由内质网的单加氧酶、环化酶作用,形成羊毛固醇,后者再经氧化、还原等反应,生成27个碳原子的胆固醇。

整个胆固醇合成的反应过程如图8.21所示。

2乙酰CoA ——硫解酶—→ 乙酰乙酰CoA ——HMGCoA合成酶—→ HMG CoA ——HMGCoA还原酶—→ 甲羟戊酸

胆固醇 ←—— 羊毛固醇 ←—— 鲨烯 ←—— 焦磷酸法尼酯 ←—— 异戊二烯焦磷酸

图8.21　胆固醇合成的基本过程

(二)胆固醇的生物转变

胆固醇不是动物机体的能源物质,其在消化道中不被降解,到组织细胞后,也不被彻底地降解为 CO_2 和 H_2O。但通过其生物转变为另外的活性物质,在动物机体中发挥着重要的生理功能,并可归纳为以下几个方面:

1.转变为胆汁酸

机体合成的大约40%的胆固醇在肝实质细胞中经羟化酶作用转化为胆酸和脱氧胆酸,它们再与甘氨酸、牛磺酸等结合成甘氨胆酸、牛磺胆酸、甘氨鹅脱氧胆酸、牛磺鹅脱氧胆酸。它们以胆酸盐的形式,由胆道排入小肠。胆汁酸兼有亲水和疏水性,是一种很强的乳化剂。在小肠中胆酸盐将食入的脂肪乳化成微粒均匀分散于水中,不仅有利于肠道脂肪酶的作用,也可促进小肠对脂肪的吸收。大部分胆汁酸又可被肠壁细胞重吸收,经过门静脉返回肝,形成所谓的"肠肝循环",以使胆汁酸再利用。据测定,人体每天进行6~12次肠肝循环。肝排入肠腔的胆汁酸的95%以上都被重吸收再利用,仅很少部分以类固醇的形式排出体外。

2.转化为7-脱氢胆固醇

胆固醇可以经修饰后转变为7-脱氢胆固醇,后者在紫外线照射下,在动物皮下转变为维生素 D_3。植物中含有的麦角固醇也有类似的性质,在紫外线照射下,转变为维生素 D_2。所以家畜放牧接触日光和饲喂干草都是其获得维生素D的来源。

3.转化为类固醇激素

胆固醇是睾丸和卵巢及肾上腺皮质等内分泌腺合成类固醇激素的原料。

合成固醇类性激素:孕酮是固醇类性激素转变的共同中间物。睾丸间质细胞可以直接以血浆胆固醇为原料合成睾丸酮。雌激素有孕酮和雌二醇两类,主要由卵巢的卵泡内膜细胞及黄体分泌。孕酮也是固醇类性激素转变的共同中间物。17α-羟化酶及17,20碳裂解酶,可使17β-侧链断裂,然后由孕烯醇酮合成睾丸酮。睾丸酮又是合成雌二醇的直接前体,在卵巢特异的酶系作用下可以转变为雌二醇。雌二醇是远比雌三醇、雌酮活性强的主要雌激素,后两者只是雌二醇的代谢物。

合成肾上腺皮质激素:在肾上腺皮质细胞线粒体中,胆固醇首先转变成21个碳原子的孕烯醇酮。后者再转入胞浆,经脱氢转变成孕酮。孕酮作为一个重要的中间物,可经过不同的羟化酶的修饰,衍生出不同的肾上腺类固醇激素,包括调节水盐代谢的醛固酮,调节糖、脂和蛋白质代谢的皮质醇,还有少量其他固醇类性激素。

4.细胞膜的组成成分

血中胆固醇的一部分被运送到组织,作为构成细胞膜的组成成分。

胆固醇在动物体内的生物转变的概况见图8.22。

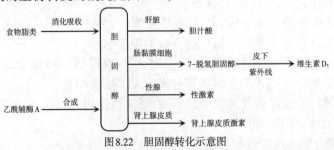

图8.22　胆固醇转化示意图

(三)胆固醇合成的调节

胆固醇是动物机体的重要类脂分子。在正常情况下,体内胆固醇的合成受到严格的调控,从而使胆固醇的含量不致过多或者缺乏。

HMG CoA 还原酶是胆固醇合成的限速酶,但其在肝中的半寿期只有约 4h,如果抑制此酶的合成,它在肝中的酶活性可以迅速下降。有多种因素可以通过调节 HMG CoA 还原酶的产生从而影响胆固醇合成的速度。

1.低密度脂蛋白(Low-density Lipoprotein,LDL)-受体复合物的调节

在 LDL-受体的介导下,胆固醇被摄入细胞进行生物转化。过多的胆固醇既可以通过对 HMG CoA 还原酶合成的反馈抑制来减缓胆固醇合成的速度,也可以通过阻断 LDL-受体蛋白的合成减少胆固醇的细胞内吞。

2.激素的调节

甲状腺素和胰岛素均可诱导肝中 HMG CoA 还原酶的合成,其中,甲状腺素还有促进胆固醇在肝中转变为胆汁酸的作用,进而降低血清胆固醇含量。而胰高血糖素及皮质醇则可抑制和降低 HMG CoA 还原酶的活性。此外,胰高血糖素还可能通过蛋白激酶的作用,使 HMG CoA 还原酶磷酸化而导致其失活。

3.饥饿与禁食

动物试验研究表明,饥饿与禁食使肝脏中胆固醇的合成大幅度下降,但肝外组织中的合成减少不多。饥饿与禁食可以使 HMG CoA 还原酶的合成减少,活性下降,这显然与胆固醇合成的原料,如乙酰 CoA、ATP 和 NADPH+H^+ 的供应不足有关。相反,大量摄取高能量的食物则增加胆固醇的合成。

4.加速胆固醇转变为胆汁酸以降低血清胆固醇

纤维素多的食物和某些药物(如消胆胺),可有利于胆汁酸的排出,减少胆汁酸经肠肝循环的重吸收,从而加速胆固醇在肝中转化为胆汁酸,降低血清胆固醇的水平。当肝脏转化胆汁酸能力下降,或者经肠肝循环重吸收的胆汁酸减少,胆汁中胆汁酸和卵磷脂相对胆固醇的比值降低,可使难溶于水的胆固醇以胆结石的形式在胆囊中沉淀析出。

【案例分析】胆固醇与动脉粥样硬化和冠心病的发生相关

动脉粥样硬化以在动脉壁的结缔组织内沉积含 Apo B-100 脂蛋白的胆固醇和胆固醇酯为特征。血液中长期出现高浓度 VLDL、IDL 和乳糜微粒残体,或 LDL 的疾病(例如糖尿病、脂质肾变病、甲状腺功能低下和高脂血等其他情况)常常伴随过早出现或较严重的动脉粥样硬化。HDL(HDL2)浓度和冠心病之间有一个相反的关系,有人认为最有预言性的是 LDL:HDL 的胆固醇比值。这个关系可以用 LDL 和 HDL 的作用解释清楚。前者转运胆固醇至组织,后者在逆向胆固醇转运中作为胆固醇清除剂。

饮食和环境因子可影响血清胆固醇浓度。而遗传因子在决定个体血液胆固醇浓度中起着最大的作用,用多不饱和脂肪酸取代食物中某些饱和脂肪酸是最有益处的。含高比例多不饱和脂肪酸的天然食物油包括向日葵油、棉籽油、玉米油和大豆油,含高浓度单不饱和脂肪酸的是橄榄油。而奶油脂肪、牛肉脂肪和棕榈油含高比例的饱和脂肪酸。蔗糖和果糖在升高血脂,特别是三酰甘油中的作用比其他糖更大。

多不饱和脂肪酸降低胆固醇效应的机制仍不清楚。但是,已提出几种假说,包括刺激胆固醇排入肠内,和刺激胆固醇转化为胆汁酸。富含棕榈酸的食物抑制胆固醇转化为胆汁酸。因为 LDL 受体被多和单不饱和脂肪酸上调,使 LDL 的分解代谢速度增加,饱和脂肪酸使 LDL 受体水平下调,其他证据也证明这种效应是由于多不饱和脂肪酸产生较小的 VLDL 颗粒,这种小颗粒含较多胆固醇,在肝外组织比大 VLDL 颗粒的利用速度慢,可视为动脉粥样硬化生成的一种倾向。

当改变饮食失效时,降低血脂的药物将降低血清胆固醇和三酰甘油。高胆固醇血症可以用中断胆汁酸的肠肝循环来治疗,用消胆胺树脂或手术切除回肠能实现血浆胆固醇的明显降低,两个过程都能阻断胆汁酸的重吸收。或者通过药物阻断胆固醇生物合成途径的不同阶段,如美伐他汀(mevastatin)和洛伐他汀(lovastatin)抑制 HMG CoA 还原酶活性。

第六节　脂类在体内运转的概况

从食物吸收的脂肪和由肝和脂肪组织合成的脂类必须在各组织和器官之间转运以供利用和贮藏。脂类不溶于水，为了实现在水环境—血液血浆中的运输，主要通过非极性脂类(三酰甘油和胆固醇酯)与两性脂类(磷脂和胆固醇)和蛋白质结合成与水易混合的脂蛋白进行运输。现已证明，除了游离脂肪酸是和血浆清蛋白结合起来，形成可溶性复合体运输以外，其余的都是以血浆脂蛋白的形式运输的。

一、血浆脂蛋白的组成及分类

血浆脂蛋白是脂质与蛋白质的复合物，根据脂质与蛋白质的比例不同，可形成不同的复合物。血浆脂蛋白的蛋白质部分称为载脂蛋白或脱辅基蛋白，每种载脂蛋白在遗传和结构上均有很大区别，其分子量从6 kD到550 kD不等。

甘油三酯、磷脂、胆固醇及其酯等成分是血浆脂蛋白中的主要脂质成分。血浆中各种脂蛋白具有大致相似的基本结构，呈球状(图8.23)，疏水的甘油三酯、胆固醇酯常处于球的内核中，而兼有极性与非极性基团的载脂蛋白、磷脂和胆固醇则以单分子层覆盖于脂蛋白的球表面，其非极性基团朝向疏水的内核，而极性的基团则朝向脂蛋白球的外侧。因而疏水的脂质可以在血浆的水相中运输。

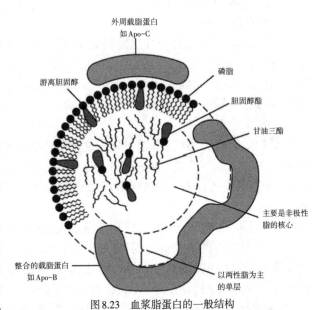

图8.23　血浆脂蛋白的一般结构

(引自 Robert K.Murray ect., *Harper's Illustrated Biochemistry*,2003)

各种脂蛋白因所含脂类及蛋白质量的不同，其理化性质(密度、颗粒大小、表面电荷、电泳速率等)和生理功能也不相同，一般常用超速离心或者电泳分离方法进行分类。利用密度梯度超速离心技术，可以把血浆脂蛋白根据其密度由小到大分为乳糜微粒(Chylomicron,CM)、极低密度脂蛋白(Very-low-density Lipoprotein,VLDL)、低密度脂蛋白(Low-density Lipoprotein,LDL)和高密度脂蛋白(High-density Lipoprotein,HDL)4类。除此以外，还有中密度脂蛋白(Intermediate-density Lipoprotein,IDL)，它是VLDL在血浆中的代谢物。

根据血浆脂蛋白在电场中从慢到快的泳动速度可分为4种脂蛋白：乳糜微粒(CM)、β-脂蛋白、前β-脂蛋白和α-脂蛋白。乳糜微粒在电泳结束时基本仍在原点不动。

二、血浆脂蛋白的主要功能

(一)乳糜微粒

乳糜微粒(CM)是食物中脂类被小肠黏膜细胞吸收后合成的脂蛋白，经淋巴进入血液循环，含三酰甘油最多(90%)，其主要生理功能是将食物中的三酰甘油和胆固醇转运至肝和脂肪组织(即转运外源性三酰甘油及胆固醇)。

(二)极低密度脂蛋白

极低密度脂蛋白(VLDL)主要由肝细胞合成，含较多的三酰甘油(约60%)。其生理功能是将肝脏合成的三酰甘油转运至肝外其他组织,即转运内源性三酰甘油。在转运过程中不断水解脱脂,组成比例发生变化,转变为中等密度脂蛋白(IDL),再经进一步脱脂最后转变为低密度脂蛋白(LDL)。

(三)低密度脂蛋白

低密度脂蛋白(LDL)是在血浆中经 VLDL 转变而来的。LDL 含胆固醇最多(50%),其功能是将内源性胆固醇从肝运至肝外组织。LDL 的增多会导致胆固醇总量的增加,如果其结构不稳定,则胆固醇很容易在血管壁沉积而形成斑块,这是动脉粥样硬化的病理基础。

(四)高密度脂蛋白

高密度脂蛋白(HDL)主要由肝合成,小肠也能合成一部分。HDL 的主要功能是将肝外组织的胆固醇转运到肝中进行代谢,这种转运称为胆固醇的逆向转运。HDL 主要在肝中降解,其中的胆固醇可以合成胆汁酸或直接排出体外。HDL 通过胆固醇的逆向转运,把外周组织中衰老细胞膜上的以及血浆中的胆固醇运回肝脏代谢。通过这种转运,可防止胆固醇积聚在外周动脉管壁。HDL 含量偏高,有抗动脉粥样硬化的作用。

【案例分析】　脂肪肝

三酰甘油形成和输出速度的不平衡引起脂肪肝。因为多种原因,脂类(主要是三酰甘油)能在肝内蓄积。广泛性蓄积被认为是一种病理情况。当肝内脂类的蓄积变为慢性,细胞内发生纤维性改变,就发展为肝硬化和肝功能损伤。

脂肪肝主要分为两类。第一类与升高的血浆游离脂肪酸水平相关,后者是从脂肪组织动员脂肪,或是肝外组织的脂蛋白酯酶水解脂蛋白三酰甘油的后果。增加的游离脂肪酸被肝摄取和酯化,而肝内 VLDL 的产生和游离脂肪酸的流入不同步,使三酰甘油蓄积,导致脂肪肝。当饥饿和进食高脂肪饮食时,肝内三酰甘油的量显著增加。在很多情况下(例如饥饿),肝分泌 VLDL 的能力也受到破坏。这可能是由于胰岛素水平降低和蛋白质合成受损所致。在未控制的糖尿病、母羊妊娠毒血症和牛酮血症时,严重的脂肪浸润引起肝脏明显苍白(脂肪出现)、增大并伴有功能障碍。

第二类脂肪肝通常是由于血浆脂蛋白生成过程中的代谢受阻,从而使三酰甘油蓄积。从理论上说,这种损害可能由于:(1)载脂蛋白合成受阻。(2)由脂类和载脂蛋白合成脂蛋白受阻。(3)存在于脂蛋白的磷脂供应衰竭。(4)分泌机制本身衰竭。

蛋鸡脂肪肝综合征(Fatty Liver Syndrome in Laying Hens,FLS)是产蛋鸡的一种脂肪代谢障碍性疾病,以肝脏肿大、脂肪过度沉积为特征。禽类合成脂肪的场所主要在肝脏。产蛋鸡接近产蛋时,为了维持生产力(1枚鸡蛋大约含6 g脂肪,其中大部分是由饲料中的碳水化合物转化而来的),肝脏合成脂肪能力增加,肝脂也相应提高。合成后的脂肪以极低密度脂蛋白(VLDL)的形式被输送到血液,经心、肺小循环进入大循环,再运往脂肪组织储存或运往卵巢。当饲料或者肝内缺少载脂蛋白和合成磷脂的原料,VLDL 的形成机能受阻,或产蛋鸡摄入能量过多时,会导致肝脂输出过慢而在肝中积存形成脂肪肝。

【本章小结】

脂肪(三酰甘油)是动物机体主要的贮能物质。在激素敏感脂肪酶的催化下,脂肪动员可分解为甘油及脂肪酸(饱和与不饱和),并运送到全身各组织利用。甘油磷酸化后,进入糖代谢途径。胞液中的脂肪酸,先活化为脂酰 CoA,然后由肉碱转运至线粒体中进行β-氧化分解,每一次β-氧化(脱氢、加水、再脱氢及硫解),生成 1 分子乙酰 CoA 和少 2 个碳原子的脂酰 CoA。如此重复,偶数碳原子数的脂肪酸完全降解成乙酰 CoA 并进入三羧酸循环彻底氧化。奇数脂肪酸(如丙酸)可经由甲基丙二酸单酰 CoA 途径异生成葡萄糖。酮体包括乙酰乙酸、β-羟丁酸和丙酮,是由脂肪酸在肝细胞线粒体中β-氧化产生的乙酰 CoA 缩合产生的正常中间产物,但因肝脏缺乏乙酰乙酸硫激酶和琥珀酰 CoA 转硫酶,所以肝脏产生的酮体自身不能利用,需经血液运至肝外组织氧化供能。

脂肪酸在胞液中合成。线粒体中的乙酰CoA通过柠檬酸–丙酮酸循环转运入胞液。由NADPH供氢,在7种酶和ACP组成的多酶复合体催化下合成软脂酸,合成反应并不是β-氧化的简单逆向过程。脂肪的合成有两条途径:一条是在肝细胞和脂肪细胞的滑面内质网中,由α-磷酸甘油逐步酯化生成;另一条是在小肠黏膜上皮细胞内,消化吸收的甘油一酯直接与脂酰CoA作用生成。

动物机体所有组织均可合成类脂。类脂的种类很多,其中磷脂和胆固醇都是组成生物膜双层结构的成分。磷脂在形成脂蛋白CM和VLDL中,对运输外源性和内源性甘油三脂和胆固醇及其酯起重要作用。甘油磷脂的合成需从磷脂酸开始,甲硫氨酸和丝氨酸合成的胆碱和胆胺用于合成卵磷脂和脑磷脂。胆固醇是组成类固醇激素和胆汁酸的前体物质。肝是胆固醇合成的主要场所,胆固醇合成的原料是乙酰CoA,合成通路的主要调节酶是HMG COA还原酶。LDL是转运胆固醇的主要物质,胆固醇一部分从肝直接排出,大部分则转变成胆汁酸后分泌排出。血浆中脂蛋白用电泳和离心的方法分类。脂蛋白在形成以及在动物体内的交换过程中实现对甘油三酯和胆固醇的代谢调节和转运。

【思考题】

1.试解释为什么机体存在脂酰CoA脱氢酶缺陷会出现严重低血糖症。

2.一个饲喂得很好的动物用^{14}C标记甲基的乙酸静脉注射,几小时后将动物处死,从肝脏中分离出糖原和甘油三酯,测定其放射性分布。

(1)预期分离得到的糖原和甘油三酯放射性的水平相同还是不同? 为什么?

(2)利用结构式指出三酰甘油中哪些碳原子被大量标记。

3.如果一种药物能够抑制柠檬酸裂解酶活性,那么服用该药后,会影响机体哪些物质的代谢? 为什么?

第 ⑨ 章　蛋白质的一般分解代谢

蛋白质是动物体内最重要的生物大分子，而氨基酸是蛋白质的基本组成单位。蛋白质在体内首先分解为氨基酸。氨基酸可直接用来合成各种组织蛋白质和一些具有一定生理功能的特殊蛋白质或者直接脱去氨基生成氨和α-酮酸。氨可转变成尿素、尿酸排出体外，而生成的α-酮酸则可以再转变为氨基酸，或是彻底分解为二氧化碳和水并释放能量，或是转变为糖或脂肪作为储备的能量，因此本章重点讨论氨基酸在动物细胞内的代谢。

第一节　蛋白质在动物体内的生理功能

蛋白质是重要的营养素，人和动物摄食蛋白质用以维持细胞、组织的生长、更新和修补；产生酶、激素、抗体和神经递质等多种重要的生理活性物质，这是糖和脂类不可替代的。每克蛋白质在体内氧化分解可产生 17.2 kJ 能量。蛋白质的营养价值取决于所含氨基酸的种类、数量及其比例，某种食物蛋白中必需氨基酸的种类和比例与人体组织蛋白越接近，其营养价值就越高。营养价值较低的蛋白质混合食用，可使必需氨基酸相互补充以提高其营养价值，这称为蛋白质的互补作用。植物和大多数细菌能够合成20种基本氨基酸，然而哺乳类动物不能全部合成。蛋白质是生命活动的物质基础，几乎在一切生命过程中都起着关键的作用。蛋白质的种类非常多，每一种蛋白质都有特殊的结构与功能。它们在错综复杂的生命活动中各自扮演着重要的角色，发挥着重要的作用。

一、维持细胞的正常生命活动

蛋白质维持着组织细胞的生长、修补和更新，是构成组织细胞的重要成分。为维持组织细胞生长和增殖的需要，饲料中必须提供足够质和量的蛋白质。同时，动物在新陈代谢过程中可分解和消耗大量蛋白质，这也必须从食物中得到补充。

二、转变为生理活性分子

(1)合成多种激素、酶类、转运蛋白、凝血因子和抗体等具有各种生理功能的大分子。

(2)可以转变成多种具有生物活性的含氮小分子，如儿茶酚胺类激素、嘌呤、嘧啶、卟啉等。

在畜禽机体的代谢活动中，蛋白质发挥着重要作用，以上功能是其他营养物质所不能替代的。

三、氧化供能

蛋白质在体内可以氧化供能。每克蛋白质氧化分解可产生 17.2 kJ 的能量。但这不是蛋白质的主要生理功能，这种功能可由饲料中的糖和脂肪来承担。

第二节　蛋白质的酶促降解

蛋白质的酶促降解过程是蛋白质在蛋白酶的作用下分解为许多小的片段，然后在肽酶作用下进一步分解为氨基酸。真核细胞中水解蛋白质的酶主要存在于溶酶体(Lysosome)内，动物的消化道内也有大量蛋白质水解酶类。动物从食物中摄取的蛋白质首先由消化系统中的水解酶降解。

所有蛋白质水解酶的作用都是水解肽键,将肽键(Peptide Bond)降解后,蛋白质形成氨基酸及小肽。依据蛋白质水解酶作用方式的不同,可分为蛋白酶和肽酶。

一、蛋白酶

(一)蛋白酶的概念

蛋白酶也是被称为肽链内切酶或内肽酶(Endopeptidase)的一类酶,其可作用于肽链内部将蛋白质分解成长度较短的含氨基酸分子数较少的多肽链(Polypeptide Chain)。

1.蛋白酶的种类　根据蛋白酶活性部位的结构特征可将其分为四类(表9.1),各类酶的命名一般是由其来源及特性而定的。

表9.1　蛋白酶的种类

EC编号	名　称	作用特征	例　子
EC 3.4.21	丝氨酸蛋白酶类	活性中心含组氨酸和丝氨酸,受二异丙基氟磷酸(DIFP)强烈抑制	胰凝乳蛋白酶、胰蛋白酶、凝血酶
EC 3.4.22	硫醇蛋白酶类	活性中心含半胱氨酸,对羟基汞苯甲酸(PHMB)抑制	木瓜蛋白酶、无花果蛋白酶、菠萝蛋白酶
EC 3.4.23	羧基(酸性)蛋白酶类	最适pH在5以下	胃蛋白酶、凝乳酶
EC 3.4.24	金属蛋白酶类	含有催化活性所必需的金属	嗜热菌蛋白酶、信号肽酶

表9.1中所列的木瓜蛋白酶、菠萝蛋白酶及无花果蛋白酶的活性中心均含有半胱氨酸,因此能被HCN、H_2S、半胱氨酸等还原剂所活化,而被H_2O_2等氧化剂及重金属离子所抑制。其余蛋白酶存在于大豆、菜豆、大麻、玉米、高粱的种子中。这些酶的性质与广泛分布的动物蛋白酶——胰蛋白酶和胃蛋白酶等有很多共同之处。

2.蛋白酶的专一性　蛋白酶具有底物专一性,不能水解所有肽键,只能对特定的肽键发生作用。如木瓜蛋白酶只能作用于由碱性氨基酸以及含脂肪侧链和芳香侧链的氨基酸所形成的肽键。几种蛋白水解酶的专一性见表9.2、图9.1。

表9.2　几种蛋白酶作用的专一性

酶	对R基团的要求	作用部位
胃蛋白酶	R_1、R_1':芳香族氨基酸或其他疏水氨基酸(NH_2端及COOH端)	↑①
胰凝乳蛋白酶	R_1':芳香族及其他疏水氨基酸(COOH端)	↑②
胰蛋白酶	R_2:碱性氨基酸(COOH端)	↑③
枯草杆菌蛋白酶、木瓜蛋白酶	R_3:疏水氨基酸(NH_2端)、碱性氨基酸以及含脂肪侧链和芳香侧链的氨基酸	↑④
羧肽酶A	R_m:芳香族氨基酸(COOH端)	↓⑤羧基末端的肽键
羧肽酶B	R_m:碱性氨基酸(COOH端)	↓⑤羧基末端的肽键
氨肽酶	—	↓⑥氨基末端的肽键
二肽酶	相邻两个氨基酸上的α-氨基和α-羧基同时存在	—

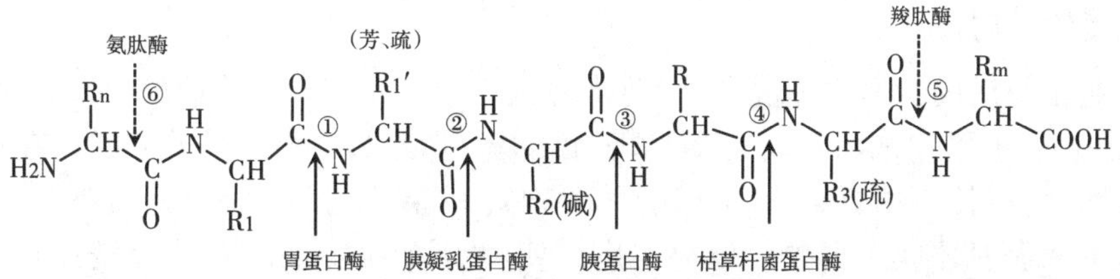

图9.1　几种蛋白酶的专一性

(二)蛋白酶应用

　　蛋白酶已广泛应用在皮革、毛皮、丝绸、医药、食品、酿造等方面。皮革工业的脱毛和软化已大量采用蛋白酶,既节省时间,又改善劳动卫生条件。蛋白酶还可用于蚕丝脱胶、肉类嫩化、酒类澄清。临床上可作药用,如用胃蛋白酶治疗消化不良,用酸性蛋白酶治疗支气管炎,用弹性蛋白酶治疗脉管炎以及用胰蛋白酶、胰凝乳蛋白酶对外科化脓性创口的净化及胸腔间浆膜粘连的治疗。加酶洗衣粉是洗涤剂中的新产品,含碱性蛋白酶,能去除衣物上的血渍和蛋白污物,但使用时应注意不要接触皮肤,以免损伤皮肤表面的蛋白质,引起皮疹、湿疹等过敏反应。

二、肽酶

(一)肽酶的概念

　　肽酶(Peptidase)也称为肽链端解酶或蛋白水解酶,是指作用于肽链末端的肽键,从肽链的一端开始水解,将氨基酸一个一个地从多肽链上切下来的一类酶。

　　1.肽酶的种类

　　肽酶根据其作用性质不同可分为氨肽酶、羧肽酶和二肽酶。

　　(1)氨肽酶(Aminopeptidase)。氨肽酶的EC编号通常为EC 3.4.11,是一类依次地催化水解蛋白质或多肽氨基末端残基的酶,属于肽链端解酶,可使氨基酸从多肽链的N-末端按顺序逐个地游离出来。在许多生物中发现了各种性质的这种酶。具有代表性的是亮氨酸氨肽酶。此外,也有特殊的仅作用于N-末端为脯氨酸的脯氨酸亚氨肽酶以及只作用于三肽的氨基三肽酶等。

　　(2)羧肽酶(Carboxypeptidase,CP)。羧肽酶是催化水解多肽链羧基末端氨基酸的酶,酶活性与锌有关,是从肽链的羧基末端开始水解肽链的一种消化酶,是可专一地从肽链的C-末端开始逐个降解,释放出游离氨基酸的一类肽链外切酶。以酶原形式存在于生物体内。常用的有A、B、C及Y 4种。羧肽酶A水解由芳香族和中性脂肪族形成的羧基末端,如酪氨酸、苯丙氨酸和丙氨酸等。羧肽酶B主要水解碱性氨基酸形成的末端。

　　(3)二肽酶(Dipeptidase)。二肽酶的底物为二肽,将二肽水解成单个氨基酸。

　　2.肽酶专一性

　　肽酶依据其专一性的作用方式不同又可分为以下六类,见表9.3。

表9.3　肽酶的种类

名称	作用特征	反应
α-氨酰肽水解酶类	作用于肽链的氨基末端(N-末端),生成氨基酸	氨酰肽 + H_2O→氨基酸 + 肽
二肽水解酶类	水解二肽	二肽 + H_2O→2氨基酸
二肽基肽水解酶类	作用于多肽链的氨基末端(N-末端),生成二肽	二肽基多肽 + H_2O→二肽 + 多肽
肽基二肽水解酶类	作用于多肽链的羧基末端(C-末端),生成二肽	多肽基二肽 + H_2O→多肽 + 二肽
丝氨酸羧肽酶类	作用于多肽链的羧基末端生成氨基酸	肽基-L-氨基酸 + H_2O→肽 + L-氨基酸
金属羧肽酶类	作用于多肽链的羧基末端生成氨基酸	肽基-L-氨基酸 + H_2O→肽 + L-氨基酸

（二）肽酶的应用

许多工业化使用的肽酶都是混合酶,纯化的肽酶用量较少。肽酶最早用于奶酪的制作,后来用于凝乳,肽酶也可用来嫩化肉类,澄清啤酒,提高奶酪和宠物食品的风味。在皮革工业中主要用于去除毛发,使皮革更柔软("软化"和"浸泡"皮革工艺);然而,许多这些专用产品的序列和有机物的来源都不是公开的。肽酶也广泛使用于清洁材料中,如生物洗涤粉和镜头清洁液。除了作为药物的靶点外,肽酶还可以帮助消除胃肠道寄生虫、帮助烧伤患者去除死皮(清创)、测定血团及通过消化软骨以缓解背痛、治疗椎间盘突出(化学溶核术 Chemonucleolysis)等。肽酶在实验室也被广泛用作蛋白抑制试剂,并制造多肽所需的蛋白序列。更近期的实验使用肽酶的抑制特异性处理重组融合蛋白。肽酶在生物学、医学研究和生物技术领域是非常重要的一种酶,其中肽酶活力的调节是一个非常重要的方面,当前,有上百种的蛋白酶作为抑制剂被研究。

三、蛋白质的酶促降解

在内肽酶、羧肽酶、氨肽酶与二肽酶的共同作用下,蛋白质先水解成蛋白胨、胨、多肽,最后完全分解成氨基酸,即

$$蛋白质 \xrightarrow{内肽酶} 蛋白胨、胨 \xrightarrow{内肽酶} 多肽 \xrightarrow{端肽酶} 氨基酸$$

这些氨基酸可以转移到蛋白质合成的地方用作合成新蛋白质的原料,也可以经脱氨基作用形成氨和有机酸,或通过氨基酸的脱羧基作用产生二氧化碳和相应的胺,或参加其他反应。

第三节　氨基酸的一般分解代谢

一、动物体内氨基酸的代谢概况

饲料中的蛋白质在消化道内被蛋白酶水解后吸收的氨基酸,称外源性氨基酸。在动物体内,体蛋白被组织蛋白酶水解产生的和由其他物质合成的氨基酸,称内源性氨基酸。外源性氨基酸与内源性氨基酸共同组成了动物机体的氨基酸代谢库(又称氨基酸代谢池),随血液运至全身各组织进行代谢。其主要去向是:合成蛋白质和多肽;转变成多种含氮生理活性物质,如嘌呤、嘧啶、卟啉和儿茶酚胺类激素等;或者生产成其他物质。

氨基酸都具有α-氨基和α-羧基,因此它们具有共同的代谢途径,这种具有共性的分解途径称一般分解代谢。氨基酸通过一般分解代谢途径分解时,在大多数情况下首先脱去氨基生成氨和α-酮酸。氨可转变成尿素、尿酸排出体外,而生成的α-酮酸则可以再转变为氨基酸,或是彻底分解为二氧化碳和水并释放能量,或是转变为糖或脂肪作为能量的储备。在少数情况下,氨基酸首先脱去羧基生成二氧化碳和氨,这是其分解的次要途径。体内氨基酸的代谢概况如图9.2所示。

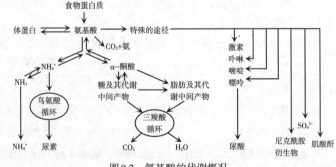

图9.2　氨基酸的代谢概况

二、氨基酸的脱氨基作用

在酶的催化下,氨基酸脱掉胺基的过程称脱胺基作用(Deamination)。动物的脱氨基作用

主要在肝和肾中进行,其主要方式有:

(一)氧化脱氨基作用

即氨基酸在酶的作用下,先脱氢形成亚氨基酸,进而与水作用生成α-酮酸和氨的过程。在动物体内,催化氨基酸氧化脱氨基反应的酶有L-氨基酸氧化酶(以FMN为辅基,催化L-氨基酸的氧化脱氨基作用,在体内分布不广,活性不强)、D-氨基酸氧化酶(以FAD为辅基,在体内分布广,活性强;但动物体内的氨基酸多为L-氨基酸,因此在氨基酸代谢中作用不大)和L-谷氨酸脱氢酶等。

L-谷氨酸脱氢酶是由六个亚基构成的别构酶,每个亚基的相对分子质量为56 000。广泛存在于肝、肾和脑等组织中,属于不需氧脱氢酶,有较强的活性,其催化L-谷氨酸氧化脱氨生成α-酮戊二酸,辅酶是NAD^+或$NADP^+$,GTP和ATP是此酶的变构抑制剂,而GDP和ADP是其变构激活剂。L-谷氨酸脱氢酶具有很高的专一性,只能催化L-谷氨酸的氧化脱氨基作用,反应式为:

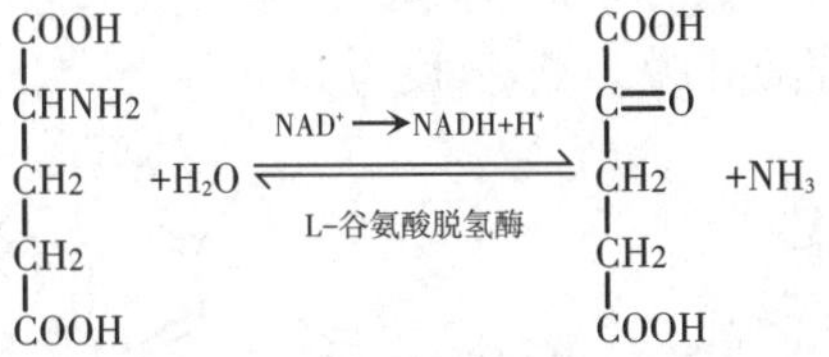

$$
\begin{array}{c}
COOH \\
| \\
CHNH_2 \\
| \\
CH_2 \\
| \\
CH_2 \\
| \\
COOH
\end{array}
+H_2O
\quad\underset{\text{L-谷氨酸脱氢酶}}{\xrightarrow{NAD^+ \to NADH+H^+}}\quad
\begin{array}{c}
COOH \\
| \\
C=O \\
| \\
CH_2 \\
| \\
CH_2 \\
| \\
COOH
\end{array}
+NH_3
$$

(二)转氨基作用

是指在转氨酶的催化下,某一氨基酸的α-氨基转移到另一种α-酮酸的酮基上,生成相应的α-酮酸和另一种氨基酸的过程。

可催化氨基酸上的α-氨基转移到α-酮酸的酮基上,α-酮戊二酸是其特异的氨基受体,而对提供氨基的氨基酸要求不严格,它所催化的反应均是可逆的。

磷酸吡哆醛作为转氨酶的辅酶,其中吡啶环、磷酸基以离子键与酶蛋白结合,醛基与酶蛋白中的第258位赖氨酰基的ε-氨基形成Schiff碱。转氨基时磷酸吡哆醛的醛亚胺碳与底物氨基相作用。吡啶环可吸收电子,使氨基酸的α-氢得以解离,发生互变异构,双键异位,醛亚胺变成酮亚胺,然后水解释放出α-酮酸。辅酶连上氨基成为磷酸吡哆胺。转氨基作用不限于转α-氨基,氨基及酰胺均可转氨,作用机理如下:

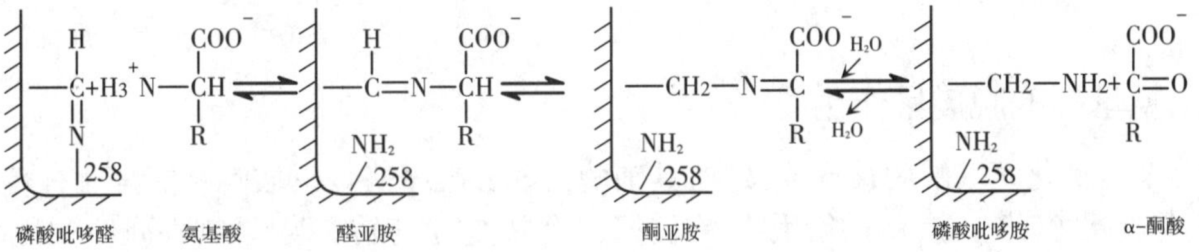

磷酸吡哆醛　　氨基酸　　醛亚胺　　　　酮亚胺　　　　磷酸吡哆胺　　α-酮酸

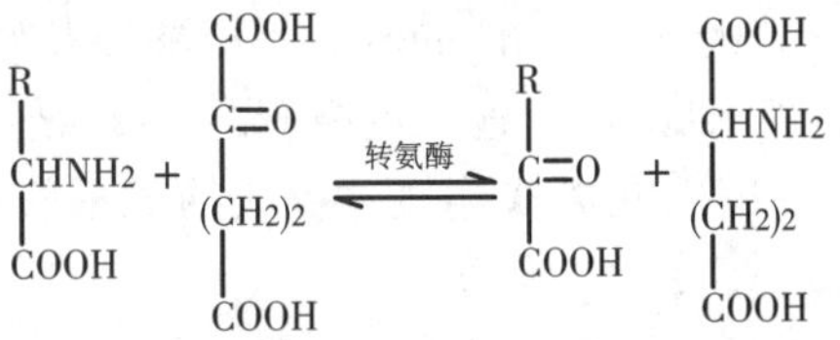

$$
\begin{array}{c}
R \\
| \\
CHNH_2 \\
| \\
COOH
\end{array}
+
\begin{array}{c}
COOH \\
| \\
C=O \\
| \\
(CH_2)_2 \\
| \\
COOH
\end{array}
\quad\underset{}{\overset{\text{转氨酶}}{\rightleftharpoons}}\quad
\begin{array}{c}
R \\
| \\
C=O \\
| \\
COOH
\end{array}
+
\begin{array}{c}
COOH \\
| \\
CHNH_2 \\
| \\
(CH_2)_2 \\
| \\
COOH
\end{array}
$$

机体中两种重要的转氨酶:谷丙转氨酶和谷草转氨酶。丙氨酸氨基转移酶(Alanine Transaminase,ALT),又称为谷丙转氨酶(GPT)。催化丙氨酸与α-酮戊二酸之间的氨基移换反应,为可逆反应。该酶在肝脏中活性较高,在肝脏疾病时,可引起血清中GPT活性明显升高。天门冬氨酸氨基转移酶(Aspartate Transaminase,AST),又称为谷草转氨酶(GOT)。催化天门冬氨酸与α-酮戊二酸之间的氨基移换反应,为可逆反应。该酶在心肌中活性较高,故在心肌疾患时,血清中GOT活性明显升高。

（三）联合脱氨基作用

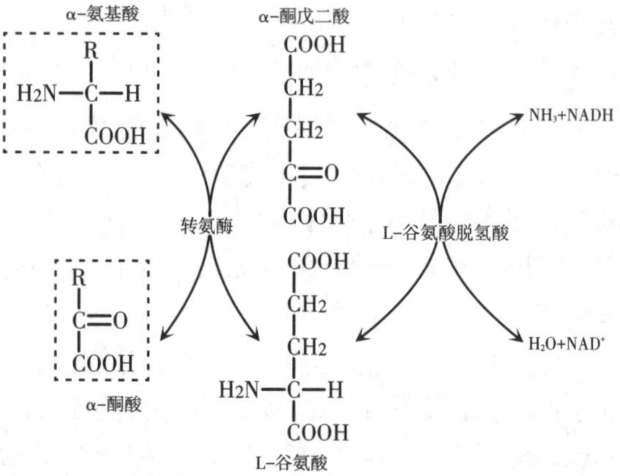

转氨基作用与L-谷氨酸氧化脱氨基作用联合起来进行的脱氨方式。其反应如下图。动物体内的肝、肾组织中，大多数氨基酸都以此种方式进行脱氨。

嘌呤核苷酸循环是存在于骨骼肌和心肌中的一种特殊的联合脱氨基作用方式。在骨骼肌和心肌中，由于谷氨酸脱氢酶的活性较低，而腺苷酸脱氨酶(Adenylate Deaminase)的活性较高，故采用此方式进行脱氨基，成为嘌呤腺苷酸循环。氨基酸则通过转氨基作用把其氨基转移到草酰乙酸上形成天门冬氨酸，然后天门冬氨酸参与次黄嘌呤核苷酸转变成腺嘌呤核苷酸的氨基化过程。腺嘌呤核苷酸可被脱氨酶水解再转变为次黄嘌呤核苷酸并脱去氨基，反应如下。

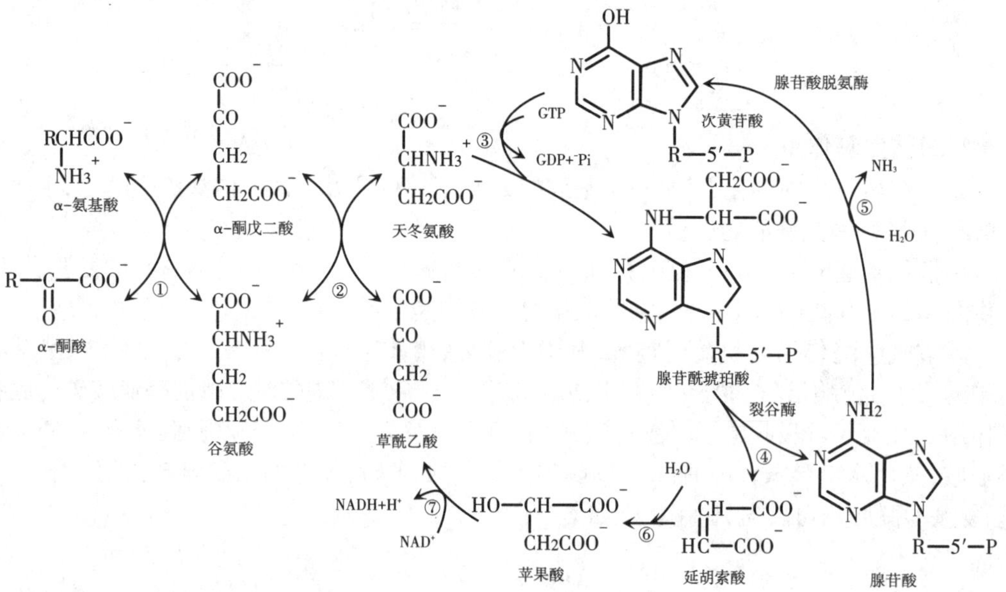

三、氨基酸的脱羧基作用

脱羧酶可催化氨基酸脱羧变成胺类，其辅酶为磷酸吡哆醛。磷酸吡哆醛是所有转氨酶的辅酶，它是吡哆醇（维生素B_6）的衍生物，在转氨过程中，它迅速转变为磷酸吡哆醛。当底物不存在时，吡哆醛(Pyridoxal)的醛基与酶活性部位的专一赖氨酸残基侧链上的氨基形成共价希夫碱式连接(Schiff Base Linkage)。加入底物后，进入的氨基酸的α-氨基取代了活性部位赖氨酸的氨基，于是与氨基酸底物形成了新的希夫碱式连接。形成的氨基酸-吡哆醛磷酸希夫碱则以多重非共价相互作用与酶紧密连接，其转变过程为：

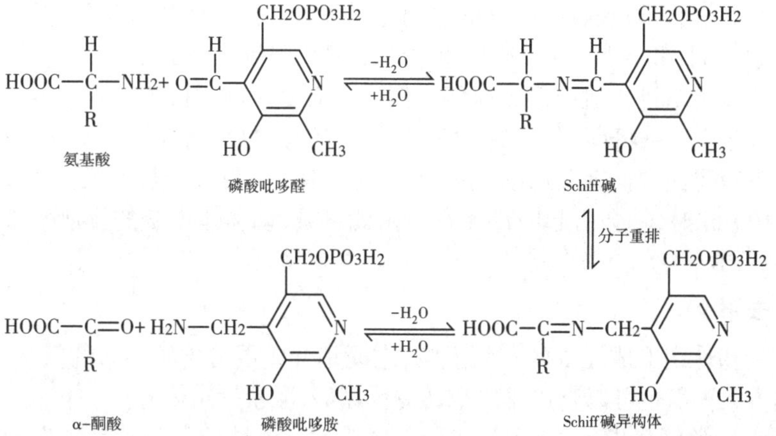

即氨基酸在脱羧酶的催化下,脱去羧基产生二氧化碳和相应的胺的过程,在氨基酸分解代谢中主要途径反应过程如下:

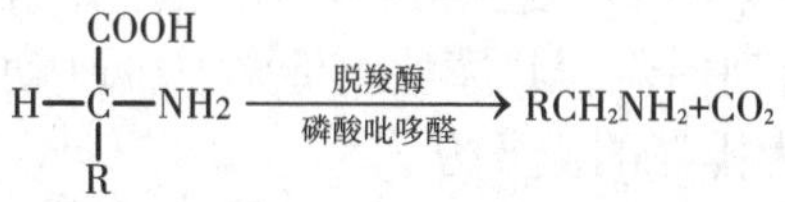

$$
\underset{R}{H-C-NH_2} \overset{脱羧酶}{\underset{磷酸吡哆醛}{\longrightarrow}} RCH_2NH_2 + CO_2
$$

动物机体中一些胺类的来源及功能见表9.4。

表9.4　动物机体中一些胺类的来源及功能

来源	胺类	功能
谷氨酸	γ-氨基丁酸(GABA)	抑制性神经递质
组氨酸	组胺	血管舒张剂,促胃液分泌
色氨酸	5-羟色胺	抑制性神经递质,缩血管
精氨酸	精胺、腐胺等	促进细胞增殖等
半胱氨酸	牛磺酸	形成牛磺胆汁酸,促进脂类消化

【知识点分析】　转氨酶的临床诊断

在正常情况下,上述转氨酶主要存在于细胞中,而在血清中的活性很低,在各个组织器官中,以心脏和肝脏中的活性为最高。当这些组织细胞受损或有炎症出现时,大量的转氨酶会从受损的肝脏和心脏细胞中逸入血液,于是,可通过实验室检测谷草转氨酶(GOT)或谷丙转氨酶(GPT)在血清中的活性来判断肝脏或心脏是否有炎症。如果血清中的转氨酶活性迅速升高可以判断心脏或肝脏有炎症。因此可将GOT和GPT在血清中活性的高低分别作为心肌梗死和急性肝炎诊断和预防的指标之一。

第四节　氨的代谢

氨基酸通过脱氨基或脱羧基作用降解所产生的氨、α-酮酸及胺类等,在机体内经进一步转化后,或排除,或降解产生能量,或转变成机体所需的其他有机物。

一、动物体内氨的来源与去路

(一)氨的来源

畜禽体内氨的主要来源是氨基酸的脱氨基作用,胺类、嘌呤和嘧啶的分解也能产生少量氨。在肌肉和中枢神经组织中,有相当量的氨是腺苷酸脱氨产生的,另外还有从消化道吸收的一些氨,其中有的是由未被吸收的氨基酸在消化道细菌作用下通过脱氨基作用产生的,有的来源于饲料,如氨化秸秆和尿素(可被消化道中细菌尿酶分解后释放出氧)。机体代谢产生的氨和消化道中吸收来的氨进入血液形成血氨。低水平血氨对动物机体是有用的。它可以通过脱氨基过程的逆反应与α-酮酸再形成氨基酸,还可以参与嘌呤、嘧啶等重要含氮化合物的合成。但氨在体内又具有毒性。脑组织对氨尤为敏感,血氨的升高,可引起脑功能紊乱。有实验证明,当兔的血氨达到5 mg/100 mL时,就会引起中毒死亡。由此可见,动物体内氨的排泄是维持生物体正常生命活动所必需的。

(二)氨的去路

氨可以在动物体内形成无毒的谷氨酰胺,它既是合成蛋白质所必需的氨基酸,又是体内运输和储存氨的方式。氨也可以直接排出或转变成尿酸、尿素排出体外。

比较发育生理学研究指出,动物以何种方式清除有毒性的氨与其系统发育过程中胚胎水的丰富程度有关。例如,淡水鱼和海洋脊椎动物可直接把氨排入环境的水中,使之很快稀释;而卵生爬行动物和禽类胚胎环境中的水受到严格限制,因此将形成难溶于水的尿酸作为排氨的方式(从禽类排泄物中可以看到白色粉状尿酸沉淀物);哺乳动物胚胎与母体相连,于是把氨转变成可溶性的无毒的尿素作为排氨的主要方式。

氨对生物机体有毒,特别是高等动物的脑对氨极敏感,血中1%的氨即会引起中枢神经中毒,因此,脱去的氨必须排出体外。氨中毒的机理:脑细胞的线粒体中氨与α-酮戊二酸作用生成Glu(谷氨酸),消耗大量的α-酮戊二酸,影响三羧酸循环,同时消耗大量的NADPH,引起脑昏迷。其主要去向是:

1.重新合成氨基酸

糖代谢的中间产物α-酮酸可与氨反应生成氨基酸。有些反应可看作是氨基酸氧化脱氨反应的逆反应,但实际上大多数这样的反应都不是氨直接参与反应的,而由谷氨酸或谷氨酰胺提供氨基重新利用,合成氨基酸、核酸等。

2.形成铵盐

生物体内物质代谢产生的柠檬酸、苹果酸、延胡索酸、草酰乙酸等大量有机酸均可与氨结合生成铵盐。一方面可中和氨,另一方面也参与调节细胞缓冲体系的pH。

3.生成酰胺

谷氨酸或天门冬氨酸(即天冬氨酸)可与氨结合生成相应的酰胺,反应由谷氨酰胺合成酶或天冬酰胺合成酶催化;在谷氨酰胺酶或天冬酰胺酶催化下,这些酰胺又可以将氨重新释放出来。因此,在生物体特别是植物体内,两种酰胺及谷氨酸是氨态氮贮藏和运输的主要形式。

在脑、肌肉中合成的谷氨酰胺,运输到肝和肾后,再分解为氨和谷氨酸,从而进行解毒,谷氨酰胺是氨的解毒产物,也是氨的储存及运输形式。

4.合成尿素

概括地说,生物有机体把氨基酸分解代谢产生的多余的氨排出体外有以下形式,排氨动物:水生、海洋动物,以氨的形式排出;排尿动物:以尿素形式排出。

尿素是哺乳动物利用NH_3、CO_2和H_2O在肝脏中经鸟氨酸循环(Ornithine Cycle)途径(图9.3)合成的无毒物质,它可随尿排出体外,是哺乳动物体清除氨的重要方式。

【案例分析】　引起高血氨症的原因和发生机制?

　　高血氨症发生的主要原因是肝功能严重受损,尿素合成障碍。其发生的机制主要是脑中氨升高,消耗α-酮戊二酸(转变为谷氨酸),使三羧酸循环减弱,ATP合成减少,引起大脑功能障碍,严重时昏迷。应对高血氨的患者采用降低血氨的措施,如限制蛋白进食量、给予肠道抑菌药物、给予谷氨酸使其与氨结合为谷氨酰胺。

鸟氨酸循环又称尿素循环（Urea Cycle），是由 Hans Krebs（德国学者，1933 年发现鸟氨酸循环；1937 年提出了三羧酸循环假说。为生物化学的发展做出了重大贡献）和 Kurt Henseleit 在 1932 年发现的第一个环状代谢途径，这一途径比 Krebs 发现柠檬酸循环早 5 年。此途径的总反应是：

$$天门冬氨酸 + CO_2 + NH_3 + 2H_2O + 3ATP \rightleftharpoons 尿素 + 延胡索酸 + 2ADP + AMP + 2Pi + PPi$$

尿素分子中的第一个氮原子来源于氨，另一个由天门冬氨酸转移而来；而碳原子来自 CO_2。鸟氨酸不是 20 种天然氨基酸中的氨基酸，不参与蛋白质的合成，它是这些碳和氮原子的载体。此循环过程是在哺乳动物的肝脏中进行的，可用相应实验证明。

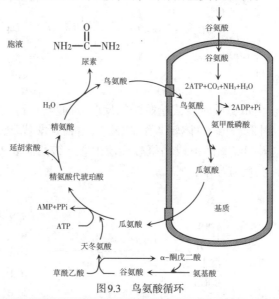

图9.3　鸟氨酸循环

【知识点分析】　**尿素合成的验证实验**

　　在哺乳动物体内氨的主要去路是合成尿素排出体外。通过测定切除肝脏或肾脏的狗血液中尿素的浓度来证明氨的主要去路是合成尿素排出体外。实验表明，切除肝脏或肾脏的狗的血液和尿中的尿素浓度显著下降，而血氨增高；如果切除狗的肾而保留肝，血液中的尿素浓度显著升高但不能排出体外；而如果同时切除肾和肝脏，则其血液中只有低水平的尿素，而狗的血氨浓度显著增加。可见，肝脏是哺乳动物合成尿素的主要器官。肾和脑等其他器官虽然也能合成尿素，但合成量甚微。另外，临床上一些急性肝坏死的患者，血液和尿中几乎不含尿素，而含高浓度的氨。因此肝是尿素合成的器官。

【知识点分析】　**鸟氨酸循环机制的起源**

　　将大鼠肝的薄切片放在有氧条件下加铵盐保温数小时后，铵盐的含量减少，同时尿素增多。在此切片中，分别加入鸟氨酸、瓜氨酸、精氨酸，发现它们都能够大大加速尿素的合成，而其他氨基酸或含氮化合物都不能起到上述作用，根据这三种氨基酸的结构推断，它们彼此相关，即鸟氨酸可能是瓜氨酸的前体，而瓜氨酸又是精氨酸的前体。实验中还发现，当大量氨基酸与肝切片及 NH_4^+ 保温时，确有瓜氨酸的积存。而且，肝中含有精氨酸酶，可使精氨酸水解为鸟氨酸及尿素。基于以上事实，Hans Krebs 和 Kurt Henseleit 提出了鸟氨酸循环机制。

尿素合成的详细过程分为以下五步：

①氨甲酰磷酸的生成。N-乙酰谷氨酸（N-acetyl Glutamic Acid，AGA）是氨甲酰磷酸合成酶I（Carbamoyl Phosphate Synthetase I，CPS-I）的变构激活剂，存在于肝细胞线粒体中，它可由乙酰辅酶A和谷氨酸通过乙酰谷氨酸合成酶的催化而生成。精氨酸是此酶的激活剂。N-乙酰谷氨酸存在时，氨、二氧化碳和水在氨甲酰磷酸合成酶I的催化下，合成氨甲酰磷酸。氨甲酰磷酸合成酶I催化生成的氨甲酰磷酸参与尿素的合成，它是尿素合成过程的关键酶，可作为肝细胞

分化程度的指标之一。反应如下：

$$CO_2 + NH_3 + H_2O + 2ATP \xrightarrow[Mg^{2+},N-乙酰谷氨酸]{氨甲酰磷酸合成酶I} H_2N-\overset{\overset{\large O}{\|}}{C}-O\sim Ⓟ + 2ADP + Pi$$

②瓜氨酸的生成。在线粒体内鸟氨酸在氨甲酰基转移酶(Carbamoyl Transferase,OCT)的催化下,氨甲酰磷酸将其氨甲酰基转移给鸟氨酸,释放出磷酸,生成瓜氨酸。反应中的鸟氨酸是在胞液中生成并通过线粒体膜上特异的转运系统转移至线粒体内的。反应如下：

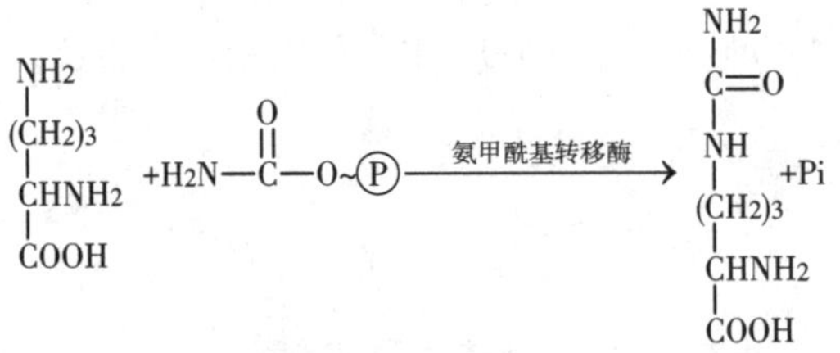

鸟氨酸　　氨甲酰磷酸　　瓜氨酸

③精氨酸的生成。由瓜氨酸转变成精氨酸的反应分两步进行：

首先瓜氨酸形成后即离开线粒体转入细胞液中,由精氨酸代琥珀酸合成酶(Argininosuccinate Synthetase)催化与天门冬氨酸形成精氨酸代琥珀酸。该酶需要ATP提供能量(消耗两个高能磷酸键)及Mg^{2+}的参与,反应如下：

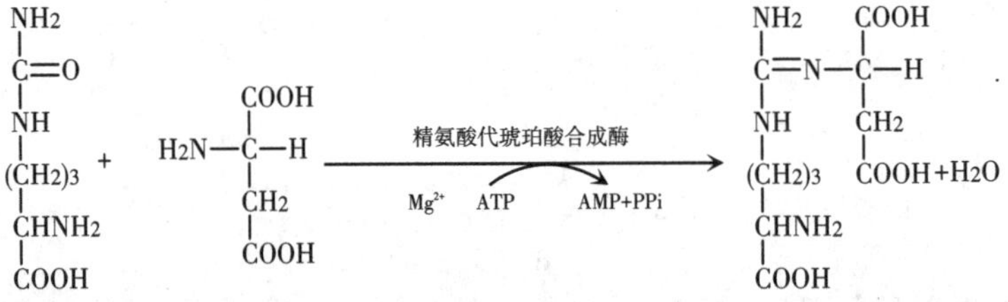

瓜氨酸　　天冬氨酸　　精氨酸代琥珀酸

接着精氨酸代琥珀酸在精氨酸代琥珀酸裂解酶(Argininosuccinase或Argininosuccinatelyase)的催化下分解为精氨酸及延胡索酸。

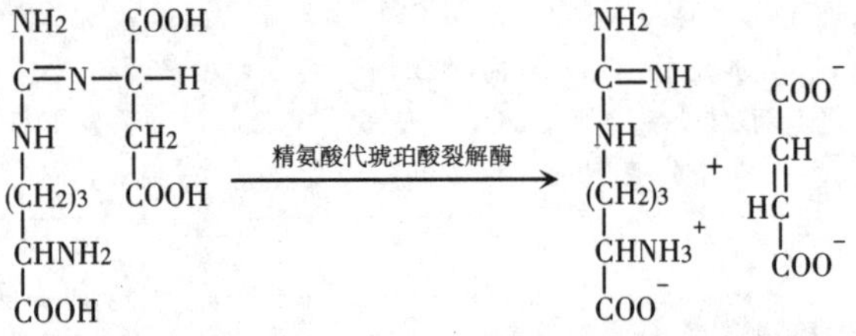

精氨酸代琥珀酸　　精氨酸　　延胡索酸

④精氨酸的水解和尿素的生成。在胞液中,精氨酸水解生成尿素和鸟氨酸。催化这个水解反应的精氨酸酶存在于哺乳动物体内,尤其在肝脏中有很高的活性。尿素是无毒的,可以经过血液运送至肾脏,再随尿排出体外。鸟氨酸则可进入线粒体与氨甲酰磷酸反应生成瓜氨酸,重复上述循环过程。精氨酸的水解反应和尿素循环的总反应如下：

精氨酸的水解反应：

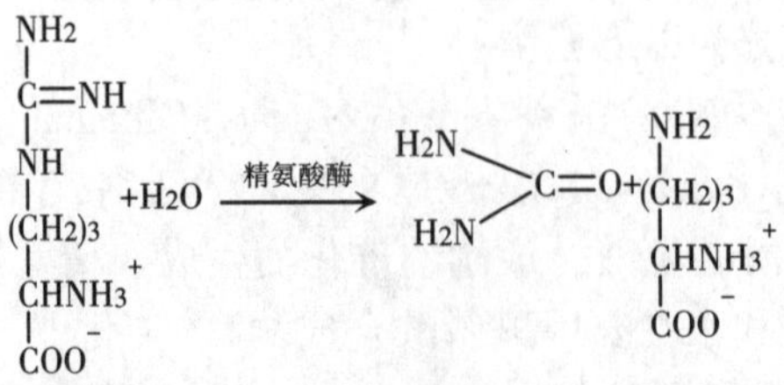

精氨酸　　尿素　　鸟氨酸

尿素合成的总反应式：

$$CO_2+NH_3+3ATP+天门冬氨酸+2H_2O \longrightarrow H_2N-\overset{\overset{\displaystyle O}{\|}}{C}-NH_2 +延胡索酸+2ADP+AMP+PPi+2Pi$$

尿素的生成是一个耗能的过程。氨甲酰磷酸合成酶I(线粒体)和精氨酸代琥珀酸合成酶是关键酶。每生成1分子的尿素消耗3分子ATP中4个高能磷酸键的能量。尿素分子中的1个氨基来自游离氨,另一个氨基来自天门冬氨酸(实际上由其他氨基酸通过转氨作用提供),碳原子来自CO_2,尿素循环不仅消除了氨的毒性,也减少了CO_2积累造成的酸性,因此对动物有重要的生理意义。同时延胡索酸将尿素循环和三羧酸循环联系起来。

5.尿酸的生成和排出。

家禽体内氨的去路与哺乳动物有共同之处,也有不同之处。氨在家禽体内也可以合成谷氨酰胺以及用于其他一些氨基酸和含氮物质的合成,但不能合成尿素,而是把体内大部分的氨通过合成尿酸排出体外。排尿酸动物主要包括鸟类、爬虫类。其过程是首先利用氨基酸提供的氨基合成嘌呤,再由嘌呤分解产生尿酸。尿酸在水溶液中溶解度很低;以白色粉状的尿酸盐从尿中析出。尿酸中的氮原子都来源于氨基酸的α-氨基,以内酰胺、内酰亚胺和完全解离三种形式存在,其结构式如下:

内酰胺型尿酸　　　　　　内酰亚胺型尿酸　　　　　　完全解离型尿酸

【案例分析】 家禽痛风症

家禽痛风又称为尿酸盐沉着症,是由于蛋白质代谢障碍引起的尿酸盐血症,是由于禽尿酸产生过多或排泄障碍导致血液中尿酸含量显著升高,进而以尿酸盐沉积在关节、胸腹腔及各种脏器表面和其他间质组织中引起的一种代谢病。大量尿酸盐沉积于关节、软骨、内脏及其他组织中。病禽行动迟缓、腿与翅关节肿大、跛行。腹泻排白色稀粪,肛门羽毛粘附白色尿酸盐。

二、氨的转运

过量的氨对机体是有毒的,而氨的解毒部位主要在肝脏,体内各组织中产生的氨需要被运输到肝脏进行解毒。它在血液中主要以丙氨酸及谷氨酰胺两种形式转运。

(一)丙氨酸-葡萄糖循环

丙氨酸-葡萄糖循环(Alanine-glucose Cycle):肌肉中的氨基酸经转氨基作用将氨基转给丙酮酸生成丙氨酸,丙氨酸经血液运至肝脏。在肝脏中,丙氨酸通过联合脱氨基作用,释放出氨,用于合成尿素。转氨基后生成的丙酮酸可经糖异生途径生成葡萄糖。葡萄糖由血液输送到肌肉组织,沿糖酵解途径转变成丙酮酸,后者再接受氨基而生成丙氨酸。

(二)谷氨酰胺的运氨作用

在谷氨酰胺合成酶(Glutamine Synthetase)的催化,并有ATP和Mg^{2+}的参与下,氨和谷氨酸结合生成谷氨酰胺。通过谷氨酰胺,可以从脑、肌肉等器官组织向肝或肾转运氨。谷氨酰胺没有毒性,是体内迅速解除氨毒的一种方式,也是氨的储藏及运输形式。运至肝脏中的谷氨酰胺可将氨释放出合成尿素,运至肾中将氨释出,与肾小管中的H^+结合为NH_4^+直接随尿排出体外,在各种组织中氨也可用于合成氨基酸和嘌呤、嘧啶等含氮物质。谷氨酰胺由谷氨酰胺酶(Glutaminase)催化水解生成谷氨酸和氨。谷氨酰胺的合成与分解是分别由不同酶催化的不可逆反应。反应式如下：

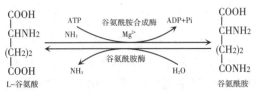

当体内酸过多时，肾小管上皮细胞中谷氨酰胺酶活性增高，谷氨酰胺分解加快，氨的生成与排出增多。排出的 NH_3 可与尿液中的 H^+ 中和生成 NH_4^+，以降低尿中的 H^+ 浓度，使 H^+ 不断从肾小管细胞排出，有利于维持动物机体的酸碱平衡。通过这个循环，一方面使肌肉中的氨以无毒的丙氨酸形式运输到肝脏；另一方面，肝脏又为肌肉提供了生成丙酮酸的葡萄糖。

三、α-酮酸的代谢去向

氨基酸经脱氨基作用之后，大部分生成相应的α-酮酸，这些α-酮酸的具体代谢有三种去路：

（一）氨基化

由于转氨基作用和联合脱氨基作用都是可逆的过程，因此所有的α-酮酸都可以通过脱氨基作用的逆反应而氨基化，生成其相应的氨基酸。这是动物体内非必需氨基酸的主要生成方式。

（二）转变成糖和脂类

动物体内大部分氨基酸经脱氨基作用生成相应的α-酮酸，后者经糖异生作用合成糖，糖可以转变成脂肪。根据氨基酸在动物体内转变成糖或酮体可将氨基酸分为生糖氨基酸（在动物体内经代谢可以转变成葡萄糖的氨基酸称为生糖氨基酸。包括丙氨酸、半胱氨酸、甘氨酸、丝氨酸、苏氨酸、天门冬氨酸、天冬酰胺、蛋氨酸、缬氨酸、精氨酸、谷氨酸、谷氨酰胺、脯氨酸和组氨酸）、生酮氨基酸（在动物体内只能转变成酮体的氨基酸称为生酮氨基酸，包括亮氨酸和赖氨酸）和生糖兼生酮氨基酸（在动物体内既可转化成糖又可转化成酮体的氨基酸，包括色氨酸、苯丙氨酸、酪氨酸等芳香族氨基酸和异亮氨酸）。生糖氨基酸也能转变为脂肪。生酮氨基酸转变为酮体之后，酮体可以再转变为乙酰CoA，然后可进一步合成脂酰CoA，再与磷酸甘油合成脂肪。所需的磷酸甘油则由生糖氨基酸或葡萄糖提供。由于乙酰CoA在动物机体内不能转变成糖，所以生酮氨基酸是不能异生成糖的。除了完全生酮的赖氨酸和亮氨酸以外，其余的氨基酸脱去氨基之后的代谢物都有可能沿着糖异生途径全部转变或部分转变成糖。生糖兼生酮氨基酸代谢后生成酮体和琥珀酰CoA、延胡索酸等。其中琥珀酰CoA、延胡索酸也可经三羧酸循环转变为草酰乙酸，再进一步生成糖。

（三）氧化供能

氨基酸脱氨基后产生的α-酮酸是氨基酸分解供能的主要部分。氨基酸的碳骨架进行氧化分解时，先形成能够进入三羧酸循环的化合物，如乙酰CoA、α-酮戊二酸、琥珀酸、延胡索酸和草酰乙酸，进而彻底氧化分解成二氧化碳和水，并释放能量。根据碳骨架来源的不同可将氨基酸分为若干族（如图9.4）与糖代谢联系起来。

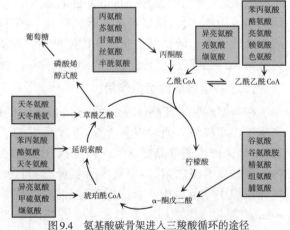

图9.4　氨基酸碳骨架进入三羧酸循环的途径

四、胺的代谢去向

氨基酸脱去羧基产生的胺类物质,若大量聚集也是对生物体有害的,需经进一步代谢转变为生理活性物质或废物。

(一)胺类物质的氧化

在胺氧化酶(Amine Oxidase)催化下,胺类氧化脱氨,生成相应的醛和氨,醛进一步氧化为羧酸进入有机酸代谢或糖代谢,氨则进入上面所述的氨代谢。

(二)转变为其他含氮活性化合物

一些胺类本身就是具有生理活性的小分子,也可作为前体或原料来合成生物碱、激素、神经递质、色素等含氮活性化合物。

【本章小结】

蛋白质可在多种蛋白酶及肽酶的催化下降解为氨基酸。氨基酸通过脱氨作用和脱羧作用降解为氨、CO_2、α-酮酸和有机胺等中间代谢物。氨基酸的脱氨基作用是氨基酸分解代谢的主要途径,包括氧化脱氨基作用、转氨基作用和联合脱氨基作用。氨基酸脱下氨可通过尿素循环及多种代谢途径转变为尿素或其他代谢物排出体外;α-酮酸进入糖代谢途径分解或转换,将糖、脂、蛋白质代谢相互联系起来;有机胺及氨基酸本身可作为多种含氮生理活性物质合成的原料或中间物。糖代谢中间物作为糖代谢的碳骨架,通过转氨基作用及进一步的代谢反应合成各种氨基酸。

【思考题】

1.简述体内联合脱氨基作用的特点和意义。

2.叙述脑组织中谷氨酸转变成尿素的主要代谢过程。

2.阐述氨在血液中的基本运输过程与生理意义。

3.简述尿素循环与三羧酸循环的关系。

4.在氨基酸的生物合成中,哪些氨基酸与三羧酸循环中间物有关? 哪些氨基酸与糖酵解和磷酸戊糖途径有直接联系?

5.糖和氨基酸与核苷酸代谢有何联系?

第十章　核酸的降解与核苷酸的代谢

第一节　核酸的降解

食物中的核酸主要以核蛋白的形式存在。核蛋白在动物胃中受胃酸作用降解为核酸和蛋白质。核酸随后进入小肠,在胰液和肠液中的核酸酶的作用下降解为核苷酸。凡是能够水解核苷酸之间的磷酸二酯键的酶都称为核酸酶(Nuclease)。不同来源的核酸酶,其专一性、作用方式都有所不同。有些核酸酶只能作用于RNA,称为核糖核酸酶(RNase),有些核酸酶只能作用于DNA,称为脱氧核糖核酸酶(DNase),有些核酸酶专一性较低,既能作用于RNA也能作用于DNA,因此统称为核酸酶。根据核酸酶作用的位置不同,又可将核酸酶分为核酸外切酶(Exonuclease)和核酸内切酶(Endonuclease)。

一、核酸外切酶

核酸外切酶从DNA或RNA链的一端逐个水解下单核苷酸。只作用于DNA的核酸外切酶称为脱氧核糖核酸外切酶,只作用于RNA的核酸外切酶称为核糖核酸外切酶,也有一些核酸外切酶可以作用于DNA或RNA。核酸外切酶从3′端开始逐个水解核苷酸,称为3′→5′外切酶,如蛇毒磷酸二酯酶,水解产物为5′核苷酸;核酸外切酶从5′端开始逐个水解核苷酸,称为5′→3′外切酶,如牛脾磷酸二酯酶,水解产物为3′核苷酸。

二、核酸内切酶

核酸内切酶催化水解多核苷酸内部的磷酸二酯键。有些核酸内切酶仅水解5′磷酸二酯键,把磷酸基团留在3′位置上,称为5′-内切酶;而有些仅水解3′-磷酸二酯键,把磷酸基团留在5′位置上,称为3′-内切酶。还有一些核酸内切酶对磷酸二酯键一侧的碱基有专一要求,如胰核糖核酸酶(RNase A)即是一种高度专一性核酸内切酶,它作用于嘧啶核苷酸的C′3上的磷酸基和相邻核苷酸的C′5之间的键,产物为3′嘧啶单核苷酸或以3′嘧啶核苷酸结尾的低聚核苷酸。

三、限制性核酸内切酶

限制性核酸内切酶(Restriction Endonuclease)简称限制性内切酶或限制酶,是一类能识别和切割双链DNA分子中特定碱基序列的核酸内切酶。限制性内切酶都是在细菌中发现的。限制酶与其相应的甲基化酶组成了细菌的限制修饰系统。限制酶能识别外来DNA的特定序列并把DNA切断,防止外来DNA的侵入。相应的甲基化酶将细菌自身DNA中限制酶识别的序列甲基化,使限制酶不再识别这段序列,对自身的DNA加以保护。限制酶按酶的结构、辅助因子的需求、切位与作用方式可分为三大类:Ⅰ型限制酶是复合酶,由不同的α、β、γ亚基组成,具有限制和修饰的双重功能和ATP酶、解旋酶活性。Ⅰ型限制酶作用时要求DNA分子上有特定的识别顺序,但切点却不在此识别顺序之中,而与之有一定的距离。在反应中,它还要求有ATP和S-腺苷甲硫氨酸(SAM)。Ⅲ型限制酶和Ⅰ型限制酶性质相似,但缺少ATP酶和解旋酶活性。这两种限制酶在基因工程中的用途都不大。Ⅱ型限制酶是一类独立的限制性核酸内切酶,不兼有甲基化酶的活性。Ⅱ型限制酶在蛋白质组成上比Ⅰ型、Ⅲ型要简单得多,它只有单一的亚基,通常以二体或四体形式发挥作用。它识别双链DNA的特异序列并在该序列内将DNA切断,其切断DNA时不需要ATP,也不需要SAM。基因工程操作中使用的限制酶主要是指Ⅱ型限制性内切酶,是分子生物学领域十分重要的工具酶之一。

限制性内切酶通常识别双链DNA的4~8个核苷酸顺序,以识别6个核苷酸顺序的限制性内切酶最为多见。限制酶切割DNA后,在断端的5′端带有磷酸基,3′端带有羟基,切口断端有两种类型:黏性末端(5′突出端和3′突出端)和平端。例如:

5′突出端:如 *Eco*R I
$$5'—GA{\downarrow}ATTC—3'$$
$$3'—CTTA{\uparrow}AG—5'$$

3′突出端:如 *Pst* I
$$5'—CTGCA{\downarrow}G—3'$$
$$3'—G{\uparrow}ACGTC—5'$$

平端:如 *Hpa* Ⅱ
$$5'—GTT{\downarrow}AAC—3'$$
$$3'—CAA{\uparrow}TTG—5'$$

用同一种限制酶切割的异源DNA片段产生相同的黏性末端,称为同源黏性末端。有些限制酶识别序列虽然不同,但酶切后可以产生相同的黏性末端,称为同尾酶,如 *Bam* H I(G↓GATCC)和 Bgl Ⅱ(A↓GATCT)。

> **【重要提示】** 限制酶的命名方法是第一个字母大写,代表细菌的属名(Genus),第二、三个字母小写,代表细菌的种名(Species),若细菌有变异株或不同品系,则再用一个大写字母表示株或型(Strain)。如果同一菌株中有几种限制酶,则根据发现的先后用大写的罗马数字表示。如 *Eco* R I 是从 *Escherichia coli* RY13 株中分离的第一种限制酶。

第二节 核苷酸的降解

一、核苷酸的降解

核苷酸是组成核酸的基本单位。核酸在核酸酶的作用下水解成核苷酸。组成DNA的核苷酸是脱氧核糖核苷酸,组成RNA的是核糖核苷酸。核苷酸在核苷酸酶的作用下水解为核苷和磷酸,核苷经核苷磷酸化酶作用,磷酸解成游离的碱基和1-磷酸戊糖(图10.1)。

核酸——→核苷酸
$$\begin{cases} 核苷 \begin{cases} 1-磷酸戊糖 \\ 碱基 \end{cases} \\ 磷酸 \end{cases}$$

图10.1 核苷酸的组成

二、嘌呤的降解

嘌呤核苷酸在核苷酸酶和嘌呤核苷磷酸化酶的作用下水解为嘌呤碱基和1-磷酸核糖。1-磷酸核糖在磷酸核糖变位酶作用下转变为5-磷酸核糖,5-磷酸核糖进入磷酸戊糖途径进行代谢;嘌呤碱基进一步代谢,一方面可以参加核苷酸的补救合成,另一方面可进入分解代谢,最终形成尿酸,随尿液排出体外。分解代谢过程涉及水解、脱氨基及氧化反应,分解过程如图10.2。

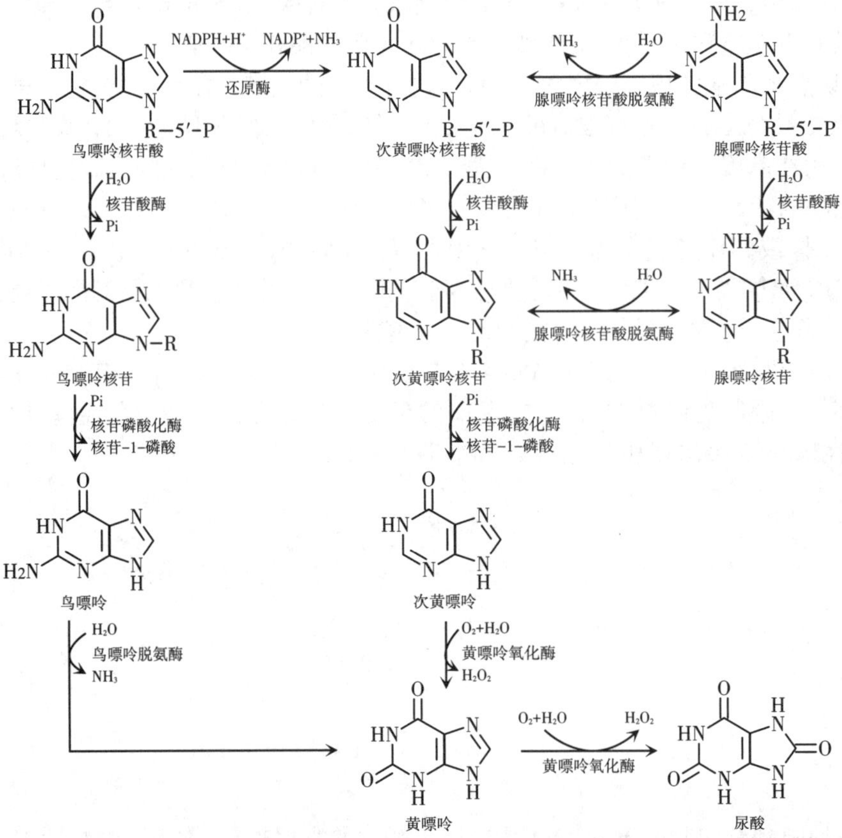

图10.2 嘌呤核苷酸的分解代谢

由于哺乳动物组织中腺嘌呤脱氨酶的含量极少,而腺嘌呤核苷脱氨酶和腺嘌呤核苷酸脱氨酶的活性较高,因此腺嘌呤的脱氨作用是在核苷和核苷酸水平上催化脱氨生成次黄嘌呤核苷或次黄嘌呤核苷酸,再水解成次黄嘌呤,并在黄嘌呤氧化酶的催化下逐步氧化为黄嘌呤,最终生成尿酸。

【知识点分析】

尿酸在不同种类动物中进一步分解的代谢终产物也不同。灵长类、鸟类和大多数昆虫类动物缺乏分解尿酸的能力,以尿酸的形式排出体外;在其他哺乳动物中尿酸则分解成尿囊素;某些硬骨鱼类生成尿囊酸;两栖类和大多数鱼类可将尿囊酸再进一步分解成乙醛酸和尿素;在某些低等海生无脊椎动物中可把尿素再分解成氨和二氧化碳。

尿酸的水溶性较差,因此尿酸过多容易引起结晶而沉积于关节、软组织、软骨及肾等处,导致痛风。别嘌呤醇常用于痛风症的治疗,其作用机制是其为黄嘌呤氧化酶的竞争性抑制剂,可使该酶活性丧失,从而抑制尿酸的生成。

三、嘧啶的降解

嘧啶核苷酸的降解也是首先通过核苷酸酶及核苷磷酸化酶的作用,分别除去磷酸和核糖,产生的嘧啶碱基再进一步分解。分解代谢过程中有脱氨基、氧化、还原及脱羧基等反应。胞嘧啶脱氨基转变为尿嘧啶。尿嘧啶在二氢嘧啶脱氢酶的催化下,由 $NADPH + H^+$ 供氢,还原为二氢尿嘧啶,二氢嘧啶酶催化嘧啶环水解开环,最终生成 NH_3、CO_2 及 β-丙氨酸。胸腺嘧啶在二氢嘧啶脱氢酶的催化下,还原为二氢胸腺嘧啶,最终降解生成 NH_3、CO_2 及 β-氨基异丁酸。与嘌呤碱的分解产生尿酸不同,嘧啶碱的降解产物均易溶于水。β-丙氨酸和β-氨基异丁酸可继续分解代谢,β-氨基异丁酸亦可随尿排出体外。嘧啶核苷酸分解代谢见图10.3。

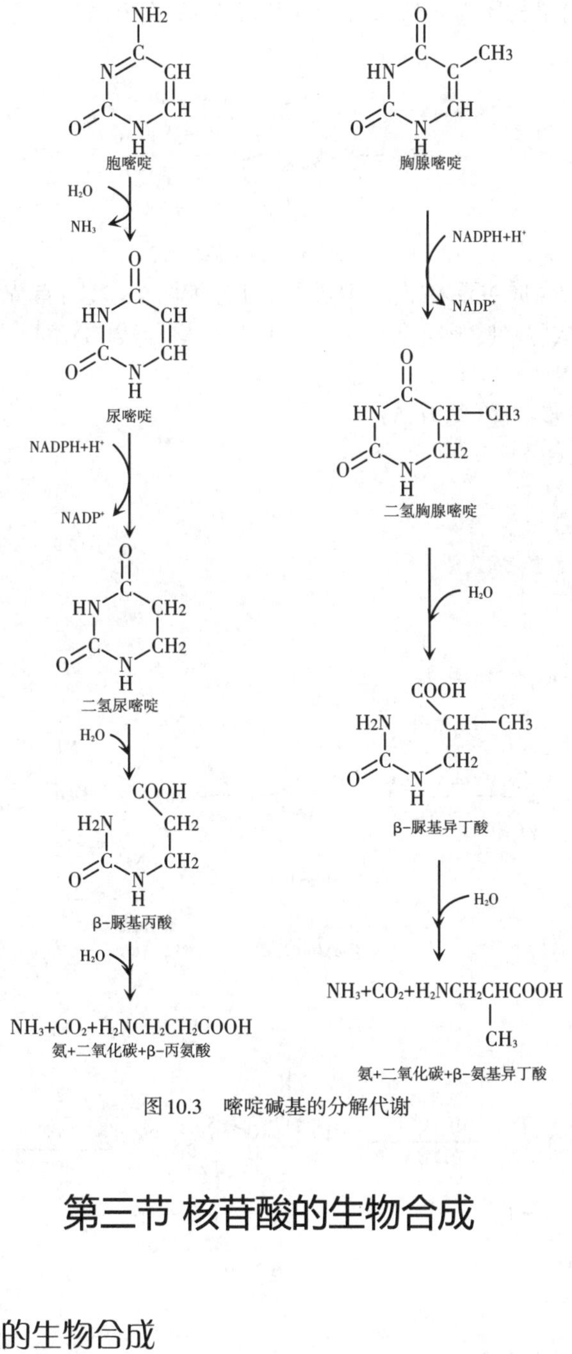

图10.3　嘧啶碱基的分解代谢

第三节 核苷酸的生物合成

一、核糖核苷酸的生物合成

体内核糖核苷酸的合成有两条途径:① 利用磷酸核糖、氨基酸等简单物质为原料合成核糖核苷酸的过程,称为从头合成途径(Denovo Synthesis Pathway),是体内合成核糖核苷酸的主要途径。肝是体内从头合成核糖核苷酸的主要器官,其次是小肠黏膜。② 利用体内游离碱基或核苷,经简单反应过程生成核糖核苷酸的过程,称为补救合成途径(Salvage Pathway)。在部分组织如脑、骨髓中只能通过此途径合成核苷酸。

(一)嘌呤核糖核苷酸的从头合成途径

用同位素标记化合物喂养动物的研究证明,动物体内能利用谷氨酰胺、天门冬氨酸、甘氨酸、一碳单位和CO_2等简单物质为元素来源合成嘌呤碱基(图10.4)。

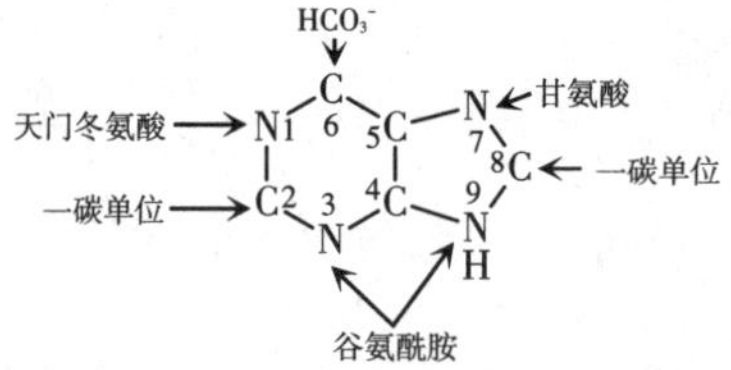

图10.4 嘌呤环合成的原料来源

嘌呤核苷酸的从头合成主要在胞液中进行,可分为两个阶段:首先合成次黄嘌呤核苷酸(IMP),然后IMP再转变成腺嘌呤核苷酸(AMP)与鸟嘌呤核苷酸(GMP)。

1. IMP的合成

IMP的合成包括11步反应(图10.5):

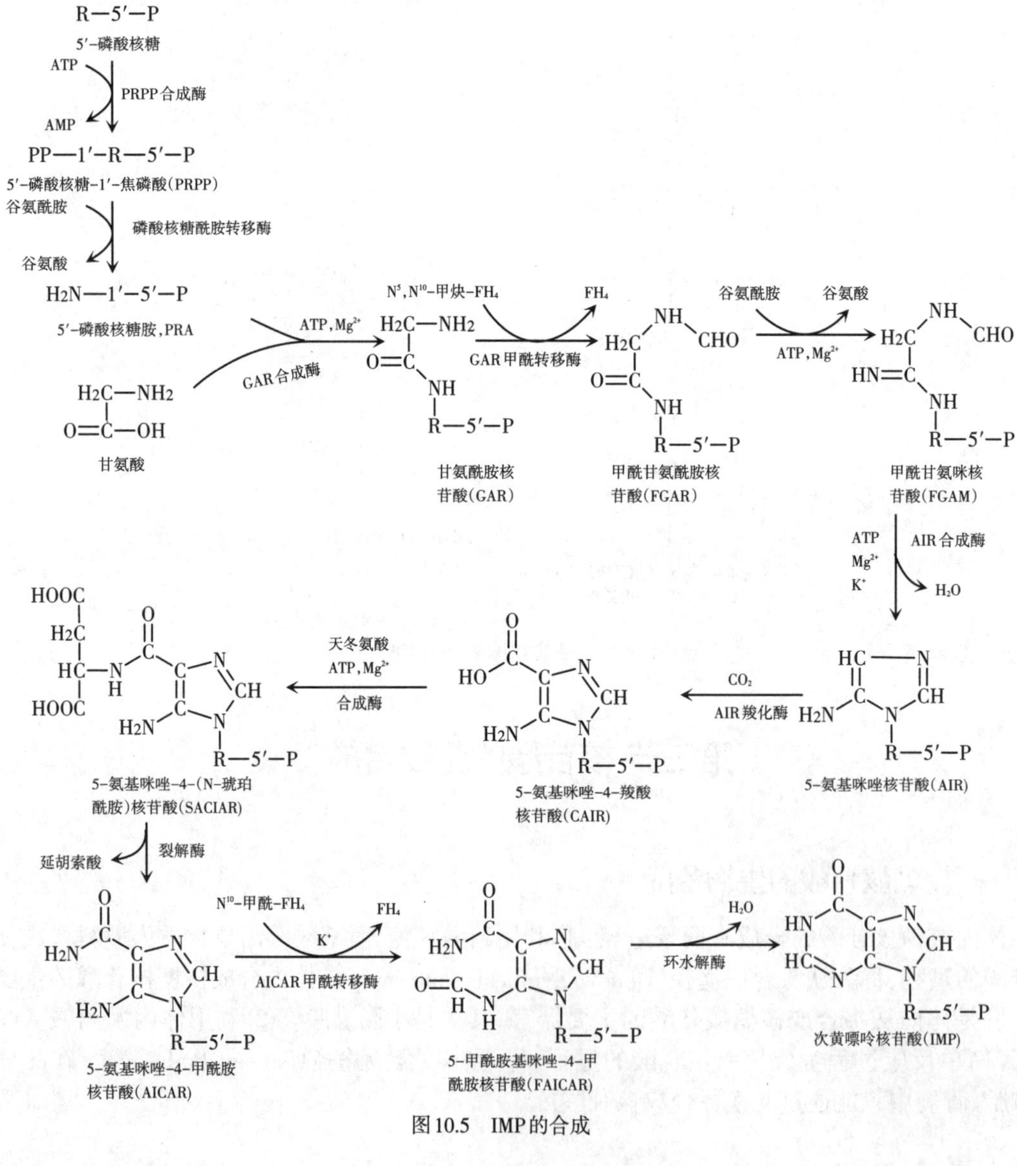

图10.5 IMP的合成

（1）5′-磷酸核糖的活化。嘌呤核苷酸合成的起始物为5′-磷酸核糖，是磷酸戊糖途径代谢产物。嘌呤核苷酸从头合成的第一步是由磷酸戊糖焦磷酸合成酶催化5′-磷酸核糖与ATP反应生成5′-磷酸核糖-1′-焦磷酸（5′-Phosphoribosyl-1′-Pyrophosphate，PRPP）。此反应中ATP的焦磷酸根直接转移到5′-磷酸核糖C1位上。PRPP同时也是嘧啶核苷酸及组氨酸、色氨酸合成的前体。因此，PRPP合成酶是多种生物合成过程的重要酶，此酶为一变构酶，受多种代谢产物的变构调节。如PPi和2，3-DPG为其变构激活剂；ADP和GDP为其变构抑制剂。

（2）获得嘌呤的N9原子：由磷酸核糖酰胺转移酶催化，谷氨酰胺提供酰胺基取代PRPP的焦磷酸基团，形成5′-磷酸核糖胺（5′-Phosphoribosyl Amine，PRA）。此步反应由焦磷酸的水解供能，是嘌呤核苷酸合成的限速步骤。磷酸核糖酰胺转移酶为限速酶，受嘌呤核苷酸的反馈抑制。

（3）获得嘌呤C4、C5和N7原子。由甘氨酰胺核苷酸合成酶催化甘氨酸与PRA缩合，生成甘氨酰胺核苷酸（Glycinamide Ribonucleotide，GAR）。由ATP水解供能。此步反应为可逆反应，是合成过程中唯一可同时获得多个原子的反应。

（4）获得嘌呤C8原子。GAR的自由α-氨基甲酰化生成甲酰甘氨酰胺核苷酸（Formylglycinamide Ribonucleotide，FGAR）。由N^5，N^{10}-甲炔-FH_4提供甲酰基。催化此反应的酶为GAR甲酰转移酶。

（5）获得嘌呤的N3原子。第二个谷氨酰胺的酰胺基转移到正在生成的嘌呤环上，生成甲酰甘氨咪核苷酸（Formylglycinamidine Ribonucleotide，FGAM）。此反应为耗能反应，由ATP水解供能。

（6）嘌呤咪唑环的形成。FGAM经过耗能的分子内重排，环化生成5-氨基咪唑核苷酸（5-Aminoimidazole Ribonucleotide，AIR）。

（7）获得嘌呤C6原子。C6原子由CO_2提供，由AIR羧化酶催化生成5-氨基咪唑-4-羧酸核苷酸（Carboxyaminoimidazole Ribonucleotide，CAIR）。

（8）获得N1原子。由天冬氨酸与CAIR缩合反应，生成5-氨基咪唑-4-（N-琥珀酰胺）核苷酸[5-Aminoimidazole-4-（N-Succinylocarboxamide）Ribonucleotide，SACAIR]。此反应与（3）步相似，由ATP水解供能。

（9）去除延胡索酸。SACAIR在裂解酶催化下脱去延胡索酸生成5-氨基咪唑-4-甲酰胺核苷酸（5-Aminoimidazole-4-Carboxamideribotide，AICAR）。（8）、（9）两步反应与尿素循环中精氨酸生成鸟氨酸的反应相似。

（10）获得C2。嘌呤环的最后一个C原子由N^{10}-甲酰-FH_4提供，由AICAR甲酰转移酶催化AICAR甲酰化生成5-甲酰胺基咪唑-4-甲酰胺核苷酸（5-Formaminoimidazole-4-Carboxamideribotide，FAICAR）。

（11）环化生成IMP。FAICAR脱水环化生成IMP。与反应（6）相反，此环化反应无须ATP供能。

2. 由IMP生成AMP和GMP

上述反应生成的IMP并不堆积在细胞内，而是迅速转变为AMP和GMP。AMP与IMP的差别仅是6位酮基被氨基取代。此反应由两步反应完成（图10.6）。（1）天门冬氨酸的氨基与IMP相连生成腺苷酸代琥珀酸（Adenylosuccinate），由腺苷酸代琥珀酸合成酶催化，GTP水解供能。（2）在腺苷酸代琥珀酸裂解酶作用下脱去延胡索酸生成AMP。

GMP的生成也由二步反应完成。（1）IMP由IMP脱氢酶催化，以NAD^+为氢受体，氧化生成黄嘌呤核苷酸（Xanthosinemonophosphate，XMP）。（2）谷氨酰胺提供酰胺基取代XMP中C2上的氧生成GMP，此反应由GMP合成酶催化，由ATP水解供能（图10.6）。

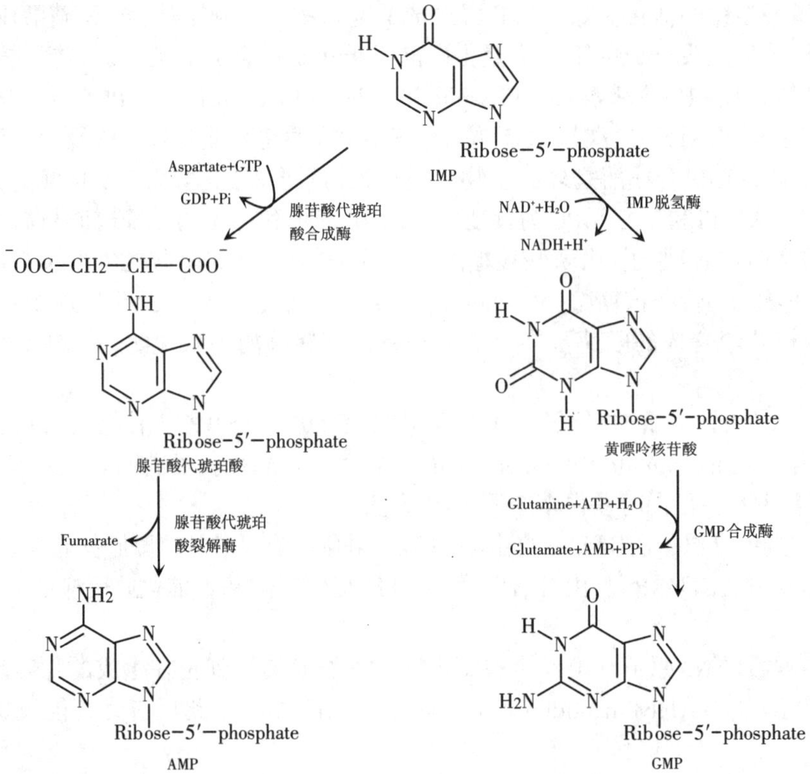

图10.6　IMP分别生成AMP和GMP

3. 嘌呤核苷酸从头合成的调节

从头合成是体内合成嘌呤核苷酸的主要途径。但此过程要消耗氨基酸及ATP。机体对合成速度有着精细的调节。在大多数细胞中,分别调节IMP、ATP和GTP的合成,不仅调节嘌呤核苷酸的总量,而且使ATP和GTP保持相对平衡。嘌呤核苷酸合成调节网可见图10.7。

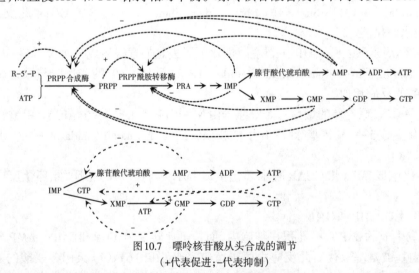

图10.7　嘌呤核苷酸从头合成的调节
（+代表促进；–代表抑制）

IMP途径的调节主要在合成的前两步反应,即催化PRPP和PRA的生成。PRPP合成酶和PRPP酰胺转移酶均受到合成产物IMP、AMP及GMP的反馈抑制。ATP和5-磷酸核糖变构激活PRPP合成酶。PRPP变构激活PRPP酰胺转移酶,加速PRA生成。

第二水平的调节作用于IMP向AMP和GMP转变的过程。GMP反馈抑制IMP向XMP转变,AMP则反馈抑制IMP转变为腺苷酸代琥珀酸,从而防止生成过多的AMP和GMP。此外,腺嘌呤和鸟嘌呤的合成也是平衡的。GTP加速IMP向AMP转变,而ATP则可促进GMP的生成,这种交叉调节方式使腺嘌呤和鸟嘌呤核苷酸水平保持相对平衡,以满足核酸合成的需要。

(二)嘌呤核糖核苷酸的补救合成途径

大多数细胞在更新其核酸(尤其是RNA)过程中,要分解核酸产生核苷和游离碱基。细胞利用游离嘌呤碱基或嘌呤核苷重新合成嘌呤核苷酸的过程称为嘌呤核糖核苷酸的补救合成途径。与从头合成不同,补救合成过程较简单,消耗能量亦较少。由两种特异性不同的酶参与嘌呤核苷酸的补救合成。

腺嘌呤磷酸核糖转移酶(Adenine Phosphoribosyl Transferase,APRT)催化PRPP与腺嘌呤合成AMP:

$$腺嘌呤 + PRPP \xrightarrow{APRT} AMP + PPi$$

次黄嘌呤-鸟嘌呤磷酸核糖转移酶(Hypoxanthine-Guanine Phosphoribosyl Transferase,HG-PRT)催化相似反应,生成IMP和GMP:

$$次黄嘌呤 + PRPP \xrightarrow{HGPRT} IMP + PPi$$
$$鸟嘌呤 + PRPP \xrightarrow{HGPRT} GMP + PPi$$

嘌呤核苷的补救合成只能通过腺苷激酶催化,使腺嘌呤核苷生成腺嘌呤核苷酸:

$$AR + ATP \xrightarrow{腺苷激酶} AMP + ADP$$

嘌呤核苷酸补救合成是一种次要途径,其生理意义一方面在于可以节省能量及减少氨基酸的消耗。另一方面对某些缺乏从头合成核苷酸的酶体系的组织,如脑、骨髓、白细胞和血小板等,具有重要的生理意义。

【案例分析】 HGPRT缺陷与Lesch-Nyhan综合征

1964年,Lesch和Nyhan曾描述了这样一种病例:患儿发作性地用牙齿咬伤自己的指尖和口唇,或将自己的脚插入车轮的辐条之间,患儿的知觉是正常的,一边由于疼痛而悲叫,一边仍继续这种自残行为。这种疾病被称为Lesch-Nyhan综合征或自毁容貌综合征。该病是一种由于次黄嘌呤-鸟嘌呤磷酸核糖转移酶(HGPRT)缺陷所致的疾病,故又称为HGPRT缺陷症。HGPRT缺陷使次黄嘌呤、鸟嘌呤向相应核苷酸的转化受阻,底物在体内堆积,特别是在神经系统中堆积,进而引起发病。研究表明,HGPRT缺陷症呈X连锁隐性遗传,基因定位于X染色体q26-q27.2,患者均为男性,患者的母亲为致病基因携带者。

(三)嘧啶核苷酸的从头合成途径

与嘌呤啶核苷酸从头合成相比,嘧啶核苷酸的从头合成较简单,同位素示踪实验证明,构成嘧啶环的N1、C4、C5及C6均由天门冬氨酸提供,C2来源于CO_2,N3来源于谷氨酰胺(图10.8)。

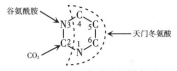

图10.8 嘧啶环合成的原料来源

与嘌呤核苷酸的从头合成途径不同,嘧啶核苷酸的从头合成从CO_2和谷氨酰胺开始,先合成嘧啶环,再与PRPP反应生成尿嘧啶核苷酸(UMP),由UMP再合成其他嘧啶核苷酸。合成所需要的酶系大多在胞液内,但二氢乳清酸脱氢酶位于线粒体内膜。嘧啶核苷酸合成的过程如下。

1.尿嘧啶核苷酸(UMP)的合成

由6步反应完成(图10.9):

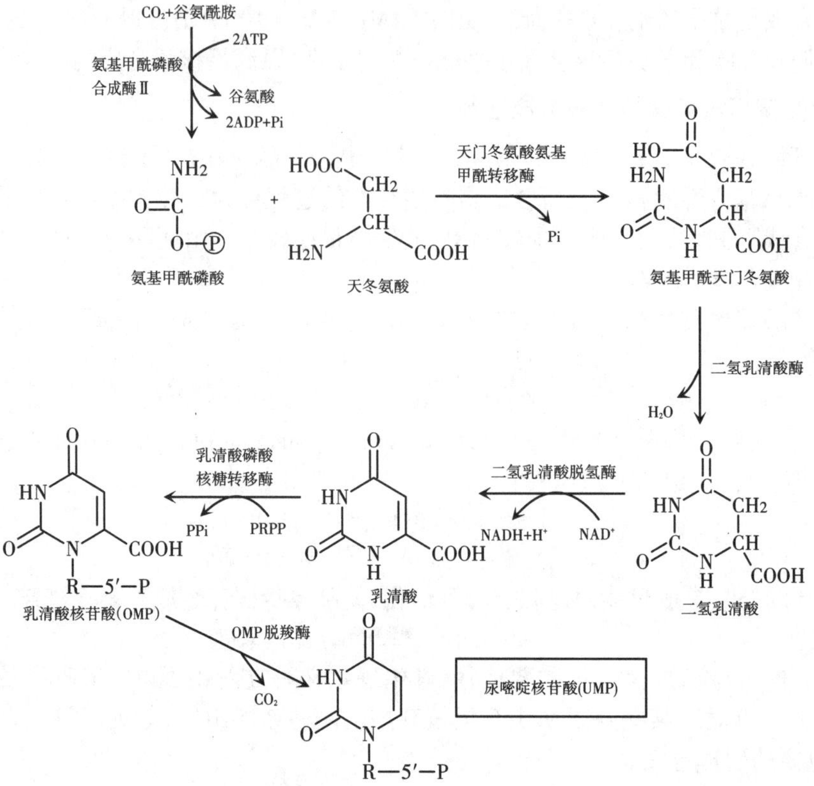

图10.9 UMP的生物合成

（1）合成氨基甲酰磷酸。嘧啶合成的第一步是生成氨基甲酰磷酸（Carbamoyl Phosphate），由氨基甲酰磷酸合成酶Ⅱ（Carbamyl Phosphate Synthetase Ⅱ，CPS-Ⅱ）催化CO_2与谷氨酰胺的缩合生成。在前述氨基酸代谢中，氨基甲酰磷酸也是尿素合成的起始原料。但尿素合成中所需氨基甲酰磷酸是在肝线粒体中由CPS-Ⅰ催化合成的，以NH_3为氮源；而嘧啶合成中的氨基甲酰磷酸在胞液中由CPS-Ⅱ催化生成，利用谷氨酰胺提供氮源。CPS-Ⅰ和CPS-Ⅱ的比较见表10.1。

表10.1 两种氨基甲酰磷酸合成酶的比较

	氨基甲酰磷酸合成酶Ⅰ	氨基甲酰磷酸合成酶Ⅱ
分布	线粒体（肝脏）	胞液（所有细胞）
氮源	氨	谷氨酰胺
变构激活剂	N-乙酰谷氨酸	无
反馈抑制剂	无	UMP（哺乳类动物）
功能	尿素合成	嘧啶合成

（2）合成氨基甲酰天门冬氨酸。由天门冬氨酸氨基甲酰转移酶催化天门冬氨酸与氨基甲酰磷酸缩合，生成氨基甲酰天门冬氨酸（Carbamoyl Aspartate）。此反应为嘧啶合成的限速步骤。此酶是限速酶，受产物的反馈抑制。不消耗ATP，由氨基甲酰磷酸水解供能。

（3）闭环生成二氢乳清酸。由二氢乳清酸酶催化氨基甲酰天门冬氨酸脱水、分子内重排形成具有嘧啶环类似结构的二氢乳清酸（Dihydroorotate）。

（4）二氢乳清酸的氧化。由二氢乳清酸脱氢酶催化，二氢乳清酸氧化生成乳清酸（Orotate）。此酶需FMN和非血红素Fe^{2+}，位于线粒体内膜的外侧面，由醌类提供氧化能力，嘧啶合成中的其余5种酶均存在于胞液中。

（5）获得磷酸核糖。由乳清酸磷酸核糖转移酶催化乳清酸与PRPP反应,生成乳清酸核苷酸（Orotidine-5′-monophosphate, OMP）。由PRPP水解供能。

（6）脱羧生成UMP。由OMP脱羧酶催化OMP脱羧生成UMP。

研究表明,在动物体内催化上述嘧啶合成的前三个酶,即CPS－Ⅱ、天门冬氨酸氨基甲酰转移酶和二氢乳清酸酶,位于分子量约210ku的同一多肽链上,都是多功能酶。因此更有利于以均匀的速度参与嘧啶核苷酸的合成。与此相类似,反应（5）和（6）的酶（乳清酸磷酸核糖转移酶和OMP脱羧酶）也位于同一条多肽链上。嘌呤核苷酸合成的反应（3）（4）（6）,反应（7）、（8）及反应（10）和（11）也均为多功能酶。这些多功能酶的中间产物并不释放到介质中,而在连续的酶间移动,这种机制能加速多步反应的总速度,同时防止细胞中其他酶的破坏。

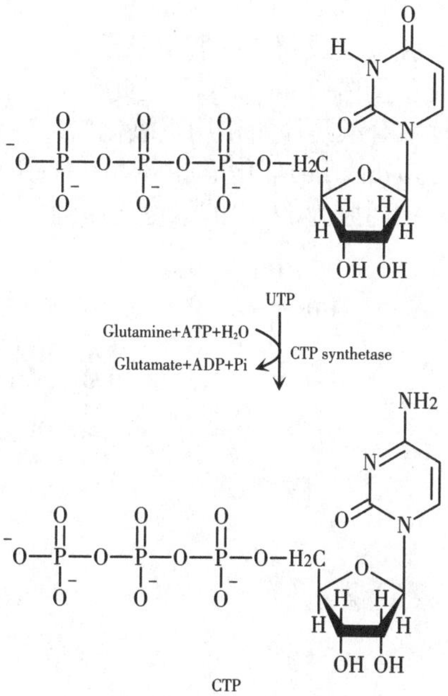

2. CTP的合成

三磷酸胞苷（CTP）由CTP合成酶（CTP Synthetase）催化UTP加氨生成（图10.10）。动物体内,氨基由谷氨酰胺提供,在细菌中则直接由NH_3提供。此反应消耗1分子ATP。

3. 嘧啶核苷酸从头合成的调节

在细菌中,天门冬氨酸氨基甲酰转移酶是嘧啶核苷酸从头合成的主要调节酶。在大肠杆菌中,该酶受ATP的变构激活,CTP为其变构抑制剂。而在许多细菌中UTP是此酶的主要变构抑制剂。

在动物细胞中,天门冬氨酸氨基甲酰转移酶不是调节酶。嘧啶核苷酸的合成主要由CPSⅡ调控。UDP和UTP抑制其活性,而ATP和PRPP为其激活剂。第二水平的调节是OMP脱羧酶,UMP和CMP为其竞争抑制剂（图10.11）。此外,OMP的生成受PRPP的影响。

（四）嘧啶核苷酸的补救合成途径

生物体内嘧啶核苷酸的补救合成同嘌呤核苷酸的补救合成类似,嘧啶磷酸核糖转移酶和尿苷激酶分别利用嘧啶碱基和嘧啶核苷合成嘧啶核苷酸。如UMP的补救合成途径有:

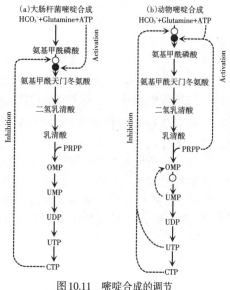

图10.10 由UTP合成CTP

图10.11 嘧啶合成的调节

$$尿嘧啶+PRPP \xrightarrow{尿嘧啶磷酸核糖转移酶} UMP+PPi$$

$$尿嘧啶核苷+ATP \xrightarrow{尿苷激酶、Mg^{2+}} UMP+ADP$$

二、脱氧核糖核苷酸的生物合成

DNA与RNA结构上有两方面不同:（1）其核苷酸中戊糖为2-脱氧核糖而非核糖。（2）含有胸腺嘧啶碱基,不含尿嘧啶碱基。

（一）核糖核苷酸的还原

脱氧核糖核苷酸是通过相应核糖核苷酸还原,以H取代其核糖分子中C2上的羟基而生成的,而非从脱氧核糖从头合成。此还原作用是在二磷酸核苷酸(NDP,N代表A、G、U、C等碱基)水平上进行的。

催化四种核苷酸脱氧生成相应的四种脱氧核苷酸的酶均是一种酶,称为核糖核苷酸还原酶(Ribonucleotide Reductase)。此反应过程比较复杂(图10.12)。核糖核苷酸还原酶催化核苷酸脱氧生成相应的脱氧核苷酸的同时,自身酶分子中的具还原活性的巯基氧化成二硫键。硫氧还蛋白(Thioredoxin)是此酶的一种生理还原剂,其含有一对邻近的半胱氨酸残基的巯基在核糖核苷酸还原酶作用下氧化为二硫键,氧化型的硫氧还蛋白再在硫氧还蛋白还原酶(Thioredoxin Reductase)催化下,由NADPH+H$^+$供氢重新还原为还原型的硫氧还蛋白。因此,NADPH+H$^+$是NDP还原为dNDP的最终还原剂。

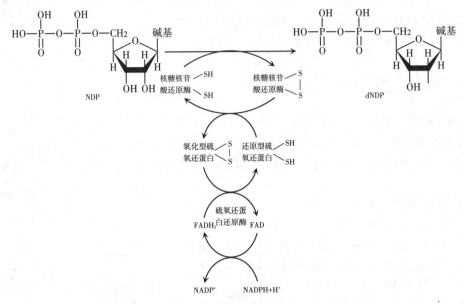

图10.12 脱氧核苷酸的合成

(二)脱氧胸腺嘧啶核苷酸的生成

脱氧胸腺嘧啶核苷酸(dTMP)由脱氧尿嘧啶核苷酸(dUMP)甲基化生成,而dUMP由dUTP直接水解生成。

体内进行此种"浪费"能量的反应过程的意义在于:细胞必须降低细胞内dUTP的浓度以防止脱氧尿嘧啶掺入DNA中,因为合成DNA的酶系不能有效识别dUTP和dTTP。

dUMP甲基化生成dTMP的过程由胸腺嘧啶核苷酸合成酶(Thymidylate synthetase, TS)催化,N^5、N^{10}-甲烯-FH$_4$提供甲基后生成的FH$_2$可以再经二氢叶酸还原酶的作用,重新生成FH$_4$(图10.13)。

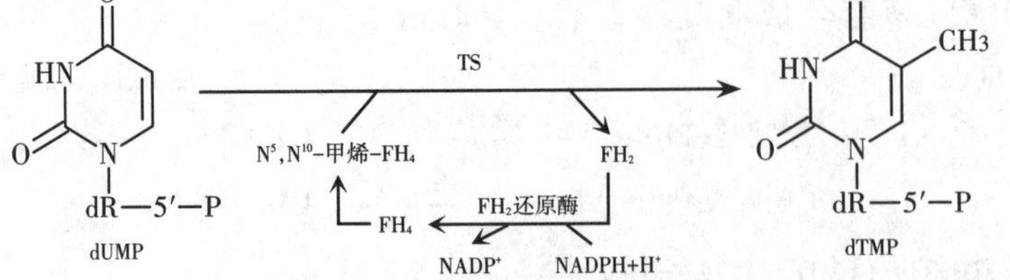

图10.13 dTMP的生成

(三)脱氧核糖核苷酸合成的调节

四种dNTP的合成水平受反馈调节,同时保持dNTP的适当比例也是细胞正常生长所必需的。实际上,缺少任一种dNTP都是致命的,而一种dNTP过多也可导致突变,因为过多的dNTP可错误掺入DNA链中。核糖核苷酸还原酶的活性对脱氧核糖核苷酸的水平起着决定作用。通过对核糖核苷酸还原酶的变构调节,使四种 dNTP 保持适当的比例。

当存在混合的 NDP 底物时,由 ATP 促使 CDP 和 UDP 还原生成 dCDP 和 dUDP。经 dUDP 转变为 dTTP,dTTP 则反馈抑制 CDP 和 UDP 还原,同时促进 dGDP 的生成,dGDP 磷酸化生成 dGTP 则抑制 GDP、CDP 和 UDP 的还原,促进 ADP 的还原生成 dADP。当 dATP 水平升高时,与核糖核苷酸还原酶活性位点结合,则抑制所有 NDP 的还原反应(图 10.14)。

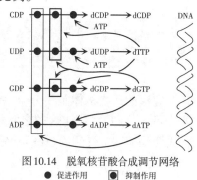

图 10.14　脱氧核苷酸合成调节网络
● 促进作用　■ 抑制作用

细胞内 dCTP 和 dTTP 的适当比例并非由核糖核苷酸还原酶调节,而是通过脱氧胞嘧啶脱氨酶决定的。此酶可催化 dCTP 脱氨生成 dUTP,而 dUTP 水解生成 dUMP,dUMP 则是 dTTP 的前体。此酶受 dCTP 激活,受 dTTP 抑制。

三、核苷酸转变为多磷酸核苷酸

要参与核酸的合成,核苷一磷酸必须先转变为核苷二磷酸再进一步转变为核苷三磷酸。核苷二磷酸由碱基特异的核苷一磷酸激酶催化,由相应核苷一磷酸生成;核苷三磷酸再由特异的核苷二磷酸激酶催化,由相应核苷二磷酸生成。例如腺苷激酶催化 AMP 磷酸化生成 ADP 和 ATP:

$$\text{AMP} + \text{ATP} \xrightarrow{\text{腺苷一磷酸激酶}} \text{ADP} + \text{ADP}$$

$$\text{ADP} + \text{ATP} \xrightarrow{\text{腺苷二磷酸激酶}} \text{ATP} + \text{ADP}$$

核糖核苷酸在二磷酸水平上还原生成相应的 dNDP 后,dNTP 同样可由脱氧核苷二磷酸激酶催化 dNDP 磷酸化生成:

$$\text{dNDP} + \text{ATP} \xrightarrow{\text{脱氧核苷二磷酸激酶}} \text{dNTP} + \text{ADP}$$

【本章小结】

核酸是核苷酸以磷酸二酯键连接成的生物大分子。机体内存在着多种水解核酸磷酸二酯键的核酸酶类。根据核酸酶作用的底物不同可以分为 DNA 酶和 RNA 酶两类;根据酶切割位点及特性,又可以分为核酸内切酶和核酸外切酶。具有序列特异性的限制性核酸内切酶是分子生物学的重要工具酶之一。核苷酸水解生成磷酸、戊糖和碱基。嘌呤和嘧啶碱基分解代谢的终产物分别为尿酸和 β-氨基酸,可随尿排出体外。

体内的核苷酸主要靠机体细胞自身合成。体内核苷酸的合成有从头合成和补救合成两种途径。嘌呤核苷酸的从头合成是利用磷酸核糖、氨基酸、一碳单位和 CO_2,在 PRPP 的基础上经过一系列酶促反应,逐步形成嘌呤环,先合成 IMP 再转变成 AMP 和 GMP;嘧啶核苷酸的从头合成则是利用氨基酸和 CO_2,先合成嘧啶环,再与 PRPP 反应生成 UMP,由 UMP 再合成其他嘧啶核苷酸。核苷酸的补救合成实际上是体内游离碱基和核苷的重新利用。体内脱氧核糖核苷酸是由相应的核糖核苷酸在二磷酸水平上还原而成的。要参与核酸的合成,核苷一磷酸必须先转变为核苷二磷酸再进一步转变为核苷三磷酸。

【思考题】

1. 举例说明动物体内核酸酶的种类及作用方式。
2. 简述嘌呤核苷酸和嘧啶核苷酸的分解途径。
3. 试述嘌呤核苷酸和嘧啶核苷酸从头合成途径的异同点。
4. 简述脱氧核糖核苷酸的生物合成。

第十一章 物质代谢调节和细胞间信号转导

健康的动物机体是一个统一的整体,糖类、脂类和含氮小分子各物质代谢途径之间不是单独进行的,而是在代谢途径之间相互关联、相互调控,形成有条不紊的代谢调控网络。并且这些代谢调控网络受到内、外信号分子的影响,从而形成复杂有序的细胞信号转导途径。

第一节 物质代谢联系与调节

一、代谢调节的意义和方式

(一)代谢调节的意义

正常情况下,机体为适应内外环境的不断变化,能够及时调节物质代谢的强度、速率和方向,以保持机体内环境的稳定及代谢的顺利进行,在整体水平上保持代谢的动态平衡。机体对物质代谢的精细调节过程称为代谢调节。代谢调节普遍存在于生物界,是生物进化过程中逐步形成的一种适应能力。生物进化程度愈高,其代谢调节愈精细愈复杂。动物机体是一个统一的整体,各种物质的代谢彼此之间是密切联系、互相影响的,动物的生命活动是各种物质代谢整合的结果。在一个活细胞里有许多代谢途径同时进行着,每一条代谢途径都是由一组相关的酶催化一系列连续进行的化学反应。这些代谢途径不但能保持各自的相对独立性,沿一定的方向、以适当的速度,有条不紊地进行,而且各种代谢途径之间还能互相衔接、互相制约。这种健全的代谢调节机制对机体维持正常的生命活动是必需的,若某一环节发生障碍,则会引起代谢紊乱而发生疾病,甚者导致死亡。

(二)代谢调节的方式

单细胞微生物与外界直接接触,它对外界环境变化的适应主要通过酶活性的改变,使细胞内代谢物浓度发生变化,对酶的活性及含量进行调节,是最原始、最基础的调节。随着生物进化、多细胞生物体的形成,细胞水平的调节发展得更为精细复杂,同时分化出现了专司调节功能的内分泌器官、内分泌细胞和神经细胞,且体内大多数细胞已不再与外界环境直接接触,它们对内、外环境的适应与调节就靠这些器官及细胞分泌的激素与神经递质来影响酶的活性,进而发挥代谢调节作用,这就是所谓的神经-体液调节。这种调节方式中神经调节具有快速、准确的特点,激素调节则相对持久、广泛,且调节网络更精细、完善和复杂。就动物机体而言,代谢调节可分为三种方式,分别为细胞水平调节、激素水平调节和整体水平调节。这些代谢调节方式之间密切联系,相互关联。

二、物质代谢的相互关系

(一)糖代谢与脂代谢之间的相互联系

糖可转变成脂肪。糖经酵解产生二羟丙酮磷酸,二羟丙酮磷酸经甘油磷酸脱氢酶催化加氢还原成甘油-α-磷酸,作为合成脂肪的一个组分,糖经酵解可产生丙酮酸,丙酮酸氧化脱羧生成乙酰CoA,再经脂肪酸合成途径生成脂酰CoA,作为合成脂肪的另一个组分,脂酰CoA与甘油-α-磷酸,再进一步合成脂肪。

脂肪绝大部分不能转变成糖。脂肪分解成甘油和脂肪酸,甘油仅占脂肪分子中很少一部分,脂肪中的大部分成分是脂肪酸。甘油磷酸化成甘油-α-磷酸,再氧化成二羟丙酮磷酸,然后经糖酵解逆行即糖异生作用生成糖。而偶数碳脂肪酸经β-氧化全部生成乙酰CoA,乙酰CoA通过三羧酸循环氧化成CO_2和H_2O;或在肝脏中转变为酮体被输出肝外组织被利用;或重新被用于合成脂肪,但不能逆向转变成丙酮酸,只有当三羧酸循环的中间物从其他来源得到补充时,才能合成少量的糖,所以动物体内从脂肪转变成糖的数量是有限的。此外,奇数碳原子脂肪酸经β-氧化产生的少量丙酰CoA可经甲基丙二酸单酰CoA途径转变成琥珀酸,然后经糖异生途径生成葡萄糖。

糖与脂肪是动物体内的主要能源物质,它们氧化供能都依赖于三羧酸循环,而且可以相互替代,互相制约。脂肪的氧化分解必须同时伴随糖的氧化分解,以补充三羧酸循环中的中间代谢物。脂肪酸氧化分解代谢旺盛,可抑制葡萄糖氧化分解;葡萄糖利用效率的增高,又可抑制脂肪动员。另一方面,若脂肪氧化消耗不足,可加速糖的分解;葡萄糖的缺乏,可加速脂肪动员。总之,在一般生理条件下依靠脂肪大量合成糖是困难的,但是糖转变成脂肪可大量进行。

(二)糖代谢与蛋白质代谢之间的联系

糖能转变为蛋白质。组成蛋白质的20种氨基酸,有些是非必需氨基酸,其碳骨架部分可依靠糖来合成。糖不仅是动物机体中主要的燃料分子,而且其分解代谢的中间产物,特别是α-酮酸可以作为"碳架",通过转氨基或氨基化作用进而转变成组成蛋白质的许多非必需氨基酸。

蛋白质在一定程度上可转变成糖,但这对动物本身而言是极不经济的。蛋白质4个生糖氨基酸和14个兼生氨基酸脱氨基后生成的α-酮酸在动物体内可转变为糖。当动物缺乏糖的摄入(如饥饿)时,体蛋白的分解就要加强。已知组成蛋白质的20种氨基酸中,除赖氨酸和亮氨酸以外,其余的18种氨基酸都可以通过脱氨基作用直接或间接地转变成糖异生途径中的某种中间产物,再沿异生途径合成糖,以满足机体对葡萄糖的需要和维持血糖水平的稳定。

此外,缺乏糖的充分供应,会导致细胞的能量水平下降,对于需要消耗大量高能磷酸化合物(ATP和GTP)的蛋白质生物合成的过程也将产生不利影响,mRNA的翻译过程会明显受到抑制。

(三)脂代谢与蛋白质代谢之间的相互关系

蛋白质可以转变为脂类。蛋白质降解产生的氨基酸,无论是生糖的、生酮的,还是兼生的,其对应的α-酮酸,在进一步代谢过程中都会产生乙酰CoA,然后在动物体内转变成脂肪或胆固醇。丝氨酸或甘氨酸等可以合成胆胺与胆碱,所以氨基酸是合成脂类的原料。

脂肪转变成蛋白质是很难的。在动物体内由脂肪酸合成氨基酸碳架结构的可能性不大。因为脂肪酸β-氧化生成乙酰CoA,乙酰CoA可进入三羧酸循环而生成α-酮戊二酸和草酰乙酸等α-酮酸,这些α-酮酸通过氨基化形成氨基酸时,消耗了循环中的有机酸,如无其他来源得以补充,反应则不能进行下去。因此,动物细胞难以利用脂肪酸合成氨基酸。

(四)核苷酸代谢与其他物质代谢之间的联系

核酸控制、参与蛋白质的生物合成;同时,核酸的代谢过程也受蛋白质的影响。核苷酸是核酸的基本结构单位,体内许多游离核苷酸在代谢中起着重要的作用,例如,ATP是能量通用货币和转移磷酸基团的重要物质;GTP参与蛋白质多肽链的生物合成;UTP参与单糖的转变和多糖的合成;CTP参与磷脂的生物合成;cAMP,cGMP作为胞内信号分子(第二信使)参与细胞信号的传导。体内很多辅酶或辅基含有核苷酸组成,如CoA、NAD、NADP、FAD、FMN等。而核酸本身的合成也与糖、脂类和蛋白质的代谢密切相关,糖代谢为核酸合成提供了磷酸核糖(及脱氧核糖)和还原性辅酶Ⅱ($NADPH+H^+$)。甘氨酸、天门冬氨酸、谷氨酰胺所携带的一碳单位以及四氢叶酸等参加嘌呤环和嘧啶环的合成,多种酶和蛋白因子参与了核酸的生物合成(复制和转录),糖、脂等燃料分子为核酸生物学功能的实现提供了能量保证。

总之,糖、脂类、蛋白质和核酸等代谢彼此相互影响、相互联系和相互转化,而这些代谢又以三羧酸循环为枢纽,其成员又是各种代谢的重要共同中间产物。糖、脂类、蛋白质和核酸代谢的相互联系如图11.1。

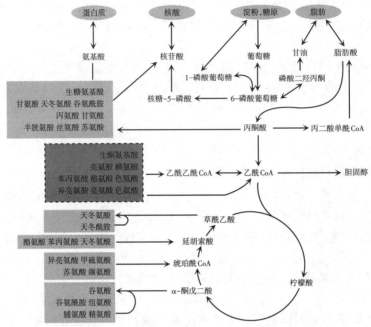

图11.1　物质代谢之间的联系[引自邹思湘,动物生物化学(第5版),中国农业出版社,2013]

【讨论】　在动物不同生长发育时期,日粮营养水平应该如何进行调整?结合动物生长发育特点及规律,运用物质代谢途径之间的相互调控机制进行解释。

三、代谢调节的实质

从动物机体物质代谢各条途径之间的联系和相互影响可以看到,在细胞内存在一套高效、经济的调节机制,能灵敏地应对环境的变化,例如营养物质的供给水平,以保持各条代谢途径的协调一致。

代谢调节既有随动物生长发育的不同时期进行的调节,也有因为内外环境的变化进行的调节。然而无论是哪种情况下的代谢调节,都是对各个代谢途径速度的调节,使它们加快、变慢,或者使有些途径开放,另一些途径关闭。由于所有代谢途径都是由酶催化的,因此,归根结底,代谢的调节都是对酶活性和酶量的调节。具体地说,就是在一定的条件下,要使各个途径中的酶互相协调,不致有的活性过高,有的活性过低;还要保持细胞中各种酶量有一定的相对比例,既没有酶的缺乏,也没有酶的不适时表达,保持整个机体的代谢以恒态的方式进行。但是随着外界环境和动物机体生理状态的改变,可能有些酶活化了,另一些酶抑制了,有些新的酶出现了,而原有的一些酶降解了,所有这些酶的变化推动机体代谢进入了新的恒态。生命有机体内的物质代谢由许多相互联系、相互制约的代谢途径(Metabolic Pathway)所组成,通过这些代谢途径将一种底物转化成为一定的产物。在一条代谢途径的多酶系统中,通常存在一种或少数几种催化单向不平衡反应,也就是通常所说的不可逆反应。决定代谢途径方向的关键酶(Key Enzyme),以及决定催化反应速度快慢、代谢速度的限速酶(Rate-limiting Enzyme),是最受关注的对于代谢途径的方向和运行速度起决定作用的酶。这些酶的活性可受细胞内各种信号的调节,故又称调节酶(Regulatory Enzyme)。通过调节酶的作用,使机体既不会造成某些代谢产物的不足或过剩,也不会造成某些底物的缺乏或积聚。这就是说,生物体内各种代谢物的含量基本上是保持恒定的。总之,代谢调节的实质,就是对酶的调节,通过把动物机体的酶组织起来,在统一的指挥下,互相协作,使整个代谢过程适应外界环境和生理活动的需要。

(一) 酶的定位调节

动物细胞的膜结构把细胞分为许多区域,称为酶的区室化。在细胞水平代谢调节中,酶的区室化(Compartmentation)具有重要意义。通过酶的区室化,不同代谢途径的酶系都固定地分布在不同的区域中,为代谢调节提供了条件。这种分隔不仅使某些调节物只影响某一区域中的代谢途径,而且可以通过膜的转运功能,根据机体不同生理状态的需要把调节物从一个区域转运至另一个区域,以发挥其调节作用。表11.1举出了一些代谢途径和酶在细胞中的区域分布。例如糖、脂的氧化分解都发生在线粒体内,而脂肪酸的合成、磷酸戊糖途径则在胞液中进行。酶的区室化作用保证了代谢途径的定向和有序,也使合成途径和分解途径彼此独立、分开进行。

表11.1　酶的区室化[引自邹思湘,动物生物化学(第5版),中国农业出版社,2013]

细胞定位	酶
胞液	糖酵解酶、糖异生酶、脂肪酸合成酶系
线粒体	三羧酸循环酶系、分解氨基酸的转氨酶和L-谷氨酸脱氢酶、脂肪酸β-氧化酶系等
质膜	Na^+-K^+-ATP酶等
溶酶体	蛋白酶、脂肪酶、磷酸酶、磷脂酶、糖苷酶等
过氧化物酶体	过氧化氢酶、过氧化物酶、氨基酸氧化酶、黄嘌呤氧化酶等
核	DNA聚合酶、RNA聚合酶等与复制、转录以及转录后加工有关的酶(包括核酶)

(二) 酶活性调节

在动物机体代谢中,对关键酶活性的调节主要包括变构调节和共价修饰调节。变构调节一般通过反馈控制进行。关键酶常为变构酶,变构剂往往是代谢途径的终产物或代谢中间物,其浓度微小的变化可以通过变构作用迅速改变酶的活性,因此变构作用成为快速、灵敏调节代谢速度、方向乃至能量代谢平衡的有效方式。酶或调节蛋白也可在另一种酶的催化下发生共价化学修饰而改变其活性。最常见的是许多关键酶受蛋白激酶催化使酶蛋白多肽链中的**丝氨酸、苏氨酸或者酪氨酸被磷酸化**,也可以由各种磷酸酶催化脱去其磷酸基,以通过可逆的共价修饰改变酶的构型,从而调节酶的活性。其重要性在于这种由酶催化的对另一些酶的共价化学修饰作用可以在细胞中引发酶活性的级联放大效应(Cascade Effect),仅需由ATP供给磷酸基,因此耗能小、作用快。

(三) 酶合成和降解调节

细胞内的酶活性一般与其含量呈正相关。绝大多数酶的化学本质是蛋白质,是其编码基因的表达产物,因此也处于不断的更新之中。酶的合成与降解的相对速率控制着细胞内酶的含量。酶蛋白生物合成可在其基因的转录水平和翻译水平上调控,多种调节信号影响酶蛋白基因的表达。这种通过改变酶的表达量实施的调节属于机体的慢速调节。大量实验证据显示,动物机体细胞中底物常能有效诱导代谢途径中关键酶的合成。至于酶蛋白在体内的降解速率可能不仅与组织蛋白酶的专一性有关,而且与环境中特异代谢物的浓度以及酶蛋白本身的结构有关,其具体的降解调节机制尚待进一步研究。

（四）辅因子调节

1. NADH/NAD$^+$对代谢的调节

在细胞中，NADH和NAD$^+$不仅参与能量代谢，还参与部分氧化还原反应。因此，保持一定的NADH/NAD$^+$比值对正常的细胞代谢是必需的。NADH主要由糖酵解和柠檬酸循环生成，因此，NADH过量可直接反馈抑制这两条途径，即通过抑制糖酵解途径中的磷酸果糖激酶、柠檬酸循环中的异柠檬酸脱氢酶和α-酮戊二酸脱氢酶的活性，最终维持NADH和NAD$^+$的正常比值。细胞中很多小分子物质的氧化还原反应是与NADH或NAD$^+$相偶联的。因此，正常的NADH/NAD$^+$比值对很多小分子物质的代谢也是非常重要的。

2. 金属离子的调节作用

许多酶的活性需要一定浓度的金属离子来维持。尽管很多离子浓度的平衡机制尚不清楚，但对这些离子的生化功能却了解得很多。例如，Na$^+$对细胞外液渗透压的维持和对维持神经肌肉的正常应激性有重要作用；K$^+$对糖原的合成、维持细胞内渗透压、维持神经肌肉的正常兴奋性具有重要作用；Mg^{2+}是细胞内许多酶的激活剂，所有的激酶都需要Mg^{2+}作为辅助因子；Ca^{2+}浓度的调节直接影响着肌细胞是否处于收缩状态；Zn^{2+}、Fe^{2+}、Cu^{2+}等微量元素离子以辅基的形式参与代谢活动。

在多细胞生物中，细胞与细胞之间的相互沟通除直接接触外，更主要的是通过内分泌、旁分泌和自分泌一些信息分子来进行协调。细胞通过位于细胞膜或胞内的受体感受胞外信息分子的刺激，经复杂的细胞内信号转导系统的转换而影响其生物学功能，这一过程称为细胞信号转导（Cellular Signal Transduction），这是细胞对外界刺激做出应答反应的基本生物学方式。其中，水溶性信息分子如肽类激素、生长因子及某些脂溶性信息分子（如前列腺素）等，不能穿过细胞膜，需通过与膜表面的特殊受体相结合才能激活细胞内信息分子，经信号转导的级联反应将细胞外信息传递至胞浆或核内，调节靶细胞功能，这一过程称为跨膜信号转导（Transmembrane Signal Transduction）。脂溶性信息分子如类固醇激素和甲状腺素等能穿过细胞膜，与位于胞浆或核内的受体结合，激活的受体作为转录因子，改变靶基因的转录活性，从而诱发细胞特定的应答反应。在病理状况下，由于细胞信号转导途径的单一或多个环节异常，可以导致细胞代谢及功能紊乱或生长发育异常。

【讨论】 为什么脂肪合成代谢是在胞液中进行的，而脂肪酸的分解代谢是在线粒体中进行的？

第二节　细胞间信号转导

一、信号物质

生物细胞所接受的信号既可以是物理信号（光、热、电流等），也可以是化学信号，但是在有机体间和细胞间通讯的信息多数是通过信号物质来传递的。信号物质是同细胞受体结合并传递信息的物质。信号物质本身并不直接作为信息，它的基本功能只是提供一个正确的构型及与受体结合的能力。细胞信号物质种类繁多，有不同的分类方法。

1. 按化学结构分类

从化学结构来看，细胞信号物质包括：短肽、蛋白质、气体（NO、CO）以及氨基酸、核苷酸、脂类和胆固醇衍生物等，其共同特点是：①特异性，只能与特定的受体结合；②高效性，几个分子即可产生明显的生物学效价；③可被灭活，完成信息传递后可被降解或修饰而失去活性，保证信息传递的完整性和细胞免于疲劳。

2.按产生和作用方式分类

按产生和作用方式,细胞信号分子可分为内分泌信号、神经信号、旁分泌信号和自分泌信号四类。

内分泌信号:通过激素传递信息是最广泛的一种信号传导方式,这种通讯方式的距离最远,覆盖整个生物体。在动物体内,产生激素的细胞是内分泌细胞,所以将这种通讯称为内分泌信号(Endocrine Signaling)。

神经信号:神经递质(Neurotransmitter)是由神经末梢释放的小分子物质,是神经元与靶细胞之间的化学信使。由于神经递质是神经细胞分泌的,所以这种信号又称为神经信号(Neuronal Signaling)。

旁分泌信号:局部介质(Local Mediators)是由各种不同类型的细胞合成并分泌到细胞外液的信号分子,它只能作用于周围的细胞。通常将这种信号称为旁分泌信号(Paracrine Signaling),以便与自分泌信号相区别。

自分泌信号:有些信号分子自分泌细胞分泌后,可作用于分泌细胞本身,如前列腺素(Prostaglandin,PG)是脂肪酸衍生物(主要由花生四烯酸合成),由前列腺细胞合成分泌后,不仅能控制邻近细胞的活性,也能作用于前列腺细胞自身。通常将由自身合成的可作用于自身的信号分子称为自分泌信号(Autocrine Signaling)。

3.按化学性质分类

按化学性质,细胞信号物质可分为脂溶性和水溶性两类。脂溶性信号物质,如甾类激素和甲状腺素等能直接穿过细胞膜进入靶细胞,与位于胞浆或核内的受体结合形成激素-受体复合物,激活的受体作为转录因子,改变靶基因的转录活性,调节基因表达,从而诱发细胞特定的应答反应。水溶性信号物质如肽类激素、生长因子和神经递质等,不能穿过靶细胞膜,需通过与膜表面的特殊受体相结合,经信号转换机制,才能激活细胞内信息分子,经信号转导的级联反应将细胞外信息传递至胞浆或核内,调节靶细胞功能,这一过程称为跨膜信号转导。这些信号物质又被称为第一信使(Primary Messenger),而胞内信号分子被称为第二信使(Secondary Messenger)。目前公认的第二信使有cAMP、cGMP、三磷酸肌醇(1,4,5-Inositol Triphosphate,IP_3)和二酰基甘油(Diacylglycerol,DAG)。Ca^{2+}被称为第三信使是因为其释放有赖于第二信使。第二信使的作用是对细胞外信号进行转换和放大。

二、受体

典型的细胞信号转导过程是由受体(Receptor)接受胞外信号,并启动细胞内信号转导通路的过程。受体在细胞生物学中是一个很泛的概念,意指任何能够同激素、神经递质、药物或细胞内的信号分子结合并能引起细胞功能变化的生物大分子。确切地讲,受体是细胞膜上或细胞内能识别信号物质(激素、神经递质、毒素、药物、抗原和其他细胞黏附分子)并与之结合的生物组成成分,它能把识别和接收的信号准确无误地放大并传递到细胞内部,进而引起生物学效应。此时的信号分子常被称为配体(Ligand)。绝大部分受体是糖蛋白质,包括两方面的功能结构域,即配体结合域和效应域。配体是信息的载体,属于第一信使。当受体与配体结合后,构象改变而产生活性,启动一系列过程,最终表现为生物学效应。能称得上受体的生物大分子通常有以下特点:(1)可以专一性地与其相应的配体可逆结合。两者在空间结构上必定有高度互补的区域以利于这种结合,氢键、离子键、范德华力和疏水力是受体与配体间相互作用的主要非共价键。(2)受体与配体之间存在高亲和力,其解离常数通常达到$10^{-11} \sim 10^{-9}$ mol/L。(3)受体与配体两者结合后可以通过第二信使,如cAMP、cGMP、IP_3、Ca^{2+}等引发细胞内的生理效应。

识别信号分子并与之结合的受体通常位于细胞质膜和细胞内,所以按存在部位,受体可分为表面受体和细胞内受体。

1.表面受体

位于细胞质膜上的受体称为表面受体,主要有三种类型:

(1)离子通道偶联型受体(Ion-channel-coupled Receptor):具有离子通道作用的细胞质膜受体称为离子通道受体,这种受体见于可兴奋细胞间的突触信号转导,产生一种电效应。烟碱样乙酰胆碱受体(Nicotinic Acetylcholine Receptor)是研究得比较清楚的离子通道偶联受体,它存在于脊椎动物骨骼肌细胞以及某些鱼的放电器官细胞的质膜上,受体与乙酰胆碱结合,引起Na^+通道的开放,Na^+流入靶细胞,使得质膜去极化并引起细胞的收缩。

(2)G蛋白偶联受体(G-protein-coupled Receptor)。这类受体在结构上很相似,都是一条多肽链。很多位于膜上的激素受体,如肾上腺素受体,须通过G蛋白的参与来控制第二信使的产生或离子通道的效应。

(3)酶联受体(Enzyme-linked Receptor):这种受体蛋白既是受体又是酶,一旦被配体激活即具有酶活性并将信号放大,又称为催化受体(Catalytic Receptor)。按照受体的细胞内结构域是否具有酶活性可分为两大类:缺少细胞内催化活性的酶联受体和具有细胞内催化活性的酶联受体,非酪氨酸激酶受体就是缺少细胞内催化活性的酶联受体。虽然这种受体本身没有酶的结构域,但实际效果与具有酶结构域的受体是一样的。受体与酪氨酸激酶是分开的,配体与受体结合后,受体形成二聚体,两个酪氨酸激酶分别与受体结合并被激活。细胞内具有催化结构域的酶联受体有很多类型,包括具有鸟苷酸环化酶活性受体,磷酸酶活性受体,丝氨酸、苏氨酸蛋白激酶活性受体,酪氨酸蛋白激酶活性受体。

2.细胞内受体

细胞内受体通常有两个不同的结构域,一个是与DNA结合的结构域,另一个是激活基因转录的N端结构域。此外有两个结合位点,一个是与配体结合的位点,位于C末端,另一个是与抑制蛋白结合的位点。在没有与配体结合时,则由抑制蛋白抑制了受体与DNA的结合;若是有相应的配体,则释放出抑制蛋白。细胞内受体在接受脂溶性的信号分子并与之结合形成受体-配体复合物后就成为转录促进因子,作用于特异的基因调控元件,启动基因的转录和表达。

三、细胞信号转导的主要途径

(一)G蛋白介导的细胞信号转导途径

G蛋白是指可与鸟嘌呤核苷酸可逆性结合的蛋白质家族,分为两类:①由α、β和γ亚单位组成的异三聚体,在膜受体与效应器之间的信号转导中起中介作用;②小分子G蛋白,为分子量21~28 kD的小肽,只具有G蛋白α亚基的功能,在细胞内进行信号转导。目前发现的G蛋白偶联受体(G-protein-coupled Receptors, GPCRs)已达300种以上,它们在结构上的共同特征是单一肽链7次穿越膜,构成7次跨膜受体。当受体被配体激活后,G_α亚基上的GDP被GTP所取代,这是G蛋白激活的关键步骤。此时G蛋白解离成GTP-G_α和$G_{\beta\gamma}$两部分,它们可分别与效应器作用,直接改变其功能,如离子通道的开闭;或通过产生第二信使影响细胞的反应。G_α上的GTP酶水解GTP,终止G蛋白介导的信号转导。此时,G_α与$G_{\beta\gamma}$又结合成无活性的三聚体。

1.腺苷酸环化酶途径

在腺苷酸环化酶(Adenylate Cyclase, AC)信号转导途径中存在着两种作用相反的G蛋白,G_s与G_i。它们通过增加或抑制AC活性来调节细胞内cAMP浓度,进而影响细胞的功能。β肾上腺素受体、胰高血糖素受体等激活后经G_s增加AC活性,促进cAMP生成。而α_2肾上腺素能受体、M_2胆碱能受体及血管紧张素Ⅱ受体等激活后则与G_i偶联,抑制AC活性减少cAMP的生成。cAMP可激活蛋白激酶A(Protein Kinase A,PKA),引起多种靶蛋白磷酸化,调节其功能。例如,肾上腺素引起肝细胞内cAMP增加,通过PKA促进磷酸化酶激酶活化,增加糖原分解。心肌β受体兴奋引起的cAMP增加经PKA作用促进心肌钙转运,提高心肌收缩力。进入核内的PKA可磷酸化转录因子CRE结合蛋白(cAMP Response Element Binding Protein, CREB),使其与DNA调控区的cAMP反应元件(cAMP Response Element, CRE)相结合,激活靶基因转录(图11.2)。

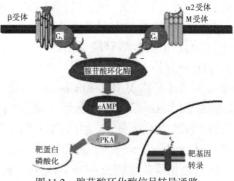

图11.2 腺苷酸环化酶信号转导通路
(引自黄文林,朱孝峰,2005)

2.IP₃、Ca²⁺-钙调蛋白激酶途径

α_1肾上腺素能受体、内皮素受体、血管紧张素Ⅱ受体等激活后可与G_q结合,激活细胞膜上的磷脂酶C(Phospholipase C, PLC)β亚型,催化质膜磷脂酰肌醇二磷酸(Phosphatidylinositol 4,5-diphosphate, PIP_2)水解,生成三磷酸肌醇和甘油二酯。IP_3促进肌浆网或内质网储存的Ca^{2+}释放,Ca^{2+}亦可作为第二信使启动多种细胞反应。例如,促进胰岛B细胞释放胰岛素;与心肌和骨骼肌的肌钙蛋白结合,触发肌肉收缩。Ca^{2+}与钙调蛋白结合,激活Ca^{2+}-钙调蛋白依赖性蛋白激酶活性,经磷酸化多种靶蛋白产生生物学作用。

3.DG-蛋白激酶C途径

DG与Ca^{2+}能协调促进蛋白激酶C(Protein Kinase C, PKC)活化。激活的PKC可促进细胞膜Na^+/H^+交换蛋白磷酸化,增加H^+外流;PKC激活后也可通过磷酸化转录因子AP-1、NF-κB等,促进靶基因转录和细胞的增殖与肥大(图11.3)。

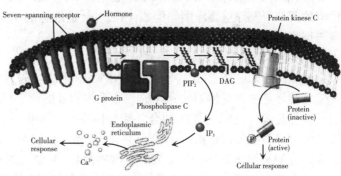

图11.3 G蛋白介导的细胞信号转导途径(引自黄文林,朱孝峰,2005)

(二)酪氨酸蛋白激酶介导的信号转导途径

1.受体酪氨酸蛋白激酶途径

(1)受体酪氨酸蛋白激酶(Tyrosine Protein Kinase, TPK)。TPK是由50多种跨膜受体组成的超家族,其共同特征是受体胞内区含有TPK,配体则以生长因子为代表。表皮生长因子(Epidermal Growth Factor, EGF)、血小板源生长因子(Platelet-derived Growth Factor, PDGF)等与受体胞外区结合后,受体发生二聚化并催化胞内区酪氨酸残基自身磷酸化,进而活化TPK。磷酸化的酪氨酸可被一类含有SH2区(Src Homology 2 Domain)的蛋白质识别,通过级联反应向细胞内进行信号转导。由于大多数调节细胞增殖及分化的因子都通过这条途径发挥作用,故它与细胞增殖肥大和肿瘤发生的关系十分密切(图11.4)。

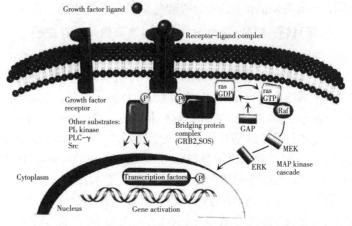

图11.4 酪氨酸蛋白激酶介导的信号转导途径(引自黄文林,朱孝峰,2005)

(2)丝裂原活化蛋白激酶(Mitogen Activited Protein Kinase,MAPK)家族是与细胞生长、分化、凋亡等密切相关的信号转导途径中的关键物质,可由多种方式激活。EGF、PDGF等生长因子与其受体结合并引起TPK激活后,细胞内含SH2区的生长因子受体连接蛋白Grb2与受体结合,将胞浆中具有鸟苷酸交换因子活性的Sos吸引至细胞膜,Sos促进无活性Ras所结合的GDP被GTP所置换,导致Ras活化。激活的Ras活化Raf(又称MAPK Kinase Kinase,MAPKKK),进而激活MEK(又称MAPK Kinase,MAPKK),最终导致细胞外信号调节激酶(Extracellular Signal Regulated Kinase,ERK)被激活。激活的ERK可促进胞浆靶蛋白磷酸化或调节其他蛋白激酶的活性,如激活磷脂酶A2,激活调节蛋白质翻译的激酶等。更重要的是激活的ERK进入核内,促进多种转录因子磷酸化,如ERK促进血清反应因子(Serum Response Factor, SRF)磷酸化,使其与含有血清反应元件(Serum Response Element, SRE)的靶基因启动子相结合,增强转录活性。

(3)经磷脂酶Cγ激活蛋白激酶C。受体TPK的磷酸化酪氨酸位点可与含有SH2区的PLCγ结合,导致PLCγ激活,水解PIP_2生成IP_3和DG,进而调节细胞的活动。

(4)激活磷脂酰肌醇3激酶(Phosphoinsitol 3′ Kinase,PI_3K)。PI_3K是由p85调节亚单位和p110催化亚单位组成的异二聚体,因可催化磷脂酰肌醇3位的磷酸化而得名。PI_3K的p85与受体磷酸化的酪氨酸相结合,调节p110催化亚单位的活性,促进底物蛋白磷酸化,在细胞生长与代谢的调节中发挥重要作用。例如,PI_3K可促进细胞由G_1期进入S期;p110能与Ras-GTP结合,参与细胞生长的调节。

2.非受体酪氨酸蛋白激酶信号转导途径

细胞因子如白介素(IL)、干扰素(INF)及红细胞生成素等的膜受体本身并无蛋白激酶活性,其信号转导是由非受体TPK介导的。非受体TPK的调节机制差异较大,现以INFγ为例,说明其信号转导途径。INFγ与受体结合并使受体发生二聚化后,受体的胞内近膜区可与胞浆内非受体TPK JAK激酶(Janus Kinase)结合并发生磷酸化,进而与信号转导和转录激活因子(STAT)相结合。在JAK催化下,STAT中的酪氨酸磷酸化,并结合成STAT二聚体转移入核,与DNA启动子的活化序列结合,诱导靶基因的表达,促进多种蛋白质的合成,进而增强细胞抵御病毒感染的能力。

(三)鸟苷酸环化酶信号转导途径

鸟苷酸环化酶(Guanylate Cyclase,GC)信号转导途径存在于心血管系统和脑内,一氧化氮(NO)激活胞浆可溶性GC,心钠素及脑钠素激活膜颗粒性GC,增加cGMP生成,再经激活蛋白激酶G(Protein Kinase G,PKG)磷酸化靶蛋白发挥生物学作用。

(四)核受体(Nuclear Receptor)及其信号转导途径

细胞内受体分布于胞浆或核内,本质上都是配体调控的转录因子,均在核内启动信号转导并影响基因转录,故统称为核受体。按核受体的结构与功能可将其分为:①类固醇激素受体家族。包括糖皮质激素、盐皮质激素、性激素受体等。类固醇激素受体(除雌激素受体位于核内)位于胞浆,未与配体结合前与热休克蛋白(Heat Shock Protein,HSP)结合存在,处于非活化状态。配体与受体的结合使HSP与受体解离,暴露DNA结合区。激活的受体二聚化并转移入核,与DNA上的激素反应元件(Hormone Response Element,HRE)相结合或与其他转录因子相互作用,增强或抑制靶基因转录;②甲状腺素受体家族。包括甲状腺素、维生素D和维甲酸受体等。此类受体位于核内,不与HSP结合,多以同源或异源二聚体的形式与DNA或其他蛋白质结合,配体入核与受体结合后,激活受体并经HRE调节基因转录。

四、信号转导途径的交互作用

不同信号物质、不同信号转导途径之间还存在交联对话，即相互调节，从而构成复杂的信号转导网络，共同协调机体的生命活动。信息传递途径的交联对话表现为以下几个方面：

1.一条信号途径的成员，可参与激活或抑制另一条信号途径

如促甲状腺素释放激素与靶细胞膜的特异性受体结合后，通过Ca^{2+}-磷脂依赖性蛋白激酶系统可激活PKC，同时细胞内Ca^{2+}浓度增高还可激活腺苷酸环化酶，生成cAMP进而激活PKA。又如EGF受体是具TPK活性的催化型受体，佛波酯能激活PKC，活化的PKC能催化EGF受体第654位Thr磷酸化，此磷酸化受体降低了EGF受体对EGF的亲和力和它的TPK活性。

2.两种不同的信号途径可共同作用于同一种效应蛋白或同一基因调控区而协同发挥作用

如糖原磷酸化酶为多亚基蛋白质（αβγδ），其中αβ亚基是PKA的底物，PKA通过催化αβ亚基磷酸化而使其活化。该酶的δ亚基是钙调蛋白，Ca^{2+}-磷脂依赖性蛋白激酶系统的第二信使Ca^{2+}能与δ亚基结合而使之活化。上述两条途径在细胞核内都可使转录因子CREB的Ser133磷酸化而激活。活化的CREB可与DNA上的顺式作用元件结合而启动多种基因的转录。

3.一种信号分子可作用于几条信号传导途径

如胰岛素与细胞膜上的受体结合后，可通过胰岛素受体底物（Insulin Receptor Substrate）激活磷脂酰肌醇3-激酶（PI₃-kinase），亦可激活PLCγ而水解PIP₂，产生IP₃和DAG，进一步激活PKC；另外还激活Ras途径。

五、信号转导异常与动物疾病的关系

细胞信号转导异常与疾病的关系十分复杂，涉及受体、胞内信号转导物质、效应蛋白及转录因子等多个环节的变化。无论任何环节出现异常，都可使相应的信号转导过程受阻，导致细胞的应答反应减弱或丧失，或者发生过度反应，这些均可导致疾病的发生。细胞信号转导途径的单个环节原发性损伤可引起疾病的发生；而大多数情况下，细胞信号转导系统的改变可以继发于某种疾病或病理过程，而其功能紊乱又促进了疾病的进一步发展。

（一）受体病

因受体的数量、结构或调节功能变化，使受体不能正常介导配体在靶细胞中产生应有的效应所引起的疾病称为受体病（Receptor Disease）。按其功能状态可以分为：①功能丧失性改变，由于受体数量减少引起的下调，或靶细胞对配体刺激的反应性减弱造成的受体下调或减敏，前者指受体数量减少，后者指靶细胞对配体刺激的反应性减弱或消失。②功能增强性改变、受体上调，在缺乏配体时自发激活，对正常配体发生受体上调或增敏，使靶细胞对配体的刺激反应过度，二者均可导致细胞信号转导障碍，进而影响疾病的发生和发展。

1.遗传性受体病

指由于编码受体的基因发生突变，使受体缺失、减少或结构异常而引起的遗传性疾病。受体基因突变有缺失突变、点突变等，在受体的各个功能域均可发生，人类已揭示了几十种受体病基因水平的改变，如家族性高胆固醇血症、胰岛素抵抗性糖尿病、甲状腺素抵抗综合征等。突变可使受体发生以下改变：

（1）受体数量异常。基因突变引起的受体数量异常表现为受体数量异常减少或异常增加，如因受体合成障碍，可使受体缺失或减少，而因受体基因异常高表达，则受体数量增加。

（2）受体结构异常。基因突变使受体结构改变，并导致其功能异常，表现为功能减弱或丧失，如受体与配体结合障碍、受体与G蛋白结合障碍、受体的调节异常等。突变也可生成组成型激活突变体，即受体的激活不受配体的调节，如人的家族性高胆固醇血症（Familial Hypercholesterolemia,FH),是由于编码低密度脂蛋白(Low-density Lipoprotein,LDL)受体的基因突变,使细胞表面LDL受体减少或缺失,引起的脂质代谢紊乱和动脉粥样硬化。

(3)受体相关因子或辅助因子异常。受体本身无异常,而是其功能所需的因子缺陷,如分子质量为70ku的雌激素受体结合蛋白(ARA70),是雄激素受体(AR)与靶基因中的雄激素反应元件(ARE)结合所必需的,ARA70缺陷,AR不能与ARE结合,就不能引起雄激素效应。

2.自身免疫性受体病

免疫系统的基本功能是识别自身和非自身成分,对非自身的异体物质加以排斥。因免疫功能紊乱产生抗受体的自身抗体(Autoantibody)而引起的疾病,称为自身免疫性受体病。如人类的重症肌无力、自身免疫性甲状腺病等。抗自身受体抗体产生的机制与机体的遗传易感性有关,或当感染了与自身受体具有交叉反应抗原的病原体等淋巴细胞,也对相应受体产生交叉免疫反应,如脊髓灰质炎病毒的VP2与乙酰胆碱受体、结肠炎耶尔森菌与促甲状腺素受体有同源序列,当机体感染这些病原体后,所产生的针对病原体的免疫应答,有可能导致自身免疫性受体病。

抗受体抗体有两类,即阻断型和刺激型。阻断型抗受体抗体与受体抗体结合后,可干扰受体与配体的结合,从而阻断受体的效应,导致靶细胞功能低下。如抗N型乙酰胆碱受体(nAChR)的抗体,通过阻断运动终板上的nAChR与乙酰胆碱的结合,导致肌无力。刺激型抗体与受体结合后,可模拟配体的作用,使靶细胞功能亢进。如促甲状腺激素受体(TSHR)的抗体与TSHR结合后,可促进甲状腺合成和分泌过多的甲状腺素,从而引起甲亢。

3.继发性受体异常

许多疾病产生过程中,可因配体的含量、pH、磷脂膜环境及细胞合成与分解蛋白质的能力等变化引起受体数量及亲和力的继发性改变。其中有的是损伤性变化,如膜磷脂分解引起受体功能降低;有的是代偿性调节,如配体含量增高引起的受体减敏,以减轻配体对细胞的过度刺激。继发性受体异常又可进一步影响疾病的进程。

例如,肾上腺素能受体及其细胞内信号转导是介导正常及心力衰竭时心功能调控的重要途径。正常机体心肌细胞膜含β1、β2和α1肾上腺素能受体,其中β1受体占70%～80%,是调节正常心功能的主要肾上腺素能受体亚型。已有大量研究表明,心力衰竭患者及动物的心脏对异丙肾上腺素引起的正性肌力反应明显减弱,即β受体对儿茶酚胺刺激发生了减敏反应。心力衰竭时,β受体下调,特别是β1受体数量减少,可降至50%以下;β2受体数量变化不明显,但对配体的敏感性亦有降低。β受体减敏是对过量儿茶酚胺刺激的代偿反应,可抑制心肌收缩力,减轻心肌的损伤,但也是促进心力衰竭的原因之一。此外,受体后信号转导异常,如G_i/G_s比例升高,亦在心功能障碍中起作用。

(二)G蛋白异常与疾病

1.霍乱(Cholera)

霍乱是由霍乱弧菌引起的烈性肠道传染病。患者起病急骤,剧烈腹泻,常有严重脱水、电解质紊乱和酸中毒症状,可因循环衰竭而死亡。霍乱弧菌通过分泌活性极强的外毒素-霍乱毒素干扰细胞内信号转导过程。霍乱毒素选择性催化$G_{s\alpha}$亚基的精氨酸201核糖化,此时$G_{s\alpha}$仍可与GTP结合,但GTP酶活性丧失,不能将GTP水解成GDP,从而使$G_{s\alpha}$处于不可逆性激活状态,不断刺激AC生成cAMP,胞浆中的cAMP含量可增加至正常水平的100倍以上,导致小肠上皮细胞膜蛋白构型改变,大量氯离子和水分子持续转运入肠腔,引起严重的腹泻和脱水。

2.假性甲状旁腺功能减退症(Pseudohypoparathyroidism,PHP)

PHP是由于靶器官对甲状旁腺激素(PTH)反应性降低而引起的遗传性疾病。PTH受体与G_s偶联,经激活AC催化cAMP生成,其作用为:①促进远端肾小管重吸收钙;②抑制近端肾小管重吸收磷酸盐；③促进肾小管产生 1, 25-$(OH)_2$-D_3，后者作用于肠黏膜细胞，增加钙的吸收；④促进骨钙和骨磷酸盐释放，维持细胞外液钙浓度。

PHP 可分为两型：①PHP1A 型。其发病机制是由于编码 $G_{s\alpha}$ 等位基因的单个基因突变，患者 $G_{s\alpha}$ mRNA 可比正常人降低 50%，导致 PTH 受体与 AC 之间信号转导脱偶联。G_s 基因突变还可引起其他与 AC 相连的激素抵抗症，如 TSH、LH 和 FSH 抵抗症等，部分患者还伴有奥尔布赖特(Albright) 遗传性骨营养不良的表现，如身材矮小、短颈、圆脸和短指畸形等；②PHP1B 型。此型患者仅对 PTH 抵抗，G_s 正常，也与 PTH 受体的遗传学无关，具体发病机制不明。PHP 患者由于肾小管对磷重吸收增加，血磷升高；肾小管对钙重吸收减少及 1, 25-$(OH)_2$-D_3 生成减少，尿钙浓度升高和血钙浓度降低，患者血浆 PTH 水平继发性升高，但靶器官对 PTH 无反应。

3.肢端肥大症(Acromegaly)和巨人症(Gigantism)

生长激素(Growth hormone，GH)是腺垂体分泌的多肽激素，其功能是促进机体生长。GH 的分泌受下丘脑 GH 释放激素和生长抑素的调节，GH 释放激素经激活 G_s，导致 AC 活性升高和 cAMP 积聚，cAMP 可促进分泌 GH 的细胞增殖和分泌；生长抑素则通过减少 cAMP 水平抑制 GH 分泌。分泌 GH 过多的垂体腺瘤中，有 30% ~ 40% 是由于编码 $G_{s\alpha}$ 的基因点突变，其特征是 $G_{s\alpha}$ 的精氨酸 201 为半胱氨酸或组氨酸所取代，或谷氨酰胺 227 为精氨酸或亮氨酸所取代，这些突变抑制了 GTP 酶活性，使 $G_{s\alpha}$ 处于持续激活状态，AC 活性升高，cAMP 含量增加，垂体细胞生长和分泌功能活跃。故在这些垂体腺瘤中，信号转导障碍的关键环节是 $G_{s\alpha}$ 过度激活导致的 GH 释放激素和生长抑素对 GH 分泌的调节失衡。GH 的过度分泌，可刺激骨骼过度生长，在成人引起肢端肥大症，在儿童引起巨人症。

在某些疾病时，G_s 或 G_i 还可发生继发性变化，影响细胞信号转导过程。

(三)多个环节细胞信号转导障碍与疾病

在许多疾病过程中，细胞信号转导异常不仅可发生在某一信息分子或单一信号转导途径中，亦可先后或同时涉及多个信息分子并影响多个信号转导过程，导致复杂的网络调节失衡，促进疾病的发生与发展。非胰岛素依赖型糖尿病(Non-insulin Dependent Diabetes Mellitus，NIDDM)又称 II 型糖尿病，患者除血糖升高外，血中胰岛素含量可增高、保持正常或轻度降低，80% 患者伴有肥胖。胰岛素受体前、受体和受体后异常是造成细胞对胰岛素反应性降低的主要原因，其中与信号转导障碍有关的是：

(1)胰岛素受体异常

胰岛素受体属于受体 TPK 家族，由 α、β 亚单位组成。与 PDGF 受体不同，无活性的胰岛素受体在未与配体结合时以二聚体的形式存在于细胞膜上。胰岛素与受体 α 亚单位结合后，引起 β 亚单位的酪氨酸磷酸化，并在胰岛素受体底物 1/2(Insulin Receptor Substrate 1/2，IRS-1/2)的参与下，与含 SH2 区的 Grb2 和 PI_3K 结合，启动与代谢和生长有关的下游信号转导过程。

(2)受体后信号转导异常

目前认为 PI_3K 在胰岛素上游信号转导中具有重要作用。在非胰岛素依赖性 ob/ob 小鼠糖尿病模型中，可见胰岛素对 PI_3K 活性的刺激作用明显降低，肝细胞 p85 含量降低了 50%；而在胰岛素依赖型糖尿病鼠中则未见 PI_3K 的抑制。II 型糖尿病患者的肌肉和脂肪组织也可见胰岛素对 PI_3K 的激活作用减弱。PI_3K 基因突变可产生胰岛素抵抗，目前已发现在 p85 基因有突变，但尚未发现 p110 的改变。胰岛素受体后信号转导异常除因 PI_3K 表达的改变外，也与 IRS-1 和 IRS-2 的下调使胰岛素引起的经 PI_3K 介导的信号转导过程受阻有关，在敲除 IRS-2 基因的小鼠中可见胰岛素对肌肉和肝细胞 PI_3K 的刺激作用降低，表明受体后信号转导障碍可发生在 IRS 和 PI_3K 两个环节。

(四)细胞信号转导障碍与肿瘤

正常细胞的生长与分化受到精细的网络调节,细胞癌变最基本的特征是生长失控及分化异常。近年来人们认识到绝大多数的癌基因表达产物都是细胞信号转导系统的组成成分,它们可以从多个环节干扰细胞信号转导过程,导致肿瘤细胞增殖与分化异常。

1.表达生长因子样物质

某些癌基因可以编码生长因子样的活性物质,例如,*sis*癌基因的表达产物与PDGFβ链高度同源,*int-2*癌基因蛋白与成纤维细胞生长因子结构相似。此类癌基因激活可使生长因子样物质生成增多,以自分泌或旁分泌方式刺激细胞增殖。在人神经胶质母细胞瘤、骨肉瘤和纤维肉瘤中均可见*sis*基因异常表达。

2.表达生长因子受体类蛋白

某些癌基因可以表达生长因子受体的类似物,通过模拟生长因子的功能受体起到促增殖的作用。例如,*erb-B*癌基因编码的变异型EGF受体,缺乏与配体结合的膜外区,但在没有EGF存在的条件下,就可持续激活下游的增殖信号。在人乳腺癌、肺癌、胰腺癌和卵巢肿瘤中已发现EGF受体的过度表达;在卵巢肿瘤亦可见PDGF受体高表达,且这些受体的表达与预后呈负相关。

3.表达蛋白激酶类

某些癌基因可通过编码非受体TPK或丝/苏氨酸激酶类影响细胞信号转导过程。例如,*src*癌基因产物具有较高的TPK活性,在某些肿瘤中其表达增加,可催化下游信号转导分子的酪氨酸磷酸化,促进细胞异常增殖。此外,还使糖酵解酶磷酸化,糖酵解酶活性增加,糖酵解增强是肿瘤细胞的代谢特点之一。*mos*、*raf*癌基因编码丝/苏氨酸蛋白激酶类产物,可促进MAPK磷酸化,进而促进核内癌基因表达。

4.表达信号转导分子类

*ras*癌基因编码的21kD小分子G蛋白Ras,可在*sos*催化下通过与GTP结合而激活下游信号转导分子。在30%的人肿瘤组织中已发现有不同性质的*ras*基因突变,其中突变率较高的是甘氨酸12、甘氨酸13或谷氨酰胺61被其他氨基酸残基所取代。变异的Ras与GDP解离速率增加或GTP酶活性降低有关,均可导致Ras持续活化,促进增殖信号增强而发生肿瘤。例如,人膀胱癌细胞*ras*基因编码序列第35位核苷酸由正常G突变为C,相应的Ras蛋白甘氨酸12突变为缬氨酸,使其处于持续激活状态。

5.表达核内蛋白类

某些癌基因如*myc*、*fos*、*jun*的表达产物位于核内,能与DNA结合,具有直接调节转录活性的转录因子样作用。过度表达的癌基因可引起肿瘤发生,如高表达的jun蛋白与fos蛋白与DNA上的AP-1位点结合,激活基因转录,促进肿瘤发生。

综上所述,细胞信号转导障碍对疾病的发生发展具有多方面的影响,其发生原因是多种多样的,基因突变、细菌毒素、细胞因子、自身抗体和应激等均可以造成细胞信号转导过程的原发性损伤,或引起它们的继发性改变。细胞信号转导障碍可以局限于单一环节,亦可同时或先后累积多个环节甚至多条信号转导途径,造成调节信号转导的网络失衡,引起复杂多变的表现形式。细胞信号转导障碍在疾病中的作用亦表现为多样性,既可以作为疾病的直接原因,引起特定疾病的发生;亦可干扰疾病的某个环节,导致特异性症状或体征的产生。细胞信号转导障碍还可介导某些非特异性反应,出现在不同的疾病过程中。随着研究的不断深入,已经发现越来越多的疾病或病理过程中存在着信号转导异常,认识其变化规律及其在疾病发生发展中的病理生理意义,不但可以揭示疾病的分子机制,而且为疾病的防治提供参考。

【名词解析】　应激是一些异乎寻常的刺激作用于机体后所作出的一系列反应的"应激状态"。

应激状态伴有神经及体液的变化,包括交感神经兴奋引起肾上腺髓质和皮质激素分泌增多,血浆胰高血糖素及生长激素水平增高,胰岛素水平降低。这些激素水平的变化,引起一系列代谢改变,包括血糖升高、脂肪动员加速和蛋白质分解加强。

【本章小结】

动物机体是一个统一的整体,各种物质代谢彼此之间密切联系、相互影响。其中,糖与脂类的代谢联系最为重要。糖可以转变为脂类,但是,脂类转变为糖在动物体内是有条件和有限度的。此外,糖代谢的分解产物为非必需氨基酸的合成提供碳骨架,氨基酸和戊糖则是细胞合成核苷酸的重要原料。动物代谢调节在细胞、激素和整体三个水平上进行,细胞水平是最基本的调节方式。代谢调节的实质是对代谢途径中酶的调节,包括酶的定位调节、酶的合成与降解调节、酶活性调节以及酶的辅助因子调节。调节代谢的细胞机制是激素、神经递质等信号分子与细胞膜上的或细胞内的特异受体结合将代谢信息传递到细胞的内部,以实现对细胞内酶的活性或酶蛋白基因表达的调控。细胞内的信号转导通路主要有,与G蛋白偶联的受体信号系统(包括蛋白激酶A系统、蛋白激酶C系统和IP_3-Ca^{2+}/钙调蛋白激酶系统)和酪氨酸蛋白激酶受体系统以及DNA转录调节型受体系统。这些信号转导途径之间相互交叉,形成调控网络。信号转导途径与动物健康密切相关,信号转导异常会引起动物发生疾病。

【思考题】

1.论述糖、脂肪、蛋白质、核酸各代谢途径之间的相互关系。

2.生物机体的代谢调节有什么重要意义?　代谢调节的基本方式有哪些?

3.论述动物体内的信号代谢途径。

4.信号转导异常在疾病发生、发展中发挥着什么作用?

第 ◆十二◆ 章 核酸的生物合成

核酸是生命最基本的物质之一,是生物遗传信息的载体,包含脱氧核糖核酸(Deoxyribonucleic Acid,DNA)和核糖核酸(Ribonucleic Acid,RNA)两种。这两种生物大分子的合成及其调控是生命机体生存、生长和繁殖的关键过程。

第一节 DNA的生物合成(复制)

大量研究已经证实,DNA是自然界多数生命遗传信息的贮存形式。在DNA双螺旋结构被发现时,使生物学家最为兴奋的是DNA分子两条多聚核苷酸单链碱基之间的互补关系,因为这种互补关系是DNA复制的分子基础。也正是DNA双螺旋结构所揭示的DNA分子内碱基自我互补关系,让多数科学家们接受了遗传信息的载体是DNA而不是蛋白质的结论。

DNA的生物合成通常是指细胞通过DNA复制(DNA Replication)产生双链DNA的过程。一个母细胞分裂为两个子细胞之前,母细胞中的DNA必须忠实地被复制,合成的两个相同DNA分子在细胞分裂时被平均分配到子代细胞中。细胞通过这种复制把亲代的遗传信息传递给子代,从而使子代表现出亲代的遗传性状。

DNA复制是细胞分裂前整个基因组的复制过程,其基本原则在不同生物上是相对保守的。这些基本规律包括半保留复制、起始于特定位点的双向复制及半不连续复制等;原核生物和真核生物基因组大小、DNA分子结构不同,它们的复制过程也必然存在区别;原核生物和真核生物DNA的合成都需要多种酶及其他蛋白质的参与。本节将重点介绍DNA复制的基本规律、过程及参与的主要物质,真核生物与原核生物DNA复制过程中的主要区别,并简要介绍DNA的其他生物合成方式、DNA损伤及其修复。

一、DNA的复制

(一)原核生物基因组和真核生物核基因组复制的几个基本规律

1.半保留复制(Semiconservative Replication)

关于DNA分子的复制,人们曾经提出三种模式:全保留复制(Conservative Replication)方式,即复制结束后,一个子代DNA分子的两条链均来自亲代,而另一个子代DNA分子的两条链都是新合成的;半保留复制方式,即两个子代DNA分子均含有一条旧链和一条新链,旧链来自亲代,新链是以旧链为模板合成的;第三种称为分散复制(Dispersive Replication),即亲代双链被切成双链片段,而这些片段有可能作为新合成双链片段的模板,新、老双链片段可以以某种方式聚集成"杂种链"。

半保留复制模式是1953年Waston和Crick在DNA双螺旋结构基础上提出的假说。他们推测,DNA在复制过程中,碱基间的氢键首先断裂,使双螺旋解旋分开,然后每条链分别作为模板合成新链,因此,每个子代DNA的一条链来自亲代,另一条则是新合成的。Meselson和Stahl

（1958年）利用氮标记技术在大肠杆菌中首次证实了DNA半保留复制模式的正确性（图12.1）。

他们首先将大肠杆菌在含有 ^{15}N 标记的 NH_4Cl 培养基中繁殖了15代，使所有的大肠杆菌DNA被 ^{15}N 所标记，可以得到 $^{15}N-DNA$。然后将细菌转移到含有 ^{14}N 标记的 NH_4Cl 培养基中培养，培养不同代数时收集细菌，裂解细胞后用氯化铯（CsCl）密度梯度离心法观察DNA分子所处的位置。由于 $^{15}N-DNA$ 的密度比普通DNA（ $^{14}N-DNA$ ）的密度大，用氯化铯密度梯度离心时，两种不同密度的DNA分布在不同的区带。分析 $^{15}N-DNA$ 大肠杆菌在含 ^{14}N 氮源的介质中复制一轮后的细菌发现，其DNA分子密度均处于 ^{14}N 和 ^{15}N 之间，半保留复制和分散复制都符合这一结果：根据半保留复制模型假设可以推测，复制一轮后的DNA分子是 ^{14}N 和 ^{15}N 各占50%的杂化分子（一条 $^{15}N-DNA$ 链和一条 $^{14}N-DNA$ 链），其密度介于 $^{14}N-DNA$ 和 $^{15}N-DNA$ 之间；而按照分散复制模型，所有DNA分子的两条链都含有 ^{14}N 和 ^{15}N ，其密度也位于 $^{14}N-DNA$ 和 $^{15}N-DNA$ 的中间位置。但继续分析

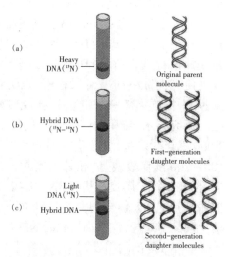

图12.1　Meselson和Stahl（1958年）利用氮标记技术验证大肠杆菌DNA复制模式（引自David and Michael，2008）

第二轮复制产生的DNA分子发现，有一半DNA分子完全不含有 ^{15}N ，条带位于 $^{14}N-DNA$ 区带，另一半是 ^{14}N 和 ^{15}N 各占50%的杂化DNA分子，表现出中等密度，这一结果和DNA半保留复制假设相吻合，但和分散复制假设不吻合。如果是分散复制模式，第二轮复制后仍然只有一种密度的DNA分子，且密度处于中间密度分子和 $^{14}N-DNA$ 之间。

2.起始于特定位点的双向复制（Bidirectional Replication）

在证明DNA的半保留复制方式后，科学家又利用放射性同位素标记的胸腺嘧啶追踪大肠杆菌细胞的DNA合成过程，证实了DNA复制是双向进行的（图12.2），而且复制起始于特定位点，即复制起始点（Origin of Replication）。

高倍电子显微镜照片显示，DNA复制时首先要形成一个"泡"，这个"泡"是DNA复制起点处双链局部解旋形成的。亲代DNA解旋后，DNA新链合成的部位像一个"叉子"，称为复制叉（Replication Forks）。后来的遗传学

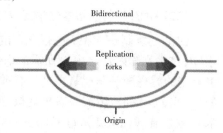

图12.2　复制起始位点和复制叉（引自David and Michael，2008）

和生物化学研究证明，原核生物整个基因组的复制都起始于复制起始位点，并且是双向进行的，存在着两个复制叉，几乎以同一速度移动，直至汇合在终止区。真核生物细胞核中各DNA分子的复制也是起始于特定位点的双向复制，但每个DNA分子有多个起始位点。

3.半不连续复制（Semi-discontinuous Replication）

为解释DNA两条链以各自模板合成子链的等速复制现象，日本学者冈崎令治（Okazaki）等人提出了DNA的半不连续复制模型（图12.3）。DNA的两条模板链是反向平行的，而核酸链（脱氧核糖核酸和核糖核酸）都是沿 $5'→3'$ 方向合成的。在复制叉中，一条子链的合成方向与复制叉移动的方向（即解链方向）一致，其合成是连续的，该子链称为前导链（Leading Strand）；而另一条子链则不同，其合成方向与复制叉移动方向相反，但也是通过 $5'→3'$ 方向聚合形成的，而且是解链一段合成一段，因此，这条链是一段一段合成的，最后被连接在一起，该子链称为滞后链（Lagging Strand）。此现象是由科学家冈崎令治及其同事（1966年）在研究大肠杆菌中的噬菌体DNA复制情形时发现的，因此后人将DNA复制过程中滞后链模板上新合成的DNA片段称为冈

崎片段(Okazaki Fragment)。研究表明,冈崎片段是复制过程中的中间产物,延长标记时间后发现,冈崎片段会被连接起来形成成熟DNA长链。另一个实验也证明DNA复制过程中首先合成较小的片段,即用DNA连接酶温度敏感突变株进行试验,在使DNA连接酶失活的温度下便有大量小DNA片段积累,表明DNA复制过程中至少有一条链首先合成较短的片段。研究显示,细菌冈崎片段长度为1 000 ~ 2 000核苷酸残基,真核生物冈崎片段长度为100 ~ 200核苷酸残基,相邻冈崎片段之间间隔着约10个核苷酸残基的RNA引物,该引物

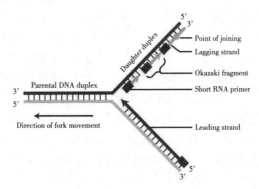

图12.3　DNA的半不连续复制(引自David and Michael,2008)

被酶切后,DNA聚合酶会通过延伸下一个冈崎片段的3′末端,将引物切除后的缺口补齐,最后由DNA连接酶将相邻DNA片段连接起来。

4.DNA复制的引发

DNA的复制都是从固定的起始点开始的,而DNA聚合酶不能从头合成DNA链。那么,DNA分子复制时新链的合成是如何开始的呢? 大量实验研究证明,DNA复制先由RNA聚合酶在DNA模板上合成一段RNA引物,再由聚合酶催化RNA引物3′端开始合成新的DNA链。对于前导链来说,这一引发过程比较简单,只要合成一段RNA引物,DNA聚合酶就能以此为起点,一直合成下去。而滞后链的引发过程较为复杂,需要多种蛋白质和酶参与。研究发现,滞后链的引发过程是由引发体来完成的,引发体由6种蛋白质构成。引发体似火车头一样在滞后链分叉的方向前进,并在模板上断断续续地引发生成滞后链的引物RNA,再由DNA聚合酶Ⅲ催化合成DNA,直至遇到下一个引物或冈崎片段为止。

(二) DNA复制的基本化学反应

DNA的复制是在相关酶催化下的核苷酸聚合过程,该聚合反应不能从头开始,必须有一段引物,在生物体内DNA复制所需的引物为RNA序列。DNA聚合过程的基本化学反应是核酸链3′末端的游离羟基与脱氧核糖核苷酸5′端磷酸基团之间形成3′,5′-磷酸二酯键。该反应的底物(原料)是4种三磷酸脱氧核糖核苷(dNTP,N代表4种碱基),但掺入组成新链的为一磷酸脱氧核糖核苷酸(dNMP),每聚合一个核苷酸残基会形成一个焦磷酸分子,焦磷酸分子随后在酶的催化下水解,释放的能量驱动DNA的合成。具体聚合反应如下:

$$(dNMP)_n + dNTP \longrightarrow (dNMP)_{n+1} + PPi$$

$$PPi + H_2O \longrightarrow 2Pi$$

(三)参与DNA复制的主要物质

1.底物与模板

DNA合成的底物为4种三磷酸脱氧核糖核苷酸,即dATP、dCTP、dTTP和dGTP。模板为亲代DNA分子。

2.DNA聚合酶

(1)原核生物的DNA聚合酶。DNA聚合酶(DNA Polymerase)是来源于细胞或病毒的一类聚合酶,催化脱氧核糖核酸聚合成DNA分子。DNA聚合酶在DNA复制、DNA修复、遗传重组以及反转录等过程中发挥重要作用。根据模板的不同,DNA聚合酶分为两类,即依赖DNA的DNA聚合酶和依赖RNA的DNA聚合酶,后者由病毒基因编码,也叫逆转录酶。DNA聚合酶的共同特点是:①需要提供合成的模板;②不能从头合成DNA链,必须有引物提供3′-OH;③核酸链合成的方向都是5′→3′;④除聚合核苷酸外还具有其他功能。

到目前为止,在大肠杆菌中已发现有5种DNA聚合酶,分别为DNA聚合酶Ⅰ、Ⅱ、Ⅲ、Ⅳ和Ⅴ,这几种酶的名称是根据发现的前后顺序命名的。

DNA聚合酶Ⅰ(DNA Polymerase Ⅰ,Pol Ⅰ)是最先发现的一种DNA聚合酶,由美国生物学家Arthur Kornberg于1956年发现的。Arthur Kornberg因为发现DNA生物合成的机制而获得了1959年的诺贝尔生理与医学奖。该酶为单亚基多肽,属于原核生物的家族A聚合酶。Pol Ⅰ具有$3' \to 5'$和$5' \to 3'$外切酶活性(Exonuclease Activity),主要功能是参与基因修复及滞后链合成过程中冈崎片段的加工,包括RNA引物的去除及缺口处核苷酸的聚合。Pol Ⅰ是大肠杆菌细胞中含量最高的DNA聚合酶,但它不是大肠杆菌DNA复制过程中的主要聚合酶。研究发现,细胞中没有该酶时,该酶的活性可以由其他DNA聚合酶取代。Pol Ⅰ的聚合核苷酸的速度较慢,为15~20个核苷酸/s。

DNA聚合酶Ⅱ(DNA Polymerase Ⅱ,Pol Ⅱ)分子量为90 kD,是家族B聚合酶,由polB基因编码。Pol Ⅱ具有$3' \to 5'$外切酶活性,无$5' \to 3'$外切酶活性,主要参与DNA损伤后的修复。聚合速度为40~50个核苷酸/s。Pol Ⅱ可以和DNA聚合酶Ⅲ的全酶相互作用,保证聚合酶Ⅲ具有高的持续合成能力。有研究认为,Pol Ⅱ的主要功能为具有复制叉处聚合酶的活性,并帮助阻滞的Pol Ⅲ绕过末端的错配序列。

DNA聚合酶Ⅲ(DNA Polymerase Ⅲ,Pol Ⅲ)是由Arthur Kornberg的儿子Thomas Kornberg和Malcolm Gefter于1970年发现的。Pol Ⅲ具有α、ε和θ多个亚基,该酶在大肠杆菌细胞中含量不高,但却是DNA复制过程中催化DNA链延长的主要聚合酶。与Pol Ⅰ和Pol Ⅱ相比,Pol Ⅲ具有极高的持续合成能力和合成速度,聚合速率为250~1 000个核苷酸/s。Pol Ⅲ是复制叉处DNA复制体(Replisome)的一个组成部分,其全酶(Holoenzyme)形式具有校读功能,即能够利用其$3' \to 5'$外切酶活性更正复制时的错配碱基,因此,大肠杆菌DNA复制时碱基错配率很低,为$1/10^{10} \sim 1/10^9$。三种聚合酶亚基数量及活性比较见表12.1。

表12.1 大肠杆菌三种聚合酶亚基数量及活性比较

	Pol Ⅰ	Pol Ⅱ	Pol Ⅲ
亚基数	1	≥7	≥10
$3' \to 5'$外切活性	YES	YES	YES
$5' \to 3'$外切活性	YES	NO	NO
聚合速度(核苷酸/s)	15~20	40~50	250~1 000

大肠杆菌中的DNA聚合酶Ⅳ(DNA Polymerase Ⅳ,Pol Ⅳ)和Ⅴ(DNA Polymerase Ⅴ,Pol Ⅴ)直到1999年才被发现,二者均属于Y聚合酶家族,DNA聚合酶Ⅴ参与SOS应答反应(SOS Response)和跨损伤DNA合成(Translesion DNA Synthesis)等修复机制。Pol Ⅳ由dinB基因编码,不具有$3' \to 5'$外切酶活性,因此很容易导致错配。

(2)真核生物的DNA聚合酶。已经发现的真核生物DNA聚合酶也有5种,分别命名为DNA聚合酶α、DNA聚合酶β、DNA聚合酶γ、DNA聚合酶δ和DNA聚合酶ε,每种聚合酶都有特殊的功能。DNA聚合酶α主要引发复制的起始,负责引物RNA的合成。DNA聚合酶β参与修复受损伤的DNA。DNA聚合酶γ催化线粒体DNA的复制。DNA聚合酶δ负责复制时的聚合反应,是复制时的主要聚合酶。DNA聚合酶ε与原核的DNApol Ⅰ相似,在复制时除去引物和填补缺口,参与DNA的损伤修复和DNA重组。这五种聚合酶都有$5' \to 3'$核酸外切酶活性。

3.其他酶及蛋白

(1)DnaA。该蛋白是一种ATP结合蛋白,为复制起始因子,即识别并与复制起始点的特殊序列结合,使复制起始位点的DNA解链,从而激活原核生物DNA复制的起始。

（2）DnaB。该蛋白是一种DNA解旋酶（DNA Helicase），使DNA的两条互补链解链。DNA解旋酶能通过水解ATP获得能量以解开双链DNA。解旋酶分解ATP的活性依赖于单链DNA的存在，如果双链DNA中有单链末端或切口，则DNA解旋酶可以首先结合在这一部分，然后逐步向双链方向移动。复制时，大部分DNA解旋酶可沿滞后模板的$5'\rightarrow3'$方向并随着复制叉的前进而移动，只有个别解旋酶如Rep蛋白是沿着$3'\rightarrow5'$方向移动的，故推测Rep蛋白和特定DNA解旋酶分别在DNA的两条母链上协同作用以解开双链DNA。

（3）DnaC。该蛋白协助DnaB结合到复制起始点并打开DNA双链。协助DnaB结合到复制起始点后，DnaC被释放，离开复制起点。

（4）DNA拓扑异构酶（DNA Topoisomerase）。该酶可以除去DNA分子的超螺旋，以克服DNA双链解旋过程形成的紧密扭结现象。拓扑异构酶对DNA分子的作用是既可以水解又可以连接$3',5'$-磷酸二酯键。

（5）单链DNA结合蛋白（Single-stranded DNA-binding Protein，SSB）。是能够较牢固地结合在DNA单链上的蛋白质，稳定DNA单链，防止解链的两条单链在复制前重新结合在一起。单链DNA结合蛋白只保持单链的存在，没有解旋作用。该蛋白以四聚体的形式存在于复制叉处，单链复制后才脱离单链。

（6）引物酶。DNA聚合酶不能催化DNA链的从头合成，复制开始时需要一段RNA引物，这段引物是由引物酶催化合成的。

（7）DNA滑动钳（DNA Sliding Clamp）。该蛋白使DNA聚合酶稳定在模板上，保证DNA的持续合成能力。

（8）RNase H。该酶水解前导链及冈崎片段起始部位的RNA引物。

（9）DNA连接酶。该酶连接相邻冈崎片段间的缺口，形成$3',5'$-磷酸二酯键。DNA连接酶还参与DNA修复和DNA重组过程中$3',5'$-磷酸二酯键的形成。

（四）大肠杆菌基因组DNA的复制过程

无论是原核生物还是真核生物，基因组DNA的复制都可分为三个阶段，即起始阶段、延伸阶段和终止阶段，在每个阶段都有多种酶及其他蛋白质参与。

1.复制的起始

（1）复制的起始位点。原核生物染色体、病毒和核外DNA只有一个复制起始点。大肠杆菌的复制起始点称为oriC，长度为245bp（见图12.4），oriC序列包含3组13bp串联重复序列和4组9bp串联重复序列，前者是复制泡中心，富含AT碱基，因此容易解链，后者是模板上被DnaA识别并结合的位点。

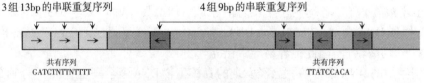

图12.4　大肠杆菌复制起始点oriC结构（引自David and Michael，2008）

（2）复制的起始及DNA解链。复制起始是复制中较复杂的环节，相关蛋白结合到复制起始位点，使该部位DNA解链并形成复制叉。大肠杆菌DNA复制的起始是在DnaA、DnaB和DnaC三种蛋白参与下完成的。首先是DnaA结合至oriC的9bp重复序列，使13bp重复序列解链，2个DnaB（解旋酶）在DnaC的协助下反向结合到两条单链DNA上，并沿解链方向移动，催化双链解开足够复制的长度，并且逐步置换出DnaA蛋白。DNA双链解链后结合SSB蛋白，形成复制叉。随后每个解旋酶结合一个引物酶，形成引发体（由引物酶、解旋酶和DNA复制起始位点等组成），以解链的单链DNA为模板，合成RNA引物。引物合成后被DNA pol Ⅲ识别，并从RNA

引物3′端开始合成新的DNA链,前导链开始合成。解链至1kb左右,2条滞后链(每个复制叉均有一条滞后链)的模板指导合成引物,滞后链的合成起始。

2.复制的延伸

复制的延伸是指在DNA聚合酶Ⅲ的催化下,dNTP以dMTP的方式逐个聚合到引物或延伸中的DNA子链的过程(图12.5)。在复制叉处,延伸的子链与母链碱基互补。由于前导链合成方向与复制叉处DNA的解链方向相同,因此前导链的合成是边解链边聚合。滞后链的合成是不连续的,每解链一段(1 000～2 000个脱氧核糖核苷酸)就重新合成一条引物,然后在DNA聚合酶Ⅲ的催化下合成冈崎片段,最后在RNase H 和DNA pol I 的作用下切除RNA引物,并在DNA pol I 的催化下聚合脱氧核苷酸,填补引物切除后的缺口(Nick)。DNA pol I 聚合脱氧核苷酸时缺口沿滞后链移动的过程称为缺口平移。相邻冈崎片段分别含有3′-OH和5′-P,它们在DNA连接酶的催化下形成3′,5′-磷酸二酯键。如前所述,滞后链是一段一段合成的,每合成一段冈崎片段都要从头合成一段RNA引物,所有RNA引物在合成结束前都要被分解除去,RNase H负责降解RNA引物。RNA切除后留下的缺口由DNA聚合酶I补齐,再由DNA连接酶将两个相邻的冈崎片段连在一起形成大分子DNA。

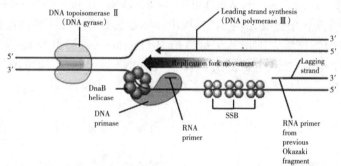

图12.5 复制叉处前导链和滞后链的延伸(引自David and Michael,2008)

3.复制的终止

原核生物为单复制子。复制起始后在复制起始位点形成方向相反的两个复制叉,而原核生物基因组为双链环状DNA,要保证正好复制一次,两个复制叉最后应该在某一位置相遇,并且相遇后即停止复制。原核生物复制有特殊的终止机制,该机制包括基因组中特殊的终止区(Ter)(图12.6),以及细胞内特殊蛋白即终止利用物质(Tus)参与。大肠杆菌的终止区全长约为600 bp,位于基因组的32位点,由顺时针复制叉陷阱(Clockwise

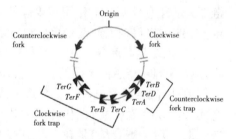

图12.6 大肠杆菌基因组DNA中的终止区
(引自David and Michael,2008)

Fork)和逆时针复制叉陷阱(Counterclockwise Fork)组成,即顺时针复制叉和逆时针复制叉均有自己的特定终止区,并且顺时针复制叉陷阱靠近逆时针复制叉一侧,逆时针复制叉陷阱则靠近顺时针复制叉一侧。复制叉一旦进入自己的终止区,便形成Tus-Ter复合物,阻止解旋,使该复制叉不能继续前行,但不影响另一个复制叉的延伸。而且,不管哪个复制叉先进入自己的陷阱,一旦两个复制叉相遇,两个复制叉都会停止延伸。这种机制保证在复制过程中,环形DNA分子正好完整地复制一圈。

4.两个子代DNA分子的分离

由于原核基因组为闭合的环形结构,两个复制叉延伸结束时,两个子链分子会铰链在一起,需要DNA拓扑异构酶Ⅳ的作用,两个子链分子才能分开。该酶能够断裂一个双链DNA,使另一个DNA分子脱离出来,并且将断裂的DNA链重新连接起来。

(五)真核生物DNA的复制

真核生物与原核生物DNA复制的基本过程是相似的,但真核生物和原核生物基因组存在较大的区别,前者基因组更大,往往有多条染色体,且DNA分子为线性分子,因此,其复制过程中的一些环节同原核生物存在区别。

1.复制起始位点的区别

真核生物基因组的复制也是起始于特定位点,但与原核生物不同的是,真核生物DNA有多个复制起始点,例如酵母S.cerevisiae的17号染色体约有400个复制起始点。因此,尽管真核生物DNA复制的速度(60个核苷酸/s)比原核生物DNA复制的速度(大肠杆菌为1 700个核苷酸/s)慢得多,但全基因组DNA的复制也只需要几分钟的时间。真核生物DNA复制起始的另一个区别是,真核生物在细胞周期的G_1期形成前复制复合物(pre - RCs),但该复合物在S期才能被激活,然后启动复制过程,即pre - RCs在S期由细胞周期蛋白依赖激酶(CDK)磷酸化修饰后,结合DNA聚合酶等蛋白,然后开始复制(形成复制叉、引发体和合成引物)。

2.复制延伸的区别

真核生物基因组复制延伸与原核生物基本相同。在真核生物DNA复制叉处需要两种不同的酶即DNA聚合酶α(Polymerase α, polα)和DNA聚合酶δ(Polymerase δ, pol δ)。polα和引物酶紧密结合,在DNA模板上先合成RNA引物,再由polα延长DNA链,这种活性还需要复制因子C参与。同时结合在引物模板上的增殖细胞核抗原(Proliferating Cell Nuclear Antigen,PCNA)此时释放polα,然后由polδ结合到生长链3′末端,并与PCNA结合,继续合成前导链。而随从链的合成靠polα与引物酶紧密结合,并在复制因子C帮助下,合成冈崎片段。

3.终止阶段的区别

真核生物染色体中的DNA为线性分子,其复制的终止机制同环形的双链DNA分子的复制终止机制有很大的区别。

(1)端粒。真核生物染色体是线性DNA分子,它的两端被称为端粒(Telomere)。端粒是由重复的寡核苷酸序列构成的,例如,人的端粒的重复序列为5′-TTAGGG-3′,而且末端有短的单链序列。染色体端粒的作用至少有两个方面,一是保护染色体末端免受损伤,使染色体保持稳定,二是与核纤层相连,使染色体得以定位。

(2)末端复制问题。在了解原核生物DNA复制过程之后,20世纪70年代科学家对真核生物DNA复制时滞后链5′端的RNA引物被切除后,缺口是如何被填补的问题提出了疑问。如不进行填补,DNA每复制一次就会短一段。以滞后链复制为例,当RNA引物被切除后,冈崎片段之间会由DNA聚合酶I催化合成的DNA填补,然后再由DNA连接酶将它们连接成一条完整的链。但是DNA聚合酶I催化合成DNA时,需要自由的3′-OH作为引物,因此,最后一个冈崎片段的RNA引物被切除后无法填补,于是染色体就会短一段。如果真核生物没有解决这个问题的特殊机制,真核生物细胞分裂时,DNA复制后将产生5′末端隐缩,即DNA分子一代比一代短,这个问题即为真核生物DNA末端复制问题。

(3)端粒问题的解决。事实上,真核生物并没有出现DNA分子一代比一代短的现象,这是因为真核生物体内都存在一种特殊的反转录酶即端粒酶,它是由蛋白质和RNA两部分组成的。蛋白质部分具有反转录活性,而RNA部分的一段序列能和端粒末端重复序列互补。在滞后链最后一个RNA引物被切除后,端粒酶的RNA与复制后端粒末端的短单链序列部分互补,并且在滞后链模板DNA的3′末端延长DNA,再以这种延长的DNA为模板,填补滞后链最后一个引物切除后留下的缺口(图12.7)。所以,端粒酶是一种含有特殊RNA的反转录酶。在生殖细胞和85%的癌细胞中都测到端粒酶具有活性,但是在正常体细胞中却无端粒酶活性。癌细胞中具有活性的端粒酶使癌细胞可以不断分裂增生,而且为癌变前的细胞或已经是癌性的细胞提供了时间,以积累附加的突变,即等于增加它们复制、侵入和最终转移的能力,人们由此萌生了开发以端粒为靶的药物,即通过抑制癌细胞中端粒酶的活性而达到治疗癌症的目的。

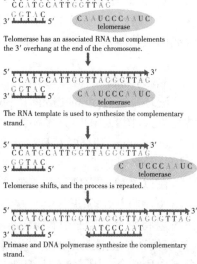

Telomerase has an associated RNA that complements the 3′ overhang at the end of the chromosome.

The RNA template is used to synthesize the complementary strand.

Telomerase shifts, and the process is repeated.

Primase and DNA polymerase synthesize the complementary strand.

图 12.7　真核生物染色体末端 DNA 的复制

(六)逆转录和DNA的其他形式的复制

多数生物的遗传物质是DNA,但某些病毒的遗传物质为RNA。真核生物的遗传物质除了细胞核DNA外,还有线粒体中的DNA或叶绿体DNA,后两者均为环形DNA,它们的复制方式不同于原核生物基因组或真核生物核DNA的复制方式。

1.逆转录

有一部分病毒的遗传物质为RNA,这类病毒称为RNA病毒,它们的遗传物质由核糖核酸组成,通常为单链RNA(Single-stranded RNA,ssRNA),也有的为双链RNA(Double-stranded RNA,dsRNA)。

单链RNA病毒包含逆转录病毒(Retrovirus)等,其遗传物质的复制过程包括三个步骤:首先,以病毒遗传物质RNA为模板,在逆转录酶(Reverse Transcriptase)的催化下合成与之互补的DNA单链,形成RNA-DNA杂化链。然后,杂化链中的RNA被逆转录酶水解(被感染宿主细胞中的RNase H也可以水解杂化链中的RNA)。RNA水解后,在逆转录酶的催化下,以单链DNA为模板合成第二条DNA链,形成DNA双链分子。至此,完成由RNA指导的DNA合成过程。该过程是RNA指导下的DNA合成过程,与转录(DNA到RNA)过程的遗传信息流动方向(RNA到DNA)相反,故称为逆转录(Reverse Transcription)(图12.8)。逆转录酶被称为依赖RNA的DNA聚合酶。该酶

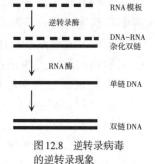

图 12.8　逆转录病毒的逆转录现象

具有三种酶活性,即以RNA或DNA为模板的dNTP聚合活性及RNase活性。合成的双链DNA最后在整合酶(Integrase)的作用下整合到宿主细胞的基因组中,通过转录方式形成大量的病毒RNA。逆转录过程的发现是分子生物学研究中的重大发现,是对中心法则的重要修正和补充。

【重要提示】 人类免疫缺陷病毒(Human Immunodeficiency Virus, HIV)是一种感染人类免疫系统细胞的慢病毒,属于逆转录病毒的一种。人类免疫缺陷病毒作为逆转录病毒,在感染后会整合入宿主细胞的基因组中,而目前的抗病毒治疗并不能将病毒根除。艾滋病自1981年在美国被识别至今,已导致累计超过两千余万人死亡。

2.D环复制

科学家们在研究真核生物线粒体DNA(mtDNA)的复制时发现了遗传物质的另一种复制形式,即D环复制(D-loop Replication)。有些生物的叶绿体及线粒体为环形双链DNA,其中一条链含有较高的AG碱基,为H链((Heavy Strand)即重链,另一条链AG碱基含量较低,为L链(Light Strand)即轻链。D环复制的主要特点是两条链的复制起点不在同一位置,因此两条子链的合成是不同步的(见图12.9)。环形线粒体DNA的复制是从重链的复制起始位点开始的,在该起始位点处以L链为模板,先合成一条RNA引物,然后在DNA聚合酶γ催化下合成一条500~600bp长的子代H链片段。该片段与L链以氢键结合,将亲代的H链置换出来。此时,该复制中间物呈字母D型,因此,该复制方式称为D环复制。当H链复制到一定距离时,即到达L链的复制起始位点时(离H链合成起点60%基因组的位置),开始以被置换下来的亲代H链为模板,合成子代的L链DNA。子代L链复制起始时同样需要先合成一条RNA引物。和细菌基因组DNA

复制不同的还有一点,即环形线粒体DNA的H链和L链的复制都是单向复制。由于H链先开始复制,因此H链的合成提前完成。线粒体DNA合成速度相当缓慢,约每秒10个核苷酸,整个复制过程需要1 h左右。而且,刚合成的线粒体DNA是松弛型的,需要40 min后才被转变成超螺旋型。

3.滚环复制

滚环复制(Rolling Circle Replication)是噬菌体DNA复制的常见方式(图12.10)。许多病毒DNA的复制,质粒和F因子在接合(Conufgation)转移时其DNA的复制以及许多基因扩增时也都采用这种复制方式。

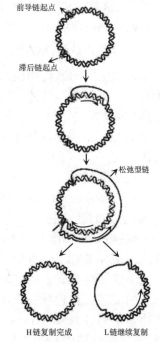

图12.9 线粒体DNA的D环复制模式

在以这种方式进行的复制中,亲代双链DNA的一条链在DNA复制起点处被切开,其5′端游离出来。这样,DNA聚合酶Ⅲ便可以将脱氧核糖核苷酸聚合在3′-OH端。当复制向前进行时,亲代DNA上被切断的5′端继续游离下来,并且很快被单链结合蛋白所结合。因为5′端从环上向下解链的同时伴有环状双链DNA环绕其轴不断地旋转,而且以3′-OH端为引物的DNA生长链则不断地以另一条环状DNA链为模板向前延伸,因而该复制方式被称为滚环复制。由于只有一条DNA链是完整的,因而在DNA解链时不会产生拓扑学上的问题,即未解链的双螺旋区不会产生超螺旋。当5′端从环上解离后不久,即与单链结合蛋白结合,并形成可移动的引发体,以引发RNA引物的合成,然后由DNA聚合酶Ⅲ催化合成冈崎片段(这个过程与前述的DNA滞后链的合成相同),最后由DNA聚合酶Ⅰ切除RNA引物,填充缺口并连接相邻冈崎片段,形成完整的DNA链。5′端之所以能从环上不断解链,主要是由于DNA聚合酶Ⅲ及引发体构成的复制体中的螺旋酶不停地向前移动所致。在这种复制

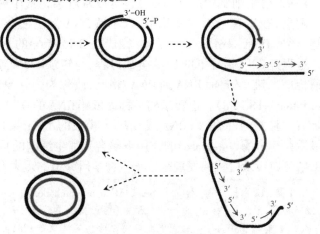

图12.10 滚环复制模式

方式中,DNA的延伸可以一直进行下去,产生的DNA链可能是亲代DNA单位长度的许多倍。这种长的DNA链转变为单位长度DNA分子的过程以及机制目前尚不清楚。

某些质粒进行的滚环复制与噬菌体进行的滚环复制并非完全相同,它们至少存在两点差别:(1)质粒在进行滚环复制时,正链和负链必须等量复制;(2)具有两个复制起始区,即双链起始区和单链起始区,它们分别启动前导链(正链)和滞后链(负链)的合成。

二、DNA的损伤(突变)与修复

生物的遗传物质是相对稳定的,而遗传物质的相对稳定性是通过DNA复制过程的高保真性以及复制后的损伤修复机制来实现的。但生物遗传物质的稳定性是相对的,而突变是绝对的,突变是物种进化的遗传基础。

DNA损伤是复制等过程中发生的DNA核苷酸序列改变,并可导致遗传特征改变的现象。DNA的损伤形式有碱基替换(Substitutation)、碱基删除(Deletion)、碱基插入(Insertion)以及外显

子跳跃(Exon Skipping)等。碱基替换是DNA上单一碱基的变异。其中嘌呤替代嘌呤(A与G之间的相互替代)、嘧啶替代嘧啶(C与T之间的替代)称为转换(Transition);嘌呤变嘧啶或嘧啶变嘌呤则称为颠换(Transvertion)。碱基缺失是指DNA链上一个或一段核苷酸的消失。碱基插入是指一个或一段核苷酸插入到DNA链中。在为蛋白质编码的DNA序列中如缺失或插入的核苷酸数不是3的整倍数,则发生读框移位(Reading Frame Shift),使其后所译读的氨基酸序列全部混乱,称为移码突变(Frame-shift Mutaion)。倒位或转位(Transposition)是指DNA链重组使其中一段核苷酸链方向倒置或从一个位点迁移到另一个位点。

(一)DNA损伤

DNA的复制过程高度保真,但仍然可能出现错配现象,多数错配可以被修复,但也有不能被修复的错配。除了复制过程中的错配外,机体内外的很多理化因素如化学诱变剂、紫外辐射和电离辐射等也可以造成DNA的损伤。此外,细胞内的DNA还存在自发损伤现象。

1.DNA损伤的常见形式

(1)错配。DNA复制过程高度保真,但仍然可能出现错配现象,多数错配可以被修复,但也有没有被修复的错配。

(2)自发脱氨基。在细胞水环境中,DNA会遭受自发性的损伤。例如,碱基的环外氨基有时会自发脱落,从而胞嘧啶会变成尿嘧啶、腺嘌呤会变成次黄嘌呤(H)、鸟嘌呤会变成黄嘌呤(X)等,复制时,U与A配对、H和X与C配对,从而导致子代DNA序列的变化。最频繁和最重要的脱氨基是胞嘧啶的脱氨基作用。胞嘧啶自发脱氨基的频率约为每个细胞每天190个。如果不能校正,在DNA复制后原来的C-G碱基对将变成A-T碱基对。

(3)自发脱嘌呤与脱嘧啶。自发的水解可使嘌呤和嘧啶从DNA链的核糖磷酸骨架上脱落下来,即N-糖苷键发生水解,导致鸟嘌呤或腺嘌呤自发脱嘌呤,形成脱氧核糖。一个哺乳类细胞在37 ℃条件下,20 h内DNA链上自发脱落的嘌呤约1 000个、嘧啶约500个。估计一个长寿命的非复制繁殖的哺乳类细胞(如神经细胞)在整个生活期间自发脱嘌呤的个数约为10^8,约占细胞DNA中总嘌呤数的3%。

(4)形成胸腺嘧啶二聚体。紫外线和电离辐射会诱导胸腺嘧啶二聚体的形成,使得DNA骨架的结构发生改变,可能引起互补碱基对之间的氢键断裂。环境中的化学试剂和细菌毒素等,如硝酸或亚硝酸类的脱氨剂、硫酸二甲酯等烷化剂以及黄曲霉毒素等,也能引起DNA损伤。

【案例分析】　黄曲霉毒素可以引起肝癌,其中黄曲霉毒素B_1(aflatoxin B_1,AFB_1)是强致癌剂。AFB_1可以诱导G-T颠换后,引起P_{53}(肿瘤抑制蛋白)的第249个密码子改变,诱发肝癌。容易被黄曲霉毒素B_1污染的食物主要有花生、玉米、稻谷、小麦、花生油等粮油食品,且以南方高温、高湿地区受污染最为严重。而且黄曲霉毒素耐热,280 ℃才可裂解,故一般烹调加工温度下难以破坏。在生活中,一是要注意粮食的及时收割,防止成熟玉米等在收割前大量产生黄曲霉毒素,二是要正确晾晒和贮存粮食作物,三是一旦粮食及食物发霉变质一定不要食用。

(二)DNA损伤的修复

DNA存储着生物体赖以生存和繁衍的遗传信息,因此维护DNA分子的完整性对细胞至关紧要。外界环境和生物体内部的因素经常会导致DNA分子的损伤或改变,而且与RNA及蛋白质可以在细胞内大量合成不同,一般在一个原核细胞中只有一份DNA,在真核二倍体细胞中也只有一对相同的DNA,如果DNA的损伤或遗传信息的改变不能更正,对体细胞而言,可能会影响其功能或生存,而对生殖细胞而言,则可能影响到后代。事实上,由天然和人为的诱变源导致的DNA损伤,绝大多数都可被细胞内的DNA修复系统校正过来。生物细胞在进化过程中所获得的DNA损伤的修复能力,是生物能保持遗传稳定性的重要原因。

1.光修复

一些蛋白质可以识别和修复某种损伤的核苷酸和错配的碱基,这些蛋白可以连续监测DNA。例如,胸腺嘧啶二聚体可以通过直接修复机制修复。胸腺嘧啶二聚体是由紫外线辐射造成的。在所有原核生物和真核生物中都存在一种光复活酶(Photoreactivating Enzyme),在可见光照射下,这种酶被激活,可以结合胸腺嘧啶二聚体引起的扭曲双螺旋部位,催化这两个胸腺嘧啶碱基分解,恢复成两个单独的嘧啶碱基,重新形成正常的 A-T 碱基对,修复结束后光复活酶从已修复好的 DNA 上脱落(图12.11)。

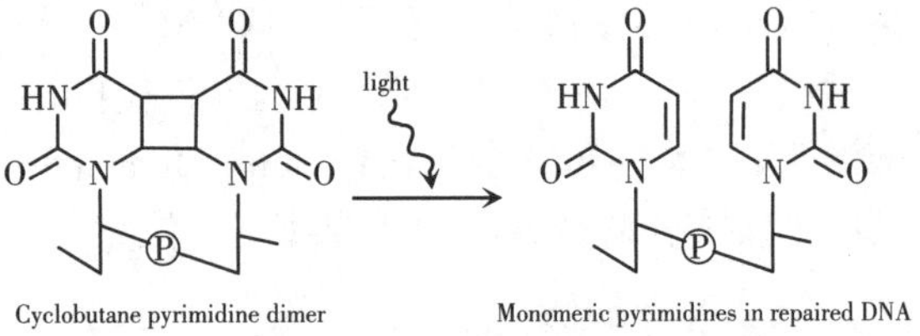

图12.11　胸腺嘧啶二聚体在可见光照射下的修复
(引自 David and Michael,2008)

2.切除修复

(1)碱基切除修复。DNA 糖苷酶(DNA Glycosylase)能识别 DNA 中的错误碱基,如尿嘧啶、次黄嘌呤和黄嘌呤,这些碱基是由胞嘧啶、腺嘌呤和鸟嘌呤脱氨基时形成的。DNA 糖基化酶可以切断这种碱基的 N-糖苷键,将其除去,形成的脱嘌呤或脱嘧啶部位通常称为"abasic"位点或 AP 位点。然后由 AP 内切核酸酶(AP Endonucleases)切去含有 AP 位点的磷酸二酯键,在 DNA 聚合酶Ⅰ作用下切除损伤链,并修复合成正确的核苷酸,最后通过 DNA 连接酶将缺口封闭。每种DNA 糖基化酶特异识别一种类型的碱基损伤。

(2)核苷酸切除修复。胸腺嘧啶二聚体还可以通过核苷酸切除系统修复。切除修复是一种重要的 DNA 修复机制。在大肠杆菌细胞中,该修复系统主要是由 UvrA、UvrB 和 UvrC 三种蛋白形成的 UvrABC 切除核酸酶复合物。UvrABC 切除核酸酶复合物修复 DNA 损伤的过程:两个 UvrA 蛋白形成一个二聚体,它们都具有 ATPase/GTPase 活性;UvrA 二聚体与 UvrB 结合,形成三聚体,该三聚体可以监测到损伤 DNA。其中,UvrA 二聚体负责识别损伤 DNA ,UvrB 部分与损伤位点的双螺旋结合;一旦结合,UvrA 二聚体即被解离出来,然后一个 UvrC 蛋白进入损伤位点并结合 UvrB,形成一个 UvrBC 二聚体,该二聚体负责切开损伤 DNA 部位两侧的核酸链。其中 UvrB 切除 DNA 损伤位点下游第4个核苷酸残基处的磷酸二酯键,UvrC 切除损伤位点上游第8个核苷酸残基处的磷酸二酯键,从而一起切除了包含损伤位点在内的12个核苷酸残基片段;然后,DNA helicase Ⅱ(也称为 UvrD)进入,并移去切除的片段;其后,DNA Polymerase I 进入缺口部位,聚合形成正确的核苷酸片段,在聚合过程中 UvrB 离开;最后,DNA 连接酶在缺口处形成 3′,5′-磷酸二酯键,将聚合的片段同下游完好部分连接起来。

3.错配修复

错误的 DNA 复制会导致新合成的链与模板链之间产生错误的碱基配对。*E.coli* 大肠杆菌中这样的错误可以通过3种蛋白质(MutS、MutH 和 MutL)进行校正。该修复系统只校正新合成的 DNA,因为新合成 DNA 链的 GATC 序列中的 A 还未被甲基化。GATC 中的 A 甲基化与否被用来区别新合成的链(未甲基化)和模板链(甲基化)。这种区别有很重要的意义,因为修复酶需要识别同一位点的两个核苷酸残基哪一个是错配的,否则,如果将正确的核苷酸除去就会导致突变。未甲基化的 GATC 序列不需要紧靠着错配碱基,因为错配碱基与 GATC 序列之间的间隔DNA 序列可以被外切核酸酶切除。至于是从 3′还是从 5′方向切除,取决于不正确碱基的相对位置。

4.重组修复

重组修复(Recombination Repair)是对尚未修复的损伤 DNA 先复制再修复(图12.12)的一种修复机制,又称复制后修复。以胸腺嘧啶二聚体为例,含有二聚体的 DNA 仍可进行复制,但复制到二聚体时要暂停一下,然后越过此处障碍,在二聚体的后面又以未知的机制开始继续复制。这样,在合成的子链上留下一个缺口,而其互补链则复制成完整的双链。然后,由完整双链中的母链与带缺口的子链发生重组,并继续完成修复。大肠杆菌DNA受到损伤(如形成嘧啶二聚体)时能诱导产生一种重组蛋白,重组修复中的重组是在这种蛋白的参与下进行的。重组修复精确性较低,易产生错误而引起突变,所以该修复又叫突变型修复。

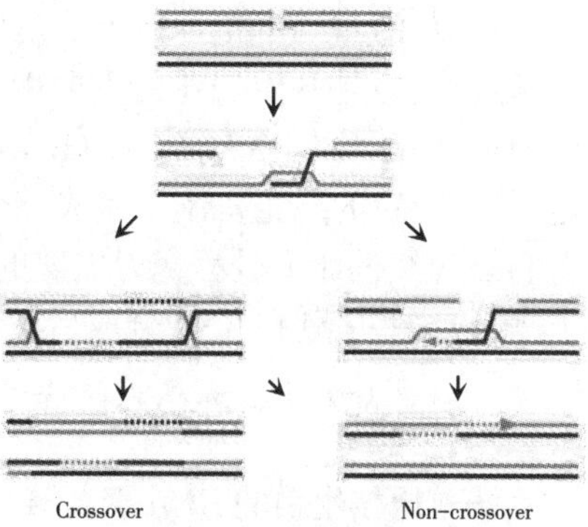

图12.12　重组修复

5.SOS修复

"SOS"是国际上通用的紧急呼救信号。SOS修复(SOS Repair)是指DNA受到严重损伤、细胞处于危急状态时所诱导的一种DNA修复方式。SOS修复是在无模板DNA情况下由合成酶诱导的修复。正常情况下与此有关的酶系无活性,DNA在受到损伤而复制又受到抑制的情况下会发出信号,激活有关酶系,对DNA损伤进行修复,其中DNA聚合酶起重要作用,在无模板情况下,进行DNA修复再合成,并将DNA片段插入受损DNA空隙处。

SOS修复系统是一种旁路系统,它允许新生的DNA链越过胸腺嘧啶二聚体而生长。其代价是导致保真度的极大降低,因此,该修复过程也是错误潜伏的过程。有时尽管合成了一条和亲本一样长的DNA链,但该链常常是没有功能的。修复的结果只是能维持基因组的完整性,提高细胞的生成率,但留下的错误较多,故又称为错误倾向修复(Error-prone Repair),使细胞有较高的突变率。其原则是:尽管丧失某些信息,但存活总是优于死亡。

目前对真核细胞的DNA修复的反应类型、参与修复的酶类和修复机制了解还不多,但DNA损伤修复与细胞突变、寿命、衰老、肿瘤发生、辐射效应,以及某些毒物的作用都有密切的关系。人类遗传性疾病已发现4 000多种,其中不少与DNA修复缺陷有关,这些DNA修复缺陷的细胞表现出对辐射和致癌剂的敏感性增强。例如,着色性干皮病就是第一个发现的DNA修复缺陷性遗传病,患者皮肤和眼睛对太阳光特别是紫外线十分敏感,身体曝光部位的皮肤干燥脱屑、色素沉积,容易发生溃疡,皮肤癌发病率高,常伴有神经系统障碍和智力低下等,病人的细胞对嘧啶二聚体和烷基化的清除能力降低。

(三)DNA损伤在生物进化上的意义

在细胞中,只有DNA是能进行修复的生物大分子,反映了DNA对生命的重要性。另一方面,在生物进化中突变又是与遗传相对立统一而普遍存在的现象,DNA分子的损伤并不是都能被修复过来的,根据进化研究估计,在每一个世代,每 10^9 碱基对中就会有一个没有被修复的突变整合到基因组中。正因为存在着没有修复的突变,生物才会有变异,才会有变异基础上的进化。因此,DNA损伤是自然选择和生物进化的分子基础。

第二节　RNA的生物合成

生物界RNA的合成方式有多种,第一种方式是DNA指导下合成RNA即转录;第二种方式是RNA先反转录成DNA,DNA再指导合成RNA,该方式即为反转录RNA病毒基因的复制方式;第三种方式是RNA直接指导合成RNA,这种方式存在于某些RNA病毒中。

执行生命功能和表现生命特征的主要物质是蛋白质分子,生物只有通过蛋白质才能表达出它的生命意义。对以DNA为遗传物质的生物来说,DNA贮存着决定生物特征的遗传信息。

DNA要通过转录成中间物质即RNA,才能指导蛋白质的合成。以DNA为模板合成RNA的过程称为转录(Transcription)。转录是生物界RNA合成的主要方式,是遗传信息由DNA向RNA的传递过程,也是基因表达的重要中间环节。转录也是一种酶促的核苷酸聚合过程,所需的酶被称为依赖DNA的RNA聚合酶(RNA Polymerase,RNAP或RNApol)。转录起始于基因的特定位点,并在特定的终止机制下完成一个RNA分子的合成过程。DNA指导转录产生的初级转录物,它们必须经过加工过程变为成熟的RNA才能执行其生物学功能。真核生物基因中还存在内含子序列,这些序列在RNA合成后被特定的机制切除,相邻的外显子被连接起来。

一、原核生物RNA的合成

(一)原核生物的RNA聚合酶

基因转录需要依赖DNA的RNA聚合酶,该酶是以一条DNA链为模板催化由核苷三磷酸合成RNA的酶。RNA聚合酶与DNA聚合酶一样,也是一个大的多亚基蛋白复合体,如大肠杆菌RNA聚合酶的核心酶是由5个蛋白亚基组成的,分别被命名为β、β'、α(2个)和ω亚基。而大肠杆菌RNA聚合酶的全酶($\alpha_2\beta\beta'\omega\sigma$)还含有第六个亚基,称之$\sigma$亚基(分子量为70 000),与RNA聚合酶的核心酶瞬时结合,其功能是识别模板上的启动子,使RNA聚合酶与启动子结合。一旦延伸开始,σ亚基就脱离聚合酶。从化学角度说,RNA聚合酶是核苷酰基转移酶,催化RNA 3'末端核苷酸的聚合。与DNA聚合酶不同,RNA聚合酶可以催化核苷酸的从头聚合,因此,RNA合成不需要引物。细菌只有一种RNA聚合酶,负责信使RNA(mRNA)及非编码RNA(Non-coding RNA,ncRNA)的合成,后者包括tRNA、rRNA及microRNA等,但同一种细菌细胞中有多种不同的RNA聚合酶σ亚基,分别识别不同的启动子,以满足不同生长发育阶段的需要或适应不同的环境。

【重要提示】 枯草杆菌细胞中有6种σ因子,其中$\sigma43$是主要存在形式,出现在营养细胞中。$\sigma29$则主要出现在孢子形成阶段,在芽孢形成开始后4 h,$\sigma29$即开始出现,指导另一组新基因的转录。$\sigma29$不存在于营养型细胞中。

(二)启动子

转录是以DNA两条链中的一条链为模板合成RNA的过程,转录时需要将RNA聚合酶引导到基因的5'端的特殊位置即启动子序列。基因的转录是在启动子调控下起始的。转录开始前,RNA聚合酶需要结合到被转录基因附近。启动子包含有特殊的DNA序列,该序列可以被RNA聚合酶或可以俘获RNA聚合酶的转录因子识别和结合。因此,启动子是基因转录起始区域内与RNA聚合酶结合并起始转录的一段DNA序列,该序列与转录的模板位于同一条链上,位于被转录序列的上游。在转录区域,通常把开始转录的第一个碱基设定为 + 1,被转录部分为下游,下游的核苷酸编号为"+",非转录区域为上游,上游的核苷酸编号为"-"。细菌启动子长度为100 ~ 1 000碱基对,其结构特点是含有两段高度保守的DNA序列,其中一段保守序列处于转录起始点上游约35个核苷酸处,该序列被称为 - 35区,是与σ亚基相互作用的部位。另一个保守序列称为-10区,即位于转录起始点上游的10个核苷酸处,该区富含A-T碱基对,由于A-T碱基对之间的氢键弱,所以转录起始时容易使双螺旋链解旋。图12.13列出了细菌部分基因的启动子序列,这些启动子都可被RNA聚合酶中的的σ_{70}亚基(大肠杆菌中最常见的一种σ亚基)识别。

	UP element		−35 Region	Spacer	−10 Region	Spacer	RNA start
Consensus sequence	NNAAA(AA−A/TT−T)TTTTNNAAAANNN	N	TTGACA	N$_{17}$	TATAAT	N$_6$	+1
rrnB P1	AGAAAATTATTTTAAATTTCCT	N	GTGTCA	N$_{16}$	TATAAT	N$_8$	A
trp			TTGACA	N$_{17}$	TTAACT	N$_7$	A
lac			TTTACA	N$_{17}$	TATGTT	N$_6$	A
recA			TTGATA	N$_{16}$	TATAAT	N$_7$	A
araBAD			CTGACG	N$_{18}$	TACTGT	N$_6$	A

图12.13 大肠杆菌部分基因的启动子序列(引自 David and Michael,2008)

(三)原核生物 RNA 的合成过程

合成RNA时只利用DNA双链中的一条链作为模板,模板链与RNA产物的序列互补,而非模板链的序列与RNA相同(除了胸腺嘧啶取代尿嘧啶以外),对蛋白质基因来说,根据这条链的核苷酸序列可推导出编码的蛋白质的氨基酸序列。因此非模板链也称之为编码链或有义链(Sense Strand)。模板链也被称为反义链(Antisense Strand)。原核生物的RNA合成过程也被划分为起始、延伸和终止三个阶段。tRNA和rRNA的生物合成还包括转录后加工过程。

1.转录的起始

大肠杆菌RNA聚合酶与模板上的启动子结合后,就开始了RNA的合成。RNA聚合酶首先通过σ亚基识别并结合启动子,并沿着DNA滑动直至遇到−35区,形成一个起始的蛋白−DNA复合体(包括σ亚基),该复合体被称之为封闭性复合体(Closed Complex)。这个复合体向3′方向移动直到−10区。聚合酶同启动子结合后,构象改变,启动−10区DNA双链的解旋,并将模板上的转录起始点暴露出来,此时RNA聚合酶和DNA形成的复合体称之为开放性复合体(Open Complex),它构成了具有活性的转录单元,完成转录的起始,并开始转录(图12.14)。

2.转录的延伸

RNA聚合酶催化聚合8~9个核苷酸残基后,σ亚基脱离核心酶,聚合酶核心酶离开启动子区向下游移动,该过程称为启动子逃逸(Promotor Escape)。聚合酶离开启动子区域后在合成过程中参与链的延伸。核苷酸链的延伸阶段包含一系列的核苷酰基转移反应过程。同DNA合成一样,核糖核苷酸的聚合也是沿着5′→3′方向进行的。

在上一次转录结束前,启动子区域可以重新结合另一个RNA聚合酶,启动新的转录。因此,许多RNA聚合酶可依次附着在基因的启动子上,即该基因可以连续地被转录。事实上,在

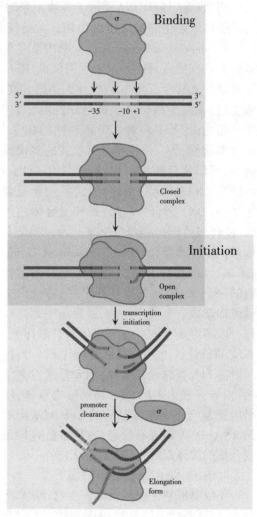

图12.14 细菌基因转录的起始过程(引自 David and Michael,2008)

某一时间点,被转录基因上可以同时结合多个RNA聚合酶。大肠杆菌RNA聚合酶催化的延伸速度为50～90碱基/s。RNA转录延伸过程实际是以"延伸泡"内DNA单链为模板的RNA链的合成过程。所谓的"延伸泡"是指DNA双链解旋后形成的大约15个核苷酸的解链区。随着RNA的延伸,合成的RNA链与前一段DNA模板链解链,同时前一段DNA重新恢复DNA双螺旋。一个基因的转录可以循环进行,一旦启动该基因的转录后,可以获得该基因的很多拷贝的RNA。

在RNA聚合过程中,RNA聚合酶执行多种功能,包括DNA的解链、聚合核苷酸并形成3′,5′-磷酸二酯键、校正(焦磷酸裂解编辑功能和水解编辑功能)、DNA链的复性以及RNA链从模板上释放等多种功能。

3.转录的终止

转录的终止是转录至终止子序列时,RNA-DNA杂合体分离,DNA恢复为双链,以及RNA聚合酶和RNA链从DNA模板上释放出来的过程。终止子序列是模板链上一段特殊的序列,即能够使转录终止的特殊DNA序列。大肠杆菌中存在着两种终止机制。一种是依赖ρ因子的终止(Rho-dependent Termination),利用该终止机制的基因没有明显规律的序列,但在开放式阅读框后有特殊位点,称为ρ因子利用位点(Rho Utilization Site)。该序列转录出来后,终止蛋白ρ因子可以与之结合。此外,在该序列下游和终止序列上游之间有一段茎环结构,能阻止RNA聚合酶前行。ρ因子和RNA上的特殊位点(rut位点)结合后,滑行至终止序列,并与RNA聚合酶结合。蛋白ρ因子是一种ATP依赖性的RNA-DNA解旋酶,为六个同种亚基组成的多聚体蛋白,可以结合到RNA单链上,具有ATPase活性和RNA-DNA解旋酶活性,其功能是破坏RNA-DNA杂合体,导致延伸复合体的解离,使合成的RNA链释放出来。另一种是不依赖ρ因子的终止(Rho-independent Termination)。这类基因的终止序列上有两段特殊的序列,一段是自我互补序列,转录出来后可以形成一个发卡结构,紧跟该序列之后是一段高度保守的4～8碱基的腺苷酸序列,对应的转录链上是一段尿苷酸序列。当这两段序列都被转录出来时,前者形成发夹结构,由于合成出来的RNA局部形成双链,使得转录复合体中紧随其后的A-U碱基配对的RNA-DNA杂链不稳定,容易解链并导致复合体的解体而终止转录(图12.15)。

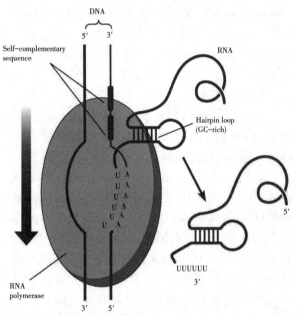

图12.15　不依赖ρ因子的终止模式

4.tRNA和rRNA的转录后加工

不管是原核生物还是真核生物,刚转录生成的tRNA都是无生物活性的tRNA前体,需要进行剪接、碱基修饰以及3′-OH连接-CCA结构等加工过程才能形成具有运输功能的tRNA。

tRNA前体转录出来后在tRNA剪切酶的作用下切成小的tRNA分子。大肠杆菌RNase P可特异性剪切tRNA前体的5′端序列,因此,该酶被称为tRNA 5′端成熟酶。除了RNase P外,tRNA前体的剪切还需要3′核酸内切酶,该酶可将tRNA前体3′端的一段核苷酸序列切下来。经过剪切后的tRNA分子还要在拼接酶作用下,将成熟tRNA分子所需的片段拼接起来。成熟的tRNA分子中有许多稀有碱基。这些碱基的形成是在特殊酶的作用下完成的。例如,tRNA前体在甲基转移酶催化下,某些嘌呤碱基生成甲基嘌呤如A→mA,G→mA。有些尿嘧啶还原为双氢尿嘧啶(DHU),有些尿嘧啶核苷可转变成假尿嘧啶核苷(Ψ)。某些腺苷酸脱氨基成为次黄嘌呤核苷酸（I）。另一个加工环节是3′末端加上CCA。该环节是在核苷酸转移酶作用下完成的。3′末端切除个别碱基后，形成tRNA分子统一的CCA-OH末端，即形成tRNA分子中的氨基酸臂结构。

原核生物rRNA转录后的RNA前体首先被核酸酶RNase E等剪切成一定长度的rRNA分子，然后在修饰酶催化下进行碱基修饰，最后rRNA与多种蛋白质结合形成核糖体的大、小亚单位。

二、真核生物的RNA聚合酶及RNA合成的特点

（一）RNA聚合酶

真核生物存在着三种不同的RNA聚合酶，分别为RNA聚合酶I（RNA Polymerase I，RNA pol I）、RNA聚合酶II（RNA Polymerase II，RNA pol II）和RNA聚合酶III（RNA Polymerase III，RNA pol III）。每一种聚合酶都含有多个亚基，三种聚合酶负责不同RNA的合成，其功能见（表12.2）。

表12.2　真核生物三种RNA聚合酶的功能

聚合酶种类	负责合成的RNA种类
RNA pol I	rRNA的前体，45S rRNA
RNA pol II	mRNA的前体，小RNA
RNA pol III	tRNA，5SrRNA，小RNA

真核生物RNA的合成有多种与起始相关的转录因子参与，而且不同的RNA聚合酶有其特定的一套转录因子，RNA pol II的转录因子主要包括TF II D（含TBP，识别TATA盒）、TF II A、TF II B、TF II E、TF II F和TF II H等，这些转录因子行使不同的功能（表12.3）。

表12.3　RNA pol II的转录因子及主要功能

转录因子	亚基组成和(或)分子量(kD)	功能
TF II D	TBP，38	结合TATA盒
	TAF(TBP辅助因子)	辅助TBP-DNA结合
TF II A	12，19，35	稳定TF II D-DNA复合物
TF II B	33	促进RNA pol II结合其他因子
TF II E	57(α)，34(β)	ATPase
TF II F	30，74	解旋酶
TF II H	–	蛋白激酶活性

（二）真核生物基因的启动子

真核生物三种聚合酶分别负责不同RNA的合成，每种RNA聚合酶的启动子序列也存在区别。RNA聚合酶II的启动子的特殊序列包括TATA盒（-30区）、CAAT盒（-70～-80区）、GC盒（-80～-110区）以及位于下游的起始元件。每个基因的启动子只有上述4个序列中的2～3个，它们被称为基因的顺式作用元件，即基因中参与转录调控的DNA序列。这些顺式作用元件可以被细胞中对应的反式作用因子即参与转录调控的蛋白所识别和结合，参与基因的表达调控。

（三）RNA聚合酶II基因转录过程的特点

转录起始时，TBP（TATA盒结合蛋白）识别TATA盒，在启动子部位结合多种转录因子，形成封闭性复合体，然后DNA解旋形成开放性复合体。复合体中与TF II F结合的RNA pol II的C-末端结构域（CTD）被磷酸化修饰，之后转录开始。特定基因的转录还需要其他特定因子（如

调控蛋白)的协助,如TFⅡS可提高转录速度和转录精确性,促染色质转录因子(Facilitates Chromatin Transcription,FACT)可以破坏核小体的结构。

真核生物大部分mRNA合成的终止与3′加尾紧密联系。其终止过程包括剪切和多聚腺苷酸化(Cleavage and Polyadenylation)。基因下游序列中含剪切信号序列,当模板上的剪切信号序列被转录后,特殊的酶复合体与mRNA上的剪切信号序列结合,并切除mRNA 3′末端序列,然后结合polyA聚合酶(PAP),催化mRNA 3′末端腺苷酸的聚合,形成polyA尾。polyA聚合酶与模板分离后,一次转录终止。polyA尾的长度一般在数十至200个核苷酸残基,其合成不需要模板。此外,不是所有的真核生物的mRNA都有polyA尾,例如,组蛋白的mRNA没有polyA尾,组蛋白mRNA的合成有其特定的终止机制。

(四)mRNA前体的转录后加工

真核生物mRNA通常都有相应的前体,即mRNA前体,经加工后形成成熟的mRNA。mRNA前体的加工包括5′端加帽、内含子的剪接、3′端加polyA尾以及核苷酸序列的特殊编辑等过程。

1.mRNA首和尾的修饰

真核生物mRNA 5′端在合成后不久即被修饰,该过程称为5′加帽(5′capping)(图12.16)。帽子结构有m^7GpppN、m^7GpppNm或m^7GpppNmNm三种形式。mRNA合成20~40碱基后开始加帽加工,该过程是在RNA三磷酸化酶、mRNA鸟苷酰转移酶、mRNA(鸟嘌呤-7)甲基转移酶和mRNA(核苷-2′)甲基转移酶等的催化下形成的。因甲基化程度不同可形成三种类型的帽子。

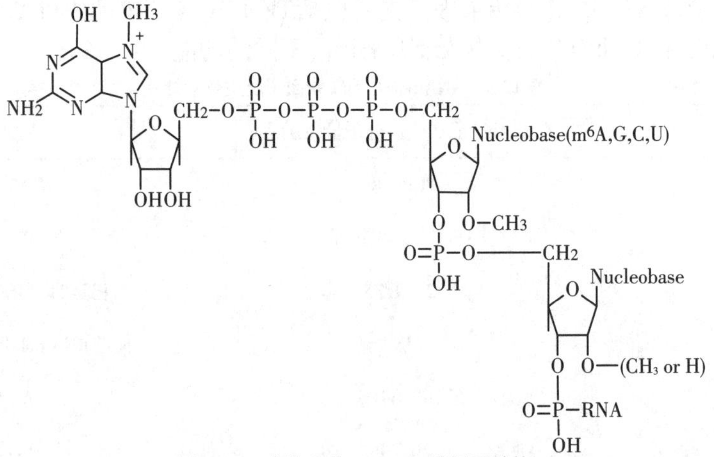

图12.16　真核生物mRNA 5′端帽子结构

首先是转录本5′端的一个磷酸基团被去除(RNA三磷酸化酶催化),然后mRNA前体5′端β磷酸基团攻击游离鸟苷酸(G)的α磷酸基团,形成5′,5′-三磷酸酯键(鸟苷酸转移酶催化),即鸟苷酸以5′,5′焦磷酸键与初级转录本的5′端相连。当连接上去的鸟苷酸残基的第7位碳原子被甲基化,形成m^7Gppp时,此时的帽子称为"帽子0",该形式存在于单细胞中。如果转录本的第一个核苷酸的2′-O位也被甲基化修饰,则形成m^7GpppNm,称为"帽子1",该类型普遍存在。如果转录本的第一、二个核苷酸的2′-O位均甲基化,则成为m^7G-pppNmNm,称为"帽子2",10%~15%的帽子结构为本类型。真核生物帽子结构的复杂程度与生物进化程度关系密切。mRNA 5′端帽子结构是mRNA翻译起始的必要结构,为核糖体对mRNA的识别提供了信号,协助核糖体与mRNA结合,使翻译从起始密码子AUG开始。此外,帽子结构还可增加mRNA的稳定性,保护mRNA免遭5′→3′核酸外切酶的攻击。

mRNA尾端的修饰是指3′端加polyA尾的过程。该加工过程与mRNA合成的终止过程联系在一起。

2.剪接

真核基因是断裂基因,即基因序列中含有外显子(Exon)序列和内含子(Intron)序列。外显子为基因中的编码序列及与翻译相关的序列,而将相邻外显子序列隔开并在转录加工过程中从最初的转录产物中除去的核苷酸序列称为内含子。将初始转录产物中内含子去除,并把外显子连接为成熟mRNA分子的过程称为剪接。不同基因的内含子数量和外显子数量不相同。转录时内含子和外显子都被转录,但内含子序列在转录出来后被剪切除去,同时相邻外显子之间通过$3',5'$-磷酸二酯键连接起来,因此,mRNA初始转录本在加工过程中会形成长度不一的RNA,这些RNA被称为不均一核RNA(Heterogeneous Nuclear RNA ,hnRNA)。事实上,剪接过程并不是在基因转录结束后才开始的,而是边转录边剪接。研究发现,真核生物基因内含子的剪接有多种剪接机制,包括Group I自我剪接(Group I Self-splicing)、Group II自我剪接(Group II Self-splicing)和剪接体剪接。某些为rRNA和tRNA编码的核基因、线粒体基因以及叶绿体基因为Group I自我剪接基因,细胞器中mRNA前体的剪接多采用Group II自我剪接(图12.17),而细胞核中合成的mRNA前体的剪接则采用剪接体剪接。

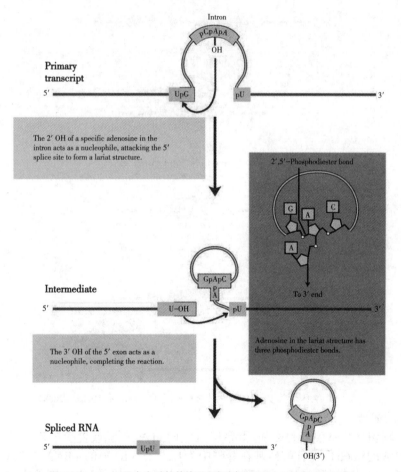

图12.17　Group II内含子的剪接过程(引自David and Michael,2008)

剪接体内含子的剪接机制比较复杂。该类内含子含有三个保守的识别位点:内含子$5'$剪接位点(GU)和内含子$3'$剪接位点(AG)以及位于内含子内部的分支位点(A)。剪接过程中需要多种小分子核糖核蛋白体的参与。

剪接体(Spliceosome)是一类由小分子核糖核蛋白(Small Nuclear Ribonucleoprotein,sn-RNP)与hnRNA组成的具有剪接mRNA功能的复合体。每种snRNP(用U表示)含有一种或两种核内小RNA(snRNA)和数种蛋白因子。在剪接过程中,首先内含子$5'$边界序列和分支位点(靠近3′端)序列分别与U1、U2的snRNA配对,使snRNP结合在内含子两端,然后结合U4、U5、U6,形成剪接体并发生重排,使U1、U4释放,最后在U2、U5和U6的催化下发生两次转酯反应:分支位点2′-OH攻击内含子与上游外显子间的磷酸二酯键,上游外显子与内含子断裂,然后上游外显子3′-OH攻击内含子与下游外显子间的磷酸二酯键,下游外显子与内含子间断裂,内含子释放并被降解,两外显子间形成新的磷酸二酯键(图12.18)。

真菌、藻类和植物的线粒体及叶绿体的mRNA前体内含子通过Group Ⅱ自我剪接除去。Group Ⅱ自我剪接基因含有内含子5′剪接位点和内含子3′剪接位点以及位于内含子内部的分支位点(A)。Group Ⅱ自我剪接过程也有两次转酯反应:首先是分支位点A-2′-OH攻击内含子5′磷酸二酯键,使5′端外显子的最后一个核苷酸残基的3′-OH游离出来,并攻击内含子3′端磷酸二酯键,释放内含子。

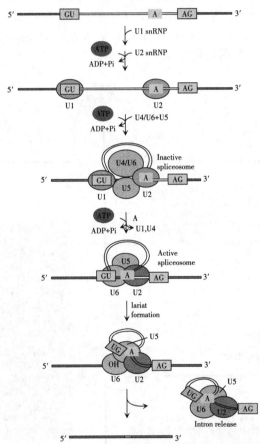

图12.18　剪接体内含子的剪接过程(引自David and Michael,2008)

3.转录后的编辑

转录后编辑包括特殊位点脱氨基,指导RNA定向插入、删除或置换核苷酸等。如人的*apoB*基因成熟mRNA的6666位核苷酸残基在肝脏中为C,是apo B100的mRNA,在肠道中*apoB*基因的mRNA 6 666位C脱氨基变成U,使密码子CAA变成终止密码子UAA,该成熟mRNA是另一种蛋白apo B48的mRNA。

(五)tRNA的加工

真核生物tRNA的加工与原核生物类似,但真核tRNA基因有内含子序列,因此加工过程中还有内含子的切除。首先,在tRNA剪切酶的作用下,将初始转录产物切成一定大小的tRNA分子;然后,特异的核酸酶可以催化5′端、3′端和内含子的切除,在拼接酶作用下,将成熟tRNA分子所需的片断拼接起来;最后,进行碱基修饰,切去3′端个别碱基后加3′-CCA。

(六)rRNA前体的加工

真核生物rRNA前体比原核生物rRNA前体大,哺乳动物的初级转录产物为45S rRNA,低等真核生物的rRNA前体为38S rRNA。真核生物5S rRNA前体独立于其他三种rRNA的基因转录。45S rRNA前体首先被甲基化,并剪接为41S rRNA前体,然后41S rRNA前体被剪接为28S、18S和5.8S rRNA。最后,成熟的rRNA在核仁内与多种蛋白质组装成核糖体的大小亚单位。

rRNA基因的内含子主要采用GroupI(3′Splice Site)自我剪接(图12.19)。通过该种机制剪接的基因含有内含子5′剪接位点和内含子3′剪接位点。Group I自我剪接也有两次转酯反应,即游离的G–3′–OH(亲核试剂)攻击内含子5′剪接位点的磷酸基团,使磷酸酯键水解;5′外显子的3′–OH,攻击内含子3′剪接位点的磷酸基团,在两外显子间形成新的磷酸二酯键,内含子被释放。

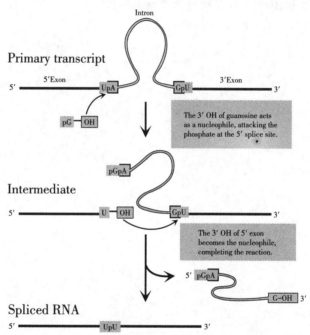

图12.19　Group I 内含子的剪接(引自David and Michael,2008)

rRNA内含子自我剪接机制的发现揭示了RNA分子也有酶的催化活性。这一发现向"酶的化学本质是蛋白质"这一传统概念提出了挑战。这种有催化活性的RNA分子被命名为核酶(Ribozyme)。切赫(Thomas Robert Cech)和阿尔特曼(Sidney Altman)分别发现RNA具有催化作用,他们为此共同获得了1989年的诺贝尔化学奖。

【本章小结】

生物界的核酸包括DNA和RNA两种。DNA是多数生物的遗传物质,母细胞在分裂为两个子细胞之前,要通过DNA复制把亲代的遗传信息传递给子代。DNA的复制是起始于特定位点的双向和半不连续复制,复制后的两个DNA分子的两条单链一条为新合成的,另一条则来自亲代。复制过程中需要4种脱氧核糖核苷酸、模板DNA、DNA聚合酶、解旋酶和引物酶等酶类及单链结合蛋白等物质的参与。复制过程可以划分为起始、延伸和终止三个阶段,原核生物基因组和真核生物核基因组的复制起始和延伸阶段相似,但二者复制的终止机制有很大的区别。除了基本的复制方式外,DNA的生物合成过程还包括反转录、滚环复制和D型复制等方式。机体内及外界的很多理化因素会造成DNA的损伤,多数的DNA损伤可以被机体内的修复机制修复,没有被修复的损伤是造成DNA突变的主要原因,同时也是生物进化的分子基础。RNA既是遗传信息流动过程中的中间物质,也是一些病毒的遗传物质。以DNA为模板合成RNA的转录过程是在RNA聚合酶及转录因子的参与下完成的,且起始于基因的启动子序列。转录也分为起始、延伸和终止三个基本阶段,而rRNA和tRNA以及真核生物mRNA的生物合成还包含转录后加工过程,例如真核生物mRNA需要经过加帽、加尾、剪接和编辑等转录后加工才能形成成熟的mRNA。

【思考题】

1.叙述原核生物基因组及真核核基因组DNA复制的基本原则。

2.DNA复制过程中有哪些重要的蛋白质参与? 它们的主要功能是什么?

3.原核生物基因组DNA和真核生物核基因组DNA复制过程有哪些主要区别?

4.DNA的复制和转录有哪些重要不同点?

5.保证DNA复制和RNA转录精确性的机制有哪些?

6.真核生物基因成熟的mRNA包括哪些转录后加工过程?

第十三章　蛋白质的生物合成

第一节　蛋白质生物合成体系

蛋白质的生物合成,是以20种基本氨基酸为原料,在细胞质中以mRNA为模板,指导氨基酸在核糖体中依次聚集,以tRNA作为搬运工具转运氨基酸,以及多种蛋白因子、酶类及供能物质等的共同参与下完成的。也就是将mRNA中由核苷酸排列顺序决定的遗传信息转变成由20种氨基酸组成的蛋白质的过程。这一过程犹如电报的翻译过程,因此又将蛋白质的生物合成称为翻译(Translation)。转录和翻译统称为基因的表达(Gene Expression)。

一、mRNA是蛋白质翻译的模板

根据遗传中心法则,DNA转录出来的遗传信息传递给mRNA,mRNA再通过翻译将遗传信息传至蛋白质分子中。因此,mRNA是蛋白质生物合成的模板,由A、U、C和G四种核苷酸组成。由于原核基因与真核基因结构不同,mRNA转录方式及产物也有所不同。在原核生物中,数个功能相关的结构基因常串联在一起,构成一个转录单位,转录生成的一段mRNA往往编码几种功能相关的蛋白质,称为多顺反子(Polycistron),转录产物一般不需加工,即可成为翻译的模板。在真核生物中,结构基因的遗传信息是不连续的,mRNA转录产物需加工、修饰成熟后才可作为翻译的模板。真核细胞一个mRNA只编码一种蛋白质,称为单顺反子(Monocistron)。

mRNA在蛋白质翻译过程中起模板的作用,即mRNA的核苷酸排列顺序决定着蛋白质氨基酸的排列顺序。那么,mRNA的核苷酸排列顺序又是如何决定蛋白质的氨基酸排列顺序的呢?要弄清楚这个问题,首先要了解有关遗传密码(Genetic Code)的知识。

(一)遗传密码

遗传密码的发现和全部解读是近代分子生物学中最伟大的成就之一。遗传密码是指DNA或由其转录的mRNA中的核苷酸(碱基)顺序与其编码的蛋白质多肽链中氨基酸顺序之间的对应关系。已知组成mRNA的核苷酸有4种,分别为A、C、G、U,组成蛋白质的氨基酸有20种。由3个核苷酸组成的三联体称为密码子(Codon),所以四种核苷酸可以组合成64(4^3)个遗传密码。现已查明,64个遗传密码子中,有3个密码子不编码任何氨基酸,它们只是肽链合成的终止信号,称为终止密码子(Stop Codons),它们是UAA、UAG和UGA。其余61个密码子编码蛋白质的20种氨基酸。另外,真核生物中AUG编码甲硫氨酸,在原核生物中AUG编码的起始氨基酸是N-甲酰蛋氨酸(N-甲酰甲硫氨酸,fMet),作为肽链合成的起始信号,成为起始密码子。由于Nirenberg和Khorana对于破译遗传密码的创造性成果,他们于1968年共同获得了诺贝尔化学奖。各种密码子所代表的氨基酸现列于表13.1。

表 13.1　通用遗传密码表(引自邹思湘,2013)

5′末端碱基	中间碱基				3′末端碱基
	U	C	A	G	
U	UUU苯丙 UUC苯丙 UUA亮 UUG亮	UCU丝 UCC丝 UCA丝 UCG丝	UAU酪 UAC酪 UAA终止 UAG终止	UGU半胱 UGC半胱 UGA终止 UGG色	U C A G
C	CUU亮 CUC亮 CUA亮 CUG亮	CCU脯 CCC脯 CCA脯 CCG脯	CAU组 CAC组 CAA谷酰 CAG谷酰	CGU精 CGC精 CGA精 CGG精	U C A G
A	AUU异亮 AUC异亮 AUA异亮 AUG蛋(起始)	ACU苏 ACC苏 ACA苏 ACG苏	AAU天酰 AAC天酰 AAA赖 AAG赖	AGU丝 AGC丝 AGA精 AGG精	U C A G
G	GUU缬 GUC缬 GUA缬 GUG缬	GCU丙 GCC丙 GCA丙 GCG丙	GAU天冬 GAC天冬 GAA谷 GAG谷	GGU甘 GGC甘 GGA甘 GGG甘	U C A G

注:氨基酸的每个密码子都是核苷酸的三联体,用核苷酸中碱基符号(U、C、A、G)代表。表中左列为三联体中第一个核苷酸,上行为第二个核苷酸,右列为第三个核苷酸。

(二)遗传密码的特点

密码子具有以下共同特性:简并性、通用性、不重叠、偏好性、兼职等。

1. 简并性

在64个密码子中,除UAA、UAG和UGA不编码氨基酸外,其余61个密码子负责编码20种氨基酸,必然会有多种密码子编码一种氨基酸的现象,即密码子具有简并性(Degeneracy)。从表13.1可以看出,色氨酸和蛋氨酸仅由1个密码子编码;其余18种氨基酸都至少由2个密码子编码,亮氨酸、精氨酸和丝氨酸由多达6个密码子编码。负责编码同一种氨基酸的不同密码子称为同义密码子或"同义词"。同义词的多少与其编码的氨基酸在蛋白质中出现的频率没有明显的正相关性。

2. 通用性

实验证明,从病毒、细菌到高等动植物都共同使用表13.1中所列的一套密码子。这种现象称为密码子的通用性。它充分证明生物界是起源于共同的祖先,也是当前基因工程中能将一种生物的基因转移到另一种生物中去表达的原因。

3. 不重叠

绝大多数生物中的密码子是不重叠连续阅读的,即一个密码子中的核苷酸不会被重复阅读。但在某些病毒基因组中,由于基因的重叠而使密码子出现重叠性。

4.偏好性

在基因表达过程中对遗传密码具有明显的选择性。有研究发现,在一些低等生物及细胞器基因组中,同义密码优先选择A、T;在高等生物的核基因组中,同义密码首先考虑C、G。遗传密码的选择还与环境等因素有关。

5. 兼职

密码子具有两种功能称为兼职。在61种密码子中,AUG除作为肽链合成起始信号外,还分别负责编码肽链内部的蛋氨酸或N-甲酰蛋氨酸。也就是AUG同时具有两种功能,故称为兼职。

另外,密码子的阅读由起始密码子开始,按5′→3′方向阅读,直至终止密码子为止,形成一条多肽链。

由于这些特点,所以在mRNA中插入或删去一个核苷酸,就会引起插入或删去位点以后的所有密码子发生错读,这种现象称为"移码"。

二、tRNA是蛋白质合成的搬运工具

核苷酸的碱基与氨基酸之间不具有特异的化学识别作用,那么蛋白质合成过程中氨基酸是怎样来识别mRNA模板上的遗传密码,进而排列联结成特异的多肽链序列的呢? 研究证明,氨基酸与遗传密码之间的相互识别是通过另一类核酸分子——tRNA来实现的,tRNA是蛋白质合成过程中的结合体分子。

tRNA分子与蛋白质合成有关的位点至少有4个:(1)3′端的CCA氨基酸结合位点;(2)氨基酰tRNA合成酶识别位点;(3)核蛋白体识别位点;(4)密码子识别部位(反密码子位点)。其中两个关键部位是氨基酸的结合位点和密码子的识别位点,这两个位点表明tRNA是既可携带特异的氨基酸,又可特异地识别mRNA遗传密码的双重功能分子。这样,通过tRNA的结合作用使氨基酸能够按mRNA信息的指导"对号入座",保证核酸到蛋白质遗传信息传递的准确性。tRNA与氨基酸的结合由氨基酰-tRNA合成酶催化,此过程称为氨基酸的活化。原核细胞中有30~40种不同的tRNA分子,而真核生物中有50种甚至更多,因此一种氨基酸可以和2~6种tRNA特异地结合。根据已经测定的350多种不同生物的tRNA核苷酸序列得知,所有tRNA都是单链分子,长度约为80个核苷酸残基。

在翻译过程中,氨基酸的正确加入需要靠tRNA上的反密码子与mRNA上的密码子以碱基配对方式辨认。密码子与反密码子之间以反向平行方式进行互补配对,即反密码子5′端的第一位碱基与密码子的第三位碱基配对。据此原理,如果三个碱基都是严格配对的话,则一种tRNA只能识别一种密码子,但这与事实不符。因为有些tRNA分子能识别2个或3个密码子,例如,酵母丙氨酸tRNA能与GCU、GCC和GCA三个密码子相结合。是否密码子的第3个碱基的识别作用有时候比其他两个差一些? 密码子的简并性提示这是可能的,因为XYU和XYC总是为同一个氨基酸编码,XYA和XYC也常常如此。据此以及其他一些事实,Crick提出了摇摆假说(Wobble Hypothesis)。此假说认为密码子的头两个碱基是严格按碱基配对的原则为tRNA的反密码子所识别的,它们中有任何一个不同,即为不同的tRNA所识别。例如,UAA和CUA均编码亮氨酸,却为不同的tRNA所阅读。但密码子的第3个碱基则不这样严格,而有一定的自由度,即摇摆性。换句话说,即反密码子的第1位碱基(5′端)决定tRNA能阅读1个、2个或3个密码子。tRNA的反密码子的第1位碱基决定了该tRNA能与密码子的第3位碱基(3′端)配对。如果一个tRNA的反密码子的第1位碱基为C或A,则只能阅读1个密码子;如为U或G,则能阅读2个,如为I(次黄嘌呤),则能阅读3个,如表13.2所示。I出现在不少反密码子中。这样,一种tRNA的反密码子可识别几种具有简并性的密码子。

表13.2　反密码子与密码子碱基配对的"摆动"(引自邹思湘,2013)

反密码子的5′端碱基	密码子的3′端碱基
C	G
A	U
U	A或G
G	U或C
I	U或C或A

摇摆假说现已得到证实,因为分析一些反密码子的碱基顺序的结果与此学说相符,例如,酵母丙氨酸tRNA的反密码子是IGC,此tRNA能阅读GCU、GCC和GCA三个密码子;苯丙氨酸tRNA的反密码子为GAA,它能阅读UUU和UUC,但不能阅读UUA和UUG。由此可见遗传密码的简并性部分是由摇摆现象引起的。

三、核糖体是蛋白质合成的场所

1955年,美国科学家Paul Zamecnik使用^{14}C标记的氨基酸在体外进行蛋白质合成实验时证明,含放射性标记的氨基酸与含有RNA的称为微粒体的细胞器结合后才产生游离的蛋白质。后来证明,微粒体其实是细胞破碎时产生的附着于核糖体蛋白上的内质网碎片。1957年起,开始使用"核糖体"一词,它专指蛋白质合成场所中的核糖核蛋白。核糖体存在范围广泛,不仅在细胞内发现,而且一些细胞器如线粒体和叶绿体内也有发现。细菌和细胞器中的核糖体明显小于真核生物细胞的核糖体,但它们在结构上都是由大小两个亚基组成的。

2009年的诺贝尔化学奖主要奖励"对核糖体结构和功能的研究"做出巨大贡献的三位科学家——英国剑桥大学科学家Ramakrishnan、美国科学家Steitz及以色列科学家Yonath。他们都采用了X射线蛋白质晶体学技术,标识出了构成核糖体的成千上万个原子,不仅让我们知晓了核糖体的"外貌",而且在原子层面上揭示了核糖体功能的机制。因此,2009年诺贝尔化学奖奖励的是对生命一个核心过程的研究——核糖体将DNA信息"翻译"成生命物质。

(一)核糖体的结构

核糖体也称核蛋白体。在原核细胞中,它可以以游离形式存在,也可以与mRNA结合形成串珠状的多聚核糖体。真核细胞中的核糖体可游离存在,也可以与细胞内质网相结合形成粗面内质网。核糖体是由几十种蛋白质和数种RNA组成的一种亚细胞结构,基本上不含有脂肪。每个核糖体可解离成大小两个亚基,大亚基的大小约为小亚基的2倍。两个亚基均含有RNA和蛋白质。不同的生物中,二者的比例不同,在大肠杆菌内,二者的比例为2:1,其他许多生物中的比例为1:1。

原核生物核糖体的分子量为2.5×10^3 kD。其大亚基的沉降系数为50S,由34种蛋白质和23S rRNA与5S rRNA组成;小亚基的沉降系数为30S,由21种蛋白质和16S rRNA组成。大小两个亚基结合形成70S核糖体。

真核生物的核糖体在大小和组成上与原核生物略有不同,而且真核细胞中的胞质核糖体与细胞器核糖体亦不相同。真核生物核糖体的分子量为4.2×10^3 kD。其大亚基的沉降系数为60S,由49种蛋白质和28S、5.8S与5S rRNA组成;小亚基的沉降系数为40S,由33种蛋白质和18S rRNA组成。大小两个亚基结合形成80S核糖体。

原核生物和真核生物核糖体大小亚基的组成如表13.3。

表13.3　原核生物和真核生物核糖体大小亚基的组成(引自邹思湘,2013)

生物	核糖体	分子量(kD)	亚基	rRNA	蛋白质种类
原核	70S	2.5×10^3	50S	23S 5S	34
			30S	16S	21
真核	80S	4.2×10^3	60S	28S 5.8S 5S	49
			40S	18S	33

(二)rRNA的功能

rRNA是核糖体的重要组成部分。每个细菌核糖体中含有3种rRNA分子:16S、23S和5S rRNA。它们对于核糖体的自身组装和功能表现起着重要作用。首先,能够维持核糖体的三维结构。研究发现,如果将rRNA除去,核糖体的结构便会完全瓦解;其次,rRNA还直接参加mRNA与核糖体小亚基的结合以及亚基间的联合;第三,在蛋白质合成过程中起决定性作用。体外重组实验表明,核糖体蛋白本身并无蛋白质合成活性,缺少部分核糖体蛋白不会导致核糖体功能的丧失,rRNA在蛋白质合成中起着决定性的作用。

上述3种rRNA含有不同数目的核苷酸,16S rRNA含有1 542个核苷酸,23S rRNA则含有2 904个核苷酸,5S rRNA含有120个核苷酸。3种rRNA均为单链,其鸟嘌呤和胞嘧啶以及腺嘌呤和尿嘧啶均不相等。但在链内的许多部位可以通过碱基配对形成发夹结构。所以,在rRNA,特别是大的rRNA分子中,存在多个螺旋区和环区组成的区域,每个区域在结构上和功能上可能是相对独立的单位。

尽管5S rRNA对核糖体活性是必需的,但其作用仍不十分清楚。很可能当核糖体执行功能时,它与16S rRNA相互作用,与已知的真核生物的5S rRNA与18S rRNA相互作用相类似。

(三)核糖体蛋白的功能

核糖体蛋白大部分是参与蛋白质生物合成过程的酶和蛋白因子。原核生物核糖体小亚基共有21种蛋白质,总分子量为350 000;大亚基共有34种蛋白质,总分子量为460 000。小亚基上的21种蛋白质分别以S1~S21表示,大亚基上的34种蛋白质分别以L1~L34表示,字母S和L后面的数字表示蛋白质在双向电泳系统中的迁移率,数字越大,表示该蛋白移动得越快,反之则越慢。S1是所有核糖体蛋白中移动最慢的蛋白质。

目前,55种核糖体蛋白的全序列均已测出,得知小亚基大多数蛋白质是球状蛋白,带有28%的α螺旋与20%的β折叠。小亚基中,除S1、S2与S6是酸性蛋白外,其他均为碱性蛋白。而在大亚基中,只有L7与L12是酸性蛋白,其他均为碱性蛋白。现在认为,带负电荷的RNA与碱性蛋白之间的相互作用有利于核糖体的稳定。

(四)核糖体的活性位点

核糖体是蛋白质合成的装配机。核糖体的大小亚基以及它们的结合部位存在着许多与蛋白质合成有关的位点或结构功能域。但这些结构至少要提供以下3个功能部位(如图13.1)。

第一个是肽酰基-tRNA部位(Peptidyl-tRNA site,P位),是起始tRNA或肽酰基-tRNA结合的部位,在原核核糖体中大部分位于30S亚基中,小部分位于50S亚基中;

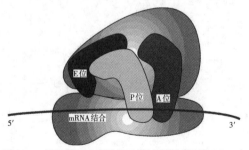

图13.1 核糖体的主要结构功能域(引自邹思湘,2013)

第二个是氨酰基-tRNA结合的部位(Aminoacyl-tRNA site,A位),是氨酰基-tRNA结合的部位,主要在50S大亚基中;

第三是脱氨酰基tRNA释放的部位(Exit Site, E位)。每个部位正好含有mRNA的一个密码子。

此外,还必须有肽键形成的部位,它能催化正在延伸的多肽链与下一个氨基酸之间形成肽键。在原核细胞中,它的活性部位由50S大亚基中的几种蛋白质的一些部分组成,称为转肽酶(Peptidyl Transferase)中心。

除了这些功能以外,核糖体还要求具有识别并结合mRNA上特异的起始部位,能沿着mRNA移动以解读全部信息的能力。这足以体现由于核糖体高度精细的结构才能承担起这样的任务。

【讨论】 了解密码子发现的历史过程和重大意义。

第二节 原核生物蛋白质合成过程

蛋白质的生物合成过程比复制和转录更为复杂,除了核糖体是蛋白质合成的场所外,还需要各种tRNA分子、酶类、各种可溶性蛋白因子以及mRNA等100多种大分子的共同协作才能完成。简单地说,蛋白质的生物合成过程是按mRNA上密码子的排列顺序,肽链从氨基端向羧基端逐渐延伸的过程。所有的原料氨基酸需要先活化为氨酰基-tRNA才能作为蛋白质合成的前体,并能辨认mRNA上的密码子。然后经过起始、延伸和终止三个阶段合成一条完整的肽链。

一、氨基酸的活化

1.氨基酸的活化过程

活化后的氨基酸才能彼此间形成肽键而连接起来。活化的过程是使氨基酸的羧基与tRNA 3'末端核糖上的2'或3'–OH形成酯键,从而生成氨酰基-tRNA。催化氨基酸活化反应的酶称为氨酰基-tRNA合成酶(图13.2)。

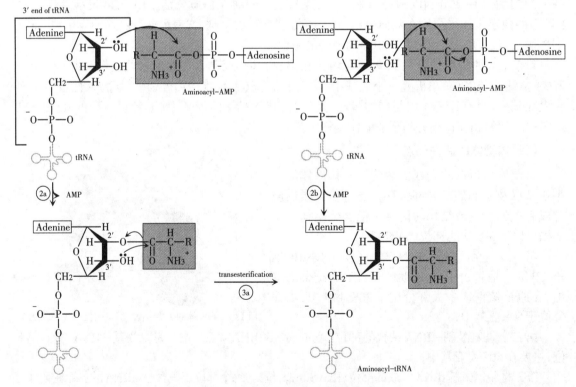

图13.2 氨酰基-tRNA合成酶催化的反应

不同的氨基酸由不同的酶所催化。反应过程分为两步:

第一步是氨基酸与ATP反应生成氨酰基腺苷酸(AA-AMP),其中氨基酸的羧基是以高能键连接于腺苷酸上的,同时放出焦磷酸;

第二步是氨酰基腺苷酸将氨酰基转给tRNA形成氨酰基-tRNA。两步反应由同一个氨酰基-tRNA合成酶催化。

$$AA + ATP \xrightarrow{\text{氨酰基-tRNA合成酶}} AA - AMP + PPi \tag{1}$$

$$AA - AMP + tRNA + ATP \xrightarrow{\text{氨酰基-tRNA合成酶}} AA - tRNA + AMP \tag{2}$$

反应（1）与反应（2）相加后的总反应为：

$$AA + tRNA + ATP \xrightarrow{\text{氨酰基-tRNA合成酶}} AA - tRNA + AMP + PPi \tag{3}$$

总反应（3）的平衡常数接近于1，自由能降低极少。这说明tRNA与氨基酸之间的键是高能键，高能键的能量来自ATP的水解。由于反应中形成的PPi水解成正磷酸，对每个氨基酸的活化来说，净消耗的是2个高能磷酸键。因此，此反应是不可逆转的。

2.氨基酰-tRNA合成酶

氨基酸与tRNA分子的正确结合，是决定翻译准确性的关键步骤之一，氨基酰-tRNA合成酶在其中发挥着重要作用。氨基酰-tRNA合成酶存在于细胞质的无结构部分，对底物氨基酸和tRNA都有高度特异性。该酶通过分子中相互分隔的活性部位既能识别特异的氨基酸，又能辨认携带该种氨基酸的特异tRNA分子；亦即在体内，每种氨基酰-tRNA合成酶都能从20种氨基酸中选出与其对应的一种，同时选出与此氨基酸相对应的特异tRNA，从而催化两者的相互结合。由于一种氨基酸可以和2~6种tRNA特异地结合，故把装载同一氨基酸的所有tRNA称为同工接受体。与同一氨基酸结合的所有同工接受体均被相同的氨基酰-tRNA合成酶所催化，因此只需20种氨基酰-tRNA合成酶就能催化氨基酸以酯键连接到各自特异的tRNA分子上，可见该酶对tRNA的选择性较对氨基酸的选择性稍低。

此外，氨基酰-tRNA合成酶还具有校正活性，也称编辑活性，即酯酶的活性。它能把错配的氨基酸水解下来，再换上与密码子相对应的氨基酸。氨基酰-tRNA合成酶不耐热，其活性中心含有巯基，对破坏巯基的试剂甚为敏感。

二、合成起始

1.甲酰甲硫氨酸-tRNAf的合成

大肠杆菌及其他原核细胞中几乎所有蛋白质合成都起始于甲酰甲硫氨酰-tRNAf（fMet）。其合成过程，首先在甲硫氨酰-tRNA合成酶催化下，使甲硫氨酸与专一的起始tRNA（tRNA^{fMet}）结合生成甲硫氨酰-tRNA^{fMet}（Met-tRNA^{fMet}），然后由^{10}N-甲酰四氢叶酸（^{10}N-甲酰FH_4）提供甲酰基，在特异的甲酰基转移酶催化下，生成甲酰甲硫氨酰-tRNAf（fMet-tRNA^{fMet}）。

甲硫氨酰-tRNA^{fMet}的甲酰化作用很重要，一方面是原核细胞肽链合成起始所必需的；另一方面也是对氨基的保护，这样可保证第二个氨基酸定向地连接在它的羧基上。

2.70S起始复合物的形成

30S起始复合物包括fMet-tRNA、mRNA与30S小亚基结合。这一过程是在起始因子和GTP参与下完成的。原核起始因子有3种：IF1、IF2和IF3。IF1是一个小的碱性蛋白，它能增加IF2和IF3的活性。并具有活化GTP酶的作用。IF1与16S rRNA的结合位点在A位点。30S起始复合物一旦完全形成后，IF3即释放出来。50S大亚基参加进来，并引起GTP水解和释放其他两个起始因子，最后形成的复合物称为70S起始复合物（图13.3）。

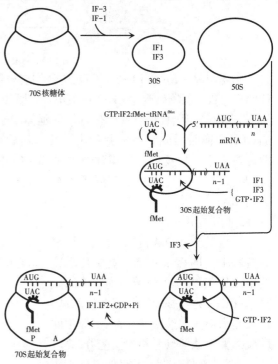

图13.3 原核生物70S起始复合物的形成

16S rRNA 在蛋白质生物合成的起始、延伸与终止过程中发挥作用,其 3′端的单链区域与 mRNA 5′端的核糖体结合位点即 SD 序列(Shine–Dalgarno sequence)互补配对(如图 13.4)。这种相互作用对维持翻译的正确起始具有重要意义。另外,16S rRNA 还与核糖体的大小亚基结合有关。

在核糖体大亚基上的 16S rRNA 与 mRNA 5′端 SD 序列配对:

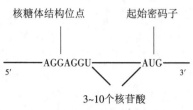

图 13.4 细菌翻译过程中的核糖体结合位点(SD 序列)

mRNA   5′-AGGAGG-……AUG…………3′

16S rRNA   3′-UCCUCCPyA-5′(Py 可以是任何嘧啶核苷酸)

正是由于这样的配对将 AUG(或 GUG,UUG)密码子带到核糖体的起始位置上。fMet-tRNAf 与大亚基上的 P 位点结合。

三、肽链延伸

从 70S 起始复合物形成到终止之前的过程,称为延伸反应,它包括氨酰基-tRNA 进入 A 位、肽键的形成和移位三步反应。

1.氨酰基-tRNA 进入 A 位

携带有氨基酸的氨酰基-tRNA 进入 A 位是延长阶段的第一步。而何种氨酰基-tRNA 进入 A 位是由 A 位 mRNA 密码子决定的,并且由延长因子 EF-Tu 协助转运(图 13.5)。EF-Tu 能识别 tRNA 是否氨酰化,在细胞内只有氨酰化的 tRNA 才能与 EF-Tu 以及 GTP 形成三元复合物,以保证延伸反应的顺利进行。

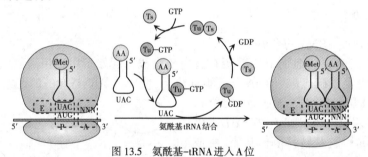

图 13.5 氨酰基-tRNA 进入 A 位

当氨酰基-tRNA-EF-Tu-GTP 复合物将氨酰基-tRNA 准确地置于 A 位并与 mRNA 结合时,伴随有 GTP 的水解,产生 EF-Tu-GDP。它既不能与氨酰基-tRNA 结合,也不能与核糖体结合,便从核糖体上解离下来。在有另一个延伸因子 EF-Ts 存在的情况下,EF-Ts 与 EF-Tu-GDP 中的 GDP 交换而形成 Ts-Tu,并释出 GDP。然后 GTP 再与 Ts-Tu 中的 Ts 交换,形成 EF-Tu-GTP,即可进入下一轮反应。值得注意的是 EF-Tu 不与 fMet-tRNAf 反应,因此起始 tRNA 不能进入 A 位,从而保证了内部 AUG 密码子不被起始 tRNA 阅读。

2.肽键的形成

当氨酰基-tRNA 占据 A 位后,原来结合在 P 位的 fMet-tRNA 便将其活化的甲酰甲硫氨酸部分转移到 A 位的氨酰基-tRNA 的氨基上,以酰胺键(肽键)连接起来形成二肽酰基 tRNA。催化此反应的酶是肽酰转移酶,它是 50S 亚基的一个组成部分。转肽反应(如图13.6)。

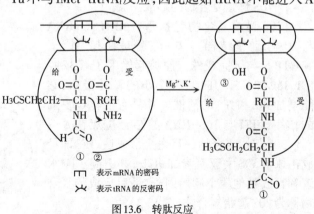

图 13.6 转肽反应

经转肽反应后,原来结合在P位的tRNA成为无负荷的tRNA,而结合在A位的则是二肽酰基tRNA,于是进入移位阶段。

3.移位

移位阶段包括三个移动:无负荷的tRNA由E位点释出;肽酰基tRNA从A位移到P位;mRNA移动三个核苷酸的距离。使下一个密码子进入核糖体,为下一个进入的氨酰基-tRNA所阅读。移位过程需要延长因子EF-G(也叫移位酶)的推动。在移位过程中结合在EF-G上的GTP被水解为GDP和Pi。GTP的水解促使EF-G从核糖体上解离下来,并推动下一次的移位。移位后A位被空出,于是再结合一个氨酰基-tRNA,并重复以上过程,使肽链不断延长。整个延长过程见图13.7。

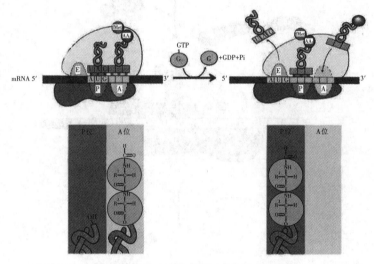

图13.7　原核生物肽链延长过程图解

四、合成终止

以上反应步骤反复进行,直到终止密码子进入到70S核糖体的A位,肽链的合成终止。蛋白质合成的终止需要两个条件,一个是应存在能特异地使多肽链延伸停止的信号;另一个是有能阅读链终止信号的蛋白质释放因子(RF)。由于多肽链延伸至足够长度之后,其羧基端仍结合于tRNA接合体上。因此,终止应包括切除终端的tRNA。当出现这个切除之后,新生链便迅速脱离,因为它主要是通过接合体tRNA结合在核糖体上的。

当mRNA的任何一个终止密码子(UAA、UAG或UGA)进入核糖体的A位时能被释放因子识别。释放因子都是蛋白质。在大肠杆菌中,释放因子共有3种:RF-1、RF-2和RF-3。其中RF-1识别UAA和UAG,RF-2识别UAA和UGA,RF-3本身无识别终止密码子的功能,但却可以增加RF-1和RF-2的活性。已知核糖体结合与释放RF-1和RF-2都要受到RF-3的刺激作用,后者可以与GTP和GDP相互作用。每种释放因子先与GTP形成活性复合物,这个复合物再结合到核糖体A位的终止密码子上。这种结合使肽酰转移酶的构象发生改变,使肽酰转移酶活性转变为水解酶活性,即肽酰转移酶不再催化肽键的形成,而是催化P位上的tRNA与肽链之间的酯键水解,于是肽链由核糖体上释放出来。已知RF具有依赖核糖体的GTP酶活性,催化GTP水解,使RF与核糖体解离。

肽链合成终止后,在核糖体释放因子(Ribosome Releasing Factor,RRF)的作用下,70S核糖体解离为30S亚基和50S亚基,并与mRNA分离,同时,最后一个脱去氨酰基-tRNA及RF亦与之分离。RF发挥上述作用时,还必须有GTP和肽链延伸因子EF-G的存在。经过这一步骤,核糖体又可用于重新合成另一条多肽链。蛋白质合成终止的大致过程见图13.8。

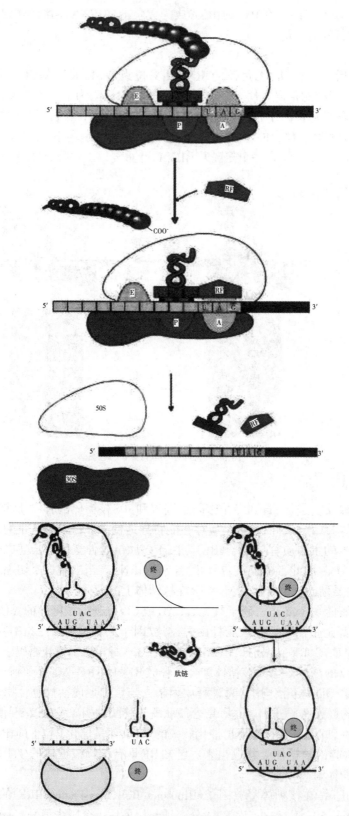

图13.8 蛋白质合成的终止

原核生物,如大肠杆菌中蛋白质生物合成的各个阶段涉及的蛋白因子及其功能汇总见表13.4。

表13.4 大肠杆菌的起始因子、延伸因子和终止因子的特性和功能

因子	分子量	特性和功能
起始因子:		
IF-1	9 000	促进核糖体的解离和IF-2活性
IF-2	100 000	由一个要求GTP的反应使fMet-tRNAi结合于核糖体的P位点
IF-3	22 000	将mRNA结合于核糖体的小亚基,可能是促进非翻译的前导序列与16S rRNA 3′端的碱基配对
延伸因子:		
EF-Tu	43 000	将氨酰-tRNA结合于核糖体A位点
EF-Ts	30 000	重新生成EF-Tu-GTP
EF-G	77 000	肽基-tRNA密码子和A位点移至P位点,此过程依赖GTP
终止(释放)因子:		
RF-1	36 000	水解肽基-tRNA,要求UAA或UAG密码子
RF-2	38 000	水解肽基-tRNA,要求UAA或UGA密码子
RF-3	46 000	促进RF-1,RF-2活性

[引自邹思湘,动物化学(第5版),中国农业出版社,2013]

【讨论】 原核生物蛋白质生物合成对现代科技发展具有什么重要意义?

第三节 真核生物蛋白质的生物合成

与原核生物的蛋白质生物合成过程相比,真核生物的蛋白质合成过程也分为三个阶段:起始、延伸和终止,但其过程更复杂。尤其在起始阶段,两者存在较大差异。

一、真核生物蛋白质合成的起始

真核生物的翻译过程与原核生物相似,但顺序不同,所需的成分也有区别。如核糖体为80S,起始需要更多的蛋白因子eIF参与,目前已发现有十几种,起始tRNA$_i^{Met}$所携带的是甲硫氨酸,不需甲酰化。在真核生物中,成熟的mRNA分子内部没有核糖体结合位点,但5′端有帽子,3′端有Poly A尾结构。小亚基首先识别并结合mRNA的5′端帽子,再移向起始点,并在那里与大亚基结合(图13.9)。具体过程如下:

1.核糖体大小亚基的分离

与原核生物一样,在前一轮翻译终止时,真核起始因子eIF-2B、eIF-3B与核糖体小亚基结合,并在eIF-6的参与下,促进无活性的80S核糖体解聚生成40S小亚基和60S大亚基。

2.起始Met-tRNA$_i^{Met}$的结合

与原核生物不同的是,真核细胞小亚基首先与起始氨基酰-tRNA结合,再与mRNA结合。首先Met-tRNA$_i^{Met}$与eIF-1和2分子GTP结合成为三元复合物,然后与游离状态的核糖体小亚基P位结合,形成43S的前起始复合物。此过程需要eIF-3、eIF-4C的帮助,其中eIF-3是一个很大的因子,由8~10个亚基组成,它是使40S小亚基保持游离状态所必需的。

3.mRNA与核糖体小亚基的结合

上述43S的前起始复合物在帽子结合复合物(eIF-4F复合物)的帮助下,与mRNA的5′端结合。eIF-4F复合物包括eIF-4E、eIF-4A和eIF-4G等组分。其中,eIF-4E(帽结合因子)结合mRNA 5′端帽子;eIF-4A具有解旋酶活性;eIF-4G为"脚手架"亚基,其作用是将复合体上的所有组分连接在一起。同时mRNA的3′端Poly A尾与Poly A结合蛋白结合,PABP也结合于eIF-

4G上。这样连接mRNA首尾的eIF-4E和PABP再通过eIF-4G和eIF-3与核糖体小亚基结合成复合物。

4.小亚基沿mRNA扫描查找起始点

在大多数真核mRNA中,5′端帽子与起始AUG距离较远,最多可达1 000个碱基左右。因此小亚基需从mRNA的5′端向3′端移动,直到找到启动信号AUG。但仅凭三联体密码子AUG本身并不足以使核糖体移动停止,只有当其上下游具有合适的序列时,AUG才能作为起始密码子被正确识别。最适序列为Kozak序列GCC(A/G)CCAUGG,在AUG上游的第三个嘌呤(A或G)和紧跟其后的G是最为重要的。当小亚基扫描遇到起始AUG时,Met-tRNA$_i^{Met}$的反密码子与之互补结合,最终小亚基与mRNA准确定位结合形成48S复合物。此过程需要水解ATP提供能量。eIF-4F复合物组分也与该过程有关,如具有解旋酶活性的eIF-4A能打开引导区的双链区以利于mRNA的扫描,eIF-4A也可以促进扫描过程。

5.80S起始复合物的形成

一旦48S复合物定位于起始密码子,便在eIF-5的作用下,迅速与60S大亚基结合形成80S翻译起始复合物(图13.9)。eIF-5是一种GTP酶,在水解GTP的同时,促进eIF-2、eIF-3等各种起始因子从核蛋白体上释放。

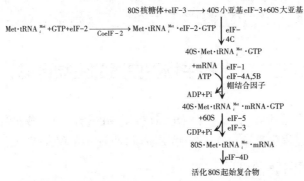

图13.9 真核生物蛋白质翻译80S翻译起始复合物的形成

如前所述,真核细胞mRNA的5′末端"帽"(m⁷GpppN)结构和3′末端"尾"(PolyA)对其自身的稳定性以及翻译效率均有调控作用。

二、肽链的延伸和终止

1.肽链延伸

真核生物的肽链延伸与原核相似,只是延伸因子EF-Tu和EF-Ts被eEF-1取代,而EF-G则被eEF-2取代。在真菌中,还需要eEF-3的参与,该因子在翻译的校正阅读方面起重要作用。

【知识点分析】 **链霉素和氯霉素的抑菌机理**

分析: 链霉素能与30S亚基结合,形成一种效率很低并且不稳定的起始复合物,能改变氨酰-tRNA在A位点上与其对应的密码子配对的精确性,很容易解离而终止翻译。此外,四环素能阻断氨酰基-tRNA进入A位点,从而抑制肽链的延伸。氯霉素能抑制核糖体中的50S大亚基的肽酰转移酶的活性,从而抑制肽链的延伸。红霉素与50S亚基结合,抑制肽酰转移酶,妨碍移位,因而将肽酰基-tRNA"冻结"在A位上。

2.肽链终止

真核生物的肽链合成的终止仅涉及一个释放因子eRF。eRF分子量约为115 000。它可识别3种终止密码子UAA、UAG、UGA。eRF在活化肽酰转移酶释放出新生的肽链后,即从核糖体上解离。解离需要水解GTP,因而终止肽链合成是耗能的。

【讨论】 *比较原核生物和真核生物蛋白质合成过程的异同。*

第四节　蛋白质合成的调节

生物体内蛋白质合成的速度,主要在转录水平上,其次在翻译过程中受到调节控制。它受性别、激素、细胞周期、生长发育、健康状况和生存环境等多种因素及参与蛋白质合成的众多生化物质变化的影响。

由于原核生物的翻译与转录通常是偶联在一起的,且其mRNA的寿命短,因而蛋白质合成的速度主要由转录的速度决定。弱化作用是通过翻译产物的过量与不足首先影响转录,从而调节翻译速度的一种方式。mRNA的结构和性质也能调节蛋白质合成的速度。

真核生物转录与翻译不是偶联的,通常蛋白质合成的速度比原核生物慢。真核生物除了主要通过转录和转录后加工及mRNA的结构和性质(如帽子结构和多聚A尾巴等)进行调控外,翻译水平的调节是真核基因表达多级调节的重要环节之一。mRNA的稳定性和参与蛋白质翻译的各种因子活力的改变是调节蛋白质翻译速率的主要因素。

mRNA 5′端的加帽作用及3′端的Poly A加尾作用有利于mRNA分子的稳定,mRNA寿命的延长增加了细胞内某种mRNA的有效浓度,提高了蛋白质合成的速率。细胞内mRNA通常与一些蛋白质结合成核蛋白颗粒,保护mRNA免受核酸酶的降解,并控制mRNA的翻译功能。mRNA 5′端和3′端非编码区序列的结构对mRNA的稳定性和翻译效率起重要控制作用。

翻译起始阶段的调控是真核生物蛋白合成调节的主要阶段。限制翻译速度的因子通常是在翻译起始阶段起作用。最常见的调控机理是起始因子的磷酸化。参与蛋白质合成的许多因子的磷酸化与蛋白质合成的激活或抑制作用密切相关。现在已知,eIF-4F的磷酸化可激活翻译,eIF-2α的磷酸化将导致蛋白质合成的抑制,更多因子的可逆磷酸化调节作用的机制有待阐明。eIF-4F由α、β和γ 3个亚单位组成,其对蛋白质翻译的重要调控作用是通过因子亚单位的可逆磷酸化作用实现的。当静止期细胞用胰岛素激活后,蛋白质合成速度加快,此时eIF-4F的α和γ亚单位的磷酸化作用增加;而当细胞处于生长周期的有丝分裂时,蛋白质合成受到抑制,eIF-4F的α亚单位出现去磷酸化作用。在蛋白质合成的起始阶段,eIF-2在GTP的参与下与Met-tRNA$_i$特异地结合,参与起始复合物的形成,起始复合物形成后开始肽链的合成与延伸,同时释放eIF-2和GTP,而eIF-2和GTP再进入eIF-2·GTP·Met-tRNA$_i$复合物形成的循环中,继续进行翻译起始过程。然而,磷酸化的eIF-2对GDP有很高的亲和力,抑制了eIF-2的再循环。由于eIF-2·GTP·Met-tRNA$_i$复合物形成受阻,蛋白质合成便受到抑制。

【知识点分析】　血红素通过影响eIF-2对蛋白质进行调控

　　分析:当血红素存在时,不仅抑制了细胞蛋白质合成,而且还能促进通常不合成血红蛋白的细胞合成蛋白质,如促进肝癌细胞、海拉细胞和腹水瘤细胞等无细胞制剂的蛋白质合成。

许多抗生素和毒素能够抑制蛋白质的合成。例如,嘌呤霉素的结构与氨酰基-tRNA 3′端上的AMP残基结构十分相似。肽基转移酶的氨基酸与嘌呤霉素结合,形成肽酰嘌呤霉素复合物,此复合物很容易从核糖体上脱落,从而使肽链延长终止。

【知识点分析】　嘌呤霉素的作用机理

　　分析:嘌呤霉素的结构很类似氨酰基-tRNA,因此能与后者相竞争,作为转肽反应中氨酰基异常的复合物,从而阻断蛋白质的生物合成。当生长着的肽链(或甲酰甲硫氨酸)被转移到嘌呤霉素的氨基上时,新生的肽酰-嘌呤霉素会从核糖体上脱落下来,从而终止翻译,导致肽链合成过早终止,而且脱落的肽链的羧基端有1分子的嘌呤霉素。

在哺乳类动物等真核生物的线粒体中,存在着自DNA到RNA及各种有关因子的独立的蛋白质合成体系,用以合成线粒体本身的某些多肽,真核生物的该体系与细胞质中一般蛋白质的合成体系不同,与原核生物的合成体系近似,因而可被抑制原核生物蛋白质生物合成的某些抗生素抑制。这可能是某些抗生素药物产生副作用的原因。

在肽链延长阶段中,每生成一个肽链,都需要直接从2分子GTP(移位时与进位时各1个)获得能量,即消耗2个高能磷酸键;但考虑到氨基酸被活化生成氨酰基-tRNA时,已消耗了2个高能磷酸键,所以在蛋白质合成过程中,每生成一个肽链,实际上共消耗4个高能磷酸键。

【讨论】 蛋白生物合成的调节在动物养殖和动物健康方面有怎样的应用?并举例说明。

第五节　蛋白质合成后的加工

以mRNA为模板,在核糖体上翻译得到的蛋白质多肽链多数是没有生物活性的初级产物。只有经翻译后加工才能转变成有活性的终产物。概括地讲,加工包括折叠和修饰两部分。

一 蛋白质的折叠

蛋白质的折叠对于翻译后形成功能性蛋白质尤为重要。如果蛋白质折叠发生错误,其生物学功能就会受到影响或丧失,严重者甚至会引起疾病。新生多肽链在合成过程中或合成后,通过自身的相互作用,在合适的分子间形成氢键、离子键、范德华力以及疏水相互作用,形成有功能的天然构象,使储存在mRNA中的遗传信息以这种方式转变成蛋白质。

1.分子伴侣(Chaperone)

分子伴侣是细胞内一类保守的蛋白质,它不仅能识别肽链的非天然构象,而且还能促进蛋白质各功能域和整体的正确折叠。分子伴侣具有的功能包括以下几个方面:①与待折叠蛋白质暴露的疏水区结合并封闭这一区段;②为蛋白质的折叠创造隔离的环境,使之相互之间不发生干扰;③促使蛋白质折叠并防止其聚集;④出现应激刺激时,使发生折叠的蛋白质去折叠。细胞内的分子伴侣有两大类:一类是能与核糖体结合的分子伴侣,主要有触发因子与新生链相关复合物;另一类是不能与核糖体结合的分子伴侣,主要有热休克蛋白(Heat Shock Protein,HSP)、伴侣蛋白(Molecular Chaperone)等。以下重点介绍不能与核糖体结合的分子伴侣。

(1)热休克蛋白

HSP蛋白是一类受应激刺激产生的蛋白质,通过高温应激可诱导机体合成该类蛋白质。HSP70、HSP40和Grp E是大肠杆菌中参与蛋白质折叠的三类热休克蛋白,不仅在大肠杆菌中,其他各类生物中都有这三类热休克蛋白质的同源蛋白。蛋白质翻译后的修饰过程中,这类热休克蛋白可以帮助需要折叠的多肽链正确折叠成天然空间构象的蛋白质。

目前,人们对蛋白质折叠的掌握主要来自于大肠杆菌内蛋白质折叠的研究,而对真核细胞内蛋白质是如何折叠的还知之甚少。在大肠杆菌内,HSP70的编码基因为*Dna K*。HSP70包含两个主要功能域:一个是能够结合和水解ATP的ATP酶结构域,它位于N端,且序列高度保守;另一个为多肽链结合结构域,它位于蛋白质的C端。蛋白质的正确折叠需要这两个结构域的参与。在促进蛋白质折叠的过程时,单独的HSP70难以完成,需要辅助因子HSP40和Grp E的参与。在大肠杆菌内,编码HSP40的基因为*Dna J*,当ATP存在的条件下*Dna K*和*Dna J*能相互结合,抑制蛋白质的聚集;Grp E能够与HSP40作用,两者通过改变*Dna K*的构象而控制*Dna K*的功能,使ATP酶的活性发生变化。

（2）伴侣蛋白

伴侣蛋白也属于分子伴侣家族，在大肠杆菌中发现的 Gro EL 和 Gro ES 等家族都可在真核细胞中找到与其同源的蛋白质 HSP60 和 HSP10。这一分子伴侣家族的主要作用是为不能自发折叠的蛋白质提供适宜的微环境，确保蛋白质折叠成天然空间构象。预计大肠杆菌细胞中 10%~20% 的蛋白质折叠都必须得到这一家族蛋白的辅助。

2.二硫键异构酶（Protein Disulphide Isomerase，PDI）

多肽链在折叠过程中，二硫键的正确形成对分泌型蛋白质及细胞膜蛋白质具有重要意义。二硫键的形成过程主要发生在细胞的内质网。多肽链内部的半胱氨酸间很可能出现错配的二硫键，干扰蛋白质的正确折叠。二硫键异构酶在内质网腔中具有较高的活性，它可以催化肽链内错配的二硫键断裂，同时将其修正为正确的二硫键连接，最终形成具有稳定二硫键构象的天然蛋白质。

3.肽-脯氨酰顺反异构酶（Peptidyl Prolyl Cis-trans Isomerase，PPI）

脯氨酸属于亚氨基酸，在多肽链中肽与脯氨酸可形成肽键，且这类肽键包含顺反两种异构体，两者的空间构象有明显的区别。肽-脯氨酰顺反异构酶具有促进顺反两种异构体相互转换的活性。在天然的蛋白质内，肽-脯氨酰顺反异构酶大多数为反式结构，顺式结构仅占 6% 左右。肽-脯氨酰顺反异构酶是一种重要的限速酶，决定着蛋白质三维构象形成的速度，当肽链最终结构需要表现顺式结构时，它发挥作用使肽链内的脯氨酸形成正确折叠。

二、蛋白质的修饰

由核糖体合成的多肽链除需要折叠成正确的空间结构外，还必须进行修饰，才能成为具有功能的蛋白质。修饰可以在肽链折叠之前或折叠期间、折叠之后进行，也可以在肽链延伸期间或在终止之后进行。有些修饰对多肽链的正确折叠是重要的。有些修饰也与合成的蛋白质在细胞内的转移或分泌有关。

1.氨基末端和羧基末端的修饰

在蛋白质合成中，所有新生多肽链的起始氨基酸都是从 N-甲酰甲硫氨酸残基（原核生物）或甲硫氨酸残基（真核生物）开始的。然而，细胞内的脱甲酰基酶或氨基肽酶可以去除甲酰基、甲硫氨酸或加入到 N 末端（有时也加入 C 末端）的其他残基，因此它们并不出现在天然蛋白质中。在真核生物蛋白质中，约 50% 的 N 末端氨基在翻译后被乙酰化。C 末端羧基有时也被修饰。

2.多肽链的水解断裂

新生多肽链常在发生水解断裂后，生成较短的肽链，才变成有活性的物质。例如，胰岛素的合成，先生成较大的前体，即前胰岛素原（Preproinsulin），然后水解断去一段由 1~24 位氨基酸组成的 N 端信号序列（称为前肽），并形成二硫键，生成胰岛素原（Proinsulin）。胰岛素原再由肽链内切酶在两处切去两对碱性氨基酸，并由肽链外切酶再切去一段连接的肽链（C 肽），最后生成胰岛素的两条以二硫键连接的 A 链和 B 链。一些酶也是先形成无活性的酶原，经切去一段肽链后才变为有活性的酶。

3.多蛋白的加工

真核生物 mRNA 的翻译产物为单一多肽链，有时这一肽链经不同的切割加工，可产生一个与以上功能不同的蛋白质或多肽，此类原始肽链称为多蛋白。例如，垂体前叶所合成的促黑激素与 ACTH 的共同前身物——鸦片促黑皮质素原（Proopio-melano-cortin，POMC），它是由 265 个氨基酸残基构成的多肽，经不同的水解加工，可生成至少 10 种不同的肽类激素，包括 ACTH（三十九肽）、α-促黑激素（α-MSH）、β-促黑激素（β-MSH）、γ-促黑激素（γ-MSH）、α-内啡肽（α-endorphin）、β-内啡肽（β-endorphin）、γ-内啡肽（γ-endorphin）、β-脂酸释放激素（β-LT）、γ-脂酸释放激素（γ-LT）、蛋氨酸脑啡肽等活性物质。

4.氨基酸侧链的修饰

多肽链中的半胱氨酸巯基,可以形成二硫键。这个反应可在翻译过程中或在翻译后进行。除形成二硫键外,在一些结构蛋白中,如胶原蛋白和弹性蛋白,多肽链常发生交联。例如,胶原蛋白中的一些特殊的赖氨酸和羟赖氨酸氧化为醛衍生物ε-醛基赖氨酸(Allysine)以后,两个这样的氨基酸残基发生醛醇缩合形成醛醇桥(Aldol bridge),或与另一赖氨酸残基缩合并还原,形成仲胺桥;另一例子是在谷氨酰胺酶催化下,谷氨酰胺的酰胺基与赖氨酸侧链中的氨基缩合,它在血液凝固时血纤维蛋白单体的交联中起重要作用。一些蛋白质的谷氨酸和天冬氨酸可发生羧化作用。例如,血液凝固蛋白凝血酶原(Prothrombin)的谷氨酸在翻译后羧化成γ-羧基谷氨酸,后者可以与Ca^{2+}螯合。这是由依赖于维生素K的羧化酶催化的。在一些蛋白质中,赖氨酸可以被甲基化。例如,肌肉蛋白和细胞色素c中含有一甲基和二甲基赖氨酸,大多数生物的钙调蛋白含有三甲基赖氨酸。在多肽链合成过程中或在合成之后常以共价键与单糖或寡糖侧链连接,生成糖蛋白。糖基化是在酶催化反应下进行的。糖蛋白是一类重要的蛋白,许多膜蛋白和分泌蛋白均是糖蛋白。酶、受体、介体(Mediator)、代谢调节因子等蛋白质的可逆磷酸化是普遍存在的蛋白质修饰作用,对于细胞生长和代谢调节有重要意义。磷酸化发生在翻译后,由各种蛋白质激酶催化,将磷酸基团连接于丝氨酸、苏氨酸和酪氨酸的羟基上。而在磷酸酯酶的作用下发生脱磷酸作用。

此外,蛋白质的化学修饰还有乙酰化、ADP-核糖基化、与脂类共价结合等。

【讨论】 了解蛋白质生物合成的发展前沿知识。

【本章小结】

蛋白质的生物合成也称为翻译,合成体系包括20种原料氨基酸、mRNA、tRNA、核糖体、各种氨酰基-tRNA合成酶和蛋白质因子。其中mRNA通过所携带的遗传密码作为合成蛋白质的模板,指导蛋白质的合成。每相邻3个核苷酸组成1个密码子,编码一种氨基酸。遗传密码具有简并性和通用性等特点。tRNA是蛋白质合成的结合体分子。所有的tRNA分子都具有两个关键部位,分别为氨基酸结合位点和密码子的识别位点,使得tRNA具有既可携带特异的氨基酸,又可特异地识别mRNA遗传密码的双重功能。在氨基酰-tRNA合成酶催化下,氨基酸与tRNA的3′CCA末端连接,形成氨酰基-tRNA,再通过反密码子与mRNA上的密码子配对,从而把氨基酸搬运到对应位置。无论是原核还是真核生物,它们的核糖体都由大、小二个亚基组成。每个亚基又由各自的rRNA和多种蛋白质形成复合体。核糖体和其他辅助因子一起提供了翻译过程所需的全部酶活性。

在翻译过程中,核糖体从开放阅读框架的5′-AUG开始向3′端阅读mRNA上的三联体遗传密码,而多肽链的合成是从N端向C端,直至出现终止密码子。在原核生物中,翻译的起始氨基酸是甲酰甲硫氨酸,首先形成70S起始复合物。这个过程需要带有SD序列的mRNA,三种起始因子。延伸过程则包括转肽与肽键的形成、移位以及引进氨基酰-tRNA时T_S因子的循环等十分复杂的步骤。翻译的终止和肽链的释放是在核糖体、终止密码子和释放因子共同作用之下完成的。原核生物有三种释放因子。在翻译过程的几乎各个阶段都需要GTP。真核生物的起始复合物并不是在起始密码子处形成的,而是在帽子结构处形成的,然后才移动到AUG处成为80S起始复合物。真核生物的起始因子多达10个以上,其机制亦更为复杂。真核生物只有一种释放因子。

蛋白质的生物合成过程受到多种因素的调节。由于原核生物的翻译与转录通常是偶联在一起的,且其mRNA的寿命短,因而蛋白质合成的速度主要由转录的速度决定。真核生物转录与翻译不是偶联的,翻译水平的调节是真核基因表达多级调节的重要环节之一。mRNA 的稳定性和参与蛋白质翻译的各种因子活力的改变是调节蛋白质翻译速率的主要因素。

翻译后的加工是指新合成的无生物活性多肽链转变为有天然构象和生物功能蛋白质的过程。主要包括多肽链折叠为天然的三维构象和新合成的多肽链的修饰两种方式。前者需要分子伴侣或酶的辅助才能完成,后者主要包括 N 末端或 C 末端的修饰、多肽链的水解切除、多蛋白的加工以及侧链的修饰等。

【思考题】

1.简述蛋白质生物合成体系的组成及其作用。

2.什么是遗传密码? 其特点是什么?

3.简述原核生物蛋白质的生物合成过程。

4.比较原核生物与真核生物在蛋白质生物合成上的异同点。

5.比较原核生物与真核生物在蛋白质生物合成调节上的异同点。

6.蛋白质合成后的加工方式有哪些?

第十四章 基因表达调控

第一节 概述

一、基因的概念

基因概念是现代遗传学的核心概念,由其衍化出来的一系列概念构成了现代遗传学乃至整个现代生物学概念体系的基本框架。随着现代生物技术的不断发展,基因概念也不断被修正,而且这种修正还正在进行中。因此本章所表述的基因概念是以经典遗传学概念为基础,结合现代分子生物学理论给出的定义。

基因指含特定遗传信息的核苷酸序列。除某些病毒的基因由核糖核酸(RNA)构成以外,多数生物的基因由脱氧核糖核酸(DNA)构成,并在染色体上呈线状排列。基因一词通常指染色体基因。在真核生物中,由于染色体都在细胞核内,所以又称为核基因。位于线粒体和叶绿体等细胞器中的基因则称为染色体外基因、核外基因或细胞质基因,也可以分别称为线粒体基因、叶绿体基因或质粒。

通常的二倍体的细胞或个体中,能维持配子或配子体正常功能的最低数目的一套染色体称为染色体组或基因组,一个基因组中包含一整套基因。相应的全部细胞质基因构成一个细胞质基因组,其中包括线粒体基因组和叶绿体基因组等。原核生物的基因组是一个单纯的DNA或RNA分子,因此又称为基因带,通常也称为它的染色体。

【名词解释】 什么是基因座与等位基因?

答:基因在染色体上的位置称为基因座(Locus),每个基因都有自己特定的座位。在同源染色体上占据相同座位的不同形态的基因称为等位基因。在自然群体中往往有一种占多数的(因此常被视为正常的)等位基因,称为野生型基因;同一座位上的其他等位基因一般都直接或间接地由野生型基因通过突变产生,相对于野生型基因,称它们为突变型基因。在二倍体的细胞或个体内有两个同源染色体,所以每一个基因座上有两个等位基因。如果这两个等位基因是相同的,那么就这个基因座位来讲,这种细胞或个体称为纯合体;如果这两个等位基因是不同的,就称为杂合体。在杂合体中,两个不同的等位基因往往只表现一个基因的性状,这个基因称为显性基因,另一个基因则称为隐性基因。在二倍体的生物群体中等位基因往往不止两个,两个以上的等位基因称为复等位基因。

二、基因表达调控的意义

基因表达(Gene Expression)是指储存在DNA分子中的遗传信息经过转录或者转录与翻译,产生RNA或者具有生物活性的蛋白质分子的过程。对这个过程的调节即为基因表达调控。

事实上,所有生物的基因表达都是受到机体严格调控的。一种生物含有大量的基因,这些基因在生命活动过程中并不都是同时开放表达的,而是有些基因进行表达,另一些基因则被关闭。例如,母牛只有在分娩小牛后才开始泌乳,乳腺中的各种蛋白质基因也只有在这时才开始表达,产生各种乳蛋白。这种现象在生长发育过程中更为明显,许多基因只有在特定的时间或空间才进行表达,其余时间或空间则关闭。例如,昆虫在发育的各阶段(如幼虫、蛹、成虫)基因表达是各不相同的,不同的阶段表达不同的基因。

基因表达调控的意义一方面是使生物体适应环境的不断变化,维持其生存的需要。从低等生物到人,各种生物对于环境变化,如营养、温度、渗透压改变时,能够对环境信号做出反应,改变自身基因表达速率,调整体内参与相应功能的蛋白质的种类、数量,改变代谢状况,以适应环境。另一方面是保证多细胞生物进行正常的分化、发育、繁殖和代谢等生命活动。如生物按不同阶段逐渐发育成长,需要在相应阶段使大量不同基因表达产生必需的蛋白质、酶的体系。生物体的严格调控,使这些基因按不同时间阶段顺序表达,使生物体的组织器官发育、分化正常进行。这些基因结构异常或表达异常都会影响器官的正常发育。

第二节　基因表达的基本原理

一、基因表达的时间性及空间性

生物体的每一个体细胞都有自身的全套遗传信息,但不同的组织细胞以及同一组织细胞在不同的时间(生长发育阶段)基因表达谱是不同的,表现为基因表达的时间特异性和空间特异性。

(一)基因表达的时间特异性

生物体组织细胞中基因的表达严格按特定的时间顺序发生,一些基因先表达,一些基因后表达,或者说细胞在某一生长发育阶段(某一时间点)某些基因表达是开启的,某些基因表达是关闭的,这就是基因表达的时间特异性。

(二)基因表达的空间特异性

对多细胞生物来说,同一时间不同组织细胞内基因表达不同,一些基因只在特定的组织细胞内表达,而在另外的组织细胞中不表达,这就是基因表达的空间特异性,又称组织特异性。

基因表达的时间、空间特异性由特异基因的启动子(序列)和(或)增强子与调节蛋白相互作用所决定。

二、基因表达的方式

(一)组成性表达

某些基因产物对生命全过程是必需的或必不可少的。这类基因在一个生物个体的各个生长阶段几乎所有细胞中持续表达,这类基因表达方式为组成性表达。这些基因通常被称为管家基因(House-keeping Genes)。管家基因表达较少受环境因素影响。

(二)诱导性或阻遏性表达

与管家基因不同,另有一些基因表达极易受环境变化的影响。在特定环境信号刺激下,相应的基因被激活,基因表达产物增加,这种基因是可诱导的,称为诱导性表达。相反,如果基因对环境信号应答时被抑制,基因表达产物水平降低,称为阻遏性表达。诱导和阻遏是同一事物的两种表现形式,在生物界普遍存在,也是生物体适应环境的基本途径。在一定机制控制下,功能上相关的一组基因,无论其为何种表达方式,均需协调一致、共同表达,即为协调表达。这种调节称为协调调节。

三、基因表达调控的基市原理

机体能在基因表达过程的任何阶段对其进行调节,即可在转录、转录后加工及翻译阶段进行调节。原核生物的基因组和染色体结构比较简单,转录和翻译可在同一时间和位置上发生,基因表达的调节主要在转录水平上进行。真核生物由于存在细胞和结构的分化,转录和翻译过程在时间和空间上被彼此分隔开,且在转录和翻译后还有复杂的加工过程,因此基因表达在不同水平上都要进行调节。

(一)基因表达的多级调控

基因结构的活化、转录起始、转录后加工及转运、mRNA降解、翻译及翻译后加工及蛋白质降解等均为基因表达调控的控制点。可见,基因表达调控是在多级水平上进行的复杂事件。其中转录起始是基因表达的基本控制点。

1.基因结构的活化

DNA暴露碱基后,RNA聚合酶才能有效结合。活化状态的基因表现为:(1)对核酸酶敏感;(2)结合有非组蛋白及修饰的组蛋白;(3)低甲基化。

2.转录起始

是最有效的调节环节,通过DNA元件与调控蛋白的相互作用来调控基因表达。

3.转录后加工及转运

主要存在于真核生物中,包括RNA编辑、剪接、转运。

4.翻译及翻译后加工

翻译水平调控可通过特异的蛋白因子阻断mRNA翻译,翻译后对蛋白的加工、修饰也是基本的调控环节。

(二)基因转录激活调节的基本要素

1.DNA序列

原核生物大多数基因表达调控是通过操纵子机制实现的。操纵子通常由2个以上的编码序列与启动序列、操纵序列以及其他调节序列在基因组中成簇串联组成。启动序列是RNA聚合酶结合并启动转录的特异DNA序列。在多种原核基因启动序列的特定区域内,通常在转录起始点上游-35及-10区域存在一些相似序列,称为共有序列。大肠杆菌及一些细菌启动序列的共有序列在-10区域是TATAAT,又称Pribnow盒(Pribnow Box),在-35区域为TTGACA。这些共有序列中的任一碱基突变或变异都会影响RNA聚合酶与启动序列的结合及转录起始。因此,共有序列决定启动序列的转录活性大小。操纵序列是原核阻遏蛋白的结合位点。当操纵序列结合阻遏蛋白时会阻碍RNA聚合酶与启动序列的结合,或使RNA聚合酶不能沿DNA向前移动,阻遏转录,介导负性调节。原核操纵子调节序列中还有一种特异性DNA序列可结合激活蛋白,使转录激活,介导正性调节。

顺式作用元件就是指可影响自身基因表达活性的DNA序列。在不同真核基因的顺式作用元件中会时常发现一些共有序列,如TATA盒、CCAAT盒等。这些共有序列就是顺式作用元件的核心序列,它们是真核RNA聚合酶或特异转录因子的结合位点。顺式作用元件通常是非编码序列。顺式作用元件并非都位于转录起始位点上游(5′端)。根据顺式作用元件在基因中的位置、转录激活作用的性质及发挥作用的方式,可将真核基因的这些功能元件分为启动子、增强子及沉默子等。

2.调节蛋白

原核调节蛋白分为三类:特异因子、阻遏蛋白和激活蛋白。特异因子决定RNA聚合酶对一个或一套启动序列的特异性识别和结合能力。阻遏蛋白可结合操纵序列,阻遏基因转录。激活蛋白可结合启动序列邻近的DNA序列,促进RNA聚合酶与启动序列的结合,增强RNA聚合酶活性。

真核调节蛋白又称转录因子。绝大多数真核转录调节因子由某一基因表达后,通过与特异的顺式作用元件相互作用(DNA-蛋白质相互作用)反式激活另一基因的转录,故称反式作用因子。有些基因产物可特异性识别、结合自身基因的调节序列,调节自身基因的开启或关闭,这就是顺式作用。具有这种调节方式的调节蛋白称为顺式作用蛋白。

3.DNA-蛋白质、蛋白质-蛋白质相互作用

DNA-蛋白质相互作用指反式作用因子与顺式作用元件之间的特异识别及结合。这种结合通常是非共价结合。绝大多数调节蛋白结合DNA前须通过蛋白质-蛋白质相互作用形成二聚体或多聚体。所谓二聚化就是指两分子单体通过一定的结构域结合成二聚体,它是调节蛋白结合DNA时最常见的形式。由同种分子形成的二聚体称同源二聚体,异种分子间形成的二聚体称异源二聚体。除二聚化或多聚化反应外,还有一些调节蛋白不能直接结合DNA,而是通过蛋白质-蛋白质相互作用间接结合DNA,调节基因转录。

4.RNA聚合酶

DNA元件与调节蛋白对转录激活的调节最终是由RNA聚合酶活性体现的。启动序列或启动子的结构,调节蛋白的性质对RNA聚合酶活性影响很大。

(1)启动序列或启动子的结构与RNA聚合酶活性。原核启动序列或真核启动子是由转录起始点、RNA聚合酶结合位点及控制转录的调节组件组成的,会影响其与RNA聚合酶的亲和力,而亲和力大小则直接影响转录起始频率。

(2)调节蛋白与RNA聚合酶活性。一些特异调节蛋白在适当环境信号刺激下在细胞内表达,随后这些调节蛋白通过DNA-蛋白质相互作用、蛋白质-蛋白质相互作用影响RNA聚合酶活性,从而使基础转录频率发生改变,出现表达水平的变化。

第三节　原核生物基因的表达调控

细菌能随环境的变化,迅速改变某些基因表达的状态,这为原核生物基因表达调控的研究提供了很好的实验材料。法国的Jacob和Monod两位科学家发现的"操纵子模型",实际上是生物适应环境的最原始的诱导表达调控模型,也是原核生物基因表达调控的重要方式。

所谓操纵子(Operon)是指原核生物基因组的一个转录表达调控序列,它包括参与同一代谢途径的几个酶的基因(结构基因),及在结构基因前面的调节基因(Regulatory Gene)、启动子(Promoter,P)、操纵基因(Operator,O)及其他一些调控序列。当代谢需要结构基因表达的酶时,操纵子即开放,结构基因转录生成mRNA并表达为酶参加代谢。如果不需要时,结构基因不被转录,或以很低的速度进行。这是一个典型的转录水平的调控模式。

【案例分析】　乳糖操纵子模型的发现

大肠杆菌可以利用葡萄糖、乳糖、麦芽糖、阿拉伯糖等作为碳源而生长繁殖。当培养基中有葡萄糖和乳糖时,细菌优先使用葡萄糖,当葡萄糖耗尽,细菌停止生长,经过短时间的适应,就能利用乳糖,细菌继续呈指数式繁殖增长,这个称为细菌的二次生长现象。

细菌利用乳糖至少需要两种酶:促使乳糖进入细菌的乳糖透性酶(Lactose Permease),催化乳糖分解的β-半乳糖苷酶(β-galactosidase)。在环境中没有乳糖或其他β-半乳糖苷时,大肠杆菌合成β-半乳糖苷酶量极少,加入乳糖2~3 min后,细菌大量合成β-半乳糖苷酶,其量可提高千倍以上,在以乳糖作为唯一碳源时,菌体内的β-半乳糖苷酶量可占到细菌总蛋白量的3%。法国的巴士德研究院的Jacob和Monod等人通过对这种典型的基因表达诱导现象的深入研究,于1961年提出乳糖操纵子(Lac Operon)学说,并因此而获得了1965年的诺贝尔生理学或医学奖。

一、乳糖操纵子(Lac Operon)

大肠杆菌乳糖操纵子是研究得最清楚的一种操纵子。大肠杆菌乳糖操纵子由依次排列的调节基因、cAMP受体蛋白CRP位点、启动子、操纵基因和3个相连的编码利用乳糖的酶的结构

基因组成。结构基因 *lac* Z 编码分解乳糖的β-半乳糖苷酶,*lac*Y 编码吸收乳糖的β-半乳糖苷透性酶,*lac*A 编码β-半乳糖苷乙酰基转移酶。3 个结构基因组成的转录单位转录出一条 mRNA,指导 3 种酶的合成。乳糖操纵子的结构如图 14.1 所示。

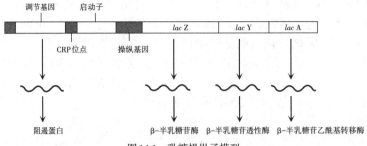

图 14.1　乳糖操纵子模型

乳糖操纵子的操纵基因(*lac* O),位于结构基因之前,启动子之后,不编码任何蛋白质,它是调节基因如 *lac*I 所编码产物的结合部位。调节基因位于启动子之前,在葡萄糖培养基中由它转录、翻译而生成的蛋白质是个阻遏蛋白(Repressor)。阻遏蛋白形成四聚体,亚基与 DNA 结合的结构域含有螺旋-转角-螺旋结构,该结构常见于 DNA 结合蛋白,其中一个螺旋能与 DNA 相互作用,识别操纵基因序列并与之结合。当它与操纵基因结合后可封阻结构基因的转录。

人们很早就发现,当大肠杆菌在葡萄糖培养基中生长时,它不能代谢乳糖,因为缺少所必需的酶。当生长在没有葡萄糖而只有乳糖的培养基中时,代谢乳糖的酶量增加近 1 000 倍,可代谢乳糖。乳糖促进大肠杆菌合成代谢自身的酶,乳糖成为一种诱导剂。如果此时在培养基中又加入一些葡萄糖,培养基中既有乳糖又有葡萄糖,则乳糖的代谢又停止,大肠杆菌又转向利用葡萄糖而不利用乳糖。可见葡萄糖阻遏了乳糖代谢。只有葡萄糖消耗殆尽,阻遏作用解除,大肠杆菌才能又利用乳糖。那么乳糖操纵子是如何调控的呢?

(一)乳糖操纵子的负调节

负调节(Negative Control)是指开放的乳糖操纵子可被调节基因的编码产物阻遏蛋白所关闭。当大肠杆菌培养基中只有葡萄糖而没有乳糖时,阻遏蛋白可与操纵基因结合,由于操纵基因与启动子相邻,当阻遏蛋白与操纵基因结合后,阻止 RNA 聚合酶移动并通过操纵基因到达结构基因,因而操纵子被关闭或抑制,基因的转录被阻断。由于不能产生乳糖代谢所需要的酶,大肠杆菌不能代谢乳糖(图 14.2A)。

在没有可利用的乳糖时,乳糖操纵子一直处于关闭状态,这样可避免细菌产生多余的酶而造成浪费。当葡萄糖耗尽且有乳糖存在时,乳糖操纵子的抑制将被解除,使细菌能够利用乳糖。这是由于乳糖是乳糖操纵子的诱导物,阻遏蛋白上有诱导物的结合位点。当有诱导物存在时,阻遏蛋白可与诱导物结合,引起阻遏蛋白构象改变,使

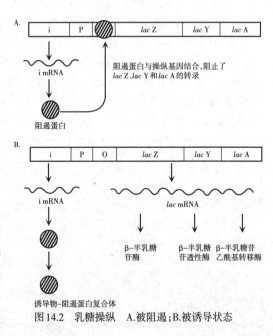

图 14.2　乳糖操纵　A.被阻遏;B.被诱导状态

其与操纵基因的亲和力降低,不能与操纵基因结合或从操纵基因上解离,于是乳糖操纵子开放,RNA 聚合酶结合于启动子,并顺利通过操纵基因进行结构基因的转录,产生大量分解乳糖的酶,以乳糖为能源进行代谢(图 14.2B)。

由于利用乳糖的酶是因为乳糖的存在而被诱导产生的,所以这种酶称为诱导酶。人工合成的异丙基硫代-β-D-半乳糖苷(Isopropylthio-β-D-galactoside,IPTG)也可以作为诱导物,使基因开放。IPTG常用于基因工程中作为目标基因的诱导物。

以上说明了为什么在含葡萄糖的培养基中大肠杆菌不能利用乳糖,只有在乳糖单独存在时才能利用乳糖的调控机理。那么在含乳糖的培养基中加入葡萄糖时,为什么又不能利用乳糖了呢?

(二)乳糖操纵子的正调节

乳糖操纵子的正调节(Positive Control)是指处于关闭或基础转录水平的乳糖操纵子被正调节因子所开放或增强的一种调节方式。大肠杆菌乳糖操纵子之所以选择正调节作用,是因为光有负调节不能满足大肠杆菌对能量代谢的需要,当培养基中既有葡萄糖又有乳糖时,仅有负调节作用下,大肠杆菌能对乳糖的存在做出应答,因为乳糖存在时就足以激活操纵子,这时激活乳糖操纵子是一种浪费。大肠杆菌应优先利用葡萄糖然后再利用乳糖作为能源物质,此时乳糖操纵子应处于非活化状态,有利于葡萄糖的代谢。当大肠杆菌利用完葡萄糖后再激活乳糖操纵子,从而利用乳糖继续生长,这种现象称葡萄糖阻遏(Glucose Repression)或分解代谢产物阻遏(Catabolite Repression),因为有研究发现真正阻遏乳糖操纵子的可能是葡萄糖酵解的产物。

理想的乳糖操纵子是能够感受葡萄糖的缺乏,并在葡萄糖缺乏的时候激活乳糖操纵子的启动子,从而使RNA聚合酶能够结合启动子并转录结构基因。能够对培养基中葡萄糖的浓度做出应答的物质是cAMP,cAMP是在腺苷酸环化酶的作用下由ATP转变而来的。当葡萄糖浓度下降时,cAMP的浓度升高。但cAMP并非真正的乳糖操纵子的正调节因子,而是由cAMP与一种蛋白因子组成的复合物。这种蛋白因子以前称为分解代谢产物激活蛋白(Catabolite Activator Protein,CAP),现在称为cAMP受体蛋白(cAMP Receptor Protein,CRP),由crp基因编码。cAMP-CRP复合物能与乳糖操纵子的启动子特异性结合,促进RNA聚合酶与启动子的结合,从而促进转录。但游离的CRP不能与启动子结合,必须与cAMP结合形成复合物才能与启动子结合。

cAMP水平受大肠杆菌葡萄糖代谢状况的影响。当葡萄糖水平低时,cAMP浓度升高,cAMP与CRP结合,使CRP构象改变,增大了其与启动子结合的亲和力,从而激活乳糖操纵子,促进结构基因的转录,使大肠杆菌能够利用乳糖。向含有乳糖的培养基中加入葡萄糖,由于葡萄糖浓度升高,cAMP水平降低,CRP与启动子的亲和力降低,乳糖操纵子被抑制,此时即使有乳糖存在,大肠杆菌仍不能利用乳糖(图14.3)。

因此,大肠杆菌乳糖操纵子受到两方面的调节,一是对操纵基因的负调节,二是对RNA聚合酶结合到启动子上的正调节,

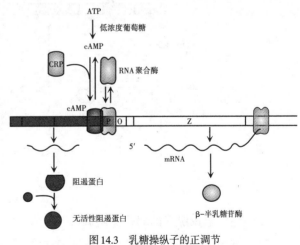

图14.3　乳糖操纵子的正调节

两种调节作用使大肠杆菌能够灵敏地应答环境中营养的变化,有效地利用能量以利于生长。

二、色氨酸操纵子(Tryptophane Operon,trp)

细菌的氨基酸合成也由操纵子调节,需要某种氨基酸时其基因开放,不需时基因即关闭。色氨酸、苏氨酸、组氨酸、苯丙氨酸、亮氨酸、异亮氨酸等的操纵子结构都已研究清楚。这些氨

基酸的操纵子在调控上与 *lac* 操纵子相比又有许多新的特点,现以色氨酸操纵子(*trp*)(图14.4)为例做一简要介绍。

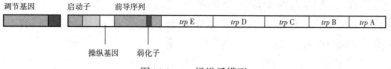

图14.4 *trp* 操纵子模型

色氨酸操纵子含有大肠杆菌合成色氨酸所需的5个酶E、D、C、B、A的结构基因。和 *lac* 操纵子一样,*trp* 操纵子也倾向于由阻遏蛋白产生的负调节,但两种操纵子的负调节有着本质的区别。*lac* 操纵子编码分解代谢的酶,分解某一物质(如乳糖),当该物质出现时操纵子被开放。*trp* 操纵子编码合成代谢的酶,合成某一物质(如色氨酸),操纵子通常被该物质所关闭。当色氨酸浓度高时,不再需要 *trp* 操纵子的编码产物,因而操纵子被关闭。同时,*trp* 操纵子还存在一种弱化作用(Attenuation)的调节机制,这在 *lac* 操纵子中是没有的。

(一)色氨酸操纵子的负调节

在色氨酸操纵子中,充足的色氨酸意味着细菌不需要花费更多的能量再合成这种氨基酸,也就是说,高浓度的色氨酸是关闭色氨酸操纵子的信号。色氨酸可帮助色氨酸阻遏蛋白(Trp Repressor)与操纵基因的结合。没有色氨酸存在时,不产生有活性的色氨酸阻遏蛋白,调节基因的产物以无活性的阻遏蛋白(Aporepressor)形式存在。当有色氨酸存在时,色氨酸与阻遏物蛋白结合,使其构象发生改变,变成与操纵基因具有高亲和力的色氨酸阻遏蛋白,因此色氨酸是一种辅阻遏物。当细胞内色氨酸的浓度升高时,有充足的辅阻遏物与阻遏蛋白结合形成有活性的色氨酸阻遏蛋白,色氨酸阻遏蛋白与操纵基因结合,于是色氨酸操纵子被抑制。当细胞内色氨酸浓度降低时,色氨酸与阻遏蛋白分离,阻遏蛋白从操纵基因上解离,色氨酸操纵子解除抑制。色氨酸操纵子的调节机制见图14.5。

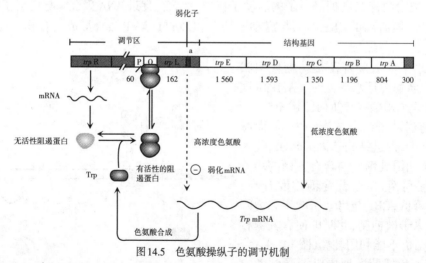

图14.5 色氨酸操纵子的调节机制

(二)色氨酸操纵子的弱化作用调节

除上述负调节机制外,色氨酸操纵子还有另外一种调节机制称为弱化作用。为什么色氨酸操纵子需要这种弱化作用的调节呢?这是因为色氨酸操纵子的抑制作用较弱,即便在阻抑蛋白存在的情况下仍可进行一定水平的转录。弱化子的作用就是在色氨酸相对较多时也能减弱操纵子的转录,弱化子通过引起转录的提前终止而发挥调节作用。

弱化子(Attenuator,a)是位于结构基因 *trp* E 起始密码子前的一段核苷酸序列,称为前导序列(Leader Sequence,L)。大肠杆菌的前导序列全长162个核苷酸,其中一段42个碱基编码一小段14肽（Met-Lys-Ala-Ile-Phe-Val-Leu-Lys-Gly-Trp-Trp-Agr-Thr-Ser）。其中的第10、11位有两个紧连的色氨酸，它们在调节中起着重要的作用。

转录的提前终止是由于在弱化子序列内含有转录终止信号——终止子，终止子的一个反向重复序列后紧接着8个A-T碱基对，其结构与原核生物转录中不依赖终止因子的终止子结构相似。由于反向重复序列的存在，在此区域内的转录产物易形成后面带有8个U的茎环结构，一旦形成茎环结构，RNA聚合酶即停止移动，转录终止。

前导序列的弱化子序列内含有4个反向重复序列区域，分别是1区、2区、3区和4区。反向重复序列可因为自身的碱基配对形成双螺旋结构，1区与2区配对，3区与4区配对是最稳定的终止子结构，形成两个茎环结构，3区和4区形成的茎环结构后紧接着8个U序列（图14.6A）。

原核生物的转录和翻译是同步进行的，当细胞中色氨酸含量低时，不能形成足够的色氨酰-tRNA，翻译进行至前导序列的2个色氨酸密码子时，由于缺少色氨酰-tRNA，核糖体停止移动。此时核糖体位于1区，导致1区和2区不能形成茎环结构，而2区和3区形成茎环结构，3区和4区的茎环结构不能形成，致使不能形成有效的转录终止子结构，RNA聚合酶可通过弱化子序列继续转录，结构基因得以表达，产生色氨酸（图14.6B）。当色氨酸含量高时，核糖体不停止移动，3区和4区形成茎环结构进而形成有效的转录终止子，RNA聚合酶不能通过，转录终止，结构基因不能表达，使色氨酸含量降低（图14.6C）。

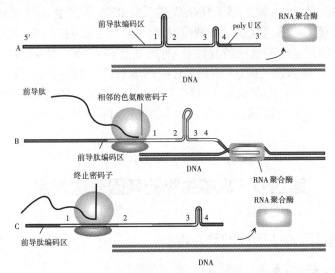

图14.6 色氨酸操纵子弱化作用机制

A：前导区mRNA最稳定的结构；B：色氨酸含量低时，前导区mRNA结构；C：色氨酸含量高时，前导区mRNA结构

色氨酸操纵子的负调节和弱化作用调节在细胞内不同色氨酸水平上发挥不同的作用，色氨酸浓度低时，以阻遏蛋白作用的负调节为主，而在色氨酸浓度高时，以弱化子的弱化作用调节为主。

弱化子调控，是一种翻译与转录相偶联的调控机制。在这里可以看到核酸分子和蛋白质分子一样，能以构象的改变起到调节的作用。弱化子调节在大肠杆菌的其他氨基酸合成操纵子中也普遍存在。每个操纵子的前导肽中都含有操纵子所调控氨基酸的重复密码子。苯丙氨酸和组氨酸前导肽中最为突出，含有7个苯丙氨酸和组氨酸的重复密码子。

三、反义RNA与翻译水平调节

所谓反义RNA（Antisense RNA）就是一种与mRNA互补的RNA分子，它是反义基因（Antisense Gene）或基因的反义链（Antisense Strand）转录的产物。它与mRNA结合后即阻断mRNA的翻译，从而调节基因的表达，是一种翻译水平的调控。

20世纪80年代初由T.Mizuno等人在研究大肠杆菌的主要外膜蛋白(Major Outer Membrane Protein,Omp)基因表达时发现,两种外膜蛋白Omp F和Omp C的数量跟培养液的渗透压紧密相关。在渗透压升高时,Omp F的含量下降,而Omp C上升,从而保持Omp F和Omp C的总量不变。这种变化是由*Omp* B位点调节的,此位点包括*Omp* R和*env* Z两个基因。*env* Z基因的产物是一个跨膜蛋白,它能接收环境渗透压变化的信号,并将信号传给*Omp* R,*Omp* R再调节*Omp* F和*Omp* C。渗透压升高时,*Omp* R促进*Omp* C转录,一方面转录出*Omp* C的mRNA,另一方面转录*Omp* C上游紧邻的一个独立转录单位,产生一个174核苷酸的小分子RNA。它能与*Omp* F的mRNA相互补,形成互补链抑制*OmpF* RNA的翻译。Mizuno等人将这种RNA称之为micRNA,即干扰mRNA的互补RNA(mRNA-interfering Complementary RNA)。产生micRNA的基因称为反义基因,现在证明它天然存在于细菌的DNA结构中。原核生物普遍存在反义RNA的调控系统。

真核生物是否也有反义RNA,目前尚无直接证据。但从反义RNA的定义看,真核细胞中不少的RNA表现出反义RNA的功能。如DNA复制需要RNA作引物;单链DNA或RNA与互补链的杂交;mRNA 5′端SD序列与30S亚基中16S rRNA 3′端的互补;tRNA的反密码子与mRNA密码子的互补等。根据这些核酸间相互识别与作用的事实,有人提出在生物体内存在反义RNA网络的假说。认为"反义"仅仅是对靶序列而言的,体内RNA似乎都可以看成反义RNA。它们不是这条DNA链的反义RNA,就是那条DNA链的反义RNA,从整体上构成一种反义RNA的网络,发挥着不同的功能。当然这仅仅是一种假说,但可以促进我们对RNA功能的认识。

反义RNA调控的特点是高度的特异性,一种反义RNA抑制一种mRNA。现在根据原理设计人工反义RNA,抑制靶基因的表达,达到医疗疾病的目的,称为基因治疗。如乙肝病毒、口蹄疫病毒(Foot and Mouth Virus)、脊髓灰质炎病毒(Poliovirus)及人的艾滋病病毒(HIV)等都是单链RNA病毒,可利用反义RNA抑制其在体内的复制。再如可用反义RNA抑制癌蛋白的表达等。

第四节 真核生物的基因表达调控

一、高等动物基因表达调控的复杂性

(一)高等动物机体的复杂性

高等动物机体要比原核生物复杂得多,高等动物是由多细胞、多组织、多器官、多系统组成的。高级复杂的有机体,除生长、繁殖之外,更重要的是机体要发育,细胞必须分化,基因表达必须有严格的时空顺序,为了维持机体的这种复杂性,需要有更大的基因表达调控能力和更复杂、更高级的基因表达调控方式。

(二)高等动物细胞的复杂性

高等动物细胞的结构远比原核生物复杂得多,这些细胞具有各种各样原核细胞所没有的亚细胞结构;另一方面是高等动物拥有许多结构和功能差异很大的细胞类型,即高度分化(特化)细胞。不同细胞因功能不同,表达的蛋白质也有很大差异,但对绝大多数细胞来讲,即使结构和功能差异很大,所含遗传物质的量也都是恒定的。这就意味着,特异蛋白的产生完全靠基因的表达调控来实现。

高等动物细胞的染色体由一层核膜所包围,因此转录和翻译在时间和空间上是分隔的,而在原核生物中是紧密偶联的,即在转录尚未完成之前翻译便已经开始。真核生物转录的产物要在核内经广泛的修饰与剪接,最初合成的RNA(hnRNA)中仅一小部分作为mRNA进入胞液去表达。表明真核生物的基因表达比原核生物要丰富及复杂得多。

(三)高等动物细胞增殖和细胞分化的复杂性

高等动物细胞增殖的复杂性表现在遗传物质DNA的含量与结构上。高等动物所含的DNA分子要比原核生物大多个数量级,其中很大部分用于贮存调控信息。核内DNA与蛋白质以及RNA构成以核小体为基本单位的染色质,其中DNA以很高的压缩比被装配。例如人类单倍体染色体组DNA为3.3×10^9 bp,而 *E.Coli* 只有4.2×10^6 bp,约大1 000倍,这就意味着遗传物质本身在调节过程中能发挥更大的作用。

高等动物都为多细胞生物,在个体发育过程中细胞要发生细胞分化,分化的细胞担负的功能不同,基因表达的情况就很不一样,某些基因仅特异地在某种细胞中表达,称为细胞特异性或组织特异性表达,因而具有调控这些特异性表达的机制。

(四)高等动物所含蛋白质种类的复杂性

高等动物所含蛋白质的种类比原核生物多得多,*E.Coli* 有3 000多种,而人类约有100 000多种蛋白质,是前者的30多倍,且功能也更为复杂和微妙。这就意味着基因数目及调节位点也增加,调节将更为准确、精细,一旦出现调节障碍就会产生疾病。

(五)高等动物的基因结构很复杂

真核生物基因一般不组成操纵子,即使某些基因连在一起并受共同调节基因产物的调节,但也不形成多顺反子mRNA,其mRNA的半衰期比较长。多细胞真核生物是由不同的组织细胞构成的,从受精卵到完整个体要经过复杂的分化发育过程,除了那些为维持细胞基本生命活动所必需的基因外,其他不同组织细胞中的基因总是在不同的时空关系中受到活化或受到阻遏。

(六)高等动物对环境的适应能力强

高等动物适应环境的能力比原核生物强得多,也主动得多,当内外环境发生变化时,立即通过神经、激素、细胞和分子水平这四个层次进行生命活动的调节。

综上所述,高等动物的生物学特性及基因的特点决定了基因表达的调控方式比原核生物更复杂多样,也更高级。

二、高等动物基因表达调控

当前分子生物学的研究重点已从原核生物转向真核生物。真核生物基因表达的调节和控制已成为最引人注目的研究课题之一。通过对真核生物基因表达调节机制的认识将使我们更有效地控制真核生物的生长发育。真核生物的基因工程的进一步发展实际上也有赖于对真核基因调节机制的了解。

真核细胞的基因表达可随细胞内外环境条件的改变和时间顺序而在不同表达水平上加以精确调节。这种在不同水平上进行调节的机制为多级调节系统(Multistage Regulation System)。

据研究,真核生物特别是高等动物基因表达的调控可在五个水平上进行,它们分别是:基因组水平、转录水平、转录后水平、翻译水平及翻译后水平,其中,转录水平仍然是最重要的调控层次。下面我们分别做一介绍,重点讲解转录水平的调控。

(一)基因含量或位置的改变

真核基因组具有高度的可塑性,即它不是一个固定的、不可移动的结构,它不仅能移动,而且可被扩增或丢失。DNA的非编码序列在某些基因的调控中起重要作用,也增加了遗传的多样性。

1.基因扩增

基因扩增是指通过改变基因数量而调节基因表达产物的过程,这是细胞短期内大量产生出某一基因拷贝从而适应特殊需要的一种手段。某些脊椎动物和昆虫的卵母细胞(Oocyte),为贮备大量核糖体以供卵细胞受精后发育的需要,通常都要专一性地增加编码核糖体RNA的基因(rDNA)。

【案例分析】 基因扩增的经典案例

非洲爪蟾卵母细胞发育初期其编码rRNA的基因,拷贝数由1 500剧增至2 000 000,其总量可达细胞DNA的75%,当胚胎期开始后,这些rDNA失去价值而逐渐消失。

原生动物纤毛虫的大核在发育过程中也要扩增rDNA,这些rDNA以微染色体(Mini-chromosome)的形式大量存在于大核内。昆虫在需要大量合成和分泌卵壳蛋白(Chorionin)时,其基因也先行专一地扩增。此外,在癌细胞中常可检查出有癌基因的扩增。

真核生物用来增加某种基因产物数量的一种非常有效的方式就是增加为这种产物编码的基因的数量。许多为产物编码的基因常常需要很大的量。例如,组蛋白和rRNA基因在所有细胞中永远处于扩增状态。但是,某些在正常情况下以低拷贝数存在的基因,也能进行选择性扩增。

(1)基因扩增的形式

可采取两种方式,一种是在基因组之外,扩增含有某一基因的DNA片段,这些染色体外的DNA片段常常称为双微染色体(Double Minute Chromosome);另一种是在染色体内将这些基因扩增为多个串联重复形式。

(2)扩增区的大小

被扩增的DNA区域一般比它所含的基因要大得多,范围100~1 000 kp,已观察到一些基因可扩增至几千倍。

(3)可扩增的基因

现已知道可扩增的基因有20多个,例如:

① 二氢叶酸还原酶(DHFR)基因。氨甲蝶呤是一种抑制DHFR的药物,用于治疗白血病和某些肿瘤,在用这种药物治疗一段时间后,这些细胞通过扩增它们的DHFR基因和产生比受氨甲蝶呤抑制更多的DHFR的方式,对氨甲蝶呤产生抗性。

② 金属硫蛋白基因。金属硫蛋白是一种能与重金属如Cu、Hg、Cd等结合的低分子量蛋白质。金属离子与金属硫蛋白的结合可使细胞免受重金属的毒害。为了应答重金属量的增加,细胞便扩增它们的金属硫蛋白基因,产生更多的金属硫蛋白。

③ 多种药物抗性基因。这种基因产生一个大的膜结合糖蛋白,它能通过依赖ATP的方式将药物排出细胞,因此赋予细胞对许多药物的抗性。通过扩增这种基因,细胞能对许多抗肿瘤药物产生抗性。因为这种基因能抗多种药物,尤其是化学疗法,这样导致病人对一种从未使用过的抗肿瘤药物产生抗性。

2.基因缩减(丢失)

它是一种通过从基因组中去掉基因而使这些基因完全失活的罕见的基因调节方式。某些低等真核生物,如蛔虫和甲壳类的剑水蚤,在其发育早期卵裂阶段,所有分裂细胞除一个之外,均将异染色质部分删除掉,从而使染色质减少约一半。而保持完整基因组的细胞则成为下一代的生殖细胞。推测所删除的DNA仅对生殖细胞是必需的,在此加工过程中DNA必定发生切除并重新连接。

基因丢失的可能机理:

(1)基因的扩增是不稳定的,可以在细胞继代过程中丢失。双微染色体从一代传到下一代尤其不稳定,因为双微染色体不能像完整的染色体那样均等地进行有丝分裂。因此,如果不进行人为选择,就会由于在有丝分裂期间不均等分配而丢失。

(2)DNA的丢失与产生新抗体基因的基因重排相伴随,即基因重排时,需要某些基因丢失,如果是开关的缺失,可以保证某些白细胞产生一类特异的免疫球蛋白。

3.基因重排

基因重排在产生多样性抗体过程中起主要作用。众所周知,有效的细胞免疫需要大量有不同抗原特异性的抗体。根据B细胞产生抗体的多样性分析,现有基因显然是不足的,因为参与构成抗体的基因只有约500个,却可以产生640多万种抗体。现已证实,这种情况正是通过基因重排的方式,来创造这一奇迹的。

(二)转录水平的调控

真核生物调控的主要方式仍是转录水平的调控,对高等动物来说,转录调控可以表现在两个水平上。

1.染色体结构的改变

真核生物通过染色体包装可调节含有许多基因的大片段染色体。关于调节染色体包装的信号途径,目前还不清楚。

$$染色体结构包装\begin{cases}异染色质,无转录活性区域\\常染色质,有转录活性区域\end{cases}$$

(1)转录的可接近性。完整的染色体或染色体部分区域通过形成无活性的异染色质可使转录"机构"和调节因子不可接近,故不能进行转录;同样,染色体的全部区域也可通过形成有活性的常染色质使转录得以进行。在活化的染色质中,核小体可能被解开,或无核小体结构,使RNA聚合酶能够转录染色质的DNA。研究结果表明,凡有基因表达活性的染色质DNA对核酸酶或DNA酶的降解作用比没有转录活性的染色质要敏感得多。用特殊探针比较个别基因对DNA酶的敏感性发现,正在转录的基因与具有潜在转录活性而不转录的基因同样敏感,而且整个基因环化区均呈疏松状态。这意味着染色质的疏松化仅是基因活化的前提,而进行转录还需要其他因子的调节和控制。

非组蛋白的染色质蛋白质可造成这种对酶的敏感性,其中高迁移组分(High-mobility group)蛋白质,特别是HMG14和HMG17有明显的作用,它们可取代组蛋白H_1而使染色质疏松化。这类蛋白质具有组织特异性。

(2)巴氏小体。基因通过DNA紧密包装为异染色质而失活的一个鲜明例子见于人类巴氏小体的形成。在女性的所有细胞中,都有一个X染色体,通过异染色质化形成巴氏小体而导致转录失活。失活的X染色体称为巴氏小体,位于核膜旁边被深染色为一个小黑点,光镜下清晰可见。体育运动会上性别的鉴定,主要采用检测巴氏小体的方法。

(3)维持细胞类型的特异性。在分化细胞的不同染色体的不同区域可以保持无活性的异染色质状态而不进行转录,这一过程没有整条染色体的异染色质化那么富于戏剧性。

(4)真核DNA的甲基化。真核DNA的甲基化在维持无活性的异染色质过程中起作用。在真核DNA的两条链上,C-G对中的胞苷可被甲基化,有一种叫作维持甲基化酶的酶能确保复制过程中DNA的甲基化模式。甲基化在维持无活性的异染色质方面的作用证据如下:①在无活性的异染色质中,C-G对常常是甲基化的;而在有活性的常染色质中C-G对常常是非甲基化的。②抑制维持甲基化作用的酶的药物,引起以前失活的基因活化。巴氏小体上的基因可以通过在复制期间抑制维持甲基化酶而重新活化。

(5)增强子对转录的促进作用。增强子(Enhancer)最早发现于DNA肿瘤病毒SV40,其转录单位起点上游200bp处存在两个相同成串的72bp序列,删除这两个序列将会显著降低体内的转录活性。增强子有两个显著的特点:一是它与启动子的相对位置无关。增强子无论在启动子的上游或是下游,甚至相隔几千个碱基对,只要存在于同一DNA分子上都能对其起作用。如果邻近有几个启动子,增强子总是优先作用于最近者。二是它无方向性。根据这两个特点很容易将增强子与启动子序列相区别。

增强子具有组织特异性,它往往优先或只能在某种类型的细胞中表现功能。这可以部分解释动物病毒要求一定宿主范围的原因。与此类似,组织特异的增强子为发育过程或成熟机体不同组织中基因表达的差别提供了基础。

细胞内必定存在一些特异的蛋白质可与其作用,从而影响DNA的结构,这种影响可以远距离(达几千bp)和无方向性地传递给相对最近的启动子,促使启动子易于结合RNA聚合酶或转录辅助因子。实际上,增强子通常存在于DNA酶的超敏感部位。由于在增强子内部通常都有一段嘌呤与嘧啶碱基交替排列的序列,这类序列在一定条件下可形成Z-DNA,因此认为增强子可能通过形成一段Z-DNA而起作用。然而目前依然不能解释Z-DNA是如何影响局部转录的。另一种较有说服力的模型认为,一种与旋转酶(Gyrase)相类似的酶可与其结合并引入超螺旋,因而使局部区域DNA易于进行转录。有关机制还有待进一步研究解决。

2.单个基因的调节

真核生物单个基因的转录调控基本上与原核生物操纵子的转录调控相似。主要的不同在于真核生物DNA序列元件和调控因子的数目比原核生物大得多,也复杂得多。表达的调控实质与原核相似,主要是在转录水平上进行的。换句话说,转录水平的调控是真核生物包括高等动物基因表达调控的主要方式。调节内容也是对RNA聚合酶活性及正确起始位点的调节。由顺式作用元件和反式作用因子相互作用,决定是否转录及转录的效率。

顺式作用元件:指与结构基因串联的特定DNA序列(即与结构基因位于同一条染色体上),故称为顺式作用元件。启动子、增强子或抑制子均属这类元件。

顺式作用元件的作用是为反式作用因子提供特异的结合位点,与相应反式作用因子结合,对基因转录的精确启动和活性调节起着举足轻重的作用。

反式作用因子:是指与结构基因位于不同染色体上或位于相同染色体但相距较远的基因编码的蛋白质因子,遗传上通常把位于不同染色体上的基因称为反式作用因子。所有与DNA结合的反式作用因子都有结合DNA的结构域,并有一些共同的结构特征。

(1)螺旋-转角-螺旋。螺旋-转角-螺旋(Helix-turn-helix)是蛋白质因子的两段螺旋被一个α-转角分开,其中一段螺旋用来识别DNA序列,直接与暴露在DNA大沟中的碱基对结合,识别和结合的作用力包括氢键、离子键和范德华力。这种基序结构主要以二聚体形式与DNA结合。在具有同源结构域的反式作用因子中,主要依靠单体形式通过螺旋-转角-螺旋与DNA进行多位点结合,而且还需多种特异蛋白质参与,以保证识别的特异性。

(2)锌指结构。锌指结构(Zinc Finger)中,保守氨基酸序列的小基团与锌离子结合形成蛋白质因子中相对独立的结构域。结构域中一个Zn^{2+}与肽链中4个Cys或2个Cys、2个His靠配位键形成四面体结构,疏水核心在结构里面,极性基团在表面,其余肽段像手指一样伸出(图14.7),所以称之为锌指结构。锌指结构是DNA结合蛋白的一个常见基序,锌指数目为1个或多个。锌指的羧基端部分形成α-螺旋与DNA结合,氨基端形成β-折叠。锌指蛋白有两类,一类

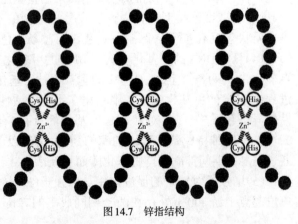

图14.7　锌指结构

为传统的锌指蛋白,如通用转录因子Spl的DNA结合域,为Cys2/His2锌指,通常串联重复排列在一起;另一类为类固醇受体的DNA结合域,为Cys2/Cys2锌指,通常不重复,其DNA结合位点较短,且呈回文结构。

(3)亮氨酸拉链。亮氨酸拉链(Leucine Zipper)是蛋白质中α-螺旋中一段出现有规律的富含亮氨酸残基的片段,由约35个氨基酸残基形成两性α-螺旋,即螺旋的一侧以带正电荷的氨基酸残基(碱性氨基酸)为主,具有亲水性;另一侧是排列成行的亮氨酸,具有疏水性(图14.8),这种富含亮氨酸的残基组成拉链式结构,所以称之为亮氨酸拉链。含有亮氨酸拉链的蛋白质都以二聚体形式与DNA结合,每个拉链中与重复的亮氨酸相连的碱性区含一个DNA结合位点,与DNA结合。

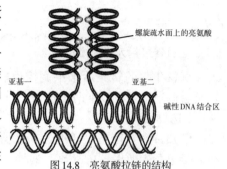

图14.8　亮氨酸拉链的结构

(4)螺旋-环-螺旋。螺旋-环-螺旋(Helix-loop-helix)含40~50个氨基酸残基,蛋白质中两个α-螺旋的中间由一段非螺旋的环连接,α-螺旋氨基端附近含有碱性区,可与DNA结合。其与DNA结合的方式与亮氨酸拉链相似,易形成异源二聚体和同源二聚体。碱性区对结合DNA是必需的,螺旋区对形成二聚体是必需的。

结合DNA的反式作用因子除含有特异结合DNA的结构域外,通常还另外含有一个或多个结构域,用于转录的活化或与其他调节蛋白相互作用。常见的转录活化结构域有3类:酸性活化结构域、富含谷氨酰胺结构域和富含脯氨酸结构域。

反式作用因子通过与特定的顺式作用元件和RNA聚合酶的相互作用调节基因转录的活性。下面将顺式作用元件与反式作用因子的相互调控方式解释如下。

顺式作用元件	反式作用因子
普通启动子	普通(通用)转录因子
startpoint	
TATA box	TATAbox结合因子:IFⅡA、D、E等
CAAT box	CAATbox结合因子:CTF/NF-1
GC box	GCbox结合因子:SP1

决定管家基因的基础表达

组织特异性启动子	组织特异性转录因子
如:肝细胞的HP1,	HP1结合的LF-B,
Ig基因的作用元件	Ig基因的OCT-1

决定奢侈基因的表达

诱导性启动子:介导信息	诱导性转录因子与
分子的调控作用,如cAMP	CRE结合的CREB,
反应元件CRE等	类固醇激素受体等

决定适应环境的蛋白质或酶类的表达

增强子(抑制子)

无基因特异性,有组织特异性	相应的结合因子

提高(降低)转录的速度

控制细胞分化的DNA序列元件	同源盒家族蛋白

决定细胞的分化

【案例分析】 为什么在转基因时在编码序列的上游要引入强启动子？

分析：基因表达调控最主要的是在转录水平的调控。转录水平调控涉及顺式作用元件和反式作用因子的相互作用。启动子是重要的顺式作用元件，强的启动子能够结合转录因子提高其与RNA聚合酶的结合，从而增加转录活性，增加转入基因表达产物的量。

（三）转录后水平的调节

真核生物的转录后水平调控也非常重要，高等动物的转录后加工比原核生物广泛得多。转录后调节主要在以下两个水平上进行。

1.选择性剪接

已知许多真核基因通过选择性剪接过程能产生各种不同的产物。根据现已发现的事实，在剪接过程中所保留的外显子的种类和位置可以不同，这样在不同类型的细胞中，同样的基因便可产生相关但不相同的蛋白质。例如通过选择性剪接在不同类型细胞中产生不同的产物。甲状腺中，降钙素基因表达的是降钙素编码的模板，此激素参与Ca^{2+}代谢调节，但在神经元中同样的基因却表达为与钙调素基因相关的多肽，在味觉中起作用。为这两种产物编码的mRNA，头两个编码外显子相同。它们密码子的不同之处在于第三个编码外显子的位置不同，PolyA位点也不同。通过这样剪接进行调节的机理还不清楚。

2.RNA稳定性的调节

RNA稳定性的改变在真核生物的基因调控中起相当大的作用，RNA稳定性的调节既可以在核内进行也可以在胞质中进行。

（1）核内。已知某些基因是产生hnRNA的，但这种hnRNA在某些细胞中从来不加工为mRNA并运输至胞质中，这些转录产物在加工前在核内被降解，据推测这是一种比较原始的调节方式。

（2）胞质。胞质中mRNA的稳定性能控制作为翻译模板的mRNA的可用性。不同基因的mRNA半衰期差异相当大。某些为大量产物编码的基因具有长期的作用，例如，β-球蛋白的基因，它的mRNA半衰期相当长，大约为10 h。其他为一种产物编码的基因，作用期很短，例如，一些生长因子，它们的mRNA半衰期还不到1 h。据证明，不稳定的mRNA 3′-UTR的序列负责本身的迅速水解。PolyA尾巴的长度与mRNA的半衰期也有很强的相关性。Poly A尾巴越长，mRNA的半衰期也越长，mRNA稳定性的差异，调节着有关蛋白的合成量。

（四）翻译水平的调节

虽然翻译水平的调节不是真核生物基因调控的主要方式，但它们的确存在。翻译过程中所涉及的所有酶及蛋白因子都可以通过调控，使翻译速度加快或减慢。

蛋白质合成的激活或抑制作用与参与蛋白质合成的许多因子的磷酸化密切相关。如，eIF-4F的磷酸化可激活翻译，真核生物起始因子eIF-2α的磷酸化将导致蛋白质合成的抑制，更多因子的磷酸化或去磷酸化调节作用的机制有待进一步阐明。起始因子eIF-4F由α、β、γ 3个亚单位组成，其对蛋白质翻译的重要调控作用是通过因子亚单位的可逆磷酸化作用实现的。当静止期细胞胰岛素激活后，蛋白质合成速度加快，此时起始因子eIF-4F的α和γ亚单位的磷酸化作用增加；而当细胞处于生长周期的有丝分裂相时，蛋白质合成受到抑制，起始因子eIF-4F的α亚单位出现脱磷酸化作用。在蛋白质合成的起始阶段，起始因子eIF-2在GTP的参与下与Met-tRNA$_i$特异地结合，参与起始复合物的形成，起始复合物形成后开始肽链的合成与延伸，同时释放eIF-2和GTP，而eIF-2和GTP再进入eIF-2·GTP·Met-tRNA$_i$复合物形成的循环中，继续进行翻译起始过程。然而，磷酸化的eIF-2对GDP有很高的亲和力，抑制了eIF-2的再循环，由于eIF-2·GTP·Met-tRNA$_i$复合物形成受阻，蛋白质合成便受到抑制。

(五)翻译后水平的调控

多肽链合成后通常需经过加工与折叠才能成为有活性的蛋白质。蛋白质的空间构象主要决定于它的氨基酸序列,而其最后具有生物活性的构象则是在加工或共价修饰过程中形成的。

翻译后的加工过程包括:(1)除去起始的甲硫氨酸残基或随后几个残基;(2)切除分泌蛋白或膜蛋白N末端的信号序列;(3)形成分子内的二硫键,以固定折叠构象;(4)肽链断裂或切除部分肽段;(5)末端或内部某些氨基酸的修饰,如甲基化、乙酰化、磷酸化等;(6)加上糖基(糖蛋白)、脂类分子(脂蛋白)或配基(复杂蛋白)。这种后加工过程在基因表达产物活性的调控上起重要作用。

【本章小结】

基因是具有特定遗传信息的核酸序列,按其功能可分为结构基因和调节基因。结构基因中除编码序列外还有非编码的间隔序列。基因的大小主要取决于其所含内含子的大小和数量。原核生物基因组结构简单,基因连续排列没有间隔序列,但含有重叠基因。真核生物基因组结构复杂,基因不连续排列,含有间隔序列和重复序列。

基因的表达可在不同水平受到调节。原核生物基因主要在转录水平进行调节。以操纵子模型为调节单位。乳糖操纵子可受葡萄糖的阻遏而关闭和受乳糖的诱导而开放,并被cAMP及其受体复合物所活化。色氨酸操纵子可受色氨酸对阻遏蛋白的负调控及弱化子的弱化作用调控。此外,原核生物基因还受反义RNA在翻译水平的调节。

真核生物基因表达可受到多级调控系统的调节。转录前的调节主要是在染色质水平上的基因活化过程。染色质由紧密的压缩状态转变为疏松的开放状态。转录水平的调节是真核生物基因表达调控的主要方式,通过反式作用因子与顺式作用元件的相互作用调节单个基因的转录表达。顺式作用元件包括启动子、增强子及其应答元件,反式作用因子通过其结合DNA的结构域识别和结合顺式作用元件。反式作用因子结合DNA的结构域主要有:螺旋-转角-螺旋、螺旋-环-螺旋、锌指结构和亮氨酸拉链等。转录后水平的调节是对转录产物加工的调节,通过不同的剪接方式产生不同的mRNA。翻译水平的调节主要是对mRNA的稳定性及参与蛋白质翻译的各种因子活力的调节。

【思考题】

1.什么是基因?原核生物和真核生物的基因有什么不同?

2.简述操纵子学说,并以乳糖操纵子为例说明原核基因转录的正、负两种调节方式。

3.真核基因转录水平的调节要通过反式作用因子和顺式作用元件相互作用实现。这种相互作用的分子基础是什么?

第十五章 核酸技术

生物技术（Biotechnology），又称为生物工程，是指应用生命科学研究的成果，以人们意志为目的进行设计，对生物或生物的成分进行改造和利用的技术。以核酸分子的体外操作为核心逐步建立起来的核酸技术，已成为当今生物技术的主体，其包括DNA和RNA的分离制备、目的基因的分离、核苷酸序列分析、分子杂交等。20世纪70年代DNA重组技术的创立，使人们在体外操作基因成为可能，这项技术不仅有利于人们进一步揭示生命现象的本质，而且已成为人们主动改变生物遗传性状的重要工具，极大地促进了生命科学理论的发展。在DNA重组技术的基础上，又出现了以定点突变技术为基础的蛋白质工程、转基因技术等。随着科学技术的不断发展，生物技术已经渗透到人们生活的方方面面，将对人类的生产方式和生活方式产生巨大的影响，横亘在人类面前的几大难题，例如能源紧缺、粮食匮乏和环境污染等问题的有效解决也有待于生物技术领域的重大突破。

第一节 DNA重组技术

对多数生物来说，基因的本质是DNA。DNA重组技术（Recombinant DNA Technique），又称分子克隆（Molecular Cloning），是指按既定的目的和方案，以DNA为操作对象，在体外将一种外源DNA（来自原核或真核生物）和载体DNA重组，形成重组DNA，然后将重组DNA转入宿主细胞（如大肠杆菌等），使外源基因DNA在宿主细胞中随宿主细胞的繁殖而扩增，并在宿主细胞中得到表达，最终获得基因表达产物或改变生物原有的遗传性状。

以DNA重组技术的原理发展建立起来的应用性生物技术称为遗传工程（Genetic Engineering），其本质是基因的体外重组，所以又称为基因工程（Gene Engineering）。

DNA重组得以实现至少要具备以下实验条件：①具有容纳外源基因或序列的载体；②具有将外源基因或序列与载体连接的工具酶；③具有合适的宿主细胞；④具有将重组DNA引入宿主细胞的途径；⑤具有选择和筛选重组体的方法。

一、工具酶

DNA重组过程中所使用的酶类统称为工具酶，如限制性内切核酸酶、DNA连接酶、DNA聚合酶Ⅰ、碱性磷酸酶、S1核酸酶、逆转录酶、末端转移酶等。

（一）限制性核酸内切酶（Restriction Endonuclease，限制性内切酶，限制酶）

限制性内切酶是一类能识别双链DNA分子中某种特定核苷酸序列，并由此切割DNA双链结构的核酸内切酶，此类酶主要是从原核生物中分离纯化的。限制酶的发现和应用，使DNA分子能很容易地在体外被切割和连接，被称为DNA重组技术中一把神奇的"手术刀"。

限制性内切酶是在研究细菌对噬菌体DNA的限制和对自身DNA进行修饰的现象中发现的。20世纪60年代，Werner Arber、Daniel Nathans和Hamilton O. Smith证明限制现象产生的原因是细菌中含有特异的核酸内切酶，能识别噬菌体DNA上特定的碱基序列而将外源DNA切断。同时，他们还证明，细菌自身DNA能够抵抗核酸内切酶的水解是因为细菌体内存在着核酸修饰酶——甲基化酶，将自身的DNA进行甲基化修饰，以避免其受内切酶水解。这种存在于细菌体内的由特定核酸内切酶和修饰酶构成的限制/修饰系统的功能是保护自身的DNA,水解外源DNA,从而保护和维持自身遗传信息的稳定,对细菌的生存和繁衍有重要意义。

1.限制酶的命名和类型

限制酶的命名和分类是以微生物属名的第一个字母(大写)与种名的第一、二个字母(小写)组成酶的基本名,若有株系之分,则在其后再加一个字母(小写)表示;若同一株系中有不同的限制酶,则以发现和分离的先后次序用罗马数字表示。如从流感嗜血杆菌(*Haemophilus influenzae*)d株中先后分离三个限制酶,分别被命名为 *Hind* Ⅰ、*Hind* Ⅱ 和 *Hind* Ⅲ。若微生物有不同的变种和品系,则在其三个字母之后再加一个大写字母表示,如*Eco*R Ⅰ 和*Bam*H Ⅰ 等。

根据限制酶的结构、所需辅助因子及裂解DNA方式不同将其分为三型:Ⅰ、Ⅱ和Ⅲ型。三种类型的限制酶有如下差别:①Ⅰ型限制酶,由3种不同的亚基组成,兼有修饰酶和依赖于ATP的内切酶活性,它能识别和结合于特定的DNA序列位点,但随机切断在识别位点以外的DNA序列(通常在识别位点周围400~700bp)。这类酶的作用需要 Mg^{2+}、SAM和ATP;②Ⅱ型限制酶,不具有修饰酶活性,由一条肽链组成,需要 Mg^{2+},但不需要SAM和ATP,其切割DNA特异性最强,且在识别位点内部切断DNA;③Ⅲ型限制酶,与Ⅰ类酶相似,需要 Mg^{2+} 和ATP,但切割位点在识别序列25~30bp以内。显然,Ⅱ型限制酶最适合用于基因克隆,是最主要、应用最多的限制性内切酶。

2.Ⅱ型限制酶的作用特点

限制酶的识别序列大部分具有纵轴对称结构,或称回文结构(Palindrome)。DNA序列中的回文结构是指具有2个结构相同、方向相反的反向重复碱基序列。识别序列的长度多为四个或六个核苷酸,四核苷酸序列在DNA链中出现频率高,酶在DNA链上切点多。六核苷酸序列在DNA链中出现频率低,酶在DNA链上切点少。限制酶在其识别序列内有特定的识别位点,切割DNA分子时能形成两种形式的末端,即平齐末端(Blunt End)和黏性末端(Cohesive End/Sticky End)。平齐末端是限制酶在识别序列的对称轴上切断,黏性末端是限制酶在识别序列对称轴左右的对称点上交错切割,产生带有2~4个未配对核苷酸的单链突出末端。常见限制酶的酶切位点和方式如表15.1。

表15.1　常见的限制性内切酶识别的碱基序列和酶切位点

限制酶	识别序列(5′→3′)	限制酶	识别序列(5′→3′)	限制酶	识别序列(5′→3′)
Alu Ⅰ	AG↓CT	*Hind* Ⅱ	GTPy↓PuAc	*Pvu* Ⅰ	CGAT↓CG
*Bam*H Ⅰ	G↓GATCC	*Hind* Ⅲ	A↓AGCTT	*Sal* Ⅰ	G↓TCGAC
Bgl Ⅲ	A↓GATCT	*Hpa* Ⅱ	C↓CGG	*Sma* Ⅰ	CCC↓GGG
Cla Ⅰ	AT↓CGAT	*Kpn* Ⅰ	GGTAC↓C	*Xma* Ⅰ	C↓CCGGG
*Eco*R Ⅰ	G↓AATTC	*Mbo* Ⅰ	↓GATC	*Not* Ⅰ	GC↓GGCCGC
Hae Ⅲ	GG↓CC	*Pst* Ⅰ	CTGCA↓G	—	—

注:↓处为限制酶的酶切位点

有些来源不同的限制酶识别相同的核苷酸靶序列,这类酶称同裂酶(Isoschizomers)。同裂酶切割DNA的位点或方式可以相同,也可以不同。例如*Sau*3A Ⅰ(↓GATC)与*Mbo* Ⅰ(↓GATC),二者的识别序列和酶切位点均相同;而*Sma* Ⅰ(CCC↓GGG)与*Xma* Ⅰ(C↓CCGGG),二者的识别序列相同,但酶切位点不同。

与同裂酶对应的是同尾酶(Isocaudarner)。同尾酶是指来源及识别序列各不相同,但切割后可产生相同的黏性末端。如*Bam*H Ⅰ(G↓GATCC)、*Bgl* Ⅱ(A↓GATCT)和*Mbo* Ⅰ(↓GATC)是一组同尾酶,它们切割DNA后均形成由GATC组成的黏性末端。由同尾酶所产生的DNA片段,由于具有相同的黏性末端,即可通过其黏性末端之间的互补作用而彼此连接起来,因此同尾酶在DNA重组实验中很有用处。

(二)DNA连接酶

DNA连接酶(DNA Ligase)能在天然双链DNA中催化相邻的5′-P和3′-OH间形成磷酸二酯键,使DNA单链缺口闭合。连接酶可以将不同来源的DNA片段组成新的重组DNA分子,是DNA重组技术中不可缺少的基本工具酶,被形象地比喻为基因工程的"糨糊"。

目前使用的DNA连接酶有两种,一种是大肠杆菌DNA连接酶,另一种是T4 DNA连接酶。大肠杆菌DNA连接酶由埃希氏大肠杆菌的 *lig* A基因编码,相对分子质量为74kD,不能催化平端DNA分子的连接。其底物只能是带缺口的双链DNA分子或具有互补黏性末端的DNA分子,需要NAD$^+$作为辅助因子。T4 DNA连接酶由T4噬菌体基因30编码,相对分子量为68 kD,能催化一个DNA片段5′-P与另一DNA片段的3′-OH之间形成磷酸二酯键,反应需要Mg^{2+}作为辅助因子,并由ATP提供能量。T4 DNA连接酶连接的底物可以是两个双链DNA分子的互补黏性末端或平端,而且该酶比较容易制备,因此在重组DNA技术及分子生物学研究中有广泛的用途。

(三)DNA聚合酶

DNA聚合酶催化以DNA或RNA为模板合成DNA的反应,该酶能够把脱氧核苷酸连续地加到双链DNA分子引物链的3′-OH末端,催化核苷酸的聚合反应。分子生物学中常用的DNA聚合酶有埃希氏大肠杆菌DNA聚合酶Ⅰ、Klenow片段和 *Taq* DNA聚合酶。

DNA聚合酶Ⅰ(DNA-pol Ⅰ)是由埃希氏大肠杆菌 *pol* A基因编码的一种单链多肽,具有三种活性,即5′→3′聚合酶活性、5′→3′和3′→5′核酸外切酶活性。DNA-pol Ⅰ的5′→3′聚合酶活性和5′→3′核酸外切酶活性协同作用,可催化DNA链发生缺口平移反应,制备DNA探针。

Klenow片段是DNA聚合酶Ⅰ经蛋白酶水解后产生的羧基端大片段,又称Klenow聚合酶,具有5′→3′的DNA聚合酶活性和3′→5′的核酸外切酶活性,没有5′→3′的核酸外切酶活性。在DNA重组中用于修补经限制酶消化所形成的3′隐蔽末端和第二链cDNA的合成。

Taq DNA聚合酶是第一个被发现的耐热的依赖于DNA的DNA聚合酶,相对分子量为65kD,最佳反应温度为70~75 ℃。*Taq* DNA聚合酶具有5′→3′的DNA聚合酶活性和5′→3′核酸外切酶活性,酶活性的发挥对Mg^{2+}浓度非常敏感,主要用于PCR和DNA测序反应。

(四)碱性磷酸酶

碱性磷酸酶(Alkaline Phosphatase)能催化DNA和RNA 5′-磷酸基水解,产生5′-OH末端。在DNA重组中,碱性磷酸酶用于切除载体5′端的磷酸基,减少载体的自身环化,提高重组DNA菌落在总转化菌落中的比例,因而提高重组DNA的检出率。

(五)反转录酶

反转录酶主要用于以mRNA为模板,合成cDNA。基因克隆中经常使用的反转录酶有两种,一种来源于禽类成髓细胞瘤病毒(Avian Myeloblastosis Virus,AMV);另一种来源于莫洛氏鼠白血病病毒(Moloney Murine Leukemia Virus,MMLV)。

二、载体

载体(Vector)是携带外源DNA片段进入宿主细胞进行扩增和表达的工具,其本身是DNA。一个理想的载体至少满足以下几个条件:①具有自主复制能力,以保证携带的外源DNA可以在受体细胞内扩增;②含有集中了多种常用的限制性内切酶切点的多克隆位点(Multiple Cloning Sites,MCS),以利于外源DNA与载体重组;③具有一个以上的选择性遗传标记(如对抗生素的抗性、营养缺陷型、显色表型反应等),以便于重组体的筛选和鉴定;④分子质量较小,以容纳较大的外源DNA;⑤拷贝数较多,易与受体细胞的染色体DNA分开,便于分离提纯;⑥具有较高的遗传稳定性。

载体根据其功能可主要分为克隆载体(Cloning Vector)和表达载体(Expression Vector)两类。

克隆载体是以扩增外源DNA片段为目的的载体,具有自我复制、克隆位点、筛选标记、分子量小、拷贝数多等特点,按来源可分为质粒载体、噬菌体载体、病毒载体等;按外源片段进入载体的方式可分为插入型载体和替换型载体。

表达载体是用来将克隆的外源基因在宿主细胞内表达为蛋白质的载体。这类载体有很强的启动子和终止子,产生较稳定的mRNA。根据产生的蛋白质序列,又可分为融合表达载体和非融合表达载体;依其产生的蛋白是否具有分泌性可分为分泌性和非分泌性载体。

目前使用的载体多衍生于质粒、噬菌体和病毒。

(一)质粒载体

质粒(Plasmid)是细菌染色体外能自主复制的双链环状DNA分子。不同质粒的大小在2~300kb之间。一般情况下,质粒并不是细菌生存或繁殖所必需的。质粒除含有在细胞内生存所必需的基因外,往往还含有其他基因,使细菌具有某些特殊的表型特征,例如对抗生素和一些金属的抗性;产生抗生素、大肠杆菌素、肠毒素;降解复杂的有机物,以及产生限制性内切酶和修饰酶等,这些表型特征为筛选转化子提供了方便。天然质粒分子量较大,拷贝数较低,一般无法使用插入失活技术筛选重组体分子,因此,常用的质粒多是来自大肠杆菌并经过人工改造的质粒,如pBR322、pUC系列等。

1. pBR322质粒载体

pBR322质粒载体由三种天然质粒人工构建而成,全长4 361bp。pBR322质粒载体具有以下结构与功能:①带有一个复制起始点*ori*,保证质粒在大肠杆菌中高拷贝自我复制;②含有氨苄西林抗性(Amp^r)和四环素抗性(Tet^r)基因,便于筛选阳性克隆;③有数个单一限制性酶切位点,可用于插入外源DNA片段。如酶切位点*Bam*H I、*Sal* I位于Tet^{r}基因内,*Pst* I位于Amp^{r}基因内。当外源DNA片段插入这些抗性位点时,则导致Amp敏感或Tet敏感,即插入失活;④具有较小的分子质量,不仅易于自身DNA纯化,而且能有效克隆6kb大小的外源DNA片段;⑤具有较高的拷贝数,为重组DNA的制备提供了极大方便(如图15.1)。

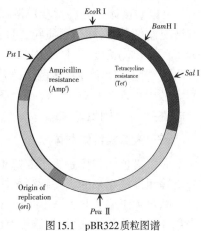

图15.1 pBR322质粒图谱

2. pUC质粒载体系列

pUC质粒载体是在pBR322质粒载体的基础之上改造而来的。最常用的大肠杆菌克隆用质粒载体为pUC18/19。

以pUC19质粒载体为例,典型的pUC系列载体包含如下组分:①复制起始点ori,来自pBR322质粒;②Amp^{r}基因,来自pBR322质粒,但其DNA序列已不再含有原来的限制性酶切位点;③*lacZ'*基因,来自埃希氏大肠杆菌β-半乳糖苷酶基因(*lacZ*)的启动子及其编码α-肽链的DNA序列;④MCS区段,来自M13噬菌体,位于*lacZ'*基因5'-末端,但并不破坏该基因的功能。pUC18和pUC19的差别仅仅在于MCS的方向正好相反(图15.2)。

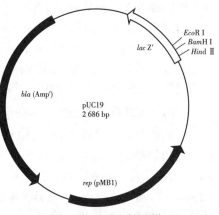

图15.2 pUC19质粒图谱

pUC18/19质粒载体的优点在于,质粒的复制起点区域序列经过改造,能高频启动自身的复制,使一个细菌细胞内pUC18/19的拷贝数可达500以上;此质粒携带一个Amp'基因,它能编码一种内酰胺酶,能打开青霉素分子内的β-内酰胺环,破坏青霉素。因此,当细菌用pUC18/19转化后,能在含有氨苄青霉素的培养基中生长的细菌都转入了pUC18/19;此质粒还含有lacZ'基因,可编码β-半乳糖苷酶氨基端的146个氨基酸残基形成α-肽链,该肽链与宿主菌表达的C端肽段互补,并组装成具有活性的β-半乳糖苷酶,此酶可分解生色底物X-gal(5-溴-4-氯-3-吲哚-β-D-半乳糖苷)形成蓝色菌落。当外源基因插入MCS后,lacZ'基因的读码框被破坏,不能合成完整的β-半乳糖苷酶分解底物X-gal,菌落呈白色。用这种方法可筛选阳性重组体,称为"蓝白斑"筛选。

(二)噬菌体载体

1.λ噬菌体

λ噬菌体是感染细菌的病毒。基因组是线状双链DNA,长约48kb,两端各有一个12bp的单链互补黏性末端,称cos位点(Cohesive-end Site)。进入宿主细胞后黏性末端互补结合,形成环状DNA分子。对λ噬菌体进行改造构建了两类载体,一类是插入型载体,只保留单一酶切位点,如λgt系列;另一类是替换型载体,只保留两个酶切位点,如Charon系列、EMBL系列等。改建的λ噬菌体载体与质粒载体相比,突出的优点是可插入较大的外源DNA片段,并且其感染效率远高于质粒载体的转化效率,常用于构建cDNA文库和DNA文库。

2. M13噬菌体

M13噬菌体是一种丝状单链噬菌体,基因组长约6.4kb,为闭环单链DNA。在大肠杆菌中以双链复制型存在,相当于质粒,可用作基因克隆载体。M13噬菌体载体有两个特征,一是可包装大于病毒单位长度的外源DNA;二是感染细菌后,复制环状单链DNA,经包装形成噬菌体颗粒,分泌到细胞外而不导致溶菌。改建的M13mp系列是常用的噬菌体载体,M13基因4与2之间的间隔区可供外源DNA插入,有大肠杆菌乳糖操纵子调控元件及β-半乳糖苷酶基因(lacZ)选择标志,在lacZ基因氨基末端有一个供克隆用的多位点接头。

(三)人工染色体载体

人工染色体载体是为了克隆更大的DNA片段以及建立真核生物染色体物理图和进行序列分析等而发展起来的一类新型载体。

酵母人工染色体载体(Yeast Artificial Chromosome Vector, YAC)是第一个成功构建的人工染色体载体,用于在酵母细胞中克隆大片段外源DNA。YAC载体由酵母染色体,酵母2μm DNA质粒的复制起始序列等元件衍生而成,可以插入100~2 000 kb的外源DNA片段,是人类基因组计划中物理图谱绘制采用的主要载体。

细菌人工染色体载体(Bacterial Artificial Chromosome Vector, BAC)是继YAC载体之后的又一人工染色体载体,是以细菌的F因子(一种特殊质粒)为基础构建而成的,可插入100~300 kb的外源DNA片段。与YAC载体相比,BAC载体具有克隆稳定、易与宿主DNA分离等优点,是人类基因组计划中基因序列分析所用的主要载体。

(四)真核细胞病毒载体

单纯的质粒和噬菌体载体只能在细菌中繁殖,不能满足真核细胞DNA的重组需要。感染动物或植物细胞的病毒可改造用作真核细胞的载体。常用的病毒载体有猿猴病毒40(Simian Virus 40,SV40)和昆虫杆状病毒载体。SV40寄生于猴肾细胞中,基因组是双链环状DNA,长约5.2 kb。改建的载体有pMSG、pMT和pSV系列等。载体中含有pBR322质粒的复制起始位点、经修饰的SV40早期转录单位复制起始点、剪接信号序列及筛选标志。外源基因插入后,既可在原核细胞中表达,也可在真核细胞中表达,是一种穿梭载体。

昆虫杆状病毒载体基因组很大,长约130 kb,适合克隆大片段外源基因,是一种带外壳的双链DNA,启动子在哺乳动物细胞中无活性,在感染的晚期高效表达。在病毒生活周期中,可产生两种类型的子代病毒,即细胞外病毒颗粒和多角体病毒颗粒。外源基因插入多角体蛋白基因后,重组体病毒失去了多角体蛋白基因,表现出与非重组体病毒不同的空斑形态,可用于筛选重组子。目前已构建的杆状病毒表达载体有pVL和pAC系列,前者表达非融合蛋白,后者表达融合蛋白。

慢病毒载体(Lentiviral vector, LV)是在人免疫缺陷病毒-1(HIV-1)基础上改造而成的病毒载体系统,它能高效地将目的基因(或shRNA)导入动物和人的原代细胞或细胞系中。慢病毒载体基因组是正链RNA,其基因组进入细胞后,在细胞浆中被其自身携带的反转录酶反转为DNA,形成DNA整合前复合体,进入细胞核后,DNA整合到细胞基因组中。整合后的DNA转录mRNA,回到细胞浆中,表达目的蛋白,或产生RNAi干扰。慢病毒载体介导的基因表达或RNAi干扰作用持续且稳定,原因是目的基因整合到宿主细胞基因组中,并随细胞基因组的分裂而分裂。

三、宿主细胞

宿主细胞是接受、扩增和表达重组DNA的场所。载体的宿主细胞应满足以下要求:①易于接受外源DNA;②必须无限制酶;③易于生长和筛选;④符合安全标准,在自然界不能独立生存。常用的宿主细胞有大肠杆菌细胞、酵母细胞、哺乳动物细胞、昆虫细胞、植物细胞等。

四、DNA重组的基本过程

DNA重组技术的基本过程包括:目的基因的获得;将目的基因与合适的载体DNA在体外进行连接,获得重组体DNA;将重组体DNA转入适当的宿主细胞,使目的基因得以增殖和表达;筛选出含有重组体DNA的受体细胞克隆;从细胞中分离基因表达产物或者获得一个具有新的遗传性状的个体(如图15.3)。

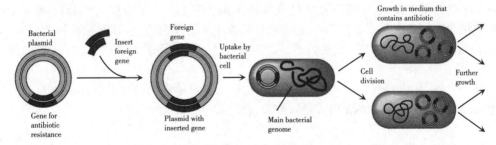

图15.3 DNA重组的基本过程

(一)目的基因的获得

DNA体外重组的第一步是获得目的基因。目的基因是指要研究的特定基因,可以是含目的基因的DNA片段,也可以是不含多余成分的纯基因。制备目的基因的方法主要有以下几种。

1.直接从染色体中分离

先分离细胞基因组DNA,然后用特异的限制酶酶解或非特异地随机断裂。随机断裂包括机械的、化学的以及非特异性酶降解。

2.人工化学合成

若已知目的基因的核苷酸序列,或根据基因产物的氨基酸序列能推导出其核苷酸序列,则可利用全自动DNA合成仪化学合成该目的基因。化学合成对于短片段的合成效率极高,对于较长的基因,可以先将其划分为较短的片段进行分段合成,然后再拼接成一个完整基因。采用化学合成方法已得到百余种基因,如胰岛素基因、生长抑素基因等。

3.从基因文库中筛选

基因文库(Genomic Library)是含有某种生物体全部基因随机片段的重组DNA克隆群体。一般先建立大片段的基因文库,然后将已克隆的一个大片段剪切为小片段,再用质粒或噬菌粒进行亚克隆,最后根据实验目的分别从不同基因文库中选取目的基因。

对未知基因可先通过逆转录方法建立cDNA文库(cDNA Library),再筛选目的基因。建立cDNA文库的主要步骤包括提取总RNA、分离mRNA并分级富集、逆转录合成第一链cDNA,再用DNA聚合酶 I Klenow片段合成第二链,得到双链DNA,连接于载体中并转化。cDNA文库分为克隆文库和表达文库,也可分为质粒cDNA文库和噬菌体cDNA文库。在DNA重组中,cDNA文库比基因文库更有用。

4.聚合酶链式反应

若已知目的基因的全序列或目的基因片段两侧的DNA序列,可采用PCR或RT-PCR方法从组织或细胞中获取目的基因。对与已知基因序列相似的未知基因,也可利用此法进行扩增。

(二)目的基因的体外重组

外源DNA片段与载体DNA的连接过程即DNA的重组,这一过程是以DNA连接酶为中心的生物化学过程。连接的原则是:实验步骤简单易行;连接点能被限制酶重新切割而便于回收插入片段;有利于重组,避免载体自身环化;对复制表达过程不产生干扰。连接的方式主要有黏性末端连接、平端连接、定向克隆、人工接头连接和多聚核苷酸连接等。

(三)重组DNA分子导入宿主细胞

体外构建的重组DNA分子需要导入合适的宿主细胞才能进行复制、扩增和表达。将质粒或重组质粒导入宿主细胞的过程称转化(Transformation);将以噬菌体、病毒为载体构建的重组体导入宿主细胞的过程称转染(Transfection)。对不同的宿主,导入DNA的方法不同。

1.转化

重组DNA转化大肠杆菌主要用$CaCl_2$处理制备感受态细胞或用电穿孔导入。感受态细胞(Competent Cell)是指利用一定的方法处理细菌细胞,使之处于容易接受外源DNA分子的状态。最常用的转化方法是用低渗$CaCl_2$溶液在0 ℃条件下处理快速生长期的细菌。$CaCl_2$转化法具有转化效率高、快速、稳定、重复性好、受体菌广泛、便于保存等优点,是目前应用最广的方法。

此外,还可采用电穿孔法。电穿孔法(Electroporation)是借助电穿孔仪用脉冲高压瞬间击穿细胞膜脂质双层,使外源DNA高效导入细胞,转化效率较高。

2.转染

转染是指将噬菌体、病毒或以此为载体构建的重组DNA分子导入真核细胞的过程。接受外源DNA分子的细胞称为转染细胞。导入细胞内的DNA分子可以被整合至真核细胞染色体,经筛选而获得稳定转染;也可以游离在宿主细胞染色体外短暂地复制表达,不加选择压力而进行瞬时转染。常用的转染方法有磷酸钙共沉淀法、DEAE-葡聚糖法、脂质转染法和电穿孔法等。

(四)重组DNA分子的筛选与鉴定

从转化的细胞中筛选出含重组体的细胞并鉴定重组体的正确性是DNA重组的最后一步。不同载体和宿主系统,其重组体的筛选鉴定方法不尽相同,主要有遗传检测法、物理检测法、免疫化学检测法和核酸杂交法等。

1.DNA重组体的筛选

主要根据重组体的表型进行筛选,重组体表型特征来自载体和插入的外源DNA两个方面。载体的表型主要指载体携带的遗传标志,包括抗药性标志、营养标志、报告基因等。抗生素抗性是生物对某种抗生素的耐受性,利用基因插入使抗性基因失活是常用的筛选方法。β-半乳糖苷酶显色反应是另一类常用的筛选标志,β-半乳糖苷酶由 *lac* Z 基因编码,一些载体中含有 *lac* 启动子、*lac* 操纵基因及 *lac* Z 基因的 146 个密码子区段(α-肽),通过产生的蓝/白色菌落进行筛选。如果克隆的外源基因能够在宿主菌表达,且表达产物与宿主菌的营养缺陷性状互补,则可以利用营养突变菌株进行筛选。

2.目的基因或相应基因产物的鉴定

对于初步筛选确定含有重组体的菌落,还需要从这些菌落克隆中提取质粒或噬菌体DNA鉴定确实带有外源的目的基因。鉴定目的基因或相应基因产物的方法主要有:限制酶酶切鉴定、核酸杂交、免疫学筛选、翻译筛选和物理筛选等。

对经过筛选确定含有重组体的菌落,扩增培养后提取重组DNA分子,用插入位点的限制酶酶切,琼脂糖凝胶电泳分析,即可判断目的基因是否存在。若目的基因已成功插入到载体分子中,那么电泳结果应显示出预期大小的插入片段,这是最常用的鉴定方法。

为进一步确定插入片段的正确性,在酶切鉴定后,还可用核酸分子杂交法,对重组体中插入的片段进行鉴定。核酸杂交可分为 DNA 和 DNA 杂交、DNA 和 RNA 杂交,检测 DNA 用 Southern 杂交,检测 RNA 用 Northern 杂交。杂交的方法有印迹杂交、斑点杂交、菌落原位杂交等,详见本章第二节。

免疫学筛选是利用抗原抗体反应的特异性来鉴定目的基因的产物,主要方法有免疫沉淀、酶联免疫吸附试验、固相放射免疫、免疫荧光抗体、Western 杂交等。

翻译筛选是通过影响特定 mRNA 在体外翻译体系中的翻译来进行筛选,分为阻断翻译杂交法和释放翻译杂交法。

物理筛选包括重组 DNA 与载体 DNA 的电泳比较、R-环检测、限制酶切图谱分析等。在实际应用中,可根据实验目的选择一种或几种方法对目的基因进行鉴定。

五、外源基因的表达

外源基因表达系统有原核表达系统和真核表达系统。目前应用最广泛的是原核表达系统,但由于原核与真核基因结构不同,表达方式不同,蛋白质翻译后的修饰加工不同,因此真核基因在原核细胞中表达存在一些问题,如原核RNA聚合酶不能识别真核基因启动子;原核生物基因表达以操纵子为单位,表达产物易被蛋白酶水解;真核基因含有内含子、SD序列,真核蛋白通过原核表达后不能糖基化修饰等。所以真核基因在原核细胞中表达要构建一个合适的表达载体;编码基因要完整,不能有插入序列;以融合蛋白形式表达,避免产物被细菌蛋白酶水解;保留信号肽序列以利于表达产物自细菌分泌到培养基中,便于产物的分离纯化。在实际操作中,应根据表达目的不同,选择相应的表达策略。一般来说,只要考虑到表达载体和外源基因的性质、原核细胞的启动子和真核基因的SD序列、读码框及宿主调控系统等基本条件,都可使外源基因在原核细胞中得到表达。

(一)在原核细胞中表达

将外源基因导入原核细胞,使其在细胞内快速、高效地表达,常用的原核表达系统有埃希氏大肠杆菌、芽孢杆菌及链霉菌系统等。人胰岛素、生长激素、干扰素等基因已在埃希氏大肠杆菌系统中实现成功表达,其优点是培养方法简单、迅速、经济而又适合大规模生产,其缺点是缺乏真核生物蛋白质翻译后的加工修饰功能。

(二)在酵母细胞中表达

酵母是单细胞真核生物,因其基因组小($1.3×10^7$bp)、繁殖快、遗传背景清楚、能大量发酵等特点常作为真核生物细胞结构和基因表达调节研究的对象,也是真核生物基因表达的首选。

酵母表达系统具有原核表达体系无法比拟的优点:安全无毒、容易进行载体DNA的导入、培养条件简单且适合高密度发酵培养、有良好的蛋白质分泌能力和类似高等真核生物蛋白质翻译后的加工修饰功能等。现在酵母菌已被广泛用来表达各种外源真核基因。目前使用最多的是毕赤酵母表达系统,此系统表达外源基因具有表达量高、糖基化修饰功能更接近高等真核生物等优点。

(三)在哺乳动物细胞中表达

基因的体外重组和表达体系最先在大肠杆菌中进行,至今有相当一部分真核基因已在大肠杆菌中成功地进行了表达。然而,在原核细胞中表达的真核蛋白质不能进行内含子的自我剪接,表达的蛋白质不能进行翻译后加工,也不能进行正确高级构象的折叠或折叠效率低下,使表达产物生物活性较低。哺乳动物细胞不仅可以克服上述缺点,而且还能使表达产物分泌到培养基,便于后续的目标蛋白质的分离纯化,降低下游成本。因此目前更多地采用哺乳动物细胞表达系统表达真核基因。用哺乳动物细胞表达外源基因应选择合适的载体-宿主表达系统及合适的细胞系,并根据外源基因来自cDNA克隆或基因组的特点,对其序列进行适当的改造,以去掉来自cDNA文库的额外序列,或增加基因组DNA所缺少的调控序列。

【案例分析】第一个基因工程药物--重组人胰岛素

1978年,美国Genentech公司首次实现了利用埃希氏大肠杆菌生产由人工合成基因表达的人胰岛素。1982年,美国Eli Lilly公司将由基因工程菌生产的胰岛素投放市场,重组人胰岛素的开发生产标志着世界上第一个基因工程药物的诞生。1987年,丹麦Novo Nordisk公司又推出了利用重组酵母菌生产人胰岛素的新工艺。Novo Nordisk公司的诺和灵(Insulin)、Eli Lilly公司的优泌林(Humulin)和优泌乐(Humalog)是销售额最大的三个基因工程胰岛素产品。

第二节 基因操作的主要技术

一、核酸的分子杂交

自从1975年英国人Southern建立DNA印迹杂交技术以来,核酸分子杂交技术已经成为生命科学领域不可缺少的研究工具。该技术所依据的原理是核酸分子的变性与复性,带有互补的特定核苷酸序列的单链DNA或RNA,当它们混合在一起时,其相应的同源区段将会退火形成双链结构。如果彼此退火的核苷酸来自不同的生物有机体,那么如此形成的双链分子就称为杂种核酸分子。能够杂交形成杂种分子的不同来源的DAN分子,其亲缘关系较为密切;反之,其亲缘关系则比较疏远。因此,DNA/DNA的杂交作用,可以用来检测特定生物有机体之间是否存在着亲缘关系,而形成DNA/DNA或DNA/RNA杂种分子的这种能力,可以用来揭示核酸片段中某一特定基因的位置。

在大多数核酸杂交反应中,在杂交之前,通常用琼脂糖凝胶电泳分离DNA或RNA分子,然后通过毛细管作用或电导作用将分离的DNA片段转移到滤膜上,而且是按其在凝胶中的位置原封不动地"吸印"上去的,故称为"印迹"(Blotting)。其过程是首先将核酸样品转移到固体支持物滤膜上,然后将具有核酸印迹的滤膜同带有放射性标记或其他标记的DNA或RNA探针进行杂交。根据检测的靶分子不同,核酸分子印迹杂交可分为两种类型:Southern印迹杂交,待测的靶分子是DNA片段;Northern印迹杂交,待测的靶分子是RNA片段。

(一)Southern印迹杂交

Southern印迹杂交(Southern Blotting)是1975年由英国爱丁堡大学的Edwin Mellor Southern

首先设计的,因此而得名。其原理是根据毛细管作用的原理,将在凝胶电泳中分离的DNA片段转移并结合在适当的滤膜上,然后通过与标记的单链DNA或RNA探针的杂交作用,检测这些被转移的DNA片段。

Southern印迹杂交的主要步骤包括:将待测DNA样品用限制性内切酶消化;酶切后的DNA样品用琼脂糖凝胶电泳分离,样品中含有不同大小的DNA片段将被分离开来;将电泳分离后的琼脂糖凝胶,经碱变性等预处理之后平铺在已用电泳缓冲液饱和了的两张滤纸上,在凝胶上部覆盖一张硝酸纤维素滤膜,接着加一叠干滤纸,然后再压盖一重物。由于干滤纸的吸引作用,凝胶中的单链DNA便随电泳缓冲液一起转移。这些DNA分子一旦与硝酸纤维素滤膜接触,便会牢牢地与之结合,而且是严格按照它们在凝胶中的谱带模式,原样地被吸印到滤膜上。在80 ℃下烘烤1~2 h,DNA片段就会被稳定地固定在硝酸纤维素滤膜上。然后将此滤膜移放在加有放射性同位素标记的核酸探针溶液中进行杂交,漂洗除去游离的没有杂交上的探针分子,用X光底片曝光进行放射自显影,与溴乙啶染色的凝胶谱带作对照比较,便可鉴定出究竟哪一条限制片段是与探针的核苷酸序列同源的(图15.4)。

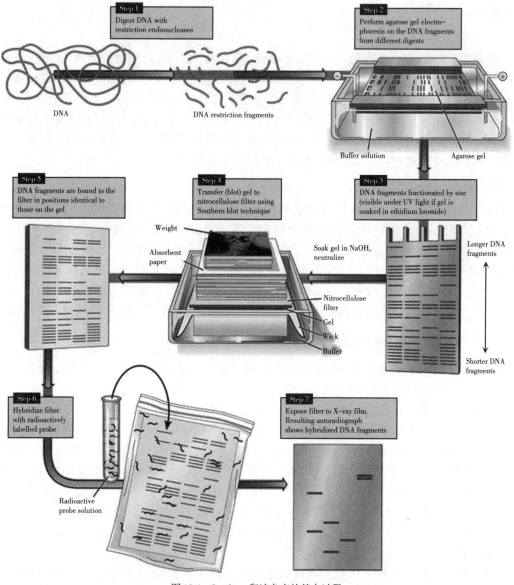

图15.4　Southern印迹杂交的基本过程

Southern印迹杂交的方法十分灵敏,在理想的条件下,用放射性同位素标记的特异性探针和放射自显影技术,即便每条电泳带仅含2ng DNA也能被清晰地检测出来。它可以同时用于构建DNA分子的酶切图谱和遗传图,在生物化学与分子生物学实验中应用极为普遍。

(二)Northern印迹杂交

由于RNA分子不能与硝酸纤维素滤膜结合,所以Southern印迹杂交技术不能直接用于RNA的印迹转移。于是又发展了一种新的方法来检测RNA,称为Northern印迹杂交(Northern Blotting)。其基本原理和过程与Southern印迹基本相同,只是检测的分子是RNA,可用来对组织或细胞中的mRNA进行定性或定量分析。

Northern印迹杂交是将电泳凝胶中的RNA转移到叠氮化的或其他化学修饰的活性滤纸上,通过共价交联作用使它们永久地结合在一起。后来又发展了可以用来转移RNA的硝酸纤维素滤膜和尼龙滤膜,因为这种形式的Northern印迹杂交技术已不需要预先制备活性滤纸,简单便捷,所以得到广泛的应用。RNA相对分子量小,在电泳前无须进行限制性内切酶消化。但是RNA分子极易被环境中存在的RNA酶降解,因此,在提取RNA的过程中,需要特别注意防止RNA酶污染。

(三)斑点印迹杂交

斑点印迹杂交(Dot Blotting)是在Southern印迹杂交的基础上发展的快速检测特异核酸(DNA或RNA)分子的核酸杂交技术。其与Southern印迹和Northern印迹的主要区别是,将变性的DNA或RNA通过抽真空的方式加在多孔过滤进样器上,直接点样到适当的杂交滤膜上,然后再按与Southern印迹或Northern印迹同样的方式与核酸探针分子进行杂交。由于在实验的加样过程中,使用了特殊设计的加样装置,使众多待测的核酸样品能一次同步转移到杂交滤膜上,并有规律地排列成点阵,因此将这种方法称为斑点印迹杂交。

(四)菌落(或噬菌斑)杂交

菌落(或噬菌斑)杂交技术是将菌落或噬菌斑转移到硝酸纤维素滤膜上,使溶菌变性的DNA与滤膜原位结合,带有DNA印迹的滤膜烤干后,再与放射性同位素标记的特异性DNA或RNA探针杂交,漂洗除去未杂交的探针,用X光底片曝光,根据放射自显影所显示的与探针序列具有同源性的DNA印迹位置,对照原来的平板,便可以从中挑选出含有插入序列的菌落或噬菌斑。该技术也称为原位杂交(in situ Hybridization),因为生长在培养基平板上的菌落或嗜菌斑,是按照其原来的位置不变地转移到滤膜上的,并在原位发生溶菌、DNA变性和杂交作用。

二、DNA核苷酸序列分析

目前常用的DNA序列分析方法是双脱氧末端终止法。该方法是1977年由Sanger等人发明的一种简单快速的DNA序列分析法。

其原理是在DNA合成反应体系中,除了含有正常脱氧核苷三磷酸(dNTP)底物外(其中之一具有放射性同位素标记),还加入少量的双脱氧核苷三磷酸(ddNTP)底物。在反应过程中,ddNTP的5′-磷酸基团能够与引物延伸链的3′-羟基连接,进入部分新合成的DNA链。但是由于ddNTP不存在3′-羟基末端,故不能与下一个核苷酸底物的5′-磷酸基团形成3′,5′-磷酸二酯键,导致DNA新链的延伸提前终止,而掺入的ddNTP则位于DNA延伸链的最末端,最终形成以四种碱基为末端的DNA片段。通过电泳可以将不同长度的DNA片段分离,经过放射自显影可直接读出DNA的核苷酸顺序,从而获得模板DNA的核苷酸序列(如图15.5)。在此基础上发展起来的DNA大规模测序已经实现了自动化。

在自动化检测中,向每一组反应混合物中加入不同的、用荧光染料标记的引物。将分开反应的各组反应混合物合并,加入到凝胶的一个泳道上进行电泳,每一个片段的末端碱基可以由特征性的荧光鉴定。运用计算机控制的荧光检测器,自动化系统每天可以测定大约10 000碱基的序列。

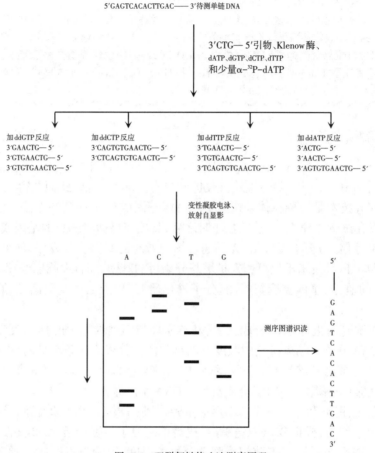

图15.5　双脱氧链终止法测序原理

三、基因定点突变

DNA突变分为自然突变和诱发突变,自然突变的发生频率相当低,大约10^{-9}。实验室中常用物理和化学因素诱导突变,使之按照人们的意愿发生,这就是基因定点突变(Site-Directed Mutagenesis)技术。

基因定点突变是指按照设计的要求,使基因的特定序列发生插入、删除、置换和重排等变异,是研究蛋白质结构和功能之间关系的有力工具。目前已发展的定点诱变方法主要有盒式诱变、寡核苷酸引物诱变及PCR诱变等。

盒式诱变是1985年Wells提出的一种基因修饰技术。用一段人工合成的具有突变序列的DNA片段,取代野生型基因中的相应序列,这就好像用各种不同的盒式磁带插入收录机一样,故称合成的片段为"盒"。

寡核苷酸引物诱变是由加拿大生物化学家Michael Smith发明的一种基因定点诱变方法。其基本原理是:合成一段寡聚脱氧核糖核苷酸作为引物,其中含有需要改变的碱基,使其与带有目的基因的单链DNA配对,合成的引物除短的错配区外,与目的基因完全互补,然后用DNA聚合酶延伸引物,完成单链DNA的复制。由此产生的双链DNA分子,一条链为野生型亲代链,另一条链为突变型子代链,将获得的双链DNA分子导入宿主细胞,并筛选出突变体,其中基因已被定向修改。

PCR技术为基因的体外改造提供了简便快速的方法。通过设计特定的引物和PCR技术，可以在体外对目的基因进行点突变、缺失、嵌合等改造。

【案例分析】 猪Toll-like受体5(TLR5)基因的定点突变

TLR5特异识别细菌的鞭毛蛋白，在机体免疫反应中发挥重要作用，人TLR5基因突变能影响蛋白功能并与一些疾病的易感性密切相关。有研究者利用PCR方法，通过引物错配引入定点突变，得到该基因137(G/A)和1205(C/T)位点突变的两个变异体；并以pcDNA3.1(+)为载体成功构建了野生型[TLR5-WT-pcDNA3.1(+)]以及突变型[TLR5-G137A-pcDNA3.1(+)和TLR5-C1205T-pcDNA3.1(+)]真核表达重组质粒，为下一步在细胞水平上的突变功能研究提供了工具。

四、聚合酶链式反应

聚合酶链式反应(Polymerase Chain Reaction，PCR)即PCR技术，是20世纪80年代由美国PE-Cetus公司的Mullis等发明的体外核酸扩增技术。Mullis也因此而获得了1993年度的诺贝尔化学奖。PCR技术是一种在体外快速扩增特定基因或DNA序列的方法，又称为基因的体外扩增。它可以在试管中建立反应，经数小时之后，就能将极微量的目的基因或某一特定的DNA片段扩增数十万倍，乃至千百万倍，无须通过烦琐费时的基因克隆程序，便可获得足够数量的精确DNA拷贝。PCR技术不仅可用来扩增与分离目的基因，而且在临床医疗诊断、胎儿性别鉴定、癌症治疗的监控、基因突变与检测、分子进化研究，以及法医学等诸多领域都有着重要的用途。

PCR是在试管内进行DNA合成反应，基本原理与细胞内发生的DNA复制过程十分类似。首先是双链DNA分子在临近沸点的温度下加热时便会分离成两条单链的DNA分子，以一对分别与目的DNA互补的寡核苷酸为引物，然后DNA聚合酶以单链DNA为模板并利用反应混合物中的四种脱氧核苷三磷酸(dNTPs)合成新生的DNA互补链。

PCR由变性、退火和延伸三个基本反应步骤构成：①模板DNA的变性：模板DNA经加热至95℃左右一定时间后，模板DNA双链解离，成为单链便于与引物结合；②模板DNA与引物退火(复性)：模板DNA经热变性后，将温度降至合适的温度，引物与模板DNA单链配对结合；③引物延伸：将温度升至72℃，在TaqDNA聚合酶的作用下，以dNTP为底物，延伸引物的3′-OH末端，合成新的DNA分子。上述三个步骤称为一个循环，新合成的DNA分子可作为下一轮反应的模板，经多次循环，使DNA扩增量呈指数上升，在短时间内可获得大量的目的DNA分子(图15.6)。

【案例分析】 核酸杂交技术及PCR技术在病原微生物检测中的应用

传统的病原微生物的检测方法是以免疫学方法检测抗原或动物体内产生的抗体，或者使用不同的方法分离培养微生物，这些方法有时存在灵敏性、特异性低等问题，而核酸杂交、PCR技术可克服以上不足，并可用于动物群体的大量检测工作。它们灵敏度高，取材广泛，可从动物的血、尿、粪便、分泌物或尸解标本中直接检测。目前已有大量的基因探针、寡核苷酸引物可供检测使用。据统计，运用这些探针和引物进行核酸分子杂交、PCR反应，可对EB病毒、狂犬病毒、鼠沙门氏菌、大肠杆菌、肺炎支原体、弓形体等大量病原微生物进行检测。

五、转基因技术

转基因技术是指借助于物理、化学或生物学的方法将预先构建好的外源基因表达载体导入细菌、动植物细胞或动物受精卵中，使其与宿主染色体发生整合并遗传的过程。利用转基因技术先后培育出各种转基因动物和植物，如转基因鼠、转基因牛、转基因羊和转基因玉米等。

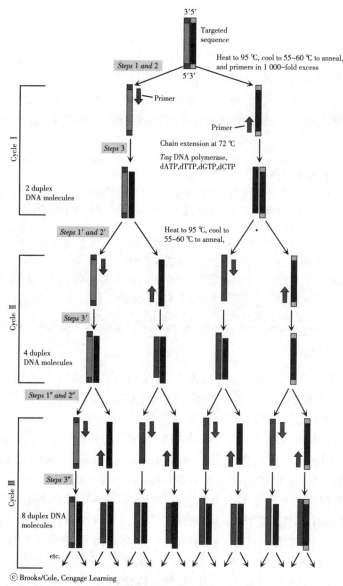

图15.6 PCR原理示意图

转基因的基本原理是将目的基因(或基因组片段)用显微注射等方法转移到实验动物的受精卵或着床前的胚胎细胞,使目的基因整合到基因组中,然后将此受精卵或胚胎细胞再植入受体动物的子宫中,使其发育成携带有外源基因的转基因动物。目前,进行转基因研究常用的方法有显微注射、胚胎干细胞技术、反转录病毒载体技术等。

(一)显微注射技术

显微注射技术是目前应用最广泛、最有效的基因导入方法,自1980年Gordon等首次将显微注射技术将基因导入小鼠受精卵以来,应用该技术先后获得了转基因兔、猪、绵羊、牛、山羊、大鼠及金鱼等。该技术具有基因导入快、对DNA大小无限制(最大可达250 kb)、较少产生嵌合体、有利于很快建立转基因品系等优点,但仪器设备昂贵,操作技术复杂。

(二)胚胎干细胞技术

胚胎干细胞技术是利用胚胎多能干细胞(Embryonic Stem Cell, ESC)的分化潜能,将外源基因通过电穿孔或磷酸钙转染等方法导入其中,然后将其植入正常发育的囊胚腔中,参入正常的胚泡发育。目前已成功建立了小鼠ES细胞株并得到应用。

(三)逆转录病毒载体技术

逆转录病毒载体技术是根据逆转录病毒在感染细胞内复制时,由逆转录酶合成cDNA,以前病毒的方式整合于细胞染色体上这一特性,构建反转录病毒载体,通过转染的方式实现种系细胞的基因转移。该技术载体的构建较为复杂,所能容纳的外源基因大小有一定限制,最大不能超过8.0kb,但整合率较高,所获得的亲代动物嵌合体占较大的比例。此外,病毒的DNA序列有时会影响外源基因的表达。由于病毒DNA以前病毒方式与宿主染色体DNA整合,因而具有潜在的危险性。

【案例分析】 动物乳腺生物反应器

动物乳腺生物反应器属于转基因动物范畴,是利用转基因动物的乳腺组织生产基因工程人类药用蛋白。在国外,首批转基因动物乳腺表达产品有抗凝血酶Ⅲ、抗胰蛋白酶、葡萄糖苷酶、蛋白C、乳转铁蛋白以及第八因子等,其表达水平分别为6 g/L、35 g/L、10 g/L、1 g/L、3.5 g/L和3 g/L,受体动物分别为山羊、绵羊、家兔、猪、奶牛和猪,这些都是血源产品。随着此项研究的不断深入,乳腺表达产品包括小分子肽到大分子蛋白质,分泌型蛋白到内膜蛋白、多聚蛋白和二价抗体等多种蛋白质。

乳腺生物反应器生产基因工程药物的基本原理是应用重组DNA技术和转基因技术,将目的基因转移到尚处于原核阶段(或1~2细胞的受精卵)的动物胚胎中,经胚胎移植,得到转基因乳腺表达的个体,在泌乳期药用蛋白质基因表达,从动物乳汁中可获得基因工程药物。

六、DNA指纹技术

1984年英国莱斯特大学的遗传学家Jeffreys及其合作者首次将分离的人源小卫星DNA用作基因探针,发现可以用它区分每个人,把它称为DNA指纹图谱,意思是它同人的指纹一样是每个人所特有的。DNA指纹的图像在X光胶片中呈一系列条纹,很像商品上的条形码。DNA指纹图谱,开创了检测DNA多态性(生物的不同个体或不同种群在DNA结构上存在着差异)的多种多样的手段,如限制性片段长度多态性(Restriction Fragment Length Polymorphism,RFLP)分析、短串联重复序列分析、随机扩增多态性DNA(Random Amplified Polymorphic DNA,RAPD)分析等。各种分析方法均以DNA的多态性为基础,产生具有高度个体特异性的DNA指纹图谱,由于DNA指纹图谱具有高度的变异性和稳定的遗传性,成为目前最具吸引力的遗传标记。

DNA序列中存在三种类型的序列:单拷贝序列、中等程度重复序列和高度重复序列。重复序列就是一种序列在DNA分子中重复出现几百次、几千次、几万次甚至百万次,它们占DNA总序列的3%~4%。每个重复序列在300个核苷酸长度之内,由于高度重复序列经超速离心后,以卫星带出现在主要DNA带的邻近处,所以也被称为卫星DNA。卫星DNA中的重复序列单元则称为小卫星DNA。小卫星DNA具有高度的可变性,不同个体彼此不同。但小卫星DNA中有一小段序列则在所有个体中都一样,称为核心序列。如果把核心序列串联起来作为分子探针,与不同个体的DNA进行分子杂交,就会呈现出各自特有的杂交图谱,它们与人的指纹一样,具有专一性和特征性,因人而异,因此被称作DNA指纹(DNA Fingerprinting)。

DNA指纹图的特点:①一次能同时检测十几个,甚至几十个位点的变异性,因而更能有效地反映基因组的变异性;②具有很高的变异性,两个随机个体具有相同DNA指纹图谱的概率为3×10^{-11},即只有同卵双生子才具有完全相同的DNA指纹图;③DNA指纹图中的谱带从亲代遗传给子代,儿女的指纹图谱中几乎每一条都能在其双亲之一的图谱中找到;④DNA指纹图具有体细胞稳定性,即从同一个体不同组织(如血液、肌肉、毛发、精液等)产生的DNA指纹图是完全一致的。

真核生物的DNA分子很长,在遗传过程中DNA碱基由于代换、重排、插入、缺失等原因,在子代DNA中会产生差异形成多态性。当用一种限制性内切酶切割DNA时,DNA分子会降解成许多长短不等的片段,个体间这些片段是特异的,可能作为某一DNA(或含这种DNA的生物)所特有的标记。这种方法称为限制性片段长度多态性。

　　获得的限制性片段可以用琼脂糖电泳分析其多态性。但由于染色体DNA分子很大,各种长度的DNA片段在电泳胶上连成一片,用眼睛不能直接分辨,因此用某一标记的DNA片段作为探针,与电泳后被转移到硝酸纤维素膜或尼龙膜上的DNA片段进行杂交,与探针有高度同源性的片段被检测出来。所以RFLP一般都是DNA分子杂交的结果。

　　以随机序列(9~10核苷酸)作引物、以基因组DNA为模板进行PCR扩增,对扩增产物经凝胶电泳分析可见多条清晰的谱带,不同个体间谱带差异明显,有如DNA指纹图一样,这种方法称为随机引物PCR,亦称为随机扩增多态性DNA。这种方法的优点在于引物设计是随机的,一套引物可用于多个物种基因组多态性分析,不使用探针,可免去DNA分子杂交,节省时间,降低成本。但要求每个分离群体所进行的PCR扩增和电泳分离有高度的重复性,所以操作难度较大。

　　【案例分析】　DNA指纹图谱在法医学方面的应用

　　英国遗传学家Jeffreys在研究基因变异时偶然发现基因上存在一些微小的结构,而这些结构足以区别不同的个体。因此,他想到是否可以利用这种结构上的差异来区分不同的人,并绘制出了世界上第一幅DNA指纹图谱。

　　半年之后,他发明的此项技术得到了第一次应用。1985年,一个加纳移民家庭中最小的儿子返回加纳探亲,当他回到英国之后,海关发现他的护照被涂改了,因此认定回来的这个孩子是"冒牌货"。尽管血型鉴定说明他是这个家庭的亲属,却不能判定是这一家的儿子,还是侄子。后来,警方邀请Jeffreys对这个孩子进行DNA指纹鉴别。结果证实,从遗传特征看,这个孩子是这一家儿子的可能性是99.997%。

　　DNA指纹鉴定首次用于司法调查是在1986年。当时,英国莱斯特郡安德比地区的两名少女被奸杀。警方向Jeffreys教授提供了从两名受害人身上采集到的精斑和阴道拭子。经过DNA指纹术分析后,Jeffreys提出的鉴定报告是两名受害人身上的精斑均来自同一人,但绝非是已被拘捕的青年。此后,警方用去了50万英磅的办案经费,借助DNA指纹术将真正的罪犯抓捕归案。

第三节　核酸技术的应用与发展

一、在动物疾病诊断中的应用

　　核酸技术在动物疾病诊断中的应用主要是基因诊断,包括对动物内源基因及其功能的检测,即遗传病诊断和外源基因诊断,以及对传染病和某些非传染病的诊断,在方法上主要分为核酸探针和PCR技术。

　　核酸探针是利用DNA碱基互补的原理,用同位素、酶、荧光分子或化学发光催化剂等予以标记,利用标记的探针与目标基因组中的序列进行杂交,从而检测所要查明的基因。对遗传性疾病的检测主要是根据疾病基因的特征进行。对传染性疾病,根据已克隆和序列分析的各种病原微生物的主要致病基因,制备探针,从而可进行快速、灵敏的诊断,而且可以准确地区分病原菌与非致病菌,以及对传染性疾病进行流行病学调查。PCR技术自问世以来,广泛应用于生物科学的众多领域,并在动物疫病诊断和检验中得到广泛的应用。目前国内外已建立了许多检测动物病原体的PCR方法,为这些疫病的诊断和检测提供了有效的技术支撑,用PCR技术来诊断动物疾病正逐渐取代核酸探针的方法。

二、在动物遗传育种中的应用

动物新品种的选育是在原有品种基础上，根据市场需求选择培养新品种或品系，并进行遗传标记和标记辅助选择；或通过转基因技术转入外源基因，培育特定性状的新品种。在动物育种中，用限制性酶切片段多态性分析已对大量与经济性状有关的基因进行了研究。随机扩增多态性DNA技术已用于基因定位、群体遗传关系分析等。人们期望通过将外源基因导入某些动植物基因组中，以便达到改良或获得某些重要性状的目的。转基因动物技术突破了传统有性杂交的局限性和盲目性，其目的一是培养优良性状的家畜家禽品种，二是通过转基因获得生物反应器，改良畜产品品质或生产珍贵蛋白。在这两种转基因应用中，培养优良性状的畜禽难度较大，进展较慢，而在乳腺中高效表达外源蛋白的技术已经比较成熟。例如，导入了凝血因子Ⅸ基因的转基因绵羊分泌的乳汁中含有丰富的凝血因子Ⅸ，能有效地用于血友病的治疗。

三、在动物药学中的应用

DNA重组技术最大的应用领域在医药方面，包括活性多肽、蛋白质和疫苗的生产。许多活性多肽和蛋白质都具有治疗和预防疾病的作用，但是由于在组织细胞内产量极微，所以采用常规方法很难获得足够量供临床应用，基因工程技术在生物制药领域显示了广阔的前景。DNA重组技术在生物制药中应用的主要领域有生产基因工程疫苗、基因工程多肽类药物和基因工程抗体等。

基因工程疫苗利用DNA重组技术，将病原的有效抗原成分筛选和提取制成疫苗，既提高了免疫效果，又有安全保证，是利用生物技术制备疫苗的一个理想途径。利用基因工程开发的新型疫苗有口蹄疫疫苗、羊腐蹄疫疫苗、狂犬病糖蛋白亚基疫苗等。基因工程疫苗几乎摒弃了现行疫苗的缺点而保留了它们所有的优点，具有安全有效、制备方便、贮存运输方便、成本低等多方面优势。激素以及主要由免疫细胞分泌的细胞因子是很重要的多肽类分子，在调控细胞生长分化、调节免疫功能、参与炎症反应和创伤修复中起重要作用，其中许多很有应用价值，但其生成量极微，难以提取获得，基因工程则可克隆其基因，使之表达并获得大量产物。例如重组生长激素、重组γ-干扰素等都在动物医学领域有着广泛的应用。应用基因工程生产单抗导向药物，即将编码抗体的基因或其片段与其他基因嵌合后直接插入合适的载体，将基因转入一定的宿主细胞，通过基因的表达改变宿主的特性，从而产生高度专一而又能被机体所接受的抗体。值得指出的是，上述基因工程生产的多肽、蛋白质、疫苗、抗体等防治药物不仅能有效控制疾病，而且在避免毒副作用方面也往往优于以传统方法生产的同类药品。

四、在水产养殖中的应用

核酸技术在水产养殖中的应用还相对较少，近年来，核酸技术逐渐在水产育种与种质鉴定、水产养殖疾病防治以及病原体检测等方面得以应用。

近些年来，转基因育种技术、RAPD、DNA指纹技术以及RFLP等核酸技术在水产养殖的育种和种质鉴定方面有了初步的应用。例如，目前利用转基因技术获得了转基因鱼、虾、贝等新品种；DNA指纹技术已用于水产养殖中，如用于分析虹鳟鱼的父本和母本对子代存活生长的影响、对雌核生殖罗非鱼和小口黑鲈的不同群体进行鉴定；有研究者将虹鳟鱼线粒体DNA的RFLP标记用于遗传分析，为种质鉴定和遗传育种提供依据。

水产养殖尤其是虾、贝类受到病原微生物的严重影响。如何快速准确地诊断水产动物疾病以及疾病的防治就成为当前水产养殖业十分重要而突出的问题。在水产养殖病原体检测方面，PCR技术以及核酸杂交技术都得以应用，例如利用PCR技术检测对虾杆状病毒，得到了预期的扩增产物。基因工程疫苗也已应用于水产养殖疾病的防治。

自1973年S.Cohen第一次成功地进行基因克隆实验以来,以DNA重组技术为核心的核酸技术已经在现代农业、医学和食品工业等方面影响和改变着人类的生产和生活方式。近些年来,核酸技术又有了新的、长足的发展。例如,传统的PCR技术在人类认知基因和基因组的过程中做出了卓越的贡献。而荧光定量PCR是近年发展起来的一种对PCR产物进行定量的分析技术。其原理是在PCR反应中引入荧光标记分子,PCR反应中产生的荧光信号与产物生成量呈正比,利用荧光信号积累实时监测整个PCR进程。根据动态变化的数据,通过标准曲线对未知模板进行定量分析,可以精确计算样品中原有模板的含量。恒温体外核酸扩增技术改变了传统扩增技术的局限性,使核酸的体外扩增更加简单和方便。重组酶介导扩增法是一种最新型的恒温体外核酸扩增技术,它在常温下就能实现DNA解链并快速扩增(15～30 min完成),反应快速、专一性好、灵敏度高,还可用于定时定量的结果分析。RNA干扰现象的发现是近十几年来生命科学研究的重大突破之一,不仅加速了人们对生命的认识,而且已经成为基因功能研究和基因治疗领域的重要研究手段。反义RNA技术已经用于基因治疗,应用反义RNA技术成功培育的具有耐贮藏的转基因西红柿已开始出现在美国市场。毋庸置疑,新的核酸技术还将会不断地出现,必将对人类生活产生更加深远的影响。

【本章小结】

20世纪70年代DNA重组技术的建立推动了分子生物学的迅猛发展,使生命科学在自然科学中的位置起了革命性的变化。DNA重组技术的基本过程包括:目的基因的获得、载体分子的选择与改造、目的基因与载体的连接、重组DNA分子导入宿主细胞和重组体的筛选与鉴定。重组DNA技术的目标之一是对目的基因进行克隆;另一目标是进行目的基因的表达,获得外源蛋白质产物。DNA重组技术的这一功能具有重要的实际应用价值,人们利用DNA的体外重组技术已经获取了多种重要的药用蛋白质,例如重组人胰岛素。以Southern印迹杂交为代表的核酸杂交技术可从不同组织、不同水平快速检测特异的核酸(DNA和RNA)分子。以取代、插入、敲除基因或改变DNA序列中任何一个特定碱基为特点的基因定点诱变技术,除了能够用于研究基因的结构与功能的关系外,还能够通过使特异的氨基酸发生改变来获得突变体蛋白质,并在此技术的基础上发展了蛋白质工程技术。PCR是体外进行DNA合成的技术,为基因的体外扩增提供了快捷简便的方法。PCR技术可用于目的基因的扩增和克隆、基因的体外定点突变,在临床医疗诊断等方面也有着重要的用途。转基因技术的建立和发展,在动物品种的改良及动物生成反应器的建立等许多重要研究领域有良好的应用前景。DNA指纹技术可使人们根据分子遗传标记培育具有特定性状的动物新品种。目前,以DNA重组技术为核心的核酸技术已在深入了解生命有机体的奥秘和人类的生产与生活领域发挥着巨大的作用,而新兴的分子生物学技术还在源源不断地产生,势必对人类生活产生更加深远的影响。

【思考题】

1.DNA重组技术的原理和步骤是什么?

2.什么是载体? 常用的质粒载体的结构是怎样的?

3.什么是限制性内切酶? 常用的限制性内切酶有哪些?

4.什么是Southern印迹杂交? 其基本步骤是什么?

5.基因工程(DNA重组技术)影响和改变了人们的生产和生活方式,试举例说明基因工程的实际应用。

第十六章 基因组学与蛋白质组学

第一节 基因组学

一、基因组学概述

(一)基因组及基因组学

在生物学中,一个生物体的基因组(Genome)是指包含在该生物DNA(部分病毒是RNA)中的全部遗传信息,即物种全部遗传信息的总和。真核生物的基因组可以特指核基因组,也可以指核基因组和细胞器基因组(如线粒体基因组或叶绿体基因组)之和。核基因组是单倍体细胞核内的全部DNA分子;线粒体基因组则是一个线粒体DNA分子所携带的遗传信息;叶绿体基因组则是一个叶绿体DNA分子所携带的遗传信息。

每一种生物其单倍体基因组的DNA总量是特定的,被称为C值(C-Value)。C值是根据基因组DNA的长度即碱基对的多少推算出来的。各门生物的C值在一定范围内,在每一门中随着生物复杂性的增加,其基因组大小的最低程度也随之增加。哺乳类、鸟类和爬行类的C值变化范围都很小,而两栖类中这种C值范围增大,而植物的C值变化范围更大。总体趋势上,生物的复杂性和其C值之间存在一定的相关性,即越复杂的生物C值越大。但研究其他动物基因组大小时发现,物种的C值与其进化复杂性之间并无严格的对应关系。C值大小和生物结构或组成的复杂性不一致的现象称为C值悖论(C-Value Paradox)。

> **【重要提示】** C值的研究资料表明,在不同的门中C值的变化是很大的。相对比较简单的单细胞真核生物如啤酒酵母,其基因组就有1.75×10^7 bp,只有细菌基因组的3~4倍。最简单的多细胞生物秀丽隐杆线虫其基因组有8×10^7 bp,大约是酵母的4倍。但生物的基因组大小并不总是与生物的复杂程度呈正比的,例如,比人类低级的南美肺鱼的C值为1.12×10^{11} bp,而人的C值为3×10^9 bp。

基因组学(Genomics)是研究生物基因组以及如何利用基因的一门学科,是运用重组DNA、DNA测序方法以及生物信息技术进行基因组测序、组装及整个基因组功能和结构分析的一门遗传学科。基因组学是一门新兴的、发展迅速的生命科学。该学科包括生物全部DNA序列测序、遗传作图以及相关数据系统的利用,同时还包含基因组内杂种优势、上位性和基因多效性,以及等位基因间的其他相互作用。基因组学研究的最终目标是获得生物体全部基因组序列,鉴定所有基因的功能,明确基因之间的相互作用关系,并阐明基因组的进化规律。基因组学包含结构基因组学、功能基因组学和比较基因组学。结构基因组学研究基因定位、基因组作图和核苷酸序列测定;功能基因组学是研究基因组作为一个整体如何行使功能,即对基因组序列进行诠释的过程;比较基因组学则是在基因组图谱和测序技术的基础上,对已知的基因和基因组结构进行比较,以了解基因的功能、表达机制以及物种间的亲缘关系等。

(二)真核和原核生物基因组的结构特点

1.真核生物基因组的结构特点

真核生物的基因组一般比较庞大,例如人的单倍体基因组由3×10^9 bp碱基组成,按1 000个碱基编码一种蛋白质计算,理论上可有300万个基因。但实际上,人类基因组中的基因序列大概不会超过2%，即约98%的DNA序列属于非编码区。研究发现，这些非编码区往往都是一些大量的重复序列，这些重复序列或集中成簇，或分散在基因之间。在基因内部也有许多能转录但不翻译的间隔序列（内含子）。具体来说，真核生物基因组具有如下结构特点：

（1）真核生物核基因组DNA与蛋白质结合形成染色体，储存于细胞核内。除配子细胞外，体细胞内的基因的基因组是双份的（双倍体，Diploid），即有两份同源的基因组。

（2）真核生物的核基因组庞大，一般都远大于原核生物的基因组。每条染色体上都具有许多复制起点，但每个复制子的长度较小。

（3）真核生物基因组存在大量的DNA多态性，即由于突变导致同种生物的个体基因组间存在核苷酸序列的差异。

（4）真核生物基因组内存在大量重复序列，有些序列重复次数可达百万次以上。

（5）基因组中存在大量的非编码序列，且非编码区域多于编码区域。例如，人类基因组中的非编码序列可占基因组的98%以上。

（6）大部分基因含有内含子，为不连续的断裂基因。

（7）真核生物基因的转录产物为单顺反子。一个结构基因在一种特定细胞内经过转录生成一种mRNA分子。

（8）真核生物基因组的DNA分子为线性分子，分子末端具有端粒结构。端粒是线性DNA分子末端的DNA序列与蛋白质形成的复合体结构，其DNA序列很保守。人类的端粒DNA长度为5～15kb。端粒具有保护线性DNA分子完整性的作用。

（9）真核生物存在细胞器基因组，如线粒体基因组或叶绿体基因组。

2.原核生物基因组的结构特点

相比于真核生物基因组，原核生物的基因组小得多，大多只有一条染色体，从基因组的结构与功能来看，原核生物基因组有如下特点：

（1）原核生物的基因组是由一个核酸分子组成的，DNA分子呈环状或线性，DNA分子不与组蛋白结合。

（2）基因组较小，如大肠杆菌的基因组为4.6×10^6 bp。

（3）基因组中只有一个复制起点，一个基因组就是一个复制子。

（4）重复序列很少。在原核生物中只有嗜盐细菌、甲烷细菌、一些嗜热细菌和有柄细菌的基因组中有较多的重复序列。在一般细菌中只有rRNA基因等少数基因有较多的重复序列。

（5）非编码序列很少，绝大部分DNA序列用于编码蛋白质和RNA。蛋白质基因通常以单拷贝的形式存在。

（6）为蛋白编码的核苷酸序列一般是连续的，中间没有非编码序列，基因为连续基因。

（7）功能相关的基因大多以操纵子形式出现。操纵子是细菌的基因表达和调控的一个完整单位，包括结构基因、调控基因和被调控基因产物所识别的DNA调控序列（如启动子等）。

（8）功能密切相关的基因常高度集中，越简单的生物集中程度越高。

二、分子遗传标记

基因图谱的绘制是遗传学研究的重要内容，也是家畜遗传育种的依据。绘制基因的物理图谱和遗传图谱都需要寻找基因组不同位置上的遗传标记，这些遗传标记包括形态标记、细胞学标记、生化标记和DNA分子标记等。DNA分子标记也叫分子遗传标记，是以物种突变引起DNA核苷酸序列多态性为基础的，由于生物群体中存在广泛的DNA水平的多态性，因此，与细胞标记、形态标记和生化标记等相比较，分子遗传标记数量非常庞大。分子遗传标记稳定，不受环境的影响，近年来得到了广泛的发展与运用。

在20世纪80年代以后，随着DNA多态性研究方法的快速发展，分子遗传标记应用于动物育种成为现实。应用较广泛的分子遗传标记有限制性片段长度多态性(Restriction Fragment Length Polymorphism,RFLP)、随机引物扩增多态性DNA(Random Amplified Polymorphism DNA,RAPD)、短串联重复序列(Short Tandem Repeats,STR)、扩增片段长度多态性(Amplified Fragment Length Polymorphism,AFLP)和单核苷酸多态性(Single Nucleotide Polymorphism,SNP)等。此外,还有表达序列标签多态性(Expressed Sequence Tag Polymorphism,ESTP)等分子遗传标记。

(一)限制性片段长度多态性

20世纪70年代中期,遗传学家发现了基因组中的RFLP现象。1980年Botstein首先提出利用RFLP作遗传标记构建遗传图谱,1987年Donis-Keller等人构建出第一张人的RFLP图谱。RFLP基本原理是基因组DNA在限制性内切酶作用下,产生大小不等的DNA片段,它所代表的是基因组DNA酶切后产生的片段在长度上的差异,这种差异是由于突变增加或减少了某些内切酶位点造成的。RFLP作为第一代遗传标记具有以下特点:

1.标记的等位基因间是共显性的,不受杂交方式制约,即与显隐性基因无关。

2.检测结果不受环境因素影响。

3.标记的非等位基因之间无基因互作效应,即标记之间无干扰。

RFLP分析技术的主要缺陷是克隆可表现基因组DNA多态性的探针较为困难,但随着可标记多态性探针的增多,该技术将在分子生物学研究中得到更广泛的应用。

(二)小卫星和微卫星DNA多态性

20世纪80年代初期,人类遗传学家相继发现在人类基因组中存在高度变异的重复序列,并命名为小卫星DNA。小卫星DNA以一个基本序列(11~60碱基对)串联排列,因重复次数不同而表现出长度上的差异。1987年人们又探测到高度变异的微卫星DNA。微卫星DNA又称为简单重复序列(Simple Sequence Repeat,SSR),这种重复序列的重复单位很短,一般只有2~4个核苷酸。以小卫星或微卫星DNA作探针,与多种限制性内切酶酶切片段杂交,所得个体特异性的杂交图谱,即为DNA指纹。DNA指纹技术作为一种遗传标记有以下特点:(1)具有高度特异性。同一物种两个随机个体的指纹相似系数仅为0.22,两者指纹完全相同的概率为三千亿分之一;(2)遗传方式简明。DNA指纹遵循孟德尔遗传定律,卫星DNA是高度变异的重复序列,所检测的多态性信息含量较高;(3)具有高效性。同一个卫星DNA探针可同时检测基因组中十个位点的变异,相当于数十个探针。由于卫星DNA不是单拷贝,故难以跟踪分离群体中个体基因组中同源区域的分离。

(三)随机引物扩增多态性DNA

随机引物扩增多态性DNA是Williams等人(1990)发展起来的一种新型遗传标记,该技术具有快速、简捷和高效等优点。RAPD是建立于PCR基础之上的,利用随机的脱氧核苷酸序列作引物(一般9~10碱基对),对所研究的基因组DNA进行体外扩增,扩增产物经电泳分离染色后,来检测其多态性,这些扩增DNA片段多态性便反映了基因组相应区域的DNA多态性。RAPD标记特点是:(1)RAPD扩增引物没有物种的限制,一套引物可用于不同物种基因组分析;(2)RAPD扩增引物没有数量上的限制,可以囊括基因组中所有位点;(3)RAPD技术简单方便,可进行大量样品的筛选。但RAPD标记是显性的,无法区分动物纯、杂合体,而且在分析中易产生非特异性。

(四)扩增片段长度多态性

Zabean等(1993)将PCR与RFLP结合起来,创造了AFLP分析技术。基因组DNA先用限制性内切酶双酶切,再在两端连上特定的人工接头,根据接头和酶切位点的序列设计引物。一般在引物的3'端再增加1~3个碱基进行选择性扩增。不同样品由于DNA序列不同,扩增出的片段数及长度各不相同,经变性用聚丙烯酰胺凝胶电泳就能区分出不同样品之间的差异,作为遗传标记构建连锁图,或鉴定与特定性状连锁的标记。与RFLP比较,它无须了解DNA模板序列,产生的多态性较多;与RAPD比较,它的可重复性得到极大提高。

(五)单核苷酸多态性

单核苷酸多态性是指在基因组水平上由单个核苷酸的变异所引起的DNA序列多态性,它是生物可遗传变异中最常见的一种,属于第三代分子遗传标记。人类基因组平均每500~1 000个碱基对中就有1个SNP,估计SNP总数可达数百万个。单核苷酸多态性具有数量多、分布广泛、适于快速和规模化筛查以及易于基因分型的特点,成为研究人类家族和动植物品系遗传变异的重要依据,因此被广泛用于群体遗传学研究(如生物的起源、进化及迁移等方面)和疾病相关基因的研究。

三、基因组作图

(一)遗传图谱

重组是同源染色体发生交换的结果,两个连锁基因之间的距离决定了它们的重组值。遗传作图(Genetic Mapping)是指应用遗传学技术构建能显示真核生物染色体上连锁排列的一些基因以及其他序列特征在基因组上相对位置的图谱,该图谱称为遗传图谱(Genetic Map),又称为连锁图(Linkage Map)。通过遗传图谱我们可以了解各个基因间或DNA片段之间的相对距离与方向。遗传标记之间的遗传距离是通过连锁分析确定的,即通过计算连锁的遗传标志之间的重组频率,确定它们之间的遗传距离,一般用厘摩(cM)(即表示每次减数分裂的重组频率为1%)表示。cM值越大,表明两个标志间的距离越大。这一数值不会大于50%即50 cM,因为当重组率等于50%时表明两个位点之间完全不连锁,即表明它们不在同一条染色体上。遗传图谱的构建基本程序包括:(1)亲本的选择。选择差异大,子代可稳定遗传的亲本;(2)亲本的标记及差异选择。对备选材料进行多态(差异)性检测,综合测定结果,选择有一定多态性量的一对或几对材料作为遗传作图亲本。绘制遗传图谱时所使用的遗传标记数量越多,即染色体上的标志越密集,遗传图谱的分辨率越高;(3)作图群体的构建以及遗传标记的检测;(4)标记间的连锁分析。采用两点或三点测验法,利用在两个亲本间有多态性的标记分析分离群体中所有个体的基因型,根据连锁交换的情况,确定标记之间的连锁关系和遗传距离;(5)遗传标记的染色体定位。利用遗传学方法或其他方法将少数标记锚定在染色体上,作为确定连锁群的参照系。

(二)基因组物理图谱

物理图谱包括染色体图谱或细胞遗传图谱等低分辨率物理图谱,另外还包括长片段限制性酶切图谱或限制性位点指纹图谱以及重叠克隆图谱在内的高分辨率物理图谱。用分子生物学方法直接检测DNA标记在染色体上的实际位置绘制成的图谱称为基因组物理图谱。物理距离是通过碱基数量来表示的,如碱基对(bp)、千碱基(kb)或兆碱基(Mb)。

基因组物理图谱的作图方法包括限制内切酶作图、依靠克隆的基因组作图、荧光原位杂交和序列标签位点(Sequence-tagged Site,STS)作图。限制内切酶作图是利用限制性内切酶将染色体切成片段,再根据重叠序列确定片段间连接顺序以及遗传标记间物理距离的图谱。基于序列标签位点作图的物理图谱是最完整的物理图谱。序列标签位点是已知核苷酸序列的DNA片段,长度在100~500bp之间,基因组中任何单拷贝的短DNA序列,只要知道它在基因组中的位置,都可被用作序列标签。基因组中的单拷贝序列,是新一代的遗传标记系统,其数目多,覆盖密度较大,达到平均每1kb就有一个STS或更密集。此外,还有将限制性酶切法与STS作图相结合发展的基因组序列抽样法构建的图谱,以及电泳技术与FISH技术结合构建的可见图谱。这些图谱的构建大大推动了精细物理图谱向DNA大规模测序的过渡。

基因组物理图谱的构建包括两个任务，一是获得分布于整个基因组的 30 000 个序列标签位点。为此，首先需要获得目的基因，确定两端的 cDNA 序列，然后分别利用 cDNA 和基因组 DNA 作模板扩增，比较并纯化特异带，最后根据获得的序列标签设计和制备放射性探针，用该探针与基因组进行原位杂交，将该 STS 定位到基因组；二是在此基础上构建覆盖每条染色体的大片段：首先构建数百 kb 的酵母人工染色体，对酵母人工染色体进行作图，得到重叠的酵母人工染色体连续克隆系，被称为低精度物理作图，然后在几十 kb 的 DNA 片段水平上进行，将酵母人工染色体随机切割后装入黏粒的作图称为高精度物理作图。

(三)基因组序列图谱

通过测定和分析生物个体所有染色体的碱基序列，获得该生物基因组的核苷酸序列图，是最详尽的物理图谱。通过各种基因组计划，许多生物的基因组已被测序。

(四)转录图谱

指以表达序列标签(Expressed Sequence Tag，EST)为标记，根据转录顺序的位置和距离绘制的图谱。

四、人类基因组计划

人类基因组计划(Human Genome Project，HGP)是 20 世纪科技发展史上的三大创举之一。其目的在于测定人类染色体(指单倍体)中所包含的 30 亿个碱基对组成的核苷酸序列，从而绘制人类基因组图谱，并且辨识其载有的基因及其序列，达到破译人类遗传信息的最终目的。1984 年 12 月，在美国犹他州盐湖城滑雪胜地阿尔塔，在美国能源部(DOE)资助的一次环境诱变和致癌物防护国际会议上，生物科学家首次讨论了人类基因组计划。1987 年春，美国能源部健康和环境研究顾问委员会在听取各种意见后写了一份报告，肯定了人类基因组测序计划的重要性，并表示愿意独立承担这一计划。1988 年美国国会正式批准拨出专款资助能源部和国立卫生研究院，让其负责实施人类基因组计划。人类基因组计划的第一任首席科学家是 DNA 双螺旋结构的发现者和诺贝尔生理学或医学奖的获得者詹姆斯·沃森(James Watson)，但沃森于 1992 年离开该计划，首席科学家由弗朗西斯·柯林斯(Francis Collins)接替。

1999 年 6 月，中国科学院遗传研究所人类基因组中心向美国国立卫生研究院(NIH)的国际人类基因组计划(HGP)递交加入申请。HGP 在网上公布中国注册加入国际测序组织，中国成为继美、英、日、德、法后第六个加入该组织的国家。

该计划于 2001 年初宣布完成草图顺序，草图顺序的完成被认为是人类基因组计划成功的里程碑。

【知识点分析】 对于人类基因组计划的意义，沃森的评价是："不尽快将它(人类基因组计划)完成将是非常不道德的"。破译人类遗传信息，将对生物学和医学乃至整个生命科学产生深远的影响。随着对基因组的理解更加深入，医学研究和生物技术领域发展将更为迅速。科研人员通过人类基因组计划所提供的信息，可能会找到与癌症等疾病相关的某个或某些基因。人类基因组计划对与肿瘤相关的癌基因、肿瘤抑制基因的研究工作，已经起到了重要的推动作用。基因组计划在疾病相关基因研究上的推动作用将促进疾病新疗法和新药的开发研究。此外，人类基因组计划对许多生物学研究领域有切实的帮助，例如，分析不同物种的 DNA 序列的相似性会给生物进化和演变研究提供更广阔的研究路径和依据。

第二节　蛋白质组学简介

2006年8月,在人类基因组计划的基础上,由美、加和英等国发起的癌症基因组计划在美国宣布启动,该计划旨在通过大规模的测序来建立肿瘤全基因组的突变谱,从而阐明各类肿瘤的基因组变异规律和发病机制间的关系。2008年4月29日,由多国科学家参与的国际癌症基因组协作组织(ICGC)成立,该组织计划通过统筹各国和地区专家的合作,用10年时间,针对50种癌症,绘制出较为完整的致癌基因突变图谱,该计划预计花费10亿美元。这些研究成果将加快人类认识及攻克癌症的进程。

一、开展蛋白质组学研究的必要性

基因组研究自从开展以来,已经取得了巨大的成就。过去十几年间,研究者们不仅完成了人类基因组计划,而且完成了包括大肠杆菌和酿酒酵母在内的数百种微生物,以及猪、牛、羊和鸡等在内的数十种高等动物的基因组测序和分析工作。在此基础上,转录组研究也取得极大的成果。但基因数量的有限性和基因组结构的相对稳定性与生命现象的复杂性和多变性之间的矛盾,以及转录组所揭示的基因表达水平与细胞中实际的蛋白质表达水平间可能存在的不统一性,都使科学家们意识到研究这些基因所编码的蛋白质的必要性。而且,蛋白质作为生物功能的主要载体,拥有自身特有的作用特点,如在细胞合成蛋白质之后,这些蛋白质往往还要经历翻译后的加工修饰、靶向转运和定位、结构变化,以及与其他蛋白质或其他生物大分子的相互作用等过程,发现蛋白质的这些过程并解密这些过程是如何进行和调控的,是全面和深入认识生命的重要内容,但这些内容远不是基因组和转录组的研究结果所能全面回答的。同时,传统的对单个蛋白质进行研究的模式已无法满足生命科学研究的要求,因为生命现象的发生往往是多因素影响的,这必然涉及多种蛋白质,而蛋白质的参与往往是交织成网络的,而且在执行生理功能时蛋白质的表现是多样的和动态的,并不像基因组那样基本固定不变。正是基因组及转录组学以及传统蛋白质功能研究的局限性使科学家们认识到,要对生命的复杂活动有全面和深入的认识,需要在整体、动态和网络的水平上对蛋白质进行研究。科学界曾预言,在21世纪,生命科学的热点将从基因组学转向蛋白质组学(Proteomics),并使后者成为生命科学研究的前沿,当前生命科学研究的现状也正在验证着这一预言。

二、蛋白质组学相关的概念

(一)蛋白质组

一个生命体在其整个生命周期中所表达的蛋白质的全体,或者在更小的规模上,特定类型的细胞在经历特定条件刺激时所表达的蛋白质的全体,分别被称为这个生命体或细胞的蛋白质组。这一概念是由澳大利亚学者Wilkins和Williams等人于1994年提出的。蛋白质组的英文单词Proteome是来源于蛋白质Protein和基因组Genome,意思是"Proteins Expressed by a Genome(基因组表达的所有蛋白质)"。蛋白质组与基因组相对应,也是一个整体的概念,但基因组是静态的,一个生命体从它的发生、发展到衰老和死亡,不同细胞、组织和器官的基因组是基本稳定不变的,但一个生命体其机体的不同部位、不同细胞类型中以及生命周期的不同阶段,其表达的蛋白数量和水平可能存在巨大的差异。因此,蛋白质组是一个动态的概念。

(二)蛋白质组学及其研究内容

蛋白质组学指运用各种技术手段来研究蛋白质组的一门新兴科学。该学科是从整体角度上研究细胞内动态变化过程中蛋白质组成成分、表达水平、翻译后的修饰形式以及蛋白质之间的相互联系与作用,为阐明生命现象的本质提供直接依据的学科。

蛋白质组学研究的内容包括特定器官、组织或细胞类型中所表达的蛋白质数量、蛋白质结构及性质、蛋白质在亚细胞结构中的位置以及不同蛋白质间的相互作用。同时,蛋白质组学还包括推动这一学科发展的蛋白质组分析技术的研究,以及相关数据的分析和数据库的构建。

根据研究重点的不同,蛋白质组学可分为表达蛋白质组学和功能蛋白质组学。表达蛋白质组学主要研究细胞或组织等在不同条件或生理阶段表达的全部蛋白质。功能蛋白质组学是研究细胞在特定生理阶段或与某一生理现象相关的所有蛋白质。

三、蛋白组表达模式研究的基本程序

目前蛋白质组学研究在表达蛋白质组学方面的研究更为广泛,其研究的基本程序为:

(1)制备细胞或组织样品;

(2)利用蛋白质分离技术分离样品中的蛋白质;

(3)应用质谱技术或N末端测序鉴定分离蛋白质;

(4)应用生物信息学技术存储、处理和比较获得的数据。

四、蛋白组学研究的基本技术

生命科学是建立在大量实验基础上的科学,其发展极大地依赖于实验技术的发展。正如以DNA序列分析技术为核心的基因组研究技术推动了基因组研究,以基因芯片技术为代表的基因表达研究技术促进了科学家了解基因表达规律一样,以二维电泳技术和质谱技术等为代表的蛋白质研究技术,为人类研究蛋白质组和揭示蛋白质表达规律创造了条件。蛋白质组学的实质就是指研究蛋白质组的技术及通过这些技术获得的研究结果。

(一)样品制备技术

由于动物不同发育期、不同生理和病理条件下,不同类型细胞的基因表达是不一致的,因此对蛋白质表达的研究如果精确到细胞甚至亚细胞水平,将更能深入研究细胞的各种现象,但一般采集的样本都是各种细胞或组织混杂在一起,如各种器官中特定组织细胞总是与血管、结缔组织以及基质细胞等混杂的。利用激光捕获显微切割(Laser Capture Microdissection,LCM)技术(如图16.1)

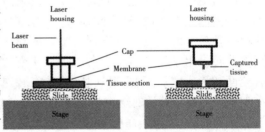

图16.1 激光捕获显微切割技术(引自 http://jvi.asm.org/content/79/22/14079/F1.expansion.html)

可以精确地从组织切片中分离出研究者感兴趣的细胞类型。该技术是一项在显微镜下从组织切片中分离、纯化单一类型细胞群或单个细胞的技术,它成功地解决了组织中的细胞异质性问题,是细胞生物学、肿瘤基因组学、蛋白质组学和分子病理学等研究的一项革命性技术。

利用激光捕获显微切割技术采集的细胞用于蛋白质(或mRNA)样品的制备,结合抗体芯片或二维电泳-质谱的技术路线,可以对蛋白质的表达进行原位的高通量研究。

(二)蛋白质分离技术

在蛋白质组学研究中,蛋白质的分离主要是利用电泳技术,其中应用最多的是双向电泳(Two-dimensional Electrophoresis,2DE)技术以及毛细管电泳(Capillary Electrophoresis,CE)技术。除了电泳技术外,还有高效液相色谱技术、层析技术和超离技术等。

1.双向电泳技术

双向电泳是最经典、最成熟的蛋白质组分离技术。该技术是根据蛋白质等电点和分子量大小不同的特点,结合凝胶电泳技术的原理来分离各种蛋白质的方法(图16.2)。

双向电泳技术的第一向是等电聚焦电泳,该向根据蛋白质等电点的不同进行分离。由于凝胶中形成了pH梯度,等电聚焦电泳时,在电场的作用下蛋白质将移向其净电荷为零的位点,最后,等电点相同的蛋白质会聚集在相同的位点。pH梯度是在一个细的包含两性电解质的聚丙烯酰胺凝胶管中制备的。研究人员在20世纪80年代研制出固定pH梯度的胶条,该胶条的形成需要能与丙烯酰胺单体结合的分子,每个分子含有一种酸性或碱性缓冲基团。制作时,将一种含有不同酸性基团的分子溶液和一种含有不同碱性基团的分子溶液混合,两种溶液中均含有丙烯酰胺单体和催化剂,不同分子的浓度决定pH的范围。聚合时丙烯酰胺成分与双丙烯酰胺聚合形成聚丙烯酰胺凝胶。双向电泳技术的第二向是十二烷基硫酸钠-聚丙烯酰胺凝胶电泳(SDS-PAGE),该向根据蛋白质的分子量不同进行分

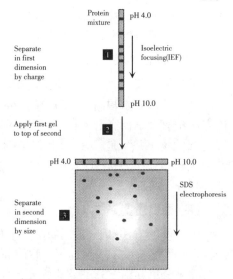

图16.2 双向电泳技术示意图(引自David and Michael,2008)

离。此向是在包含SDS的聚丙烯酰胺凝胶中进行的。SDS是一种阴离子去污剂,它能结合在多肽骨架上,使蛋白质带负电,蛋白质所带电荷与其分子量呈正比,在SDS-聚丙烯酰胺凝胶中蛋白质分子量的对数与它在胶中移动的距离基本呈线性关系。

经过两向电泳后,上千种不同的蛋白可被分离,二维平面上的每一个点一般代表一种蛋白,经染色后可以获得有关蛋白质的等电点、分子量及每种蛋白的数量信息。

双向电泳技术可分离10～100 kD分子量的蛋白质,是目前唯一的一种能分离大量蛋白质并进行定量的方法,能同时分离和定量数千种甚至上万种蛋白,具有高通量、敏感性较高和重复性好等优点,而且便于用计算机进行图像分析处理。其缺点是用此种技术不能有效分离极酸性或极碱性蛋白质、疏水性蛋白质、极大或极小分子量的蛋白质以及低丰度蛋白质。

2.双向荧光差异凝胶电泳技术

双向荧光差异凝胶电泳(Two-dimensional Fluorescence Difference Gel Electrophoresis,2D-DIGE)分析系统是在传统双向电泳技术的基础上,结合了多重荧光分析的方法,在同一块胶上同时分离多个分别由不同荧光标记的样品,并第一次引入了内标的概念,极大地提高了结果的准确性、可靠性和重复性。在DIGE技术中,每个蛋白点都有它自己的内标,利用软件根据每个蛋白点的内标对其表达量进行校准,这样可以很好地去除样品的假阳性差异点。DIGE技术可检测到表达差异小于10%的蛋白,统计学可信度达到95%以上。2D-DIGE的具体操作过程与常规双向电泳技术的步骤相似,所不同的是在样品制备时,分别在每份样品中预先加入了不同的荧光染料,并且需要一个供其他样品比较的内参。另外,电泳后的凝胶显色需要在特殊的荧光检测系统上进行。

3.高效液相色谱技术

高效液相色谱技术因具有分离效率高、分析速度快、检测灵敏度高和应用范围广等特点,广泛应用于生产实践中。高效液相色谱是利用高压输液泵驱使带有样品的流动相通过装填固定相的色谱柱,利用固液相之间的分配机理对混合物样品溶液进行分离的方法。二维或多维液相色谱,是将分离机理不同而又相互独立的两支色谱柱串联起来构成的分离系统。样品经过第一维的色谱柱进入接口中,通过浓缩、捕集或切割后被切换进入第二维色谱柱及检测器。二维液相色谱通常采用两种不同的分离机理分析样品,即利用样品的不同特性把复杂混合物(如肽)分成单一组分,这些特性包括分子尺寸、等电点、亲水性、电荷以及特殊分子间作用(亲

和力)等。在一维分离系统中不能完全分离的组分,可能在二维系统中得到更好的分离,因此,分离能力和分辨率得到极大的提高。

(三)蛋白质染色技术

在利用凝胶电泳技术分离蛋白质后,要对胶进行高灵敏度的染色。蛋白质组学分析对2DE后的染色技术要求很高,除了敏感性要求外,还要求染色技术的线性和均一性。目前利用的染色方法中有考马斯亮蓝染色、银染以及荧光染色等。银染比考马斯亮蓝染色灵敏度高,但是银染的线性效果并不是很好,并且对质谱分析干扰大。考马斯亮蓝染色线性、均一性较高,对质谱干扰较小,但其敏感性较低。较理想的是荧光染色,其敏感性和线性都很好,且对质谱干扰小,但其成本较高。

(四)蛋白质鉴定技术

用传统的方法如Edman降解法等方法分析成千上万的蛋白质是一个很艰巨的任务,而质谱技术的发展解决了这一难题。质谱分析是对样品分子离子化后,根据不同离子间质荷比(m/z)的差异来分离并确定分子量的技术。

1.一级质谱

质谱仪一般由样品槽、离子源、分析仪和检测器组成。质谱技术发展快速,目前可以用该技术快速、高效地对目的蛋白进行鉴定,且样品用量少(可达到微克级)。除此之外,质谱技术还可以对蛋白质的翻译后修饰进行分析。根据离子源的不同,质谱主要包括基质辅助激光解析电离飞行时间质谱(MALDI-TOF-MS)和电喷雾离子阱飞行时间质谱(LCMS-IT-TOF)。这两种质谱的离子源都可以使肽段、蛋白质、药物的代谢产物、寡核苷酸及碳水化合物等进行离子化,然后被质谱仪分析。

由于单一地依靠蛋白质相对分子质量并不能对目的蛋白进行精确地鉴定,因此须事先用蛋白酶(如胰蛋白酶)将检测样品酶解成不同长度的肽段。在MALDI-TOF-TS中还需要向样品中加入基质,以促使样品离子化(离子化的确切机制目前还不清楚),然后在离子源的作用(激光激发)下使样品变为气相离子。这些被激发的气相离子进入质量分析仪,根据其荷质比而把肽段进行区分。质谱的整个过程都是在真空条件下进行的。LCMS-IT-TOF则不需要基质辅助,而是使用具有一定能量的电子直接作用于样品分子,使其电离。

2.二级质谱

二级质谱是同时将2个上述质谱连接在一起构成的串联质谱,可以更精确更灵敏地分析蛋白样品。串联质谱又叫碎片谱或MS/MS谱。二级质谱的使用使得质谱不仅可检测肽段的相对分子质量,还可以检测它的氨基酸序列。检测时,先利用质谱仪的第一个分析仪对蛋白样品进行初步检测,从样品混合中选择特定的肽段,再将这个特定的肽段与惰性气体(如氮气、氩气等)碰撞,以便将肽段进一步离解。在被选择的肽段与惰性气体发生能量碰撞时,支持蛋白主链构象的化学键受到破坏,碰撞后的结果再被第二级质谱分析仪分析。二级质谱可以将差别只有1个氨基酸的相邻肽段区分开。通过分析临近峰的相对分子质量,可以检测肽段的氨基酸序列。

3.肽质量指纹图谱(Peptide Mass Fingerprinting,PMF)

将蛋白质直接从双向电泳凝胶上切下,或印迹到PVDF膜上,然后切下经过原位酶解得到酶解肽段,然后用质谱仪得到这些肽段的精确质量,当被离子化的肽段经过质谱仪时,这些肽段因其相对分子质量的不同而被分离,因此产生了含有不同峰值的肽质量指纹图谱。由于每种蛋白质氨基酸序列都不同,当蛋白质被酶解后,产生的肽片段序列也不同,其肽混合物质量数具一定特征性。蛋白质的鉴定便是通过对肽质量指纹图谱的分析实现的,即将所得到的肽质量指纹图谱与已知数据库中一个蛋白的理论期望蛋白酶肽段进行比较,可以得到一个匹配程度得分,当这个得分高于理论计算的得分时,便认为该蛋白是理论中的蛋白。在搜索这些数据库时,需要使用搜索软件如Mascot、PepSea、Peptident和Paragon等,其中Mascot是目前最常用的软件。Paragon程序克服了Mascot程序中被动的、概率的、估计的搜索模式所带来的缺点,被认为是Mascot的替代者。

质谱技术是一项强大的分离分析技术,但它只能分离气体状态的带电分子,而且一次只能分析带正电或带负电的分析物。很难用质谱技术区分两种同源性极高的蛋白。因此该技术通常只适用于酵母等基因组序列已知的个体。

(五)蛋白质-蛋白质相互作用研究技术

1.酵母双杂交技术

酵母双杂交技术(Yeast Two-hybrid Assay)是研究蛋白质相互作用、发现新基因、筛选药物的作用位点以及药物对蛋白质之间相互作用的主要方法。酵母双杂交系统的建立基于对真核生物调控转录起始过程的认识。细胞起始基因转录需要有转录激活因子的参与。转录激活因子在结构上往往由两个或两个以上相互独立的结构域构成,其中包括DNA结合结构域(DNA Binding Domain, DB)和转录激活结构域(Activation Domain, AD),它们是转录激活因子发挥功能所必需的。DB与AD分别能与多肽X和Y融合表达,与DB和AD形成的融合蛋白分别称为"诱饵(Bait)"和"猎物(Prey)"。如果在X和Y两种蛋白之间存在相互作用,那么分别位于这两个融合蛋白上的DB和AD就能形成有活性的转录激活因子,从而激活相应基因的转录与表达(图16.3)。这个被激活的、能显示"诱饵"和"猎物"相互作用的基因被称为报道基因(Reporter Gene)。通过对报道基因表达产物的检测,反过来可判断作为"诱饵"和"猎物"的两个蛋白质之间是否存在相互作用。

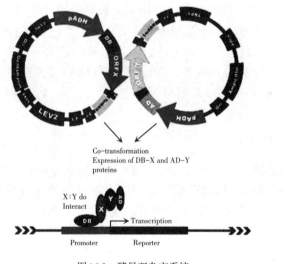

图16.3　酵母双杂交系统

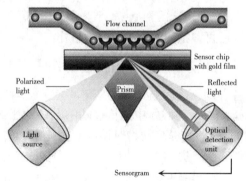

图16.4　表面等离子共振技术示意图

2.表面等离子共振技术

表面等离子共振技术(Surface Plasmon Resonance Technology,SPR)的原理是利用平面单色偏振光与金属膜内表面电子发生等离子共振时SPR角(反射光强度最小时的入射角)与金属表面结合的生物分子的质量呈正比,如将"诱饵"蛋白作为配基,固化在几十纳米的金属膜表面加入"猎物"蛋白溶液,这样就可以通过SPR角的改变来反映"诱饵"蛋白与"猎物"蛋白形成的蛋白质复合物,从而反映二者之间的相互作用。检测时先将一种生物分子(靶分子)键合在生物传感器表面,再将含有另一种能与靶分子产生相互作用的生物分子(分析物)的溶液注入并流经生物传感器表面。生物分子间的结合引起生物传感器表面质量的增加,导致折射指数按同样的比例增加,生物分子间反应的变化即被检测到(图16.4)。这种方法对生物分子无任何损伤,且不需任何标记物。

第三节　基因组学及蛋白质组学研究在动物生产中的应用

一、各国及各组织开展的动物基因组计划

除了人类基因组计划外,各国及相关组织启动了一系列动植物基因组计划,如德国联邦教研部2004年2月10日公布启动一项"动物有机体功能性基因分析计划",该计划旨在使人类对家畜的繁殖生产有更好的了解,减少动物品种的遗传性缺陷,提高动物奶制品和肉制品质量。"动物有机体功能性基因分析计划"类似于人类基因组计划,是对联邦教研部正在实施的国家基因研究网、植物基因研究计划以及微生物基因研究计划的补充,重点是解析猪、牛、羊、家禽、马和蜜蜂等食用动物的基因组。该计划2004年11月正式实施,为期8年,每年项目预算为200万欧元。

中国科学院北京基因组研究所(Beijing Genomic Institute)与丹麦动物科学研究所(Danish Institute of Animal Science)、皇家兽医与农业大学(the Royal Veterinary and Agriculture University(KVL))、丹麦养猪业的代表于2000年10月20日签署了合作进行猪基因组测序计划的协议。

我国深圳华大基因研究院从2009年便开始筹划"千种动植物基因组计划"。2010年1月,该院正式宣布启动"千种动植物基因组计划",2010年5月13日公布了"千种动植物基因组计划"的一期成果,在重要物种基因组学研究领域和巨型基因组数据库构建上取得阶段性进展。到目前为止,华大基因和合作者们已经启动了100多种动植物基因组测序分析项目。已经进行全基因组测序的物种包括和人们的生活密切相关的蔬菜瓜果如黄瓜、西瓜、白菜和甘蓝等,以及一些重要动物物种如大熊猫、藏羚羊、企鹅和北极熊等。另外,华大与国内外研究者正在展开牦牛、石斑鱼、牙鲆、牡蛎、小菜蛾、环毛蚓和大鲵等动物以及烟草、茶树、棉花、小麦、梅花和兰花等近百种物种基因组项目的合作。

二、动物基因组学研究在动物生产上的应用

各种动物基因组计划的实施将使人类对家畜家禽生产有更好的了解,例如通过全面的基因筛选降低动物群体中遗传性缺陷个体的比例,提高动物对环境的适应能力和对各种应激及疾病的抵抗力,提高动物对饲料的消化率和转化率,改善动物各种产品的质量等,为畜牧业高效和健康生产提供理论依据。

(一)促进重要经济性状位点的定位和品种改良

根据美英等西方发达国家政府和世界粮农组织(FAO)的预测,21世纪全球90%畜禽的品种都将通过分子育种提供,而品种对整个动物生产的贡献率亦将达50%以上,品种显然是畜牧业发展的首要因素。

基因组学是生命科学研究的基础,动物基因组学研究的主要目标是定位和发现影响动物重要经济性状的主效基因,利用DNA重组技术精细定位畜禽中控制重要经济性状的位点在遗传图谱和物理图谱中的位置,在此基础上发展分子育种技术,特别是依靠动物全基因组的遗传信息和高通量的分子育种技术,对畜禽品种进行全面改良,以突破动物遗传育种的"平台阶段"。目前,在该方向上已经取得极大的成绩,例如,研究工作者通过基因组扫描在牛的6号染

色体上发现6个影响奶牛产奶量的数量性状座位(Quantitative Trait Locus,QTL),证实了雌激素受体基因(ESR)和卵泡刺激素B亚基基因(FSHB)是影响产仔数的主基因等。

(二)促进对动物健康性状的筛选和定位

畜禽疾病是困扰各国畜牧业的重要问题。免疫接种和卫生隔离等防治手段的效果有限,抗生素预防和治疗仍然是降低动物发病率和死亡率最有效的方法。但抗生素的滥用导致畜禽产品携带大量残留药物,这对人类的健康造成极大威胁。因此寻找各种安全可靠且经济可行的疾病控制途径是畜牧业健康发展迫切需要解决的难题。随着对畜禽基因组学的研究越来越广泛和深入,对动物性状的QTL寻找和定位工作也从传统的经济性状延伸到了对动物抗病力等健康性状等新的QTL研究领域。而蛋白质组学将成为寻找动物疾病的分子标记和药物靶标最有效的方法之一。

(三)基因组学及蛋白组学促进动物营养素的营养机制研究

随着生物科学和现代生物技术的发展,促进了动物营养学与分子生物学的结合。而基因组学和蛋白组学以及生物信息学在生物技术领域的研究获得了巨大进展,为研究不同营养素与各种基因的交互作用提供了可能,并因此产生了营养基因组学(Nutrigenomics),而且成为营养学研究的新前沿。营养基因组学研究将以分子生物学技术为基础,应用DNA芯片和蛋白质组学等技术阐明营养素对基因表达的影响,以及与基因表达产物的相互作用,阐明营养代谢的分子机制,为新的营养调控理论的建立提供基础。

【本章小结】

生物的基因组及蛋白质组研究是深入解析研究生命本质的前提。基因组学和蛋白质组学是两门新兴的、发展迅速的生命科学分支。前者主要是运用重组DNA、DNA测序方法以及生物信息技术进行基因组测序和组装,并在此基础上分析整个基因组的功能和结构,后者则是从整体角度上研究细胞内动态变化过程中蛋白质组成成分、表达水平、翻译后的修饰形式以及蛋白质之间的相互联系与作用,为阐明生命现象的本质提供依据。以物种突变引起DNA核苷酸序列多态性为基础的大量分子遗传标记的获得,为绘制基因图谱和家畜遗传育种创造了条件。人类基因组计划的实施和完成对生物学和医学乃至整个生命科学产生深远的影响。重要动物基因组测序工作的完成将促进人类对家畜家禽生产有更好的了解,为畜牧业高效和健康生产提供理论依据。蛋白质组学的实质就是研究蛋白质组的技术及通过这些技术获得的研究结果。蛋白质组学研究中的基本技术包括样品制备、蛋白质分离、蛋白质鉴定及与其他物质的相互作用的研究技术等。

【思考题】

1.什么是基因组及基因组学? 简述基因组学研究的主要内容。

2.简述人类基因组计划的意义。

3.蛋白质组学中常见的研究技术有哪些?

第十七章 水盐代谢及酸碱平衡

水和无机盐在动物生命活动中起着非常重要的作用,它们参与机体物质的摄取、转运、排泄及代谢反应等过程,同时维持着体内体液含量的相对稳定。体液的酸碱平衡是指正常情况下体液能保持pH的相对恒定。这种平衡是通过体液的缓冲体系,由肺呼出二氧化碳和由肾排出酸性或碱性物质来调节的。

第一节 体 液

一、体液的分布及含量

动物体内存在的液体称为体液(Body Fluid)。体内无纯水存在,体液是在水中溶解了许多无机物和有机物(如葡萄糖、尿素、蛋白质等)的一种液体。

(一)体液的分布

体液可划分为两个主要的分区,即细胞内液和细胞外液,它们是用细胞膜隔开的。存在于细胞内的液体称为细胞内液,它占体内总液体量的67%~75%,或约为体重的50%。所有存在于细胞外面的液体称为细胞外液,它约占体内总液体量的25%,或约为体重的20%。细胞外液又分为两个主要的部分,即存在于血管内的血浆和血管外的组织间液,它们是用血管壁分开的。血浆约占体重的5%,组织间液约为体重的15%。

(二)体液的含量

正常成年家畜体内所含的体液量是相当恒定的,但可因品种、性别、年龄和个体的营养状况不同而有所不同。一般说来,成年瘦的家畜体内的总水量约占体重的60%~70%,幼畜的含水量比成年家畜高。肥胖家畜由于脂肪含量较多,而比瘦的家畜含水量少,这是由于脂肪组织中含水较少之故。

二、体液各分区的组成

(一)细胞外液的组成

细胞外液包括血浆(Blood Plasma)和组织间液(Interstitial Fluid),其无机盐含量基本相同,其主要差异是血浆中的蛋白质含量比组织间液中高很多。这说明蛋白质不易透过毛细血管壁,而其他电解质和较小的非电解质都可自由透过。在细胞外液中含量最多的阳离子是Na^+,阴离子则以Cl^-和HCO_3^-为主,且阳离子总量和阴离子总量相等,说明其为电中性。

正常动物细胞外液的化学组成和物理化学性状是相对恒定的,动物的所有细胞都生活在细胞外液之中,它是每个细胞生活的环境,称之为机体的内环境,这是与整个动物所处的环境(称为外环境)相对而言的。机体的内环境恒定是非常重要的。尽管动物的外环境千变万化,这种变化以及细胞代谢本身都不断地影响着机体的内环境,使之发生改变。但在正常情况下,动物是能够通过它的调节机能来保持其内环境恒定的。只有当这种变化太大,超出了动物调节的能力,或是调节机能失常时,内环境才会发生改变,从而引起动物的各种病变。研究水与无机盐代谢的重要内容之一,就是研究机体如何调控其细胞外液的各种化学成分和物理化学性状保持恒定,以及失常的原因。当机体内环境失常时,就要设法纠正。最常用的纠正方法就是输液疗法。

(二)细胞内液的组成

当前对于细胞内液组成的了解,远不如对细胞外液那样清楚和完整。其主要原因是:

(1)目前还没有完善的方法测定细胞内液中电解质的浓度。

(2)不同动物细胞内液的组成很可能不同,因而用实验动物所测的结果不一定符合各种家畜的情况。

(3)具有不同结构和功能的不同组织细胞内液的化学组成很可能不相同。

(4)同一细胞内不同部位的电解质浓度是不相同的,这种差异是由生物泵机能、激素、神经肌肉活动等生物学现象决定的。因而把细胞内液视为一个笼统的概念也应重新考虑。

现已知细胞内液和细胞外液的化学成分很不相同。首先是细胞内的蛋白质含量很高,它成了细胞内液中的主要阴离子之一。在无机盐方面,细胞内液的主要阳离子是K^+,其次是Mg^{2+},而Na^+则很少。由此可见,细胞内液和细胞外液之间在阳离子方面的突出差异是Na^+、K^+浓度的悬殊。已知这种差异是许多生理现象所必需的,因而必须维持。细胞内液的主要阴离子是蛋白质和PO_4^{3-}。Cl^-虽然是细胞外液中的主要阴离子,但在细胞内液中几乎不存在。细胞内液和细胞外液中成分上的这些差异表明,细胞膜是不允许绝大多数物质自由通过的。

体液中的各种成分因不同的品种,同一品种的不同个体,以及同一个体的不同部位,甚至测定的时间不同都会有所差异。

三、体液间的交换

在动物的生命过程中,各种营养物质不断地经过血浆来到细胞间液,再进入细胞。细胞代谢的产物以及多余的物质也不断地进入细胞间液,再经过血液进入其他细胞或排出体外。

(一)血浆和组织间液的交换

物质在血浆和组织间液之间的交换需要穿过毛细血管壁。毛细血管壁虽然不允许蛋白质自由穿过(不是绝对的),但水和其他溶质则可自由通过。因此水和其他溶质在这两个分区间的交流主要靠自由扩散,即各种溶质由高浓度一方向低浓度一方扩散,水则由低渗一方向高渗一方扩散,直至平衡为止。正是因为这样,使得血浆中各种物质的浓度与组织间液基本相同。由于其他溶质都能自由透过毛细血管壁,因而不能产生有效的渗透压。而血浆中的蛋白质浓度高,它所产生的胶体渗透压是有效的,使得血浆的渗透压大于组织间液,成为组织间液流向血管内的力量。与之相反的力量是血管内的水静压,它使血管内的液体流向血管外。在毛细血管的动脉端,水静压大于血浆的胶体渗透压,使体液向血管外流动。在毛细血管的静脉端,水静压则小于血浆的胶体渗透压,于是体液向血管内流动。这是血浆和组织间液交换的另一个方式。此外,淋巴循环也起一定作用。

(二)组织间液和细胞内液的交换

物质在这两个分区之间的交换需要通过细胞膜。细胞膜只允许水、气体和某些不带电荷的小分子(如尿素)自由通过,而蛋白质则只能少量通过,有时甚至完全不能通过。无机离子,尤其是阳离子一般不能自由通过。这是造成细胞内液和细胞外液中的成分差异很大的原因。然而生命活动需要各种物质不断地在这两个分区之间进行交换,而且事实上这种交换非常活跃。那么物质是怎样在这两个分区之间进行交换的呢?已知细胞膜有主动转运物质的机能,它能使物质由低浓度向高浓度方向转运。例如细胞膜上的Na^+泵,就是在消耗能量的基础上把K^+摄入细胞内,把Na^+排出细胞外,以保持细胞内外Na^+、K^+浓度的巨大差异。许多营养物质也靠主动转运摄入细胞内。另外,在细胞膜上还有转运各种物质的穿膜孔道,这些孔道随着生理条件的不同而时开时闭。开时则物质可顺浓度梯度转运,闭时则不能转运,这就是易化扩散。如当神经冲动传来时,则神经和肌肉细胞膜上的 Na^+ 穿膜孔道和 K^+ 穿膜孔道开放,于是 Na^+ 通过其孔道进入细胞,K^+ 则通过其孔道由细胞逸出。许多物质都有其特异的穿膜孔道,它们可通过这种方式进出细胞。至于水的转移则主要取决于细胞内外的渗透压,即当细胞内外的渗透压发生差异时,靠水的转移来调节,以维持细胞内外的渗透压相等。可自由穿过细胞膜的物质则随水一起移动。由于细胞外液的渗透压主要取决于其中钠盐的浓度,细胞内液的渗透压主要取决于其中钾盐的浓度,所以水在细胞内外的转移主要取决于细胞内外 K^+、Na^+ 的浓度。例如,当饮水后,水首先进入细胞外液,使细胞外液 Na^+ 的浓度降低,从而降低了细胞外液的渗透压,于是水进入细胞,至细胞内外的渗透压相等为止;反之,当细胞外液的水减少或 Na^+ 增多时,则细胞外液的渗透压升高,于是水由细胞内转向细胞外。总之,各种物质进出细胞的机制比较复杂,它受到细胞代谢和多种生理功能的调控,许多机制目前还不清楚。很明显,进一步研究这些机制,将有助于我们深入理解许多生理的和病理的现象。

第二节　水的代谢

水是动物体内含量最多的成分,它以体液的形式(由 H_2O、电解质、小分子有机化合物和蛋白质组成)存在于体内,占体重的 60%~80%,个体之间随年龄和胖瘦差别很大,性别、品种、个体营养状况对水含量也有影响。

一、水的生理作用

水是维持人和动物正常生命活动的重要营养物质之一,它的生理功能主要有:

(1)水不仅是良好的溶剂,还直接参与一些化学反应。细胞内的物质代谢必须在水环境中进行,水不仅是许多物质的溶剂,构成反应的媒介,还直接参与一些化学反应,如水解反应、脂酸的 β-氧化、TCA 等,如无水,新陈代谢就无法进行。

(2)水的结合功能。体内大部分水以氢键与各种生物分子结合,在生物体系中氢键在稳定蛋白质及核酸分子的三维结构及酶促反应中起重要作用。另外,这种结合水对保持细胞及各组织器官的形态结构具有特殊功能。

(3)水可以帮助营养物质消化、吸收、运输及废物排泄。在唾液、胃液、血液和尿液等中,水起溶解、润滑及运输载体的作用。

(4)水具有润滑作用,能保护器官黏膜。如泪液保护角膜,使眼球转动自如;关节滑液可防止骨关节磨损,有利于关节活动。

(5)调节体温。水比热大,能吸收较多热量,有冷却作用,有利于细胞散热,维持体温恒定。另外,水的蒸发热也大,当天热时通过出汗大量散热,保护机体。

二、水的摄入

动物体内水的来源有三,即饮水、饲料中的水和代谢水。

尽管不同饲料的含水量差异很大,但在任何情况下动物由饲料摄入的水都相当多。例如青贮饲料的含水量常在 70% 以上,就是风干草的含水量也在 10% 左右。营养物质在体内氧化所产生的水称为代谢水或内生水。每氧化 1g 脂肪、糖和蛋白质约分别产生 1.07 mL、0.60 mL 和 0.41 mL 水。当水源缺乏时,代谢水在对机体水的供应上起着重要的作用。

饮水在动物水的来源中占有非常重要的地位。这不仅因为在许多情况下,饮水的量比其他来源的水量大,更重要的是饮水量的多少是调节体内水平衡的重要环节之一。在一般情况下,动物随饲料摄入的水量和代谢产生的水量都不受体内水含量多少的影响。而饮水量则直接受到体内水平衡状况的影响。已知饮水量是受丘脑下部的渴中枢调节的。当动物由于缺水而使细胞外液的渗透压升高时,则可兴奋渴中枢,使动物有渴感而增加饮水。反之,当体内水足够而渗透压正常时,则动物没有渴感而不饮水。另外心输出量降低也兴奋渴中枢。

三、体内水的丢失

体内水丢失的重要途径是由肾排出。这不仅因为大多数动物在一般情况下随尿丢失的水量较多,更重要的是肾脏能够根据机体的情况来调节其排尿量。已知肾脏的排尿量受垂体后叶分泌的抗利尿激素控制。抗利尿激素促进肾小管重吸收水而使尿液浓缩,从而减少水由尿排出,它的分泌则由血浆的渗透压控制。

例如当体内水的来源减少而使血浆渗透压升高时,它促进垂体分泌抗利尿激素,于是肾小管多吸收水以减少排尿量而避免机体缺水。反之,当体内水的来源增多而血浆渗透压下降时,则抑制抗利尿激素的分泌,于是肾脏多排尿、排稀尿,使多余的水排出以避免体内水过多。不过,动物的排尿量有没有最高限,现在还不清楚,但它具有低限,即动物虽然可以随着摄入水量的减少而减少其排尿量,但尿量减少到一定的程度就不能再减了。即使在水源完全断绝,动物已经缺水的情况下也是如此。这是因为代谢废物(主要是尿素)必须以溶解的状态排出,尿液不能过分浓缩之故。不同动物的最低排尿量是不同的。它一方面取决于废物的产量,同时还取决于动物浓缩尿的能力。尽管不同动物浓缩尿的能力不同,但都有一个最低排尿量(The Minimum Quantity of Urine)。例如育肥猪约为200 mL。

动物随粪可以排出一定量的水。如狗、猫和绵羊等的粪比较干,所以随粪排出的水量很少。但像马和牛的粪量大,含水量又比较多,所以由粪排出的水量是相当大的。据测定成年的马、牛每天由粪中排出的水量都在10 L以上。任何动物在正常情况下,其粪中的排水量是不受体内水含量的多少影响的。

水由体内排出的另一个途径是皮肤和肺的蒸发。这种蒸发是看不见的,称为不感觉失水。水的这种蒸发可使体内热量散失,是调节体温所必需的,它很少受体内水含量的影响。即使体内已经缺水,也要蒸发一定量的水。例如成年人每天约为850 mL。当机体释放的能量增多或环境温度升高到一定程度时,一般的热量散失不能满足需要,则汗腺活动而出汗。此时大量的水由此途径丢失,而且不感觉失水,汗中含有一定量的比血浆低的无机盐。

不管体内水含量的情况如何,动物总是要从粪中(人为80~150 mL)和不感觉蒸发丢掉一定量的水,这个数量再加上最低排尿量就是临床上所说的"生理需水量"。泌乳动物由乳也要排出水。

正常成年家畜每天摄入的水量和排出的水量是相等的,称为水平衡。

【案例分析】 为什么在奶牛饲养管理中强调青绿饲料的供给和充足的饮水？

1.与其他动物相比,奶牛泌乳量大,由乳中排出的水量很显著。一头平均日产30 kg奶的奶牛,每日从乳中排出的水量在25 L左右。

2.奶牛机体代谢旺盛,食量大。青绿饲料含水量高、易消化,既可以提供部分营养,又可以增加由饲料中摄入水的量,有利于提高奶牛的泌乳量。

因此,奶牛饲养管理中要保证青绿饲料的供给和充足的饮水。

第三节 钠、钾、氯的代谢

钠、钾、氯是体液内的主要电解质,机体通过对它们的摄入与排泄,使其在机体内环境中达到平衡。它们在吸收入血后又通过体液各部分间的交换,使它们在体液中的组成达到一定的动态平衡。Na^+、K^+、Cl^-等离子在维持体液渗透平衡和H^+平衡等过程中起着重要作用。

一、钠的代谢

(一)钠的分布与生理功能

体内的钠约一半在细胞外液中,在这里起着主要的生理作用。其余大部分在骨骼中。当体内缺钠时,骨中的一部分钠可被动用以维持细胞外液的钠含量,但大部分不能动用。细胞内液中钠的含量很少。

由于细胞外液中Na^+占阳离子总量的90%左右,而且阴离子的含量随阳离子的增减而增减,所以Na^+和与之相应的阴离子所起的渗透压作用占细胞外液总渗透压的90%左右。由此可见,Na^+是维持细胞外液的渗透压及其容积的决定性因素。此外,为了维持神经肌肉的正常应激性,要求体液中各种离子有一定的浓度和比例,所以Na^+的正常浓度对维持神经肌肉的正常应激性有重要的作用。

由于在代谢过程中,像Na^+这类离子是不会产生或消失的,所以体内Na^+的含量主要由摄入和排出进行调节。

(二)钠的摄入与排出

1.钠的摄入

动物体内Na^+的来源靠饲料摄入。饲料中的钠是易于充分吸收的。近年来对于Na^+营养的研究虽然很多,但动物甚至人对Na^+的确切需要量却不清楚。缺乏这方面资料的原因之一是由于钠的需要量受其由体内排出的量所控制。而钠的丢失量则变化很大,它与温度、劳动量以及饲料中其他成分尤其是钾的含量有关系。在实际饲养中,一般是在饲料中提供多余的Na^+,并依靠其排出机制来调节钠的平衡。

2.钠的排出

Na^+由体内排出的途径之一是在剧烈运动或热天时的出汗。消化道的各种分泌液中也含有钠,肉食兽以及某些草食兽的消化液在肠道后段Na^+几乎全被吸收,因而粪中钠的丢失量是可以忽略的。但粪量很大,粪中又含水较多的草食兽,如牛和马,则由粪中排出的钠量是相当显著的。

对所有家畜来说,钠排出的最重要途径是通过肾的排尿。肾的排钠受到严格的调控,借以维持细胞外液中的最适含钠量。肾排出钠是有阈值的,钠的正常肾阈值为110~130 mmol/L血浆。在正常情况下,当血浆中的钠浓度低于此阈值时,则尿中不再排Na^+。

已知无论机体的情况如何,肾小球滤过液中Na^+的90%以上是被肾小管重吸收的,其余一小部分则根据机体的情况或者重吸收或者排出以调节排钠量。而控制是否吸收这部分钠的主要因素是醛固酮。醛固酮是肾上腺皮质分泌的一种激素,它的作用是促进肾小管重吸收Na^+。当醛固酮的分泌量多时,Na^+的排出减少甚至不排,醛固酮分泌少时,Na^+的排出增多。虽然醛固酮能控制的滤过液中Na^+的比例很小,但其绝对量则很大,这是因为肾小球滤过液的量很大之故。例如人滤过钠中只有2%~3%是受醛固酮控制的,但其量为每天15~20 g,即约为体内总钠量的1/10。

二、钾的代谢

(一)钾的分布与生理功能

体内的钾绝大部分(约占总量的98%)存在于细胞内,细胞外液中K^+的浓度则很低。由于钾对细胞的功能有许多重要的作用,因而无论细胞内或细胞外钾的含量都必须维持正常恒定。钾的生理作用有许多机制还不清楚,但可大致归纳如下:

(1)维持细胞的正常代谢。已知许多酶的活性依赖于钾的正常浓度。例如糖代谢与钾有密切关系,在糖原合成时必须有一定量的钾进入细胞。因此当投给动物葡萄糖和胰岛素时,K^+由细胞外转入细胞内,甚至出现低血K^+。又如在细胞蛋白质分解时,K^+由细胞内排出,平均每分解1g氮释放出约2.7 mmol K^+。而在蛋白质合成时,则有同样量的K^+进入细胞。

(2)由于钾是细胞内的主要阳离子,因而在维持细胞内液的正常渗透压中起着重要的作用,在维持体液的酸碱平衡中也起着重要的作用。

(3)神经肌肉的正常应激性靠体液中各种离子的正常浓度和比例来维持,K^+是其中的一个重要成员。

(4)K^+的浓度对心肌收缩运动的协调具有重要作用。血浆K^+浓度高时对心肌有抑制作用,高到一定程度可使心脏停搏在舒张期。血浆K^+浓度低时则常导致心律失常,过低时可使心脏停搏在收缩期。

(二)钾的摄入与排出

1.钾的摄入

和钠一样,饲料中的钾也是极易被动物吸收的。钾是动物和植物细胞内液中含量最多的阳离子,因此在几乎所有的正常饲料中钾的含量都很高。草食动物的饲料中含钾量尤其多。据测定,某些优质的混合干草中含钾约393 mmol/kg。450 kg体重的成年马每天需要食入此种草约10 kg,即每天摄入283 g左右的氯化钾。虽然肉食兽的饲料中钠和钾的比例与草食兽的不同,但总的说来,只要正常进食,则任何动物都很少会缺钾的。

2.钾的排出

钾绝大部分由尿排出。此外由汗和消化液也排出一些。当然和钠一样,只有排粪量大而粪中含水又比较多的动物,才能由粪排出显著量的钾。其他动物的粪中排钾量则是可以忽略的。

肾是排钾的主要器官,也是调节钾平衡的主要器官,即通过排出钾的多少以维持体内钾含量的正常恒定。已知K^+由肾小球滤出并在近曲肾小管中重吸收,但远曲肾小管细胞还泌出K^+。因此尿中的K^+包括了近曲肾小管未能重吸收的K^+和远曲肾小管泌出的K^+。

肾小球滤出的K^+被近曲肾小管重吸收的程度取决于血浆中K^+的浓度,亦即摄入钾量的多少。当摄入的钾多而血浆中K^+的浓度较高时,则肾小球滤出的K^+不能全被重吸收,因而有一部分被排出。当摄入的钾少而血浆中K^+的浓度较低时,则滤出的K^+实际上全被重吸收,此时尿中的K^+只是由远曲肾小管细胞分泌出来的。

影响远曲肾小管泌出K^+的其他重要因素是远曲肾小管液中Na^+的浓度和醛固酮。已知在远曲肾小管进行Na^+和K^+的交换。因此在远曲肾小管液中的Na^+越多时,则K^+的分泌也越多,反之亦是,二者一般呈正比关系。而醛固酮则促进这种交换,所以醛固酮的作用是保钠排钾。

综上所述,当摄入的钾多时,则尿中不仅有远曲肾小管泌出的K^+,还有肾小球滤出而未能重吸收的K^+,因而尿中排K^+很多。当摄入的钾少时,则肾小管滤出的K^+全部被重吸收,远曲肾小管泌出的K^+也减少,因而尿中排K^+较少。但当体内缺钠而远曲肾小管液中还有Na^+时,则醛固酮分泌增多以保钠。此时即使体内已经缺钾,醛固酮也要促进K^+的泌出以换回Na^+。只有当肾小管液中Na^+的含量极少时,K^+的泌出才能停止。

三、氯的代谢

(一)氯的分布与生理功能

动物体内氯的总量与钠的总量大体相等。氯在体内主要以离子状态存在。绝大部分氯分布在细胞外液中,约占细胞外液总负离子浓度的2/3。因此,Cl^-对水的分布、渗透压及H^+平衡等起着重要作用。同时钠、钾、氯可为酶提供有利于发挥作用的环境或作为酶的活化因子。Cl^-在各种组织细胞内分布极不均匀。例如,在红细胞中的浓度为$45\sim54$ mmol/L,而在其他组织细胞内的浓度仅有1 mmol/L。Cl^-在红细胞内外的转移与二氧化碳运输过程的离子平衡有密切关系。Cl^-在胃、小肠和大肠的分泌液中也是主要的负离子。

(二)氯的摄入与排出

氯一般以氯化钠的形式与钠一起摄入,摄入的氯在肠道内几乎被全部吸收。氯的排出主要是通过肾脏,正常时它的排出量与摄入量大致相等。肾脏排出Cl^-的过程与Na^+密切联系,血浆Cl^-在通过肾时,首先经过肾小球滤出,然后在肾小管随Na^+一起被上皮细胞吸收。在髓祥的升支,Cl^-还可以经过Cl^-泵被主动吸收。

四、水和钠、钾、氯代谢的调节

细胞的正常生命活动要求体液各分区的容积和各种电解质的含量都要正常恒定。因此机体通过各种途径对水和钠、钾、氯在各体液分区中的分布进行调节。在维持水和这些电解质在体内动态平衡的同时,又保持了体液的等渗性和等容性,即保持细胞各部分体液的渗透浓度和容量处于正常范围内。

水和Na^+、K^+、Cl^-等电解质动态平衡的调节是在中枢神经系统的控制下,通过神经-体液调节途径实现的。神经-体液系统对水和Na^+、K^+、Cl^-的调节中,主要的调节因素有抗利尿激素、盐皮质激素、心钠素和其他多种利尿因子。各种体液调节因素作用的主要靶器官为肾。肾在维持机体水和电解质平衡,保持机体内环境的相对恒定中占极其重要的地位。肾主要通过肾小球的滤过作用、肾小管的重吸收及远曲小管的离子交换作用等来实现其对水和电解质平衡的调节。

(一)抗利尿激素的调节作用

抗利尿激素(Antidiuretic Hormone,ADH)又名加压素(Vasopressin),是下丘脑视上核与室旁核分泌的一种肽类激素,此激素被分泌后即沿下丘脑-神经束进入神经垂体贮存。ADH由神经垂体释放入血液,随血液循环至靶器官——肾,起调节作用。当细胞外液因失水(如腹泻、呕吐或大出汗等)而导致渗透压升高时,下丘脑视上核前区的渗透压感受器受到刺激,作用垂体后叶而加速抗利尿激素释放,从而加强肾远曲小管和集合管对水的重吸收,尿量减少,使细胞外液的渗透压恢复正常。反之,当饮水过多或盐类丢失过多,使细胞外液的渗透压降低时,就会减少对渗透压感受器的刺激,抗利尿素的释放随之减少,肾脏排出的水分就会增加,从而使细胞外液的渗透压趋向正常。鱼类因为没有抗利尿素,所以只能在水中生活,并不停地喝水。

(二)肾素-血管紧张素-醛固酮系统的调节作用

肾上腺皮质分泌的多种类固醇激素与水和无机盐代谢的调节有关,其中以醛固酮(Aldosterone)的作用最强,其次为11-脱氧皮质酮(11-deoxycorticosterone)。通常将调节水和无机盐平衡作用较强的皮质激素合称盐皮质激素(Mineral Corticoids)。由于醛固酮等的分泌释放主要受肾素-血管紧张素系统的调节,故将这一调节途径称为肾素-血管紧张素-醛固酮系统。又由于醛固酮的作用主要通过肾对Na^+的重吸收来调节细胞外液的容量,所以通常将此种调节称为细胞外液等容量的调节。

当肾血液供应不足或血浆中Na^+浓度不足时,由肾脏的近球细胞合成和分泌的一种酸性蛋白水解酶——肾素(Renin),经肾静脉进入血液循环,催化血浆中血管紧张素原(Angiotensinogen)转变为血管紧张素I(Angiotensin I)。血管紧张素I的缩血管作用很弱,其在血浆特别是在肺部转换酶(Convertase)作用下可转变为血管紧张素Ⅱ。血管紧张素Ⅱ具有很强的促进醛固酮分泌及引起小动脉收缩的作用。醛固酮的作用是促进肾远曲小管和集合管上皮细胞分泌H^+及重吸收Na^+(即H^+-Na^+交换),同时也增加Cl^-和水的重吸收,使体内保持一定量的水分;醛固酮也促进肾远曲小管上皮细胞排K^+及重吸收Na^+(即K^+-Na^+交换),减少尿Na^+的排出量,其总结果是排H^+、K^+而保留Na^+。

(三)心钠素对水和钠、钾、氯等代谢的调节

心钠素(Cardionatrin)是心肌细胞产生、贮存和分泌的一种多肽,具有强利尿、利钠、扩张血管和降血压等作用。心钠素的主要作用是在不增加肾血流量的基础上增加肾小球的滤过率,从而增加尿的排出量;并在肾小管减少醛固酮介导的Na^+重吸收,在利Na^+、利尿的同时,K^+和Cl^-的排出量也增加。心钠素还能抑制血管紧张素Ⅱ造成的血管收缩及肾血管、大动脉等的收缩。心钠素与ADH等激素协同作用,参与对体液容量和电解质浓度的调节。

现在认为在体内的不同部位存在有各种感受器,它们能够灵敏地分辨出体液的各种变化,然后,或是直接通过神经,或是通过激素的媒介,把信号迅速传给肾脏,引起肾脏的调节作用。由于这个调节系统比较复杂,途径也不止一条,有些机制还不很清楚,下面只介绍一个简单的例子来说明这个机制问题。

例如当摄入的Na^+较多而使细胞外液的渗透压升高时,则其调节过程为:

丘脑下部的渗透压感受器兴奋。它引起抗利尿激素的产生和释放增加。此激素通过循环到达肾脏,引起肾小管增加对水的重吸收。因而使细胞外液的渗透压降至正常,但容量增大了。这直接或间接抑制了容量感受器。它使醛固酮的分泌降低。因而降低了肾小管对Na^+的重吸收而多排出Na^+,同时多排出水,最后使细胞外液的容量和渗透压都恢复正常。

由此可见,总的结果是把多余的钠排出体外,其他情况可依此类推。

在上面的叙述中,把细胞外液渗透压的改变作为调控抗利尿激素分泌的因素。即细胞外液渗透压升高时,抗利尿激素分泌增多;渗透压降低时,抗利尿激素分泌减少。把细胞外液容积的改变作为调控醛固酮分泌的因素。当细胞外液容积增大时,醛固酮的分泌减少,缩小时则分泌增多。当然影响抗利尿激素和醛固酮分泌的还有其他因素,不过这是基本的。通过上述调节步骤,则无论细胞外液的容积变大变小,渗透压变高变低,都可恢复至正常。

此外还须提及的是,由于血浆的容积对于机体比其他细胞外液更为重要,因而甚至在组织间液发生显著膨大或缩小时,机体也能通过心血管的调控机制,使血浆容量尽可能维持在正常范围内。

五、水、钠、钾代谢的紊乱

(一)水、钠代谢紊乱

当体内水过多或过少时,称为水的代谢紊乱或平衡失常。钠过多或过少时,称为钠的代谢紊乱或平衡失常。但在兽医临床上常见的体液平衡失常一般是混合型的。即水、钠、钾以及其他电解质的平衡失常,结果引起体液容积、渗透压、pH以及重要电解质的浓度和分布发生改变。而且虽然从原则上说,体内水、钠、钾等的含量失常,只是一个摄入和排出不平衡的问题,但实际情况常因机体的调节作用而变得复杂。因此在遇到实际问题时,必须根据情况详加分析。下面只做一般的叙述。

1.脱水

当机体丢失的水量超过其摄入量而引起的体内水量缺乏时,称为脱水。当机体脱水时,一般同时发生钠的缺乏。但根据水和钠缺乏的相对程度不同,可分为缺水和缺钠两种情况。

当机体缺水的程度大于缺钠时称为缺水,也叫原发性脱水或高涨性脱水。发生这种缺水的原因是水的摄入不足。水摄入不足的原因有:偶然的水源断绝;中枢神经系统紊乱而失去正常的渴感;各种疾病引起的上消化道麻痹、阻塞或兴奋等造成动物不能正常饮水等。这样引起的脱水是逐渐出现的,因为至少有三个重要的代偿因素起作用:

(1)抗利尿激素分泌至最大值而立即限制肾排水。

(2)继续由消化道吸收水以维持细胞外液的容积。这一点对草食动物相当重要,因为草食动物消化道的容积特别大,在断绝饮食的初期其中仍保留有大量的液体。

(3)继续产生的代谢水。

虽有上述因素可以延缓脱水,但时间长了脱水必然发生并逐渐严重。这是因为在水源断绝而机体已经缺水的情况下,动物虽然可以通过调节机制把水的丢失降至最低,但每天仍需丢失其"生理需水量"的水,例如成年人每天仍需丢失水 1 500 mL 左右。当水源断绝而动物缺水时,初期虽然 Na^+ 和 Cl^- 仍随尿排出,但随后肾小管对 Na^+ 和 Cl^- 的重吸收极度增强,使尿中排 Na^+ 和 Cl^- 的量减少。这种减少也有利于水的重吸收。但由于蒸发和由尿排出代谢产物而使动物继续丢水,因而使细胞外液中 Na^+ 的浓度上升而出现高血钠(可见这种高血钠并不意味着体内钠量多余),血浆渗透压高于正常(称为高涨)。血浆的高渗引起:

(1)动物发生渴感。

(2)促进抗利尿激素的分泌,使尿液浓缩,尿量降至最低限。

(3)水由细胞内向细胞外转移,以补充(但不能恢复)细胞外液的丢失,因而使细胞内液和细胞外液的容积都低于正常。

但血浆的渗透压并非在整个脱水过程中一直继续升高,而是当升高到一定程度时,则 Na^+ 与水大致按比例的由尿排出,血浆渗透压就不再升高,直至死亡。

缺水严重时,由于水由皮肤的蒸发受到限制,因而影响体温的调节而使体温升高,这大概是脱水热发生的原因。

这种情况继续下去,则动物的缺水越来越严重。当失水量达到一定程度时可导致动物的死亡。但不同家畜对缺水的耐受能力不同,驴、绵羊、骆驼比牛、狗、猪的耐受力大很多。

2.缺钠

水、钠按比例的缺乏,或者钠缺乏的程度大于水时,称为缺钠。动物体内缺钠的主要原因是由于钠的丢失过多而又得不到充分补充。仅仅由于钠的摄入不足一般是不会引起缺钠的,这是因为肾脏保钠的能力非常有效。钠缺乏最常见的原因是消化道疾病造成的消化液严重丢失。

如果钠的丢失相对地多于水的丢失时,则出现低血钠。如果钠与水按比例地丢失,则血钠浓度正常,但可因摄入无钠水而造成低血钠。当出现低血钠而细胞外液渗透压降低时,生理水将移入细胞,但因低渗可立即引起抗利尿激素释放的减少甚至停止,使肾的排水量增多,细胞外液的渗透压恢复正常,因而进入细胞的水甚少。因此在缺钠初期,血钠浓度一般正常,对细胞内液的影响很小,但细胞外液的容积缩小。同时由于脱水使血浆的胶体渗透压有所增加,而静脉的水静压又有所降低,因而使组织间液进入血循环。

所以此时以组织间液的丢失为主,而血浆的丢失较少。由于血浆容量对于生命更为重要,所以上述组织间液进入血浆是机体的一种保护作用。当体液继续丢失,血容量进一步减少时,机体才通过肾脏保留较多的水,以尽量维持细胞外液,开始出现低血钠和水进入细胞,使细胞体积膨大。血容量继续下降的结果是引起血压下降;血液循环量不足;肾血流量不足,肾小球滤过率降低,因而含氮代谢终产物在体内滞留,出现氮质血症;尿中无钠,尿量减少,甚至尿闭。此时引起的代谢紊乱甚多,但动物一般死于循环衰竭。

3.水和钠过多

在兽医临床上水过多不是体液平衡紊乱的重要问题。但当以很快的速度静脉输入过多的液体时易于发生。钠过多的病例也是少见的。但当食盐的摄入过多(如猪的食盐中毒),而水的摄入受到限制时,则发生钠过多。此时发生高血钠症。

(二)钾代谢的紊乱

当动物体内钾的含量过多或过少而引起细胞内或细胞外液中钾的含量不正常时,即为钾代谢的紊乱。

钾代谢的紊乱,尤其是钾缺乏是常见的和后果严重的。已知当机体缺钾时,发生细胞内 K^+ 的外溢和 Na^+ 的进入细胞,使细胞内 K^+ 和 Na^+ 的含量都发生显著改变。这种改变显然会严重影响细胞的代谢而引起各种病变。下面我们只讨论有关低血钾和高血钾的问题。

1.低血钾

血清钾的浓度低于正常时称为低血钾症。它可因钾的摄入减少而造成。前已述及,当钾的摄入停止时,钾的排出不能立即停止,因而引起体内缺钾。体内缺钾时,由于细胞内的钾可释放一部分至细胞外,故血钾不一定明显降低。但当不吃饲料的动物继续饮水,或注射给无钾液体数天后,可见到明显的低血钾。低血钾可使中枢神经系统受到抑制,精神紊乱,全身肌肉无力,出现代谢性碱中毒等。

病畜呕吐或腹泻而丢失大量体液时可使机体缺钾。此时如用无钾液体补充体液的丢失,则易于出现低血钾。

肾上腺皮质机能亢进或长期使用肾上腺皮质激素可使钾由尿中丢失过多而出现低血钾。在碱中毒时可引起明显的低血钾。在酸中毒时,即使机体已经因其他原因而缺钾,但因细胞内 K^+ 的外溢以换入 H^+,可不出现低血钾。而当酸中毒纠正后,常可出现低血钾。低血钾时出现神经症状、肌肉无力和心律失常等。

2.高血钾

最常见的高血钾症是由酸中毒引起的,因为酸中毒引起细胞内钾转移至细胞外液中。高血钾使心肌受到抑制,心肌张力降低,出现心律失常;同时引起四肢麻木,肌肉酸痛,烦躁不安或神志不清。肾功能不全时也发生高血钾症。急性肾功能不全,或肾功能不全同时又继续大量摄入钾,或同时发生严重的细胞坏死,严重的酸中毒等常引起高血钾症。高血钾的主要危险是心脏突然停止跳动而死亡。

【案例分析】　动物机体水盐代谢紊乱处理的一般原则

1.在兽医临床上,常见的腹泻、重度感染、严重的创伤和大面积的烧伤等都能引起水和电解质的大量丢失,导致动物机体水盐代谢紊乱。动物发生水盐代谢紊乱后必须及时采取相应的措施进行纠正,否则会引起极为严重的后果。

2.分析病因和水盐代谢紊乱的类型,判断是高渗性脱水、等渗性脱水还是低渗性脱水。

3.治疗原则是首先要解除病因,然后对轻度病畜(有饮欲,消化功能基本正常)给予水或低渗盐口服液;中、重度病畜则采用静脉输注低渗盐溶液。

4.补液量:缺多少补多少。一般根据临床表现决定,补到排尿量明显增加就差不多了。

第四节 体液酸碱平衡

一、体液酸碱平衡的调节

细胞是生活在细胞外液中的,我们将细胞外液称为细胞生活的内环境,细胞从这里摄入营养物质(有机物、无机盐、H_2O 和 O_2 等),并将代谢产物排泄出去。细胞为了维持正常的生理活动,必须先有完整的形态结构和适当的pH,而这些因素与细胞外液的渗透压容量、各种离子的比例及pH密切相关,只有细胞外液稳定了,生命活动才能够正常进行。

pH影响细胞内许多酶的活性,因此很重要。人和杂食性动物的pH范围为7.24~7.54;草食动物为7.50~7.80;动物的pH耐受极限为6.8~7.8,超过此范围会使代谢紊乱,严重时可致死。由此可见,家畜细胞外液的pH必须维持在一个很窄的范围之内。

机体通过体液的缓冲体系,由肺呼出二氧化碳和由肾排出酸性或碱性物质以调节体液的酸碱平衡。

(一)血液的缓冲体系

1.血液的缓冲剂

家畜体液中的缓冲体系是由一种弱酸和其盐构成的。血液中主要的缓冲体系有以下几种。

(1)碳酸氢盐缓冲体系。它是由碳酸(弱酸)和碳酸氢盐(钠盐或钾盐)组成的。二氧化碳几乎是所有的有机化合物在家畜体内代谢的最终产物。二氧化碳溶于水,可生成碳酸。碳酸是弱酸,可解离为 HCO_3^- 和 H^+,HCO_3^- 主要与血浆中的钠离子结合成 $NaHCO_3$ 或在红细胞中与钾离子结合成 $KHCO_3$。分别构成 $NaHCO_3/H_2CO_3$ 和 $KHCO_3/H_2CO_3$ 缓冲体系。

(2)磷酸盐缓冲体系。在血浆中它是由磷酸二氢钠(NaH_2PO_4)和磷酸氢二钠(Na_2HPO_4)组成的,而红细胞内则主要是磷酸二氢钾(KH_2PO_4)和磷酸氢二钾(K_2HPO_4)。磷酸盐缓冲体系在细胞内比细胞外更重要。

(3)血浆蛋白体系及血红蛋白体系。① 血浆蛋白体系。血浆中含有数种弱酸性蛋白质,它也可以生成相应盐,从而构成Na-蛋白质/H-蛋白质缓冲体系。血浆蛋白缓冲体系的缓冲能力较小,只有碳酸氢盐缓冲体系的1/10左右。② 血红蛋白体系。此体系仅存在于红细胞中。血红蛋白是一种弱酸性蛋白,血红蛋白与氧结合后生成的氧合血红蛋白是一种弱酸性蛋白,在红细胞内均可以钾盐形式存在,分别构成血红蛋白缓冲体系 KHb/HHb 和氧合血红蛋白缓冲体系 $KHbO_2/HHbO_2$。

现将上述三种主要的缓冲体系总结如下:

血浆中:$\dfrac{NaHCO_3}{H_2CO_3}$,$\dfrac{Na-蛋白质}{H-蛋白质}$,$\dfrac{Na_2HPO_4}{NaH_2PO_4}$

红细胞中:$\dfrac{KHCO_3}{H_2CO_3}$,$\dfrac{KHbO_2}{HHbO_2}$,$\dfrac{KHb}{HHb}$,$\dfrac{K_2HPO_4}{KH_2PO_4}$

血液中各种缓冲体系的缓冲能力是不同的（见表17.1）。

表17.1　血液中各种缓冲体系的缓冲能力

缓冲体系	pK	缓冲能力**
$BHCO_3/H_2CO_3$	6.10	18.0
$KHbO_2/HHbO_2$	7.16	8.0
KHb/HHb	7.30	8.0
Na-蛋白质/H-蛋白质	*	1.7
B_2HPO_4/BH_2PO_4	6.80	0.3

注：*　血浆中含有数种H-蛋白质，其pK值各不相同。
**使每升血浆的pH自7.4降至7.0时，其所含各种缓冲体系所能中和0.1mol/L盐酸的毫升数。

由表17.1可见，在血液中的各种缓冲体系中以碳酸-碳酸氢盐的缓冲能力最大。而且肺和肾调节酸碱平衡的作用，又主要是调节血浆中碳酸和碳酸氢盐的浓度，再者测定这种缓冲剂浓度的方法也比较简便，因此在研究体液的酸-碱平衡时，血浆中碳酸-碳酸氢盐缓冲体系是最重要的缓冲体系。在酸碱平衡的讨论中，主要是讨论这个体系。

2.缓冲作用的原理

现在我们就以碳酸氢盐缓冲体系为代表来讨论缓冲作用的原理。根据 Henderson-Hasselbalch公式：

$$pH = pKa + \log [盐]/[酸]$$

可见一种缓冲溶液的pH，主要决定于两个因素，一个是组成缓冲体系的弱酸的解离常数（Ka值）；另一个是组成缓冲体系的酸和其盐浓度的比值。各种弱酸的pK值是一定的。例如碳酸的pK值是6.1。因此，血浆的pH是由血浆中$[HCO_3^-]$ / $[H_2CO_3]$的比值决定的，而与两者的绝对浓度无关。只要保持这个比值血浆pH将不会改变，但当这个比值发生改变时，血浆的pH也就发生相应的改变。根据测定，正常家畜血浆中$[HCO_3^-]$/ $[H_2CO_3]$的比值约为20/1（40/2或10/0.5时绝对浓度改变，但比值不变，pH不变），因而：

$$pH = pKa + \log [HCO_3^-]/[H_2CO_3]$$
$$= 6.1 + \log [20]/[1]$$
$$= 6.1 + 1.3$$
$$= 7.4$$

由于血浆中H_2CO_3的浓度相当于血浆中溶解的CO_2的浓度，而血浆中溶解的CO_2的浓度与气态CO_2的分压呈正比。因此为了应用方便，血浆中H_2CO_3的浓度也可用二氧化碳分压（P_{CO_2}）来表示和计算，即$[H_2CO_3]=[CO_2]=\alpha \cdot P_{CO_2}$。式中$\alpha$为二氧化碳的溶解度系数（38 ℃）。血浆中$CO_2$的$\alpha$值是0.0002（mmol/L）/ Pa，因此血浆的pH又可以下式表示：

$$pH = pKa + \log [HCO_3^-]/[\alpha \times P_{CO_2}]$$
$$pH = 6.1 + \log [HCO_3^-]/[0.0002 \times P_{CO_2}]$$

在正常情况下，家畜血浆中HCO_3^-的含量约为23 mmol / L，CO_2分压约为5732.8 Pa，代入上式：

$$pH = 6.1 + \log [23]/[0.0002 \times 5732.8]$$
$$\approx 7.4$$

实际测定时，血浆的pH，P_{CO_2}和$[HCO_3]$都可以直接测定，但只要测出三者中的两项，即可根据公式计算出第三项。

在弄清楚上述血浆pH与其$[HCO_3^-]$和$[H_2CO_3]$的关系之后，就可以进一步讨论机体调节血浆pH的机制了。首先我们讨论缓冲体系在调节血浆pH中的作用。例如当畜体在代谢过程中产生了强酸性物质之一的硫酸（H_2SO_4）时，这种强酸的解离度很大，可产生大量H^+。进入体液

后,本来会导致体液的pH明显下降的。但由于与血浆中的缓冲剂,例如碳酸氢盐进行下列反应:

$$2NaHCO_3 + H_2SO_4 \longrightarrow Na_2SO_4 + 2H_2CO_3$$

其结果使解离度很大的H_2SO_4转变成解离度很小的H_2CO_3。因此,使体液的氢离子浓度改变不大。同样当强碱进入血浆时,则H_2CO_3与之中和,也可保持血浆的pH不致发生较大的改变。

3.缓冲作用的局限性和碱贮

从上述讨论可见,当强酸或强碱进入血液时,缓冲体系防止pH发生较大改变的作用是迅速的、立即的。然而只靠缓冲体系而无其他调节机制时,则会发生两个不可克服的问题。第一个问题是,当酸或碱侵入时,虽然pH的改变不大,但还是有所改变的。例如当代谢产生的H_2SO_4侵入血浆后,它与血浆中的HCO_3^-发生反应,使HCO_3^-转变为H_2CO_3,即血浆中$[HCO_3^-]$降低了,而$[H_2CO_3]$升高了,$[HCO_3^-]/[H_2CO_3]$的比值也必随之降低,因而pH也会稍有下降。当H_2SO_4的进入量不大时,当然不会发生问题。但是细胞代谢继续进行,产生的H_2SO_4继续进入血液,则使体液的pH继续下降,最终会低于正常范围而导致酸中毒(强碱侵入的原理一样,不必赘述,以下同此)。第二个问题是,根据:

$$pH = pKa + \log[HCO_3^-]/[H_2CO_3]$$

虽然血浆的pH只与$[HCO_3^-]/[H_2CO_3]$的比值有关,而与二者的绝对浓度无关。但血浆的缓冲能力,却与它们的绝对浓度有关。因此当酸(例如硫酸)进入时,虽可因缓冲作用而使血浆的pH不致下降很大,但HCO_3^-的浓度下降了,因而血浆缓冲酸的能力也就随之下降。下降到一定程度,血浆就失去了缓冲能力,此时再稍有强酸进入,即可使血浆的pH有明显的下降。由此可见,机体为了维持体液pH的正常恒定,除了体液的缓冲作用以外,还必须有随时调整血浆中$[HCO_3^-]/[H_2CO_3]$比值以及恢复二者的绝对浓度的机制。在动物体内这种作用是靠肺和肾来完成的。

由于人和许多家畜在正常代谢过程中产生的酸(其中包括蛋白质分解代谢产生的硫酸和磷酸)比较多,因而体液受到酸的作用比较大,所以血浆中必须经常保持一定量的HCO_3^-以便随时中和进入的酸,因而我们把血浆中所含HCO_3^-的量称为碱贮,意即中和酸的碱贮备,通常以毫摩尔/升(mmol/L)来表示。但必须注意,当酸进入血液时,并非只是HCO_3^-去中和它,而是所有的缓冲体系都起作用,特别是血红蛋白起着相当重要的作用,它们的含量也都会有相应的改变。但由于HCO_3^-是血浆中缓冲能力最大的,并且易于测定,故通常以它的含量代表碱贮。

这里还需指出的是,体内代谢产生最多的酸性物质是碳酸或二氧化碳,它们不能被碳酸氢盐缓冲,而主要是靠血红蛋白来缓冲,很小一部分是被血清蛋白和磷酸盐缓冲:

$$H_2CO_3 + KHb \longleftrightarrow KHCO_3 + HHb$$
$$H_2CO_3 + Na-蛋白质 \longleftrightarrow NaHCO_3 + H-蛋白质$$
$$H_2CO_3 + Na_2HPO_4 \longleftrightarrow NaHCO_3 + NaH_2PO_4$$

(二)肺呼吸对血浆中碳酸浓度的调节

前面已经谈到当酸或碱进入血液时会使血浆中H_2CO_3和HCO_3^-的浓度改变,这种趋向单靠缓冲作用是不能解决的,必须靠肺和肾的调节机能来调整。肺对血浆pH的调节机能在于加强或减弱CO_2的呼出,从而调节血浆和体液中H_2CO_3的浓度,使血浆中$[HCO_3^-]/[H_2CO_3]$的比值趋于正常,从而使血浆的pH趋于正常。

例如,当酸进入血浆时,因中和作用使血浆中$[HCO_3^-]$下降,因而$[HCO_3^-]/[H_2CO_3]$比值下降,血液偏酸。它刺激呼吸中枢兴奋,于是肺呼吸加强,多呼出一些CO_2,使血浆中H_2CO_3的浓度下降,因而使$[HCO_3^-]/[H_2CO_3]$的比值和pH均趋于正常。反之,当碱进入血液而血浆偏碱时,则肺的呼吸减弱,从而多保留一些CO_2,使血浆中$[HCO_3^-]/[H_2CO_3]$的比值和pH也趋于正常。由此可见,肺调节酸碱平衡的作用是快速的。肺的作用在于调整血浆中$[HCO_3^-]/[H_2CO_3]$的比值,但不能调整血浆中HCO_3^-和H_2CO_3的绝对含量。例如当酸进入血液,血浆中HCO_3^-浓度下降时,肺的作用是使H_2CO_3的浓度也相应下降,其结果是二者的含量均下降。同样,当碱进入血液时,二者均上升。因此肺的调节虽然在维持血浆pH正常中有重要的作用,但仍不能从根本上解决问题。已知肺的呼吸受血浆pH及CO_2分压的调节,详情在生理学中阐述。

(三)肾脏的调节作用

肾脏通过肾小管的重吸收作用和分泌作用排出酸性或碱性物质,以维持血浆的碱贮和pH的恒定。

1.肾对血浆中碳酸氢钠浓度的调节

肾是维持机体内环境恒定的最重要的器官。它可通过多排出或少排出HCO_3^-以维持血浆中HCO_3^-的浓度恒定,在肺机能的配合下,使血浆中HCO_3^-和H_2CO_3的浓度保持恒定,从而使其pH趋于正常、恒定。已知血浆中的碳酸氢盐几乎全部从肾小球滤出,而肾的近曲小管细胞膜对碳酸氢盐是完全没有通透性的,那么如何实现碳酸氢盐的重吸收呢? 现已证明碳酸氢盐的重吸收需要有H^+和碳酸酐酶存在。H^+可由近曲(端)肾小管主动(远曲肾小管亦可排H^+)排泄到肾小管管腔中,并与滤出液中的Na^+进行交换。碳酸酐酶是一个分子较小的蛋白质(分子量30 000),可以由肾小球滤出。但通常血浆中碳酸酐酶浓度很低,滤过量不能很多。而近曲肾小管细胞的刷状缘上碳酸酐酶的浓度很高,这可能是管腔液中碳酸酐酶的主要来源。碳酸氢盐重吸收的化学反应如下:

$$HCO_3^- + H^+ \longleftrightarrow H_2CO_3^- \xrightarrow{\text{碳酸酐酶}} CO_2 + H_2O$$

即由肾小管排出的H^+与管腔中的HCO_3^-合成H_2CO_3。H_2CO_3被碳酸酐酶分解为CO_2和H_2O,CO_2顺浓度梯度自由扩散进入细胞,使上列反应朝右进行。当CO_2扩散进入肾小管细胞后,在碳酸酐酶催化下,它再与H_2O化合形成H_2CO_3,H_2CO_3再解离为H^+和HCO_3^-,H^+被主动转移到管腔中进行H^+-Na^+交换,而HCO_3^-被保留在细胞内,和Na^+结合成$NaHCO_3$。与管腔膜不同,HCO_3^-可以自由通过肾小管细胞的基底膜,顺浓度梯度向细胞外扩散,进入血液。可见这种重吸收的HCO_3^-并非直接来自肾小球滤液中的HCO_3^-。通过上述机制可见,HCO_3^-的重吸收作用主要决定于体液的pH(H^+浓度)。当体液pH低时,肾小管排H^+增加,HCO_3^-的重吸收作用增强。而当pH高时,肾小管排H^+减少,HCO_3^-的重吸收作用也就减弱。

为了更清楚地说明这个问题,我们再以H_2SO_4进入血浆后所引起的结果进行讨论:由于H_2SO_4的进入,血浆中HCO_3^-浓度降低,pH也随之稍有下降。于是肾小管细胞中的H^+增加,其排出H^+的量,不仅能把肾小球滤过的HCO_3^-全部重吸收回来,而且还要多排出一些H^+,以增加血浆中HCO_3^-的含量。肾脏多排出一个H^+,即血浆中增加一个HCO_3^-,直至血浆的碱贮恢复至正常含量为止,其结果是使尿液偏酸。肾同时还把SO_4^{2-}排出。所以总的结果是把进入血浆中的H_2SO_4全部排出,从而保持了血浆碱贮的正常含量。当血浆的碱贮恢复正常时,肺呼吸再减慢,多保留一些CO_3^{2-},于是血浆中的HCO_3^-和H_2CO_3含量均恢复至正常。

2.肾小管的泌氨作用

这是肾脏调节酸碱平衡的另一种方式。肾小管具有重吸收和分泌作用。肾小管管腔内的尿液流经远曲肾小管时,尿中氨的含量逐渐增加。排出的NH_3与H^+结合生成NH_4^+使尿的pH升高。这种泌氨作用有助于体内强酸的排出。肾小管的泌氨作用与尿液的H^+浓度有关。尿越呈酸性,氨的分泌越快;尿越呈碱性,氨的分泌就越慢。

肾小管分泌的氨大部分来自谷氨酰胺,少部分来自氨基酸的氧化脱氨基作用。肾上皮细胞中含有丰富的谷氨酰胺酶、谷氨酸脱氢酶和氨基酸氧化酶。它们分别使谷氨酰胺、谷氨酸或其他氨基酸脱氨,脱下的氨由肾上皮分泌到管腔中和 H^+ 结合生成 NH_4^+。

综上所述,可见家畜体液酸碱平衡的调节是由体液的缓冲体系、肺和肾共同配合进行的。缓冲体系和肺调节酸碱平衡的作用是迅速的,它保证了当酸或碱突然进入体液时,体液的 pH 不发生或发生较小的改变。但不能把进入的酸(固定酸)或碱由体内清除出去,而这种清除要靠肾的作用。但肾的作用较缓慢,故单靠肾不能应付酸或碱的突然进入。因此为了维持体液 pH 的正常恒定,这三方面的作用是缺一不可的。

二、体液酸碱平衡的紊乱

在正常情况下,家畜通过其调节机制保持着体液 pH 的正常恒定,即 pH 在 7.24~7.54 之间。当由于某种原因使体液的 pH 超出 7.24~7.54 范围时,机体就会出现代谢紊乱。我们将 pH 低于 7.24 时称为酸中毒,高于 7.54 时称为碱中毒。引起体液 pH 改变的原因大体上可分为两类:一类是由于肺功能失常影响了体内 CO_2 的排出;另一类则是由于肺功能失常以外的原因引起的体液酸碱平衡失常。因此可将酸碱平衡紊乱分为四种,即呼吸性酸中毒、呼吸性碱中毒、代谢性(亦称非呼吸性)酸中毒和代谢性碱中毒。无论是在酸中毒还是碱中毒时,机体都可以通过肺(非呼吸性时)或肾进行调整,使体液的 pH 趋于正常。机体的这种调节作用称为代偿作用。现将这四种酸碱平衡紊乱发生的生化机制分别叙述如下。

(一)呼吸性酸中毒(Respiratory Acidosis)

呼吸性酸中毒的特点是体内 CO_2 蓄积及 pH 下降,主要原因是肺的换气功能降低。呼吸性酸中毒时,血液中 P_{CO_2} 升高,$[NaHCO_3]/[H_2CO_3]$ 比值下降,pH 降低。在这种情况下代偿功能主要是肾脏的排 H^+ 增加,$NaHCO_3$ 的重吸收增强,因而血浆中 $NaHCO_3$ 的浓度也升高。如代偿完全,血液 pH 接近正常或稍偏低。呼吸性酸中毒主要见于下列情况:使用挥发性麻醉剂和采用密闭系统麻醉机麻醉;广泛性肺部疾患(肺水肿、严重的肺气肿、胸膜炎);气胸、胸部外伤或药物引起的呼吸中枢的抑制。

(二)呼吸性碱中毒(Respiratory Alkalosis)

其是由于通气过度,原发的 CO_2 分压降低导致的低碳酸血症。呼吸性碱中毒时,血液中 P_{CO_2} 降低,$[NaHCO_3]/[H_2CO_3]$ 比值升高。发生呼吸性碱中毒时,肾脏的代偿作用与呼吸性酸中毒相反,肾小管排 H^+ 减少,HCO_3^- 重吸收减少,$NaHCO_3$ 的排出增加,故血浆中 $[NaHCO_3]$ 降低。主要见于疼痛或生理应激时引起的呼吸增加,例如狗在高温环境中引起的过度换气。其他动物较少见。

(三)代谢性酸中毒(Metabolic Acidosis)

代谢性酸中毒是因为体内代谢产生的酸过多或碱贮碳酸氢盐丢失过多导致的。两种情况都引起血浆中 $NaHCO_3$ 减少,$[NaHCO_3]/[H_2CO_3]$ 比值下降,使血液 pH 下降。代谢性酸中毒时,其代偿功能主要是肺增加换气率(呼吸加深加快),增加 CO_2 的排出,降低血中 P_{CO_2},使 $[NaHCO_3]/[H_2CO_3]$ 比值趋于正常。肾小管功能正常时,肾小管增加 H^+ 的排出,同时增加碳酸氢盐的重吸收,使 $[NaHCO_3]/[H_2CO_3]$ 比值趋于正常。由于产酸过多引起的常见病例有:

① 牛的酮病和羊的妊娠毒血症会产生大量酮体在血中蓄积引起酸中毒。

② 反刍动物饲喂不当,使瘤胃发生异常发酵,产生大量乳酸,乳酸从瘤胃吸收进入血液,可引起代谢性酸中毒。

③ 休克病畜,由于微循环障碍,组织细胞缺氧,糖的无氧分解增强,产生大量乳酸和丙酮酸,此时又常继发肾的代偿功能不全或完全失去代偿作用,最后导致严重的酸中毒。由于丢碱过多引起代谢性酸中毒的病例主要是肠道疾病,如仔猪肠炎、马骡急性结肠炎和沙门氏菌肠

炎等。

由于持续大量腹泻,造成大量消化液的丢失,而消化液中含有较多的$NaHCO_3$,因而使机体丢失$NaHCO_3$过多,血浆中$NaHCO_3$浓度下降引起酸中毒。此外,在正常情况下肠道前段分泌的消化液到肠道后段基本上重吸收回来,机体不会丢失多少碱。当由于任何原因引起肠道后段重吸收障碍时,都会造成碱丢失过多而引起酸中毒。例如有的肠炎病例并不腹泻,而是大肠麻痹,不能重吸收消化液,致使大量消化液潴留在消化道中引起酸中毒;某些结症、肠扭转时也发生类似情况。食草家畜的肠道容积很大,因而常见此病。

代谢性酸中毒时排出酸性尿。

(四)代谢性碱中毒(Metabolic Alkalosis)

代谢性碱中毒,是指体内酸丢失过多或从体外进入的碱过多。主要表现细胞外液中$NaHCO_3$浓度增高,导致$[NaHCO_3]/[H_2CO_3]$比值增高,血液pH升高。常见的家畜病例中,除犬连续呕吐易发生代谢性碱中毒外,最常见的是牛的皱胃变位和十二指肠的阻塞(嵌塞)或弛缓,都会导致牛的代谢性碱中毒。两者的机制是基本相似的,都是由于皱胃分泌的大量HCl不能进入肠道重吸收,而使大量酸性胃液潴留在胃中,造成HCl不断丢失。严重呕吐也会造成胃酸的大量丢失,这就是由于失酸过多引起的碱中毒,其机制如下:胃液中的HCl是在胃壁细胞内由NaCl和H_2CO_3反应生成的,其反应是:$NaCl + H_2CO_3 \longrightarrow NaHCO_3 + HCl$。生成的HCl分泌入胃中,$NaHCO_3$则进入血浆。可见HCl的分泌使血浆中$NaHCO_3$的含量增多。在正常情况下,HCl可进入肠道被重新吸收,因而不会引起酸碱平衡紊乱。但在上述疾病的情况下,分泌的HCl不能进入肠道重吸收。由于在HCl不断分泌时,血浆中$[NaHCO_3]$的升高,就会引起严重的碱中毒。代谢性碱中毒的另一种原因是偶然的得碱过多。例如在临床上错误地给家畜灌服大量的小苏打,会使其血液中的$[NaHCO_3]$突然升高而引起碱中毒。如此时肾功能良好,可以通过代偿作用,将过量的$NaHCO_3$从尿中排出,使酸碱平衡得到恢复。如此时肾功能不全,后果将更严重。

【知识点分析】 **家畜酸碱失衡诊断和治疗的原则是什么?**

1.诊断原则:紧密结合临床、病史和血气分析指标,综合判断。当临床判断与血气分析有矛盾时,以临床为准。

2.治疗原则:治疗原发病,特别注意维护肺、肾等重要酸碱调节脏器功能;纠正酸碱失衡,维持pH相对正常,不宜过多补充碱或酸性药物;治疗的目标是血液pH恢复正常,治疗中都必须测定pH指导治疗过程。

【本章小结】

水和无机盐是维持体液稳定的重要物质,在动物生命活动中起着非常重要的作用,它们参与机体物质的摄取、转运、排泄及代谢反应等过程。体液在体内可划分为两部分,即细胞内液和细胞外液。细胞内液和细胞外液的化学成分存在着很大的差异。细胞外液中含量最多的阳离子是Na^+,阴离子是Cl^-和HCO_3^-。细胞内液以蛋白质为主要阴离子,主要阳离子是K^+,其次是Mg^{2+},而Na^+很少。由此可见,细胞内液和细胞外液之间在阳离子方面的突出差异是Na^+、K^+浓度的悬殊,并已知这种差异是许多生理现象所必需的。

水是机体含量最多的成分,动物生命活动过程中许多特殊生理功能都有赖于水的存在。钠、钾、氯是体液内主要的电解质,机体通过对它们的摄入与排泄,使内环境达到平衡。Na^+、K^+、Cl^-等离子在维持体液渗透平衡和酸碱平衡等过程中都起着非常重要的作用。

体液的酸碱平衡是指正常情况下体液能保持pH的相对恒定。这种平衡是通过体液的缓冲体系,由肺呼出二氧化碳和由肾排出酸性或碱性物质来调节的。如果酸碱平衡发生紊乱,则出现呼吸性酸中毒、呼吸性碱中毒、代谢性酸中毒和代谢性碱中毒。

【思考题】

1.动物机体是如何调节水、钠、钾代谢的?

2.什么是酸碱平衡?正常情况下,机体通过哪些途径维持体液的酸碱平衡?

3.简述钾代谢与酸碱平衡的关系。

第 ◈十◈八◈ 章　血液生物化学

血液是在心脏和血管系统里流动的红色、不透明、具有黏性的液体。由液态的血浆和具有细胞形态的成分(简称有形成分)组成,有形成分包括红细胞、白细胞和血小板等。离体的血液,若加入适量的抗凝剂后静置,可使血细胞下沉,上清液呈浅黄色,即为血浆;离体血液若不加入抗凝剂,静置数分钟后很快形成凝块,再继续静置可见凝块收缩,析出淡黄色、清澈、不再凝固的液体,称为血清。血液凝固的机制是血浆中可溶性的纤维蛋白原在一系列凝血因子的作用下转变为不溶性的纤维蛋白。血清与血浆的主要区别是血清不含有纤维蛋白原。

高等哺乳动物中,血液比重为 1.050~1.060,血浆比重为 1.025~1.035,血清比重为 1.024~1.029,红细胞的比重约为 1.029。全血的比重取决于所含有形成分和血浆蛋白的量,血浆的比重主要决定于血浆蛋白的含量,红细胞的比重与其所含血红蛋白量呈正比。全血和血浆 pH 为 7.4±0.1,静脉血 pH 比动脉血稍低;血浆渗透压在 37 ℃相当于 7.6 个大气压,即 7.7×10^5 Pa,或约 300 mmol/L。

第一节　血液的化学成分

动物体内新陈代谢过程中生成的各种物质不断地进入血液,又不断地从血液中离开,所以血液中的化学成分含量相对恒定,仅在有限范围内变动。若血液中的某些化学成分在较长时间或较大幅度地超出正常变动范围,则反映体内某些代谢失常,所以通过血液化学成分的分析,可以间接地了解体内物质代谢的状况。

一、血液中水和电解质含量的相对稳定是内环境稳定的基础

血浆和血细胞的含水量都很高。高等哺乳动物中,血浆含水 93%~95%,红细胞含水 65%~68%,全血含水 81%~86%。血液中的水分具有重要的生理功能。血液含水量是维持体液平衡的重要因素,血液含水量在一定范围内的变动,反映了动物体内进水量与排水量之间的动态平衡关系。若血浆中水分过多或过少,而不能经生理调节机制恢复平衡时,需要采取治疗措施来纠正。水是血浆和血细胞内所含各种物质的溶剂,参与血液与其他体液间的物质交换。水的比热大,可以吸热、散热,有助于调节体温。

血液的固体成分可分为无机物和有机物两大类。无机物主要以电解质为主,重要的阳离子有 Na^+、K^+、Ca^{2+}、Mg^{2+},重要的阴离子有 Cl^-、HCO_3^-、HPO_4^{2-} 等。它们在维持血浆晶体渗透压、酸碱平衡以及神经肌肉的正常兴奋性等方面起重要作用。有机物包括蛋白质、非蛋白质类含氮化合物、糖类和脂类等。非蛋白质类含氮化合物主要有尿素、肌酸、肌酸酐、尿酸、胆红素和氨等,它们中的氮总称为非蛋白氮(Non-protein Nitrogen, NPN),牛、马和猪血中 NPN 含量分别为 210~380、310~440、240~440 mg/L。其中血尿素氮(Blood Urea Nitrogen, BUN)约占 NPN 的 1/2。

血液中的电解质大部分是以离子状态存在的无机盐。血液中的正离子有 Na^+、K^+、Ca^{2+}、Mg^{2+} 等;负离子有 Cl^-、HCO_3^-、HPO_4^{2-} 和 SO_4^{2-} 等。血浆中 Na^+、Cl^- 的含量最多;细胞内则含 K^+、HPO_4^{2-} 最多。组织间液中电解质含量与血浆中的基本相同,只是蛋白质含量少得多。各种体液内的正、负离子电荷总量相等,因而能保持体液的电中性。

正常情况下,血浆和血细胞中各种离子的浓度在一定范围内保持动态平衡,这对于生命活动具有重要意义。在血浆中,Na^+是维持血浆量和渗透压的主要离子;在红细胞中,K^+是维持细胞内液量和渗透压的主要离子。血浆中Na^+、K^+、Ca^{2+}保持适当比例,维持着神经肌肉的正常兴奋性。

二、血液中的非蛋白质含氮化合物大多数是蛋白质和核酸的分解代谢终产物

正常牛血中NPN含量为220(210~380)mg/L,这些含氮化合物中绝大多数是蛋白质和核酸的分解代谢终产物,它们由血液运输到肾而排出体外,当肾功能严重损害时,因排出受阻而使血中NPN升高,临床上常通过测定血NPN含量以了解肾的排泄功能。

血中尿酸是嘌呤化合物代谢的终产物。不同动物体内血液中尿酸的含量均在一定的范围内,当体内嘌呤化合物分解过多或经肾排出障碍时,以及痛风症等,血中尿酸均可升高。

肌酸是由精氨酸、甘氨酸和蛋氨酸在体内合成的产物,患肌肉萎缩等广泛性肌肉疾病时,血中肌酸增多,尿中排出也增加。肌酐是由肌酸脱水或由磷酸肌酸脱磷酸而生成的产物。因此,它是肌酸代谢的终产物。肌酐全部由肾排出,因血中肌酐含量不受食物蛋白质多少的影响,故检测肌酐含量较尿素更能正确地了解肾脏的排泄功能。

正常血氨含量为5.9~35.2 μmol/L(100~690 mg/L)。在生理pH条件下以NH_3形式存在的只占2%,其余的98%以NH_4^+形式存在。NH_4^+能扩散通过血脑屏障而对脑细胞呈现毒性。NH_3在肝中合成尿素,故肝功能严重损伤时,血氨量升高,而血中尿素含量可下降。

【案例分析】 某养殖场猪皮肤初诊为丘疹或斑疹,第2 d顶部出现水疱,内含淡黄色液体,周围组织硬而肿,第3~4 d中心区呈现出血性坏死,稍下陷,周围有成群小水疱,水肿区继续扩大。第5~7 d水疱坏死破裂成浅小溃疡,血样分泌物结成黑色似炭块的干痂,痂下有肉芽组织形成。周围组织有非凹陷性水肿。黑痂坏死区的直径大小不等,自1~2 cm至5~6 cm,水肿区直径可达5~20 cm,坚实溃疡不化脓。检查周围血象,白细胞总数大多增高至(10~20)×10^9/L,少数可高达(60~80)×10^9/L,分类以中性粒细胞为高。

分析:该养殖场可能遭受炭疽杆菌污染。人畜炭疽病包括:皮肤炭疽、肺炭疽、肠炭疽、脑膜型炭疽和败血型炭疽等类型。

治疗及预防:对病畜应严格隔离,对其分泌物和排泄物按芽孢的消毒方法进行消毒处理,严格隔离并治疗病畜,不用其乳类,并结合抗生素处理。死畜严禁剥皮或煮食,应焚毁或加大量生石灰深埋在地面2 m以下。必要时封锁疫区。

讨论:血液中非蛋白氮有哪些种类及其临床意义?

三、气体和其他有机化合物

血液中含有一定量的O_2和CO_2,而O_2和CO_2通过血液运输,将细胞呼吸与肺呼吸联系起来。血液中还含有含氮化合物以外的其他有机化合物,例如葡萄糖、乳酸、三脂酰甘油、磷脂、胆固醇、游离脂肪酸等。

第二节　血浆蛋白

血液(Blood)在封闭的血管内循环,动物体内的血液总量约占体重的8%。血液由液态的血浆(Plasma)与混悬在其中的红细胞、白细胞和血小板等组成。血浆占全血容积的55%~60%。血液凝固后析出淡黄色透明液体,称作血清(Serum)。凝血过程中,血浆中的纤维蛋白原转变成纤维蛋白析出,故血清中无纤维蛋白原。

一、血浆蛋白质的组成和特性

血液所含的有机物中,蛋白质占绝大部分。血红蛋白是红细胞中的主要蛋白质成分,占红细胞固体有机物的90%以上,血浆蛋白是血浆中各种蛋白质的总称,包括很多分子大小不同和结构功能有差异的蛋白质。

血浆蛋白质(Plasma Protein)是血浆中除水分外含量最多的一类化合物,利用不同分离方法可将血浆蛋白分离成许多种组分。常用硫酸铵或硫酸钠盐析法,将血浆蛋白质分为清蛋白(Albumin, A)、球蛋白(Globulin, G)、纤维蛋白原(Fibrinogen)等几部分。用滤纸电泳或醋酸纤维薄膜电泳可将血浆蛋白质分为清蛋白、α_1、α_2、β和γ球蛋白及纤维蛋白原6种成分,如标本为血清则可分离出5种组分,因血清中不含纤维蛋白原。所谓清蛋白、α_1-G、α_2-G、β-G和γ-G等各部分实际上都是一种族类名称,每一族中含有多种蛋白质。用聚丙烯酰胺凝胶电泳能分析出更多种。

二、血浆蛋白质的分类与性质

(一)血浆蛋白质的分类

血浆蛋白质是血浆主要的固体成分。血浆蛋白质种类很多,目前已知血浆蛋白质有200多种,其中既有单纯蛋白质又有结合蛋白,如糖蛋白和脂蛋白,血浆中还有几千种抗体。血浆内各种蛋白质的含量极不相同,多者每升达数十克,少的仅为毫克水平。

通常按来源、分离方法和生理功能将血浆蛋白质分类。分离蛋白质的常用方法包括电泳(Electrophoresis)和超速离心(Ultra-centrifuge)。

电泳是最常用的分离蛋白质的方法。由于电泳的支持物不同,其分离程度差别很大。醋酸纤维素薄膜电泳是一种简单快速的方法,以pH 8.6的巴比妥溶液作缓冲液,可将血清蛋白质分成五条区带:清蛋白,α_1球蛋白、α_2球蛋白、β球蛋白和γ球蛋白(图18.1)。清蛋白是动物体血浆中最主要的蛋白质,浓度达38~48 g/L,约占血浆总蛋白的50%。肝每天约合成12 g清蛋白。清蛋白以前清蛋白的形式合成,成熟的牛清蛋白是一条含581个氨基酸残基的单一多肽链。球蛋白的浓度为15~30 g/L。正常的清蛋白与球蛋白的比值(A/G)为1.5~2.5。用聚丙烯酰胺凝胶电泳等可将血清蛋白质分成数十条区带。

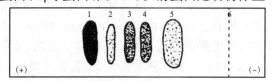

图18.1　血清蛋白的醋酸纤维素薄膜电泳图谱
1.清蛋白,2. α_1球蛋白,3. α_2球蛋白,4. β球蛋白,
5. γ球蛋白,6. 点样处

超速离心是根据蛋白质的密度将其分离,如血浆脂蛋白的分离。由于有些蛋白质的结构和功能尚不清楚,所以难以对全部血浆蛋白做出十分恰当的分类。按其生理功能可将血浆蛋白分类(如表18.1)。

表18.1　动物血浆蛋白质的分类

种类	血浆蛋白
结合蛋白或载体	清蛋白、载脂蛋白、转铁蛋白、铜蓝蛋白
免疫防御系统蛋白	IgG、IgM、IgA、IgD、IgE和补体C1~C9 等
凝血和纤溶蛋白	凝血因子VB、VDI、凝血酶原、纤溶酶原等
酶	卵磷脂:胆固醇酰基转移酶等
蛋白酶抑制剂	α_1抗胰蛋白酶、α_2巨球蛋白等
激素	促红细胞生成素、胰岛素等
参与炎症应答的蛋白	C反应蛋白、α_2酸性糖蛋白等

(二)血浆蛋白质的性质

尽管血浆蛋白的种类繁多,但由于血浆蛋白容易获得,而且许多血浆蛋白基因已被克隆,故获得了许多有关它们的结构、功能、合成和周转的信息,对它们已有较深入的了解,现将血浆蛋白的性质归纳如下。

(1)绝大多数血浆蛋白质在肝内合成,如清蛋白、纤维蛋白原和纤粘连蛋白等。还有少量的蛋白质是由其他组织细胞合成的,如γ球蛋白是由浆细胞合成的。

(2)血浆蛋白的合成场所一般位于膜结合的多核蛋白体(Polyribosome)上。在进入血浆前,它们在肝细胞内经历了从粗面内质网到高尔基复合体,再抵达质膜而分泌入血液的途径。即合成的蛋白质转移入内质网池,然后被酶切去信号肽,前蛋白变成成熟蛋白。血浆蛋白自肝细胞内合成部位到血浆的时间为30 min至数小时不等。

(3)除清蛋白外,几乎所有的血浆蛋白质均为糖蛋白,它们含有N-或O-连接的寡糖链。一般认为寡糖链包含了许多生物信息,发挥重要的作用。血浆蛋白合成后须定向转移,此过程需要寡糖链。寡糖链中包含的生物信息可起识别作用,如红细胞的血型物质含糖达80%~90%,ABO系统中血型物质A、B均是在血型物质O的糖链非还原端各加上N-乙酰氨基半乳糖或半乳糖。正是一个糖基的差别,使红细胞能识别不同的抗体。再如用唾液酸苷酶(Neuraminidase)切除寡糖链末端唾液酸残基,常可使一些血浆蛋白的半衰期缩短。

(4)许多血浆蛋白呈现多态性。多态性是孟德尔式或单基因遗传的性状。在动物中,如果某一蛋白质具有多态性说明它至少有两种表型,每一种表型的发生率不少于1%~2%。另外α_1抗胰蛋白酶、结合珠蛋白、转铁蛋白、铜蓝蛋白和免疫球蛋白等均具多态性。研究血浆蛋白的多态性对遗传学和动物学均有重要意义。

(5)在循环过程中,每种血浆蛋白均有自己特异的半衰期。在高等哺乳动物中,正常动物的清蛋白和结合珠蛋白的半衰期分别为20 d和5 d左右。

(6)在急性炎症或某种类型组织损伤等情况下,某些血浆蛋白的水平会增高,它们被称为急性时相蛋白(Acute Phase Protein, APP)。增高的蛋白包括C反应蛋白(CRP,由于同肺炎球菌的C多糖起反应而得名)、α_1抗胰蛋白酶、结合珠蛋白、α_1酸性蛋白和纤维蛋白原等。这些蛋白质水平的增高,少则增加50%,最多可增至1 000倍。患慢性炎症时,也会出现这种升高,提示APP在动物体内炎症反应中起一定作用。例如,α_1抗胰蛋白酶能使急性炎症期释放的某些蛋白酶失效;白细胞介素1(IL-1)是单核吞噬细胞释放的一种多肽,它能刺激肝细胞合成许多急性时相反应物(Acute Phase Reactant, APR)。急性时相期,亦有些蛋白质浓度出现降低,如清蛋白和转铁蛋白等。

(三)血浆蛋白质的功能

血浆蛋白质种类繁多,虽然其中不少蛋白质的功能尚未完全阐明,但对血浆蛋白质的一些重要功能有较深入的了解,现概述如下。

1.维持血浆胶体渗透压

虽然血浆胶体渗透压仅占血浆总渗透压的极小部分(1/230),但它对水在血管内外的分布起决定性的作用。动物体内血浆胶体渗透压的大小,取决于血浆蛋白质的摩尔浓度。由于清蛋白的分子量小(69 kD),在血浆内的总含量大、摩尔浓度高,加之在生理pH条件下,其电负性高,能使水分子聚集于其分子表面,故清蛋白能最有效地维持胶体渗透压。清蛋白所产生的胶体渗透压占血浆胶体总渗透压的75%~80%。当血浆蛋白浓度,尤其是清蛋白浓度过低时,血浆胶体渗透压下降,导致水分在组织间隙潴留,出现水肿。

2.维持血浆正常的pH

正常血浆的pH为7.40±0.05。蛋白质是两性电解质,血浆蛋白质的等电点大部分pH在

4.00~7.30之间,血浆蛋白盐与相应蛋白形成缓冲对,参与维持血浆正常的pH。

3.运输作用

血浆蛋白质分子的表面上分布有众多的亲脂性结合位点,脂溶性物质可与其结合而被运输。血浆蛋白还能与易被细胞摄取和易随尿液排出的一些小分子物质结合,防止它们从肾丢失。脂溶性维生素A以视黄醇形式存在于血浆中,它先与视黄醇结合蛋白形成复合物,再与前清蛋白以非共价键缔合成视黄醇-视黄醇结合蛋白-前清蛋白复合物。这种复合物一方面可防止视黄醇的氧化,另一方面防止小分子量的视黄醇-视黄醇结合蛋白复合物从肾丢失。血浆中的清蛋白能与脂肪酸、Ca^{2+}、胆红素、磺胺等多种物质结合。此外血浆中还有皮质激素传递蛋白、转铁蛋白、铜蓝蛋白等。这些载体蛋白除结合运输血浆中某种物质外,还具有调节被运输物质代谢的作用。

4.免疫作用

血浆中的免疫球蛋白,IgG、IgA、IgM、IgD和IgE,又称为抗体,在体液免疫中起至关重要的作用。此外,血浆中还有一组协助抗体完成免疫功能的蛋白酶——补体。免疫球蛋白能识别特异性抗原并与之结合,形成的抗原抗体复合物能激活补体系统,产生溶菌和溶细胞现象。

5.催化作用

血浆中的酶称作血清酶。根据血清酶的来源和功能,可分为以下三类。

(1)血浆功能酶。这类酶主要在血浆发挥催化功能。如凝血及纤溶系统的多种蛋白水解酶,它们都以酶原的形式存在于血浆内,在一定条件下被激活后发挥作用。此外血浆中还有生理性抗凝物质、假胆碱酯酶、卵磷脂、胆固醇酰基转移酶、脂蛋白脂肪酶和肾素等。血浆功能酶绝大多数由肝合成后分泌入血,并在血浆中发挥催化作用。

(2)外分泌酶。外分泌腺分泌的酶类包括胃蛋白酶、胰蛋白酶、胰淀粉酶、胰脂肪酶和唾液淀粉酶等。在生理条件下这些酶少量逸入血浆,它们的催化活性与血浆的正常生理功能无直接的关系。但当这些脏器受损时,逸入血浆的酶量增加,血浆内相关酶的活性增高。

(3)细胞酶。存在于细胞和组织内,参与物质代谢的酶类。随着细胞的不断更新,这些酶可释放至血。正常时它们在血浆中含量甚微。这类酶大部分无器官特异性;小部分来源于特定的组织,表现为器官特异性。当特定的器官有病变时,血浆内相应的酶活性增高。

6.营养作用

体内的某些细胞,如单核吞噬细胞系统,吞饮血浆蛋白质,然后由细胞内的酶类将吞入细胞的蛋白质分解为氨基酸掺入氨基酸池,用于组织蛋白质的合成,或转变成其他含氮化合物。此外,蛋白质还能分解供能。

7.凝血、抗凝血和纤溶作用

血浆中存在众多的凝血因子、抗溶血及纤溶物质,它们在血液中相互作用、相互制约,保持循环血流通畅。但当血管损伤、血液流出血管时,即发生血液凝固,以防止血液的大量流失。

【讨论】　根据蛋白质理化性质,血浆蛋白除使用电泳法和超速离心法分离以外,还可使用哪些方法进行简单分类?

第三节　免疫球蛋白

19世纪,在研究用疫苗免疫动物引起的保护作用时,发现保护因素存在于免疫动物血中,并且此保护力仅针对原来的免疫原——细菌或其疫苗才有作用。这样的血清能使该种细菌悬液凝集,称抗血清。这是对血清中存在抗体的最初认识。以后使用了血清电泳分析法及近代新技术,如双向等电聚焦/十二烷基磺酸钠-聚丙烯酰胺凝胶电泳(IEF/SDS-PAGE)加上同位素标记等,已能将抗血清中复杂的、不均一的抗体分子精确地区分出来。抗体分子不仅存在于血清及组织液中,也存在于淋巴细胞质膜表面。

一、免疫球蛋白分子的基本结构

动物体内存在的、由淋巴细胞(B细胞及浆细胞)合成并具抗体作用的化学分子是蛋白质。将免疫血清进行电泳发现抗体蛋白质大多泳动缓慢,属γ球蛋白,亦有的是β球蛋白。这些统称为免疫球蛋白(Immuno-globulin, Ig)。一个动物个体内的免疫球蛋白分子多种多样,在不同个体及种属中存在的种类则更不计其数。但据目前所知,免疫球蛋白分子仍具共同的基本结构,如图18.2所示。

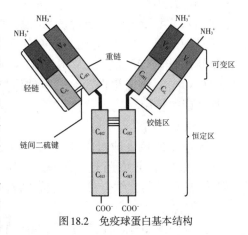

图18.2 免疫球蛋白基本结构

一个免疫球蛋白的单体由四条多肽链组成,两条较长的称重链(H),两条短的称轻链(L)。两条重链的结构完全相同,并通过链间二硫键连接;两条完全相同的轻链也分别由链间二硫键连于重链。

将不同的免疫球蛋白分子加以比较时,发现它们的重链和轻链的羧基端一侧的氨基酸序列彼此之间相似,变化较小、较恒定,故称恒定区(Constant Region),并分别以C_H(重链恒区)和C_L(轻链恒区)代表;C_H多数又可分为C_{H1}、C_{H2}、C_{H3}三段。重链和轻链恒区以外的氨基端的氨基酸序列的变化较大,彼此之间差异很大,故称可变区(Variable Region),分别以V_H及V_L代表。每区中皆有链内二硫键。

重链的中间肽段中,脯氨酸残基相对较多,故不能形成螺旋。因此这个约含20个氨基酸残基的区域伸展性较大,称为铰链区(Hinge Region)。铰链区的存在使免疫球蛋白分子的形状可在"Y"型和"T"型间互变。不结合抗原时呈T型,结合后呈Y型。由于此区比其他区域松散并暴露在分子表面,故易受酶或化学试剂的作用。

木瓜蛋白酶(Papain)作用于铰链区,将免疫球蛋白分子水解成两个含抗原结合部位的氨基端片段,称Fab片和一个"可结晶"的C端片段,称Fc片。以胃蛋白酶(Pepsin)水解免疫球蛋白分子得到一个F(ab)$_2$的片段(含四条肽链)和一个不完整的Fc片段。这是由于木瓜蛋白酶和胃蛋白酶在免疫球蛋白铰链区作用点不同。Fab含H及L(一部分)各一条,具一个抗原结合点;F(ab)$_2$具两个抗原结合点。完整的Fc能保留原生物活性,如补体结合作用及与细胞结合能力等。

一个典型的免疫球蛋白(IgG)的分子量约为150 000,轻链约25 000,重链比轻链重一倍,约为50 000。重链含氨基酸残基数约为446,轻链为其一半。免疫球蛋白是糖蛋白,含糖4%~18%。寡糖链在单体中主要结合在C_{H2}区。

二、免疫球蛋白的多样性

在以抗原免疫动物时,由于抗原上有各种不同的抗原决定簇,可分别引起不同的免疫潜能活性淋巴细胞的应答,因此就出现具有不同结合特异性的抗体(这是多克隆性或不均一性应答),这种由于结合特异性不同所致的多样性抗体,是由免疫球蛋白分子中抗原结合部位的结构所决定的,亦即由$V_L V_H$中的一部分结构所决定。不同特异性的抗体,如兔抗马血清白蛋白抗体及兔抗DNP抗体,它们的部分结构不同。还要说明的是:在同一个体内,即使是针对同一抗原决定簇的抗体,它们的结构也并不完全相同,如抗DNP抗体中有的属IgG类,有的为IgM类。

就是说,一个动物在一个抗原决定簇刺激下,可以产生数个分子结构不同的,但具同样结合特异性的各类别抗体分子。这种差异不体现在无 $V_L V_H$ 部分,而体现在 C_H 及 C_L 中的某些部分。动物的这种能力是随着免疫系统的进化而发展起来的,借此能更好地适应不同的功能需要。动物的这种合成不同类别抗体的能力并不相同,但按抗体的结构加以区分时,大致皆可分成接近的几类和几型。在同一类型免疫球蛋白中,由于个体间遗传因素的不同,又会出现同种异体变种,这种差别也来源于分子中 C_L 及 C_H 部分的结构。此外各种免疫球蛋白在 V 区(无论 V_L 或 V_H),除抗原结合位点外,亦可再出现微小差异,使抗体分子间形成所谓的"亚群"。

以上情况说明,免疫球蛋白分子的"基本结构"只是一个概括,所谓恒定区实是相对的恒定,其可变区中的变动也有程度上的不同。

根据各区结构的不同,可将免疫球蛋白分为不同的类和亚类:根据分子中重链恒定区氨基酸序列及长短等的不同,重链可分为 α、γ、μ、δ 和 ε 5 类;由各类重链组成的免疫球蛋白,分别称 IgG、IgA、IgM、IgD 和 IgE。不同类的免疫球蛋白在分子组合上亦不同,如 IgM 可能是五聚体,IgA 可能为二聚体,而其他皆为单体。在每类免疫球蛋白中,由于重链恒区还有一些差别,并因铰链区的结构和二硫键数目也不同,又可将各类免疫球蛋白分成亚类,如哺乳动物的 IgG 有 IgG_1~IgG_4 4 个亚类,IgA 有 IgA_1 及 IgA_2 两个亚类,IgM 也有两个亚类。

三、免疫球蛋白的合成与代谢

(一)免疫球蛋白的基因组成

蛋白质合成是在基因的控制下进行的。传统的认识是"一基因一酶"或"一基因一多肽链"。免疫球蛋白的分子结构具有高度多样性,如就一基因一多肽链的观点而言,则免疫球蛋白的编码基因为数之多将难以想象。但通过一级及高级结构的研究,发现免疫球蛋白中的 H 及 L 两条多肽链中,皆有同源区域存在。1965 年,Dreyer 和 Bennet 首次提出:一条多肽链由一个基因编码的理论,认为 V 基因及 C 基因在 B 细胞分化成熟时,通过染色体上 DNA 的重排(Rearrangement)等步骤连接起来,后经转录及处理成为免疫球蛋白的 mRNA。这一理论,通过新技术的验证,已为人们所接受。现在认为:亿万年前可能只存在一个原始的、仅为一个功能区编码的基因。此原始基因在物种进化、形成高等生物体的完整免疫系统时经多次重复及变异,形成了各种 C_H、C_L、V_H、V_L 基因。

(二)免疫球蛋白的合成及分解

成熟的 B 细胞质膜上有 IgM 及 IgD,再经抗原刺激后可转变为 IgG,并分泌 IgM 及 IgG。分泌的免疫球蛋白的合成发生在细胞周期 G_1 和 S 期早期。和其他分泌性糖蛋白一样,免疫球蛋白分子的多肽链都在粗面内质网上合成;其中合成重链的核糖体的沉降系数是 270~300 S,合成轻链的核糖体的沉降系数则为 190~200 S。在粗面内质网的侧池内,重链和轻链通过二硫键的形式结合成免疫球蛋白单体,然后通过高尔基体及分泌囊泡分泌至细胞外。在这一过程中也可形成多聚体,如 IgM 的二聚体,同时,通过转糖酶的作用,不断在 Fc 上加上糖基形成糖链。寡糖链一般是以 N-乙酰葡糖胺开始,末端为岩藻糖;糖链中还有甘露糖、半乳糖及涎酸。

血浆中的免疫球蛋白一方面在合成分泌,另一方面也在不断分解,因此正常时各类免疫球蛋白在体内维持着一定的动态平衡。IgG 的分解代谢受血浆浓度的调节,浓度高时转换率亦高,反之则低。IgD 和 IgE 的代谢也受浓度的影响,但情况相反。

【讨论】 现在各种抗血清和抗体被广泛应用,产生巨大的经济效应;请阐述抗血清和抗体制备的基本流程。

第四节 血细胞代谢

一、红细胞代谢

(一) 红细胞代谢的特点

红细胞是血液中最主要的细胞,它是在骨髓中由造血干细胞定向分化而成的红系细胞。在红系细胞发育过程中,经历了原始红细胞、早幼红细胞、中幼红细胞、晚幼红细胞、网状红细胞等阶段,最后才成为成熟红细胞。在成熟过程中,红细胞发生了一系列形态和代谢的改变。现将这些变化总结于表18.2。

成熟红细胞除质膜和胞浆外,无其他细胞器,其代谢比一般细胞单纯。葡萄糖是成熟红细胞的主要能量物质。

表18.2 红细胞成熟过程中的代谢变化

代谢能力	有核红细胞	网织红细胞	成熟红细胞
分裂增殖能力	+	—	—
DNA 合成	+*	—	—
RNA 合成	+	—	—
RNA 存在	+	+	—
蛋白质合成	+	+	—
血红素合成	+	+	—
脂类合成	+	+	—
三羧酸循环	+	+	—
氧化磷酸化	+	+	—
糖酵解	+	+	+
磷酸戊糖途径	+	+	+

注:"+","−"分别表示该途径有或无
　　*晚幼红细胞为"−"

1. 糖代谢

血液循环中的红细胞每天大约从血浆摄取30 g葡萄糖,其中90%~95%经糖酵解途径和2,3-二磷酸甘油酸旁路进行代谢,5%~10% 通过磷酸戊糖途径进行代谢。

(1)糖酵解途径和2,3-二磷酸甘油酸(2,3-BPG)旁路。红细胞中存在催化糖酵解所需要的所有的酶和中间代谢物(表18.3),糖酵解的基本反应和其他组织相同。糖酵解是红细胞获得能量的唯一途径,每摩尔葡萄糖经酵解生成 2 mol 乳酸的过程中,产生 2 mol ATP 和 2 mol NADH+H$^+$,通过这一途径可使红细胞内ATP的浓度维持在 $1.85×10^3$mol/L水平。

表18.3　红细胞中糖酵解中间产物的浓度(mol/L)

糖酵解中间产物	动脉血	静脉血	糖酵解中间产物	动脉血	静脉血
葡萄糖-6-磷酸	30	24.8	2-磷酸甘油酸	5	1
果糖-6-磷酸	9.3	3.3	磷酸烯醇式丙酮酸	10.8	6.6
果糖-1,6-二磷酸	0.8	1.3	丙酮酸	87.5	143.2
磷酸丙糖	4.5	5	2,3-二磷酸甘油酸	3 400	4 940
3-磷酸甘油酸	19.2	16.5			

红细胞内的糖酵解途径还存在侧支循环——2,3-BPG旁路。2,3-BPG旁路的分支点是1,3-二磷酸甘油酸(1,3-BPG)。正常情况下,2,3-BPG对二磷酸甘油酸变位酶的负反馈作用大于对3-磷酸甘油酸激酶的抑制作用,所以2,3-BPG支路仅占糖酵解的15%~50%,但是由于2,3-BPG磷酸酶的活性较低,2,3-BPG的生成大于分解,造成红细胞内2,3-BPG量升高。红细胞内2,3-BPG虽然也能供能,但主要功能是调节血红蛋白的运氧功能。

(2)磷酸戊糖途径。红细胞内磷酸戊糖途径的代谢过程与其他细胞相同,主要功能是产生NADPH+H^+。

2.红细胞内糖代谢的生理意义

(1)ATP的功能。红细胞中的ATP主要用于维持以下几方面的生理活动:

①维持红细胞膜上钠泵(Na^+-K^+ATPase)的运转,Na^+和K^+一般不易通过细胞膜,钠泵通过消耗ATP将Na^+泵出、K^+泵入红细胞以维持红细胞的离子平衡以及细胞容积和双凹盘状形态。②维持红细胞膜上钙泵(Ca^{2+}-ATPase)的运行,将红细胞内的Ca^{2+}泵入血浆以维持红细胞内的低钙状态。正常情况下,红细胞内的Ca^{2+}浓度很低(20 μmol/L),而血浆的Ca^{2+}浓度为2~3 mmol/L,血浆内的钙离子会被动扩散进入红细胞。缺乏ATP时,钙泵不能正常运行,钙将聚集并沉积于红细胞膜,使膜失去柔韧性而趋于僵硬,使红细胞流经狭窄的脾窦时易被破坏。③维持红细胞膜上脂质与血浆脂蛋白中的脂质进行交换。红细胞膜的脂质处于不断的更新中,此过程需消耗ATP。缺乏ATP时,脂质更新受阻,红细胞的可塑性降低,易于破坏。④少量ATP用于谷胱甘肽、NAD^+的生物合成。⑤ATP用于葡萄糖的活化,启动糖酵解过程。

(2)2,3-BPG的功能。2,3-BPG是调节血红蛋白(Hb)运氧功能的重要因素,它是一个电负性很高的分子,可与血红蛋白结合,结合部位在Hb分子4个亚基的对称中心孔穴内。2,3-BPG的负电基团与组成孔穴侧壁的2个P亚基的带正电基团形成盐键,从而使血红蛋白分子的T构象更趋稳定,降低血红蛋白与O_2的亲和力。在P_{O_2}相同条件下,随2,3-BPG浓度增大,HbO_2释放的O_2增多。动物体能通过改变红细胞内2,3-BPG的浓度来调节对组织的供氧。

(3)NADH和NADPH的功能。NADH和NADPH是红细胞内重要的还原当量,它们具有对抗氧化剂,保护细胞膜蛋白、血红蛋白和酶蛋白的巯基等不被氧化,从而维持红细胞的正常功能的作用。磷酸戊糖途径是红细胞产生NADPH的唯一途径。红细胞中的NADPH能维持细胞内还原型谷胱甘肽(GSH)的含量(图18.3),使红细胞免遭外源性和内源性氧化剂的损害。

由于氧化作用,红细胞内经常产生少量高铁血红蛋白(MHb),MHb中的铁为正三价,不能带氧。但红细胞内有NADH-高铁血红蛋白还原酶和NADPH-高铁血红蛋白还原酶,催化MHb还原成Hb。另外,GSH和抗坏血酸也能直接还原MHb。在上述高铁血红蛋白还原系统中,以NADH-高铁血红蛋白还原酶最重要。由于有MHb还原系统的存在,使红细胞内MHb只占Hb总量的1%~2%。

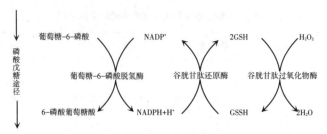

图18.3 谷胱甘肽的氧化与还原及其有关代谢

(二)脂代谢

成熟红细胞的脂类几乎都存在于细胞膜。成熟红细胞已不能从头合成脂肪酸,但膜脂的不断更新却是红细胞生存的必要条件。红细胞通过主动参入和被动交换不断地与血浆进行脂质交换,维持其正常的脂类组成、结构和功能。

(三)血红蛋白的合成与调节

血红蛋白是红细胞中最主要的成分,由珠蛋白和血红素(heme)组成。血红素不但是 Hb 的辅基,也是肌红蛋白、细胞色素、过氧化物酶等的辅基。血红素可在体内多种细胞内合成,参与血红蛋白组成的血红素主要在骨髓的幼红细胞和网织红细胞中合成。

合成血红素的基本原料是甘氨酸、琥珀酰 CoA 和 Fe^{2+}。合成的起始和终末阶段均在线粒体内进行,而中间阶段在胞浆内进行。血红素的生物合成可受多种因素的调节。

1.合成过程

同位素示踪实验表明,血红素合成的原料是琥珀酰 CoA、甘氨酸和 Fe^{2+} 等简单小分子化合物。血红素的生物合成可分为4个步骤。

①δ-氨基-γ-酮戊酸(5-aminolevulinic acid,5-ALA)的合成:在线粒体内,由琥珀酰 CoA 与甘氨酸缩合生成δ-氨基-γ-酮戊酸。催化此反应的酶是 ALA 合酶(ALA synthase),其辅酶是磷酸吡哆醛。此酶是血红素合成的限速酶,受血红素的反馈调节。②胆色素原的合成:ALA 生成后从线粒体进入胞液,在 ALA 脱水酶催化下,两分子 ALA 脱水缩合生成一分子胆色素原(Porphobilinogen,PBG)。ALA 脱水酶含有巯基,对铅等重金属的抑制作用十分敏感。③尿卟啉原与粪卟啉原的合成:在胞液中,4分子胆色素原由尿卟啉原Ⅰ同合酶、尿卟啉原Ⅲ同合酶、尿卟啉原Ⅲ脱羧酶依次催化,使其4个乙酸基(A)侧链脱羧基变为甲基(M),从而生成粪卟啉原Ⅲ(Coproporphyrinogen Ⅲ,CPG Ⅲ)。④血红素的生成:胞液中生成的粪卟啉原Ⅲ再进入线粒体,经粪卟啉原Ⅲ氧化脱羧酶作用,使其2,4位两个丙酸基(P)氧化脱羧变成乙烯基(V),从而生成原卟啉原Ⅸ,再由原卟啉原Ⅸ氧化酶催化,使其4个连接吡咯环的甲烯基氧化成甲炔基,则成为原卟啉Ⅸ(Protoporphyrin Ⅸ)。通过亚铁螯合酶(Ferrochelatase)又称血红素合成酶的催化,原卟啉Ⅸ和 Fe^{2+} 结合,生成血红素。铅等重金属对亚铁螯合酶也有抑制作用。

血红素生成后从线粒体转运到胞液,在骨髓的有核红细胞及网织红细胞中,与珠蛋白结合成为血红蛋白。血红素合成的特点可归结如下:①体内大多数组织均具有合成血红素的能力,但合成的主要部位是骨髓与肝,成熟红细胞不含线粒体,故不能合成血红素。②血红素合成的原料是琥珀酰 CoA、甘氨酸及 Fe^{2+} 等简单小分子物质。其中间产物的转变主要是吡咯环侧链的脱羧和脱氢反应。各种卟啉原化合物的吡咯环之间无共轭结构,均无色,性质不稳定,易被氧化,对光尤为敏感。③血红素合成的起始和最终过程均在线粒体中进行,而其他中间步骤则在胞液中进行。这种定位对终产物血红素的反馈调节作用具有重要意义。关于中间产物进出线粒体的机制,目前尚不清楚。

2.合成的调节

血红素的合成受多种因素的调节,其中最主要的调节步骤是 ALA 的合成。

（1）ALA合酶。它是血红素合成体系的限速酶，受血红素的反馈抑制。由于血红素与该酶的底物和产物均不类似，因此可能属于别构抑制。此外，血红素还可以阻抑ALA合酶的合成。由于磷酸吡哆醛是该酶的辅基，维生素B_6缺乏将影响血红素的合成。ALA合酶本身的代谢较快，半衰期约为1 h。正常情况下，血红素合成后迅速与珠蛋白结合成血红蛋白，不致有过多的血红素堆积；血红素结合成血红蛋白后，对ALA合酶不再有反馈抑制作用。如果血红素的合成速度大于珠蛋白的合成速度，过多的血红素可以氧化成高铁血红素，后者对ALA合酶也具有强烈抑制作用。某些固醇类激素，例如睾酮在体内的5-β还原物，能诱导ALA合酶合成，从而促进血红素的生成。许多在肝中进行生物转化的物质，例如致癌剂、药剂、杀虫剂等，均可导致肝ALA合酶显著增加，因为这些物质的生物转化作用需要细胞色素P450，后者的辅基正是铁卟啉化合物。由此，通过肝ALA合酶的增加，可适应生物转化的要求。

（2）ALA脱水酶与亚铁螯合酶。ALA脱水酶虽然也可被血红素抑制，但并不引起明显的生理效应，因为此酶的活性较ALA合酶强80倍，故血红素的抑制基本上是通过ALA合酶而起作用的。ALA脱水酶和亚铁螯合酶对重金属的抑制均非常敏感，因此血红素合成的抑制是铅中毒的重要体征。此外，亚铁螯合酶还需要还原剂（如谷胱甘肽），任何还原条件的中断也会抑制血红素的合成。

（3）促红细胞生成素（Erythropoietin，EPO）。EPO主要在肾合成，缺氧时即释放入血，运至骨髓，借助一种含两个不同亚基和一些结构域的特异性跨膜载体，EPO可同原始红细胞（如BFU-E和CFU-E）相互作用，促使它们增殖和分化，加速有核红细胞的成熟以及血红素和Hb的合成。因此，EPO是红细胞生成的主要调节剂。它是一种由166个氨基酸残基组成的糖蛋白，分子量34 kD。编码EPO的cDNA已被分离。

铁卟啉合成代谢异常而导致卟啉或其中间代谢物排出增多，称为卟啉症（Porphyria）。卟啉症有先天性和后天性两大类。先天性卟啉症是由某种血红素合成酶系的遗传性缺陷所致的；后天性卟啉症则主要指铅中毒或某些药物中毒引起的铁卟啉合成障碍，例如铅等重金属中毒，除抑制前面提及的两种酶外，还能抑制尿卟啉合成酶。

3.血红蛋白的合成

血红蛋白中珠蛋白的合成与一般蛋白质相同。珠蛋白的合成受血红素的调控。血红素的氧化产物高铁血红素能促进血红蛋白的合成。cAMP激活PKA后，PKA能使无活性的eIF-2激酶磷酸化。后者再催化eIF-2磷酸化而使之失活。高铁血红素有抑制cAMP激活PKA的作用，从而使eIF-2保持去磷酸化的活性状态，有利于珠蛋白，即血红蛋白的合成。

【讨论】 红细胞糖代谢与机体其他组织细胞糖代谢有什么异同点？

二、白细胞的代谢

动物体白细胞由粒细胞、淋巴细胞和单核吞噬细胞三大系统组成。主要功能是对外来入侵者起着抵抗作用，白细胞的代谢与白细胞的功能密切相关。

（一）糖代谢

由于粒细胞的线粒体很少，故糖酵解是其主要的糖代谢途径。中性粒细胞能利用外源性的糖和内源性的糖原进行糖酵解，为细胞的吞噬作用提供能量。单核吞噬细胞虽能进行有氧氧化和糖酵解，但糖酵解仍占很大比重。在中性粒细胞中，约有10%的葡萄糖通过磷酸戊糖途径进行代谢。中性粒细胞和单核吞噬细胞被趋化因子激活后，细胞内磷酸戊糖途径被激活，产生大量的NADPH。经NADPH氧化酶递电子体系可使O_2接受单电子还原，产生大量的超氧阴离子（$O_2^{·-}$）。超氧阴离子再进一步转变成H_2O_2、·OH等自由基，起杀菌作用。NADPH氧化酶递电子体系的成分包括NADPH氧化酶、细胞色素b558和两种胞液多肽等。

(二)脂代谢

中性粒细胞不能从头合成脂肪酸。单核-吞噬细胞受多种刺激因子激活后,可将花生四烯酸转变成血栓烷和前列腺素。在脂氧化酶的作用下,粒细胞和单核吞噬细胞可将花生四烯酸转变成白三烯,它是速发型过敏反应中产生的慢反应物质。

(三)氨基酸和蛋白质代谢

粒细胞中,氨基酸的浓度较高,尤其含有较高的组氨酸代谢产物——组胺。白细胞激活后,组胺释放参与变态反应。由于成熟粒细胞缺乏内质网,故蛋白质合成量很少。而单核-吞噬细胞的蛋白质代谢很活跃,能合成多种酶、补体和各种细胞因子。

【本章小结】

血液由有形的红细胞、白细胞和血小板以及无形的血浆组成。血浆的主要成分是水、无机盐、有机小分子和蛋白质等。

血浆中的蛋白质浓度为70~75 g/L,多在肝脏中合成。其中含量最多的是清蛋白,其浓度为38~48 g/L,它能结合并转运许多物质,在血浆胶体渗透压形成中起重要作用。血浆中的蛋白质具有多种重要的生理功能。

免疫球蛋白根据组合的重链不同,可分为五类:IgG、IgA、IgM、IgD和IgE。一个免疫球蛋白的单体由四条多肽链组成:两条相同的重链(H),两条相同的轻链(L)。免疫球蛋白重链和轻链的羧基端的一侧为恒定区,氨基端为可变区。

成熟红细胞代谢的特点是丧失了合成核酸和蛋白质的能力,并不能进行有氧氧化,红细胞功能的正常运行主要依赖糖酵解和磷酸戊糖支路。未成熟红细胞能利用琥珀酰CoA、甘氨酸和铁离子合成血红素。血红素生物合成的关键酶是ALA合成酶。

有吞噬功能的白细胞的磷酸戊糖支路和糖酵解代谢也很活跃。NADPH氧化酶递电子体系在白细胞的吞噬功能中具有重要作用。

【思考题】

1.血浆渗透压相对稳定的重要性是什么? 维持血浆渗透压的物质有哪些?

2.怎样认识血浆蛋白的专一功能和非专一功能?

3.如何认识成熟红细胞结构、代谢和功能的和谐统一?

4.你认识到的成熟红细胞的化学成分最主要的特点是什么? 与红细胞的功能有何关系?

第十九章　部分机体组织与器官的生物化学

第一节　神经组织生化

脑和神经组织共占机体重量的2%左右,但它们在体内的功能却占有最高的地位。体内各系统各器官的生理活动和功能都受神经系统的全面调节和高度整合,使之既相互影响又互相协调,而且能适应内外环境的变化,从而维持机体更好地生存。

神经组织生化或称神经生化学(Neurochemistry),半个多世纪以来已发展成为一门独立的学科。然而,由于神经系统结构和功能极为复杂以及研究上的难度较大,迄今积累的资料还很不完善,特别是有关代谢与功能间的内在联系,很多问题还不十分清楚,作为重要的生物学课题之一,还有待进一步探索和完善。

一、神经组织的化学组成

神经组织和其他组织一样,含有各种有机物、无机物和水分。但是,它也有自己的特点。在神经系统的不同部位,其形态结构不同,化学组成不同,机能活动也不同,它们之间相辅相成,关系紧密。例如,生理功能愈是复杂的部位,其水分、蛋白质、酶类的含量也愈高。随着年龄增长、发育期的演进,化学组分也有变化,机能随之改变。

(一) 水分

脑、脊髓、脑神经和脊神经、神经节、神经丛等不同的神经组织都含有相当量的水分。神经元胞体集中的灰质比神经纤维集中的髓质含的水分更多。动物的脑中,白质和灰质交错存在,平均含水量达78%。

(二) 蛋白质

神经组织的固体成分中主要是蛋白质和脂质,也有少量其他有机物和无机盐。蛋白质约占固体物的38%~40%,其中包括多种球蛋白、核蛋白和一种特殊的硬蛋白——神经角蛋白(Neuro-keratin)。

(三) 脂类

脂类占神经组织固体物的半量以上。事实上神经组织是脂类含量最丰富的组织之一。其最大特点是几乎均是简单脂类。

(四) 无机盐类

神经组织的灰质不超过1%。主要的无机盐是钾的磷酸盐和氯化物,钠和其他碱性元素的盐类较少。钾含量之所以丰富,与神经冲动时钾参与神经纤维膜的生理变化——去极化和复极化过程密切相关。

以上所述只是神经组织化学组分的一般情况。事实上,在神经系统某些结构部位有其独特之处。

二、血脑屏障

血脑屏障是指脑毛细血管阻止某些物质(多半是有害的)由血液进入脑组织的结构。血液中不同物质从脑毛细血管进入脑组织,有难有易;有些很快通过,有些较慢,有些则完全不能通过。总之,在血-脑之间有一种选择性地阻止某些物质由血入脑的"屏障"存在,称为血脑屏障。血脑屏障的功能在于保证脑的内环境的高度稳定性,对维持中枢神经系统正常生理状态具有重要的生物学意义。

(一)血脑屏障的结构特点

血脑屏障的物质基础是脑的毛细血管,它与其他组织中的毛细血管不同,有以下三个特点:①脑毛细血管内皮细胞间相互连接得十分紧密;②毛细血管内皮细胞外的基底膜是连续的;③脑毛细血管壁外表面积的85%都被神经胶质细胞包绕。因此,物质由血液进入脑组织间液要穿越包括脂性的(质膜)和非脂性的(基底膜)膜等较多层次的结构。

(二)物质通过血脑屏障的方式

水和气体等物质可以通过扩散方式进入脑,而葡萄糖、氨基酸和各种离子是靠载体转运的方式由血液进入脑组织。

物质通过血脑屏障的难易取决于两方面的影响因素:一方面是物质本身的性质和状态,另一方面是血脑屏障的结构和功能。

1.物质的亲脂性与亲水性

细胞膜是以类脂为基础的双分子层结构,所以凡是亲脂性强的物质就易于透过细胞膜;反之,亲水性强者则不易透过。而物质的亲脂性与亲水性又取决于物质的化学结构:含极性基团多者亲水性强;含疏水基团多者则极性小而亲脂性强。

2.与血浆蛋白的结合

分子量大于2 000的物质即不能由内皮细胞连接处直接通过。因此,与血浆蛋白结合的物质就难以通过血脑屏障,由于物质与血浆蛋白的结合是可逆的,所以结合与解离的动态平衡直接影响到物质通过血脑屏障的速度。

3.载体转运系统

脑毛细血管内皮细胞膜上有多种载体蛋白,能促进一些本来难以通过血脑屏障的极性分子的转运。已经肯定的载体系统有:①己糖载体;②中性氨基酸载体;③碱性氨基酸载体;④短链脂肪酸等单羧酸载体等。

4.生物转化作用

某些物质在通过脑毛细血管内皮细胞时将遭受到胞浆内酶系统的作用而被破坏,所以即使能进入毛细血管内皮细胞的物质也不一定都能通过血脑屏障而进入脑实质。

5.发育的影响

新生儿血脑屏障发育不全,通透性较高。正在迅速生长的脑组织对某些积极进行代谢的物质摄取率大增,这可能是由于转运本身加快,也可能是由于代谢物的高转换率所致。

【案例分析】 什么是猪乙型脑炎?临床症状有哪些?怎样进行预防?

猪乙型脑炎是由乙型脑炎病毒引起的一种严重的人畜共患虫媒病毒性疾病,猪常为性成熟时易感,表现症状为沉郁、嗜眠、怀孕母猪繁殖障碍、公猪睾丸炎。仔猪感染乙脑后症状为:发高烧、精神委顿、卧地、减食、口渴,结膜潮红、粪呈干球状、尿少色深,有的猪后肢呈轻度麻痹,步态不稳,关节肿大。公猪发生睾丸炎,丧失种用能力。母猪感染该病后主要表现为繁殖障碍。蚊虫是该病的主要传播媒介,故常于夏季流行。但乙脑病毒在环境中不稳定,病毒对乙醚、氯仿和脱氧胆酸钠、蛋白水解酶和脂肪水解酶敏感,易被消毒剂灭活。

三、脑代谢的特点

（一）能量供应

脑的活动瞬息万变，需要大量能量的及时供应。脑细胞本身的生物高分子（核酸及蛋白质）的合成以及神经递质的合成与释放固然都是耗能的过程，但这些尚不足以说明为什么脑细胞的功能活动较之其他组织细胞要消耗更多的能量。脑的能量消耗主要在于经常不断地把Na^+泵出细胞外，使去极化（Depolarization）后的膜迅速恢复膜电位，以维持神经的兴奋和传导。脑的代谢率（Metabolic Rate）是很高的，它可以用单位时间的耗氧量（Oxygen Consumption）和基质消耗量或产物生成量作指标来表示。

脑血流量占心输出量的15%，耗氧量占休止时全身总耗氧量的20%，然而脑的重量只不过占体重的2%。分析流入和流出脑组织血液的化学成分（动静脉差法）发现，除了葡萄糖外，其他可作为能源的物质没有明显的减少。脑组织是以葡萄糖的氧化来供能的，甚至可以说，至少在正常条件下，脑组织唯一利用糖作为能源。因为脑中糖原含量很少（小于0.1%），所以必须依赖血糖的供应。虽然脑组织还可以利用酮体，但必须以低血糖为前提，例如在饥饿引起酮血症（Ketonemia）的情况下。如果血糖和血酮体均增高时（糖尿病、酮血症），脑仍然优先利用葡萄糖以供能。

脑细胞含有完整的糖酵解酶系，己糖激酶活性约为其他组织的20倍。但是即使最大程度地发挥糖酵解的作用也不能满足供能的需要，而必须依赖糖的有氧氧化。所以氧的供给一刻也不能中断。由于脑组织主要依赖糖的有氧氧化供给能量，所以它对缺糖和缺氧均极敏感。血糖下降50%即可致昏迷，而中断（流向脑的）血流几分钟就可引起死亡。

脑内ATP的水平甚高，它的合成和利用均很迅速。据测定，脑内ATP末端磷酸基的半数更新时间平均只有约3 s，脑组织的磷酸肌酸（CP）水平比ATP还要高，它可看作是ATP末端高能磷酸键的一种贮存形式。在磷酸肌酸激酶（CPK）的催化下，ATP和CP可相互转变。

（二）类脂的组成和代谢

除脂肪组织外，脑是全身含脂类最多的组织，但脂肪组织主要含甘油三酯（贮存脂），而脑组织中的脂类几乎全是类脂。脑干重的1/2是脂类，就全脑平均而言，如果分别测定脑灰质和脑白质的化学成分，就会发现灰质含水分和蛋白质较多，脂类仅占干重的1/3；而白质中的脂类含量较多，约占干重的55%。这种差别主要是由于白质中的神经纤维外被以髓鞘（Myelin Sheath），而髓鞘的脂类可高达干重的70%~80%。

脑中的类脂主要用以构成神经元（Neurone）的质膜和髓鞘。这些膜性结构与其他组织细胞的膜结构有共同之处，即都是由类脂与蛋白质构成的复合物，但在类脂的组成和代谢上亦有一些特点。尤其是髓鞘，它含有某些特殊的类脂成分，这些成分或者仅见于髓鞘，或者髓鞘中含量较多，而在其他组织中则较少见，例如缩醛磷脂（Plasmalogen）和脑苷脂（Cerebroside）。

髓鞘形成之前的未成熟的脑组织含胆固醇和磷脂较多，而含脑苷脂极少，脑苷脂合成酶系的活性也极低。当髓鞘形成时，此酶系的活性升高，脑苷脂的含量亦相应增多，髓鞘形成与神经系统的发育和功能密切相关，而髓鞘脱落是神经系统疾病的重要的病理改变之一。髓鞘的代谢特点是正在进行髓鞘形成时代谢很快，一旦形成之后就变得很慢，成为体内最稳定的一种结构。据推测，这是由于髓鞘缺乏催化类脂分解代谢的酶系。已经形成的髓鞘，除了个别成分（如三磷酸肌醇磷脂）有较高的更新率外，其他磷脂和胆固醇等的更新率均甚低。

（三）谷氨酸的代谢与功能

脑的游离氨基酸组成与血浆有很明显的差别，这是由血脑屏障的特点和脑本身氨基酸代谢特点造成的。

脑中游离氨基酸以谷氨酸(Glu)含量最高,比其在血浆中的浓度要高出200倍以上。谷氨酸、谷氨酰胺(Gln)和γ-氨基丁酸(GABA)三者含量总和约占脑中游离氨基酸总量的一半。所以,在脑的氨基酸代谢中,谷氨酸占有重要位置。

然而,谷氨酸难以通过血脑屏障,脑内谷氨酸来源于自身的合成,同位素示踪实验表明脑内谷氨酸合成的原料是葡萄糖,它来自血糖。葡萄糖进入脑细胞后先转变成α-酮戊二酸,后者可在谷氨酸脱氢酶的催化下转变成谷氨酸,亦可经转氨基作用生成谷氨酸,一般认为后一途径更切合实际。谷氨酸在谷氨酰胺合成酶的作用下与氨结合成为谷氨酰胺,这是一个耗能反应(消耗 ATP),脑中谷氨酰胺合成酶的活性强。所生成的谷氨酰胺与谷氨酸不同,可以通过血脑屏障而进入血中,这样,脑组织从血中摄入葡萄糖,通过代谢,还血液以谷氨酰胺,清除了脑中的氨,以免氨的积存危害脑的功能。

脑中谷氨酸代谢的另一个特点是脱羧生成γ-氨基丁酸,催化此反应的酶是谷氨酸脱羧酶(GAD),它需要磷酸吡哆醛作辅酶。GABA 是一种抑制性的神经递质,仅见于中枢神经系统。脑内 GABA 主要贮存于灰质,特别是纹状体、黑质、小脑的齿状核等处。

GABA 对中枢神经元有普遍性抑制作用。GABA 能作用于突触前神经末梢,减少兴奋性递质的释放,从而引起抑制。这种效应称为突触前抑制(Presynaptic Inhibition)。GABA 在脊髓中的作用就是以突触前抑制为主。在脑内则主要是引起突触后抑制(Postsynaptic Inhibition)。睡眠时皮层释放 GABA 增多,因此认为 GABA 可能与睡眠、觉醒的生理机能有关。

GABA 经转氨作用后的产物琥珀酸半醛可脱氢生成琥珀酸,后者进入三羧酸循环而被氧化利用。因此,与脑组织中的三羧酸循环相联系,存在着一条 GABA 代谢支路。

谷氨酸脱羧酶(GAD)与γ-氨基丁酸转氨酶(GABA-T)的协同作用对保持脑中 GABA 一定浓度有重要意义。两种酶的最适 pH 不同,GAD 的最适 pH 为 6.5,而 GABA-T 则为 8.2。脑细胞内 pH 稍有变动就可明显改变这两种酶的活性。当酸中毒时,脑中 GAD 活性增强而 GABA-T 活性减弱,可致脑中 GABA 水平上升,呈现中枢抑制;反之,当碱中毒时脑中 GABA-T 活性增强而 GAD 活性减弱,脑中 GABA 水平下降,易于发生痉挛。

尚须指出,谷氨酸对神经中枢有兴奋作用,而其脱羧产物 GABA 却有抑制作用,所以谷氨酸的代谢与中枢的兴奋和抑制调节有关。此外,通过 GABA 代谢支路,也把脑的氧化代谢与兴奋抑制功能联系起来了。

【讨论】 脑的能量代谢主要依赖于糖的有氧氧化的利弊有哪些?

第二节 肌肉生物化学

肌肉是动物体内最大的组织,达体重总量的40%~50%。根据形态特征和运动方式的不同,高等动物的肌肉可分为骨骼肌、平滑肌和心肌3种:骨骼肌遍布于躯体和四肢;平滑肌存在于胃肠道、血管及支气管;心肌见于心脏。机体的一切机械运动及脏器的生理机能的发挥,都是肌肉收缩与松弛的结果,如肢体运动、心脏跳动、血管舒缩、胃肠蠕动、肺呼吸以及泌尿生殖过程等。肌肉收缩时每平方厘米横切面可产生高达3.5 kg的张力,这是它完成各种机械运动及生理活动的关键。肌肉收缩时的能量来源于ATP的分解,由于它所含的特殊蛋白质组分能直接或间接将化学能转变为机械能,因此可把肌肉看作是一种效力很高的能量转换装置,迄今为止,这种特性还没有任何机器能够达到。近些年来通过多学科综合性研究,肌收缩蛋白的分子结构、肌肉收缩与松弛的分子机理、肌组织的代谢特点已基本阐明。

一、肌肉的化学组成

肌组织由特殊分化的肌细胞构成。一般细胞所具有的化学成分,肌细胞也都有,只是由于生理功能有所差异,以致各种化学成分的含量表现出差异而已。

(一) 蛋白质

蛋白质是肌肉中最重要的组分,占肌组织湿重的20%,是肌肉中的主要固体物质。按其作用可大致分为3组:基质蛋白(Stromal Proteins),如细胞外的胶原及弹性蛋白等,是肌组织中的惰性结构成分,约占肌肉总蛋白的1/5,其作用是把肌纤维连成整块肌肉以固定各种结构,并可将肌纤维所产生的张力传送至肌腱;细胞蛋白,这组蛋白亦占1/5左右,包括产生ATP所需要的酶体系以及具有特定功能的核蛋白、糖蛋白及脂蛋白等;溶解于肌质(胞浆)中的蛋白,主要包括参加糖酵解过程的酶体系及肌红蛋白等,用冷水可将其提取出来,因之称为肌溶蛋白。其他如三羧酸循环酶类及电子传递氧化磷酸化酶类等分布在一定微细结构中,用冷水不能提取。

肌红蛋白是肌细胞中的一种色蛋白,肌质的红色主要由它而来。此种蛋白质心肌中含量最高,骨骼肌红纤维中次之,白肌中含量最少。成年之前,肌红蛋白的含量随年龄而增长;成年动物每100 g肌肉约含700 mg,占肌肉蛋白质的3%。动物类的肌红蛋白呈球形,分子量大于167 000,相当于血红蛋白的四分之一,只含一分子的亚铁血红素和一条多肽链。肽链由152个氨基酸残基构成,N端为缬氨酸;链中含有4个脯氨酸残基,不含半胱氨酸,故无二硫键以稳定其分子结构;75%的肽链为α螺旋,疏水性氨基酸残基全都叠在分子内部,除两个在分子内部结合Fe^{2+}的组氨酸残基以外,其余的亲水残基全暴露于分子外面,整个肌红蛋白主要靠疏水基的相互作用以维系其三级结构。其功能也和血红蛋白相似,可迅速地、可逆地结合氧,与氧的亲和力较血红蛋白高,即使氧分压较低时也能结合较多的氧,故肌红蛋白有一定的贮氧功能:肌肉缺氧时,氧合肌红蛋白可放出其所结合的氧;其次,肌红蛋白储存氧饱和度不受CO_2的影响。

收缩蛋白是肌肉收缩的物质基础。近些年来通过综合研究,对各种收缩蛋白的结构和分子组成比较清楚,已能从分子水平来阐述肌肉收缩的机理。

(二) 糖

糖包括糖原和葡萄糖,一般糖原含量为0.5%或稍高,虽然不及肝组织中的含量高,但由于肌肉占总体积的比重较大,所以这两个组织均是体内含糖原最多的部位;此外肌肉还含有糖代谢中间产物如磷酸己糖和乳酸等。

(三) 水和无机盐

在肌肉组织中水分和无机盐的含量相当高,占其总重量的75%~80%,肌肉发达的动物对失水的耐受性较肥胖者强的道理即在于此。至于无机盐类包括K^+、Na^+、Mg^{2+}、Ca^{2+}、Fe^{2+}、HPO_4^{2-}、Cl^-、SO_4^{2-}及微量的Mn^{2+}、Co^{2+}、Cu^{2+}、Ni^{2+}、Zn^{2+}等,其中钙镁与肌肉的收缩和松弛有重要关系。

(四)其他物质

非蛋白质含氮提出物用沸水从磨碎肌肉中提取的物质称为提出物,含多种水溶性有机物和无机物。其中含氮的有机物为肌酸和磷酸肌酸,是肌肉所特有的、参与能量代谢的重要成分;肌酸即N-甲基胍基乙酸,磷酸肌酸为其高能磷酸化合物。体内含肌酸和磷酸肌酸共约120 g,98%存于肌肉组织中,每100 g横纹肌含360~400 mg。肌酸主要在肝脏及肾脏中合成。

催化肌酸转变成磷酸肌酸的肌酸磷酸激酶(CPK),以骨骼肌中含量最多,心肌、脑、肺及甲状腺等次之,而肝及红细胞中活性很低。其发挥作用的必需基团中有两个—SH基,因此半胱氨酸、谷胱甘肽等可使之活化,可与SH结合的阳离子如Zn^{2+}、Co^{2+}、Hg^{2+}等则使其抑制。CPK是由M(肌型)、B(脑型)两种亚单位构成的二聚体,有BB、MB、MM三种同工酶。BB见于脑、肾、胃、肺、小儿血清及脐带血中;MB见于心肌、膈肌中;MM主要存在于肌肉组织中。

二、肌组织的代谢

肌组织的舒缩活动,需要充分的能量供应,这些能量来自细胞内旺盛的物质代谢。肌组织能氧化葡萄糖、脂肪酸代谢产物、乳酸、丙酮酸、酮体、氨基酸等多种物质以获取能量。由于不同类型肌组织的生理功能和代谢酶类活性的差异,所利用的能源物质也有不同的侧重。

从肌肉收缩与舒张的分子机制上已了解到,当收缩时肌动纤维蛋白分子上每形成一个横桥到解离,至少要消耗一个ATP,每分子肌原蛋白至少与两个Ca^{2+}结合,而肌肉舒张时又要消耗ATP,才使Ca^{2+}被泵入肌浆网内,足见肌肉收缩及舒张均直接利用ATP。实验证明哺乳动物剧烈活动时,每分钟每克组织要消耗10^{-3} mol ATP,而静止肌肉每克组织所含ATP约仅能维持0.5 s的剧烈活动,若用单碘醋酸抑制磷酸甘油醛脱氢酶,阻断糖酵解过程(或用氰化物抑制组织呼吸),然后刺激肌肉收缩,此时持续的时间,为由ATP供能所能够维持的时间的5倍,说明肌肉组织内除ATP外还有其他高能物质存在。已证实这种高能化合物即是磷酸肌酸CP,它在组织中的浓度正好为ATP浓度的5倍,因而认为磷酸肌酸是肌肉收缩时能量的供体,它在肌肉收缩过程中对ATP的再合成起缓冲作用。

能量的贮存和运送是通过磷酸肌酸的穿梭机制来完成的,这个机制包含了肌酸激酶的线粒体型和肌肉型两种同工酶。

腺苷酸激酶催化2ADP$\leftrightarrow$ATP+AMP的可逆过程,其活性不大受肌肉收缩的影响,而生成的AMP正是磷酸果糖激酶的激活变构剂,从而使糖酵解的速度增快。因为胞浆的AMP不能作为糖酵解或有氧氧化时磷酸的受体,亦尚未知有其他反应能完成这一过程。不过肌肉收缩时,AMP可以转变成次黄嘌呤核苷酸,同时生成一定量的NH_3(可以缓冲肌肉中的乳酸),这一过程由ATP被利用的情况所决定。

肌肉收缩所需能量的最终来源仍是糖、脂肪酸代谢产物等营养物质的氧化。氧化供能的原料及途径则随肌肉收缩的强度及持续的时间而异。肌肉开始收缩之后,肌细胞对氧及葡萄糖的摄取均增加,说明糖的有氧氧化是肌肉收缩所需能量的重要来源。不过肌肉收缩初始和剧烈收缩时,氧供应有限,单依赖有氧氧化还不能满足需要,必须加速酵解过程,因而大量消耗糖原而产生大量乳酸,乳酸易透过细胞膜进入血液,被带至肝脏进行糖异生,或为心肌摄取燃烧。

白肌纤维含肌红蛋白低,线粒体也少,但糖原较多,酵解酶类活性很高,活动时主要利用糖为燃料。剧烈活动时,虽然血液循环增加,糖的有氧氧化增加,还远不能满足需要,据粗略计算,此种情况下从有氧氧化获取的能量只有糖酵解所释能量的五分之一,说明白肌纤维于剧烈活动时,主要依赖糖酵解供能。

红肌纤维所含的线粒体、三羧酸循环酶系、肌红蛋白及细胞色素体系等均较白肌纤维多,血管也较丰富,可进行充分的有氧氧化,而且氧化脂肪酸代谢产物、酮体、乳酸等的能力较白肌纤维强,一般以上述物质为主要燃料,利用糖较少。

动物空腹时从肌肉中释放出的游离氨基酸,其总量的一半以上是丙氨酸,但肌肉蛋白质中丙氨酸的含量并不高,为7%~10%;显然这些丙氨酸不是原来就存在于肌肉中的。Felig等根据标记丙氨酸注入动物体后很快掺入血糖内的事实,提出糖-丙氨酸循环学说,认为肌肉中由葡萄糖代谢产生的丙酮酸通过转氨作用生成丙氨酸再经血液循环运至肝脏,其碳链骨架用于合成葡萄糖,此葡萄糖由肝释放入血后又被肌肉摄取,经代谢生成丙酮酸及转氨作用生成丙氨酸,再由肌肉释出。正常动物血浆丙氨酸和丙酮酸水平呈直线关系,肌肉活动利用葡萄糖增加时,同时产生的丙酮酸增多,血浆中丙氨酸水平也升高;如向保温大白鼠膈肌中加入葡萄糖,丙氨酸的释放增加2~3倍,其他氨基酸的释出并不增加,这些实验材料为葡萄糖-丙氨酸循环学说提供了根据。

【案例分析】　人畜共患破伤风是受破伤风梭菌感染引起的疾病,破伤风梭菌大量存在于人和动物肠道中,由粪便污染土壤,经伤口感染引起疾病。破伤风梭菌能产生强烈的外毒素,即破伤风痉挛毒素或称神经毒素。破伤风痉挛毒素是一种神经毒素,可被肠道蛋白酶破坏,故口服毒素不起作用。破伤风痉挛毒素的毒性非常强烈,仅次于肉毒毒素。破伤风梭菌没有侵袭力,只在污染的局部组织中生长繁殖,一般不入血流。当局部产生破伤风痉挛毒素后,引起全身横纹肌痉挛。破伤风防治应注意哪些事项?

分析:破伤风梭菌芽孢广泛分布于自然界中,可由伤口侵入人体,发芽繁殖而致病,但破伤风梭菌是厌氧菌,伤口的厌氧环境是破伤风梭菌感染的重要条件。

(1)正确处理伤口:清创并对伤口用双氧水冲洗创面以消除厌氧环境。

(2)局部或全身应用抗生素:如大剂量使用青霉素,防止伤口局部细菌的生长繁殖。

(3)注射破伤风抗毒素。

(4)应用类毒素进行预防接种。

【讨论】　瘦肉精是一类动物用药,有数种药物被称为瘦肉精。将瘦肉精添加于饲料中,可以增加动物的瘦肉量,减少饲料饲喂量,使肉品提早上市,降低成本;但对人体会产生毒副作用。瘦肉精对人体能够造成哪些危害?

第三节　肝脏生物化学

肝脏在动物体生命活动中占有十分重要的作用。在消化、吸收、排泄、生物转化以及各类物质的代谢中均起着重要的作用,被誉为"物质代谢中枢"。

肝脏具有肝动脉和门静脉的双重血液供应,具有丰富的血窦,肝细胞膜通透性大,利于进行物质交换。从消化道吸收的营养物质经门静脉进入肝脏被改造利用,有害物质则可进行转化和解毒。肝脏可通过肝动脉获得充足的氧以保证肝内各种生化反应的正常进行。肝脏还通过胆道系统与肠道沟通,将肝脏分泌的胆汁排入肠道。

一、肝脏的化学组成

正常动物肝脏重1~1.5 kg,其中水分占70%。除水外,蛋白质含量居首位。已知肝脏内的酶有数百种以上,而且有些酶是其他组织中所没有或含量极少的。例如合成酮体和尿素的酶系,催化芳香族氨基酸及含硫氨基酸代谢的酶类主要存在于肝脏中。

肝脏化学组成见表19.1。肝脏成分常随营养及疾病的情况而改变。例如,饥饿多日后,肝中蛋白质及糖原含量下降,磷脂及甘油三酯的含量升高。肝内脂类含量增加时,水分含量下降。如患脂肪肝时,水分可降至50%~55%。

表19.1　肝脏的化学组成(按新鲜组织重量百分率计算)

成分	百分率(%)	成分	百分率(%)
水	70	Na	0.19
蛋白质*	15	K	0.215
糖质	5~10	Cl	0.016
葡萄糖	0.1	Ca	0.012
甘油三酯	2	Mg	0.022
磷脂	2.5	Fe	0.01
胆固醇	0.3	Zn	0.006
—	—	Cu	0.002

注:*表示其中86.6%为球蛋白,6.6%为白蛋白

【案例分析】 人畜共患肝片吸虫分布于世界各地,侵害牛、羊、马、驴、驼、狗、猫、猪、兔、鹿等多种动物。肝片吸虫的幼虫能够穿破肝表膜,引起肝损伤和出血。虫体的刺激使胆管壁增生,可造成胆管阻塞、肝实质变性、黄疸等,同时其分泌的毒素具有溶血作用。肝片吸虫摄取宿主的养分,引起营养状况恶化,幼畜发育受阻,肥育度与泌乳量下降,具有很大的危害作用。怎样对肝片吸虫病进行预防?

分析:(1)定期驱虫,每年进行1~2次。

(2)动物的粪便要堆积发酵后再使用,以杀虫卵。

(3)消灭中间宿生椎实螺,并尽量不到沼泽、低洼地区放牧。

(4)做好卫生宣传工作,不吃生菜、不饮生水。

二、肝脏在物质代谢中的作用

(一)肝脏在糖代谢中的作用

肝脏是调节血糖浓度的主要器官。当饭后血糖浓度升高时,肝脏利用血糖合成糖原(肝糖原约占肝重的5%)。过多的糖则可在肝脏中转变为脂肪以及加速磷酸戊糖循环等,从而降低血糖,维持血糖浓度的恒定。相反,当血糖浓度降低时,肝糖原分解及糖异生作用加强,生成葡萄糖送入血中,调节血糖浓度,使之不致过低。

肝脏和脂肪组织是动物体内糖转变成脂肪的两个主要场所。肝脏内糖氧化分解并不是供给肝脏能量,而是由糖转变为脂肪的重要途径。所合成脂肪不在肝内贮存,而是与肝细胞内磷脂、胆固醇及蛋白质等形成脂蛋白,并以脂蛋白形式送入血液中,送到其他组织中利用或贮存。

肝脏也是糖异生的主要器官,可将甘油、乳糖及生糖氨基酸等转化为葡萄糖或糖原。在剧烈运动及饥饿时尤为显著,肝脏还能将果糖及半乳糖转化为葡萄糖,亦可作为血糖的补充来源。

糖在肝脏内的生理功能主要是保证肝细胞内核酸和蛋白质代谢,促进肝细胞的再生及肝功能的恢复。

(1)通过磷酸戊糖循环生成磷酸戊糖,用于RNA的合成;

(2)加强糖原生成作用,从而减弱糖异生作用,避免氨基酸的过多消耗,保证有足够的氨基酸用于合成蛋白质或其他含氮生理活性物质。

肝细胞中葡萄糖经磷酸戊糖通路,还为脂肪酸及胆固醇合成提供所必需的NADPH。通过糖醛酸代谢生成UDP葡萄糖醛酸,参与肝脏生物转化作用。

(二)肝脏在脂类代谢中的作用

肝脏在脂类的消化、吸收、分解、合成及运输等代谢过程中均起重要作用。肝脏能分泌胆汁,其中的胆汁酸盐是胆固醇在肝脏的转化产物,能乳化脂类、可促进脂类的消化和吸收。

肝脏是氧化分解脂肪酸的主要场所,也是动物体内生成酮体的主要场所。肝脏中活跃的β-氧化过程,释放出较多能量,以供肝脏自身需要。生成的酮体不能在肝脏氧化利用,而经血液运输到其他组织(心、肾、骨骼肌等)氧化利用,作为这些组织的良好的供能原料。

肝脏也是合成脂肪酸和脂肪的主要场所,还是动物体中合成胆固醇最旺盛的器官。肝脏合成的胆固醇占全身合成胆固醇总量的80%以上,是血浆胆固醇的主要来源。此外,肝脏还合成并分泌卵磷脂胆固醇脂酰基转移酶(LCAT),促使胆固醇酯化。当肝脏严重损伤时,不仅胆固醇合成减少,血浆胆固醇酯的降低往往出现得更早和更明显。

肝脏还是合成磷脂的重要器官。肝内磷脂的合成与甘油三酯的合成及转运有密切关系。磷脂合成障碍将会导致甘油三酯在肝内堆积,形成脂肪肝。其原因一方面是由于磷脂合成障碍,导致前β脂蛋白合成障碍,使肝内脂肪不能顺利运出;另一方面是肝内脂肪合成增加。卵磷脂与脂肪生物合成有密切关系。卵磷脂合成过程的中间产物——甘油二酯有两条去路，即合成磷脂和合成脂肪，当磷脂合成障碍时，甘油二酯生成甘油三酯明显增多。

（三）肝脏在蛋白质代谢中的作用

肝内蛋白质的代谢极为活跃，肝蛋白质的半衰期为 10 d，而肌肉蛋白质半衰期则为 180 d，可见肝内蛋白质的更新速度较快。肝脏除合成自身所需蛋白质外，还合成多种分泌蛋白质。如血浆蛋白中，除 γ-珠蛋白外，白蛋白、凝血酶原、纤维蛋白原及血浆脂蛋白所含的多种载脂蛋白等均在肝脏合成。故肝功能严重损害时，常出现水肿及血液凝固机能障碍。

肝脏合成白蛋白的能力很强。白蛋白在肝内合成与其他分泌蛋白相似，首先以前身物形式合成，即前白蛋白原，经剪切信号肽后转变为白蛋白原。再进一步修饰加工，成为成熟的白蛋白，分子量为 69 000，由 550 个氨基酸残基组成。血浆白蛋白的半衰期为 10 d，由于血浆中含量多而分子量小，在维持血浆胶体渗透压中起着重要作用。

肝脏在血浆蛋白质分解代谢中亦起重要作用。肝细胞表面有特异性受体可识别某些血浆蛋白质（如铜蓝蛋白、α_1 抗胰蛋白酶等），经胞饮作用吞入肝细胞，被溶酶体水解酶降解。而蛋白所含氨基酸可在肝脏进行转氨基、脱氨基及脱羧基等反应进一步分解。肝脏中有关氨基酸分解代谢的酶含量丰富，体内大部分氨基酸，除支链氨基酸在肌肉中分解外，其余氨基酸特别是芳香族氨基酸主要在肝脏分解。故严重肝病时，血浆中支链氨基酸与芳香族氨基酸的比值下降。

在蛋白质代谢中，肝脏还具有一个极为重要的功能，即将氨基酸代谢产生的有毒的氨通过鸟氨酸循环的特殊酶系合成尿素以解氨毒。鸟氨酸循环不仅解除氨的毒性，而且由于尿素合成中消耗了 CO_2，故在维持机体酸碱平衡中具有重要作用。

肝脏也是胺类物质解毒的重要器官，肠道细菌作用于氨基酸产生的芳香胺类等有毒物质，被吸收入血，主要在肝细胞中进行转化以减少其毒性。当肝功不全或门体侧支循环形成时，这些芳香胺可不经处理进入神经组织，进行 β-羟化生成苯乙醇胺和 β-多巴胺。它们的结构类似于儿茶酚胺类神经递质，并能抑制后者的功能，属于"假神经递质"，与肝性脑病的发生有一定关系。

（四）肝脏在维生素代谢中的作用

肝脏在维生素的贮存、吸收、运输、改造和利用等方面具有重要作用。肝脏是体内含维生素较多的器官。某些维生素，如维生素 A、D、K、B_2、PP、B_6、B_{12} 等在体内主要贮存于肝脏中，肝脏中维生素 A 的含量占体内总量的 95%。因此，维生素 A 缺乏形成夜盲症时，食用动物肝脏有较好疗效。

肝脏所分泌的胆汁酸盐可协助脂溶性维生素的吸收，并且肝脏直接参与多种维生素的代谢转化。

（五）肝脏在激素代谢中的作用

许多激素在发挥其调节作用后，主要在肝脏内被分解转化，从而降低或失去其活性。此过程称激素的灭活（Inactivation）。灭活过程对于激素的作用具调节作用。

肝细胞膜有某些水溶性激素（如胰岛素、去甲肾上腺素）的受体。此类激素与受体结合而发挥调节作用，同时自身则通过肝细胞内吞作用进入细胞内。而游离态的脂溶性激素则通过扩散作用进入肝细胞。

一些激素（如雌激素、醛固酮）可在肝内与葡萄糖醛酸或活性硫酸等结合而灭活。而许多蛋白质及多肽类激素也主要在肝脏内"灭活"。

三、肝脏的生物转化作用

(一) 肝脏生物转化的概述

机体将一些内源性或外源性非营养物质进行化学转变,增加其极性(或水溶性),使其易随胆汁或尿液排出,这种体内变化过程称为生物转化(Biotransformation)。

日常生活中,许多非营养性物质由体内外进入肝脏。这些非营养性物质根据其来源可分为:

(1)内源性物质。是体内代谢中产生的各种生物活性物质如激素、神经递质等及有毒的代谢产物如氨、胆红素等。

(2)外源性物质。是由外界进入体内的各种异物,如药品、食品添加剂、色素及其他化学物质等。这些非营养物质既不能作为构成组织细胞的原料,又不能供应能量,机体只能将它们直接排出体外,或先将它们进行代谢转变,一方面增加其极性或水溶性,使其易随尿或胆汁排出,另一方面也会改变其毒性或药物的作用。

一般情况下,非营养物质经生物转化后,其生物活性或毒性均降低甚至消失,所以曾将此种作用称为生理解毒(Physiological Detoxification)。但有些物质经肝脏生物转化后其毒性反而增强,许多致癌物质通过代谢转化才显示出致癌作用,如3,4-苯并芘。因而不能将肝脏的生物转化作用一概称为"解毒作用"。

肝脏是生物转化作用的主要器官,在肝细胞微粒体、胞液、线粒体等部位均存在有关生物转化的酶类。其他组织如肾、胃肠道、肺、皮肤及胎盘等也可进行一定的生物转化,但以肝脏最为重要,其生物转化功能最强。

(二) 生物转化反应类型

肝脏内的生物转化反应主要可分为氧化(Oxidation)、还原(Reduction)、水解(Hydrolysis)与结合(Conjugation)4种反应类型。

1.氧化反应

(1)微粒体氧化酶系。微粒体氧化酶系在生物转化的氧化反应中占有重要的地位。它是需细胞色素P450的氧化酶系,能直接激活分子氧,使一个氧原子加到作用物分子上,故称加单氧酶系(Monooxygenase)。由于在反应中一个氧原子掺入底物中,而一个氧原子使NADPH氧化而生成水,即一种氧分子发挥了两种功能,故又称混合功能氧化酶(Mixed Function Oxidase)。

加单氧酶系的生理意义及作用特点:加单氧酶系的生理意义是参与药物和毒物的转化。经羟化作用后可加强药物或毒物的水溶性,有利于排泄。

(2)线粒体单胺氧化酶系。胺氧化酶属于黄素酶类,存在于线粒体中,可催化组胺、酪胺、尸胺、腐胺等肠道腐败产物氧化脱胺,生成相应的醛类。

(3)脱氢酶系。胞液中含有以NAD$^+$为辅酶的醇脱氢酶与醛脱氢酶,分别催化醇或醛脱氢,氧化生成相应的醛或酸类。

2.还原反应

肝微粒体中存在着由NADPH及还原型细胞色素P450供氢的还原酶,主要有硝基还原酶类和偶氮还原酶类,均为黄素蛋白酶类。还原的产物为胺。如硝基苯在硝基还原酶催化下加氢还原生成苯胺,偶氮苯在偶氮还原酶催化下还原生成苯胺。此外,催眠药三氯乙醛也可在肝脏被还原生成三氯乙醇而失去催眠作用。

3.水解反应

肝细胞中有各种水解酶。如酯酶、酰胺酶及糖苷酶等,分别水解各种酯键、酰胺键及糖苷键。动物肝脏中水解酶类可催化乙酰苯胺、普鲁卡因、利多卡因及简单的脂肪族酯类的水解。

4.结合反应

结合反应是体内最重要的生物转化方式。凡含有羟基、羧基或氨基等基团的非营养物质，在肝内与某种极性较强的物质结合，增加水溶性，同时也掩盖了作用物上原有的功能基团，一般具有解毒功能。某些非营养物质可直接进行结合反应，有些则先经氧化、还原、水解反应后再进行结合反应。结合反应可在肝细胞的微粒体、胞液和线粒体内进行。据参加反应的结合剂不同可分为多种反应类型。

(1)葡萄糖醛酸结合反应。葡萄糖醛酸结合是最为重要和普遍的结合方式。尿苷二磷酸葡萄糖醛酸(UDPGA)为葡萄糖醛酸的活性供体，由糖醛酸循环产生。肝细胞微粒体中有UDP葡萄糖醛酸转移酶，能将葡萄糖醛酸基转移到毒物或其他活性物质的羟基、氨基及羧基上，形成葡萄糖醛酸苷。结合后其毒性降低，且易排出体外。

(2)硫酸结合反应。以3′-磷酸腺苷-5′-磷酸硫酸(PAPS)为活性硫酸供体，在肝细胞胞液中有硫酸转移酶，能催化将PAPS中的硫酸根转移到类固醇、酚类的羟基上，生成硫酸酯。雌酮在肝内与硫酸结合而失活。

(3)乙酰基结合反应。在乙酰基转移酶的催化下，由乙酰CoA作乙酰基供体，与芳香族胺类化合物结合生成相应的乙酰化衍生物。

(4)甲基结合反应。肝细胞液及微粒体中具有多种转甲基酶，含有羟基、巯基或氨基的化合物可进行甲基化反应，甲基供体是S腺苷蛋氨酸(SAM)。例如，尼克酰胺可甲基化生成N-甲基尼克酰胺。

(5)甘氨酸结合反应。某些毒物、药物的羧基与辅酶A结合形成酰基辅酶A后，在酰基CoA:氨基酸N-酰基转移酶催化下与甘氨酸结合，生成相应的结合产物。如马尿酸的生成。

一些生物转化反应包括药物、毒物或腐败产物，经转化后毒性或生物活性减弱。然而有些物质，通过生物转化，其活性或毒性反而加强，即不是灭活而是激活。如苯并芘(致癌物)是在肝内经过生物转化才形成终致癌物的。

(三)影响生物转化的因素

生物转化作用受年龄、性别、肝脏疾病及药物等体内外各种因素的影响。此外，某些药物或毒物可诱导转化酶的合成，使肝脏的生物转化能力增强，称为药物代谢酶的诱导。同时，由于加单氧酶特异性较差，可利用诱导作用增强药物代谢和解毒作用，如用苯巴比妥治疗地高辛中毒。另一方面由于多种物质在体内转化代谢常由同一酶系催化，同时服用多种药物时，可出现竞争同一酶系而相互抑制其生物转化作用。

【讨论】　肝脏在动物体内物质代谢中起着重要作用，同时具有很强的转化能力，能将大量有毒物质转化为无毒物或增强其水溶性方便快速排出体外。是否肝脏的生物转化作用就是解毒？

四、胆汁和胆汁酸

(一)胆汁

肝细胞分泌的胆汁(Bile)称肝胆汁，清澈透明，呈金黄色或橘黄色。正常动物平均每天分泌0~700 mL肝胆汁，进入动物胆囊后，经浓缩为原体积的10%~20%，并掺入黏液等物后成为胆囊胆汁，呈黄褐色或棕绿色，随后经胆总管流入十二指肠。胆汁中除水外，溶于其中的固体物质有蛋白质、胆汁酸盐、胆固醇、磷脂、胆红素、磷酸酶、无机盐等，其中胆汁酸盐(简称胆盐)的含量最高。胆囊胆汁中，胆汁酸盐含量占总固体物质的50%~70%，主要是胆汁酸钠盐与钾盐，它们在脂类消化吸收及调节胆固醇代谢方面起重要作用。胆汁中还有多种酶类及其他排泄物，进动物机体的药物、毒物、染料及重金属盐等物质均可随胆汁排出。因此，胆汁既是一种消化液，又可作为排泄液，将体内某些代谢产物及外源物质运输至肠，随粪排出。

（二）胆汁酸的代谢与功能

1.胆汁酸的种类

按其生成部位可分为初级胆汁酸和次级胆汁酸两大类。胆固醇在肝细胞内转化生成的胆汁酸为初级胆汁酸（Primary Bile Acid），包括胆酸和鹅脱氧胆酸及其与甘氨酸或牛磺酸结合后生成的甘氨胆酸、牛磺胆酸、甘氨鹅脱氧胆酸和牛磺鹅脱氧胆酸。初级胆汁酸分泌到肠道后受肠道细菌作用生成次级胆汁酸（Secondary Bile Acid），包括脱氧胆酸和石胆酸及其在肝中生成的结合产物。

胆汁中胆汁酸按结构可分为两类。一类是游离胆汁酸，包括胆酸、脱氧胆酸、鹅脱氧胆酸和少量石胆酸；另一类是结合胆汁酸，是游离胆汁酸与甘氨酸或牛磺酸的结合产物，主要包括甘氨胆酸、牛磺胆酸、甘氨鹅脱氧胆酸和牛磺鹅脱氧胆酸。胆汁中的胆汁酸以结合型为主。

2. 胆汁酸的生成

（1）初级胆汁酸的生成。胆固醇合成后，其中约2/5在肝中转变为胆酸，随胆汁排入动物肠腔。胆汁酸的合成过程非常复杂，需经多步酶促反应才能完成，这些酶主要分布在肝的微粒体和细胞液中。胆固醇首先在胆固醇7α-羟化酶的催化下生成7α-羟胆固醇，后经过还原、羟化、侧链氧化断裂和加辅酶A等多步反应，生成具有24碳的初级胆汁酸，再与甘氨酸或牛磺酸结合生成相应初级结合胆汁酸。7α-羟化酶是胆汁酸生成的限速酶，受多因素调节。

（2）次级胆汁酸的生成。进入动物肠道的初级胆汁酸在协助脂类物质消化吸收后，在小肠下段及大肠经肠道细菌作用，结合型初级胆汁酸水解脱去甘氨酸或牛磺酸而成为游离胆汁酸，后者在肠道细菌的作用下发生7α-位脱羟基，转变成次级胆汁酸。其中胆酸转变成脱氧胆酸，脱氧胆酸转变成为石胆酸，这两种胆汁酸重吸收入肝后可再与甘氨酸或牛磺酸结合生成次级结合胆汁酸。

（3）胆汁酸的肠肝循环及其意义。排入肠道的胆汁酸（包括初级、次级、结合型和游离型），95%可由肠道重吸收入血液中，其中以回肠部对结合型胆汁酸的主动重吸收为主，其余在肠道各部被动重吸收。重吸收的胆汁酸经门静脉重新进入肝脏，在肝细胞内重吸收的游离胆汁酸被重新合成为结合胆汁酸，并与肝细胞新合成的初级结合胆汁酸一同再随胆汁排入小肠，形成胆汁酸的"肠肝循环"。未被重吸收的胆汁酸（主要为石胆酸）随粪便排出，每天0.4~0.6 g。

肝每天合成胆汁酸的量仅0.4~0.6 g，难以满足脂类乳化的需求。动物体每天进行6~12次肠肝循环，从肠道吸收的胆汁酸总量可达12~32 g。其生理意义在于弥补肝合成胆汁酸的不足，使有限的胆汁酸反复利用，满足动物体对胆汁酸的生理需要，最大限度发挥它的生理功能。

（4）胆汁酸生成的调节。胆汁酸生成主要受以下两方面因素的调节，其一是7α-羟化酶受胆汁酸本身的负反馈调节，使胆汁酸生成受到限制。如能使肠道胆汁酸含量降低，减少胆汁酸的重吸收，可促进肝内胆固醇转化成胆汁酸而降低血胆固醇。临床上应用口服阴离子交换树脂（消胆胺）以减少胆汁酸的重吸收，降低血胆固醇。7α-羟化酶也是一种加单氧酶，维生素C对其羟化反应有促进作用。其二是甲状腺素的调节作用。甲状腺素可促进7α-羟化酶及侧链氧化酶的mRNA合成迅速增加，从而加速胆固醇转化为胆汁酸，降低血浆胆固醇。此外，胆固醇可以提高7α-羟化酶活性，促进胆汁酸的合成。

3.胆汁酸的生理功能

（1）促进脂类的消化吸收。胆汁酸分子表面既含有亲水的羟基和羧基或磺酸基，又含有疏水的甲基和烃核，而且羟基和羧基的空间位置均属α型。因此胆汁酸的立体构象具有亲水和疏水两个侧面，使胆汁酸分子具有较强的界面活性，能够降低油、水两相之间的界面张力。胆汁酸的这种结构特征使其成为较强的乳化剂，使疏水的脂类物质在水溶液中乳化成直径为3~10 pm的微团，扩大脂类和消化酶的接触面，既有利于酶的消化作用，又有利于吸收。

(2)抑制胆汁中胆固醇的析出。胆汁中含有胆固醇。由于胆固醇难溶于水,胆汁在胆囊中浓缩后,胆固醇容易沉淀析出。胆汁中的胆汁酸盐和卵磷脂可使难溶于水的胆固醇分散成为可溶性微团,使之不易在胆囊中结晶沉淀。如果肝合成胆汁酸的能力下降,消化道丢失胆汁酸过多或肠肝循环中摄取胆汁酸过少,以及排入胆汁中的胆固醇过多,均可造成胆汁中胆汁酸、卵磷脂和胆固醇的比值下降(小于10∶1),易引起胆固醇析出沉淀,形成胆结石。

　　(3)胆固醇代谢的调控。胆汁酸能反馈性抑制7α-羟化酶和胆固醇合成的限速酶的活性。

第四节　结缔组织生化

　　结缔组织是动物体中分布最为广泛的一种组织,包括骨、牙、软骨、肌腱、韧带、皮肤角质及血管等(表19.2)。其组成特点是细胞少而间质多,其细胞间质一般由基质(Ground Substance)和纤维(Fiber)两部分组成。基质为无定形的胶态物质,主要成分为蛋白多糖(Proteoglycan)。纤维包括胶原纤维、弹性纤维和网状纤维,分别由胶原蛋白、弹性蛋白及网状蛋白构成。本章着重介绍蛋白多糖和胶原蛋白的结构、功能及代谢。

表19.2　各种结缔组织的生化功能和大分子结构

组织类型	机械性能	蛋白质	碳水化合物*
骨质	负荷重量** (抗压、维持外形)	Ⅰ型胶原蛋白	硫酸软骨素 透明质酸 硫酸角质素
肋软骨	抗压、减少摩擦 弹性好	Ⅱ型胶原蛋白 —	硫酸软骨素 硫酸角质素
肌腱	抗张强度大 弹性(延性)小 延性强	Ⅰ型胶原蛋白 — 弹性蛋白	硫酸皮肤素 硫酸软骨素 硫酸软骨素
大血管	抗裂性强	Ⅲ型和Ⅰ型胶原蛋白 —	透明质酸、硫酸皮肤素 肝素***
关节液	润滑防震	Ⅱ型胶原蛋白	透明质酸
皮肤	有中度延性和变形性而具韧性	Ⅰ型(80%)与Ⅲ型胶原蛋白、角蛋白	硫酸皮肤素 透明质酸
基底膜	变形性良好、有分隔作用 选择性渗透	Ⅵ型和Ⅴ型胶原蛋白 昆布氨酸、粘连蛋白	硫酸乙酰肝素 —
角膜	透明、坚固 —	Ⅰ型与Ⅱ型胶原蛋白	硫酸角质素 软骨素(硫酸软骨素)

注:*低于10%的组分在括号中
　　**以钙盐沉着(羟磷灰石)计
　　***肥大细胞的典型多糖

一、蛋白多糖

　　结缔组织基质中蛋白质与多糖以共价和非共价键相连构成多种巨大分子称为蛋白多糖或粘连蛋白(Mucoproteins)。其分子组成以多糖链为主,蛋白质部分所占比例较小。往往一条多糖链上联结多条多肽链,分子量可达数百万以上。

(一) 化学结构

蛋白多糖中的多糖链为杂多糖,因其组成成分中均含氨基己糖,所以称为氨基多糖或糖胺聚糖(Glycosaminoglycans)。动物体结缔组织中常见的氨基多糖包括透明质酸(Hyaluronic Acid)、硫酸软骨素(Chondroitin Sulfate)、硫酸角质素(Keratan Sulfate)和肝素(Heparin)等。

蛋白多糖亚单位由一个核心蛋白和共价连接其上的糖胺多糖组成,后者主要为硫酸角质素和硫酸软骨素。动物体中有多种不同的核心蛋白,分子量达200~300 kD,是所有组织细胞中分泌的最大的一种多肽。核心蛋白高度伸展N末端,形成一球状区,60~70 kD,非共价连接于透明质酸链上,另一种40~60 kD的连接蛋白(Link Protein)参与稳定球状区与透明质酸链的非共价连接。

(二) 蛋白多糖的生理功能

蛋白多糖分子大,具高度亲水性,对保持结缔组织水分及与组织间物质交换均有重要作用。例如软骨组织中胶原纤维排列成网格状,网格间隙中填充蛋白多糖,因其有高度亲水性,吸附大量水分在其中,当软骨受压时,水分可被挤压出去,而减压后又可重吸进来。关节软骨无血管供应,其营养物质的交换主要靠运动产生压力变化使液体流动。

蛋白多糖的糖链上含有较多的酸性基团,对于细胞外液中Ca^{2+}、Mg^{2+}、K^+、Na^+等阳离子有较大的亲和力,因此能调节这些阳离子在组织中的分布。蛋白多糖分子巨大,有较大的黏滞性,附着于组织表面,能缓冲组织之间的机械摩擦,因而具有润滑、保护作用。蛋白多糖与创伤的愈合亦有密切关系。皮肤创伤后的肉芽形成过程中,通常先有糖胺多糖的增生,进而促进胶原纤维的合成,其机理尚不清楚。

(三) 蛋白多糖的生物合成

蛋白多糖的合成首先按蛋白质生物合成的原理,在核糖体上合成多肽,并分泌入内质网中,并在内质网中进行修饰,由相应的转移酶催化活性单糖转移到氨基酸的侧链上,合成氨基多糖。但糖链的延伸和加工修饰在高尔基体进行。所以说多肽的合成受专一基因控制,而氨基多糖的合成主要由酶的分隔定位和对酶特异性所决定。

参与氨基多糖合成的各种单糖及其衍生物需先活化成活性单糖,即与二磷酸尿苷(UDP)结合,而各种单糖及其衍生物均可由葡萄糖转变而来。

糖胺多糖合成的起始步骤是在木糖转移酶的催化下,将一分子木糖基连接到核心蛋白多肽链的丝氨酸残基上,形成O-糖苷键(O-Glycosidic Bond)。再由半乳糖转移酶(Galactosyl Transferase)催化依次转移两分子半乳糖。然后再由高度特异的糖基转移酶作用逐渐按顺序延长,糖链合成后再进一步修饰。

(四) 蛋白多糖的分解代谢

结缔组织基质中的蛋白多糖主要受组织蛋白酶D等的作用,部分肽链水解产生的带多糖链的小片段可被细胞吞噬,进而在溶酶体中逐步水解成各种单糖及其衍生物。因此,溶酶体是糖胺多糖分解的主要场所。

溶酶体中分解糖胺多糖的酶包括内切糖苷酶、外切糖苷酶及硫酸酯酶等。透明质酸的水解过程:首先透明质酸酶(Hyaluronidase)为一种内切酶,能水解透明质酸、硫酸软骨素A和C中的β-N-乙酰氨基己糖糖苷键,产物主要为四糖或六糖的寡糖。随后再由β-葡萄糖醛酸酶及β-N-乙酰氨基葡萄糖苷酶等外切酶进一步水解,成为单糖及其衍生物。

二、胶原蛋白

胶原蛋白(Collagen Protein)存在于所有多细胞动物体内,是体内含量最多的一类蛋白质,存在于几乎所有组织中,是一种细胞外蛋白质,以不溶纤维形式存在,具高度抗张能力,是决定结缔组织韧性的主要因素。

(一) 胶原蛋白的结构

单个的 I 型胶原蛋白分子量约285 kD,宽14 Å,长约3 000 Å。由三条多肽链组成。哺乳动物个体中有30种不同的多肽链构成16种不同的胶原蛋白。

在胶原纤维中,胶原蛋白分子单位称为原胶原(Tropocollagen)。每个原胶原分子由三条α-肽链组成,α-肽链自身为α螺旋结构,三条α-肽链则以平行、右手螺旋形式缠绕成"草绳状"三股螺旋结构。原胶原分子平行排列成束,通过共价交联,可形成稳定的胶原微纤维,进一步聚集成束,形成胶原纤维。胶原分子通过分子内或分子间的交联成为不溶性的纤维。

胶原纤维在不同组织中的排列方式与其功能相关。如在肌腱、皮肤及软骨,要分别在一维、二维和三维方向承受张力,因而其胶原纤维排列分别为平行束状、多角的纤维片层及不规则排列等方式。

(二) 胶原的生物合成

结缔组织中的原胶原分子主要由成纤维细胞合成,软骨中胶原由软骨细胞合成,骨胶原来自成骨细胞,基底膜中胶原则由上皮或内皮细胞合成。胶原的生物合成可分为细胞内和细胞外两大阶段。

1.细胞内合成阶段

在结缔组织细胞中,首先是按蛋白质合成的原则先合成一条很长的,约1 400个氨基酸残基的肽链,称为溶胶原蛋白,而后转入内质网中进行羟基化和糖基化修饰。

2.细胞外胶原纤维成熟阶段

分泌到细胞外的溶胶原由内切酶作用,水解N末端和C末端的附加肽链,形成原胶原蛋白,原胶原分子可在中性pH条件下,借分子间各部分不同电荷的相互吸引而自动聚合成胶原纤维,此种聚合不稳定,经共价交联成网使之进一步固定。 通过共价交联,胶原微纤维的张力加强,韧性增大,溶解度降低,最终形成不溶性的胶原纤维。

(三) 胶原的分解代谢

胶原纤维由于广泛的共价交联,其结构稳定,不易被一般蛋白酶水解。体内有特异作用于胶原的胶原酶(Collagenase),对其分解起关键作用。此酶切断原胶原后的碎片可自动变性,经细胞外非特异性蛋白酶及肽酶水解或被细胞吞噬后由溶酶体酶进一步分解,形成小分子寡肽或游离氨基酸。

胶原酶在某些修复或再生组织如分娩后子宫、重建的骨组织以及愈合的伤口等组织中含量较高,Ca^{2+}为其激活剂。胶原酶对温度十分敏感,36 ℃时酶活性比30 ℃大10倍。炎症局部温度升高,可能因此加速胶原分解。

三、弹性蛋白及角蛋白

(一) 弹性蛋白

弹性蛋白(Elastic Protein)构成弹性纤维,弹性纤维是有橡皮样弹性的纤维,能被拉长数倍,并可恢复原样,它是结缔组织弹性的主要因素。弹性蛋白分布没有胶原蛋白广泛,但在组织内也大量存在,如富有弹性的组织、肺、大动脉、某些韧带、皮肤及耳部软骨等。

弹性蛋白中疏水性氨基酸含量高达95%,其中有许多是甘氨酸、脯氨酸和亮氨酸。弹性蛋白初合成时为水溶性单体,分子量为 70 000,称为原弹性蛋白(Tropoelastin),在修饰中部分脯氨酸羟化生成羟脯氨酸。原弹性蛋白从细胞中分泌出来后,部分赖氨酸经氧化酶催化氧化为醛基,并与另外的赖氨酸的 ε-氨基缩合成吡啶衍生物,称为链素。

交联后使弹性蛋白卷曲,从而具有弹性,并且使弹性蛋白溶解性降低,稳定性增高。

(二) 角蛋白

角蛋白(Keratin)是皮肤、毛发和指甲等组织的重要组成成分,是一种抗机械、抗化学刺激的蛋白质,存在于所有高等脊椎动物体中。角蛋白可分为 α-角蛋白(α-keratin),主要存在于哺乳动物中;β-角蛋白(β-keratin),主要分布于鸟类和爬行动物中。哺乳动物有 30 种不同的角蛋白,可分为相对酸性(Ⅰ型)和碱性(Ⅱ型)两类多肽。

通过电子显微镜分析表明:毛发主要由 α-角蛋白组成,一根典型毛发直径约 20 μm,由死细胞组成。微纤维通过二硫键交联构成的巨纤维组成。

角蛋白中的肽链卷曲为 α 螺旋,两条分别为Ⅰ型和Ⅱ型的角蛋白肽链紧密结合为平行的左手螺旋二聚体,此二聚体首尾相连构成原纤维,4 条原纤维构成微纤维,微纤维再横向黏合为 200 μm 直径的巨纤维。α-角蛋白富含半胱氨酸,并能与邻近的多肽链通过二硫键进行交联,因此,α-角蛋白很难溶解,并受得起一定的拉力。烫发时先用巯基化合物破坏二硫键使之易于卷曲,然后用氧化剂恢复二硫键使卷曲固定。

遗传性皮肤疾病表皮松解单片疱疹(EBS)和表皮松解角化过度症(EHK)在对正常动物无害的机械摩擦下以使上皮基底细胞和表皮基底细胞破裂而生成水疱为特征。研究表明 EBS 主要是皮肤 14 或 5 型角蛋白的异常,而 EHK 则主要是 1 或 10 型角蛋白的异常,由此可见角蛋白在维持动物体正常生理防护功能方面有重要意义。

四、结缔组织代谢的调节

生长激素在促进蛋白质合成的同时亦促进蛋白多糖和胶原的合成。动物实验表明,生长激素的促软骨生长作用,至少部分是通过生长调节素 A 而间接作用的,它刺激软骨细胞的增殖和硫酸盐掺入蛋白多糖,所以又称"硫酸化因子"。

甲状腺素促进蛋白多糖的分解,甲状腺功能低下时常出现黏液性水肿,与蛋白多糖分解减弱在皮下蓄积有关。

睾丸酮和雌激素均可促进透明质酸的合成,而肾上腺皮质激素能稳定溶酶体,减少溶酶体酶的释放,从而维持蛋白多糖的稳定。胰岛素可促进糖胺多糖的合成,糖尿病动物创伤愈合缓慢、易感染及并发血管退行性变化等可能与此有关。

【案例分析】 山羊病毒性关节炎-脑炎临床症状有哪些? 如何预防?

分析:山羊病毒性关节炎-脑炎是一种病毒性传染病。临床特征是成年羊呈慢性多发性关节炎,间或伴发间质性肺炎或间质性乳腺炎;羔羊常呈现脑脊髓炎症状。临床症状:依据临床表现分为三型:脑脊髓炎型、关节型和间质性肺炎型。多为独立发生,少数有所交叉。但在剖检时,多数病例具有其中两型或三型的病理变化。临床诊断:依据病史、病状和病理变化可做出现场诊断。病原学的诊断可采取病畜发热期或濒死期和新鲜畜尸的肝脏制备乳悬液进行病毒的分离试验,也可选用小鼠或仓鼠进行动物试验。血清学诊断主要应用琼脂扩散试验或酶联免疫吸附试验确定隐性感染动物。应用免疫荧光抗体技术检测血清中的 IgM 抗体可以作为新发疾病的判定指标。尚无有效疗法和疫苗。主要以加强饲养管理和防疫卫生工作为主。执行定期检疫,及时淘汰血清学反应阳性羊。引入羊只实行严格检疫,特别是引进国外品种,除执行严格的检疫制度外,入境后还要单独隔离观察,定期复查,确认健康后,才能转入正常饲养繁殖或投入使用。在无病地区还应提倡自繁自养,严防本病由外地带入。

【本章小结】

脑和神经组织调控体内各系统各器官的生理活动和功能,适应环境的变化而维持机体生存。在血、脑之间有一种选择性地阻止某些物质出入的血脑屏障,它保证脑的内环境的高度稳定性。葡萄糖的有氧氧化是脑组织的主要能量来源。

肌肉是动物体内最大的组织,达体重总量的40%~50%。机体的一切机械运动及脏器的生理机能的发挥,都是肌肉收缩与松弛的结果。肌肉收缩时的直接能量来源于ATP的分解,肌肉组织能氧化葡萄糖、脂肪酸代谢产物、乳酸、丙酮酸、酮体、氨基酸等多种物质以获取能量。

肝是动物体内最大的腺体,在糖、脂类和氨基酸的代谢中起着重要的作用。氨在肝中通过鸟苷酸循环合成尿素进而排出体外。肝是对内源性和外源性非营养物质进行生物转化的主要器官。肝细胞分泌的胆汁,既是一种排泄液,同时具有促进脂类消化吸收的作用。

结缔组织是动物体中分布最为广泛的一种组织,其组成特点是细胞少而间质多,其细胞间质一般由基质和纤维两部分组成。基质为无定形的胶态物质,主要成分为蛋白多糖。纤维包括胶原纤维、弹性纤维和网状纤维,分别由胶原蛋白、弹性蛋白及网状蛋白构成。

【思考题】

1.简述神经组织的化学组成和代谢特点。

2.何谓生物转化? 其反应类型及主要酶类有哪些? 生物转化的重要生理意义是什么?

3.简述肌肉组织的化学组成和代谢特点。

4.简述结缔组织的基本组成及其生理功能。

第二十章 乳和蛋的生物化学

对哺乳动物和禽类而言,泌乳和产蛋分别处于繁殖周期中的特定阶段,是繁衍与培育后代必不可少的环节。乳和蛋又是人类获取蛋白质的来源,因此作为重要的畜牧产品,它们与畜牧养殖经济效益和人民生活密切相关。此外,借助转基因技术,哺乳动物的乳腺和禽类的产卵器官可望作为"生物反应器"生产大量药物蛋白,创造巨大的经济价值。因此,认识和研究乳、蛋的生物化学性质、分泌和生成的过程,对于合理利用和开发这些优质蛋白质,提高和挖掘乳用动物和蛋禽的生产性能有重要的价值。

第一节 乳的生物化学

一、乳的营养功能与组成

乳是乳腺上皮细胞的分泌产物,几乎含有哺乳动物幼仔生长发育所需的所有营养成分,因此是动物出生后早期最适宜的食物来源。新生动物与胎儿相比,其生活环境发生了巨大变化,一方面从胎盘营养转变为肠道营养,另一方面又要面对环境中各种病原的威胁,而母乳除了为新生幼仔提供营养以外,还传递被动免疫力和代谢调节的信号。由此可见,乳对于哺乳动物幼仔的生存和生长发育具有重要的生物学意义。

乳中除了大部分是水以外,还含有脂肪、蛋白质、糖类、无机盐、维生素以及酶、激素等生物活性物质。乳的组成和分泌量因动物种别、年龄、泌乳周期、饲料、饲养管理以及气候的影响而发生改变。表20.1列出的是几种动物乳和人乳中主要成分的含量。

表20.1　人乳与几种动物乳的主要成分

动物类别	脂肪(g/L)	蛋白质(g/L)	乳糖(mmol/L)	钙(mmol/L)
人	38	10	192	7
奶牛	37	33	133	30
奶山羊	45	29	114	22
猪	68	48	153	104
大鼠	103	84	90	80

(一)乳脂

乳中的脂类为乳脂(Milk Fat),其主要成分是甘油三酯,约占99%,呈小球状存在,含有4~8个碳原子的饱和脂肪酸和以油酸为主的不饱和脂肪酸构成的甘油三酯混合物,称为乳脂肪球,平均直径为3~4 μm。其表面包裹着由磷脂和蛋白质构成的膜,它与乳腺上皮细胞的质膜成分相同,起着使乳脂肪球稳定悬浮在乳中和防止其被乳脂肪酶水解的作用。乳脂中的脂肪酸组成与动物体脂中的脂肪酸有很大差别,并有种别差异。表20.2列出了牛乳和人乳中脂肪酸组成。从表中可以看到,人乳中总不饱和脂肪酸显著高于牛乳,这是因为反刍动物瘤胃微生物能使饲料中绝大多数不饱和脂肪酸加氢饱和的缘故。

表20.2　牛乳和人乳中的脂肪酸组成（%总脂肪酸，$\bar{x} \pm s$）

脂肪酸	牛（$n=12$）	人（$n=20$）
SFA	58.970±7.155	33.429±50 514
8:0	1.431±0.360	0.203±0.043
10:0	2.626±0.863	1.383±0.270
12:0	3.160±1.078	5.291±1.670
14:0	11.310±2.740	4.448±1.640
16:0	28.488±3.341	17.623±1.957
18:0	11.677±1.182	4.261±0.735
20:0	0.056±0.018	0.226±0.108
MUFA	33.270±6.826	36.441±3.282
14:1	0.830±0.307	0.173±0.088
16:1	1.388±0.549	2.088±0.346
18:1	31.053±6.570	34.186±3.085
PUFA	7.759±1.029	30.160±5.681
18:2	6.770±0.995	26.145±5.252
18:3	0.808±0.085	2.846±0.532
20:4	0.182±0.039	0.755±0.186
22:6	未测得	0.414±0.106
TUFA	41.029	66.570±5.154

资料来源:戚秋芬,吴圣楣,张伟利.人乳、牛乳及婴儿奶方中脂肪酸组成比较[J].中华儿童保健杂志,1997,5(2).
注:SFA为总饱和脂肪酸,MUFA为单不饱和脂肪酸,PUFA为多不饱和脂肪酸,TUFA为总多不饱和脂肪酸,n表示样本数。

【讨论】　从脂肪酸组成的角度分析,婴儿配方奶粉母乳化应解决的主要问题是什么?

(二)乳蛋白

乳中所含的氮约95%是以蛋白质的形式存在的,其余的5%是非蛋白的含氮化合物,如氨基酸、肌酸、肌酐、尿酸和尿素等。乳中的蛋白质统称为乳蛋白(Milk Protein),可以分为酪蛋白和乳清蛋白两大部分。乳经离心除去上层的乳脂,可得到脱脂乳。脱脂乳经酸化或凝乳酶凝聚,还可以经过超速离心得到酪蛋白沉淀,其上清液部分即为乳清,其中含有乳清蛋白。乳清中的蛋白种类至少有几十种。乳脂肪球膜中也含有蛋白质,但所含数量很少。

乳中绝大多数是酪蛋白,酪蛋白是乳腺自身合成的含磷的酸性蛋白,在乳中与钙离子结合,并形成微团结构,是乳中的主要营养性蛋白,也是乳中丰富的钙、磷来源。酪蛋白有α、β、κ和γ等类型,并且都有相应的遗传变异体。从表20.3可见,牛乳中的α$_s$-酪蛋白是最主要的酪蛋白,其次是β-酪蛋白,γ-酪蛋白最少,它是β-酪蛋白的酶解产物。κ-酪蛋白是酪蛋白中唯一含糖的成分,它主要分布在酪蛋白微团的表面,发挥稳定微团的作用。但κ-酪蛋白很容易受凝乳酶作用。牛犊真胃的凝乳酶一旦接触牛乳中的酪蛋白微团即发生乳蛋白凝聚,并析出乳清。酪蛋白微团结构的破坏,有利于被酶消化。

表20.3　牛乳和人乳中蛋白质的种类和含量(g/L)(%)

蛋白质	牛乳	人乳
总蛋白	33.0(100.0)	10.0(100.0)
酪蛋白	26.0(78.8)	3.2(32.0)
α_s-酪蛋白	12.6(38.2)	0.32(3.2)
β-酪蛋白	9.3(28.2)	1.92(19.2)
κ-酪蛋白	3.3(10.0)	0.96(9.6)
γ-酪蛋白	0.8(2.4)	—
乳清蛋白	7.0(21.2)	6.8(68.0)
β-乳球蛋白	3.2(9.7)	0.0(0.0)
α-乳清蛋白	1.2(3.6)	2.8(28.0)
血浆清蛋白	0.4(1.2)	0.6(6.0)
免疫球蛋白	0.7(2.1)	1.0(10.0)
乳铁蛋白	微量	1.5(15.0)
溶菌酶	微量	0.4(4.0)
其他蛋白质	1.5(4.6)	0.5(5.0)

　　存在于乳清中的蛋白质,包括肽类激素,种类多,功能复杂。α-乳清蛋白存在于所有动物的乳中。虽然它在乳中的浓度通常比较低,但功能很重要。α-乳清蛋白是乳腺特有的乳糖合成酶二聚体中的一个调节成分。β-乳球蛋白存在于许多动物的乳中,人乳中却完全缺乏这种蛋白,至于其功能目前仍不清楚。

　　乳清中还有一定量来自血液的血浆清蛋白和免疫球蛋白。在动物初乳中常含有高浓度的免疫球蛋白。一些动物,如猪、牛、马等由于胎盘的特殊结构,母体血液中的免疫球蛋白不能直接传给胎儿,而是通过初乳向新生幼畜转移,通过这种途径使新生幼畜获得被动免疫力。

　　此外,在不同种别动物的乳中,还有乳铁蛋白、乳过氧化物酶、溶菌酶、黄嘌呤氧化酶等具有抑菌作用的非特异保护蛋白,在维持乳腺和幼仔胃肠道健康中发挥作用。在乳中还发现数十种酶的活性,如酸性磷酸酶、碱性磷酸酶、脂肪酶、蛋白水解酶等,它们的来源和功能尚不完全清楚。许多激素(包括类固醇激素)和生长因子,例如催乳素、生长激素、胰岛素和促甲状腺激素释放激素、类胰岛素生长因子、上皮生长因子和转移生长因子等,在乳中的浓度都高于血浆,并且在初乳中浓度最高。显然初乳和乳中这些数量众多、功能各异的成分,不仅对于维持母畜乳腺的健康与功能有关,而且对新生幼仔消化道发育、代谢和免疫至关重要,但其机制尚需深入研究。

(三)乳糖

　　大多数哺乳动物乳中的主要糖类是乳糖,它溶解在乳清中。乳糖是由一分子半乳糖和一分子葡萄糖脱水缩合形成的二糖。它是乳腺特有的产物,在动物的其他器官中没有游离的乳糖。乳糖在所有动物乳中的含量都很高。它也是维持乳渗透压的重要成分。

　　虽然乳中主要的糖是乳糖,但还发现多种其他单糖和寡糖。乳中的单糖主要是葡萄糖和半乳糖,它们与乳糖的合成关系最密切。乳糖还可在消化道发酵产酸,有利于双歧杆菌等微生物生长繁殖,抑制消化道病原微生物的繁殖;减少幼龄动物腹泻,是幼畜(仔猪)最佳的能量来源。在乳和初乳中含有多种溶解的低聚糖,从人乳中已分离出近20种,并发现它们具有抗原活性和促进肠道有益菌群生长的功能。

(四)盐类和维生素

乳中无机盐约占0.75%，不同品种动物的乳中无机盐的含量会有明显不同。乳中的无机盐包括钾、钠、钙、镁的磷酸盐、氯化物和柠檬酸盐，还有微量的重碳酸盐。乳与血液相比，有较多的钙、磷、钾、镁、碘，但钠、氯和重碳酸盐则较少。铁、铜、锌、镁等微量元素通常与乳蛋白结合。牛奶中大多数的铜与酪蛋白、β-乳球蛋白结合。乳铁蛋白、铁转运蛋白、黄嘌呤氧化酶等是铁的主要载体。镁主要结合在乳脂肪球膜上，而锌则结合在酪蛋白上。乳中的微量元素水平随泌乳期和饲料的改变而变动。

乳中的铜、铁常常不能满足幼畜的需要，需要在饲料中予以适当补充。

乳中还含有丰富的维生素，但其含量和化学形式也因泌乳期、饲料和季节的不同而有所变化。

【案例分析】　畜牧生产中为什么强调初生仔畜应尽早吃初乳？

分析：与常乳相比，动物初乳中常含有高浓度的免疫球蛋白。一些动物，如猪、牛、马等由于胎盘的特殊结构，母体血液中的免疫球蛋白不能直接传给胎儿，而是通过初乳向新生幼畜转移，通过这种途径使新生幼畜获得被动免疫力。

二、乳的形成

乳中的主要成分是由乳腺腺泡和细小乳导管的分泌型上皮细胞利用简单的前体分子合成的。这些前体包括葡萄糖、氨基酸、乙酸、β-羟丁酸和脂肪酸等，它们直接或间接来自血液。乳和血液相比，可发现尽管两者等渗，但其组成差别很大，乳中糖、脂肪、钙和钾的含量分别比血中的浓度高出90、19、13和7倍，但蛋白质、钠、氯的含量却较低，并且乳中含有特殊的蛋白质种类。因此乳的生成必定包含着一系列新的物质的合成和对血液中前体分子的选择性摄取。

(一)乳脂的合成

乳酯的主要成分是甘油三酯，其脂肪酸来源于血液和在乳腺上皮细胞合成。乳中的甘油三酯主要是通过α-磷酸甘油途径合成的。α-磷酸甘油可以由葡萄糖代谢产物磷酸二羟丙酮还原得到，或者由乳糜微粒和极低密度脂蛋白转运到乳腺组织中去的甘油三酯的水解来提供甘油，但用于甘油三酯合成的脂肪酸可有多种来源，且存在种别差异。

乳腺组织具有从头合成脂肪酸的能力。乳腺合成脂肪酸的碳源随动物种类不同而不同。非反刍动物主要利用葡萄糖作为原料。葡萄糖氧化分解的代谢中间体乙酰CoA经过柠檬酸/丙酮酸循环从线粒体转运到胞液中用作脂肪酸合成的原料。非反刍动物乳腺细胞胞液中有很高的柠檬酸裂解酶活性和活跃的苹果酸转氢作用，这是乳腺把葡萄糖作为前体合成脂肪酸的关键。而反刍动物缺乏上述特点，于是把瘤胃发酵产生的乙酸和β-羟丁酸作为乳腺合成脂肪酸的主要碳源。牛乳中几乎所有十四碳以下的脂肪酸和半数的十六碳脂肪酸是由乙酸合成的，少量由β-羟丁酸合成。

乳糜微粒和极低密度脂蛋白经血液把甘油三酯转运到乳腺组织中。在微血管内皮细胞内表面，甘油三酯受脂蛋白脂肪酶水解释出脂肪酸，这是乳腺用以合成甘油三酯的又一个脂肪酸来源。反刍动物乳脂中近一半的软脂酸和碳链更长的脂肪酸估计都来源于血液而不是乳腺细胞自身合成。乳腺摄入血浆中的游离脂肪酸非常有限。由于反刍动物瘤胃微生物的加氢作用，运输外源甘油三酯的乳糜中的脂肪酸有较高的饱和度。但许多动物乳腺细胞微粒体具有脂肪酸去饱和酶系，如山羊、乳牛和猪的乳腺能使大部分硬脂酸转变为油酸。例如，山羊乳腺由血中摄取的硬脂酸多于油酸，而乳中油酸的浓度为硬脂酸的3~4倍。乳中甘油三酯来源见图20.1。

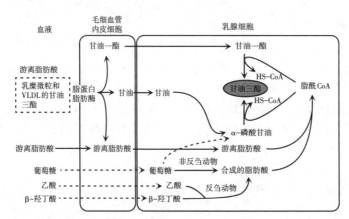

图20.1　乳中甘油三酯来源[引自邹思湘,动物生物化学(第5版),中国农业出版社,2013]

脂肪酸的酯化作用主要发生在滑面内质网。在这个位置上合成的脂类聚集成乳脂小滴,并游离在胞浆中,其体积由小变大,逐渐向上皮细胞的顶部迁移,并向腔面突入,突出腔面的脂滴由细胞质膜包裹,最后从顶膜上断裂以脂肪球的形式排入腺泡腔中,其外面仍然包裹着脱离了细胞的质膜,并含有少量细胞液成分(图20.2)。乳脂的这种分泌方式称为顶浆分泌。

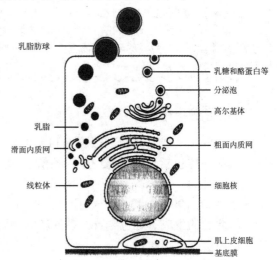

图20.2　泌乳期乳腺分泌细胞的结构[引自邹思湘,动物生物化学(第5版),中国农业出版社,2013]

(二)乳蛋白的合成

乳中的蛋白质按其来源可分为两类:一类是乳腺中特有的蛋白质,由乳腺从头合成,如酪蛋白、α-乳清蛋白和β-乳球蛋白等,它们是乳腺所特有的。另一类是来自血液中的蛋白质,主要有免疫球蛋白和血浆清蛋白等。90%以上的乳蛋白是在乳腺中由氨基酸从头合成的。乳腺细胞自身还有合成非必需氨基酸的能力,为合成乳蛋白提供原料。

乳腺合成蛋白质的过程与其他组织相同。乳腺细胞合成的大部分蛋白质最终要分泌出去,主要乳蛋白的合成在粗面内质网的核糖体上开始,然后由信号肽引导进入内质网腔,并在内质网和高尔基体内进行磷酸化和糖基化等化学修饰过程,再由分泌泡转送到上皮细胞顶膜,通过胞吐的方式释放到腺泡腔中。酪蛋白等乳蛋白质与乳糖的分泌利用采用共同的通路。

乳腺是一个合成蛋白质十分活跃的场所。90%以上的乳蛋白是在乳腺中利用氨基酸合成的,合成蛋白质的必需氨基酸来自血液,部分非必需氨基酸可在乳腺中利用葡萄糖、乙酸、必需氨基酸来合成。其中,精氨酸和鸟氨酸是乳腺合成其他氨基酸最主要的氮源。合成蛋白质所需的能量主要从乳腺中葡萄糖氧化所产生的ATP获得。

5%~10%的蛋白质不是乳腺自身合成的,而来源于血液。其中之一是血浆清蛋白,它在牛初乳中的浓度高于常乳。另一个是免疫球蛋白,初乳中的免疫球蛋白有很高的浓度,如乳牛和母羊初乳中的免疫球蛋白可高达100 g/L以上。常乳中的免疫球蛋白水平远低于初乳。不同种别动物乳中的免疫球蛋白种类不同。牛乳中主要是IgG(又分为IgG_1和IgG_2),其次是IgM和IgA。在接近分娩时,血液中大量IgG向乳腺组织转移,汇集在腺泡周围,随着泌乳启动,被乳腺上皮细胞摄入,随其他乳蛋白一同分泌进入腺泡腔。免疫球蛋白从血液转入乳腺上皮细胞中的过程与上皮细胞基底膜上的IgG受体介导的内吞作用有关。

乳中还有一些其他的蛋白质与激素,尚难以明确界定它们到底是由乳腺自身合成的还是血液来源的,很可能两种情况兼而有之。

(三)乳糖的合成与乳的分泌

乳糖是绝大多数哺乳动物乳中特有的,通常也是主要的糖。乳糖分子中的半乳糖和葡萄糖都来自血液葡萄糖。乳中乳糖的含量对于乳的形成和分泌过程中渗透压的维持和分泌有重要作用。乳糖的合成以葡萄糖为前体,发生在乳腺上皮细胞的高尔基体腔中。催化乳糖合成的一系列酶促反应如下:

$$葡萄糖 + ATP \xrightarrow{己糖激酶} 葡萄糖 - 6 - 磷酸 + ADP$$

$$葡萄糖 - 6 - 磷酸 \xrightarrow{葡萄糖磷酸变位酶} 葡萄糖 - 1 - 磷酸$$

$$葡萄糖 - 1 - 磷酸 + UTP \xrightarrow{UTP - 葡萄糖焦磷酸化酶} UDP - 葡萄糖 + PPi$$

$$UDP - 葡萄糖 \xrightarrow{UDP - 半乳糖 - 4 - 差向异构酶} UDP - 半乳糖$$

$$UDP - 半乳糖 + 葡萄糖 \xrightarrow{乳糖合成酶} 乳糖 + UDP$$

其中乳糖合成酶是乳糖合成与分泌过程的主要限速酶。这个酶是由A、B两个亚基(或蛋白)构成的二聚体,A蛋白原是在动物组织中普遍存在的β-半乳糖基转移酶,它通常催化半乳糖基从UDP-半乳糖上转移给N-乙酰氨基葡萄糖。B蛋白即是存在于乳中的α-乳清蛋白。B蛋白与A蛋白的结合改变了A蛋白(β-半乳糖基转移酶)的专一性,使UDP-半乳糖可以直接把半乳糖基转移给葡萄糖生成乳糖。B蛋白实际上起了修饰亚基的作用。乳糖在高尔基体腔内合成,经由分泌泡向上皮细胞顶膜转移,在此过程中水分借助于乳糖的渗透作用进入含有乳糖的分泌泡中。因此,乳糖的合成直接影响乳的分泌量。乳糖与分泌泡中的乳蛋白最终一起分泌到乳腺腺泡腔中。

【案例分析】 如何提高奶牛的乳脂率和乳蛋白率?

分析:1.奶牛的乳脂和乳蛋白率,受品种遗传基础和饲养管理的影响。

2.对于荷斯坦奶牛,乳蛋白率受品种的影响大于饲养管理因素。可选择经后裔测定的乳蛋白率高的公牛(最好在3.6%以上)配种。

3.乳脂率受饲养管理的影响大于品种因素,尤其是粗饲料的影响。

4.影响乳脂率和乳蛋白率的饲养营养因素包括:(1)采食量:增加采食量可提高乳脂和乳蛋白的含量。(2)精饲料喂量:适当提高精饲料喂量可提高乳脂和乳蛋白含量。(3)粗饲料喂量和长度大小:饲喂的优质粗饲料(苜蓿和羊草)长度大于4 cm为宜,低质粗饲料可以短些,一般在2~4 cm,不应低于1 cm。过细的粗饲料降低乳脂率,乳蛋白水平可能略有提高。(4)日粮蛋白质水平:要提高乳蛋白率必须增加精饲料中高品质蛋白质量,对于20 kg产奶量的奶牛,精饲料中豆粕的比例不应低于6%。(5)添加脂肪:通常需要在高产的奶牛日粮中添加脂肪以减少泌乳早期的能量负平衡。添加方法得当,乳脂率略有提高或不变,乳蛋白没有明显下降,产奶量提高。

第二节 蛋的生物化学

一、蛋的结构和成分

蛋由蛋壳、蛋清和蛋黄三部分组成。各类禽蛋蛋壳、蛋清和蛋黄的百分含量非常相近,去壳蛋中水分和蛋白质的含量比较稳定。因家禽的种类、品种、年龄、产蛋季节和饲养状况不同,各个部分在蛋重中所占的比重也不同(表20.4)。

表20.4　三种常见禽蛋中蛋壳、蛋清和蛋黄的比例(%)

禽蛋类别	蛋壳	蛋清	蛋黄
鸡蛋	10~12	45~60	26~33
鸭蛋	11~13	45~58	28~35
鹅蛋	11~13	45~58	32~35

(一)蛋壳的结构与组成

1.蛋壳的结构

蛋壳由角质层、真壳和一层蛋白质透明薄膜构成。角质层又称外蛋壳膜。这是一层覆盖在鲜蛋外表面上的由可溶性胶原黏液干燥而形成的透明薄膜。它透水透气,覆盖在蛋壳上的小孔上,有抑制微生物侵入蛋内的作用。向里是蛋壳,它是包裹在蛋内容物外的碳酸钙硬壳。它使蛋具有形状并保护内部的蛋清和蛋黄。蛋壳上分布有许多微小气孔,大的直径22~29 μm,小的9~10 μm,作为鲜蛋自身进行气体代谢的内外通道。再向内层是蛋壳膜。蛋壳膜又分内外两层,两者紧紧相贴在一起。它们都是由角蛋白纤维形成的网状结构,外膜稍厚,为44~60 μm,纤维较粗。内膜又称蛋白膜,较薄,厚度为13~17 μm,纤维致密,有更强的保护作用。在蛋的钝端,内外两层蛋壳膜分离形成气室。

【案例分析】　如何快速鉴定鸡蛋的新鲜度?

分析:蛋壳上分布有许多微小气孔,作为鲜蛋自身进行气体代谢的内外通道。在贮存过程中蛋内水分挥发造成蛋的钝端气室变大,时间越长气室越大。因此可以通过对着亮光观察蛋的气室快速判断蛋的新鲜程度。

2.蛋壳的成分

蛋壳膜主要由角蛋白质和少量的糖类组成,富含胱氨酸、羟脯氨酸和羟赖氨酸。真壳又叫钙化壳,由乳头核或海绵层组成,其干物质含有2%左右的有机物(由氨基酸组成的类似于软骨的糖蛋白质),其余是碳酸钙,也含有少量的镁、磷酸盐、柠檬酸盐、钾和钠。鸡、鸭和鹅蛋的蛋壳中碳酸钙、碳酸镁、碳酸钙镁的含量分别为93%~95%、0.5%~1.0%和0.5%~3.0%。

(二)蛋清的组成

蛋白膜(即蛋壳内层膜)之内就是蛋清,即蛋白,为颜色微黄的胶体,约占蛋总重的60%。蛋清由外向内可分为4层,依次为外层稀薄蛋白,占总体积的23.2%;中层浓厚蛋白,占57.3%;内层稀薄蛋白,占16.8%;系带膜状层,占2.7%,也是浓厚蛋白。另外,在蛋清中,位于蛋黄两端还有一白色带状结构,称为系带。浓厚蛋白占全部蛋清蛋白的一半以上。新鲜禽蛋中的浓厚蛋白含量高,因此蛋清黏稠。随着贮存时间的延长,由于蛋白酶的分解作用,蛋清中溶菌酶活性下降和细菌逐渐入侵,浓厚蛋白的含量也随之减少。因此,浓厚蛋白的含量是衡量禽蛋新鲜度的重要标志。

鸡蛋清的成分见表20.5。蛋清中蛋白质与水分之比约为1:8。蛋清由多种蛋白质组成,主要为糖蛋白质,它们构成蛋清的凝胶特性。卵清蛋白质是糖蛋白质主要的组成成分,富含必需氨基酸,蛋氨酸尤其丰富。在孵化时,卵清蛋白质可供胚胎发育用。卵转铁蛋白质将铁转移给胚胎。类卵黏蛋白质含糖量较高,是一种蛋白酶抑制剂。鸡的类卵黏蛋白质仅仅抑制胰蛋白酶,而其他家禽的类卵黏蛋白质还抑制胰凝乳蛋白酶。卵黏蛋白质是一种不溶纤维酸性糖蛋白质,它反映蛋清特别是浓蛋清的凝胶性质。抗生物素蛋白质能与生物素结合,使生物素失去活性。溶菌酶的主要生物学特性是对细菌细胞壁有溶解活性,也水解多糖类,在蛋内具有化学防御功能,阻止细菌通过蛋壳进入蛋内。在蛋的贮存过程中,蛋清中的镁可阻止白明胶的液化,维持蛋的品质。

表20.5 鸡蛋清的成分(蛋重为60 g)

成分	占蛋白干物质(%)
糖蛋白质	87.40
卵清蛋白质	56.80
卵转铁蛋白质	13.70
类卵黏蛋白质	11.60
卵黏蛋白质	3.15
卵糖蛋白质	0.55
卵巨球蛋白质	0.55
卵抑制素	0.10
抗生物素蛋白质	0.05
黄素蛋白质	0.85
蛋白质溶菌酶	3.50
未确定蛋白质	9.10

第一竖行引自Bondi(1987),p426,第二竖行的数据是根据蛋重为60 g,水分为44.91%的计算值。

【案例分析】 为什么不能吃生鸡蛋?

分析:1.鸡蛋蛋白含有抗生物素蛋白,会影响食物中生物素的吸收,使身体出现食欲不振、全身无力、肌肉疼痛、皮肤发炎、脱眉等症状。

2.鸡蛋中含有抗胰蛋白酶,它们影响人体对鸡蛋蛋白质的消化和吸收。生鸡蛋中有抗生物素蛋白和抗胰蛋白酶两种物质,因此影响蛋白质的消化、吸收。

3.鸡蛋在形成过程中会带菌,未熟的鸡蛋不能将细菌杀死,容易引起腹泻。因此鸡蛋要经高温后再吃,不要吃未熟的鸡蛋。

4.生鸡蛋的蛋白质结构致密,有很大部分不能被人体吸收,煮熟后的变性蛋白质更易于消化吸收。

5.生鸡蛋有特殊的腥味,会引起中枢神经抑制,使唾液、胃液和肠液等消化液的分泌减少,从而导致食欲不振、消化不良。

(三)蛋黄的组成

蛋黄是蛋清包围的球状体,它由许多直径为25~150 μm的微细球状颗粒组成。它们分散在一个连续相中,并且有一些更小的颗粒(直径约为2 μm)分布在球状颗粒和连续相二者之间。

蛋黄由蛋黄膜、蛋黄内容物和胚胎所组成。蛋黄膜是包围在蛋黄外面的透明薄膜,厚度在16 μm左右,并分为3层,内外两层为黏蛋白,中间为角蛋白,它比蛋白膜更为微细和紧密,可以防止蛋清与蛋黄相混合。蛋黄的内容物是黄色乳状液,是蛋中营养最为丰富的部分。其中心为白色蛋黄层,外面被交替的深色和浅色蛋黄层所包围。有时在蛋黄表面可见一微白色,直径为2~3 mm的圆点,那就是胚胎。

蛋黄中含有胚胎发育所需的蛋白质、脂类、矿物元素、维生素和水分等养分(见表20.6)。蛋黄的主要成分是甘油三酯和磷脂,其中的脂肪酸主要是不饱和脂肪酸,也含一定量的饱和脂肪酸。不饱和脂肪酸主要是油酸,饱和脂肪酸主要是棕榈酸。蛋黄中游离的蛋白质、卵黄蛋白质与血液中的蛋白质如血清清蛋白质、血清球蛋白质完全相同。蛋黄中的脂类大多数以脂蛋白质形式存在,并富含磷 ,如卵黄磷脂蛋白质和卵黄磷蛋白素,这两种蛋白质含有丰富的磷酸,且常与钙和铁形成复合物。卵黄中的微量元素和维生素在胚胎发育过程中具有重要作用。蛋黄中的黄色物质由饲粮中的类胡萝卜素等色素沉积而成。

表20.6　蛋黄的成分

成分	含量(%)
水分	47~50
蛋白质	16~18
脂肪	28~32
糖类	1~2
矿物质	2
维生素	微量

二、蛋的形成

鸡的卵子在9~10 d内成熟。排卵前7 d卵子和卵黄的重量约增加16倍。在雌激素的作用下,肝脏中形成卵黄蛋白质和脂类,随后转运至卵巢,沉积于发育的卵泡中。在输卵管中形成蛋清约需24 h。卵泡成熟后,卵泡破裂释放卵子,卵子被输卵管喇叭部纳入,送至输卵管膨大部,由膨大部腺体分泌的蛋清将卵黄包围。在膨大部,包围卵黄的稠蛋清,因旋转而形成系带,随后形成稀蛋清层,而后再在表面形成稠蛋清层和外稀蛋清层。卵子进入管腰部后形成外蛋壳膜并吸收水分。当卵细胞通过输卵管腰部和子宫部的连接处时,蛋壳上乳头核附着在外膜上,在子宫部进行积极的钙化过程,少量的碳酸钙晶体成了连接位点,使乳头核又与外壳膜纤维相连。海绵层构成蛋的强度和厚度,也在子宫部完成,最后形成外表的晶体和胶护膜。

(一)蛋黄的形成

卵子是原始的蛋黄,它在禽类的卵巢中形成。成熟的卵子脱离卵巢进入输卵管(称为排卵),然后到达输卵管的漏斗部。蛋黄的主要成分是蛋白质,它的合成是在肝脏中进行的,然后将合成的卵黄蛋白质经血液转运到卵巢,再进入发育的卵中。用产蛋鸡和雌激素诱导的公鸡进行的研究证明,卵黄高磷蛋白的合成场所是肝脏,而且从产蛋鸡的血浆中分离出在氨基酸组成上近似于蛋黄中卵黄高磷蛋白的蛋白。另外,当产蛋鸡接近性成熟时,肝脏重量及其脂肪含量、血脂含量都增加。产蛋鸡肝脏增加的甘油三酯用来合成卵黄脂磷蛋白。

(二)蛋清的形成

蛋清形成的主要阶段见图20.3。禽在排卵后,当卵在漏斗部的尾端和膨大部前端时,分泌的蛋白质首先沉积于卵上形成第一个蛋清层,组成蛋清的内层。这一层蛋白质是浓厚的,由黏蛋白纤维形成黏蛋白纤维网,网的周围充满稀蛋白。卵在膨大部下降过程(约3 h)中,膨大部能分泌更多的浓的胶状蛋白质沉积在卵上形成环状层,组成蛋清的中层浓厚蛋白。当卵进入峡部时,其外观主要是一层蛋清,而没有分层的现象,此时其蛋清蛋白质的浓度约为卵最后浓度的2倍,但蛋清的总量则为最后量的1/2。同时卵在峡部约1 h后,峡部产生一些液体加入卵中,蛋清被稀释很多,于是产出的蛋的蛋白容量差不多是最初分泌出来的2倍。

卵在壳腺中停留约20h,此时可看到蛋清的分层。系带是一对白色的弯曲的附着于蛋黄两端并与卵长轴平行的纽带。现在一般认为,系带是卵在输卵管中的机械扭力和旋转作用下,由内层蛋白的新蛋白纤维形成的。虽然它的构成物质是在膨大部前端分泌的黏蛋白纤维,但最初分泌出来时并没有系带存在,直到卵进入壳腺后才能看得清楚。在系带形成的同时被挤出来的稀蛋白形成内层稀蛋白。据研究,某些酶也参与系带的形成。

当卵在壳腺中停留的时候,壳腺膨胀液可把15~16 g的水(占蛋清水总量的50%左右)添加于蛋清中,从而增加了蛋清的总容量,这个过程需要持续6~8h。其结果是形成明显的中层浓厚蛋白和外层稀蛋白。现在认为蛋清蛋白质主要是在输卵管中形成的。可能的例外是伴清蛋白,它是一种转铁蛋白,与血清中的转铁蛋白很相似,因而有可能是由血清中转运至输卵管后进入蛋清的。蛋清蛋白质在输卵管细胞中的生物合成与其他组织细胞相同。

葡萄糖是由峡部提供并在壳腺里进入蛋清的。每100 mL蛋清中可加入约350 mg葡萄糖。组成蛋清成分的无机离子对将来胚胎的发育是非常重要的。已知Na^+、Ca^{2+}、Mg^{2+}主要在膨大部进入卵中,而K^+是在壳腺中进入的。离子透过输卵管壁的机制尚不清楚。

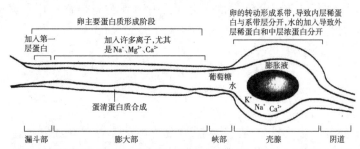

图20.3　蛋清形成的主要步骤(引自邹思湘,动物生物化学(第五版),中国农业出版社,2013)

(三)蛋壳的形成

成熟的卵泡进入输卵管,输卵管分泌的蛋白将卵黄包住,然后逐渐下行,形成内外壳膜,最后到达子宫部,子宫部是蛋壳形成的地方。蛋壳形成需要大量的钙,必须从循环的血液中摄取钙。在产蛋前10天,受雌激素影响,血中钙浓度从每10 mg/100 mL上升到25 mg/100 mL。血液中的钙以钙结合蛋白质的形式形成卵黄磷蛋白复合物;离子化的钙为5~6 mg/100 mL。在蛋壳形成过程中,血浆总钙水平下降约20%,约10 h后又恢复正常。钙离子转运至蛋壳膜可能需要载体——钙结合蛋白质参与。产蛋鸡钙离子的周转率很大,鸡不能从饲料中摄取足够的钙满足蛋壳形成的需要,往往要动员骨中的钙。家禽性成熟前或产蛋间歇期,将饲粮中摄入的钙大量贮存在骨里,以供产蛋时用。因此,在产蛋前和产蛋间歇期保证钙的供应非常重要。在蛋壳形成期,所有进入子宫部的钙都由血液提供,血液中的钙来自饲粮和骨组织。卵由峡部运动至壳腺后,壳腺分泌立即开始。在最初的3~5h中,钙的沉积速度较慢,此后加快,并以恒定的速度沉积15~16 h,直到产蛋。蛋壳是在壳腺中形成的,大部分蛋壳中的钙也是在蛋壳形成较快的阶段中沉积下来的。

蛋壳的厚度和结构是蛋禽钙代谢效能的指标,但受蛋禽的品种、年龄、营养状况、疾病、环境等因素的影响。如蛋壳随年龄增大而变薄;鸡新城疫和支气管炎除影响蛋的品质外,也使蛋壳变薄;饲料钙、维生素D缺乏也影响蛋壳的形成,甚至使产蛋终止。

【案例分析】　鸡蛋是鸡的卵细胞,这种说法对吗?

分析:有人认为鸡蛋是鸡的卵细胞,蛋白是细胞质,蛋黄是细胞核。这是误读。鸡产下的蛋和其卵细胞虽然关系密切但并非相同概念。

蛋的形成过程表明,蛋白、壳膜和蛋壳并不属于鸡卵细胞本身的结构,它们是在卵巢排卵后,在输卵管和子宫中形成的。蛋黄才是卵细胞(若鸡产下的蛋已经是受精卵,卵裂已经开始,鸡蛋中就不只是一个细胞了)。

【本章小结】

乳对于哺乳动物幼仔的生存和生长发育具有重要的生物学意义。乳中除了水分以外,含有脂类、蛋白质、乳糖、无机盐和维生素等成分。乳脂以脂肪球的形式存在。其主要成分是脂肪。乳蛋白的种类很多,主要有酪蛋白、β-乳球蛋白、α-乳清蛋白、免疫球蛋白和多种酶类。乳糖是乳中主要的糖类,有维持乳渗透压的作用。乳腺有从头合成脂肪和蛋白质的能力,但是反刍动物与非反刍动物在利用碳源上有所不同。有的乳蛋白由乳腺合成,有的(如初乳中的免疫球蛋白)则来自于血液。乳糖通过渗透调节影响动物的泌乳量,它以葡萄糖为原料,由乳糖合成酶催化在高尔基体中合成,并与乳蛋白有共同的分泌途径。

禽蛋由蛋壳、蛋清和蛋黄3部分组成。蛋壳包括了角质层、蛋壳和蛋壳膜3部分。蛋壳的主要成分是碳酸钙,在壳腺分泌形成。蛋壳膜之内是蛋清,蛋清中至少有40种功能各异的蛋白质,主要在漏斗部和膨大部合成分泌。被蛋清包围的为蛋黄。蛋黄包括蛋黄膜、蛋黄内容物和胚胎3部分。蛋黄的生化成分复杂,一半是蛋白质与脂类,脂类主要以脂蛋白的形式存在,蛋白质在肝脏合成后再转运到发育的卵中。

【思考题】

1.乳中包括哪些基本生化成分?有何功能?简述它们的来源与合成方式。
2.简述禽蛋的基本结构、主要成分以及合成部位和合成方式。

参考文献

[1]Berg JM, Tymoczko JL, Stryer L.Biochemistry（6th edition）.New york：W.H.Freeman & Company，2006.

[2]柴春彦，刘国艳，石发庆.铜缺乏奶牛琥珀酸脱氢酶的组化特征[J].中国兽医杂志，2002，38（2）：5~7.

[3]陈守文.酶工程.北京：科学出版社，2008.

[4]陈清西.酶学及其研究技术.厦门：厦门大学出版社，2010.

[5]崔恒敏.动物营养代谢疾病诊断病理学.北京：中国农业出版社，2011.

[6]董晓燕.生物化学.北京：高等教育出版社，2010.

[7]郭蔼光.基础生物化学.北京：高等教育出版社，2009.

[8]郭昌明，张乃生，周昌芳，等.髓过氧化物酶检测奶牛隐性乳房炎研究进展[J].动物医学研究进展，2006，27（6）：54~57.

[9]郭定宗.兽医内科学.北京：高等教育出版社，2005.

[10]黄文林，朱孝峰.信号转导与疾病(第2版).北京：人民卫生出版社，2012.

[11]李留安，袁学军.动物生物化学.北京：清华大学出版社，2013.

[12]李巧枝.生物化学.北京：中国轻工业出版社，2006.

[13]刘卫群.生物化学.北京：中国农业出版社，2009.

[14]刘宗平.现代动物营养代谢病学.北京：化学工业出版社，2003.

[15]Nelson DL, Cox MM. Principles of Biochemistry（5th edition）.New york：W.H.Freeman & Company，2009.

[16]Robert KM, Daryl KG, Peter AM, etc.Harper′s Illustrated Biochemistry（26th edition）.United States of America：McGraw Hill ，2003.

[17]王建华.家畜内科学(第3版).北京：中国农业出版社，2003.

[18]王俊东，董希德.畜禽营养代谢与中毒病.北京：中国林业出版社，2001.

[19]王镜岩，朱圣庚，徐长法.生物化学(第3版).北京：高等教育出版社，2002.

[20]王小龙.兽医内科学.北京：中国农业大学出版社.2004.

[21]杨志敏，蒋立科.生物化学.北京：高等教育出版社，2006.

[22]杨荣武.生物化学原理.北京：高等教育出版社，2006.

[23]余瑞元.生物化学.北京：北京大学出版社，2007.

[24]袁勤生.现代酶学(第2版).上海：华东理工大学出版社，2007.

[25]杨志敏，蒋立科.生物化学(第2版).北京：高等教育出版社，2010.

[26]由德林.酶工程原理.北京：科学出版社，2011.

[27]杨荣武.生物化学.北京：科学出版社，2013.

[28]邹思湘.动物生物化学(第4版).北京：中国农业出版社，2011.

[29]邹思湘.动物生物化学(第5版).北京：中国农业出版社，2013.

[30]查锡良.生物化学(第7版).北京：人民卫生出版社，2008.

[31]周爱儒.生物化学(第6版).北京：人民卫生出版社，2003.

[32]郑穗平,郭勇,潘力.酶学(第2版).北京:科学出版社,2009.

[33]周顺伍.动物生物化学.北京:中国农业出版社,2001.

[34]周顺伍.动物生物化学(第3版).北京:中国农业出版社,2009.

[35]郑集,陈钧辉.普通生物化学(第4版).北京:高等教育出版社,2007.

[36]周克元,罗德生.生物化学(案例版).北京:科学出版社,2012.

[37]张书霞.兽医病理生理学(第4版).北京:中国农业出版社,2011.

[38]周克元,罗德生.生物化学(第2版).北京:科学出版社,2010.